토목
기사·산업기사 필기
토질 및 기초

예문사

머리말 PREFACE

토목을 사랑하는 토준생 여러분 안녕하세요?
토질 및 기초 고수 쪼박입니다.

첫째
공부는 재미있어야 합니다.
재미있으면 포기하지 않습니다.
포기하지 않으면 합격할 수 있습니다.
쪼박과 함께 하면 절대 실패하지 않습니다.

둘째
토준생의 가장 큰 스트레스는 그 많은 공식을 암기해야 한다는 생각입니다.
절대 공식을 암기하지 마세요! 마하(Mach) 암기법의 창안자로서 외우지 않고
재미있게 머릿속에 넣어 드리겠습니다.

셋째
토목 기초가 부족합니까? 수학 지식이 약합니까?
쪼박과 함께 하면 전혀 문제가 안 됩니다. 단, 열정만 가지고 오십시오.
딱 10%만 하세요. 나머지 90%는 쪼박이 책임지겠습니다.
진정한 강의 예술의 혼이 담긴 토질 및 기초 기출 분석서를 확인하세요!

저자 조준호

출제기준 INFORMATION

■ 토목기사

• 직무분야 : 건설	• 중직무분야 : 토목	• 자격종목 : 토목기사	• 적용기간 : 2026.1.1. ~ 2027.12.31.
• 직무내용 : 도로, 공항, 철도, 하천, 교량, 댐, 터널, 상하수도, 사면, 항만 및 해양시설물 등 다양한 건설사업을 계획, 설계, 시공, 관리 등을 수행			
• 필기검정방법 : 객관식	• 문제수 : 120		• 시험시간 : 3시간

필기과목명	문제수	주요항목	세부항목	세세항목
응용역학	20	1. 역학적인 개념 및 건설 구조물의 해석	1. 힘과 모멘트	1. 힘 2. 모멘트
			2. 단면의 성질	1. 단면 1차 모멘트와 도심 2. 단면 2차 모멘트 3. 단면 상승 모멘트 4. 회전반경 5. 단면계수
			3. 재료의 역학적 성질	1. 응력과 변형률 2. 탄성계수
			4. 정정보	1. 보의 반력 2. 보의 전단력 3. 보의 휨모멘트 4. 보의 영향선 5. 정정보의 종류
			5. 보의 응력	1. 휨응력 2. 전단응력
			6. 보의 처짐	1. 보의 처짐 2. 보의 처짐각 3. 기타 처짐 해법
			7. 기둥	1. 단주 2. 장주
			8. 정정트러스(Truss), 라멘(Rahmen), 아치(Arch), 케이블(Cable)	1. 트러스 2. 라멘 3. 아치 4. 케이블
			9. 구조물의 탄성변형	1. 탄성변형
			10. 부정정 구조물	1. 부정정 구조물의 개요 2. 부정정 구조물의 판별 3. 부정정 구조물의 해법

필기과목명	문제수	주요항목	세부항목	세세항목
측량학	20	1. 측량학 일반	1. 측량기준 및 오차	1. 측지학개요 2. 좌표계와 측량원점 3. 측량의 오차와 정밀도
			2. 국가기준점	1. 국가기준점 개요 2. 국가기준점 현황
		2. 평면기준점 측량	1. 위성측위시스템(GNSS)	1. 위성측위시스템(GNSS) 개요 2. 위성측위시스템(GNSS) 활용
			2. 삼각측량	1. 삼각측량의 개요 2. 삼각측량의 방법 3. 수평각 측정 및 조정 4. 변장계산 및 좌표계산 5. 삼각수준측량 6. 삼변측량
			3. 다각측량	1. 다각측량 개요 2. 다각측량 외업 3. 다각측량 내업 4. 측점전개 및 도면작성
		3. 수준점측량	1. 수준측량	1. 정의, 분류, 용어 2. 야장기입법 3. 종·횡단측량 4. 수준망 조정 5. 교호수준측량
		4. 응용측량	1. 지형측량	1. 지형도 표시법 2. 등고선의 일반개요 3. 등고선의 측정 및 작성 4. 공간정보의 활용
			2. 면적 및 체적 측량	1. 면적계산 2. 체적계산
			3. 노선측량	1. 중심선 및 종횡단 측량 2. 단곡선 설치와 계산 및 이용방법 3. 완화곡선의 종류별 설치와 계산 및 이용방법 4. 종곡선 설치와 계산 및 이용방법
			4. 하천측량	1. 하천측량의 개요 2. 하천의 종횡단측량

출제기준 INFORMATION

필기과목명	문제수	주요항목	세부항목	세세항목
수리학 및 수문학	20	1. 수리학	1. 물의 성질	1. 점성계수 2. 압축성 3. 표면장력 4. 증기압
			2. 정수역학	1. 압력의 정의 2. 정수압 분포 3. 정수력 4. 부력
			3. 동수역학	1. 오일러방정식과 베르누이식 2. 흐름의 구분 3. 연속방정식 4. 운동량방정식 5. 에너지 방정식
			4. 관수로	1. 마찰손실 2. 기타 손실 3. 관망 해석
			5. 개수로	1. 전수두 및 에너지 방정식 2. 효율적 흐름 단면 3. 비에너지 4. 도수 5. 점변 부등류 6. 오리피스 7. 위어
			6. 지하수	1. Darcy의 법칙 2. 지하수 흐름 방정식
			7. 해안 수리	1. 파랑 2. 항만구조물
		2. 수문학	1. 수문학의 기초	1. 수문 순환 및 기상학 2. 유역 3. 강수 4. 증발산 5. 침투
			2. 주요 이론	1. 지표수 및 지하수 유출 2. 단위 유량도 3. 홍수추적 4. 수문통계 및 빈도 5. 도시 수문학
			3. 응용 및 설계	1. 수문모형 2. 수문조사 및 설계

필기과목명	문제수	주요항목	세부항목	세세항목
철근 콘크리트 및 강구조	20	1. 콘크리트 및 강구조	1. 철근콘크리트	1. 설계일반 2. 설계하중 및 하중조합 3. 휨과 압축 4. 전단과 비틀림 5. 철근의 정착과 이음 6. 슬래브, 벽체, 기초, 옹벽, 라멘, 아치 등의 구조물 설계
			2. 프리스트레스트 콘크리트	1. 기본개념 및 재료 2. 도입과 손실 3. 휨부재 설계 4. 전단 설계 5. 슬래브 설계
			3. 강구조	1. 기본개념 2. 인장 및 압축부재 3. 휨부재 4. 접합 및 연결
토질 및 기초	20	1. 토질역학	1. 흙의 물리적 성질과 분류	1. 흙의 기본성질 2. 흙의 구성 3. 흙의 입도분포 4. 흙의 소성특성 5. 흙의 분류
			2. 흙속에서의 물의 흐름	1. 투수계수 2. 물의 2차원 흐름 3. 침투와 파이핑
			3. 지반 내의 응력분포	1. 지중응력 2. 유효응력과 간극수압 3. 모관현상 4. 외력에 의한 지중응력 5. 흙의 동상 및 융해
			4. 압밀	1. 압밀이론 2. 압밀시험 3. 압밀도 4. 압밀시간 5. 압밀침하량 산정
			5. 흙의 전단강도	1. 흙의 파괴이론과 전단강도 2. 흙의 전단특성 3. 전단시험 4. 간극수압계수 5. 응력경로
			6. 토압	1. 토압의 종류 2. 토압 이론 3. 구조물에 작용하는 토압 4. 옹벽 및 보강토옹벽의 안정

출제기준 INFORMATION

필기과목명	문제수	주요항목	세부항목	세세항목
토질 및 기초	20	1. 토질역학	7. 흙의 다짐	1. 흙의 다짐특성 2. 흙의 다짐시험 3. 현장다짐 및 품질관리
			8. 사면의 안정	1. 사면의 파괴거동 2. 사면의 안정해석 3. 사면안정 대책공법
			9. 지반조사 및 시험	1. 시추 및 시료 채취 2. 원위치 시험 및 물리탐사 3. 토질시험
		2. 기초공학	1. 기초일반	1. 기초일반 2. 기초의 형식
			2. 얕은기초	1. 지지력 2. 침하
			3. 깊은기초	1. 말뚝기초 지지력 2. 말뚝기초 침하 3. 케이슨기초
			4. 연약지반개량	1. 사질토 지반개량공법 2. 점성토 지반개량공법 3. 기타 지반개량공법
상하수도 공학	20	1. 상수도 계획	1. 상수도 시설 계획	1. 상수도의 구성 및 계통 2. 계획급수량의 산정 3. 수원 4. 수질기준
			2. 상수관로 시설	1. 도수, 송수계획 2. 배수, 급수계획 3. 펌프장 계획
			3. 정수장 시설	1. 정수방법 2. 정수시설 3. 배출수 처리시설
		2. 하수도 계획	1. 하수도 시설계획	1. 하수도의 구성 및 계통 2. 하수의 배제방식 3. 계획하수량의 산정 4. 하수의 수질
			2. 하수관로 시설	1. 하수관로 계획 2. 펌프장 계획 3. 우수조정지 계획
			3. 하수처리장 시설	1. 하수처리 방법 2. 하수처리 시설 3. 오니(Sludge)처리 시설

■ 토목산업기사

• 직무분야 : 건설	• 중직무분야 : 토목	• 자격종목 : 토목산업기사	• 적용기간 : 2026.1.1. ~ 2027.12.31.
• 직무내용 : 도로, 공항, 철도, 하천, 교량, 댐, 터널, 상하수도, 사면, 항만 및 해양시설물 등 다양한 건설사업을 계획, 설계, 시공, 관리 등을 수행			
• 필기검정방법 : 객관식	• 문제수 : 60		• 시험시간 : 1시간 30분

필기과목명	문제수	주요항목	세부항목	세세항목
구조설계	20	1. 역학적인 개념 및 건설 구조물의 해석	1. 힘과 모멘트	1. 힘 2. 모멘트
			2. 단면의 성질	1. 단면 1차 모멘트와 도심 2. 단면 2차 모멘트 3. 단면 상승 모멘트 4. 회전반경 5. 단면계수
			3. 재료의 역학적 성질	1. 응력과 변형률 2. 탄성계수
			4. 정정구조물	1. 반력 2. 전단력 3. 휨모멘트
			5. 보의 응력	1. 휨응력 2. 전단응력
			6. 보의 처짐	1. 보의 처짐 2. 보의 처짐각 3. 기타 처짐 해법
			7. 기둥	1. 단주 2. 장주
		2. 철근콘크리트 및 강구조	1. 철근콘크리트	1. 설계일반 2. 설계하중 및 하중조합 3. 휨과 압축 4. 전단 5. 철근의 정착과 이음 6. 슬래브, 벽체, 기초, 옹벽 등의 구조물 설계
			2. 프리스트레스트 콘크리트	1. 기본개념 및 재료 2. 도입과 손실
			3. 강구조	1. 기본개념 2. 인장 및 압축부재 3. 휨부재 4. 접합 및 연결

출제기준 INFORMATION

필기과목명	문제수	주요항목	세부항목	세세항목
측량 및 토질	20	1. 측량학 일반	1. 측량기준 및 오차	1. 측지학개요 2. 좌표계와 측량원점 3. 국가기준점 4. 측량의 오차와 정밀도
		2. 기준점 측량	1. 위성측위시스템(GNSS)	1. 위성측위시스템(GNSS) 개요 2. 위성측위시스템(GNSS) 활용
			2. 삼각측량	1. 삼각측량의 개요 2. 삼각측량의 방법 3. 수평각 측정 및 조정
			3. 다각측량	1. 다각측량 개요 2. 다각측량 외업 3. 다각측량 내업
			4. 수준측량	1. 정의, 분류, 용어 2. 야장기입법 3. 교호수준측량
		3. 응용측량	1. 지형측량	1. 지형도 표시법 2. 등고선의 일반개요 3. 등고선의 측정 및 작성 4. 공간정보의 활용
			2. 면적 및 체적 측량	1. 면적계산 2. 체적계산
			3. 노선측량	1. 노선측량 개요 및 방법(추가) 2. 중심선 및 종횡단 측량 3. 단곡선 계산 및 이용방법 4. 완화곡선의 종류 및 특성 5. 종곡선의 종류 및 특성
			4. 하천측량	1. 하천측량의 개요 2. 하천의 종횡단측량
		4. 토질역학	1. 흙의 물리적 성질과 분류	1. 흙의 기본성질 2. 흙의 구성 3. 흙의 입도분포 4. 흙의 소성특성 5. 흙의 분류
			2. 흙속에서의 물의 흐름	1. 투수계수 2. 물의 2차원 흐름 3. 침투와 파이핑

필기과목명	문제수	주요항목	세부항목	세세항목
측량 및 토질	20	4. 토질역학	3. 지반 내의 응력분포	1. 지중응력 2. 유효응력과 간극수압 3. 모관현상
			4. 흙의 압밀	1. 압밀이론 2. 압밀시험 3. 압밀도
			5. 흙의 전단강도	1. 흙의 파괴이론과 전단강도 2. 흙의 전단특성 3. 전단시험 4. 간극수압계수
			6. 토압	1. 토압의 종류 2. 토압 이론
			7. 흙의 다짐	1. 흙의 다짐특성 2. 흙의 다짐시험
			8. 사면의 안정	1. 사면의 파괴거동
		5. 기초공학	1. 기초일반	1. 기초일반 2. 기초의 종류 및 특성
			2. 지반조사	1. 시추 및 시료 채취 2. 원위치 시험 및 물리탐사
			3. 얕은기초와 깊은기초	1. 지지력 2. 침하
			4. 연약지반개량	1. 사질토 지반개량공법 2. 점성토 지반개량공법 3. 기타 지반개량공법
수자원설계	20	1. 수리학	1. 물의 성질	1. 점성계수 2. 압축성 3. 표면장력 4. 증기압
			2. 정수역학	1. 압력의 정의 2. 정수압 분포 3. 정수력 4. 부력
			3. 동수역학	1. 오일러방정식과 베르누이식 2. 흐름의 구분 3. 연속방정식 4. 운동량방정식 5. 에너지 방정식

출제기준 INFORMATION

필기과목명	문제수	주요항목	세부항목	세세항목
수자원설계	20	1. 수리학	4. 관수로	1. 마찰손실 2. 기타 손실 3. 관망 해석
			5. 개수로	1. 효율적 흐름 단면 2. 비에너지 및 도수 3. 점변 부등류 4. 오리피스 및 위어
		2. 상수도계획	1. 상수도 시설 계획	1. 상수도의 구성 및 계통 2. 계획급수량의 산정 3. 수원 4. 수질기준
			2. 상수관로 시설	1. 도수, 송수계획 2. 배수, 급수계획 3. 펌프장 계획
			3. 정수장 시설	1. 정수방법 2. 정수시설 3. 배출수 처리시설
		3. 하수도계획	1. 하수도 시설계획	1. 하수도의 구성 및 계통 2. 하수의 배제방식 3. 계획하수량의 산정 4. 하수의 수질
			2. 하수관로 시설	1. 하수관로 계획 2. 펌프장 계획 3. 우수조정지 계획
			3. 하수처리장 시설	1. 하수처리 방법 2. 하수처리 시설 3. 오니(Sludge)처리 시설

CHAPTER 01 흙의 기본적 성질

1. 흙의 생성 ··· 2
2. 흙의 구성과 물리적 성질 ·· 4
3. 비체적으로 나타낸 삼상구조 ··· 6
4. 단위중량(밀도) ··· 10
5. 상대밀도 ··· 12
6. 흙의 연경도 ·· 14
7. 활성도 ·· 16

CHAPTER 02 흙의 분류

1. 흙의 분류 ··· 26
2. 입도 ··· 28
3. 입도시험 결과의 이용 ·· 30
4. 균등계수와 곡률계수 ·· 32
5. 통일 분류법 ·· 34
6. AASHTO 분류법 ··· 38

CHAPTER 03 지반 내의 물의 흐름

1. 모세관 현상 ·· 44
2. Darcy의 법칙 ·· 46
3. 투수계수(k) ··· 48
4. 투수계수(k)의 측정 ·· 50
5. 성토층의 투수계수 ··· 52
6. 유선망 ·· 54
7. 널말뚝의 침투유량(Q) 계산 ·· 56

CHAPTER 04 흙의 동해

1. 흙의 동해 ········· 68

CHAPTER 05 유효응력

1. 유효응력(σ') ········· 76
2. 유효응력의 형태 ········· 78
3. 모세관 현상이 발생할 때의 유효응력 ········· 80
4. 침투가 없는 포화토층 내의 유효응력 ········· 82
5. 상향침투가 있는 포화토층 내의 유효응력 ········· 84
6. 하향침투가 있는 포화토층 내의 유효응력 ········· 86
7. 널말뚝의 침투 ········· 88
8. 분사현상 ········· 90

CHAPTER 06 지중응력

1. 집중하중에 의한 지중응력 ········· 100
2. 선하중에 의한 지중응력 ········· 102
3. 구형(직사각형) 등분포하중 작용 ········· 104
4. 간편법에 의한 지중응력 ········· 106
5. 접지압 ········· 106

CHAPTER 07 압밀

1. 압밀침하현상 ········· 114
2. 시간침하곡선의 성과표 ········· 116

3 간극비 하중($e - \log P$) 곡선 ········· 120
4 선행압밀하중 ········· 122
5 압밀도 ········· 124
6 압밀침하량(ΔH) ········· 126
7 배수거리와 압밀시간과의 관계 ········· 126
8 압축지수와 팽창지수를 고려한 압밀침하량 ········· 128

CHAPTER 08 전단강도

1 수직응력과 전단강도 ········· 138
2 흙의 전단강도 ········· 140
3 Mohr 응력원 ········· 142
4 직접 전단시험 ········· 146
5 일축압축시험 ········· 148
6 삼축압축시험 ········· 152
7 3축 압축 시 전단시험의 배수방법 ········· 154
8 점토의 강도증가율 ········· 158
9 응력경로(Stress Path) ········· 158
10 간극수압계수 ········· 162
11 사질토의 전단특성 ········· 164

CHAPTER 09 수평토압

1 토압의 종류 ········· 178
2 토압이론 ········· 180
3 Rankine의 토압계수 ········· 182
4 Rankine의 토압계산 ········· 184

CHAPTER 10 흙의 다짐

1. 흙의 다짐 196
2. 다짐곡선 198
3. 다짐한 흙의 특성 200
4. 다짐한 흙의 공학적 특성 202
5. 현장 다짐 204
6. CBR 시험(노상토 지지력비 시험) 206

CHAPTER 11 사면의 안정

1. 사면의 종류 216
2. 유한사면의 안전율(평면 파괴면) 220
3. 유한사면의 안정해석(원호파괴면) 222
4. 무한사면의 안정해석 226

CHAPTER 12 지반조사

1. 토질조사 236
2. 보링(Boring) 236
3. 시료 채취(Sampling) 238
4. 사운딩(Sounding) 240
5. 표준관입시험(S.P.T) 242
6. 평판재하시험(P.B.T) 244

CHAPTER 13 직접기초

1. 직접기초 ·· 258
2. Terzaghi의 수정지지력 ··· 260
3. 기타 지지력 공식 ·· 264
4. 직접기초의 굴착공법 ·· 264
5. 편심하중을 받는 기초 ·· 266
6. 보상기초 ·· 266

CHAPTER 14 깊은 기초

1. 말뚝기초의 분류 ·· 274
2. 기성 및 현장타설 콘크리트 말뚝 ··································· 274
3. 단항과 군항 ··· 276
4. 말뚝의 지지력 ·· 278
5. 동역학적 지지력 공식(항타공식) ···································· 280
6. 주면마찰력과 부마찰력 ·· 282
7. 피어(Pier) 기초 ·· 284
8. 케이슨(Caisson) 기초 ·· 286

CHAPTER 15 지반개량공법

1. 지반개량공법의 종류 ·· 296
2. Sand Drain 공법 ··· 298
3. Paper Drain 공법 ·· 300
4. Pre-loading 공법 ··· 300
5. 압성토 공법 ··· 302
6. 동다짐 공법 ··· 302
7. 토목섬유 ·· 302

이책의 차례 CONTENTS

부록 1 과년도 출제문제

토목기사	2015년 제1회 기출문제	/ 308
토목기사	2015년 제2회 기출문제	/ 316
토목기사	2015년 제4회 기출문제	/ 324
토목기사	2016년 제1회 기출문제	/ 333
토목기사	2016년 제2회 기출문제	/ 342
토목기사	2016년 제4회 기출문제	/ 351
토목기사	2017년 제1회 기출문제	/ 359
토목기사	2017년 제2회 기출문제	/ 368
토목기사	2017년 제4회 기출문제	/ 376
토목기사	2018년 제1회 기출문제	/ 384
토목기사	2018년 제2회 기출문제	/ 392
토목기사	2018년 제3회 기출문제	/ 400
토목기사	2019년 제1회 기출문제	/ 408
토목기사	2019년 제2회 기출문제	/ 416
토목기사	2019년 제3회 기출문제	/ 425
토목기사	2020년 제1·2회 기출문제	/ 434
토목기사	2020년 제3회 기출문제	/ 442
토목기사	2020년 제4회 기출문제	/ 451
토목기사	2021년 제1회 기출문제	/ 456
토목기사	2021년 제2회 기출문제	/ 460
토목기사	2021년 제3회 기출문제	/ 464
토목기사	2022년 제1회 기출문제	/ 468
토목기사	2022년 제2회 기출문제	/ 472
토목기사	2022년 제3회 CBT 복원문제	/ 476
토목기사	2023년 제1~3회 CBT 복원문제	/ 480
토목기사	2024년 제1~3회 CBT 복원문제	/ 494
토목기사	2025년 제1~3회 CBT 복원문제	/ 509

토목산업기사	2015년 제1회 기출문제	/ 312
토목산업기사	2015년 제2회 기출문제	/ 320
토목산업기사	2015년 제4회 기출문제	/ 329
토목산업기사	2016년 제1회 기출문제	/ 338
토목산업기사	2016년 제2회 기출문제	/ 347
토목산업기사	2016년 제4회 기출문제	/ 355
토목산업기사	2017년 제1회 기출문제	/ 364
토목산업기사	2017년 제2회 기출문제	/ 372
토목산업기사	2017년 제4회 기출문제	/ 380
토목산업기사	2018년 제1회 기출문제	/ 388
토목산업기사	2018년 제2회 기출문제	/ 396
토목산업기사	2018년 제4회 기출문제	/ 404
토목산업기사	2019년 제1회 기출문제	/ 412
토목산업기사	2019년 제2회 기출문제	/ 421
토목산업기사	2019년 제4회 기출문제	/ 430
토목산업기사	2020년 제1·2회 기출문제	/ 438
토목산업기사	2020년 제3회 기출문제	/ 447

※ 토목기사는 2022년 3회, 토목산업기사는 2020년 4회 시험부터 CBT(Computer–Based Test)로 전면 시행됩니다.

부록 2 | 파이널 핵심정리

1. 흙의 기본적 성질 ··· 526
2. 흙의 분류 ··· 527
3. 지반 내 물의 흐름 ··· 527
4. 동상 ·· 529
5. 유효응력 ·· 529
6. 지중응력 ·· 531
7. 압밀 ·· 531
8. 전단강도 ·· 532
9. 토압 ·· 534
10. 다짐 ·· 535
11. 사면의 안정 ··· 536
12. 지반조사 ·· 537
13. 직접 기초 ·· 538
14. 깊은 기초 ·· 540
15. 지반 개량공법 ·· 541

CHAPTER

01

흙의 기본적 성질

01 흙의 생성
02 흙의 구성과 물리적 성질
03 비체적으로 나타낸 삼상구조
04 단위중량(밀도)
05 상대밀도
06 흙의 연경도
07 활성도

01 흙의 생성

1. 지각

지각	내용
화성암	지구 중심에 있던 암장이 지표에서 냉각 응고된 암석
퇴적암	토출된 암석이 바람, 물, 빙하 등의 물리적 작용에 의해 퇴적된 암석
변성암	지중에 묻혀있는 화성암 또는 지열 지압으로 변질된 암석
운반토	풍화작용에 의해 생성된 흙이 다른 장소로 운반된 흙
잔적토 (잔류토)	풍화작용에 의해 생성된 흙이 운반되지 않고 원래 암반상에 남아서 토층을 형성하고 있는 흙

2. 비점성토의 입자구조

단립구조(사질토)	봉소(벌집)구조
① 입경이 0.02mm 이상인 큰 입자(안정성이 크다.) ② 입자 사이에 인력이나 점착력이 없이 입자 간 마찰력으로 구성되는 구조	① 미세한 모래와 실트가 작은 아치를 형성한 고리모양의 구조 ② 단립구조보다 간극(간극비)이 크고 충격에 약하다(충격하중을 받으면 흙 구조가 부서짐).

3. 점성토의 입자구조

면모(응집)구조	이산(분산, 랜덤)구조
① 면모구조는 점토입자로 결합(이산구조보다 투수성, 전단강도가 크다.) ② 면대단의 구조 ③ 기초지반 흙으로 부적당	① 면모구조보다 투수성, 강도가 작다. ② 면대면의 구조 ③ 자연 점토 시료를 되비빔(remolding)한 구조

GUIDE

- **지각**(earth crust)
  지구의 표면을 둘러싸고 있는 부분

- **해성점토**
  바다에 존재하는 염분 때문에 입자들이 엉성하게 면모구조를 하고 있는 점토이며 압축성이 대단히 크고 연약함

- **비점성토(사질토)**
  모래나 자갈과 같이 찰진 느낌이 없는 흙(중력에 의존)

- **점성토**
  점토와 같이 찰진 느낌을 나타내는 흙(전기력에 의존)

- **투수성**
  모래 > 점토

- **간극**
  모래 > 점토

예/상/문/제

01 풍화작용에 의하여 분해되어 원위치에서 이동하지 않고 모암의 광물질을 덮고 있는 상태의 흙은?

① 호상토(lacustrine soil)
② 충적토(alluvial soil)
③ 빙적토(glacial soil)
④ 잔적토(residual soil)

해설
잔적토
풍화작용에 의해 생성된 흙이 운반되지 않고 남아 있는 것

02 미세한 모래와 실트가 작은 아치를 형성한 고리모양의 구조로서 간극비가 크고 보통의 정적 하중을 지탱할 수 있으나 무거운 하중 또는 충격 하중을 받으면 흙 구조가 부서지고 큰 침하가 발생하는 흙의 구조는?

① 면모구조
② 벌집구조
③ 분산구조
④ 중구조

해설
벌집구조(봉소구조)
- 미세한 모래와 실트가 작은 아치를 형성한 고리모양의 구조
- 간극비가 크고 충격에 약하다(충격하중을 받으면 흙 구조가 부서짐).

03 실트, 점토가 물속에서 침강하여 이루어진 구조로 단립구조보다 간극비가 크고 충격과 진동에 약한 흙의 구조는?

① 분산구조
② 면모구조
③ 낱알구조
④ 봉소구조

해설
봉소구조
단립구조보다 간극이 크고 충격, 진동에 약하다.

04 흙 속에서의 물의 흐름에 대한 설명으로 틀린 것은?

① 흙의 간극은 서로 연결되어 있어 간극을 통해 물이 흐를 수 있다.
② 특히 사질토의 경우에는 실험실에서 현장 흙의 상태를 재현하기 곤란하기 때문에 현장에서 투수시험을 실시하여 투수계수를 결정하는 것이 좋다.
③ 점토가 이산구조로 퇴적되었다면 면모구조인 경우보다 더 큰 투수계수를 갖는 것이 보통이다.
④ 흙이 포함되지 않았다면 포화된 경우보다 투수계수는 낮게 측정된다.

해설

면모(응집)구조	이산(분산)구조
투수성이 크다.	투수성이 작다.
면대단의 구조	면대면의 구조
전단강도가 크다.	전단강도가 작다.

05 자연 점토시료를 함수비가 변하지 않은 상태로 되비빔(remolding)하였다. 그 구조는 다음 중 어느 것인가?

① 단립구조
② 봉소구조
③ 이산(분산)구조
④ 면모구조

해설
이산(분산, 랜덤)구조
- 면모구조보다 투수성, 강도가 작다.
- 면대면의 구조
- 자연점토 시료를 되비빔(remolding)한 구조

06 점토광물과 가장관계가 먼 것은?

① 격자구조(sheet)
② 결정구조(crystal)
③ Kaolinite
④ 단립구조

해설
단립구조는 비점성토(사질토)이다.

정답 01 ④ 02 ② 03 ④ 04 ③ 05 ③ 06 ④

02 흙의 구성과 물리적 성질

1. 체적, 중량과 관련되는 값

흙(Soil) 속에 포함된 재료	체적	중량
흙입자(토립자, Soil Particle)	V_s	W_s
물(Water)	V_w	W_w
공기(Air)	V_a	−

2. 흙의 3상(주상도)

흙의 3상도				
간극(Void)	물 + 공기	간극의 체적(V_v)		$V_w + V_a$
총체적(V)	$V_s + V_v(V_w + V_a)$	총 중량(W)		$W_s + W_w$

3. 흙의 상대정수

부피와 관계된 상대정수		중량과 관계된 상대정수	
간극비(e)	$e = \dfrac{V_v}{V_s}$	함수비(ω)	$\omega = \dfrac{W_w}{W_s} \times 100$
간극률(n)	$n = \dfrac{V_v}{V} \times 100$	함수율(ω')	$\omega' = \dfrac{W_w}{W} \times 100$
포화도(S)	$S = \dfrac{V_w}{V_v} \times 100$	비중(G_s)	$G_s = \dfrac{W_s}{W_w}$
체적과 중량의 상호관계		$G_s \cdot \omega = S \cdot e$	

$$S = \dfrac{V_w}{V_v} = \dfrac{\frac{W_w}{\gamma_w}}{V_v} = \dfrac{\frac{\omega W_s}{\gamma_w}}{V_v} = \dfrac{\frac{\omega(G_s V_s \gamma_w)}{\gamma_w}}{V_v} = \dfrac{\omega G_s V_s}{V_v} = \dfrac{\omega G_s}{e}$$

GUIDE

- 흙은 비압축성, 비균질, 비등방성

- 흙(Soil)의 구성
  흙입자(Soil Particle) + 간극(Void)

- 간극의 구성
  물(Water) + 공기(Air)

- 흙의 3상
  흙을 구성하고 있는 세 가지 성분(흙입자, 물, 공기)의 체적 및 무게 사이의 관계를 나타낸 그림

- 포화도에 따른 흙의 상태

$S = 0$	건조토
$0 < S < 100(\%)$	습윤토
$S = 100(\%)$	포화토

- ~비
  $$\dfrac{일부분}{일부분(기준)}$$

- ~율
  $$\dfrac{일부분}{전체} \times 100$$

- 포화도(S)가 100%이면
  $V_w = V_v = W_w$

- 물의 단위중량(밀도, 4℃)
  $$\gamma_w = \dfrac{W_w}{V_w} = 1\text{g/cm}^3 = 1\text{t/m}^3$$
  $$= 9.8\text{kN/m}^3$$

예 / 상 / 문 / 제

01 토립자 부분의 부피(V_s)를 1이라 할 때 흙의 공극에 들어있는 물의 부피(V_w)를 나타내는 것은?

① $S \cdot e$ ② $S-e$
③ $S+e$ ④ e

[해설]

간극비
$$e = \frac{V_v}{V_s}, \quad V_v = e \times V_s = e \times 1 = e$$

포화도
$$S = \frac{V_w}{V_v} = \frac{V_w}{e}$$
$$\therefore V_w = S \cdot e$$

02 흙의 삼상에서 흙만의 체적 "1"로 가정하는 경우 물만의 무게는 다음 중 어느 것인가?

① $e \cdot \gamma_w$ ② $\frac{w}{100}\gamma_w$
③ $\frac{w \cdot e}{100}\gamma_w$ ④ $\frac{S \cdot e}{100}\gamma_w$

[해설]

포화도
$$S = \frac{V_w}{V_v} \times 100, \quad \therefore V_w = \frac{S \cdot V_v}{100}$$

간극비
$$e = \frac{V_v}{V_s}, \quad \therefore V_v = e \times V_s$$

물의 단위중량
$$\gamma_w = \frac{W_w}{V_w}, \quad \therefore W_w = V_w \cdot \gamma_w$$
$$\therefore W_w = V_w \gamma_w = \frac{S \cdot V_v}{100}\gamma_w$$
$$= \frac{S \cdot (e \cdot V_s)}{100}\gamma_w = \frac{S \cdot e}{100}\gamma_w$$

03 포화상태에 있는 흙의 함수비가 40%이고, 비중이 2.60이다. 이 흙의 공극비는 얼마인가?

① 0.65 ② 0.065
③ 1.04 ④ 1.40

[해설]

간극비(공극비, e)
$$G_s \cdot \omega = S \cdot e$$
$$\therefore e = \frac{G_s \cdot \omega}{S} = \frac{2.60 \times 40}{100} = 1.04$$

04 포화도가 100%인 시료의 체적이 1,000cm³이었다. 노건조 후에 무게를 측정한 결과 물의 무게(W_w)가 400g이었다면 이 시료의 간극률(n)은 얼마인가?

① 15% ② 20%
③ 40% ④ 60%

[해설]

간극률(n) = $\frac{V_v}{V} \times 100$

- $V = 1,000\text{cm}^3$
- V_v
  ㉠ 포화도 100% → $V_w = V_v$
  ㉡ $\gamma_w = \frac{W_w}{V_w} = \frac{400g}{V_w} = 1\text{g/cm}^3$
  따라서 $V_w = 400\text{cm}^3 = V_v$

$$\therefore 간극률(n) = \frac{V_v}{V} \times 100 = \frac{400}{1,000} \times 100 = 40\%$$

05 흙의 비중이 2.60, 함수비 30%, 간극비 0.80일 때 포화도는?

① 24.0% ② 62.0%
③ 78.0% ④ 97.5%

[해설]

$$G_s \cdot \omega = S \cdot e$$
$$S = \frac{G_s \cdot \omega}{e} = \frac{2.60 \times 30}{0.8} = 97.5\%$$

정답 01 ① 02 ④ 03 ③ 04 ③ 05 ④

03 비체적으로 나타낸 삼상구조

1. 토립자의 체적을 1로($V_s = 1$) 가정할 때 흙의 삼상

비체적으로 나타낸 흙의 삼상 관계

Volume 측:
- $V = 1 + e$
- $V_v = e$
- V_u
- $V_w = Se$
- $V_s = 1$

구성: 공기 / 물 / 토립자(흙입자)

Weight 측:
- $W = (G_s + Se)\gamma_w$
- $W_w = Se\gamma_w$
- $W_s = G_s\gamma_w$

[GUIDE]

• 비체적
 $V_s = 1$일 때의 체적
 $V = 1 + e$

• $V_v = e$
 $e = \dfrac{V_v}{V_s}$, $V_v = e \times V_s$
 ∴ $V_v = e(V_s = 1)$

2. 간극비, 간극률

부피와 관계된 상대정수		식	e와 n의 관계식
간극비(e)	흙 속의 토립자와 공극의 부피비율	$e = \dfrac{V_v}{V_s}$ $V_v = e \times V_s$ $= e \times 1 = e$	$e = \dfrac{n}{1-n}$
간극률(n)	흙 전체와 공극의 부피비율 ($0 \leq n \leq 100\%$)	$n = \dfrac{V_v}{V} \times 100$	$n = \dfrac{e}{1+e} \times 100$
포화도(S)	공극 중에 물이 차 있는 비율	$S = \dfrac{V_w}{V_v} \times 100$, $V_w = S \times V_v = S \cdot e$	
만약 $S = 1(100\%)$		$V_w = V_v = W_w$	

$n = \dfrac{V_v}{V} = \dfrac{V_w}{V}$ ($S = \dfrac{V_w}{V_v} = 1$, $V_w = V_v$, $\gamma_w = \dfrac{W_w}{V_w} = 1$)

• 투수성
 모래 > 점토

• 간극
 모래 > 점토

• 간극비(e)
 모래 < 점토
 (입경이 작을수록 일정한 부피의 흙속에 빈 공간이 많다.)

• 포화도에 따른 흙의 상태

$S = 0$	건조토
$0 < S < 100(\%)$	습윤토
$S = 100(\%)$	포화토

3. 함수비, 함수율

면적과 관계된 상대정수		식	ω와 ω'의 관계식
함수비(ω)	흙 속의 토립자와 물의 무게와의 비율	$\omega = \dfrac{W_w}{W_s} \times 100$	$\omega = \dfrac{\omega'}{1 - \omega'}$
함수율(ω')	흙 전체와 물의 무게와의 비율	$\omega' = \dfrac{W_w}{W} \times 100$	$\omega' = \dfrac{\omega}{1 + \omega}$

• 실험을 통해 함수비를 구하는 식
$$\omega = \dfrac{W_w}{W_s} = \dfrac{W - W_s}{W_s}$$
$$= \dfrac{젖은 흙무게 - 마른 흙무게}{마른 흙무게}$$
$$= \dfrac{물의 무게}{흙입자만의 무게}$$

• W_s
 건조시킨 흙 중량

예 / 상 / 문 / 제

01 흙의 삼상(三相)에서 흙입자인 고체부분만의 체적을 "1"로 가정한다면 공기부분만이 차지하는 체적은 다음 중 어느 것인가?(단, 포화도 S 및 간극률 n은 %이다.)

① $e \cdot (1 - \dfrac{S}{100})$ ② $\dfrac{S \cdot e}{100}$

③ $\dfrac{n}{100} \cdot (1 - \dfrac{S}{100})$ ④ $\dfrac{S \cdot e}{10,000}$

해설

$V_s = 1$일 때

$e = \dfrac{V_v}{V_s} = \dfrac{V_a + V_w}{1} = \dfrac{V_a + S \cdot e}{1}$

$\therefore V_a = e - Se = e(1-S) = e(1 - \dfrac{S}{100}\%)$

02 흙의 구성도에서 체적 V를 1로 했을 때의 간극의 체적은?(단, 간극률 n, 함수비 ω, 흙입자의 비중 G_s, 물의 단위무게 γ_w)

① n ② ωG_s

③ $\gamma_w(1-n)$ ④ $[G_s - n(G_s - 1)]\gamma_w$

해설

$V = 1$일 때

간극률$(n) = \dfrac{V_v}{V} \times 100 = \dfrac{V_v}{1} \times 100$

$\therefore V_v = n$

03 포화도가 75%이고, 비중이 2.60인 흙에 대한 함수비는 15%였다. 이 흙의 공극률은?

① 74.3%   ② 68.2%
③ 50.5%   ④ 34.2%

해설

공극률$(n) = \dfrac{V_v}{V} \times 100 = \dfrac{e}{1+e} \times 100$

$G_s \cdot \omega = S \cdot e$

$(2.60 \times 0.15 = 0.75 \times e \quad \therefore e = 0.52)$

$\therefore$ 공극률$(n) = \dfrac{e}{1+e} = \dfrac{0.52}{1+0.52} \times 100 = 34.2\%$

04 직경 60mm, 높이 20mm인 점토시료의 습윤중량이 250g, 건조로에서 건조시킨 후의 중량이 200g이었다. 함수비는?

① 20%   ② 25%   ③ 30%   ④ 40%

해설

함수비$(\omega) = \dfrac{W_w}{W_s} \times 100$

• $W_w = W - W_s = 250 - 200 = 50g$ • $W_s = 200g$

$\therefore \omega = \dfrac{W_w}{W_s} = \dfrac{50}{200} \times 100 = 25\%$

05 흙의 함수비 측정시험을 하였다. 먼저 용기의 무게를 잰 결과 10g이었다. 시료를 용기에 넣은 무게를 재니 35g, 그대로 건조시킨 무게는 25g이었다. 함수비는 얼마인가?

① 35%   ② 55%   ③ 67%   ④ 80%

해설

함수비$(\omega) = \dfrac{W_w}{W_s} \times 100 = \dfrac{물의\ 무게}{흙입자만의\ 무게} \times 100$

$= \dfrac{35 - 25}{25 - 10} \times 100 = 67\%$

06 그림과 같이 흙입자가 크기가 균일한 구(직경 : d)로 배열되어 있을 때 간극비는?

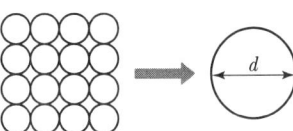

① 0.91   ② 0.71   ③ 0.51   ④ 0.35

해설

간극비$(e) = \dfrac{V_v}{V_s} = \dfrac{V - V_s}{V_s}$

• V(흙 전체의 체적) $= 4d \times 4d \times d = 16d^3$

• V_s(흙 입자의 체적) $= \dfrac{4}{3}\pi r^3 \times$ 토립자의 개수

$= \dfrac{4}{3}\pi \times \left(\dfrac{d}{2}\right)^3 \times 16 = \dfrac{8}{3}\pi d^3$

$\therefore e = \dfrac{V - V_s}{V_s} = \dfrac{16d^3 - \dfrac{8}{3}\pi d^3}{\dfrac{8}{3}\pi d^3} = 0.91$

정답 01 ① 02 ① 03 ④ 04 ② 05 ③ 06 ①

4. 무게

흙 입자 만의 무게(W_s)	물 만의 무게(W_w)
함수비$(\omega) = \dfrac{W_w}{W_s} = \dfrac{W-W_s}{W_s} \times 100$ $\therefore W_s = \dfrac{W}{1+\dfrac{\omega}{100}}$	함수비$(\omega) = \dfrac{W_w}{W_s} = \dfrac{W_w}{W-W_w} \times 100$ $\therefore W_w = \dfrac{\omega W}{100+\omega}$

5. 부피와 무게의 관계

부피와 중량의 관계	식 유도
$V_w = S\,e$	$S = \dfrac{V_w}{V_v}, \quad V_w = S\,V_v = S\,e$
$W_w = S\,e\,\gamma_w$	$\gamma_w = \dfrac{W_w}{V_w}, \quad W_w = V_w\,\gamma_w = S\,e\,\gamma_w$

GUIDE

- 포화도(S)=100%
  $V_v = V_w = W_w = W - W_s$

- $S = 100\%$일 때 간극비는?
  $e = G_s \cdot \omega$
  $(G_s \cdot \omega = S \cdot e)$

6. 흙입자의 비중(G_s)

비중(진비중)	식
① 흙입자 중량에 대한 흙입자 체적과 동일한 체적의 물 중량의 비를 말함 ② 일반적으로 토질에서는 15℃에 대한 흙입자의 비중으로 나타낸다. ③ 대부분의 흙의 비중은 2.60~2.75이다.	$G_s = \dfrac{W_s}{V_s\gamma_w} = \dfrac{\gamma_s}{\gamma_w}$ W_s : 토립자만의 무게 V_s : 토립자만의 체적 γ_s : 토립자의 단위중량

- $\gamma_s = \dfrac{W_s}{V_s}$

7. 정리

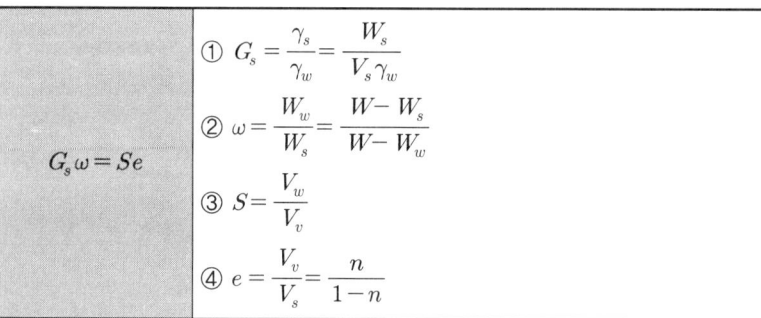

$G_s\omega = Se$

① $G_s = \dfrac{\gamma_s}{\gamma_w} = \dfrac{W_s}{V_s\gamma_w}$

② $\omega = \dfrac{W_w}{W_s} = \dfrac{W-W_s}{W-W_w}$

③ $S = \dfrac{V_w}{V_v}$

④ $e = \dfrac{V_v}{V_s} = \dfrac{n}{1-n}$

- $Se = V_w$
- $V_s = V - V_v$

예 / 상 / 문 / 제

01 어떤 흙의 중량이 4.41N이고 함수비가 20%인 경우 이 흙을 완전히 건조시켰을 때의 중량은 얼마인가?

① 3.53N   ② 4.24N
③ 3.99N   ④ 3.67N

[해설]

- 함수비$(\omega) = \dfrac{W_w}{W_s} = \dfrac{W - W_s}{W_s}$

- $0.2 = \dfrac{4.41 - W_s}{W_s}$

$\therefore W_s = 375\text{g}$

02 함수비 18%의 흙 500kg을 함수비 24%로 만들려고 한다. 추가해야 하는 물의 양은?

① 80.41kg(788.018N)   ② 54.52kg(534.296N)
③ 38.92kg(381.416N)   ④ 25.43kg(249.214N)

[해설]

- 함수비 18%일 때 물의 양
  - ㉠ $\omega = \dfrac{W_w}{W_s} \times 100 = \dfrac{W_w}{W - W_w} \times 100$
  - ㉡ $0.18 = \dfrac{W_w}{500 - W_w}$
  - ㉢ $W_w = 76.27\text{kg}$ (함수비 18%)
- 함수비 24%로 증가시킬 때 물의 양
  18% : 76.27kg = 24% : W_w
  $\therefore W_w = 101.69\text{kg}$ (함수비 24%)
- 추가해야 하는 물의 양
  $101.69 - 76.27 = 25.43\text{kg}(249.214\text{N})$

03 어떤 흙 1,200g(함수비 20%)과 흙 2,600g(함수비 30%)을 섞으면 그 흙의 함수비는 약 얼마인가?

① 21.1%   ② 25.0%
③ 26.7%   ④ 29.5%

[해설]

함수비$(\omega) = \dfrac{W_w}{W_s} \times 100 = \dfrac{W_{w_1} + W_{w_2}}{W_{s_1} + W_{s_2}} \times 100$

- $W = 1,200\text{g}$ $(\omega = 20\%)$
  - ㉠ W_w(물 무게)
    - $\omega = \dfrac{W_w}{W_s} = \dfrac{W_{w_1}}{W - W_{w_1}}$
    - $0.2 = \dfrac{W_{w_1}}{1,200 - W_{w_1}}$ $\therefore W_{w_1} = 200\text{g}$
  - ㉡ W_{s_1}(흙 무게)
    - $\omega = \dfrac{W_w}{W_s} = \dfrac{W - W_{s_1}}{W_{s_1}}$
    - $0.2 = \dfrac{1,200 - W_{s_1}}{W_{s_1}}$ $\therefore W_{s_1} = 1,000\text{g}$

- $W = 2,600\text{g}$ $(\omega = 30\%)$
  - ㉠ W_{w_2}(물 무게)
    - $\omega = \dfrac{W_w}{W_s} = \dfrac{W_{w_2}}{W - W_{w_2}}$
    - $0.3 = \dfrac{W_{w_2}}{2,600 - W_{w_2}}$ $\therefore W_{w_2} = 600$
  - ㉡ W_{s_2}(흙 무게)
    - $\omega = \dfrac{W_w}{W_s} = \dfrac{W - W_{s_2}}{W_{s_2}}$
    - $0.3 = \dfrac{2,600 - W_{s_2}}{W_{s_2}}$ $\therefore W_{s_2} = 2,000\text{g}$

$\therefore$ 함수비$(\omega) = \dfrac{W_{w_1} + W_{w_2}}{W_{s_1} + W_{s_2}} \times 100$

$= \dfrac{200 + 600}{1,000 + 2,000} \times 100 = 26.7\%$

04 포화도 75%, 함수비 25%, 비중 2.70일 때 간극비는 얼마인가?

① 0.9   ② 8.1
③ 0.08   ④ 1.8

[해설]

$G_s \cdot \omega = S \cdot e$

$\therefore e = \dfrac{G \cdot \omega}{S} = \dfrac{2.7 \times 0.25}{0.75}$ $\therefore e = 0.9$

정답   01 ④   02 ④   03 ③   04 ①

04 단위중량(밀도)

1. 흙의 단위중량(밀도)

단위중량, 밀도(kN/m^3)	내용	식
1. 습윤단위중량(γ_t) $0 < S < 100$ (습윤밀도)	① 어떤 함수상태에 있는 흙의 단위중량을 의미한다. ② 시험에 의해 직접 얻는다.	$\gamma_t = \dfrac{W}{V}$ $= \dfrac{G_s + Se}{1+e}\gamma_w$
2. 건조단위중량(γ_d) $S = 0$ (건조밀도)	① 흙의 전 체적에 대한 흙 입자만의 중량비 ② 흙 입자가 얼마나 촘촘하게 들어 있는지 나타내는 값(다짐정도 기준)	$\gamma_d = \dfrac{W_s}{V}$ $= \dfrac{G_s \gamma_w}{1+e}$ $\gamma_d = \dfrac{\gamma_t}{1+\omega}$
3. 포화단위중량(γ_{sat}) $S = 100\%$ (포화밀도)	① 체적의 변화가 없이 간극 속이 물로 가득 채워졌을 때 단위중량 ② 포화도(S)는 100% 이므로 $S = 1$	$\gamma_{sat} = \dfrac{W_{sat}}{V}$ $\gamma_{sat} = \dfrac{G_s + e}{1+e}\gamma_w$
4. 수중단위중량(γ_{sub}) $\gamma_{sub} = \gamma_{sat} - \gamma_w$ (수중밀도)	① 흙이 물 속에 잠겨 있을 때 흙 입자의 중량(부력을 고려)을 수중단위중량이라 한다. ② 부력의 크기는 흙입자의 체적 만큼의 물의 중량과 같다.	$\gamma_{sub} = \dfrac{G_s - 1}{1+e}\gamma_w$

GUIDE

- **단위중량, 밀도**
  흙의 단위중량은 단위체적중량이라고도 하며 중량 대신 질량을 사용하면 밀도가 된다.

- **습윤단위중량**
  (습윤밀도)

- **흙의 단위중량의 대소관계**
  $\gamma_{sat} > \gamma_t > \gamma_d > \gamma_{sub}$

- **수중단위중량**
  물속에 잠겨 있는 무게이므로 부력만큼 가벼워진다.

  γ_t
  γ_{sat}

2. 간극비(e)를 구하는 방법

간극비(e)와 간극률(n)의 관계	$e = \dfrac{V_v}{V_s} = \dfrac{n}{1-n}$
체적과 중량의 상호관계	$G_s \cdot \omega = S \cdot e, \quad \therefore e = \dfrac{G_s \cdot \omega}{S}$
건조단위중량(γ_d)을 이용	$\gamma_d = \dfrac{W_s}{V} = \dfrac{G_s}{1+e}\gamma_w, \quad \therefore e = \dfrac{G_s}{\gamma_d}\gamma_w - 1$
습윤단위중량(γ_t)을 이용	$\gamma_t = \dfrac{W}{V} = \dfrac{G_s + Se}{1+e}\gamma_w = \dfrac{G_s + G_s\omega}{1+e}\gamma_w,$ $\therefore e = \dfrac{G_s + G_s\omega}{\gamma_t}\gamma_w - 1$

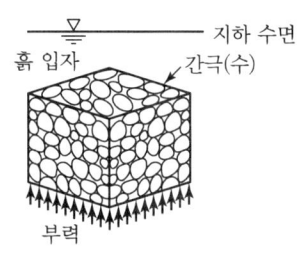

예 / 상 / 문 / 제

01 공극비 $e=0.65$, 함수비 $\omega=20.5\%$, 비중 $G_s=2.69$인 사질 점토가 있다. 이 흙의 습윤밀도는?

① 0.016N/cm^3 ② 0.019N/cm^3
③ 0.001N/cm^3 ④ 0.013N/cm^3

해설

- 습윤밀도(습윤단위중량, γ_t) $= \dfrac{W}{V} = \dfrac{(G+Se)}{1+e}\gamma_w$
- S(포화도)
  $G_s \cdot \omega = S \cdot e$
  $2.69 \times 0.205 = S \times 0.65$
  $\therefore S = 0.848$
- $\gamma_t = \dfrac{2.69 + (0.848 \times 0.65)}{1+0.65} \times 1 = 1.96\text{g/cm}^3$

$\therefore 1.96\text{g/cm}^3 \times 10^{-3}\text{kg} \times 0.95\text{N} = 0.019\text{N/cm}^3$

02 함수비가 18%, 습윤단위중량이 1.72g/cm^3인 현장토의 건조단위중량은 얼마인가?

① 1.46g/cm^3 ② 1.75g/cm^3
③ 1.94g/cm^3 ④ 2.06g/cm^3

해설

건조단위중량(γ_d, $S=0$)

$\gamma_d = \dfrac{G_s}{1+e}\gamma_w = \dfrac{\gamma_t}{1+\omega} = \dfrac{1.72}{1+0.18} = 1.46\text{g/cm}^3$

03 어떤 흙의 습윤단위중량이 20kN/m^3, 함수비 20%, 비중 $G_s=2.7$인 경우 포화도는 얼마인가? (단, 물의 단위중량은 10kN/m^3이다.)

① 86.1%   ② 87.1%
③ 95.6%   ④ 100%

해설

- 포화도(S) $= \dfrac{G_s \cdot \omega}{e}$
- e(간극비)
  $\gamma_d = \dfrac{G_s}{1+e}\gamma_w$, $\therefore e = \dfrac{G_s \cdot \gamma_w}{\gamma_d} = \dfrac{2.7 \times 10}{16.67} = 0.62$
  ($\gamma_d = \dfrac{\gamma_t}{1+\omega} = \dfrac{20}{1+0.2} = 16.67\text{kN/m}^3$)

$\therefore S = \dfrac{G_s \cdot \omega}{e} = \dfrac{2.7 \times 0.2}{0.62} = 87.1\%$

04 포화된 흙의 건조단위중량이 16.66kN/m^3이고, 함수비가 20%일 때 비중은 얼마인가?(단, 물의 단위중량은 9.81kN/m^3이다.)

① 2.58   ② 2.68
③ 2.78   ④ 2.88

해설

- $\gamma_d = \dfrac{G_s}{1+e}\gamma_w$, $16.66 = \dfrac{G_s}{1+e} \times 9.8$
- e
  $G_s \cdot \omega = S \cdot e$
  $G_s \times 0.2 = 1 \times e$ $\therefore e = 0.2G_s$
- $16.66 = \dfrac{G_s}{1+e} \times 9.8 = \dfrac{G_s}{1+0.2G_s} \times 9.8$ $\therefore G_s = 2.58$

05 100% 포화된 흐트러지지 않은 시료의 부피가 20cm^3이고 무게는 36g이었다. 이 시료를 건조로에서 건조시킨 후의 무게가 24g일 때 간극비는 얼마인가?

① 1.36   ② 1.50
③ 1.62   ④ 1.70

해설

- 간극비(e) $= \dfrac{V_v}{V_s} = \dfrac{V_v}{V-V_v}$
- $S = 100\%$
  $(V_v = V_w = W_w) = W - W_s = 36 - 24 = 12\text{cm}^3$

$\therefore e = \dfrac{V_v}{V-V_v} = \dfrac{12}{20-12} = 1.5$

■ 참고

- $S = \dfrac{V_w}{V_v} = 1$, $\therefore V_w = V_v$
- $\gamma_w = \dfrac{W_w}{V_w} = 1\text{g/cm}^3$, $\therefore W_w = V_w$

정답 01 ② 02 ① 03 ② 04 ① 05 ②

05 상대밀도

1. 상대밀도(%)

상대밀도	가장 느슨한 상태	가장 조밀한 상태
① 사질토(모래)가 느슨한 상태에 있는지 조밀한 상태에 있는지를 나타내는 것 ② 간극비나 건조밀도로 구함		
• e_{max} (최대 간극비) • e_{min} (최소 간극비) • e (자연상태 간극비)	$e = e_{max} = \gamma_{d\min}$	$e = e_{min} = \gamma_{d\max}$

- 간극비 최대
 (가장 느슨한 상태, 불안정)
 ① $e_{max} = \gamma_{d\min}$
 ② $D_r = 0(\%)$

- 간극비 최소
 (가장 조밀한 상태, 안정)
 ① $e_{min} = \gamma_{d\max}$
 ② $D_r = 100(\%)$

2. 상대밀도(D_r) 구하는 식

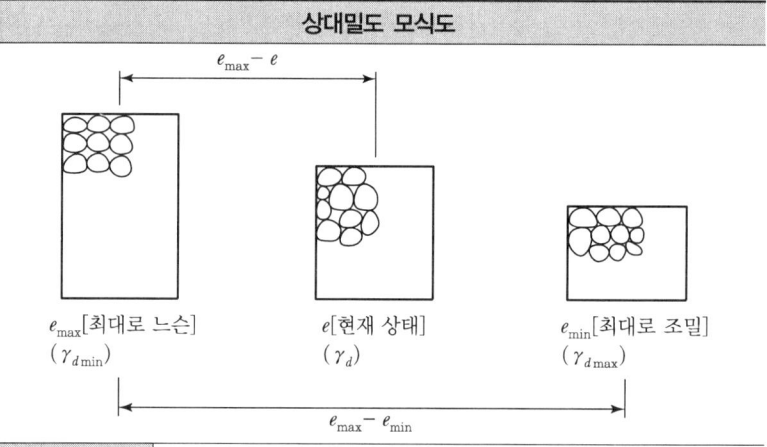

상대밀도 모식도

상대밀도 식	① $D_r = \dfrac{e_{max} - e}{e_{max} - e_{min}} \times 100(\%)$ ② $D_r = \left(\dfrac{\gamma_d - \gamma_{d\min}}{\gamma_{d\max} - \gamma_{d\min}}\right)\left(\dfrac{\gamma_{d\max}}{\gamma_d}\right) \times 100(\%)$

- e_{max} : 최대 간극비
- e_{min} : 최소 간극비
- e : 자연상태 간극비
- $\gamma_{d\max}$: 가장 조밀한 상태의 건조밀도
- $\gamma_{d\min}$: 가장 느슨한 상태의 건조밀도
- γ_d : 자연상태의 건조밀도
- $\gamma_d = \dfrac{G_s \gamma_w}{1+e}$, $\therefore e = \dfrac{G_s \gamma_w}{\gamma_d} - 1$
- $\gamma_d \propto \dfrac{1}{e}$, $\therefore \gamma_d$와 e는 반비례

- D_r : 상대밀도(%)
- D_r가 클수록 전단강도가 크다.

- 상대밀도에 따른 조밀 정도

$D_r(\%)$	조밀 정도
0~15	매우 느슨
15~35	느슨
35~65	보통
65~85	조밀
85~100	매우 조밀

예 / 상 / 문 / 제

01 어떤 시료가 조밀한 상태에 있는지, 느슨한 상태에 있는지를 나타내는 데 쓰이며, 주로 모래와 같은 조립토에서 사용되는 것은?

① 상대밀도　　② 건조밀도
③ 포화밀도　　④ 수중밀도

[해설]

- 상대밀도(D_r) : 사질토가 느슨한 상태인지 조밀한 상태인지 나타내는 데 쓰인다.
- $D_r = \left(\dfrac{\gamma_d - \gamma_{d\,\min}}{\gamma_{d\,\max} - \gamma_{d\,\min}}\right) \cdot \dfrac{\gamma_{d\,\max}}{\gamma_d} \times 100$

02 흙의 구조 조직에 관한 설명 중 옳지 않은 것은?

① 면모 구조는 공극비가 크고 압축성이 크므로 기초지반 흙으로는 부적합하다.
② 입도의 배합이 좋으면 입경이 균등한 흙보다 공극비가 적어지고 밀도가 증가한다.
③ 모래 시료가 느슨한 상태에 있는가, 조밀한 상태에 있는가는 공극비로만 구할 수 있다.
④ 봉소구조는 실트와 같은 세립자가 물속으로 침강하여 이루어진 구조이다.

[해설]

상대밀도
- 사질토(모래)의 느슨하고 조밀한 정도를 나타낸다.
- 상대밀도는 간극비(공극비)나 건조밀도로 구할 수 있다.

03 모래의 현장 간극비가 0.641, 이 모래를 채취하여 실험실에서 가장 조밀한 상태 및 가상 느슨한 상태에서 측정한 간극비가 각각 0.595, 0.685를 얻었다. 이 모래의 상대밀도는?

① 58.9%　　② 48.9%
③ 41.1%　　④ 51.1%

[해설]

상대밀도(D_r) $= \dfrac{e_{\max} - e}{e_{\max} - e_{\min}} \times 100 = \dfrac{0.685 - 0.641}{0.685 - 0.595} \times 100$
$= 48.9\%$

04 어떤 모래의 건조단위중량이 17kN/m³이고, 이 모래의 $\gamma_{d\,\max} = 18\text{kN/m}^3$, $\gamma_{d\,\min} = 16\text{kN/m}^3$ 이라면, 상대밀도는?

① 47%　　② 49%
③ 51%　　④ 53%

[해설]

상대밀도(D_r)

$D_r = \left(\dfrac{\gamma_d - \gamma_{d\,\min}}{\gamma_{d\,\max} - \gamma_{d\,\min}}\right) \times \dfrac{\gamma_{d\,\max}}{\gamma_d} \times 100$
$= \left(\dfrac{17 - 16}{18 - 16}\right) \times \dfrac{18}{17} \times 100$
$= 53\%$

05 모래지반의 현장상태 습윤단위중량을 측정한 결과 18kN/m³으로 얻어졌으며 동일한 모래를 채취하여 실내에서 가장 조밀한 상태의 간극비를 구한 결과 $e_{\min} = 0.45$, 가장 느슨한 상태의 간극비를 구한 결과 $e_{\max} = 0.92$를 얻었다. 현장상태의 상대밀도는 약 몇 %인가?(단, 모래의 비중 $G_s = 2.7$이고, 현장상태의 함수비 $\omega = 10\%$, $\gamma_w = 10\text{kN/m}^3$)

① 44%　　② 57%
③ 64%　　④ 80%

[해설]

- $\gamma_d = \dfrac{\gamma_t}{1 + \omega} = \dfrac{18}{1 + 0.1} = 16.36 \text{kN/m}^3$
- $e = \dfrac{G_s \cdot \gamma_w}{\gamma_d} - 1 = \dfrac{2.7 \times 10}{16.36} - 1 = 0.65$
- $\therefore D_r = \dfrac{e_{\max} - e}{e_{\max} - e_{\min}} \times 100$
  $= \dfrac{0.92 - 0.65}{0.92 - 0.45} \times 100 = 57\%$

정답　01 ①　02 ③　03 ②　04 ④　05 ②

06 흙의 연경도

1. 애터버그 한계(Atterberg Limits)

애터버그 한계(컨시스턴시 한계, 함수비가 변하는 경계)

① 액성한계(ω_L)
  액체상태를 나타내는 최소의 함수비

② 소성한계(ω_P)
  소성상태를 나타내는 최소의 함수비

③ 수축한계(ω_S)
  함수비를 감소시켜도 더 이상 체적이 감소되지 않는 한계의 함수비

④ 비소성(N_P) : 액성한계나 소성한계를 구할 수 없을 경우

2. 수축한계(ω_S)

수축한계	수축한계식
고체상태에 존재하는 최대의 함수비 함수비가 더 감소하여도 흙의 체적변화가 없는 최대함수비(반고체와 고체의 경계 함수비)	$\omega_S = \left(\dfrac{1}{R} - \dfrac{1}{G_s}\right) \times 100(\%)$

① 수축비(R) = $\dfrac{W_S}{V_0 \gamma_w}$

② ω_S : 노건조 시료의 중량(g)

③ V_0 : 노건조 시료의 체적(cm³)

④ 비중(G_s) = $\dfrac{W_S}{V_s \gamma_w}$

($V = V_0$, 습윤상태의 흙을 건조시켜도 흙의 부피는 변화 없음)

3. 흙의 연경도지수

소성지수(I_P, PI)	액성지수(I_L)
① $I_P = \omega_L - \omega_P (LL - PL)$ ② 액성한계와 소성한계의 차이 (I_P 범위가 좁을수록 안정) ② 흙이 소성상태에 존재할 수 있는 함수비의 범위 ③ 액성한계와 소성한계가 가깝다는 것은 소성지수가 작다는 의미(소성지수는 점성이 클수록 크다.)	① $I_L = \dfrac{\omega_n - \omega_P}{I_P}$ ② 자연함수비와 소성한계의 차이값을 소성지수로 나눈 값 ③ 자연함수비(ω_n)가 얼마나 액성한계(ω_L)에 가까운가를 나타냄 ④ 0에 가까울수록 안정된 상태(액성지수가 적을수록 흙은 안정)

GUIDE

- **연경도(Consistency)**
  ① 점토에서 흙의 함수량이 차차 감소하면 액성, 소성, 반고체, 고체 상태로 변하는 성질
  ② 함수비가 증가할수록 체적이 팽창하면서 강도는 감소하는 관계의 그래프
  ③ 터프니스 지수가 클수록 Colloid가 많은 흙이다.

- 흙의 애터버그(Atterberg limits) 한계는 함수비로 표시하고 No.40체(0.425mm) 통과시료를 사용한다.(흐트러진 시료 이용)

- **액성한계(ω_L, LL)**
  ① 액성과 소성의 경계 함수비(전단저항은 0)
  ② 액성한계가 큰 흙은 점토성분을 많이 포함
  ③ 액성한계가 크면 습윤밀도, 건조밀도는 작아진다.

- **소성한계(ω_P PL)**
  ① 소성체와 반고체의 경계 함수비
  ② 소성상태에서 가장 작은 함수비
  ③ 시료가 3mm 굵기에서 끊어질 때의 함수비

- **비화작용(Slaking)**
  고체상태의 점토가 물을 흡수해 토립자 간의 결합력이 약해져서 붕괴되는 현상

- **소성지수(액성한계)가 클수록**
  ① 점토의 함유량은 많아지며
  ② 물을 보유하는 성질이 높아지며
  ③ 팽창수축, 압축침하가 증가하며
  ④ 습윤밀도, 건조밀도는 낮아지며
  ⑤ 간극비는 증가한다.

예 / 상 / 문 / 제

01 흙의 애터버그(Atterberg) 한계는 무엇으로 나타내는가?

① 공극비 ② 상대밀도
③ 포화도 ④ 함수비

해설
애터버그 한계는 함수비와 체적의 관계
- 액성한계(ω_L)
- 소성한계(ω_P)
- 수축한계(ω_S)

02 어느 흙의 자연함수비가 그 흙의 액성한계보다 높다면 그 흙은 어떤 상태인가?

① 소성상태에 있다.
② 액체상태에 있다.
③ 반고체상태에 있다.
④ 고체상태에 있다.

해설
자연함수비가 액성한계보다 높으면 액체상태에 있다.

03 체적이 $V=5.83\text{cm}^3$인 점토를 건조로에서 건조시킨 결과 무게 $W_s=11.26\text{g}$이었다. 이 점토의 비중이 $G_s=2.67$이라고 하면 수축한계 값은 약 얼마인가?

① 28% ② 24%
③ 14% ④ 8%

해설
수축한계
- $\omega_s = \left(\dfrac{1}{R} - \dfrac{1}{G_s}\right) \times 100$
- R(수축비) $= \dfrac{W_s}{V_0 \cdot \gamma_w} = \dfrac{11.26}{5.83 \times 1} = 1.931$

($V_0 = V$, 습윤상태의 흙을 건조시키면 흙의 부피는 변화되지 않는다.)

$\therefore \omega_s = \left(\dfrac{1}{R} - \dfrac{1}{G_s}\right) \times 100$
$= \left(\dfrac{1}{1.931} - \dfrac{1}{2.67}\right) \times 100 = 14\%$

04 다음 중 흙의 연경도에 대한 설명으로 옳지 않은 것은?

① 액성한계가 큰 흙은 점토분을 많이 포함하고 있다는 것을 의미한다.
② 소성한계가 큰 흙은 점토분을 많이 포함하고 있다는 것을 의미한다.
③ 액성한계나 소성지수가 큰 흙은 연약 점토지반이라고 볼 수 있다.
④ 액성한계와 소성한계가 가깝다는 것은 소성이 크다는 것을 의미한다.

해설
- 액성한계와 소성한계가 가깝다는 것은 소성이 작다는 것을 의미한다.
- $I_p = \omega_L - \omega_P$

05 연경도 지수에 대한 설명으로 틀린 것은?

① 소성지수는 흙이 소성상태로 존재할 수 있는 함수비의 범위를 나타낸다.
② 액성지수는 자연상태인 흙의 함수비에서 소성한계를 뺀 값을 소성지수로 나눈 값이다.
③ 액성지수 값이 1보다 크면 단단하고 압축성이 작다.
④ 컨시스턴시 지수는 흙의 안정성 판단에 이용하며, 지수값이 클수록 고체상태에 가깝다.

해설
- 액성지수 값은 0에 가까울수록 안정된 상태이다.
- 액성지수 값이 1보다 크면 액성상태(불안정)이며, 압축성이 크다.

06 흙의 연경도(Consistency)에 관한 설명으로 틀린 것은?

① 소성지수는 섬성이 클수록 크다.
② 터프니스 지수는 Colloid가 많은 흙일수록 값이 작다.
③ 액성한계시험에서 얻어지는 유동곡선의 기울기를 유동지수라 한다.
④ 액성지수와 컨시스턴시 지수는 흙지반의 무르고 단단한 상태를 판정하는 데 이용된다.

해설
터프니스 지수가 클수록 점토함유율, 활성도가 크고 콜로이드가 많은 흙이다.

정답 01 ④ 02 ② 03 ③ 04 ④ 05 ③ 06 ②

07 활성도

1. 활성도(Activity, A)

활성도	점토의 활성도
① I_P(소성지수)의 크기는 점토성분이 포함된 비율에 비례한다. ② 점토의 활성도가 클수록 물을 많이 흡수하여 팽창이 일어난다. ③ 흙 입자의 크기가 작을수록 비표면적이 커져 물을 많이 흡수하므로 흙의 활성은 점토에서 활발히 나타난다. ④ 활성도가 크면 공학적으로 불안하며 팽창, 수축의 가능성이 커진다.	Sodium montmorillonite ($A=7.2$) Kaolinite ($A=0.38$) Illite ($A=0.9$) (소성지수 I_P vs 0.002mm 이하의 점토분(%))

2. 활성도(Activity, A) 식

활성도(A) 식	내용
$A = \dfrac{I_P(\%)}{2\mu \text{ 이하의 점토 함유율}(\%)}$	① $I_P = \omega_L - \omega_P$ ② $2\mu = 0.002\text{mm}$

3. 점토광물

점토광물	점토	층상구조	활성도(A)	공학적 안정성	팽창 수축성
Kaolinite (카올리나이트)	비활성 점토	2층	$A < 0.75$	안정	작다.
illite (일라이트)	보통 점토	3층	$0.75 \leq A \leq 1.25$	보통	보통
Montmorillonite (몬모릴로나이트)	활성 점토	3층	$A > 1.25$	불안정	크다.

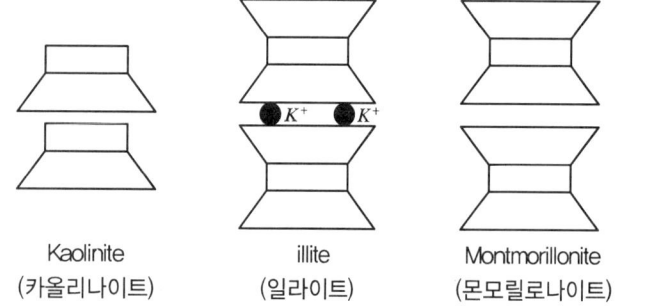

Kaolinite (카올리나이트) / illite (일라이트) / Montmorillonite (몬모릴로나이트)

GUIDE

- 활성도는 점토광물의 종류에 따라 다르므로 활성도로부터 점토를 구성하는 광물을 추정

- 직선의 기울기를 활성도라 하고 직선의 기울기가 급할수록 소성지수(I_P)가 커서 활성도(A)가 크다.

- 활성도가 클수록 소성지수(I_P)가 커지고 공학적으로 불안정함(비배수)

- 모래(비소성, NP)
  $I_P = 0$

- 점토(소성)
  $I_P \neq 0$

- 점토입자가 작을수록 활성도가 크다.

- ω_L : 액성한계
- ω_P : 소성한계

- 활성도가 가장 큰 점토광물은 몬모릴로나이트(Montmorillonite)이며 수축, 팽창이 크고 안정성도 제일 약하다.

- illite
  3층 구조 사이에 칼륨이온(K^+)으로 결합

예 / 상 / 문 / 제

01 시료가 점토인지 아닌지를 알아보고자 할 때 다음 중 가장 거리가 먼 사항은?

① 소성지수
② 소성도 A선
③ 포화도
④ 200번(0.075mm)체 통과량

[해설]
점토시료 여부 판정 시 필요한 특성값
- 200번(0.075mm)체 통과량
- 소성지수
- 소성도 A선

02 흙의 물리적 성질 중 잘못된 것은?

① 점성토는 흙 구조 배열에 따라 면모구조와 이산구조로 대별하는데, 면모구조가 전단강도가 크고 투수성이 크다.
② 점토는 확산이중층까지 흡착되는 흡착수에 의해 점성을 띤다.
③ 소성지수가 클수록 비배수성이 된다.
④ 활성도가 클수록 안정해지며 소성지수가 작아진다.

[해설]
활성도가 클수록 소성지수가 커지며 공학적으로 불안정하다.

03 흙의 활성(活性)도에 대한 설명으로 틀린 것은?

① 활성도는 (액성지수/점토함유율)로 정의된다.
② 활성도는 점토광물의 종류에 따라 다르므로 활성도로부터 점토를 구성하는 점토광물을 추정할 수 있다.
③ 점토의 활성도가 클수록 물을 많이 흡수하여 팽창이 많이 흡수하여 팽창이 많이 일어난다.
④ 흙입자의 크기가 작을수록 비표면적이 커져 물을 많이 흡수하므로, 흙의 활성은 점토에서 뚜렷이 나타난다.

[해설]
- 활성도$(A) = \dfrac{I_p(\%)}{2\mu \text{ 이하의 점토함유율}(\%)}$
- 활성도는 (소성지수/점토함유율)로 정의

04 점토광물 중에서 3층 구조로 구조결합 사이에 치환성 양이온이 있어서 활성이 크고, Sheet 사이에 물이 들어가 팽창, 수축이 크고 공학적 안정성은 제일 약한 점토광물은?

① Kaolinite
② illite
③ Montmorillonite
④ Vermiculite

[해설]
Montmorillonite는 활성도가 크므로 팽창, 수축이 크고 공학적으로 불안정하다.

05 어느 점토의 체가름시험과 액, 소성시험 결과 0.002mm(2μm) 이하의 입경이 전시료 중량의 90%, 액성한계 60%, 소성한계 20%이었다. 이 점토 광물의 주성분은 어느 것으로 추정되는가?

① Kaolinite
② illite
③ Halloysite
④ Montmorillonite

[해설]
- 활성도$(A) = \dfrac{I_p(W_L - W_P)}{2\mu \text{ 이하의 점토함유율}(\%)}$
  $= \dfrac{60 - 20}{90} = 0.44$
- $A < 0.75 -$ Kaolinite(0.44)

06 두 개의 규소판 사이에 한 개의 알루미늄판이 결합된 3층 구조가 무수히 많이 연결되어 형성된 점토광물로서 각 3층 구조 사이에는 칼륨이온(K^+)으로 결합되어 있는 것은?

① 몬모릴로나이트(Montmorillonite)
② 할로이사이트(Halloysite)
③ 고령토(Kaolinite)
④ 일라이트(illite)

[해설]
일라이트(Illite)
- 보통 점토로서 3층 구조(칼륨이온(K^+)으로 결합)
- $0.75 \leq$ 활성도$(A) \leq 1.25$

정답 01 ③ 02 ④ 03 ① 04 ③ 05 ① 06 ④

CHAPTER 01 실/전/문/제

01 흙 속에서의 물의 흐름에 대한 설명으로 틀린 것은?

① 흙의 간극은 서로 연결되어 있어 간극을 통해 물이 흐를 수 있다.
② 특히 사질토의 경우에는 실험실에서 현장 흙의 상태를 재현하기 곤란하기 때문에 현장에서 투수시험을 실시하여 투수계수를 결정하는 것이 좋다.
③ 점토가 이산구조로 퇴적되었다면 면모구조인 경우보다 더 큰 투수계수를 갖는 것이 보통이다.
④ 흙이 포화되지 않았다면 포화된 경우보다 투수계수는 낮게 측정된다.

[해설]
- 면모구조가 이산구조보다 투수성, 전단강도가 크다.
- 흙의 포화도가 클수록 투수계수는 커진다(공기가 있으면 물의 흐름을 방해).

02 점토광물에서 점토입자의 동형치환(同形置換)의 결과로 나타나는 현상은?

① 점토입자의 모양이 변화되면서 특성도 변하게 된다.
② 점토입자가 음(−)으로 대전된다.
③ 점토입자의 풍화가 빨리 진행된다.
④ 점토입자의 화학성분이 변화되었으므로 다른 물질로 변한다.

[해설]
동형치환
어떤 한 종류의 원자가 같은 형태를 갖는 다른 원자로 치환되는 것으로, 치환으로 인해 −1가 음이온이 남게 되어 점토입자가 음(−)으로 대전되는 것을 말한다.

03 흙의 비중 2.60, 함수비 30%, 간극비 0.80일 때 포화도는?

① 24.0%
② 62.4%
③ 78.0%
④ 97.5%

[해설]
$G_s \cdot \omega = S \cdot e$
$2.6 \times 0.3 = S \times 0.8$
∴ 포화도 $S = 97.5\%$

04 흙의 건조 밀도가 1.60g/cm^3일 때 이 흙의 공극비(void ratio)는?(단, 이 흙의 비중은 2.80이다.)

① 0.43
② 0.57
③ 0.75
④ 1.33

[해설]
- 건조 밀도 $\gamma_d = \dfrac{G_s}{1+e}\gamma_w$ 에서
- 공극비 $e = \dfrac{\gamma_w}{\gamma_d}G_s - 1 = \dfrac{1}{1.60} \times 2.80 - 1 = 0.75$
  (∵ 물의 밀도 $\gamma_w = 1\text{g/cm}^3$이다.)

05 습윤 밀도가 20kN/m^3, 함수비가 20.0%, 비중이 2.70인 흙의 공극비는 얼마인가?(단, $\gamma_w = 10\text{kN/m}^3$)

① 0.62
② 0.26
③ 1.62
④ 1.12

[해설]
- 건조밀도 $\gamma_d = \dfrac{\gamma_t}{1+w} = \dfrac{20}{1+0.20} = 16.7\text{kN/m}^3$
- 공극비 $e = \dfrac{\gamma_w}{\gamma_d}G_s - 1 = \dfrac{10}{16.7} \times 2.70 - 1 = 0.62$

06 어느 포화된 점토의 자연함수비는 45%이었고, 비중은 2.70이었다. 이 점토의 간극비 e는 얼마인가?

① 1.22
② 1.32
③ 1.42
④ 1.52

[해설]
$G_s \cdot \omega = S \cdot e$
$2.7 \times 0.45 = 1 \times e$
∴ 간극비 $e = 1.22$

정답 01 ③ 02 ② 03 ④ 04 ③ 05 ① 06 ①

실/전/문/제

07 함수비 15%인 흙 2,300g이 있다. 이 흙의 함수비를 25%로 증가시키려면 얼마의 물을 가해야 하는가?

① 200g ② 230g
③ 345g ④ 575g

해설

함수비 15%일 때의 물의 무게

$$\omega = \frac{W_w}{W_s} \times 100 = \frac{W_w}{W - W_w} \times 100$$

$$0.15 = \frac{W_w}{2,300 - W_w}, \quad \therefore W_w = 300\text{g}$$

함수비 25%로 증가시킬 때 물의 무게

$15 : 300 = 25 : W_w$

$\therefore W_w = 500\text{g}$

추가해야 할 물의 무게

$500 - 300 = 200\text{g}$

08 도로를 축조하기 위하여 토취장에서 시료를 채취하여 함수비를 측정하였더니 10%밖에 안 되어 다짐이 잘 되지 않았다. 이 흙을 최적함수비인 22% 정도로 올리려면 1m³당 몇 kg의 물이 필요한가? (단, 이 흙의 습윤밀도는 2.50t/m³이고 공극비는 일정하다고 본다.)

① 168.2kg ② 204.6kg
③ 272.8kg ④ 290.7kg

해설

함수비 10%일 때 물의 무게

$$\omega = \frac{W_w}{W_s} \times 100 = \frac{W_w}{W - W_w} \times 100$$

$$0.1 = \frac{W_w}{2,500 - W_w}, \quad \therefore W_w = 227.27\text{kg}$$

$$\left(\gamma_t = \frac{W}{V}, \; 2,500 = \frac{W}{1}, \; W = 2.5\text{t} = 2,500\text{kg}\right)$$

함수비 22%일 때의 물의 무게

$10 : 227.27 = 22 : W_w$

$\therefore W_w = 500\text{kg}$

추가해야 하는 물의 무게

$500 - 227.27 = 272.73\text{kg}$

09 어떤 젖은 시료의 무게가 207g, 건조 전 시료의 부피가 110cm³이고, 노에서 건조한 시료의 무게가 163g이었다. 이때 비중이 2.68이라면 노건조상태의 시료부피(V_s)와 간극비(e)는?

① $V_s = 80.8\text{cm}^3, \; e = 1.01$
② $V_s = 70.8\text{cm}^3, \; e = 0.91$
③ $V_s = 60.8\text{cm}^3, \; e = 0.81$
④ $V_s = 50.8\text{cm}^3, \; e = 0.71$

해설

- $G_s = \dfrac{W_s}{V_s \cdot \gamma_w}, \; 2.68 = \dfrac{163}{V_s \times 1}$

$\therefore V_s = 60.8 \text{ cm}^3$

- $\gamma_d = \dfrac{W_s}{V} = \dfrac{G_s}{1+e} \gamma_w = \dfrac{163}{110} = \dfrac{2.68}{1+e} \times 1$

$\therefore e = 0.81$

10 다음 중 흙의 포화단위중량을 나타낸 식은? (단, e : 공극비, S : 포화도, G_s : 비중, γ_w : 물의 단위중량)

① $\dfrac{G_s + e}{1+e} \gamma_w$ ② $\dfrac{G_s + Se}{1+e} \gamma_w$

③ $\dfrac{G_s}{1+e} \gamma_w$ ④ $\dfrac{G_s - e}{1+e} \gamma_w$

해설

포화단위중량

$$\gamma_{sat} = \frac{G_s + e}{1+e} \gamma_w$$

11 흙의 함수비 측정 시험을 위하여 먼저 용기의 무게를 잰 결과 10g이었다. 시료를 용기에 넣은 후 무게를 측정하니 40g, 그대로 건조한 후 무게는 30g이었다. 이 흙의 함수비는?

① 25% ② 30%
③ 50% ④ 75%

정답 07 ① 08 ③ 09 ③ 10 ① 11 ③

CHAPTER 01 실/전/문/제

[해설]

함수비 $\omega = \dfrac{\text{물의 무게}}{\text{흙입자만의 무게}} \times 100 = \dfrac{40-30}{30-10} \times 100 = 50\%$

12 모래치환법에 의한 현장 흙의 밀도시험 결과 흙을 파낸 부분의 체적이 1,800cm³이고 중량이 38.7kN이었다. 함수비가 10.8%일 때 건조단위밀도는?(단, $\gamma_w = 10\text{kN/m}^3$이다.)

① 0.019N/cm³ ② 2.94g/cm³
③ 0.018N/cm³ ④ 2.84g/cm³

[해설]

$\gamma_d = \dfrac{\gamma_t}{1+\omega} = \dfrac{2.15}{1+0.108} = 1.94\text{g/cm}^3$

$(\gamma_t = \dfrac{W}{V} = \dfrac{3,870}{1,800} = 2.15\text{g/cm}^3)$

13 현장에서 들밀도 시험을 한 결과 파낸 구멍의 용적은 2,000cm³이고 파낸 흙의 중량이 3,240g이며 함수비는 8%였다. 이 흙의 간극비는 얼마인가? (여기서, 이 흙의 비중은 2.70이다.)

① 0.80 ② 0.76
③ 0.70 ④ 0.66

[해설]

1) $\gamma_t = \dfrac{W}{V} = \dfrac{3,240}{2,000} = 1.62\text{g/cm}^3$

2) $\gamma_d = \dfrac{\gamma_t}{1+w} = \dfrac{1.62}{1+0.08} = 1.50\text{g/cm}^3$

∴ 간극비$(e) = \dfrac{G_s \cdot \gamma_w}{\gamma_d} - 1$

$= \dfrac{2.70 \times 1}{1.50} - 1 = 0.80$

14 흙입자의 비중은 2.56, 함수비는 35%, 습윤단위중량은 1.75g/cm³일 때 간극률은?

① 32.63% ② 37.36%
③ 43.56% ④ 49.37%

[해설]

간극률

$n = \dfrac{e}{1+e}$

- 건조단위중량$(\gamma_d) = \dfrac{G_s}{1+e}\gamma_w$

$e = \dfrac{G_s \cdot \gamma_w}{\gamma_d} - 1 = \dfrac{2.56 \times 1}{1.3} - 1 = 0.97$

$(\gamma_d = \dfrac{\gamma_t}{1+\omega} = \dfrac{1.75}{1+0.35} = 1.3\text{g/cm}^3)$

- 간극률$(n) = \dfrac{e}{1+e} = \dfrac{0.97}{1+0.97} = 0.4924$

∴ $n = 49.24\%$

15 1m³의 포화점토를 채취하여 습윤단위무게와 함수비를 측정한 결과 각각 16.8kN/m³와 60%였다. 이 포화점토의 비중은 얼마인가?($\gamma_w = 10\text{kN/m}^3$이다.)

① 2.14 ② 2.84
③ 1.58 ④ 1.31

[해설]

$\gamma_t = \dfrac{G_s + Se}{1+e}\gamma_w$

$16.8 = \dfrac{G_s + 1 \times 0.6\, G_s}{1 + 0.6\, G_s} \times 10$

∴ $G_s = 2.8$

$(G_s \cdot \omega = S \cdot e,\ G_s \times 0.6 = 1 \times e,\ \therefore e = 0.6\, G_s)$

16 부피 100cm³의 시료가 있다. 젖은 흙의 무게가 180g인데 노 건조 후 무게를 측정하니 140g이었다. 이 흙의 간극비는?(단, 이 흙의 비중은 2.65이다.)

① 1.472
② 0.893
③ 0.627
④ 0.470

정답 12 ① 13 ① 14 ④ 15 ② 16 ②

> [해설]

건조단위중량
$$\gamma_d = \frac{W_s}{V} = \frac{G_s}{1+e}\gamma_w$$
$$= \frac{140}{100} = \frac{2.65}{1+e} \times 1$$
$$\therefore \text{간극비}(e) = \frac{G_s \cdot \gamma_w}{\gamma_d} - 1 = \frac{2.65 \times 1}{1.4} - 1$$
$$= 0.893$$

17 어떤 흙의 습윤단위중량이 19.6kN/m^3, 함수비 20%, 비중 $G_s = 2.7$인 경우 포화도는 얼마인가? (단, $\gamma_w = 9.8\text{kN/m}^3$ 이다.)

① 86.1% ② 87.1%
③ 95.6% ④ 100%

> [해설]

- 습윤단위중량$(\gamma_t) = \frac{G_s + S \cdot e}{1+e}\gamma_w$
  (여기서 $G_s \cdot \omega = S \cdot e$)
  $$\gamma_t = \frac{G_s + G_s\omega}{1+e}\gamma_w \text{ 에서}$$
  $$19.6 = \frac{2.7 + (2.7 \times 0.2)}{1+e} \times 9.8$$
  $$\therefore e = 0.62$$
- $G_s \cdot \omega = S \cdot e$
  $2.7 \times 0.2 = S \times 0.62$
  $\therefore S = 0.871 = 87.1\%$

18 100% 포화된 흐트러지지 않은 시료의 부피가 20.5cm^3이고 무게는 34.2g이있다. 이 시료를 오븐(oven) 건조한 후의 무게는 22.6g이었다. 공극비(void ratio)는?

① 1.3 ② 1.5
③ 2.1 ④ 2.6

> [해설]

- 물의 중량 $W_w = W - W_s = 34.2 - 22.6 = 11.6\text{g}$
- 물의 부피 $V_w = \frac{W_w}{\gamma_w} = \frac{11.6}{1} = 11.6\text{cm}^3$
  $$\left(\because \frac{W_w}{V_w} = \gamma_w = 1\text{g/cm}^3\right)$$
- 토립자의 부피 $V_s = V - V_v = 20.5 - 11.6 = 8.9\text{cm}^3$
  (100% 포화된 시료는 $V_w = V_v$이다.)
- 공극비 $e = \frac{V_v}{V_s} = \frac{11.6}{8.9} = 1.30$

19 어떤 흙의 건조단위중량이 1.724g/cm^3이고, 비중이 2.65일 때 다음 설명 중 틀린 것은?

① 간극비는 0.537이다.
② 간극률은 34.94%이다.
③ 포화상태의 함수비는 20.26%이다.
④ 포화단위중량은 2.223g/cm^3이다.

> [해설]

- 건조단위중량$(\gamma_d) = \frac{G_s}{1+e}\gamma_w$ 에서
  $$1.724 = \frac{2.65}{1+e} \times 1$$
  $$\therefore e = 0.537$$
- 간극률$(n) = \frac{e}{1+e} \times 100$
  $$= \frac{0.537}{1+0.537} \times 100 = 34.94\%$$
- $G_s \cdot \omega = S \cdot e$
  $2.65 \times \omega = S \times e$
  $\therefore$ 함수비$(\omega) = 20.26\%$
- 포화단위중량$(\gamma_{sat}) = \frac{G_s + e}{1+e}\gamma_w = \frac{2.65 + 0.537}{1+0.537} \times 1$
  $= 2.07 \text{ g/cm}^3$

CHAPTER 01 실/전/문/제

20 현장에서 모래의 건조단위중량을 측정하니 0.0156N/cm³이었다. 이 모래를 채취하여 시험실에서 가장 조밀한 상태 및 가장 느슨한 상태에서 건조단위중량을 측정한 결과 각각 0.0168N/cm³, 0.0146N/cm³를 얻었다. 현장에서 이 모래의 상대밀도는?

① 49% ② 45%
③ 39% ④ 35%

[해설]

$$D_r = \frac{\gamma_d - \gamma_{d\min}}{\gamma_{d\max} - \gamma_{d\min}} \times \frac{\gamma_{d\max}}{\gamma_d} \times 100$$
$$= \left(\frac{0.0156 - 0.0146}{0.0168 - 0.0146}\right) \times \left(\frac{0.0168}{0.0156}\right) \times 100 = 49\%$$

21 현장 흙의 단위중량을 구하기 위해 부피 500cm³의 구멍에서 파낸 젖은 흙의 무게가 900g이고, 건조시킨 후의 무게가 800g이다. 건조한 흙 400g을 몰드에 가장 느슨한 상태로 채운 부피가 280cm³이고, 진동을 가하여 조밀하게 다진 후의 부피는 210cm³이다. 흙의 비중이 2.7일 때 이 흙의 상대밀도는?

① 33% ② 38%
③ 43% ④ 48%

[해설]

$$D_r = \frac{\gamma_d - \gamma_{d\min}}{\gamma_{d\max} - \gamma_{d\min}} \times \frac{\gamma_{d\max}}{\gamma_d} \times 100$$
$$= \frac{1.6 - 1.43}{1.9 - 1.43} \times \frac{1.9}{1.6} \times 100 = 43\%$$

($\gamma_d = \frac{800}{500} = 1.6$, $\gamma_{d\min} = \frac{400}{280} = 1.43$, $\gamma_{d\max} = \frac{400}{210} = 1.9$)

22 흙의 연경도에 관한 설명 중에서 틀린 것은?

① 소성지수는 액성한계와 소성한계의 차로 표시된다.
② 수축한계를 지나서도 수축이 계속되는 것이 보통이다.
③ 유동지수는 유동곡선의 기울기이다.
④ 어떤 흙의 함수비가 소성한계보다 높으면 그 흙은 소성상태 또는 액성상태에 있다고 할 수 있다.

[해설]
수축한계
흙의 함수량을 어떤 양 이하로 감하여도 그 체적이 감소하지 않고 함수량을 그 이상으로 하면 체적이 증대하는 한계

23 A, B 두 종류의 흙에 관한 토질 시험 결과가 아래 표와 같다. 다음 설명 중 옳은 것은?

구분	A	B
액성한계	30%	10%
소성한계	15%	5%
함수비	23%	12%
비중	2.73	2.67

① A는 B보다 공극비가 크다.
② A는 B보다 점토분을 많이 함유하고 있다.
③ A는 B보다 습윤밀도가 크다.
④ A는 B보다 건조밀도가 크다.

[해설]
• 액성한계와 소성지수가 클수록 점토의 함유량이 많다. (A>B)
• 액성한계가 크면 습윤밀도, 건조밀도는 작아진다.

24 연경도 지수에 대한 설명으로 잘못된 것은?

① 소성지수는 흙이 소성상태로 존재할 수 있는 함수비의 범위를 나타낸다.
② 액성지수는 자연상태인 흙의 함수비에서 소성한계를 뺀 값을 소성지수로 나눈 값이다.
③ 액성지수 값이 1보다 크면 단단하고 압축성이 작다.
④ 컨시스턴시지수는 흙의 안정성 판단에 이용하며, 지수 값이 클수록 고체상태에 가깝다.

[해설]
액성지수 값이 1보다 크면 액체상태이기 때문에 흙이 연약하고 압축성은 크다.

정답 20 ① 21 ③ 22 ② 23 ② 24 ③

25 노건조된 점토 시료의 중량이 12.38g, 수은을 사용하여 수축한계에 도달한 시료의 용적을 측정한 결과 5.98cm³였다. 이때의 수축한계는?(단, 비중은 2.65이다.)

① 10.6%   ② 12.5%
③ 14.7%   ④ 15.5%

[해설]

- 수축비 $R = \dfrac{W_s}{V_o \gamma_w} = \dfrac{12.38}{5.98 \times 1} = 2.07$

- 수축한계 $W_s = \left(\dfrac{1}{R} - \dfrac{1}{G_s}\right) \times 100\%$
  $= \left(\dfrac{1}{2.07} - \dfrac{1}{2.65}\right) \times 100\% = 10.57\%$

26 어느 점토의 체가름시험과 액·소성시험 결과 0.002mm(2μm) 이하의 입경이 전시료 중량의 90%, 액성한계 60%, 소성한계 20%이었다. 이 점토광물의 주성분은 어느 것으로 추정되는가?

① Kaolinite
② Illite
③ Halloysite
④ Montmorillonite

[해설]

활성도 $A = \dfrac{I_p}{2\mu \text{ 이하의 점토 함유율}} = \dfrac{60-20}{90}$
$= 0.44$

활성도	점토광물
A < 0.75	Kaolinite
0.75 < A < 1.25	Illite
1.25 < A	Montmorillonite

∴ 0.44 < 0.75이므로 Kaolinite

27 두 개의 규소판 사이에 한 개의 알루미늄판이 결합된 3층구조가 무수히 많이 연결되어 형성된 점토광물로서 각 3층 구조 사이에는 칼륨이온(K^+)으로 결합되어 있는 것은?

① 고령토(Kaolinite)
② 일라이트(Illite)
③ 몬모릴로나이트(Montmorillonite)
④ 할로이사이트(Halloysite)

[해설]

일라이트(Illite)
3층 구조로 결합되어 있어서 결합력이 중간 정도이다.

정답 25 ① 26 ① 27 ②

CHAPTER 02

흙의 분류

01 흙의 분류
02 입도
03 입도시험 결과의 이용
04 균등계수와 곡률계수
05 통일 분류법
06 AASHTO 분류법

01 흙의 분류

1. 흙의 분류

분류	내용
조립토	자갈(G)
조립토	모래(S)
세립토	실트(M)
세립토	점토(C)
세립토	유기질 소량의 흙(O)
유기질토	이탄(Pt)

GUIDE

- 자갈(Gravel)
- 모래(Sand)
- 실트(Mineral silt)
- 점토(Clay)

2. 입경에 따른 분류

자갈		모래			실트	점토
큰자갈	작은자갈	굵은 모래	중간 모래	가는 모래		
76.2	19.0	4.75	2.00	0.42	0.075	0.002mm

3. 조립토와 세립토의 비교

공학적 성질	조립토(자갈, 모래)	세립토(실트, 점토)
구조	단립, 봉소구조	면모, 이산구조
간극	크다.	작다.
투수성	크다.	작다.
간극비	작다.	크다.
압축성	작다.	크다.
침하량	작다.	크다.
지지력	크다.	작다.
전단강도	크다.	작다.
마찰력	크다.	작다.
점착력	0	크다.
소성	NP	크다.

- 조립토
  흙의 공학적 성질에 영향을 주는 것은 입도이다.

- 세립토
  흙의 공학적 성질에 영향을 주는 것은 컨시스턴시(연경도)다.

- 유기질토
  압축성이 커서 2차 압밀에 의한 침하량이 크다.

- 점토입자 사이에는 전기적으로 결합되어 투수성이 낮다.

- **점성토의 투수성**
  면모구조 > 이산구조

예 / 상 / 문 / 제

01 흙의 분류 중에서 유기질이 가장 많은 흙은?

① CH ② CL
③ MH ④ Pt

> [해설]
> 이탄(Pt)은 유기질이 가장 많다.

02 조립토와 세립토의 비교 설명으로 틀린 것은?

① 간극률은 조립토가 작고 세립토는 크다.
② 마찰력은 조립토가 작고 세립토는 크다.
③ 압축성은 조립토가 적고 세립토는 크다.
④ 투수성은 조립토가 크고 세립토는 적다.

> [해설]
> 조립토와 세립토의 비교
>
> | 특성 | 조립토 | 세립토 |
> | --- | --- | --- |
> | 간극비 | 작다. | 크다. |
> | 투수성 | 크다. | 작다. |
> | 압축성 | 작다. | 크다. |
> | 지지력 | 크다. | 작다. |
> | 마찰력 | 크다. | 작다. |

03 흙을 크게 분류하면 사질토나 점성토로 나눌 수 있는데, 이들의 차이점에 대한 다음 설명 중 틀린 것은?

① 흙의 내부 마찰각은 사질토가 점성토보다 크다.
② 지지력은 사질토가 점성토보다 크다.
③ 점착력은 사질토가 점성토보다 작다.
④ 침하량은 사질도가 점성도보다 크디.

> [해설]
> 침하량은 사질토가 점토보다 작다.

04 조립토의 성질과 관계없는 것은?

① 점착성이 거의 없다. ② 소성은 거의 없다.
③ 마찰력이 크다. ④ 투수성이 적다.

> [해설]
> 조립토는 세립토보다 투수성이 크다.

05 조립토와 세립토의 비교설명 중 옳지 않은 것은?

① 공극률은 조립토가 작고 세립토가 크다.
② 마찰력은 조립토가 작고 세립토는 크다.
③ 압축성은 조립토가 적고 세립토는 크다.
④ 투수성은 조립토가 크고 세립토는 적다.

> [해설]
> 마찰력은 조립토가 크고 세립토가 적다.

정답 01 ④ 02 ② 03 ④ 04 ④ 05 ②

02 입도

1. 입경에 따른 분류

	체분석	침강분석(비중계 시험)
내용	① 조립토(입경이 큰 흙) 입도분석 ② 0.075mm 이상의 입도를 분석 ③ No.200체에 잔류한 흙	① 세립토 입도분석 ② 0.075mm 미만의 입도를 분석 ③ No.200체를 통과한 가벼운 흙

2. 비중계(침강) 분석

비중계(침강) 분석	스톡스(Stokes) 법칙
① 수중에서 흙입자가 침강하는 원리인 스톡스의 법칙 이용 ② 0.075mm 체를 통과하는 세립자의 양을 침강속도를 통해 분석하는 방법 ③ 흙 입자는 모두 구로 간주(실제와는 오차가 생김) ④ #200 이하의 부분에 대한 입도분석을 위해 #10체 통과분 시료에 대하여 비중계 시험법 실시 ⑤ 시료의 면모화를 방지하기 위해 분산제를 사용	$v_s = \dfrac{\gamma_s - \gamma_w}{18\eta}d^2$ $v_s \propto d^2$ 입자의 침강속도(V_s)는 침강입자 직경(d)의 제곱에 비례

3. 체가름 시험방법

모식도	순서
건조시료 : 중량 T a 75mm 체 b c n 0.075mm 체 받침대	① 잔류율(P_r) = $\dfrac{\text{각 체에 남은 시료의 중량}}{\text{전 시료의 노건조중량}} \times 100(\%)$ ② 가적잔류율(P_R) = ΣP_r ③ 가적통과율(P) = $100 - P_R$(가적잔류율)

4. 분석결과의 정리

흙입자의 입경 (체눈금 크기)	체에 남는 흙 중량(잔류량)	잔류율(%)	가적 잔류율(%)	가적통과율(%) (통과중량백분율)
No.4 (4.75mm)	a	$A_a = \dfrac{a}{T} \times 100$	A_a	$100 - A_a$
No.10 (2.0mm)	b	$A_b = \dfrac{b}{T} \times 100$	$A_a + A_b$	$100 - (A_a + A_b)$
⋮	⋮	⋮	⋮	⋮

GUIDE

- **흙의 입도**
  흙의 입자크기별 함유량의 분포

- **흙의 분류**
  ① 입경에 따른 분류(입경은 토립자의 크기)
  ② 삼각좌표 분류법(점성토의 연경도에 대한 고려가 없기 때문에 농학적인 분류방법으로 이용)

- 체분석에서 분석되는 입경은 0.075mm(#200체)~2.0mm(#10체)

- **스톡스 법칙**
  γ_s : 구의 단위중량(g/cm³)
  γ_w : 물의 단위중량(g/cm³)
  η : 물의 점성계수
  d : 구의 직경(cm)

- **체분석(체가름시험)**
  ① 7개의 표준체를 이용하여 각 체에 남은 양의 무게로 잔류율과 통과율을 구한다.
  ② 0.075mm 체에 잔류한 흙을 분석

- **표준체와 체눈의 크기**

체 번호	눈금(mm)
No.4	4.75
No.10	2.00
No.20	0.841
No.40	0.420
No.60	0.250
No.140	0.105
No.200	0.075

- 액성한계(ω_L)와 소성한계(ω_P) 측정은 No.40체(0.42mm)를 통과한 시료를 사용한다.

- **시험**
  정형화된 방법에 의해 값을 구하는 것

- **실험**
  모르는 현상을 알아내기 위해 행하는 것

예 / 상 / 문 / 제

01 삼각 좌표에 의한 흙의 분류는 일반적으로 공학적 성질을 잘 나타내지 못한다고 한다. 그 이유 중 가장 타당한 것은?

① 분류 시에 자갈(gravel)은 제외시키기 때문이다.
② 삼각 좌표 눈금을 읽을 때 많은 오차가 발생한다.
③ 일반적인 흙의 성질은 컨시스턴시(consistency)에 영향을 받는다.
④ 분류 시에 군지수(group index)를 이용하지 않는다.

[해설]
삼각좌표에 의한 방법은 입자의 크기(모래, 실트, 점토)에 의해 구별되었을 뿐 흙의 성질인 연경도(consistency)에 대한 고려가 없기 때문에 공학적 분류 방법으로 잘 이용되지 않는다.

02 다음은 시험종류와 시험으로부터 얻을 수 있는 값을 연결한 것이다. 틀린 것은?

① 비중계분석시험 – 흙의 비중(G_s)
② 삼축압축시험 – 강도정수(c, ϕ)
③ 일축압축시험 – 흙의 예민비(S_t)
④ 평판재하시험 – 지반반력계수(K_s)

[해설]
비중계 분석시험은 세립토의 흙의 입도를 분석하는 방법이다.

03 No. 200체의 체눈 크기는?

① 0.75mm　　② 0.075mm
③ 0.47mm　　④ 0.047mm

04 흙의 입도시험을 할 때 제7틈시험용 체로 구성된 것은?

① #4,#10,#20,#40,#60,#140,#200 (7종)
② #4,#10,#20,#40,#60,#80,#120,#200 (8종)
③ #4,#8,#20,#40,#60,#120,#200 (7종)
④ #4,#8,#16,#30,#50,#100,#140,#200 (8종)

05 흙 시료의 소성한계 측정은 몇 번 체를 통과한 것을 사용하는가?

① 40번 체　　② 80번 체
③ 100번 체　　④ 200번 체

[해설]
액성한계와 소성한계 측정은 No.40체(0.42mm) 통과한 시료를 사용한다.

06 어떤 흙을 No.10번체로 체분석한 결과 가적잔류율이 35%였다. 이 흙의 No.10번체 통과율은?

① 35%　　② 45%
③ 55%　　④ 65%

[해설]
가적통과율(P) = 100 − P_R(가적잔류율)
= 100 − 35 = 65%

07 A, B, C 및 팬(pan)으로 이루어진 한 조의 체로 체분석 시험을 한 결과 각 체의 잔류량이 표와 같았다. B체의 가적통과율은?

체	잔류량(g)
A	20
B	120
C	50
pan	10

① 30%　　② 70%
③ 60%　　④ 40%

[해설]

체	잔류량(g)	잔류율(%)	가적 잔류율(%)	가적 통과율(%)
A	20	10	10	90
B	120	60	70	30
C	50	25	95	5
pan	10	5	100	0
계	200	100		

정답　01 ③　02 ①　03 ②　04 ①　05 ①　06 ④　07 ①

03 입도시험 결과의 이용

1. 입도분포 곡선

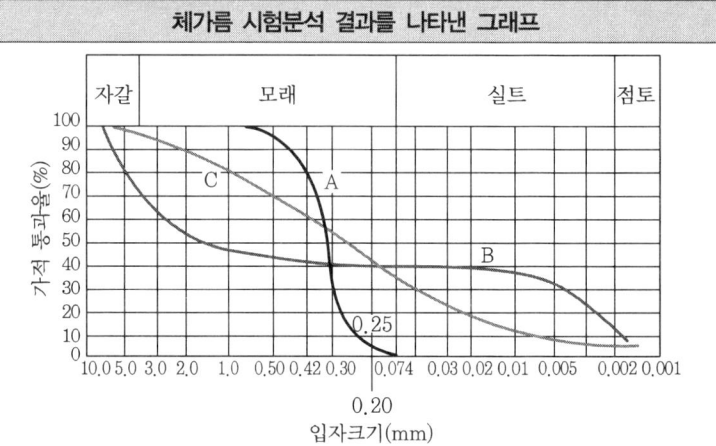

① 흙입자의 전체구성이 무게비로 볼 때 어느 정도의 입경으로 분포되어 있는지 판별
② 흙의 종류, 입도분포, 입도양부 판정
③ 입도곡선이 오른편에 있을수록 입경이 작다.
④ 입도곡선의 중간에 요철부분이 있을 수 없다.

가로축	입경(mm)	대수(log)눈금
세로축	가적 통과율, 통과중량 백분율(%)	산술눈금

- 입도분포가 좋은 양입도
  ① C곡선
  ② 입경 가적곡선의 기울기가 완만한 구배
  ③ 입자가 비균질
  ④ 투수계수가 작다.
  ⑤ 균등계수가 크다.

- 입도분포가 나쁜 빈입도
  ① A곡선
  ② 입경 가적곡선의 기울기가 급한 구배
  ③ 입자가 균질
  ④ 투수계수가 크다.
  ⑤ 균등계수가 작다.

- 결손분포(계단식 분포)
  ① B 곡선
  ② 2종류의 흙을 합친 경우

2. 유효입경(effective size, $D_{10} = D_e$)

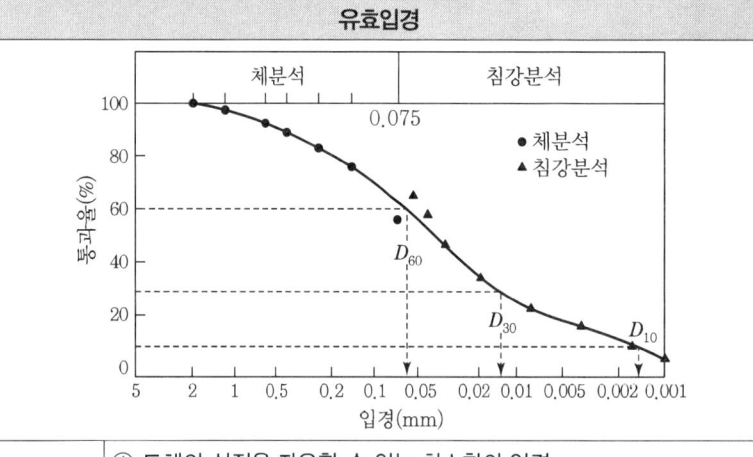

유효입경 (D_{10})	① 토체의 성질을 좌우할 수 있는 최소한의 입경
	② 입도분포곡선에서 가적통과율 10%에 해당하는 입경의 크기(mm)
	③ 입경가적곡선에서 통과백분율 10%에 대응하는 입경

- D_{30} 은
  입도분포곡선에서 가적통과율 30%에 해당하는 입경의 크기(mm)

- $D_{30} = 1.5\text{mm}$ 의미
  시료의 전체 무게 중에서 30%가 1.5mm보다 작은 입자(시료의 30%가 1.5mm를 통과)

예 / 상 / 문 / 제

01 그림과 같은 입도곡선에서 다음 설명 중 틀린 것은 어느 것인가?

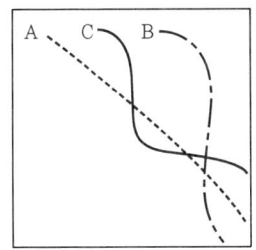

① 횡축은 입경의 크기를 log 좌표로 잡는다.
② 횡축은 오른편으로 갈수록 입경의 크기는 작다.
③ 입도곡선이 오른편에 있을수록 입경이 작다.
④ 입도곡선의 중간에 요철부분이 있을 수 있다.

[해설]
입도곡선의 중간에 요철 부분이 있을 수 없다.

02 입경가적곡선에서 가적통과율 30%에 해당하는 입경이 $D_{30}=1.2mm$일 때, 다음 설명 중 옳은 것은?

① 균등계수를 계산하는 데 사용된다.
② 이 흙의 유효입경은 1.2mm이다.
③ 시료의 전체 무게 중에서 30%가 1.2mm보다 작은 입자이다.
④ 시료의 전체 무게 중에서 30%가 1.2mm보다 큰 입자이다.

[해설]
- D_{30} : 가적통과율 30%에 해당하는 입경(mm)
- $D_{30}=1.2mm$
  시료의 30%가 1.2mm를 통과
  시료의 30%가 1.2mm보다 작은 입자

03 흙의 입도 분석결과 입경가적곡선이 입경의 좁은 범위 내에 대부분 몰려있는 입경 분포도가 나쁜 빈입도일 때 다음 중 옳지 않은 것은?

① 균등계수가 작을 것이다.
② 공극비가 클 것이다.
③ 다짐에 적합한 흙이 아닐 것이다.
④ 투수계수가 낮을 것이다.

[해설]
입도분포가 나쁜 빈입도의 특징
- 입경가적곡선의 기울기가 급한 구배
- 입자가 균질하다.
- 투수계수가 크다.
- 균등계수가 작다.

04 흙의 입도시험에서 얻어지는 유효입경(有效粒經 : D_{10})이란?

① 10mm체 통과분을 말한다.
② 입도분포곡선에서 10% 통과 백분율을 말한다.
③ 입도분포곡선에서 10% 통과 백분율에 대응하는 입경을 말한다.
④ 10번체 통과 백분율을 말한다.

[해설]
유효입경(D_{10})
입경가적곡선에서 통과 백분율 10%에 대응하는 입경을 말한다.

05 아래와 같은 흙의 입도분포곡선에 대한 설명으로 옳은 것은?

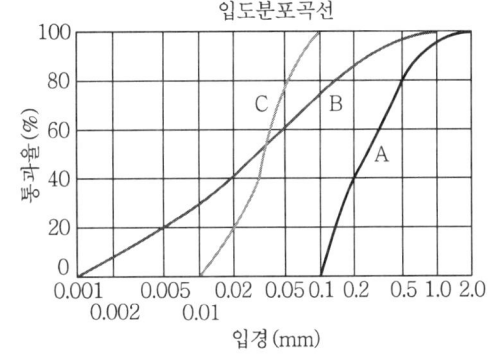

① A는 B보다 유효경이 작다.
② A는 B보다 균등계수가 작다.
③ C는 B보다 균등계수가 크다.
④ B는 C보다 유효경이 크다.

[해설]
B곡선(경사 완만)
- 입도 분포가 좋은 양입도
- 투수계수가 작다.
- 균등계수가 크다.

정답 01 ④ 02 ③ 03 ④ 04 ③ 05 ②

04 균등계수와 곡률계수

1. 균등계수(C_u)

균등계수(C_u)	식
① 입도곡선의 기울기가 완만한지 급한지를 나타내는 값(입자의 직경이 균등한 정도) ② 균등계수(C_u)가 클수록 기울기가 완만하여 입자가 골고루 분포되어 있다.(입도 양호)	$C_u = \dfrac{D_{60}}{D_{10}}$

2. 곡률계수(C_g)

곡률계수(C_g)	식
① 곡률계수(C_g)는 입도곡선이 굽어 있는 정도, 평평한 정도를 나타내는 계수 ② 곡률계수(C_g)가 클수록 기울기가 급하고 빈입도를 의미	$C_g = \dfrac{(D_{30})^2}{D_{10} \times D_{60}}$
	D_{30} : 입도분포곡선에서 가적통과율 30%에 해당하는 입경의 크기(mm)

3. 입도분포가 좋은 양입도

양입도	내용	구배
	① 입경가적곡선의 기울기가 완만한 구배 ② 조세립토가 적당히 혼합되어야 입도가 양호하다. ③ 균등계수가 크다. ④ 투수계수 및 간극비가 작다.	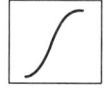

4. 양입도(입도양호)의 판정

양입도 판정조건		
균등계수와 곡률계수의 양입도 조건을 동시에 만족할 때 양입도(well-graded)로 판정한다.	일반흙	$C_u > 10$, 그리고 $C_g = 1 \sim 3$
	모래	$C_u > 6$, 그리고 $C_g = 1 \sim 3$
	자갈	$C_u > 4$, 그리고 $C_g = 1 \sim 3$

GUIDE

- D_{60}
  입도분포곡선에서 가적통과율 60%에 해당하는 입경의 크기(mm)

- D_{10}
  입도분포곡선에서 가적통과율 10%에 해당하는 입경의 크기(mm)

- 균등계수가 가장 큰 흙은 모래, 자갈, 실트, 점토가 골고루 섞인 흙이며 균등계수가 증가되면 입도분포도 넓어진다.

- **입도분포가 나쁜 빈입도**
  ① 입경 가적곡선의 기울기가 급한 구배
  ② 균등한 입경으로만 구성
  ③ 균등계수가 작다.
  ④ 투수계수가 크다.
  ⑤ 간극비가 크다.
  ⑥ 공학적 성질 불량(흙을 다지기 힘들다.)

예 / 상 / 문 / 제

01 어떤 흙의 입경가적곡선에서 $D_{10}=0.05mm$, $D_{30}=0.09mm$, $D_{60}=0.15mm$이었다. 균등계수 C_u와 곡률계수 C_g의 값은?

① $C_u=3.0$, $C_g=1.08$
② $C_u=3.5$, $C_g=2.08$
③ $C_u=3.0$, $C_g=2.45$
④ $C_u=3.5$, $C_g=1.82$

해설

• 균등계수(C_u) $= \dfrac{D_{60}}{D_{10}} = \dfrac{0.15}{0.05} = 3$

• 곡률계수(C_g) $= \dfrac{(D_{30})^2}{D_{10} \times D_{60}} = \dfrac{0.09^2}{0.05 \times 0.15} = 1.08$

02 유효입경이 0.1mm이고, 통과 백분율 80%에 대응하는 입경이 0.5mm, 60%에 대응하는 입경이 0.4mm, 40%에 대응하는 입경이 0.3mm, 20%에 대응하는 입경이 0.2mm일 때 이 흙의 균등계수는?

① 2 ② 3
③ 4 ④ 5

해설

균등계수(C_u) $= \dfrac{D_{60}}{D_{10}} = \dfrac{0.4}{0.1} = 4$

03 흙의 입경가적곡선에 대한 설명으로 틀린 것은?

① 입경가적곡선에서 균등한 입경의 흙은 완만한 구배를 나타낸다.
② 균등계수가 증가되면 입도분포도 넓어진다.
③ 입경가적곡선에서 통과백분율 10%에 대응하는 입경을 유효입경이라 한다.
④ 입도가 양호한 흙의 곡률계수는 1~3 사이에 있다.

해설

입경가적곡선의 기울기가 완만한 구배
• 양입도(입자는 비균질)
• 균등계수가 크다.
• 투수계수가 작다.

04 어떤 흙의 입도분석 결과 입경가적곡선의 기울기가 급경사를 이룬 빈입도일 때 예측할 수 있는 사항으로 틀린 것은?

① 균등계수는 작다.
② 간극비는 크다.
③ 흙을 다지기가 힘들 것이다.
④ 투수계수는 작다.

해설

빈입도(기울기가 급경사)
• 입도분포 불량(입자는 균질)
• 균등계수가 작다.
• 투수계수가 크다.

05 아래와 같은 흙의 입도분포곡선에 대한 설명으로 옳은 것은?

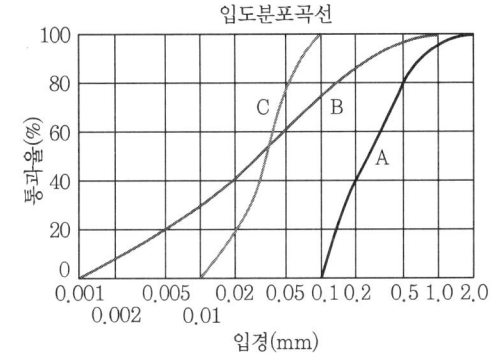

① A는 B보다 유효경이 작다.
② A는 B보다 균등계수가 작다.
③ C는 B보다 균등계수가 크다.
④ B는 C보다 유효경이 크다.

해설

입경가적 곡선의 기울기가 완만하면 균등계수는 크다.

정답 01 ① 02 ③ 03 ① 04 ④ 05 ②

05 통일 분류법

1. 제1문자

구분	조립토와 세립토의 분류기준	표기
조립토	No.200체(0.075mm) 통과량이 50% 이하 (No.200체 통과량 ≤ 50%)	G, S
세립토	No.200체(0.075mm) 통과량이 50% 이상 (No.200체 통과량 ≥ 50%)	M, C, O
	조립토에서 자갈(S)과 모래(S)의 분류기준	
자갈(G)	No.4체(4.75mm) 통과량이 50% 이하 (No.4체 통과량 ≤ 50%)	
모래(S)	No.4체(4.75mm) 통과량이 50% 이상 (No.4체 통과량 ≥ 50%)	

2. 제2문자

구분	조립토와 세립토의 분류기준	표기
조립토	C_u (균등계수)와 C_g (곡률계수)에 의해 표기 (No.200체 통과량이 5% 이하일 때)	W, P
세립토	$\omega_L \leq 50\%$	L
	$\omega_L \geq 50\%$	H

3. 통일 분류법

	제1문자(입경)		제2문자(입도 및 성질)	
	설명	기호	설명	기호
조립토	자갈(Gravel)	G	입도양호, 양립도	W
			입도불량, 빈립도	P
	모래(Sand)	S	실트질	M
			점토질	C
세립토	실트(M.Silt)	M	압축성이 낮음(Low), 저압축성	L
	점토(Clay)	C		
	유기질 점토 (Organic clay)	O	압축성이 높음(High), 고압축성	H
유기질토	이탄(Peat)	Pt	유기질토의 제2문자는 없음	

GUIDE

- 흙의 공학적 분류
  ① 통일 분류법(입도분포, 액성한계, 소성지수 등을 주요인자로 분류)
  ② AASHTO 분류법(군지수 사용)

- 조립토
  0.075mm체 통과량(P#200)이 50% 이하 → 체가름시험 행함

- 세립토의 분류
  세립토는 입경에 의해 분류할 수 없고 소성도를 이용하여 분류한다.

- W
  양입도, Well graded
- P
  빈입도, Poor graded

- ω_L : 액성한계

- GW
  입도가 양호한 자갈(최적함수비가 가장 작은 흙, 도로노반으로 가장 좋은 재료)

- SM
  실트질의 모래

- CH
  압축성이 높은 점토

- CL
  압축성이 낮은 점토

예 / 상 / 문 / 제

01 흙을 공학적 분류방법으로 분류할 때 필요한 요소가 아닌 것은?

① 입도분포 ② 액성한계
③ 소성지수 ④ 수축한계

해설
- 통일 분류법(입도분포, 액성한계, 소성지수 등을 주요 인자로 분류)
- AASHTO 분류법(군지수 사용)

02 통일분류법에 의한 흙의 분류에서 조립토와 세립토를 구분할 때 기준이 되는 체의 호칭번호와 통과율로 옳은 것은?

① No.4(4.75mm)체, 35%
② No.10(2mm)체, 50%
③ No.200(0.075mm)체, 35%
④ No.200(0.075mm)체, 50%

해설
조립토와 세립토의 분류기준
- 조립토 : No.200체(0.075mm) 통과량 ≤ 50%
- 세립토 : No.200체(0.075mm) 통과량 ≥ 50%

자갈과 모래의 분류기준
- 자갈(G) : No.4체(4.75mm) 통과량 ≤ 50%
- 모래(S) : No.4체(4.75mm) 통과량 ≥ 50%

03 여러 종류의 흙을 같은 조건으로 다짐시험을 하였다. 일반적으로 최적함수비가 가장 작은 흙은?

① GW ② ML
③ SW ④ CH

해설
GW : 입도분포가 좋은 자갈(최적함수비가 가장 작은 흙)

04 다음 통일분류법에 의한 흙의 분류 중 압축성이 가장 큰 것은?

① SP ② SW
③ CL ④ CH

해설
- SW : 입도가 양호한 모래
- CL : 압축성이 낮은 점토
- CH : 압축성이 높은 점토

05 통일 분류법에서 실트질 자갈을 표시하는 약호는?

① GW ② GP
③ GM ④ GC

해설
- GW : 입도가 양호한 자갈
- GP : 입도가 불량한 자갈
- GM : 실트질 자갈

06 통일 분류법에 의해 분류한 흙의 분류기호 중 도로 노반으로서 가장 좋은 흙은?

① CL ② ML
③ SP ④ GW

해설
도로 노반으로 가장 좋은 재료는 GW(입도가 양호한 자갈)

07 흙의 분류 중에서 유기질이 가장 많은 흙은?

① CH ② CL
③ Pt ④ OL

해설
유기질이 많은 흙은 이탄(Pt)이다.

정답 01 ④ 02 ④ 03 ① 04 ④ 05 ③ 06 ④ 07 ③

4. 양입도 판정

통일 분류법	조립토	#200체(0.075mm) 통과량 50% 이하인 흙
	세립토	#200체(0.075mm) 통과량 50% 이상인 흙
	자갈	#4체(4.75mm) 통과량 50% 이하인 흙
	모래	#4체(4.75mm) 통과량 50% 이상인 흙
양입도		① 일반흙 : $C_u > 10$, 그리고 $C_g = 1 \sim 3$ ② 모래 : $C_u > 6$, 그리고 $C_g = 1 \sim 3$ ③ 자갈 : $C_u > 4$, 그리고 $C_g = 1 \sim 3$

GUIDE

- **통일분류법 목적**

  비행기 활주로, 도로, 흙댐, 기초 지반설계에 이용(Casagrande가 고안)

5. 소성도표

소성도표(Cassagrande)	방정식
① 세립토에서 압축성의 높고 낮음을 분류하는 데 이용 ② 가로축 : ω_L(액성한계) ③ 세로축 : I_P(소성지수, PI)	① A선의 방정식 : $I_P = 0.73(\omega_L - 20)$ ② B선의 방정식 : $\omega_L = 50(\%)$

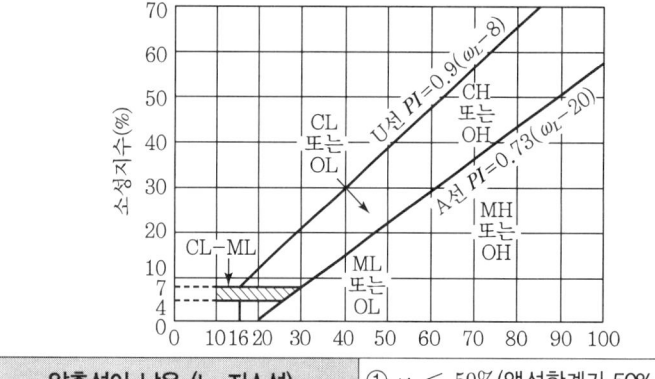

압축성이 낮은 (L, 저소성)	① $\omega_L \leq 50\%$(액성한계가 50% 이하)
압축성이 높은 (H, 고소성)	② $\omega_L \geq 50\%$(액성한계가 50% 이상)

- A선 위의 흙은 점토(C)

  A선 아래의 흙은 실트(M)

  (색과 냄새 등으로 무기질 구분)

- U선은 액성한계와 소성지수의 상한선으로 U선 위쪽으로는 측점이 있을 수 없다.

- **B선의 방정식**

  ① $\omega_L \leq 50\%$: 압축성이 낮음

  ② $\omega_L \geq 50\%$: 압축성이 높음

6. 통일분류법에 직접 사용하는 요소

흙을 분류하는 데 필요한 요소
① No.200체 통과율   ② No.4체 통과율   ③ 액성한계(ω_L)   ④ 소성한계(ω_P)   ⑤ 소성지수(I_P, PI)   ⑥ 색, 냄새

- 색, 냄새가 없으면 무기질

예 / 상 / 문 / 제

01 통일분류법으로 흙을 분류하는 데 직접 사용되지 않는 요소는?

① 200번체 통과율 ② 4번체 통과율
③ 군지수 ④ 액성 한계

[해설]
군지수는 AASHTO 분류법에 사용

02 어떤 흙의 체분석 시험결과가 4.75mm(4번체) 통과율이 37.5%, #200체 통과율이 2.3%였으며, 균등계수는 7.9, 곡률계수는 1.4이었다. 통일분류법에 따라 이 흙을 분류하면?

① GW ② GP
③ SW ④ SP

[해설]
흙의 분류
- 조립토 [#200체(0.075mm) 통과량≤50%]
  세립토 [#200체(0.075mm) 통과량≥50%]
- 자갈 [#4체(4.75mm) 통과량≤50%]
  모래 [#4체(4.75mm) 통과량≥50%]
- 양입도
  ㉠ 일반흙 $C_u > 10$ 그리고 $1 < C_g < 3$
  ㉡ 모래 $C_u > 6$ 그리고 $1 < C_g < 3$
  ㉢ 자갈 $C_u > 4$ 그리고 $1 < C_g < 3$

∴ ① #200체 통과율 2.3% → 조립토
   ② #4체 통과율 37.5% → 자갈
   ③ 균등계수(C_u) 7.9 → 양입도 자갈
   ④ 곡률계수(C_g) 1.4 → 양입도 자갈

따라서 입도가 양호한 자갈(GW)

03 흙의 분류에 사용되는 Cassagrande 소성도에 대한 설명으로 틀린 것은?

① 세립토를 분류하는 데 이용된다.
② U선은 액성한계와 소성지수의 상한선으로 U선 위쪽으로는 측점이 있을 수 없다.
③ 액성한계 50%를 기준으로 저소성(L) 흙과 고소성(H) 흙으로 분류한다.
④ A선 위의 흙은 실트(M) 또는 유기질토(O)이며, A선 아래의 흙은 점토(C)이다.

[해설]

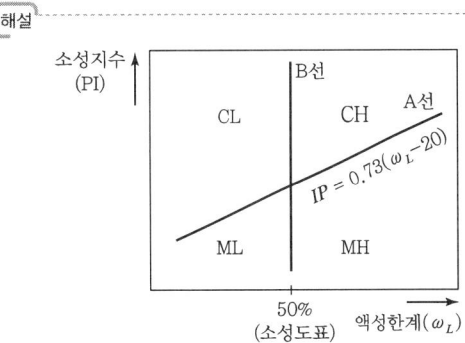

- 압축성이 높은(H) : $\omega_L \geq 50\%$
- 압축성이 낮은(L) : $\omega_L \leq 50\%$
- 점토(C) : A선 위쪽
- 실트(M) : A선 아래쪽
∴ A선 위의 흙은 점토(C)이며, A선 아래의 흙은 실트(M)

04 어떤 시료를 입도분석한 결과, 0.075mm(N0 200)체 통과량이 65%이었고, 애터버그한계 시험결과 액성한계가 40%이었으며 소성도표(Plasticity Chart)에서 A선 위의 구역에 위치한다면 이 시료의 통일분류법(USCS)상 기호로서 옳은 것은?

① CL ② SC
③ MH ④ SM

[해설]
- 0.075mm(No.200)체 통과량 65% → 세립토
- 액성한계(ω_L)=40% → 압축성이 낮은(L)
- A선 위에 위치 → 점토(C)
∴ 세립토인 저압축성 점토(CL)

정답 01 ③ 02 ① 03 ④ 04 ①

06 AASHTO 분류법

1. AASHTO 분류법

AASHTO 분류법	군지수(GI)공식
입도분석, 액성한계, 소성지수로부터 군지수(Group Index, GI)를 구하여 도로 노상토 재료로서의 양·부를 판정한다. (유기질토 분류 방법은 없다.)	$GI = 0.2a + 0.005ac + 0.01bd$ ① $a = P\#200 - 35(0 \leq a \leq 40)$ ② $b = P\#200 - 15(0 \leq b \leq 40)$ ③ $c = \omega_L - 40(0 \leq c \leq 20)$ ④ $d = I_P - 10(0 \leq d \leq 20)$

2. AASHTO 분류법에 의한 흙의 분류

대분류	조립토($P\#200 \leq 35\%$)			세립토($P\#200 \geq 35\%$)			
소분류	A-1	A-3	A-2	A-4	A-5	A-6	A-7
GI	0	0	4 이하	8 이하	12 이하	16 이하	20 이하
주성분	자갈 모래	세사 (가는 모래)	실트질 자갈 점토질 자갈 실트질 모래 점토질 모래	실트질 흙		점토질 흙	
양·부	우수 또는 양호			가능 또는 불가능			

3. 통일분류법과 AASHTO 분류법의 분류

구분	조립토	세립토
통일 분류법	#200체 통과량 50% 이하	#200체 통과량 50% 이상
AASHTO 분류법	#200체 통과량 35% 이하	#200체 통과량 35% 이상

GUIDE

- 흙의 공학적 분류
  ① 통일 분류법(USCS)
  ② AASHTO 분류법(군지수 사용)

- $P\#200$: No.200번체 통과율
  ω_L : 액성한계
  I_P : 소성지수

- 군지수(GI)
  ① GI 값이 음(-)의 값을 가지면 0으로 한다.
  ② GI 값은 반올림하여 가장 가까운 정수로 반올림한다.
  ($3.4 \rightarrow 3$, $5.5 \rightarrow 6$)
  ③ GI 값이 클수록 공학적 성질이 불량하다.

- 세립토의 분류
  ① 통일분류법
  NO.200(0.075mm)체 통과율이 50% 이상
  ② AASHTO 분류
  NO.200(0.075mm)체 통과율이 35% 이상

예 / 상 / 문 / 제

01 통일분류법으로 흙을 분류할 때 사용하는 인자가 아닌 것은?

① 입도 분포
② 애터버그 한계
③ 색, 냄새
④ 군지수

해설

흙의 공학적 분류
• 통일분류법(입도분포, 액성한계, 소성지수)
• AASHTO분류법(군지수)

02 군지수(Group Index)를 구하는 아래 표와 같은 공식에서 a, b, c, d에 대한 설명으로 틀린 것은?

$$GI = 0.2a + 0.005ac + 0.01bd$$

① a : No.200체 통과율에서 35%를 뺀 값으로 0~40의 정수만 취한다.
② b : No.200체 통과율에서 15%를 뺀 값으로 0~40의 정수만 취한다.
③ c : 액성한계에서 40%를 뺀 값으로 0~20의 정수만 취한다.
④ d : 소성한계에서 10%를 뺀 값으로 0~20의 정수만 취한다.

해설

군지수
$GI = 0.2a + 0.005ac + 0.01bd$
∴ d는 소성지수(I_p)에서 10%를 뺀 값으로 0~20의 정수만 취한다.

03 아래와 같은 조건에서 AASHTO 분류법에 따른 군지수(GI)는?

• 흙의 액성한계 : 45%
• 흙의 소성한계 : 25%
• 200번체 통과율 : 50%

① 7
② 10
③ 13
④ 16

해설

$GI = 0.2a + 0.005ac + 0.01db$

• $a = P\#200 - 35 = 50 - 35 = 15\,(0 \leq a \leq 40)$
• $b = P\#200 - 15 = 50 - 15 = 35\,(0 \leq a \leq 40)$
• $c = \omega_L - 40 = 45 - 40 = 5\,(0 \leq c \leq 20)$
• $d = I_P - 10 = 20 - 10 = 10\,(0 \leq c \leq 20)$
  ($I_P = \omega_L - \omega_P = 45 - 25 = 20$)

∴ $GI = 0.2 \times 15 + 0.005 \times 15 \times 5 + 0.01 \times 10 \times 35 = 6.9 ≒ 7$

04 흙의 분류법인 AASHTO 분류법과 통일분류법을 비교·분석한 내용으로 틀린 것은?

① AASHTO 분류법은 입도분포, 군지수 등을 주요 분류인자로 한 분류법이다.
② 통일분류법은 입도분포, 액성한계, 소성지수 등을 주요 분류인자로 한 분류법이다.
③ 통일분류법은 0.075mm체 통과율을 35%를 기준으로 조립토와 세립토로 분류하는데, 이것은 AASHTO 분류법보다 적절하다.
④ 통일분류법은 유기질토 분류방법이 있으나 AASHTO 분류법은 없다.

해설

구분	조립토	세립토
통일 분류법	0.075mm (#200체) 통과량 50% 이하	0.075mm (#200체) 통과량 50% 이상
AASHTO 분류법	0.075mm (#200체) 통과량 35% 이하	0.075mm (#200체) 통과량 35% 이상

05 AASHTO 분류 및 통일분류법은 No.200(0.075mm)체 통과율을 기준으로 하여 흙을 조립토와 세립토로 구분한다. AASHTO 방법에서는 NO.200체 통과량이 (ⓐ) 이상인 흙을 세립토로, 통일분류법에서는 (ⓑ) 이상을 세립토로 한다. ( )에 맞는 수치는?

① ⓐ 50%, ⓑ 35%
② ⓐ 40%, ⓑ 40%
③ ⓐ 35%, ⓑ 50%
④ ⓐ 45%, ⓑ 45%

해설

세립토
• AASHTO 분류법 : $P\#200 \geq 35\%$
• 통일분류법 : $P\#200 \geq 50\%$

정답 01 ④ 02 ④ 03 ① 04 ③ 05 ③

CHAPTER 02 실 / 전 / 문 / 제

01 흙의 입도 분석 결과 입경가적곡선이 입경의 좁은 범위 내에 대부분이 몰려 있는 입경 분포도가 나쁜 빈입도(poor grading)일 때 다음 중 옳지 않은 것은?

① 균등계수가 작을 것이다.
② 공극비가 클 것이다.
③ 다짐에 적합한 흙이 아닐 것이다.
④ 투수계수가 낮을 것이다.

[해설]
입도분포가 나쁜 빈입도의 특성
• 균등계수가 작다.
• 공극비가 크다.
• 투수성이 크다.
• 다짐에 부적합하다.

02 흙의 입경가적곡선에 관한 설명 중 옳은 것은?

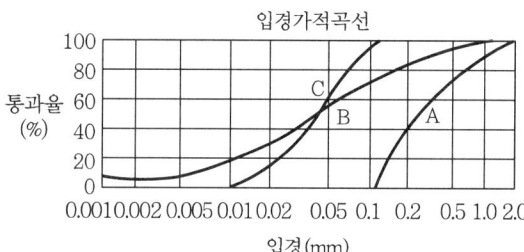

① A는 B보다 유효경이 작다.
② A는 B보다 균등계수가 작다.
③ A는 B보다 균등계수가 크다.
④ B는 C보다 유효경이 크다.

[해설]
• 유효입경(D_{10})은 입경 가적 곡선에서 통과율 10%에 해당하는 입경이므로 A는 B보다 크고, B는 C보다 작다.
  ∴ A > C > B
• 균등계수는 급경사일수록 작고 완경사일수록 크다. 따라서 균등계수 A는 B보다 작다.
  ∴ B > C > A

03 어떤 흙의 입경가적곡선에서 $D_{10}=0.05$mm, $D_{30}=0.09$mm, $D_{60}=0.15$mm이었다. 균등계수 C_u와 곡률계수 C_g의 값은?

① $C_u=3.0$, $C_g=1.08$
② $C_u=3.5$, $C_g=2.08$
③ $C_u=1.7$, $C_g=2.45$
④ $C_u=2.4$, $C_g=1.82$

[해설]
• 균등계수 $C_u = \dfrac{D_{60}}{D_{10}} = \dfrac{0.15}{0.05} = 3.0$
• 곡률계수 $C_g = \dfrac{D_{30}^2}{D_{10} \times D_{60}} = \dfrac{0.09^2}{0.05 \times 0.15} = 1.08$

04 통일분류법에 의한 흙의 분류에서 조립토와 세립토를 구분할 때 기준이 되는 체의 호칭번호와 통과율로 옳은 것은?

① No.4(4.75mm)체, 35%
② No.10(2mm)체, 50%
③ No.200(0.075mm)체, 35%
④ No.200(0.075mm)체, 50%

[해설]
조립토와 세립토의 분류기준
• 조립토 : No.200체(0.075mm) 통과량 ≤ 50%
• 세립토 : No.200체(0.075mm) 통과량 ≥ 50%

자갈과 모래의 분류기준
• 자갈(G) : No.4체(4.75mm) 통과량 ≤ 50%
• 모래(S) : No.4체(4.75mm) 통과량 ≥ 50%

05 통일 분류법에 의해 분류한 흙의 분류기호 중 도로 노반으로서 가장 좋은 흙은?

① CL
② ML
③ SP
④ GW

[해설]
도로 노반으로 가장 좋은 재료는 GW(입도가 양호한 자갈)

정답 01 ④ 02 ② 03 ① 04 ④ 05 ④

실 / 전 / 문 / 제

06 입도분석 시험결과가 다음과 같을 때 이 흙을 통일분류법에 의해 분류하면?

> 0.074mm체 통과율 = 3%
> 2mm체 통과율 = 40%
> 4.75mm 통과율 = 65%
> $D_{10} = 0.10\text{mm}, D_{30} = 0.13\text{mm}, D_{60} = 3.2\text{mm}$

① GW ② GP
③ SW ④ SP

[해설]
- #200체(0.075mm) 통과율 3% → 조립토(G, S)
- #4체(4.75 mm) 통과율 65% → 모래(S)
- 균등계수(C_u) = $\dfrac{D_{60}}{D_{10}} = \dfrac{3.2}{0.1} = 32$
- 곡률계수(C_g) = $\dfrac{D_{30}^{2}}{D_{10} \times D_{60}} = \dfrac{0.13^2}{0.1 \times 3.2} = 0.0528$
  → 입도분포 불량(P)

∴ SP(입도분포가 불량한 모래)

07 어떤 시료를 입도분석한 결과, 0.075mm(No.200) 체 통과량이 65%였고, 애터버그한계 시험결과 액성한 계가 40%였으며 소성도표(Plasticity Chart)에서 A선 위의 구역에 위치한다면 이 시료의 통일분류법 (USCS)상 기호로서 옳은 것은?

① CL ② SC
③ MH ④ SM

[해설]
- #200체(0.075mm) 통과량 65% → 세립토
- 소성지수 (I_p, PI) 소성도표
  CL | CH A선
  ML | MH
  50% 액성한계(ω_L)
  $I_p = 0.73(\omega_L - 20)$
- 액성한계 40% → L
- A선 위 구역 → C

∴ CL : 저압축성(저소성)의 점토

08 통일분류법(統一分類法)에 의해 SP로 분류된 흙의 설명으로 옳은 것은?

① 모래질 실트를 말한다.
② 모래질 점토를 말한다.
③ 압축성이 큰 모래를 말한다.
④ 입도분포가 나쁜 모래를 말한다.

[해설]
통일분류법
- 제1문자 S : 모래
- 제2문자 P : 입도분포 불량

∴ SP : 입도분포가 불량한 모래

09 다음 중 압축성이 큰 점토의 통일 분류 기호는?

① SW ② CL
③ MH ④ CH

[해설]

세립토의 분류	실트[M]	점토[C]	유기질토[O]
압축성이 낮은 흙[L]	ML	CL	OL
압축성이 높은 흙[H]	MH	CH	OH

10 통일 분류법에 의해 그 흙이 MH로 분류되었다면 이 흙의 대략적인 공학적 성질은?

① 액성한계가 50% 이상인 실트이다.
② 액성한계가 50% 이하인 점토이다.
③ 소성한계가 50% 이상인 점토이다.
④ 소성한계가 50% 이하인 실트이다.

[해설]
- M : 실트, C : 점토, O : 유기질토
- H : 액성한계가 50% 이상인 흙
- L : 액성한계가 50% 이하인 흙
- MH : 액성한계가 50% 이상인 실트
- ML : 액성한계가 50% 이하인 실트

정답 06 ④ 07 ① 08 ④ 09 ④ 10 ①

CHAPTER 02 실/전/문/제

11 통일분류법에 의한 분류기호와 흙의 성질을 표현한 것으로 틀린 것은?

① GP – 입도분포가 불량한 자갈
② GC – 점토 섞인 자갈
③ CL – 소성이 큰 무기질 점토
④ SM – 실트 섞인 모래

[해설]
통일분류법
- 제1문자 C : 무기질 점토
- 제2문자 L : 저소성, 액성한계 50% 이하(Low)
∴ CL : 저소성의 점토

12 흙의 분류법인 AASHTO 분류법과 통일분류법을 비교·분석한 내용으로 틀린 것은?

① AASHTO 분류법은 입도분포, 군지수 등을 주요 분류인자로 한 분류법이다.
② 통일분류법은 입도분포, 액성한계, 소성지수 등을 주요 분류인자로 한 분류법이다.
③ 통일분류법은 0.075 mm체 통과율을 35%를 기준으로 조립토와 세립토로 분류하는데, 이것은 AASHTO 분류법보다 적절하다.
④ 통일분류법에는 유기질토 분류방법이 있으나 AASHTO 분류법에는 없다.

[해설]
- 통일분류법은 0.075 mm체(#200체) 통과율 50%를 기준으로 조립토와 세립토로 분류한다.
- AASHTO 분류법은 35%를 기준으로 분류한다.

13 어떤 흙의 No.200체 통과율이 60%, 액성한계가 40%, 소성지수가 10%일 때 군지수는?

① 3   ② 4
③ 5   ④ 6

[해설]
- a = No.200체 통과량 $-35 = 60-35 = 25\%$
- b = No.200체 통과량 $-15 = 60-15 = 45\%$
- c = 액성한계 $-40 = 40-40 = 0$
- d = 소성지수 $-10 = 10-10 = 0$
∴ $GI = 0.2a + 0.005ac + 0.01bd = 0.2 \times 25 + 0 + 0 = 5$

14 통일 분류법으로 흙을 분류하는 데 직접 사용되지 않는 요소는?

① 200번 체 통과율   ② 4번 체 통과율
③ 군지수   ④ 액성한계

[해설]
통일 분류법

방법 \ 통과율	50% 이하인 흙	50% 이상인 흙
No.200체 통과율	조립토	세립토
No.4체 통과율	자갈(G)	모래(S)
액성한계	압축성이 낮은 흙(L)	압축성이 높은 흙(H)

정답 11 ③ 12 ③ 13 ③ 14 ③

CHAPTER 03

지반 내의 물의 흐름

01 모세관 현상
02 Darcy의 법칙
03 투수계수(k)
04 투수계수(k)의 측정
05 비균질 성토층의 투수계수
06 유선망
07 널말뚝의 침투유량(Q) 계산

01 모세관 현상

1. 모세관 현상

모세관 현상	모식도
정수 중에 모세관을 세우면 모세관의 표면장력에 의해 모세관 내의 물인 모관수가 상승해서 어떤 높이에서 정지하는 현상 (h_c : 모관상승고)	

GUIDE

- 모관 상승고(h_c) 공식

$$\frac{\pi D^2}{4} h_c \gamma_w = \pi D T \cos\alpha$$

$$\therefore h_c = \frac{4T\cos\alpha}{\gamma_w D}$$

2. 흙의 모관상승고(모관수두) $\propto \dfrac{1}{D}$

모관상승고(h_c) 공식	$\alpha=0°$, 수온 15℃일 때 ($T=0.075\text{g/cm}$)
$h_c = \dfrac{4T\cos\alpha}{\gamma_w D}$	$h_c = \dfrac{0.3}{D}$
① h_c : 모관상승고(모세관 높이, cm) ② T : 물의 표면장력(15℃, 0.075g/cm) ③ α : 접촉각(°) ④ γ_w : 물의 단위중량(1g/cm³) ⑤ D : 유리관의 안지름(cm)	**실험적 모관수두** $h_c = \dfrac{C}{e D_{10}}$ ① e : 간극비 ② D_{10} : 유효입경(cm) ③ C : 입자의 모양, 간극 크기의 상수

- $\alpha=0°$, 수온 15℃일 때
  ($T=0.075\text{g/cm}$)
  $h_c = \dfrac{4 \times 0.075 \times \cos 0°}{1.0 \times D}$
  $\therefore h_c = \dfrac{0.3}{D}$

- 모관 상승고(h_c)
  ① 모관 상승고는 표면장력(T)에 비례하고 마찰각(α)에 반비례한다.
  ② 물의 단위중량(γ_w)에 반비례
  ③ 관 직경(D)에 반비례
  ④ 유효입경(D_{10})에 반비례

- $h_c \propto \dfrac{1}{D} \propto \dfrac{1}{\alpha} \propto \dfrac{1}{e} \propto \dfrac{1}{D_{10}}$

3. 모관상승고 순서

모관상승고 순서	모관상승속도 순서
자갈 < 모래 < 실트 < 점토	자갈 > 모래 > 실트 > 점토

4. 모관상승고의 특징

구분	조립토	세립토
간극	크다.	작다.
모관상승고	낮다.	높다.
모관상승속도	빠르다.	느리다.
투수계수(투수성)	크다.	작다.

- 모관상승영역에서는 부압($-u$)이 발생하여 유효응력은 증가된다.

- 모관상승고는 간극이 크면 직경이 크므로 모관상승고는 낮아진다.(조립토가 세립토보다 모관상승고는 더 낮다.)

예 / 상 / 문 / 제

01 지름 2mm의 유리관을 15℃의 정수 중에 세웠을 때 모관상승고는 얼마인가?(단, 물과 유리관의 접촉각은 9°, 표면장력은 0.075g/cm이다.)

① 0.15cm ② 1.48cm
③ 1.58cm ④ 1.68cm

해설

모관상승고(h_c) = $\dfrac{4T\cos\alpha}{\gamma_w D}$ = $\dfrac{4 \times 0.075 \times \cos 9°}{1 \times 0.2}$ = 1.48cm

02 유효입경이 0.02mm, 공극비가 0.5인 흙의 모관상승고는 4m였다. 이때 이 흙의 입자와 표면상태에 의해서 정해지는 정수는?

① 0.16cm² ② 0.1cm²
③ 0.3cm² ④ 0.4cm²

해설

$h_c = \dfrac{C}{e\,D_{10}}$

∴ $C = h_c \cdot e \cdot D_{10}$ = 400 × 0.5 × 0.002 = 0.4cm²

03 간극률 50%이고, 투수계수가 9×10^{-2}cm/sec인 지반의 모관 상승고는 대략 어느 값에 가장 가까운가?(단, 흙입자의 형상에 관련된 상수 $C = 0.3$cm², Hazen 공식: $k = C_1 \times D_{10}^2$에서 $C_1 = 100$으로 가정)

① 1.0cm ② 5.0cm
③ 10.0cm ④ 15.0cm

해설

모관상승고(h_c) = $\dfrac{C}{eD_{10}}$

㉠ $e = \dfrac{n}{1-n} = \dfrac{0.5}{1-0.5} = 1$

㉡ $K = C_1 \times D_{10}^2$

$D_{10} = \sqrt{\dfrac{k}{C_1}} = \sqrt{\dfrac{9 \times 10^{-2}}{100}} = 0.03$

∴ $h_c = \dfrac{0.3}{1 \times 0.03} = 10.0$cm

04 흙의 모세관 현상에 대한 설명으로 옳은 것은?

① 모관상승고가 가장 높게 발생되는 흙은 실트이다.
② 모관상승고는 흙입자의 직경과 관계없다.
③ 모관상승영역에서는 음의 간극수압이 발생되어 유효응력이 증가한다.
④ 모관현상으로 지표면까지 포화되면 지표면 바로 아래에서의 간극수압은 "0"이다.

해설

• 모관상승고 순서 : 점토 > 실트 > 모래 > 자갈
• 모관상승고는 직경에 반비례
• 모관상승영역에서는 부압(−u)이 발생하여 유효응력은 증가

05 흙의 모세관 현상에 대한 설명으로 옳지 않은 것은?

① 모세관 현상은 물의 표면장력 때문에 발생된다.
② 흙의 유효입경이 크면 모관상승고는 커진다.
③ 모관상승영역에서 간극수압은 부압, 즉 (−)압력이 발생된다.
④ 간극비가 크면 모관상승고는 작아진다.

해설

$h_c = \dfrac{C}{e \times D_{10}}$

∴ 흙의 유효입경(D_{10})이 크면 모관상승고(h_c)는 작아진다.

06 모관 상승속도가 가장 느리고, 상승고는 가장 높은 흙은 다음 중 어느 것인가?

① 점토 ② 실트
③ 모래 ④ 자갈

해설

모관상승고 순서 : 자갈 < 모래 < 실트 < 점토

정답 01 ② 02 ④ 03 ③ 04 ③ 05 ② 06 ①

02 Darcy의 법칙

1. Darcy 법칙

모식도
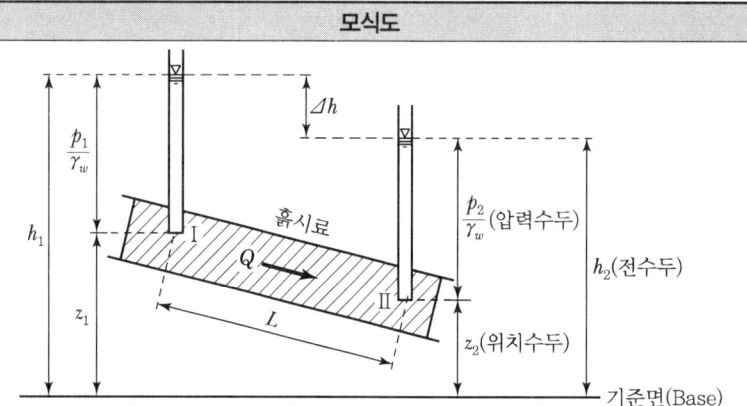

단위시간당 침투유량	$Q = Av = Ak\dfrac{\Delta h}{L} = Aki$ ① v : 평균유출속도(cm/sec) ② k : 투수계수(cm/sec) ③ A : 흐름에 대한 시료단면적(cm²) ④ Q : 단위시간(1sec)당 유량(cm³/sec) ⑤ i : 동수경사 ($i = \dfrac{\Delta h}{L}$, 무차원) ⑥ L : 물이 통과한 시료의 길이(cm) ⑦ Δh : 수두차 ($h_1 - h_2$)

2. 실제 침투유속

실제 침투유속(v_s)	실제유속(v_s)와 평균유속(v)과의 관계
$Q = Av = A_v v_s$ ∴ $v_s = \dfrac{A}{A_v}v = \dfrac{v}{n}$ ① A_v : 공극 부분의 단면적 ② A : 흙 전체의 단면적 ③ n : 간극률(공극률) ④ v : 평균유속(가상유속)	$v_s > v$ 실제침투유속(v_s)이 평균유속(v)보다 크다. ∴ $v_s = \dfrac{v}{n}$

3. Darcy 법칙의 적용

적용
① 층류에서만 Darcy 법칙이 성립한다.(특히 $R_e < 4$ 인 층류에서 잘 적용) ② 지하수는 레이놀즈(R_e) ≒ 1이므로 Darcy 법칙이 적용된다. ③ 흙 속의 유속은 매우 적어서 무시되며 층류라고 가정하고 Darcy 법칙을 적용

GUIDE

- **Darcy법칙**
  모래로 가득 찬 통에 물을 통과시키는데 압력과 이동거리에 따라 얼마나 잘 통과하는지에 대한 관계식

- Darcy법칙에 의한 평균침투속도
  $v = ki = k \cdot \dfrac{\Delta h}{L}$

- **전수두**
  기준면에서 수면까지의 높이

- **압력수두**
  임의점에서 스탠드파이프 내로 상승한 물기둥 높이

- **위치수두**
  기준면에서 임의점까지의 높이

- $v_s = \dfrac{A \times L}{A_v \times L} \cdot v$
  $= \dfrac{v \div v}{v_v \div v} \cdot v$
  $= \dfrac{v}{n}$

- **실제 침투유속(v_s)**
  온도가 높아지면 점성이 작아져서 투수계수가 커지고 유속은 빠르다.

- **간극률(n)**
  ① $n = \dfrac{V_v}{V} \times 100$
  ② $n = \dfrac{e}{1+e}$

예 / 상 / 문 / 제

01 다음 투수층에서 피에조미터를 꽂은 두 지점 사이의 동수경사(i)는 얼마인가?(단, 두 지점 간의 수평거리는 50m이다.)

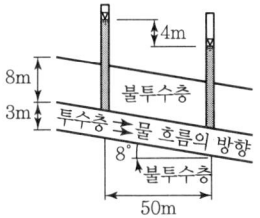

① 0.060　② 0.079　③ 0.080　④ 0.160

[해설]

동수경사(i) = $\frac{\Delta h}{L}$

• Δh(수두차) = 4m
• L(시료길이)
  $\cos 8° = \frac{50}{L}$, $L = \frac{50}{\cos 8°} = 50.5$m

∴ 동수경사(i) = $\frac{\Delta h}{L} = \frac{4}{50.5} = 0.079$

02 Darcy의 법칙 $q = kiA$에 대한 설명으로 틀린 것은?

① k는 투수계수로서 조립토는 크고, 세립토는 작다.
② i는 동수경사로 수두차를 물이 흙 속으로 흘러간 거리로 나눈 값이다.
③ Darcy의 평균유속은 실제유속보다 크다.
④ Darcy의 법칙은 층류일 때만 성립한다.

[해설]

• 조립토 : 간극, 투수계수가 크다.
  세립토 : 간극, 투수계수가 작다.
• i(동수경사) = $\frac{\Delta h(수두차)}{L(시료길이)}$
• 실제유속(v_s) > 평균유속(v)

03 어떤 모래지반에서 단위시간에 흙 속을 통과하는 물의 부피를 구하는 공식 $q = kiA = vA$에 의해 물의 유출속도 $v = 2$cm/sec를 얻었다. 이 흙에서의 실제 침투속도 v_s는?(단, 간극률이 40%인 모래지반이다.)

① 0.8cm/sec　② 3.2cm/sec
③ 5.0cm/sec　④ 7.6cm/sec

[해설]

실제침투유속(v_s) = $\frac{v}{n} = \frac{2}{0.4} = 5$cm/sec

04 어떤 흙의 간극비(e)가 0.52이고, 흙 속에 흐르는 물의 이론 침투속도(v)가 0.214cm/sec일 때 실제의 침투유속(v_s)은?

① 0.424　② 0.525　③ 0.626　④ 0.727

[해설]

실제침투유속(v_s) = $\frac{v}{n}$

• 평균유속(v) = 0.214cm/sec
• 간극률(n) = $\frac{e}{1+e} = \frac{0.52}{1+0.52} = 0.342$

∴ $v_s = \frac{v}{n} = \frac{0.214}{0.342} = 0.626$

05 아래 그림에서 투수계수 $K = 4.8 \times 10^{-3}$cm/sec일 때 Darcy 유출속도 v와 실제 물의 속도(침투속도) v_s는?

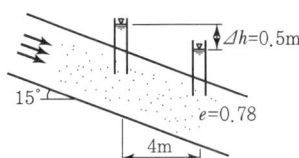

① $v = 3.4 \times 10^{-4}$cm/sec, $v_s = 5.6 \times 10^{-4}$cm/sec
② $v = 3.4 \times 10^{-4}$cm/sec, $v_s = 9.4 \times 10^{-4}$cm/sec
③ $v = 5.8 \times 10^{-4}$cm/sec, $v_s = 10.8 \times 10^{-4}$cm/sec
④ $v = 5.8 \times 10^{-4}$cm/sec, $v_s = 13.2 \times 10^{-4}$cm/sec

[해설]

• 유출속도(v) = $k \cdot i = k \cdot \frac{\Delta h}{L}$

  $v = 4.8 \times 10^{-3} \times \frac{0.5}{4.14} = 0.00058$cm/sec
  $= 5.8 \times 10^{-4}$cm/sec ($\cos 15° = \frac{4}{L}$ ∴ $L = 4.14$)

• 침투속도(v_s) = $\frac{v}{n} = \frac{0.00058}{0.438} = 0.00132$cm/sec
  $= 13.2 \times 10^{-4}$cm/sec

  $\left[간극률(n) = \frac{e}{1+e} = \frac{0.78}{1+0.78} = 0.438\right]$

정답　01 ②　02 ③　03 ③　04 ③　05 ④

03 투수계수(k)

1. 투수계수 공식

Taylor 공식	투수계수(k)와 관계
$k = D_s^2 \cdot \dfrac{\gamma_w}{\mu} \cdot \dfrac{e^3}{1+e} \cdot C$ D_s : 흙의 입경, μ : 점성계수 e : 간극비, C : 합성형상계수	① 간극비(e)가 클수록 k는 증가 ② 물의 밀도가 클수록 k는 증가 ③ 물의 점성이 클수록 k는 감소 ④ 투수계수(k)는 모래가 점토보다 크다. ⑤ k는 토립자 비중과 무관함 ⑥ 포화도가 클수록 k는 증가(공기가 있으면 물의 흐름을 방해) ⑦ 온도가 높으면 k는 증가(온도가 높으면 점성계수가 감소하여 k는 증가)

GUIDE

- 투수성
  흙의 투수능력(투수성)을 나타내는 중요한 토질정수 k값이 큰 흙일수록 물이 쉽게 흐르게 되므로 투수성이 높다고 말한다.

- 투수계수(k)
  물이 흙의 간극을 통과하여 이동하는 속도(cm/sec)

2. Hazen의 경험식

식	내용
$k = CD_{10}^2$	k : 투수계수(cm/sec) D_{10} : 유효입경(cm) C : 100~150/cm·sec (둥근 입자인 경우 $C = 150$)

- Hazen의 경험식
  ① 느슨하고 깨끗한 조립토에 적용
  ② 조립토의 투수계수는 유효입경의 제곱에 비례

- 투수계수는 수두차에 반비례한다.

3. 투수계수와 간극비의 관계

식	간략식
$k_1 : k_2 = \dfrac{e_1^3}{1+e_1} : \dfrac{e_2^3}{1+e_2}$	$k_2 = \dfrac{\dfrac{e_2^3}{1+e_2}}{\dfrac{e_1^3}{1+e_1}} k_1$

4. 투수계수와 점성계수의 관계

식	간략식
$k_1 : k_2 = \dfrac{1}{\mu_1} : \dfrac{1}{\mu_2}$	$k_2 = k_1 \times \dfrac{\mu_1}{\mu_2}$

- 투수계수(k)는 점성계수(μ)에 반비례

예 / 상 / 문 / 제

01 흙의 투수계수에 관한 설명으로 틀린 것은?

① 흙의 투수계수는 흙 유효입경의 제곱에 비례한다.
② 흙의 투수계수는 물의 점성계수에 비례한다.
③ 흙의 투수계수는 물의 단위중량에 비례한다.
④ 흙의 투수계수는 형상계수에 따라 변화한다.

해설

$$k = D_s^2 \cdot \frac{\gamma_w}{\mu} \cdot \frac{e^3}{1+e} \cdot C$$

- k(투수계수)는 D_s^2(입경)에 비례
- k(투수계수)는 μ(점성계수)에 반비례
- k(투수계수)는 γ_w(물의 단위중량)에 비례
- k(투수계수)는 C(형상계수)에 비례

02 다음 중 흙의 투수계수에 영향을 미치는 요소가 아닌 것은?

① 흙의 입경
② 침투액의 점성
③ 흙의 포화도
④ 흙의 비중

해설

k(투수계수)는 토립자의 비중과 무관함

03 투수계수에 관한 다음 사항 중 옳지 않은 것은?

① 침투유량은 투수계수에 비례한다.
② 투수계수는 수온이 상승하면 증가한다.
③ 투수계수는 수두차에 비례한다.
④ 투수계수는 일반적으로 흙의 입자가 작을수록 작은 값을 나타낸다.

해설

- $Q = Av = k\dfrac{\Delta h}{L}A = kiA$
- $k \propto \dfrac{1}{\Delta h}$

투수계수(k)는 수두차(Δh)에 반비례한다.

04 어떤 모래의 입경가적곡선에서 유효입경 $D_{10} = 0.01$mm였다. Hazen 공식에 의한 투수계수는? (단, 상수(C)는 100을 적용한다.)

① 1×10^{-4}cm/sec
② 1×10^{-6}cm/sec
③ 5×10^{-4}cm/sec
④ 5×10^{-6}cm/sec

해설

$k = C \cdot D_{10}^2 = 100 \times 0.001^2 = 1 \times 10^{-4}$cm/sec

05 간극비가 $e_1 = 0.80$인 어떤 모래의 투수계수가 $K_1 = 8.5 \times 10^{-2}$cm/sec일 때 이 모래를 다져서 간극비를 $e_2 = 0.57$로 하면 투수계수 K_2는?

① 8.5×10^{-3}cm/sec
② 3.5×10^{-2}cm/sec
③ 8.1×10^{-2}cm/sec
④ 4.1×10^{-1}cm/sec

해설

간극비와 투수계수의 관계

$$k_1 : k_2 = \frac{e_1^3}{1+e_1} : \frac{e_2^3}{1+e_2}$$

$$8.5 \times 10^{-2} : k_2 = \frac{0.80^3}{1+0.80} : \frac{0.57^3}{1+0.57}$$

$$\therefore k_2 = 3.5 \times 10^{-2} \text{cm/sec}$$

06 흙 속에서 물의 흐름에 대한 설명으로 틀린 것은?

① 투수계수는 온도에 비례하고 점성에 반비례한다.
② 불포화토는 포화토에 비해 유효응력이 작고, 투수계수가 크다.
③ 흙 속의 침투수량은 Darcy 법칙, 유선망, 침투해석 프로그램 등에 의해 구할 수 있다.
④ 흙 속에서 물이 흐를 때 수두차가 커져 한계동수구배에 이르면 분사현상이 발생한다.

해설

불포화토는 투수계수(k)가 작다.

정답   01 ②   02 ④   03 ③   04 ①   05 ②   06 ②

04 투수계수(k)의 측정

1. 정수위 투수시험(조립토에 적용)

모식도	식
(그림)	$k = \dfrac{QL}{hAt} = \dfrac{Q}{iAt}$
	Q : 투수시간(t 시간) 동안 투수량(cm³) L : 시료길이(cm), h : 수위차(cm) A : 시료 단면적(cm²), t : 투수시간(sec) i : 동수경사 $\left(\dfrac{h}{L}\right)$
적용	사질토에 적용 ($k > 10^{-3}$ cm/sec)

2. 변수위 투수시험(세립토에 적용)

모식도	식
(그림)	$k = 2.3 \dfrac{aL}{AT} \log_{10} \dfrac{h_1}{h_2}$
	a : stand pipe의 단면적(cm²) L : 시료길이(cm) A : 시료 단면적(cm²) T : 시험시간(sec), $T = t_2 - t_1$ h_1 : t_1 시각일 때의 최초 수위차(cm) h_2 : t_2 시각일 때의 최종 수위차(cm)
적용	투수계수가 $10^{-1} \sim 10^{-8}$ cm/sec 정도까지 폭넓게 사용

3. 압밀시험(불투수성 흙에 적용)

식	내용
$k = C_v\, m_v\, \gamma_w$	C_v : 압밀계수 m_v : 체적변화계수 $m_v = \dfrac{a_v}{1+e_1}$ γ_w : 물의 단위중량 a_v : 압축계수 e_1 : 초기간극비

GUIDE

- 투수시험은 불교란시료를 이용하여 시험한다.

- 실내 투수시험
  ① 정수위 투수시험법
  ② 변수위 투수시험법
  ③ 압밀시험

- 정수위 투수시험
  ① 투수계수가 큰 조립토(사질토)에 적용
  ② 수두차를 일정하게 유지
  ③ Darcy 법칙 적용
  ④ 투수량 Q를 측정하여 투수계수(k)를 결정한다.

- 변수위 투수시험
  ① 투수계수가 낮은 세립토의 투수계수(k)를 결정하는 시험
  ② 스탠드 파이프 내에 들어있는 물이 시료를 통과해 양 수두(h_1, h_2) 사이를 흐르며 통과하는 데 소요되는 시간을 측정하여 투수계수(k)를 결정

- 압밀시험
  투수성이 낮은 불투수성 흙($k = 10^{-7}$ cm/sec)에 대하여 행하는 간접적인 시험

예 / 상 / 문 / 제

01 다음 중 교란시료를 이용하여 수행하는 토질시험이 아닌 것은?

① 투수시험　　　② 입도분석시험
③ 유기물 함량시험　　　④ 액·소성한계시험

 해설
투수시험은 불교란 시료를 이용하여 시험한다.

02 정수위 투수시험에 있어서 투수계수(k)에 관한 설명 중 옳지 못한 것은?

① k는 유출수량에 비례
② k는 시료 길이에 반비례
③ k는 수두에 반비례
④ k는 유출 소요시간에 반비례

 해설
정수위 투수시험
투수계수$(k) = \dfrac{QL}{hAt}$
∴ 투수계수(k)는 시료길이 L에 비례

03 아래 그림과 같이 정수두 투수시험을 실시하였다. 30분 동안 침투한 유량이 500cm³일 때 투수계수는?

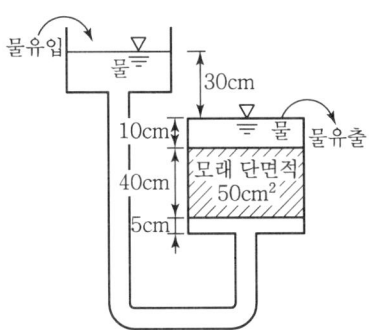

① 6.13×10^{-3}cm/sec
② 7.41×10^{-3}cm/sec
③ 9.26×10^{-3}cm/sec
④ 10.02×10^{-3}cm/sec

해설
정수위 투수시험$(k) = \dfrac{QL}{hAt}$
$t(\sec) = 30분 \times 60초 = 1,800초$
∴ $k = \dfrac{500 \times 40}{30 \times 50 \times 1,800} = 7.41 \times 10^{-3}$cm/sec

04 어떤 흙의 변수위 투수시험을 한 결과 시료의 직경과 길이가 각각 5.0cm, 2.0cm이었으며, 유리관의 내경이 4.5mm, 1분 10초 동안에 수두가 40cm에서 20cm로 내렸다. 이 시료의 투수계수는?

① 4.95×10^{-4}cm/s　　② 5.45×10^{-4}cm/s
③ 1.60×10^{-4}cm/s　　④ 7.39×10^{-4}cm/s

해설
$k = 2.3 \dfrac{aL}{AT} \log_{10} \dfrac{h_1}{h_2}$
$= 2.3 \times \dfrac{\dfrac{\pi \times 0.45^2}{4} \times 2}{\dfrac{\pi \times 5^2}{4} \times 70} \log \dfrac{40}{20}$
$= 1.6 \times 10^{-4}$cm/s

05 조립토의 투수계수를 측정하는 데 적합한 시험방법은?

① 압밀시험　　　② 정수위투수시험
③ 변수위투수시험　　　④ 수평모관시험

해설
• 정수위투수시험 : 조립토에 사용
• 변수위투수시험 : 세립토에 적용
• 압밀시험 : 불투수성 흙에 적용

정답　01 ①　02 ②　03 ②　04 ③　05 ②

05 비균질 성토층의 투수계수

1. 수평방향 등가 투수계수(k_h)

모식도	지하수 흐름이 성토층에 평행한 수평투수계수
	$k_h = \dfrac{k_1 H_1 + k_2 H_2 + k_3 H_3}{H_1 + H_2 + H_3}$
	각 층에서 동수경사는 같아야 한다.
	전체층의 유량 = 각 층의 유량의 합

2. 수직방향 등가 투수계수(k_v)

모식도	지하수 흐름이 성토층에 직각인 수직투수계수
	$k_v = \dfrac{H_1 + H_2 + H_3}{\dfrac{H_1}{k_1} + \dfrac{H_2}{k_2} + \dfrac{H_3}{k_3}}$
	• 각 층에서의 유출속도가 같아야 한다. $v_z = K_z i_z = K_1 i_1 = K_2 i_2 = K_3 i_3 = constant$
	• 전손실수두는 각 층에서의 손실수두의 합과 같다. $h = h_1 + h_2 + h_3$

3. 비등방성(이방성) 투수계수

비등방성(이방성) 투수계수	평균(등가) 투수계수
균질한 흙이라도 지층을 형성하는 정에서 수평방향과 연직방향의 투수계수가 다르면 이방성 또는 비등방성이라 한다.	$k = \sqrt{k_h \cdot k_v}$ k_h : 수평방향 투수계수 k_v : 수직방향 투수계수

GUIDE

• 성토 지반의 투수계수는 토층에 수평방향 또는 수직방향으로 지하수가 흐를 때 투수계수가 동일하지 않다. 그래서 수평방향의 투수계수와 수직방향의 투수계수를 각각 구한다.

• 수평방향 수투계수(k_h)
  ① 흐름이 층에 평행한 경우
  ② 전층의 유량은 각 층의 유량의 합과 같다는 조건
  ③ Darcy법칙을 적용하여 투수계수(k)를 구한다.

• 수직방향 투수계수(k_v)
  ① 흐름이 층에 직각인 경우
  ② 전층을 흐르는 시간은 각 층을 흐르는 시간의 합과 같아진다는 조건으로 투수계수(k)를 구한다.

• 이방성 투수계수(k_v)
  ① 균질한 흙이라도 수평, 수직의 투수계수는 다르다.(이방성)
  ② 평균투수계수는 기하평균으로 구한다.(등방성으로 가정)

• $k_h > k_v$

예 / 상 / 문 / 제

01 그림과 같이 3층으로 되어 있는 성토층의 수평방향 평균투수계수는?

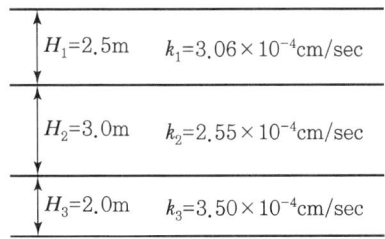

① 2.97×10^{-4}cm/sec ② 3.04×10^{-4}cm/sec
③ 6.97×10^{-4}cm/sec ④ 4.04×10^{-4}cm/sec

해설

수평방향 투수계수

$$k_h = \frac{k_1 H_1 + k_2 H_2 + k_3 H_3}{H_1 + H_2 + H_3}$$

$$= \frac{(3.06 \times 10^{-4} \times 250) + (2.55 \times 10^{-4} \times 300) + (3.5 \times 10^{-4} \times 200)}{250 + 300 + 200}$$

$$= 2.97 \times 10^{-4} \text{cm/sec}$$

02 다음 그림과 같은 다층지반에서 연직방향의 등가투수계수를 계산하면 몇 cm/sec인가?

① 5.8×10^{-3}
② 6.4×10^{-3}
③ 7.6×10^{-3}
④ 1.4×10^{-3}

1m		$k_1 = 5.0 \times 10^{-2}$cm/sec
2m		$k_2 = 4.0 \times 10^{-3}$cm/sec
1.5m		$k_3 = 2.0 \times 10^{-2}$cm/sec

해설

연직방향 등가투수계수

$$k_v = \frac{H_1 + H_2 + H_3}{\frac{H_1}{k_1} + \frac{H_2}{k_2} + \frac{H_3}{k_3}} = \frac{100 + 200 + 150}{\frac{100}{5.0 \times 10^{-2}} + \frac{200}{4.0 \times 10^{-3}} + \frac{150}{2.0 \times 10^{-2}}}$$

$$= 7.6 \times 10^{-3} \text{cm/sec}$$

03 어떤 퇴적지반의 수평방향 투수계수가 4.0×10^{-3}cm/sec, 수직방향 투수계수가 3.0×10^{-3}cm/sec일 때 등가투수계수는 얼마인가?

① 3.46×10^{-3}cm/sec ② 5.0×10^{-3}cm/sec
③ 6.0×10^{-3}cm/sec ④ 6.93×10^{-3}cm/sec

해설

이방성인 경우 평균투수계수

$$k = \sqrt{k_h \times k_V} = \sqrt{(4.0 \times 10^{-3}) \times (3.0 \times 10^{-3})}$$

$$= 3.46 \times 10^{-3} \text{cm/sec}$$

04 투수계수에 관한 사실 중 옳지 않은 것은?

① 성토층에서는 층에 평행한 평균투수계수가 수직한 평균투수계수보다 보통 더 작다.
② 모래의 투수계수는 점토의 투수계수보다 보통 더 큰 값이다.
③ 수온이 상승하면 투수계수는 커진다고 본다.
④ 정수위 투수시험은 투수성이 큰 흙에 주로 사용한다.

해설

k_h (수평방향 투수계수) $> k_v$ (수직방향 투수계수)

05 아래의 그림에서 각 층의 손실수두 Δh_1, Δh_2, Δh_3를 각각 구한 값으로 옳은 것은?

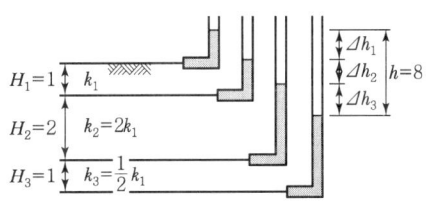

① $\Delta h_1 = 2$, $\Delta h_2 = 2$, $\Delta h_3 = 4$
② $\Delta h_1 = 2$, $\Delta h_2 = 3$, $\Delta h_3 = 3$
③ $\Delta h_1 = 2$, $\Delta h_2 = 4$, $\Delta h_3 = 2$
④ $\Delta h_1 = 2$, $\Delta h_2 = 5$, $\Delta h_3 = 1$

해설

비균질 흙에서는 각 층의 유출속도는 같다고 가정

- $v = k_1 i_1 = k_2 i_2 = k_3 i_3$

  $v = k_1 \dfrac{\Delta h_1}{H_1} = k_2 \dfrac{\Delta h_2}{H_2} = k_3 \dfrac{\Delta h_3}{H_3}$

  $= k_1 \times \left(\dfrac{\Delta h_1}{1}\right) = 2k_1 \left(\dfrac{\Delta h_2}{2}\right) = \dfrac{1}{2} k_1 \left(\dfrac{\Delta h_3}{1}\right)$

  $\therefore \Delta h_1 = \Delta h_2 = \dfrac{\Delta h_3}{2}$

- $h = \Delta h_1 + \Delta h_2 + \Delta h_3 = 8$

  $\therefore \Delta h_1 = 2$, $\Delta h_2 = 2$, $\Delta h_3 = 4$

정답 01 ① 02 ③ 03 ① 04 ① 05 ①

06 유선망

1. 유선망(flow net) 분석

유선망	유선망의 기본원리(Laplace 기본가정)
지하수계는 3차원으로 표시되지만 대표적인 2차원 단면의 수두 분포로부터 지하수의 유동을 쉽게 알 수 있다.	① 흙은 등방성($k_h = k_v$)이고 균질하다. ② Darcy법칙이 적용 ③ 흙은 포화되어 있고 모관현상은 무시한다. ④ 흙과 물은 비압축성이다.(형상이 변해도 체적이 변하지 않음) ⑤ 물이 흐르는 동안 흙의 압축과 팽창은 생기지 않는다.

2. 유선망

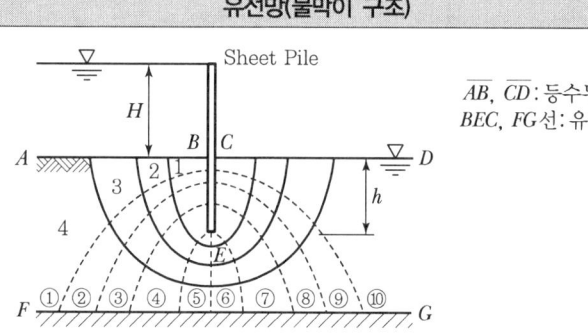

유선망(물막이 구조)

$\overline{AB}, \overline{CD}$: 등수두선
BEC, FG선 : 유선

유선	지하수의 흐름방향을 나타내는 선	유선 = 5
등수두선	전수두가 동일한 점을 연결하는 선	등수두선 = 11
유로(유면, N_f)	유선과 유선이 이루는 통로(유선 - 1)	유로 = 4
등수두면 (N_d)	등수두선 사이의 공간(등수두선 - 1)	등수두면 = 10

3. 유선망의 특징

유선망의 특징
① 각 유량의 침투 유량은 같다. ② 인접한 등수두선 사이에서 수두차(손실수두, 수두감소량)는 모두 같다. ③ 유선과 등수두선은 서로 직교(유선과 다른 유선은 교차하지 않는다.) ④ 유선망을 이루는 사각형은 이론상 정사각형(폭 = 길이) ⑤ 침투속도 및 동수구배는 유선망의 폭(L)에 반비례한다. $\quad$침투속도(v) $= ki = k\dfrac{\Delta h}{L}$

GUIDE

- 유선망의 정의
  흙 댐 또는 투수성 지반 내에서 침투수류의 방향과 제체에서의 수류의 등위선을 망상의 곡선군으로 나타낸 그림

- 유선망의 작도목적
  ① 침투유량(수량) 결정
  ② 간극수압 결정
  ③ 동수경사 결정

- 유선망의 구성
  유선망은 유선과 등수두선으로 구성된다.

- 유로(유면)와 등수두면
  ① 유로(유면)는 2개의 유선 사이에 낀 공간
  ② 등수두면(등압면)은 2개의 등수두선 사이에 낀 공간

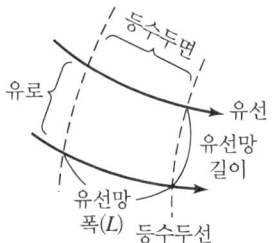

- 흙댐에서 유선망 경계조건

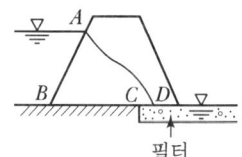

  - 유선 : BC, AD(침윤선)
  - 등수두선 : AB, CD

예 / 상 / 문 / 제

01 유선망을 이용하여 구할 수 없는 것은?

① 간극수압 ② 침투수량
③ 동수경사 ④ 투수계수

해설
유선망의 작도목적
• 침투유량(수량) 결정
• 간극수압 결정
• 동수경사 결정

02 유선망에서 사용되는 용어를 설명한 것으로 틀린 것은?

① 유선 : 흙 속에서 물입자가 움직이는 경로
② 등수두선 : 유선에서 전수두가 같은 점을 연결한 선
③ 유선망 : 유선과 등수두선의 조합으로 이루어지는 그림
④ 유로 : 유선과 등수두선이 이루는 통로

해설
유로 : 유선과 유선이 이루는 통로

03 다음은 지하수 흐름의 기본 방정식인 Laplace 방정식을 유도하기 위한 기본 가정이다. 틀린 것은?

① 물의 흐름은 Darcy의 법칙을 따른다.
② 흙과 물은 압축성이다.
③ 흙은 포화되어 있고 모세관현상은 무시한다.
④ 흙은 등방성이고 균질하다.

해설
흙과 물은 비압축성으로 가정

04 유선망의 특징에 관한 다음 설명 중 옳지 않은 것은?

① 각 유로의 침투수량은 같다.
② 유선과 등수두선은 서로 직교한다.
③ 유선망으로 되는 사각형은 이론상으로 정사각형이다.
④ 침투속도 및 동수경사는 유선망의 폭에 비례한다.

해설
침투속도 및 동수경사는 유선망 폭(L)에 반비례
(침투속도 $v = ki = k\dfrac{\Delta h}{L}$)

05 유선망의 특징에 대한 설명으로 틀린 것은?

① 균질한 흙에서 유선과 등수두선은 상호 직교한다.
② 유선 사이에서 수두감소량(Head Loss)은 동일하다.
③ 유선은 다른 유선과 교차하지 않는다.
④ 유선망은 경계조건을 만족하여야 한다.

해설
유선망의 특징
• 유선과 등수두선은 서로 직교
• 등수두선 간의 수두차(손실수두)는 동일
• 유선과 다른 유선은 교차하지 않는다.

06 유선망(Flow Net)의 특징에 대한 설명 중 옳지 않은 것은?

① 인접한 두 등수두선 사이의 손실수두는 같다.
② 유선과 등수두선은 서로 직교한다.
③ 유선망의 4각형은 이론상 정사각형이다.
④ 침투유속과 동수경사는 유선망의 폭에 비례한다.

해설
유선망의 특징
• 유선망은 이론상 정사각형
• 침투속도 및 동수경사는 유선망 폭에 반비례

07 유선망에서 등수두선이란 수두가 같은 점들을 연결한 선이다. 이때 수두란?

① 압력수두 ② 위치수두
③ 속도수두 ④ 전수두

해설
유선망에서 등수두선은 각각의 전수두가 동일한 점들을 연결한 선이다.

정답 01 ④ 02 ④ 03 ② 04 ④ 05 ② 06 ④ 07 ④

07 널말뚝의 침투유량(Q) 계산

1. 침투유량(침투수량)

유선망

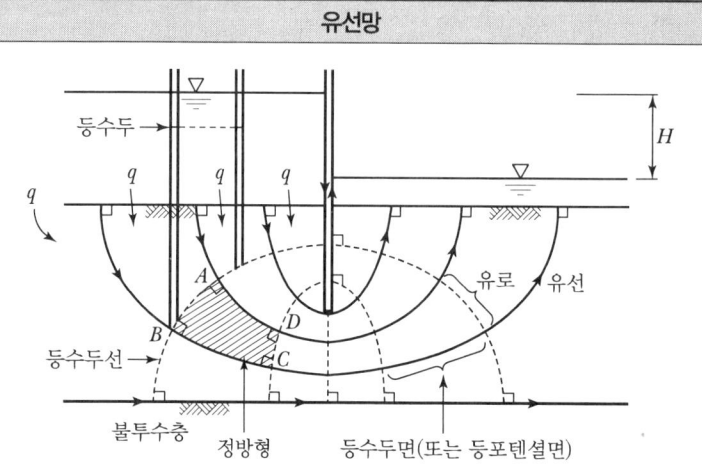

1개의 유로에 대한 단위시간당 침투유량(q)	$q = k \cdot \dfrac{H}{N_d}$
전체 유로(N_f)에 대한 전 침투유량(단위폭)	$Q = k \cdot H \cdot \dfrac{N_f}{N_d}$
널말뚝 전체 폭(B)에 대해서 전체 유로(N_f)에 대한 단위시간 동안의 침투유량(Q')	$Q' = k \cdot H \cdot \dfrac{N_f}{N_d} \cdot B$
유선망의 정밀도가 침투수량에 큰 영향을 끼치지 않는 이유	유선망은 유로의 수(N_f)와 등수두면의 수(N_d)의 비에 의해 좌우되기 때문이다.

GUIDE

- **널말뚝**(sheet pile)
  흙막이나 가물막이에 사용되는 판형 말뚝

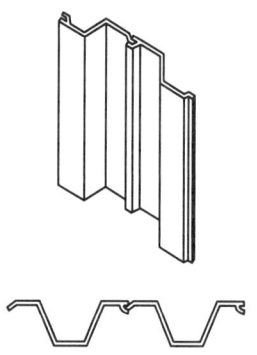

- H : 수위차(m)
- N_d : 등수두면수
- N_f : 유로수

- $k = \sqrt{k_h \cdot k_v}$ (cm/sec)

- 침투유량을 구할 때 H(m)와 k(cm/sec)의 단위를 맞춰야 한다.

예 / 상 / 문 / 제

01 어떤 유선망도에서 상하류면의 수두차가 4m, 등수두면의 수가 13개, 유로의 수가 7개일 때 단위 폭 1m당 1일 침투수량은 얼마인가?(단, 투수층의 투수계수 $K=2.0\times10^{-4}$cm/sec이다.)

① 8.0×10^{-1} m³/day   ② 9.62×10^{-1} m³/day
③ 3.72×10^{-1} m³/day   ④ 1.83×10^{-1} m³/day

[해설]
침투유량
$$Q=k\cdot H\cdot\frac{N_f}{N_d}=2.0\times10^{-4}\times(10^{-2}\times60\times60\times24)\times4\times\frac{7}{13}$$
$$=3.72\times10^{-1}\text{ m}^3/\text{day}$$

02 투수계수가 2×10^{-5}cm/sec, 수위차 15m인 필댐의 단위폭 1cm에 대한 1일 침투유량은?(단, 등수두선으로 싸인 간격 수=15, 유선으로 싸인 간격 수=5)

① 1×10^{-2}cm³/day   ② 864cm³/day
③ 36cm³/day   ④ 14.4cm³/day

[해설]
침투유량$(Q)=k\cdot H\cdot\frac{N_f}{N_d}$
$$=2\times10^{-5}\times1500\times\frac{5}{15}\times(60\times60\times24)$$
$$=864\text{cm}^3/\text{day}$$

03 수직방향의 투수계수가 4.5×10^{-8}m/sec이고, 수평방향의 투수계수가 1.6×10^{-8}m/sec인 균질하고 비등방(非等方)인 흙댐의 유선망을 그린 결과 유로(流路) 수가 4개이고 등수두선의 간격 수가 18개였다. 단위길이(m)당 침투수량은?(단, 댐의 상하류의 수면의 차는 18m이다.)

① 1.1×10^{-7}m³/sec   ② 2.3×10^{-7}m³/sec
③ 2.3×10^{-8}m³/sec   ④ 1.5×10^{-8}m³/sec

[해설]
침투수량$(Q)=k\cdot H\cdot\frac{N_f}{N_d}$
$$k=\sqrt{k_h\times k_v}=\sqrt{(1.6\times10^{-8})\times(4.5\times10^{-8})}$$
$$=2.68\times10^{-8}$$
$$\therefore Q=2.68\times10^{-8}\times18\times\frac{4}{18}=1.1\times10^{-7}\text{m}^3/\text{sec}$$

04 그림과 같은 지반 내의 유선망이 주어졌을 때 폭 10m에 대한 침투유량은?($K=2.2\times10^{-2}$ cm/sec)

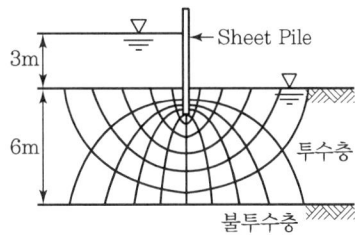

① 3.96cm³/sec   ② 39.6cm³/sec
③ 396cm³/sec   ④ 3,960cm³/sec

[해설]
침투수량$(Q)=k\cdot H\cdot\frac{N_f}{N_d}$
$$=2.2\times10^{-2}\times300\times\frac{6}{10}\times1,000=3,960\text{cm}^3/\text{sec}$$

05 그림과 같은 유선망에서 단위폭당 1일의 침투유량은 얼마인가?(단, $K=2.4\times10^{-3}$cm/sec)

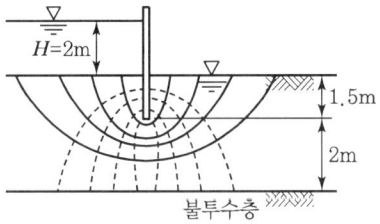

① 1.65m³/day   ② 1.8m³/day
③ 2.07m³/day   ④ 2.3m³/day

[해설]
$$Q=kH\frac{N_f}{N_d}$$
$$=(2.4\times10^{-3}\times\frac{1}{100}\times60\times60\times24)\times2\times\frac{5}{9}\times1$$
$$=2.30\text{m}^3/\text{day}$$

정답 01 ③ 02 ② 03 ① 04 ④ 05 ④

CHAPTER 03 실/전/문/제

01 두께 2m인 투수성 모래층에서 동수경사가 $\frac{1}{10}$이고, 모래의 투수계수가 5×10^{-2}cm/sec라고 하면 이 모래층의 폭 1m에 대하여 흐르는 수량은 매 분당 얼마나 되는가?

① 6,000cm³/min ② 600cm³/min
③ 60cm³/min   ④ 100cm³/min

[해설]

$Q = KiA = 5\times 10^{-2} \times \frac{1}{10} \times 200 \times 100$
$= 100\text{cm}^3/\text{sec} = 6{,}000\text{cm}^3/\text{min}$
$(\because 1\text{cm}^3/\text{sec} = 60\text{cm}^3/\text{min})$

02 어떤 흙의 공극비(e)가 0.52이고, 흙 속에 흐르는 물의 이론침투속도(V)가 0.214cm/sec일 때 실제의 침투유속(V_s)은?

① 0.424cm/sec ② 0.525cm/sec
③ 0.626cm/sec ④ 0.727cm/sec

[해설]

• 공극률 $n = \frac{e}{1+e} = \frac{0.52}{1+0.52} = 0.342$

• 침투유속 $V_s = \frac{V}{n} = \frac{0.214}{0.342} = 0.626\text{cm/sec}$

03 다음 그림에서 투수계수 $K = 4.8\times 10^{-3}$ cm/sec일 때 Darcy의 유출속도 V와 실제 물의 속도(침투속도) V_s는?

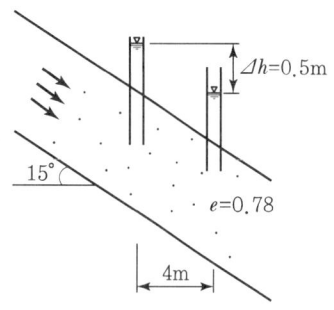

① $V = 3.4\times 10^{-4}$cm/sec
  $V_s = 5.6\times 10^{-4}$cm/sec
② $V = 4.6\times 10^{-4}$cm/sec
  $V_s = 9.4\times 10^{-4}$cm/sec
③ $V = 5.2\times 10^{-4}$cm/sec
  $V_s = 10.8\times 10^{-4}$cm/sec
④ $V = 5.8\times 10^{-4}$cm/sec
  $V_s = 13.2\times 10^{-4}$cm/sec

[해설]

• Darcy의 유출속도
$V = K\frac{\Delta h}{l} = 4.8\times 10^{-3} \times \frac{50}{\frac{400}{\cos 15°}} = 5.8\times 10^{-4}\text{cm/sec}$

• 침투속도
$V_s = \frac{V}{n} = \frac{5.8\times 10^{-4}}{0.44} = 13.2\times 10^{-4}\text{cm/sec}$
$\left(\because n = \frac{e}{1+e} = \frac{0.78}{1+0.78} = 0.44\right)$

04 직경 2mm의 유리관을 15℃의 정수 중에 세웠을 때 모관상승고는 얼마인가?(단, 물과 유리관의 접촉각은 9°, 표면장력은 0.075g/cm)

① 0.15cm ② 1.1cm
③ 1.48cm ④ 15.0cm

[해설]

모관상승고(h_c) $= \frac{4\times T\times \cos\alpha}{\gamma_w \times D}$
$= \frac{4\times 0.075\times \cos 9°}{1\times 0.2} = 1.48\text{cm}$

05 안지름이 0.6mm인 유리관 속을 증류수가 상승할 때 그 높이는?(단, 접촉각 α는 0°이고 수온은 15℃, 표면 장력은 0.0750g/cm이다.)

① 6cm ② 5cm
③ 4cm ④ 3cm

정답 01 ① 02 ③ 03 ④ 04 ③ 05 ②

실 / 전 / 문 / 제

해설

- $h_c = \dfrac{4T\cos\alpha}{\gamma_w D} = \dfrac{4 \times 0.075 \cos 0°}{1 \times 0.06} = 5\text{cm}$
- $\alpha = 0°$, 수온 15℃일 때 $T = 0.0750\text{g/cm}$

  $h_c = \dfrac{0.3}{D} = \dfrac{0.3}{0.06} = 5\text{cm}$

06 쓰레기매립장에서 누출되어 나온 침출수가 지하수를 통하여 100m 떨어진 하천으로 이동한다. 매립장 내부와 하천의 수위차가 1m이고 포화된 중간지반은 평균 투수계수 1×10^{-3}cm/sec의 자유면 대수층으로 구성되어 있다고 할 때 매립장으로부터 침출수가 하천에 처음 도착하는 데 걸리는 시간은 약 몇 년인가?(이때, 대수층의 간극비(e)는 0.25이었다.)

① 3.45년 ② 6.34년
③ 10.56년 ④ 17.23년

해설

- $v = k \cdot i = k \cdot \dfrac{\Delta h}{L}$

  $= 1 \times 10^{-3} \times \dfrac{100}{10,000} = 1 \times 10^{-5}\text{cm/sec}$

- 실제유속 $(v_s) = \dfrac{v}{n} = \dfrac{1 \times 10^{-5}}{0.2} = 5 \times 10^{-5}\text{cm/sec}$

  여기서, 공극률$(n) = \dfrac{e}{1+e} = \dfrac{0.25}{1+0.25} = 0.2$

- 도착시간$(t) = \dfrac{L}{v_s} = \dfrac{10,000}{5 \times 10^{-5}} = 2 \times 10^8 \text{ sec}$

  $\therefore 200,000,000 \times \dfrac{1}{60 \times 60 \times 24 \times 365} = 6.34$년

07 단면적 20cm², 길이 10cm의 시료를 15cm의 수두차로 정수위 투수시험을 한 결과 2분 동안 150cm³의 물이 유출되었다. 이 흙의 $G_s = 2.67$이고, 건조중량 420g일 때 공극을 통하여 침투하는 실제 침투유속(v_s)은?

① 0.180cm/sec ② 0.293cm/sec
③ 0.376cm/sec ④ 0.434cm/sec

해설

- $v = k \cdot i = k \cdot \dfrac{\Delta h}{L} = 0.042 \times \dfrac{15}{10} = 0.0625\text{cm/sec}$

  $\left(k = \dfrac{Q \cdot L}{A \cdot h \cdot t} = \dfrac{150 \times 10}{20 \times 15 \times 2 \times 60} = 0.042\text{cm/sec}\right)$

- $e = \dfrac{G_s \cdot \gamma_w}{\gamma_d} - 1 = \dfrac{2.67 \times 1}{2.1} - 1 = 0.271$

  $\left(\gamma_d = \dfrac{W}{V} = \dfrac{G_s}{1+e}\gamma_w = \dfrac{420}{20 \times 10} = \dfrac{2.67}{1+e} \times 1 = 2.1\text{g/cm}^3\right)$

- $\therefore$ 실제침투유속

  $v_s = \dfrac{v}{n} = \dfrac{0.0625}{0.213} = 0.293\text{cm/sec}$

  $\left(n = \dfrac{e}{1+e} = \dfrac{0.271}{1+0.271} = 0.213\right)$

08 아래의 그림에서 각 층의 손실수두 Δh_1, Δh_2, Δh_3를 각각 구한 값으로 옳은 것은?

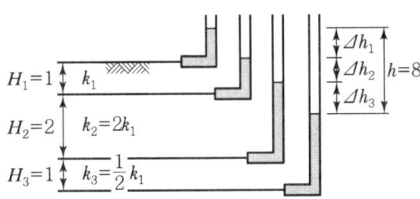

① $\Delta h_1 = 2$, $\Delta h_2 = 2$, $\Delta h_3 = 4$
② $\Delta h_1 = 2$, $\Delta h_2 = 3$, $\Delta h_3 = 3$
③ $\Delta h_1 = 2$, $\Delta h_2 = 4$, $\Delta h_3 = 2$
④ $\Delta h_1 = 2$, $\Delta h_2 = 5$, $\Delta h_3 = 1$

해설

비균질 흙에서는 각 층의 유출속도는 같다고 가정

- $v = k_1 i_1 = k_2 i_2 = k_3 i_3$

  $v = k_1 \dfrac{\Delta h_1}{H_1} = k_2 \dfrac{\Delta h_2}{H_2} = k_3 \dfrac{\Delta h_3}{H_3}$

  $= k_1 \times \left(\dfrac{\Delta h_1}{1}\right) = 2k_1\left(\dfrac{\Delta h_2}{2}\right) = \dfrac{1}{2}k_1\left(\dfrac{\Delta h_3}{1}\right)$

  $\therefore \Delta h_1 = \Delta h_2 = \dfrac{\Delta h_3}{2}$

- $h = \Delta h_1 + \Delta h_2 + \Delta h_3 = 8$

  $\therefore \Delta h_1 = 2$, $\Delta h_2 = 2$, $\Delta h_3 = 4$

CHAPTER 03 실 / 전 / 문 / 제

09 투수계수에 영향을 미치는 인자가 아닌 것은?

① 물의 점성 ② 흙의 비중
③ 흙의 공극비 ④ 흙의 입경

[해설]
- 투수계수 $K = D_s^2 \cdot \dfrac{\gamma_w}{\mu} \cdot \dfrac{e^3}{1+e} \cdot C$

  여기서, D_s : 흙의 입경
  γ_w : 물의 단위중량
  μ : 물의 점성계수
  e : 공극비
  C : 형상계수
- 포화도 S가 증가하면 투수계수 K도 증가한다.
- 물의 비중(γ_w)은 투수계수에 영향을 미치나, 흙의 비중(G_s)는 투수계수에 영향이 없다.

10 투수계수에 관한 다음 사항 중 옳지 않은 것은?

① 침투유량은 투수계수에 비례한다.
② 투수계수는 수온이 상승하면 증가한다.
③ 투수계수는 수두차에 비례한다.
④ 투수계수는 일반적으로 흙의 입자가 작을수록 작은 값을 나타낸다.

[해설]
- $Q = KiA = K \cdot \dfrac{h}{L} \cdot A \ \left(\because K = \dfrac{Q \cdot L}{h \cdot A} \right)$
- $K = D_s^2 \cdot \dfrac{\gamma_w}{\mu} \cdot \dfrac{e^3}{1+e} \cdot C$
- 투수계수 K는 수두차 h에 반비례한다.

11 흙의 투수계수 k에 관한 설명으로 옳은 것은?

① k는 간극비에 반비례한다.
② k는 형상계수에 반비례한다.
③ k는 점성계수에 반비례한다.
④ k는 입경의 제곱에 반비례한다.

[해설]
투수계수에 영향을 주는 인자
$k = D_s^2 \cdot \dfrac{\gamma_w}{\eta} \cdot \dfrac{e^3}{1+e} \cdot C$
∴ 투수계수 k는 점성계수(η)에 반비례한다.

12 다음 중 투수계수를 좌우하는 요인이 아닌 것은?

① 토립자의 크기
② 공극의 형상과 배열
③ 포화도
④ 토립자의 비중

[해설]
투수계수에 영향을 주는 인자
$k = D_s^2 \cdot \dfrac{\gamma_w}{\eta} \cdot \dfrac{e^3}{1+e} \cdot C$
∴ 흙입자의 비중은 투수계수와 관계가 없다.

13 투수계수에 영향을 미치는 요소들로만 구성된 것은?

㉠ 흙입자의 크기	㉡ 간극비
㉢ 간극의 모양과 배열	㉣ 활성도
㉤ 물의 점성계수	㉥ 포화도
㉦ 흙의 비중	

① ㉠, ㉡, ㉣, ㉥
② ㉠, ㉡, ㉢, ㉤, ㉥
③ ㉠, ㉡, ㉣, ㉤, ㉦
④ ㉡, ㉢, ㉤, ㉦

[해설]
투수계수에 영향을 주는 인자
$k = D_s^2 \cdot \dfrac{\gamma_w}{\eta} \cdot \dfrac{e^3}{1+e} \cdot C$
- 입자의 모양   - 간극비
- 포화도   - 점토의 구조
- 유체의 점성계수   - 유체의 밀도 및 농도

14 조립토의 투수계수는 일반적으로 그 흙의 유효입경과 어떠한 관계가 있는가?

① 제곱에 비례한다.
② 제곱에 반비례한다.
③ 3제곱에 비례한다.
④ 3제곱에 반비례한다.

정답 09 ② 10 ③ 11 ③ 12 ④ 13 ② 14 ①

[해설]

투수계수에 영향을 주는 인자

$$k = D_s^2 \cdot \frac{\gamma_w}{\eta} \cdot \frac{e^3}{1+e} \cdot C$$

∴ 투수계수(k)는 유효입경의 제곱에 비례한다.

15 흙의 모관 상승에 대한 설명 중 잘못된 것은?

① 흙의 모관상승고는 간극비에 반비례하고, 유효입경에 반비례한다.
② 모관상승고는 점토, 실트, 모래, 자갈의 순으로 결정한다.
③ 모관 상승이 있는 부분은 (−)의 간극수압이 발생하여 유효응력이 증가한다.
④ Stokes법칙은 모관 상승에 중요한 영향을 미친다.

[해설]

• 흙 속의 모관상승고 $(h_c) = \dfrac{C}{e \times D_{10}}$

  (e : 반비례, D_{10} : 반비례)
• 조립토는 모관상승속도가 빠르고 모관상승고는 낮으며 세립토는 모관상승속도가 느리고 모관상승고는 높다.
• 모관영역에서는 부(−)의 간극수압이 생기므로 유효응력이 증가한다.
• Stokes법칙은 비중계실험에서 입자의 침강속도 예측 시 사용한다.

16 다음 그림에서 A점의 전수두는?

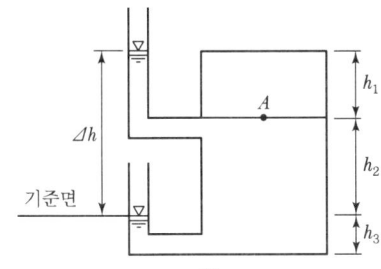

① h_1
② $\Delta h + h_3$
③ $h_2 + h_3$
④ $h_1 + h_2$

[해설]

• 전수두 = 위치수두 + 압력수두(기준면에서 수면까지 높이)
• 위치수두 = h_2 (기준면에서 임의점까지의 높이)
• 압력수두 = h_1 (임의점에서 스탠드파이프 내로 상승한 물기둥 높이)

∴ 전수두 = $h_1 + h_2$

17 공극비가 $e_1 = 0.80$인 어떤 모래의 투수계수가 $K_1 = 8.5 \times 10^{-2}$ cm/sec일 때 이 모래를 다져서 공극비를 $e_2 = 0.57$로 하면 투수계수 K_2는?

① 8.5×10^{-3} cm/sec
② 3.5×10^{-2} cm/sec
③ 8.1×10^{-2} cm/sec
④ 4.1×10^{-1} cm/sec

[해설]

• $K_1 : K_2 = \dfrac{e_1^3}{1+e_1} : \dfrac{e_2^3}{1+e_2}$

• $K_2 = \dfrac{\dfrac{e_2^3}{1+e_2}}{\dfrac{e_1^3}{1+e_1}} \times K_1 = \dfrac{\dfrac{0.57^3}{1+0.57}}{\dfrac{0.80^3}{1+0.80}} \times 8.5 \times 10^{-2}$

  $= 3.52 \times 10^{-2}$ cm/sec

18 정수위 투수시험에서 투수계수(K)에 관한 설명 중 옳지 않은 것은?

① K는 유출수량에 비례
② K는 시료길이에 반비례
③ K는 수두에 반비례
④ K는 유출소요시간에 반비례

[해설]

$Q = AK\dfrac{h}{L}t$ 에서 $K = \dfrac{Q \cdot L}{A \cdot h \cdot t}$

∴ K는 시료길이(L)에 비례한다.

CHAPTER 03 실/전/문/제

19 투수계수에 대한 설명으로 틀린 것은?

① 투수계수는 속도와 같은 단위를 갖는다.
② 불포화된 흙의 투수계수는 높으며, 포화도가 증가함에 따라 급속히 낮아진다.
③ 점성토에서 확산이중층의 두께는 투수계수에 영향을 미친다.
④ 점토질 흙에서는 흙의 구조가 투수계수에 중대한 역할을 한다.

해설
투수계수에 영향을 주는 인자
$k = D_s^2 \cdot \dfrac{\gamma_w}{\eta} \cdot \dfrac{e^3}{1+e} \cdot C$
∴ 포화도가 클수록 투수계수는 증가한다.

20 단면적 100cm², 길이 30cm인 모래 시료에 대한 정수두 투수시험 결과가 아래와 같을 때 이 흙의 투수계수는?

- 수두차 : 50cm
- 물을 모은 시간 : 5분
- 모은 물의 부피 : 500cm³

① 0.001cm/sec
② 0.005cm/sec
③ 0.01cm/sec
④ 0.05cm/sec

해설
정수위 투수시험 투수계수
$k = \dfrac{Q \cdot L}{A \cdot h \cdot t} = \dfrac{500 \times 30}{100 \times 50 \times (5 \times 60)} = 0.001 \text{cm/sec}$

21 그림과 같이 정수위 투수시험을 한 결과 10분 동안에 40.5cm³ 물이 유출되었다. 이 흙의 투수계수는?

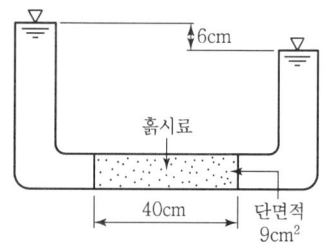

① 2.5×10^{-1}cm/sec
② 5.0×10^{-2}cm/sec
③ 2.5×10^{-3}cm/sec
④ 5.0×10^{-4}cm/sec

해설
정수위 투수시험 투수계수
$k = \dfrac{Q \cdot L}{A \cdot h \cdot t} = \dfrac{40.5 \times 40}{9 \times 6 \times (10 \times 60)}$
$= 0.05 \text{cm/sec} = 5.0 \times 10^{-2} \text{cm/sec}$

22 사질토의 정수위 투수시험을 하여 다음의 결과를 얻었다. 이 흙의 투수계수는?(단, 시료의 단면적은 78.54cm², 수두차는 15cm, 투수량은 400cm³, 투수시간은 3분, 시료의 길이는 12cm이다.)

① 3.15×10^{-3}cm/sec
② 2.26×10^{-2}cm/sec
③ 1.78×10^{-2}cm/sec
④ 1.36×10^{-1}cm/sec

해설
정수위 투수시험 투수계수
$k = \dfrac{Q \cdot L}{A \cdot h \cdot t} = \dfrac{400 \times 12}{78.54 \times 15 \times (3 \times 60)}$
$= 2.26 \times 10^{-2} \text{cm/sec}$

23 어떤 흙시료의 변수위 투수시험을 한 결과 다음 값을 얻었다. 15℃에서의 투수계수는?(단, 스탠드 파이프 내경 $d = 4.3$mm, 측정 개시 기간 $t_1 = 09:20$, 시료의 직경 $D = 5.0$cm, 측정 완료 시간 $t_2 = 09:30$, 시료 길이 $L = 20.0$cm, t_1에서 수위 $H_1 = 30$cm, t_2에서 수위 $H_2 = 15$cm, 수온 15℃이다.)

① 1.746×10^{-3}cm/sec
② 1.706×10^{-4}cm/sec
③ 3.93×10^{-4}cm/sec
④ 7.423×10^{-5}cm/sec

해설
$K = 2.3 \dfrac{a \cdot L}{A \cdot T} \log \dfrac{H_1}{H_2}$
$= 2.3 \dfrac{\dfrac{\pi \times 0.43^2}{4} \times 20}{\dfrac{\pi \times 5^2}{4} \times 10 \times 60} \log \dfrac{30}{15} = 1.706 \times 10^{-4} \text{cm/sec}$

정답 19 ② 20 ③ 21 ② 22 ② 23 ②

24 실내에서 투수성이 매우 낮은 점성토의 투수계수를 알 수 있는 실험방법은?

① 정수위 투수실험법 ② 변수위 투수실험법
③ 일축압축실험   ④ 압밀실험

해설
실내 투수시험
- 정수위 투수시험 : 조립토(투수계수가 큰 모래질 흙)
- 변수위 투수시험 : 세립토(투수계수가 조금 작은 흙)
- 압밀시험 : 불투수성 흙(투수계수가 매우 작은 흙)

25 그림과 같이 3층으로 되어 있는 성층토의 수평방향의 평균투수계수는?

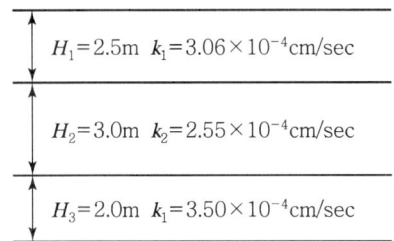

① 2.97×10^{-4} cm/sec ② 3.04×10^{-4} cm/sec
③ 6.04×10^{-4} cm/sec ④ 4.04×10^{-4} cm/sec

해설
수평방향 평균투수계수
$$k_h = \frac{(k_1H_1 + k_2H_2 + k_3H_3)}{H_1 + H_2 + H_3}$$
$$= \frac{(3.06 \times 10^{-4} \times 250 + 2.55 \times 10^{-4} \times 300 + 3.50 \times 10^{-4} \times 200)}{250 + 300 + 200}$$
$$= 2.97 \times 10^{-4} \text{cm/sec}$$

26 그림과 같이 같은 두께의 3층으로 된 수평 모래층이 있을 때 모래층 전체의 연직방향 평균투수계수는?(단, k_1, k_2, k_3는 각 층의 투수계수임)

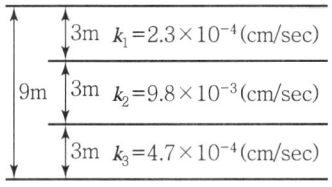

① 2.38×10^{-3} cm/s ② 4.56×10^{-4} cm/s
③ 3.01×10^{-4} cm/s ④ 3.36×10^{-5} cm/s

해설
수직방향 투수계수
$$k_v = \frac{H_1 + H_2 + H_3}{\frac{H_1}{k_1} + \frac{H_2}{k_2} + \frac{H_3}{k_3}}$$
$$= \frac{300 + 300 + 300}{\frac{300}{2.3 \times 10^{-4}} + \frac{300}{9.8 \times 10^{-3}} + \frac{300}{4.7 \times 10^{-4}}}$$
$$= 4.56 \times 10^{-4} \text{cm/sec}$$

27 그림과 같은 지반에 대해 수직방향 등가투수계수를 구하면?

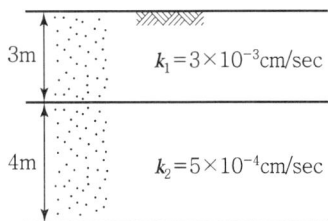

① 3.89×10^{-4} cm/sec ② 7.78×10^{-4} cm/sec
③ 1.57×10^{-3} cm/sec ④ 3.14×10^{-3} cm/sec

해설
수직방향 등가투수계수
$$k_v = \frac{H_1 + H_2}{\frac{H_1}{k_1} + \frac{H_2}{k_2}} = \frac{300 + 400}{\frac{300}{3 \times 10^{-3}} + \frac{400}{5 \times 10^{-4}}}$$
$$= 7.78 \times 10^{-4} \text{cm/sec}$$

28 어떤 퇴적지반의 수평방향 투수계수가 4.0×10^{-3} cm/sec, 수직방향 투수계수가 3.0×10^{-3} cm/sec일 때 등가투수계수는 얼마인가?

① 3.46×10^{-3} cm/sec
② 5.0×10^{-3} cm/sec
③ 6.0×10^{-3} cm/sec
④ 6.93×10^{-3} cm/sec

정답 24 ④ 25 ① 26 ② 27 ② 28 ①

해설

이방성인 경우 평균투수계수
$$k = \sqrt{k_v \times k_h} = \sqrt{(4.0 \times 10^{-3}) \times (3 \times 10^{-3})}$$
$$= 3.46 \times 10^{-3} \text{cm/sec}$$

29 $\Delta h_1 = 5$이고, $K_{v2} = 10K_{v1}$일 때, K_{v3}의 크기는?

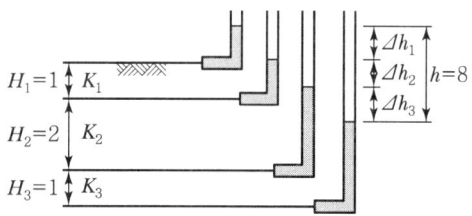

① $1.0K_{v1}$ ② $1.5K_{v1}$
③ $2.0K_{v1}$ ④ $2.5K_{v1}$

해설

수직방향 평균투수계수(동수경사 다름, 유량 일정)
$$v = K_{v1}i_1 = K_{v2}i_2 = K_{v3}i_3$$
$$= K_{v1}\frac{\Delta h_1}{1} = K_{v2}\frac{\Delta h_2}{2} = K_{v3}\frac{\Delta h_3}{1}$$
$$= 5K_{v1} = \frac{10K_{v1}\Delta h_2}{2} = K_{v3}\Delta h_3$$
$$= 5K_{v1} = 5K_{v1}\Delta h_2$$
$$\therefore \Delta h_2 = 1$$
전체 손실수두 $h = 8$, $\Delta h_1 = 5$이므로,
$\Delta h_3 = 2$
$$v = K_{v3} \times \frac{\Delta h_3}{H_3} = K_{v3} \times \frac{2}{1} = 2K_{v3} = 5K_{v1}$$
$$\therefore K_{v3} = 2.5K_{v1}$$

30 유선망의 특징에 관한 다음 설명 중 옳지 않은 것은?

① 각 유로의 침투수량은 같다.
② 유선과 등포텐셜선은 직교한다.
③ 유선망으로 되는 사각형은 이론상으로 정사각형이다.
④ 침투 속도 및 동수 구배는 유선망의 폭에 비례한다.

해설

유선망의 성질
• 각 유로의 침투량은 같다.
• 유선과 등수두선은 같다.
• 유선망으로 이루어진 사각형은 정사각형이다.
• 인접한 2개의 등수두선 사이의 수두 손실은 서로 동일하다.
• 침투 속도 및 동수 구배는 유선망의 폭에 반비례한다.

31 다음은 지하수 흐름의 기본 방정식인 Laplace 방정식을 유도하기 위한 기본 가정이다. 틀린 것은?

① 물의 흐름은 Darcy의 법칙을 따른다.
② 흙과 물은 압축성이다.
③ 흙은 포화되어 있고 모세관 현상은 무시한다.
④ 흙은 등방성이고 균질하다.

해설

흙이나 물은 비압축성으로 본다.

32 유선망(流線網)의 특징에 대한 설명으로 틀린 것은?

① 두 개의 등수두선의 수압강하량은 다른 두 개의 등수두선에서도 같다.
② 침투속도 및 동수경사는 유선망의 폭에 비례한다.
③ 각 유로의 침투량은 같고 유선은 등수두선과 직교한다.
④ 유선망으로 되는 사변형은 이론상 정사각형이다.

해설

Darcy법칙
침투속도 $v = ki = k\dfrac{\Delta h}{L}$

$\therefore$ 침투속도(v) 및 동수경사$\left(i = k\dfrac{\Delta h}{L}\right)$는 유선망의 폭($L$)에 반비례한다.

33 유선망을 이용하여 구할 수 없는 것은?

① 간극수압 ② 침투수압
③ 동수경사 ④ 투수계수

정답 29 ④ 30 ④ 31 ② 32 ② 33 ④

[해설]
유선망은 수류의 등위선을 그림으로 나타낸 것으로 분사현상 및 파이핑 추정, 침투속도, 침투유량, 간극수압 추정 등에 쓰인다.

34 그림의 유선망에 대한 설명 중 틀린 것은?(단, 흙의 투수계수는 2.5×10^{-3}cm/sec)

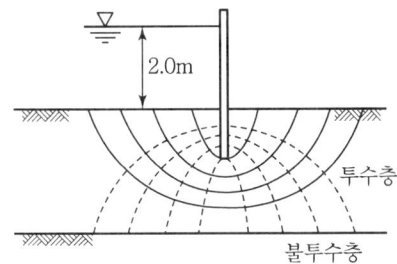

① 유선의 수 = 6
② 등수두선의 수 = 6
③ 유로의 수 = 5
④ 전침투유량 $Q = 0.278$cm³/s

[해설]
• 유선의 수 = 6, 등수두선의 수 = 10
• 유로의 수 = 5, 등수두면의 수 = 9
• 전침투유량
$$Q = k \cdot H \cdot \frac{N_f}{N_d} = 2.5 \times 10^{-3} \times 200 \times \frac{5}{9}$$
$$= 0.278 \text{cm}^3/\text{s}$$

35 유선망을 작성하여 침투수량을 결정할 때 유선망의 정밀도가 침투수량에 큰 영향을 끼치지 않는 이유는?

① 유선망은 유로의 수와 등수두면의 수의 비에 좌우되기 때문이다.
② 유선망은 등수두선의 수에 좌우되기 때문이다.
③ 유선망은 유선의 수에 좌우되기 때문이다.
④ 유선망은 투수계수에 좌우되기 때문이다.

[해설]
침투유량
$$Q = k \cdot H \cdot \frac{N_f}{N_d}$$
∴ 유선망은 유로의 수(N_f)와 등수두면의 수(N_d)의 비에 좌우되기 때문이다.

36 그림과 같은 경우의 투수량은?(단, 투수지반의 투수계수는 2.4×10^{-3}cm/sec이다.)

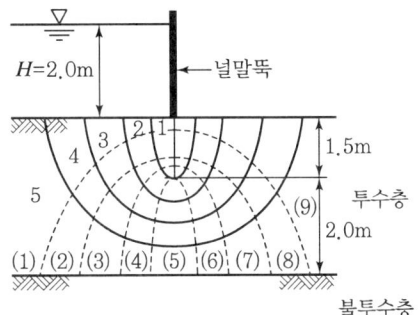

① 0.0267cm³/sec
② 0.267cm³/sec
③ 0.864cm³/sec
④ 0.0864cm³/sec

[해설]
$$Q = KH\frac{N_f}{N_d} = 2.4 \times 10^{-3} \times 200 \times \frac{5}{9} = 0.267 \text{cm}^3/\text{sec}$$

37 어떤 유선망도에서 상하류면의 수두차가 4m, 등수두면의 수가 13개, 유로의 수가 7개일 때 단위 폭 1m당 1일 침투유량은 얼마인가?(단, 투수층의 투수계수 $K = 2.0 \times 10^{-4}$cm/sec)

① 8.0×10^{-1}m³/day
② 9.62×10^{-1}m³/day
③ 3.72×10^{-1}m³/day
④ 4.8×10^{-1}m³/day

[해설]
$$Q = KH\frac{N_f}{N_d} = 2.0 \times 10^{-4} \times \frac{1}{100} \times 4 \times \frac{7}{13}$$
$$= 4.308 \times 10^{-6} \text{m}^3/\text{sec} = 3.72 \times 10^{-1} \text{m}^3/\text{day}$$

CHAPTER 03 실 / 전 / 문 / 제

38 어떤 유선망도에서 상하류의 수두차가 3m, 투수계수가 2.0×10^{-3}cm/sec, 등수두면의 수가 9개, 유로의 수가 6개일 때 단위폭 1m당 침투량은?

① 0.0288m³/hr
② 0.1440m³/hr
③ 0.3240m³/hr
④ 0.3436m³/hr

[해설]
침투유량

$Q = k \cdot H \cdot \dfrac{N_f}{N_d}$

$= 2.0 \times 10^{-3} \times (10^{-2} \times 60 \times 60) \times 3 \times \dfrac{6}{9}$

$= 0.1440 \text{m}^3/\text{hr}$

39 그림과 같은 흙댐의 유선망을 작도하는 데 있어서 경계조건으로 틀린 것은?

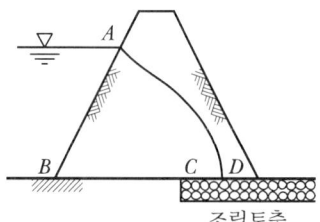

① $\overline{AB}$는 등수두선이다.
② $\overline{BC}$는 유선이다.
③ $\overline{AD}$는 유선이다.
④ $\overline{CD}$는 침유선이다.

[해설]
• 유선 : BC, AD(침유선)
• 등수수선 : AB, CD

40 수평방향 투수계수가 0.12cm/sec이고, 연직방향 투수계수가 0.03cm/sec일 때 1일 침투유량은?

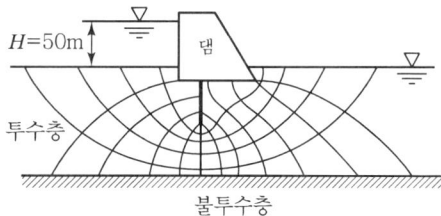

① 870m³/day/m
② 1,080m³/day/m
③ 1,220m³/day/m
④ 1,410m³/day/m

[해설]
침투유량(다층토인 경우)

$Q = \sqrt{K_h \cdot K_v} \cdot H \cdot \dfrac{N_f}{N_d}$

$= \sqrt{0.12 \times 0.03} \times 10^{-2} \times 60 \times 60 \times 24 \times 50 \times \dfrac{5}{12}$

$= 1,080 \text{m}^3/\text{day/m}$

정답 38 ② 39 ④ 40 ②

CHAPTER 04

흙의 동해

01 흙의 동해

01 흙의 동해

1. 동상현상

동상현상
① 흙 속의 물이 얼어서 빙층(ice lens)이 형성되기 때문에 지표면이 떠오르는 현상
② 하층으로부터 물의 공급이 충분할 때 잘 일어난다.
③ 동상작용을 받으면 흙 입자의 팽창으로 수분이 증가되어 함수비도 증가된다. (얼음이 얼면서 옆 공극에 존재하는 수분을 당겨 얼음이 더 커짐)
④ 동해현상이 가장 잘 일어날 수 있는 흙은 실트(Silt)

2. 동상의 조건

모식도	동상의 조건
(그림: 동결깊이(동결심도), 아이스렌즈, 동결선, 물, 지하수면)	① 0°C 이하의 온도가 지속될 때
	② 동상을 받기 쉬운 흙(silt)이 존재할 때
	③ 지하수 공급이 충분(아이스렌즈가 형성)될 때
	④ 모관상승고(h_c), 투수성(k)이 클 때
	⑤ 동결심도 하단에서 지하수면까지의 거리가 모관상승고보다 작을 때

3. 실트와 점토의 비교

조건	대소 비교
① 입경 크기	실트 > 점토
② h_c(모관상승고)	실트 < 점토
③ k(투수계수)	실트 > 점토
④ 동해 발생 크기	실트 > 점토

• 동해가 가장 심하게 발생하는 토질은 실트질 흙이다.
• 실트는 모관상승 높이가 커서 동상이 잘 일어난다.
• 점토는 실트보다 모관상승 높이는 크지만 투수성이 작기 때문에 동상이 잘 일어나지 않는다.
• 점토는 동결이 장시간 계속될 때에만 동상을 일으킨다.

GUIDE

• **동상현상**
흙 속의 물(공극수)이 얼어서 지반이 상승하는 현상(물이 얼면 약 9%의 체적 팽창)

• **연화현상**
동상이 일어난 지반이 녹아서 약화되는 현상

• **동해**
동상 + 연화

• **아이스렌즈**
흙 속의 물(공극수)이 얼어서 생기는 빙층(ice lens)

• **모관상승고 순서**
자갈 < 모래 < 실트 < 점토

• **모관상승고는 직경에 반비례**
$h_c \propto \dfrac{1}{D}$
$(h_c = \dfrac{4T\cos\alpha}{\gamma_w D})$

• **동해가 심한 순서**
실트 > 점토 > 모래 > 자갈

• **점토는 불투수성**

예 / 상 / 문 / 제

01 흙이 동상작용을 받았다면 이 흙은 동상작용을 받기 전에 비해 함수비는?

① 증가한다.
② 감소한다.
③ 동일하다.
④ 증가할 때도 있고, 감소할 때도 있다.

[해설]
동상작용을 받으면 흙입자가 팽창하여 수분이 증가되고 함수비는 증가된다.

02 흙이 동상현상에 대하여 옳지 않은 것은?

① 점토는 동결이 장기간 계속될 때에만 동상을 일으키는 경향이 있다.
② 동상현상은 흙이 조립일수록 잘 일어나지 않는다.
③ 하층으로부터 물의 공급이 충분할 때 잘 일어나지 않는다.
④ 깨끗한 모래는 모관상승 높이가 작으므로 동상을 일으키지 않는다.

[해설]
하층으로부터 물의 공급이 충분할 때 동상현상은 잘 일어난다.

03 흙 속의 물이 얼어서 빙층(ice lens)이 형성되기 때문에 지표면이 떠오르는 현상은?

① 연화현상   ② 다일러탠시(Dilatancy)
③ 동상현상   ④ 분사현상

04 흙이 동상을 일으키기 위한 조건으로 가장 중요하지 않은 것은?

① 아이스렌즈를 형성하기 위한 충분한 물의 공급
② 양(+)이온의 다량 함유
③ 0℃ 이하의 온도가 오랫동안 지속될 것
④ 동상이 일어나기 쉬운 토질

[해설]
동상은 음(-)이온이 많을수록 잘 일어난다.

05 다음은 동상량을 지배하는 주요 인자이다. 틀린 것은 어느 것인가?

① 모관 상승고의 크기
② 동결 심도 하단에서 지하수면까지 거리가 모관 상승고보다 클 때
③ 흙의 투수성
④ 동결온도의 계속 기간

[해설]
동결심도 하단에서 지하수면까지 거리가 모관상승고보다 작을 때 동상이 발생

06 동해(凍害)의 정도는 흙의 종류에 따라 다르다. 다음 중 우리나라에서 가장 동해가 심한 것은?

① Silt   ② Colloid
③ 점토   ④ 굵은모래

[해설]
동해가 심한 순서
실트 > 점토 > 모래 > 자갈

07 흙의 동해(凍害)에 관한 다음 설명 중 옳지 않은 것은?

① 동상현상은 빙층(Ice Lens)의 생장이 주된 원인이다.
② 사질토는 모관상승 높이가 작아서 동상이 잘 일어나지 않는다.
③ 실트는 모관상승 높이가 작아서 동상이 잘 일어나지 않는다.
④ 점토는 모관상승 높이는 크지만 동상이 잘 일어나는 편은 아니다.

[해설]
- 동상현상은 빙층(Ice Lens)이 형성되어 지표면이 떠오르는 현상
- 사질토는 모관상승 높이가 작아서 동상이 잘 일어나지 않는다.
- 실트는 모관상승 높이가 커서 동상이 잘 일어난다.
- 점토는 실트보다 모관상승 높이는 크지만 투수성이 작기 때문에 동상이 잘 일어나지 않는다.

정답 01 ① 02 ③ 03 ③ 04 ② 05 ② 06 ① 07 ③

4. 동상의 발생 요소

동상의 발생 요소	내용
① 흙의 입경	동상을 받기 쉬운 흙이 존재(실트질)
② 온도	0℃ 이하의 온도가 계속 지속될 경우
③ 지하수	충분한 물의 공급이 가능할 경우
④ 투수계수	실트 > 점토
⑤ 모관상승고	실트 < 점토

5. 동상현상의 방지대책

동상방지대책 공법	내용
① 치환공법	모관상승 억제를 위해 실트질 흙을 모래나 자갈로 치환 (동결깊이 상단의 흙을 동결하기 어려운 재료로 치환)
② 단열공법	0℃ 이하가 안 되도록 스티로폼을 깔아서 온도 차단 (지표면에 단열재 시공)
③ 차단공법	배수구 설치하여 지하수위 저하 (모관수 상승을 방지하기 위해 지하수위보다 높은 곳에 조립토로 차단층을 설치)
④ 안정처리공법	지표의 흙을 화학약품으로 처리하여 동결온도를 내린다.

• **동상현상의 방지**
아이스 렌스(ice Lense)가 생성되지 않도록 지표면을 단열시키고 물의 공급을 줄이면 동상현상이 방지된다.

6. 동결심도(동결깊이)

동결심도	공식	내용
지표면에서 동결선 (0℃)까지 깊이	$Z = C\sqrt{F}$	① Z : 동결심도(cm) ② C : 정수(3~5) ③ F : 동결지수 [영하의 온도(℃) ×지속일수(days)]

• **동결깊이**
① 지표면 온도가 낮을수록 동결깊이는 커진다.
② 지속시간이 길수록 동결깊이는 커진다.

7. 연화현상

연화현상	연화현상의 원인
동결된 지반이 융해할 때 흙 속의 과잉 수분으로 인해 연약해지고 전단강도가 떨어지는 현상(흙속의 함수비는 원래보다 훨씬 큰 값이 된다.)	① 지표수의 유입 ② 지하수의 상승 ③ 융해수가 배수되지 않고 흙 속에 저류될 때

• **연화현상 방지대책**
① 배수구를 설치
② 동결 부분의 함수량 증가를 방지
③ 융해수의 배제를 위해 배수층을 동결 깊이 아래 부분에 설치한다.

예 / 상 / 문 / 제

01 흙의 동상에 영향을 미치는 요소가 아닌 것은?

① 모관 상승고 ② 흙의 투수계수
③ 흙의 전단강도 ④ 동결온도의 계속시간

[해설]
흙의 동상에 영향을 주는 요소 : 모관상승고, 투수계수, 온도

02 동상방지대책에 대한 설명 중 옳지 않은 것은?

① 배수구 등을 설치해서 지하수위를 저하시킨다.
② 모관수의 상승을 차단하기 위해 조립의 차단층을 지하수위보다 높은 위치에 설치한다.
③ 동결 깊이보다 낮게 있는 흙을 동결하지 않는 흙으로 치환한다.
④ 지표의 흙을 화학약품으로 처리하여 동결온도를 내린다.

[해설]
치환공법 : 실트질 흙을 모래나 자갈로 치환(동결 깊이, 동결선보다 상부에 있는 흙을 동결되지 않는 흙으로 치환)

03 동상을 방지하기 위한 대책으로 잘못 설명된 것은?

① 배수구를 설치하여 지하수위를 저하시킨다.
② 지표의 흙을 화학약액으로 처리한다.
③ 흙 속에 단열재를 설치한다.
④ 모관수를 차단하기 위해 세립토층을 지하수면 위에 설치한다.

[해설]
모관수 상승을 방지하기 위해 지하수위보다 높은 곳의 조립토층에 차단층을 설치한다.

04 동상 방지대책에 대한 설명 중 옳지 않은 것은?

① 배수구 등을 설치하여 지하수위를 저하시킨다.
② 모관수의 상승을 차단하기 위해 조립의 차단층을 지하수위보다 높은 위치에 설치한다.
③ 동결 깊이보다 낮게 있는 흙을 동결하지 않는 흙으로 치환한다.
④ 지표의 흙을 화학약품으로 처리하여 동결온도를 내린다.

[해설]
동결 깊이 상단의 흙을 동결하지 않는 흙으로 치환한다.

05 동결 깊이를 구하는 데라다(寺田)의 공식에서 정수의 값을 4, 동결지수를 540℃ Days라 하면 동결깊이는?

① 94.0cm ② 91.2cm
③ 93.0cm ④ 100.8cm

[해설]
$Z = C\sqrt{F} = 4 \times \sqrt{540} = 93\text{cm}$

06 월평균 기온이 다음 표와 같을 때 동결 깊이는 얼마인가?(단, $C=4$, 데라다 공식 사용)

월	12	1	2	3
일수	31	31	28	31
평균기온(℃)	−2	−8	−6	−1

① 100.2cm ② 90.2cm
③ 80.2cm ④ 70.2cm

[해설]
$Z = C\sqrt{F} = 4 \times \sqrt{(2\times31 + 8\times31 + 6\times28 + 1\times31)}$
$= 90.2\text{cm}$

07 동결된 지반이 해빙기에 융해되면서 얼음 렌즈가 녹은 물이 빨리 배수되지 않으면 흙의 함수비는 원래보다 훨씬 큰 값이 되어 지반의 강도가 감소하게 되는데 이러한 현상을 무엇이라 하는가?

① 동상현상 ② 연화현상
③ 분사현상 ④ 모세관현상

[해설]
연화현상은 동결지반이 융해할 때 흙 속의 과잉수분으로 인해 연약해지고 전단강도가 떨어지는 현상

CHAPTER 04 실 / 전 / 문 / 제

01 흙의 동상현상(凍上現象)에 관한 다음 설명 중 옳지 않은 것은?

① 점토는 동결이 장기간 계속될 때에만 동상을 일으키는 경향이 있다.
② 동상현상은 흙이 조립일수록 잘 일어나지 않는다.
③ 하층으로부터 물의 공급이 충분할 때 잘 일어나지 않는다.
④ 깨끗한 모래는 모관 상승 높이가 작으므로 동상을 일으키지 않는다.

[해설]
하층으로부터 물의 공급이 충분할 때 동상현상이 잘 일어난다.

02 흙이 동상(凍上)을 일으키기 위한 조건으로 가장 중요하지 않은 것은?

① 아이스렌즈를 형성하기 위한 충분한 물의 공급
② 양(+)이온의 다량 함유
③ 0℃ 이하의 온도가 오랫동안 지속될 것
④ 동상이 일어나기 쉬운 토질

[해설]
동상이 일어나는 조건
• 동상을 받기 쉬운 흙 존재
• 0℃ 이하의 온도가 오랫동안 지속될 것
• 아이스렌즈를 형성할 수 있도록 물의 공급이 충분할 때
• 동결 심도 하단에서 지하수면까지의 거리가 모관 상승고보다 작을 때

03 흙의 동해(凍害)에 관한 다음 설명 중 옳지 않은 것은?

① 동상현상은 빙층(Ice Lens)의 생장이 주된 원인이다.
② 사질토는 모관 상승높이가 작아서 동상이 잘 일어나지 않는다.
③ 실트는 모관 상승높이가 작아서 동상이 잘 일어나지 않는다.
④ 점토는 모관 상승높이는 크지만 동상이 잘 일어나는 편은 아니다.

[해설]
동상의 조건
• 동상이 발생하기 쉬운 흙(실트질 흙)
• 0℃ 이하가 오래 지속되어야 한다.
• 물의 공급이 충분해야 한다.

04 다음 중에서 동해가 가장 심하게 발생하는 토질은?

① 점토
② 실트
③ 콜로이드
④ 모래

[해설]
동상의 조건
• 물의 공급이 충분
• 0℃ 이하 온도 지속
• 동상을 받기 쉬운 실트질 흙 존재

05 다음 중 동상을 발생시키는 주요 요소가 아닌 것은?

① 온도
② 지하수의 유무
③ 흙의 입경
④ 흙의 마찰각

[해설]
동상을 발생시키는 주요 요소
• 흙의 입경 : 동상을 받기 쉬운 흙 존재(실트질 흙)
• 온도 : 0℃ 이하의 지속시간
• 지하수 : 충분한 물 공급

정답 01 ③ 02 ② 03 ③ 04 ② 05 ④

06 흙의 동상에 관한 다음 설명 중 옳지 않은 것은?

① 토층의 동결은 보통 지표면에서 아래쪽을 향하여 진행된다.
② 모래나 자갈은 투수성이 크지만 모관현상은 낮으므로 동상은 그다지 일어나지 않는다.
③ 점토는 모관 상승고가 높으므로 실트질 흙보다 동상현상이 크게 일어난다.
④ 흙의 모관성이 클 때 동상현상이 현저하게 일어난다.

〔해설〕
점토는 모관 상승고가 실트질보다 높으나 투수성이 작기 때문에 동상현상은 실트질보다 작게 일어난다.

07 동상방지대책에 대한 설명 중 옳지 않은 것은?

① 배수구 등을 설치해서 지하수위를 저하시킨다.
② 모관수의 상승을 차단하기 위해 조립의 차단층을 지하수위보다 높은 위치에 설치한다.
③ 동결 깊이보다 낮게 있는 흙을 동결하지 않는 흙으로 치환한다.
④ 지표의 흙을 화학약품으로 처리하여 동결온도를 내린다.

〔해설〕
동결 깊이 상부에 있는 흙을 동결하지 않는 흙으로 치환한다.

08 평균기온에 따른 동결지수가 520℃ Days였다. 이 지반의 정수 C=4일 때 동결 깊이는?(단, 테라다 공식을 이용)

① 130cm
② 91.2cm
③ 45.6cm
④ 22.8cm

〔해설〕
동결깊이(Z) $= C\sqrt{F} = 4 \times \sqrt{520} = 91.2$cm

09 동상에 대한 방지대책으로 적당하지 못한 것은?

① 지표의 흙을 화학약액으로 처리하는 방법
② 흙 속에 단열재료를 매입하는 방법
③ 배수구 등의 설치로 지하수위를 저하시키는 방법
④ 동결 깊이 하부에 있는 흙을 동결되지 않는 재료로 치환하는 방법

〔해설〕
동결깊이 상부에 있는 흙을 동결되지 않는 재료로 치환한다.

10 흙이 동상작용을 받으면 이 흙은 동상작용을 받기 전의 흙에 비해 함수비가 어떻게 되는가?

① 감소한다.
② 증가한다.
③ 일정하다.
④ 증가하거나 감소한다.

〔해설〕
흙이 동상작용을 받으면 흙 입자의 팽창으로 수분이 증가되어 함수비도 증가한다.

11 같은 크기의 원통에 포화된 실트질 흙을 그림과 같이 설치하였을 때 동상량이 많은 것부터 옳게 나열한 것은 어느 것인가?(단, 시료의 상부는 빙점 이하, 하부는 빙점 이상이다.)

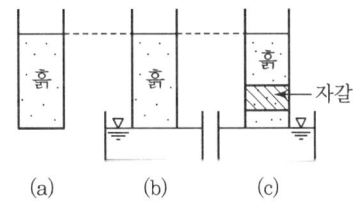

① (a)-(b)-(c)
② (c)-(b)-(a)
③ (b)-(c)-(a)
④ (b)-(a)-(c)

정답 06 ③ 07 ③ 08 ② 09 ④ 10 ② 11 ③

CHAPTER 04 실 / 전 / 문 / 제

> **[해설]**
> - 아이스렌스(Ice Lence)를 형성할 수 있도록 물의 공급이 충분해야 동상의 피해가 크다.
> - (a) : 하층으로부터 물의 공급이 없으므로 동상량이 가장 적다.
> - (b) : 하층으로부터 물의 공급이 충분하므로 동상량이 가장 많다.
> - (c) : 하층으로부터 물의 공급이 있으나 자갈층으로부터 모관상승을 차단하므로 동상량은 (b)보다 적다.
> ∴ (b)>(c)>(a)

12 동결깊이를 구하는 데라다의 공식에서 정수의 값을 4, 동결지수를 540℃/day라 하면 동결깊이는?

① 94.0cm
② 91.2cm
③ 93.0cm
④ 100.8cm

> **[해설]**
> 동결 깊이 $Z = C\sqrt{F} = 4\sqrt{540} = 93.0\text{cm}$

CHAPTER 05

유효응력

01 유효응력(σ')
02 유효응력의 형태
03 모세관 현상이 발생할 때의 유효응력
04 침투가 없는 포화토층 내의 유효응력
05 상향침투가 있는 포화토층 내의 유효응력
06 하향침투가 있는 포화토층 내의 유효응력
07 널말뚝의 침투
08 분사현상

01 유효응력(σ')

1. 지중의 한 점에 작용하는 (수직)응력

모식도	용어	
(그림: 지하수위 아래 γ_w, γ_{sat}, 깊이 h, z, A점)	전응력 (σ)	흙덩이 전체에 의한 응력 전응력 = 전압력 ($\sigma = \sigma' + u$)
	유효응력 (σ')	① 토립자의 접촉면을 통해 전달되는 응력($\sigma' = \sigma - u$) ② 흙입자가 부담하는 작용하중의 크기
	간극수압 (u)	간극수가 부담하는 작용하중의 크기

A점의 간극수압(u_A)	A점의 유효응력(σ'_A)
$u_A = \gamma_w(h+z)$	$\sigma'_A = \sigma_A - u_A$ $= \gamma_w h + \gamma_{sat} z - \gamma_w(h+z)$ $= (\gamma_{sat} - \gamma_w)z$ $= \gamma_{sub} z$
A점의 전응력(σ_A)	
$\sigma_A = \sigma'_A + u_A$ $= \gamma_w h + \gamma_{sat} z$	

2. 토압계수(K)

모식도	토압계수(K)
(그림: γ, 깊이 z, A점, $\sigma_h = K \cdot \sigma_v$, $\sigma_v = \gamma \cdot Z$)	$K = \dfrac{\sigma_h}{\sigma_v} = \dfrac{\sigma'_h}{\sigma'_v}$
	① K : 토압계수 ② σ_v(연직 응력) $= \gamma z$ ③ σ_h(수평 응력) $= \sigma_v K$ $\quad = (\gamma \cdot z)K$

GUIDE

- 수직응력(σ)
  ① 면에 수직으로 발생
  ② $\sigma = \dfrac{P}{A}$ (kN/m²)
  $\quad = \dfrac{W}{A} = \dfrac{A \cdot Z \cdot \gamma}{A} = \gamma \cdot Z$
  ③ 단위면적당 작용하는 힘

- 전단응력(τ)
  면에 수평으로 발생

- 전응력 = 유효응력 + 간극수압
  $\sigma = \sigma' + u$

- 유효응력 = 전응력 - 간극수압
  $\sigma' = \sigma - u$

- A점의 압력수두 : ($h+z$)

- 간극수압(공극수압, u)
  물이 부담하는 응력(중립응력)
  ① 포화도(S) = 100%
  $\quad u = \gamma_w h$
  ② 0 < S < 100%
  $\quad u = \gamma_w hS$

- 1kN/m² = 0.1N/cm²

예 / 상 / 문 / 제

01 다음의 유효응력에 관한 설명 중 옳은 것은?

① 전응력은 일정하고 간극수압이 증가된다면, 흙의 체적은 감소하고 강도는 증가된다.
② 유효응력은 전응력에 간극수압을 더한 값이다.
③ 토립자의 접촉면을 통해 전달되는 응력을 유효응력이라 한다.
④ 공학적 성질이 동일한 2종류 흙의 유효응력이 동일하면 공학적 거동이 다르다.

해설
- $\sigma' = \sigma - u$(전응력이 일정하고 간극수압이 증가되면 유효응력(σ')은 감소한다.
- $\sigma' = \sigma - u$(유효응력은 전응력에서 간극수압을 뺀 값이다.)
- 유효응력(σ') : 토립자의 접촉면을 통해 전달되는 응력

02 유효응력에 대한 설명으로 옳은 것은?

① 지하수면에서 모관상승고까지의 영역에서는 유효응력은 감소한다.
② 유효응력만의 흙덩이의 변형과 전단에 관계된다.
③ 유효응력은 대부분 물이 받는 응력을 말한다.
④ 유효응력은 전응력에 간극수압을 더한 값이다.

해설
- 모관현상이 일어나면 부(−)의 공극수압이 발생하므로 유효응력은 증가한다.
- 유효응력은 유효응력만의 흙덩이의 변형과 전단에 관계된다.
- 간극수압은 물이 받는 응력
- 유효응력(σ') = $\sigma - u$

03 아래 그림과 같은 수중지반에서 Z지점의 유효연직응력은?(단, 1t = 10kN, $\gamma_w = 9.8 \text{kN/m}^3$)

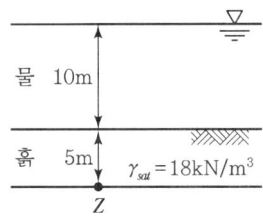

① 25kN/m^2 ② 41kN/m^2
③ 53kN/m^2 ④ 79kN/m^2

해설
$\sigma'_z = \sigma - u$
- σ(전응력)
  $\sigma = \gamma_w \times H_1 + \gamma_{sat} \times H_2 = (9.8 \times 10) + (18 \times 5) = 188 \text{kN/m}^2$
- u(간극수압) $= \gamma_w \times H = 9.8 \times 15 = 147 \text{kN/m}^2$
  ∴ $\sigma'_z = \sigma - u = 188 - 147 = 41 \text{kN/m}^2$

[별해]
$\sigma' = \gamma_{sub} \times H_2 = (18 - 9.8) \times 5 = 41 \text{kN/m}^2$

04 아래 그림에서 지표면에서 깊이 6m에서의 연직응력(σ_v)과 수평응력(σ_h)의 크기를 구하면? (단, 토압계수는 0.6이다.)

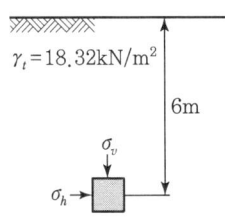

① $\sigma_v = 120.34 \text{kN/m}^2$, $\sigma_h = 75.78 \text{kN/m}^2$
② $\sigma_v = 95.42 \text{kN/m}^2$, $\sigma_h = 65.65 \text{kN/m}^2$
③ $\sigma_v = 109.92 \text{kN/m}^2$, $\sigma_h = 65.95 \text{kN/m}^2$
④ $\sigma_v = 109.92 \text{kN/m}^2$, $\sigma_h = 57.71 \text{kN/m}^2$

해설
- 연직응력(σ_v)
  $\sigma_v = \gamma_t \times z = 18.32 \times 6 = 109.92 \text{kN/m}^2$
- 수평응력(σ_h)
  $\sigma_h = \sigma_v \times K = (\gamma_t \times z) K = 109.92 \times 0.6 = 65.95 \text{kN/m}^2$

정답 01 ③ 02 ② 03 ② 04 ③

02 유효응력의 형태

1. 흙의 자중으로 인한 응력(σ)

모식도	A점의 연직응력(σ_v)
	$\sigma_v = \gamma_t z$
	A점의 수평응력(σ_h)
	$\sigma_h = K\sigma_v = K\gamma_t z$

GUIDE

- 유효응력 = 전응력 – 간극수압
  $\sigma' = \sigma - u$
  만약 간극수압(u)이 0이면
  $\sigma' = \sigma$

- γ_t : 흙의 단위중량(t/m³)
  K : 토압계수

2. 토층이 물 속에 있을 때 유효응력(σ')

모식도	A점의 전응력(σ)
	$\sigma = \gamma_w h + \gamma_{sat} z$
	A점의 간극수압(u)
	$u = \gamma_w h + \gamma_w z = (h+z)\gamma_w$
	A점의 유효응력(σ')
	$\sigma' = \sigma - u = \gamma_{sat} z - \gamma_w z$
	$= (\gamma_{sat} - \gamma_w)z = \gamma_{sub} z$

- 토층이 물 속에 있을 때는 지표면 위의 수위 h가 증가하여도 유효응력에는 전혀 영향을 주지 않는다.

- 유효응력 = 전응력 – 간극수압
  $\sigma' = \sigma - u$

- $\gamma_{sat} - \gamma_w = \gamma_{sub}$

3. 간극수압계의 물이 상승 시 유효응력(σ')

모식도	A점의 전응력(σ)
	$\sigma = \gamma_{sat} z$
	A점의 간극수압(u)
	$u = \gamma_w h + \gamma_w z = (h+z)\gamma_w$
	A점의 유효응력(σ')
	$\sigma' = \sigma - u = \gamma_{sat} z - (h+z)\gamma_w$
	$= (\gamma_{sat} - \gamma_w)z - \gamma_w h$
	$= \gamma_{sub} z - \gamma_w h$

- 토층에 간극수압계를 설치하였을 때 물이 상승하면 유효응력은 간극수압($\gamma_w h$)만큼 감소한다.

- 지하수위가 상승하면 간극수압은 증가되어 흙의 유효응력은 감소

예 / 상 / 문 / 제

01 다음 그림에 보인 바와 같이 지하수위면은 지표면 아래 2.0m의 깊이에 있고 흙의 단위중량은 지하수위면 위에서 18.62kN/m³, 지하수위면 아래에서 19.6kN/m³이다. 요소 A가 받는 연직 유효응력은?(단, $\gamma_w = 9.8$kN/m³)

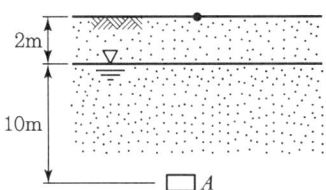

① 194.04kN/m² ② 186.2kN/m²
③ 135.24kN/m² ④ 127.4kN/m²

해설

- 전응력(σ)
  $\sigma = \gamma_t \cdot H_1 + \gamma_{sat} \cdot H_2$
  $= (18.62 \times 2) + (19.6 \times 10) = 233.24$kN/m²
- 간극수압(u) = $\gamma_w \cdot H_2 = 9.8 \times 10 = 98$kN/m²
- ∴ 유효응력(σ') = $\sigma - u = 233.24 - 98 = 135.24$kN/m²

[별해]
$\sigma' = (\gamma_t \cdot H_1) + (\gamma_{sub} \cdot H_2)$
$= (18.62 \times 2) + [(19.6 - 9.8) \times 10] = 135.24$kN/m²

02 아래 그림과 같은 지반의 A점에서 전응력 σ, 간극수압 u, 유효응력 σ'을 구하면?

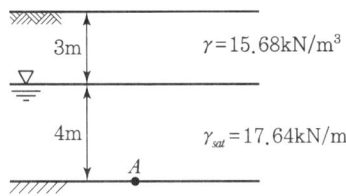

① $\sigma = 117.6$kN/m², $u = 52.5$kN/m², $\sigma' = 65.1$kN/m²
② $\sigma = 142.7$kN/m², $u = 39.2$kN/m², $\sigma' = 103.5$kN/m²
③ $\sigma = 117.6$kN/m², $u = 39.2$kN/m², $\sigma' = 78.4$kN/m²
④ $\sigma = 142.7$kN/m², $u = 52.5$kN/m², $\sigma' = 90.2$kN/m²

해설

- 전응력(σ) = $(\gamma \cdot H_1) + (\gamma_{sat} \cdot H_2)$
  $= (15.68 \times 3) + (17.64 \times 4) = 117.6$kN/m²
- 간극수압(u) = $\gamma_w \cdot H_w = 9.8 \times 4 = 39.2$kN/m²
- 유효응력(σ') = $\sigma - u = 117.6 - 39.2 = 78.4$kN/m²

[별해]
$\sigma' = (\gamma_t \cdot H_1) + (\gamma_{sub} \cdot H_2) = (15.68 \times 3) + [(17.64 - 9.8) \times 4]$
$= 78.4$kN/m²

03 아래 조건에서 점토층 중간면에 작용하는 유효응력과 간극수압은?

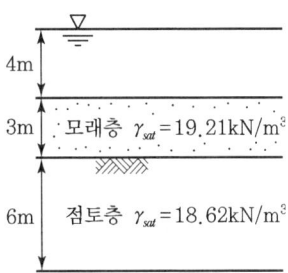

① 유효응력 : 54.69kN/m², 간극수압 : 98kN/m²
② 유효응력 : 45.72kN/m², 간극수압 : 98kN/m²
③ 유효응력 : 54.69kN/m², 간극수압 : 78kN/m²
④ 유효응력 : 45.72kN/m², 간극수압 : 78kN/m²

해설

- 점토층 중간면의 유효응력(σ')
  $\sigma' = [(19.21 - 9.8) \times 3] + [(18.62 - 9.8) \times 3] = 54.69$kN/m²
- 간극수압(u) : $u = \gamma_w \cdot H_w = 9.8 \times (4 + 3 + \frac{6}{2}) = 98$kN/m²

04 그림과 같이 물이 위로 흐르는 경우 $Y-Y$ 단면에서의 유효응력은?

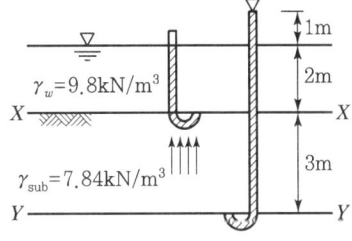

① 6.73kN/m² ② 13.72kN/m²
③ 19.25kN/m² ④ 25.92kN/m²

해설

유효응력(σ') = $\gamma_{sub} h_3 - \gamma_w \Delta h = 7.84 \times 3 - 9.8 \times 1 = 13.72$kN/m²
(∵ 물이 위로 흐르는 경우 상향 침투압만큼 유효응력은 감소한다.)

정답 01 ③ 02 ③ 03 ① 04 ②

4. 상재 하중이 작용할 때 유효응력

모식도	구분	내용
(그림: q, γ_{sat}, h, z)	전응력	$\sigma = \gamma_{sat} z + q$
	간극수압	$u = \gamma_w (h+z)$
	유효응력	$\sigma' = \sigma - u = (\gamma_{sat} - \gamma_w)z + q - \gamma_w h$ $= (\gamma_{sub} z) + q - \gamma_w h$

- 상재 하중이 있을 때 유효응력은 지표면 위의 상재 하중(q)만큼 증가하고 간극수압($\gamma_w h$)만큼 감소한다.

- $\gamma_{sat} = \dfrac{G_s + e}{1+e} \gamma_w$

- $\gamma_{sub} = \dfrac{G_s - 1}{1+e} \gamma_w = \gamma_{sat} - 1$

- 모관현상이 있는 부분은 부(−)의 간극수압이 발생하여 유효응력은 증가(유효응력 > 전응력)

03 모세관 현상이 발생할 때의 유효응력

1. 모관상승으로 완전 포화된 경우($S=100\%$)

전응력(σ)	간극수압(u)	유효응력($\sigma') = \sigma - u$
$\sigma_A = 0$	$u_A = 0$	$\sigma'_A = 0$
$\sigma_B = \gamma_t h_1$	$u_B = -\gamma_w h_2$	$\sigma'_B = \gamma_t h_1 + \gamma_w h_2$
$\sigma_C = \gamma_t h_1 + \gamma_{sat1} h_2$	$u_C = 0$	$\sigma'_C = \gamma_t h_1 + \gamma_{sat1} h_2$
$\sigma_D = \gamma_t h_1 + \gamma_{sat1} h_2 + \gamma_{sat2} z$	$u_D = \gamma_w z$	$\sigma'_D = \gamma_t h_1 + \gamma_{sat1} h_2 + \gamma_{sub} z$

모식도

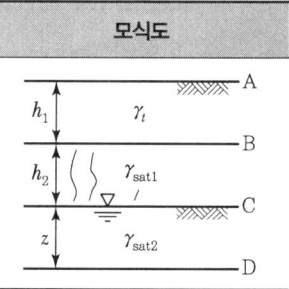

2. 모관상승으로 부분적으로 포화된 경우($0 < S < 100\%$)

전응력(σ)	간극수압(u)	유효응력($\sigma')=\sigma-u$
$\sigma_A = 0$	$u_A = 0$	$\sigma'_A = 0$
$\sigma_B = \gamma_t h_1$	$u_B = -\gamma_w h_2 S$	$\sigma'_B = \gamma_t h_1 + \gamma_w h_2 S$
$\sigma_C = \gamma_t h_1 + \gamma_{sat1} h_2$	$u_C = 0$	$\sigma'_C = \gamma_t h_1 + \gamma_{sat1} h_2$
$\sigma_D = \gamma_t h_1 + \gamma_{sat1} h_2 + \gamma_{sat2} z$	$u_D = \gamma_w z$	$\sigma'_D = \gamma_t h_1 + \gamma_{sat1} h_2 + \gamma_{sub} z$

* 유효응력을 구할 때 지하수위 아래는 γ_{sub}로 계산

- $S(\text{포화도}) = \dfrac{V_w}{V_v} \times 100$

예/상/문/제

01 아래 그림과 같이 지표까지가 모관상승지역이라 할 때 지표면 바로 아래에서의 유효응력은?(단, 모관상승지역의 포화도는 90%이다.)

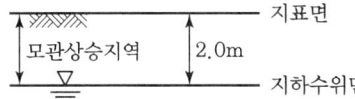

① $8.82 kN/m^2$ ② $9.8 kN/m^2$
③ $17.64 kN/m^2$ ④ $19.6 kN/m^2$

지표면 아래에서 유효응력(σ') = $\sigma - u$
- 전응력(σ) = 0(지표면)
- 간극수압(u) = $-\gamma_w zS = -(9.8 \times 2 \times 0.9) = -17.64 kN/m^2$
∴ 유효응력(σ') = $\sigma - u$ = 0 $-$ (-17.64) = $17.64 kN/m^2$

02 그림과 같이 지표면에서 2m 부분이 지하수위이고, $e = 0.6$, $G_s = 2.68$이며 지표면까지 모관현상에 의하여 100% 포화되었다고 가정하였을 때 A점에 작용하는 유효응력의 크기는 얼마인가?

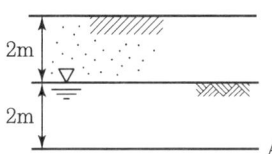

① $70.56 kN/m^2$ ② $65.66 kN/m^2$
③ $60.76 kN/m^2$ ④ $55.86 kN/m^2$

A점에 작용하는 유효응력의 크기(σ'_A) = $\sigma_A - u_A$
- 전응력(σ_A)

$$\sigma = \gamma_{sat} \times H_1 = (\frac{G_s + e}{1+e}\gamma_w) \times H_1$$
$$= (\frac{2.68 + 0.6}{1 + 0.6} \times 1) \times 4 = 8.2 t/m^2 = 80.36 kN/m^2$$

- 간극수압(u_A)

$$u = \gamma_w \times H_2 = 1 \times 2 = 2 t/m^2 = 19.6 kN/m^2$$

∴ $\sigma'_A = \sigma - u = 8.2 - 2 = 6.2 t/m^2 = 60.76 kN/m^2$

[별해]
$\sigma'_A = \gamma_{sat} \cdot h_1 + \gamma_{sub} \cdot h_2$
$= (2.05 \times 2) + (1.05 \times 2) = 6.2 t/m^2 = 60.76 kN/m^2$

03 아래 그림에서 점토 중앙 단면에 작용하는 유효응력은 얼마인가?

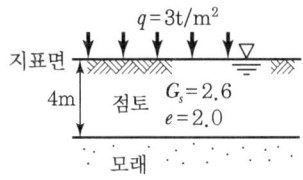

① $12.25 kN/m^2$ ② $23.23 kN/m^2$
③ $31.85 kN/m^2$ ④ $39.79 kN/m^2$

점토중앙단면에서 유효응력(σ') = $\sigma - u$
- 전응력(σ) = $(\gamma_{sat} \times \frac{H}{2}) + q = (1.53 \times \frac{4}{2}) + 3 = 6.06 t/m^2$
  $= 59.39 kN/m^2$
  $[\gamma_{sat} = \frac{(G_s + e)\gamma_w}{1+e} = \frac{(2.6+2) \times 1}{1+2} = 1.53]$
- 간극수압(u) = $\gamma_w \times \frac{H}{2} = 1 \times \frac{4}{2} = 2 t/m^2 = 19.6 kN/m^2$

∴ $\sigma' = \sigma - u = 59.39 - 19.6 = 39.79 kN/m^2$

04 그림과 같은 실트질 모래층에서 A점의 유효응력은?(단, 간극비 $e = 0.5$, 흙의 비중 $G_s = 2.65$, 모세관 상승영역의 포화도 $S = 50\%$)

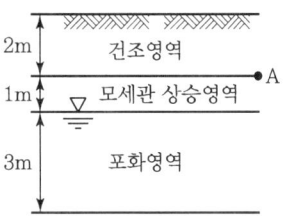

① $29.79 kN/m^2$ ② $34.69 kN/m^2$
③ $39.59 kN/m^2$ ④ $44.49 kN/m^2$

A점의 유효응력($\sigma'_A = \sigma_A - u_A$)
- $\sigma_A = \gamma_d \times H_1 = 1.77 \times 2 = 3.54 t/m^2 = 34.69 kN/m^2$
  $(\gamma_d = \frac{G_s \gamma_w}{1+e} = \frac{2.65 \times 1}{1+0.5} = 1.77 t/m^3)$
- $u_A = -(\gamma_w H_2 S) = -(1 \times 1 \times 0.5) = -0.5 t/m^2 = -4.9 kN/m^2$

∴ $\sigma'_A = \sigma_A - u_A = 34.69 - (-4.9) = 39.59 kN/m^2$

정답 01 ③ 02 ③ 03 ④ 04 ③

04 침투가 없는 포화토층 내의 유효응력

1. 침투가 없는 포화토 지반

모식도
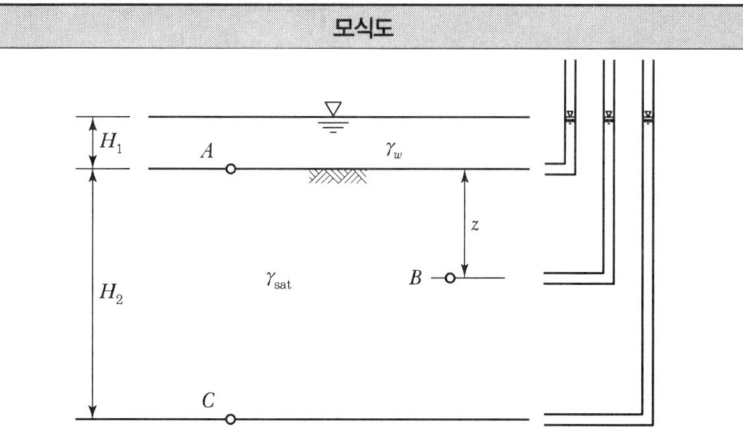

A점	전응력	$\sigma_A = \gamma_w H_1$
	간극수압	$u_A = \gamma_w H_1$
	유효응력	$\sigma_A' = \sigma_A - u_A$ $= \gamma_w H_1 - \gamma_w H_1 = 0$
B점	전응력	$\sigma_B = \gamma_w H_1 + \gamma_{sat} z$
	간극수압	$u_B = \gamma_w(H_1 + z)$
	유효응력	$\sigma_B' = \sigma_B - u_B$ $= \gamma_w H_1 + \gamma_{sat} z - (\gamma_w H_1 + \gamma_w z)$ $= (\gamma_{sat} - \gamma_w)z$ $= \gamma_{sub} z$
C점	전응력	$\sigma_C = \gamma_w H_1 + \gamma_{sat} H_2$
	간극수압	$u_C = \gamma_w(H_1 + H_2)$
	유효응력	$\sigma_C' = \sigma_C - u_C$ $= \gamma_w H_1 + \gamma_{sat} H_2 - (\gamma_w H_1 + \gamma_w H_2)$ $= \gamma_{sat} H_2 - \gamma_w H_2$ $= (\gamma_{sat} - \gamma_w)H_2$ $= \gamma_{sub} H_2$

GUIDE

- 침투가 없는 포화토층에서의 간극수압은 흙이 일반지반과 같이 평형상태로 변형을 일으키지 않을 때는 정수압과 동일하다.

- 침투가 없는 포화토층에서의 유효응력은 지표면 상부의 수위(H_1)와 무관하다.

- $\gamma_{sat} - \gamma_w = \gamma_{sub}$

예 / 상 / 문 / 제

01 다음 그림에서 흙 속 6cm 깊이에서의 유효응력은?(단, 포화된 흙의 $\gamma_{sat}=0.0186\text{N/cm}^3$이다.)

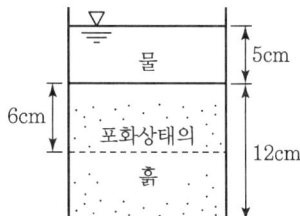

① 0.158N/cm^2 ② 0.11N/cm^2
③ 0.10N/cm^2 ④ 0.05N/cm^2

[해설]
흙 속 6cm 깊이에서의 유효응력(σ') = $\sigma - u$
- 전응력(σ) = $(\gamma_w \times H_1) + (\gamma_{sat} \times H_2)$
  $= (9.8 \times 10^{-3} \times 5) + (0.0186 \times 6) = 0.16\text{N/cm}^2$
- 간극수압(u) = $\gamma_w(H_1 + H_2) = 1 \times (5+6)$
  $= 9.8 \times 10^{-3} \times 11 = 0.1078\text{N/cm}^2$
∴ $\sigma' = \sigma - u = 0.16 - 0.1078 = 0.05\text{N/cm}^2$

[별해]
$\sigma' = \gamma_{sub} \cdot H_2 = [0.0186 - (9.8 \times 10^{-3})] \times 6 = 0.05\text{N/cm}^2$

02 단위중량(γ_t)=18.62kN/m³, 내부마찰각(ϕ)=30°, 정지토압계수(K_o)=0.5인 균질한 사질토 지반이 있다. 지하수위면이 지표면 아래 2m 지점에 있고 지하수위면 아래의 단위중량(γ_{sat})=19.6kN/m³이다. 지표면 아래 4m 지점에서 지반 내 응력에 대한 다음 설명 중 틀린 것은?

① 간극수압(u)은 19.6kN/m²이다.
② 연직응력(σ_v)은 78.4kN/m²이다.
③ 유효연직응력(σ_v')은 56.84kN/m²이다.
④ 유효수평응력(σ_h')은 28.42kN/m²이다.

[해설]
- 간극수압(u) = $\gamma_w \times H = 9.8 \times (4-2) = 19.6\text{kN/m}^2$
- 연직응력(σ_v) = $(\gamma_t \times H_1) + (\gamma_{sat} \times H_2)$
  $= (18.62 \times 2) + (19.6 \times 2) = 76.44\text{kN/m}^2$
- 유효연직응력(σ_v') = $(\gamma_t \times H_1) + (\gamma_{sub} \times H_2)$
  $= (18.62 \times 2) + [(19.6 - 9.8) \times 2]$
  $= 56.84\text{kN/m}^2$

- 유효수평응력(σ_h')
  $\sigma_h' = \sigma_v' \cdot K_0 = 58.84 \times 0.5 = 28.42\text{kN/m}^2$

03 그림과 같은 지반에 널말뚝을 박고 기초굴착을 할 때 A점의 압력수두가 3m라면 A점의 유효응력은?(단, $\gamma_w=10\text{kN/m}^3$ 이다.)

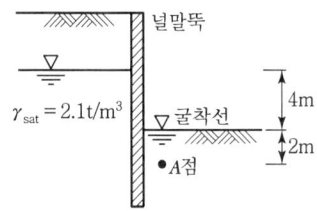

① 10kN/m^2 ② 12kN/m^2
③ 40kN/m^2 ④ 70kN/m^2

[해설]
$\sigma_A' = \sigma_A - u_A$
㉠ $\sigma_A = \gamma_{sat} \times h_A = 21 \times 2 = 42\text{kN/m}^2$
㉡ $u_A = \gamma_w \times h_p = 10 \times 3 = 30\text{kN/m}^2$
∴ $\sigma_A' = \sigma_A - u_A = 42 - 30 = 12\text{kN/m}^2$

[별해]
$\sigma_A' = [(21-10) \times 2] - (10 \times 1) = 12\text{kN/m}^2$

정답 01 ④ 02 ② 03 ②

05 상향침투가 있는 포화토층 내의 유효응력

1. 연직 상향침투가 있는 경우

모식도

A점 (침투수압 없음)	전응력(σ_A)	$\sigma_A = \gamma_w H_1$
	침투수압(F_A)	$F_A = i\gamma_w z = \dfrac{\Delta h}{H_2}\gamma_w \times 0 = 0$
	간극수압(u_A)	$u_A = \gamma_w H_1$
	유효응력($\sigma_A{'}$)	$\sigma_A{'} = \sigma_A - u_A = 0$
B점 (상향 침투수압 발생)	전응력(σ_B)	$\sigma_B = \gamma_w H_1 + \gamma_{sat} z$
	침투수압(F_B)	$F_B = i\gamma_w z = \dfrac{\Delta h}{H_2}\gamma_w z$
	간극수압(u_B)	$u_B = \gamma_w(H_1 + z) + F_B$
	유효응력($\sigma_B{'}$)	$\sigma_B{'} = (\sigma_B - u_B) - F_B = \gamma_{sub} z - i\gamma_w z$ $= \gamma_{sub} z - \left(\dfrac{\Delta h}{H_2}\gamma_w z\right)$
C점 (상향 침투수압 발생)	전응력(σ_C)	$\sigma_C = \gamma_w H_1 + \gamma_{sat} H_2$
	침투수압(F_C)	$F_C = i\gamma_w z = \dfrac{h}{H_2}\gamma_w H_2 = h\gamma_w$
	간극수압(u_C)	$u_C = \gamma_w(H_1 + H_2) + F_C$
	유효응력($\sigma_C{'}$)	$\sigma_C{'} = (\sigma_C - u_C) - F_C = \gamma_{sub} H_2 - i\gamma_w z$ $= \gamma_{sub} H_2 - \left(\dfrac{h}{H_2}\gamma_w H_2\right)$ $= \gamma_{sub} H_2 - h\gamma_w$

GUIDE

- **침투수압(F)**
  ① 침투가 없는 포화토층에서의 간극수압은 정수압과 동일
  ② 외력의 영향으로 침투가 있으면 정수압 이외의 추가적인 간극수압이 발생
  ③ 이를 과잉간극수압 또는 침투수압(F)이라 한다.

- **물이 상향으로 침투할 경우**
  ① 간극수압은 침투수압($F = i\gamma_w z$)만큼 증가한다.
  ② 유효응력은 침투수압($F = i\gamma_w z$)만큼 감소한다.
  (z는 지면에서 구하는 점까지 길이)

- **단위면적당 침투수압(과잉간극수압)**
  $F(\text{kN/m}^2) = i\gamma_w z$

- **시료면적의 침투수압**
  $F = i\gamma_w ZA$

- **i(동수경사)**
  $i = \dfrac{\Delta h(\text{수두차})}{L(\text{시료길이})}$

- **z**
  (지면에서 구하는 점까지의 거리)

- **위치수두**
  기준면에서 임의점까지의 높이

- **압력수두**
  임의점에서 수면까지의 높이

- **전수두**
  ① 기준면에서 수면까지의 높이
  ② 위치수두 + 압력수두

- 먼저 위치수두, 압력수두를 구하고 전수두를 구한다.

예/상/문/제

01 다음 그림에서 흙의 저면에 작용하는 단위면적당 침투수압은?

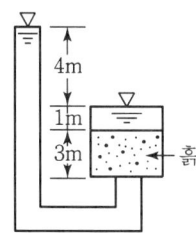

① 78.4kN/m²
② 49kN/m²
③ 39.2kN/m²
④ 29.4kN/m²

해설

침투수압(과잉간극수압, F)
$F = i\gamma_w z$
$= \dfrac{h(수두차)}{H(시료길이)} \times \gamma_w \times z(지면에서 구하는 점까지의 길이)$
$= \dfrac{4}{3} \times (1 \times 9.8) \times 3 = 39.2 \text{kN/m}^2$

02 다음 그림에서 C점의 압력수두 및 전수두 값은 얼마인가?

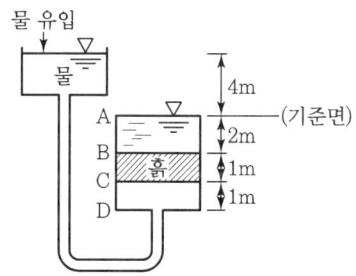

① 압력수두 3m, 전수두 2m
② 압력수두 7m, 전수두 0m
③ 압력수두 3m, 전수두 3m
④ 압력수두 7m, 전수두 4m

해설

- C점의 압력수두 $= 4+2+1 = 7\text{m}$
- C점의 위치수두 $= -(2+1) = -3\text{m}$
- C점의 전수두 = 위치수두 + 압력수두 $= -3+7 = 4\text{m}$

〈참고〉
- 위치수두 : 기준면에서 임의점까지의 높이
- 압력수두 : 임의점에서 스탠드파이프 내로 상승한 물기둥 높이
- 전수두 : 위치수두 + 압력수두(기준면에서 수면까지의 높이)

03 그림에서와 같이 물이 상방향으로 일정하게 흐를 때 A, B 양단에서의 전수두차를 구하면?

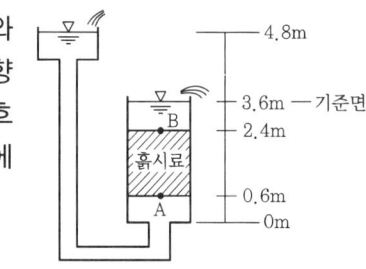

① 1.8m   ② 3.6m   ③ 1.2m   ④ 2.4m

해설

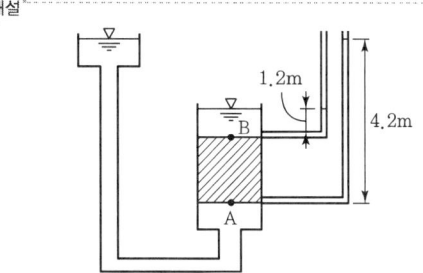

구분	압력 수두	위치 수두	전 수두
A점	4.2m	-3m	1.2m
B점	1.2m	-1.2m	0

04 그림에서 A-A면에 작용하는 유효수직응력은?(단, 흙의 포화단위중량은 0.0176N/cm³이다.)

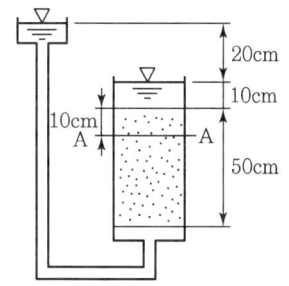

① 0.01N/cm²
② 0.03N/cm²
③ 0.08N/cm²
④ 0.10N/cm²

해설

침수압이 없을 때 A-A면에 작용하는 유효수직응력(σ') $= \sigma - u$
- 전응력(σ) $= (\gamma_w H_1) + (\gamma_{sat} H_2)$
  $= (9.8 \times 10^{-3} \times 10) + (0.0176 \times 10) = 0.27 \text{N/cm}^2$
- 간극수압(u) $= \gamma_w \times H_w = 9.8 \times 10^{-3} \times 20 = 0.20 \text{N/cm}^2$

∴ 침투압이 발생된 이후 유효응력(σ')
$\sigma' = \sigma - u - (i\gamma_w z) = 0.27 - 0.20 - \left(\dfrac{20}{50} \times 9.8 \times 10^{-3} \times 10\right)$
$= 0.03 \text{N/cm}^2$

정답   01 ③   02 ④   03 ③   04 ②

06 하향침투가 있는 포화토층 내의 유효응력

1. 연직 하향침투가 있는 경우

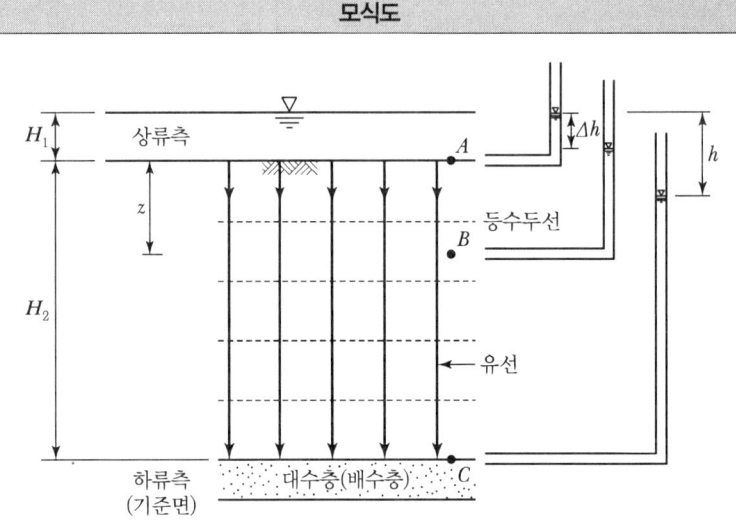
모식도

	전응력(σ_A)	$\sigma_A = \gamma_w H_1$
A점 (침투수압 없음)	침투수압(F_A)	$F_A = i\gamma_w z = \dfrac{\Delta h}{H_2}\gamma_w \times 0 = 0$
	간극수압(u_A)	$u_A = \gamma_w H_1$
	유효응력(σ_A')	$\sigma_A' = \sigma_A - u_A = 0$
	전응력(σ_B)	$\sigma_B = \gamma_w H_1 + \gamma_{sat} z$
B점 (하향 침투수압 발생)	침투수압(F_B)	$F_B = i\gamma_w z = \dfrac{\Delta h}{H_2}\gamma_w z$
	간극수압(u_B)	$u_B = \gamma_w(H_1 + z) - F_B$
	유효응력(σ_B')	$\sigma_B' = (\sigma_B - u_B) + F_B = \gamma_{sub} z + i\gamma_w z$ $= \gamma_{sub} z + (\dfrac{\Delta h}{H_2}\gamma_w z)$
	전응력(σ_C)	$\sigma_C = \gamma_w H_1 + \gamma_{sat} H_2$
C점 (하향 침투수압 발생)	침투수압(F_C)	$F_C = i\gamma_w z = \dfrac{\Delta h}{H_2}\gamma_w H_2 = h\gamma_w$
	간극수압(u_C)	$u_C = \gamma_w(H_1 + H_2) - F_C$
	유효응력(σ_C')	$\sigma_C' = (\sigma_C - u_C) + F_C = \gamma_{sub} H_2 + i\gamma_w z$ $= \gamma_{sub} H_2 + (\dfrac{h}{H_2}\gamma_w H_2)$ $= \gamma_{sub} H_2 + h\gamma_w$

GUIDE

- 물이 하향으로 침투할 경우
  ① 간극수압은 침투수압($F=i\gamma_w z$) 만큼 감소한다.
  ② 유효응력은 침투수압($F=i\gamma_w z$) 만큼 증가한다.(z는 지면에서 구하는 점까지의 길이)

- $i\gamma_w z$: 과잉간극수압(침투압에 의해 발생된 간극수압, F)

- i(동수경사)
  $i = \dfrac{\Delta h(\text{수두차})}{L(\text{시료길이})}$

- 침투가 하향으로 발생되면 유효응력인 $\gamma_{sub} z$가 하향침투압에 의해 $i\gamma_w z$만큼 증가된다.(상향침투와 반대)

- z는 지면에서 구하는 점까지의 길이

예 / 상 / 문 / 제

01 아래의 경우 중 유효응력이 증가하는 것은?

① 땅 속의 물이 정지해 있는 경우
② 땅 속의 물이 아래로 흐르는 경우
③ 땅 속의 물이 위로 흐르는 경우
④ 분사현상이 일어나는 경우

[해설]
물이 하향으로 침투할 때 유효응력은 과잉간극수압만큼 증가한다.

02 다음 그림에서 A점의 유효응력은?(단, $e = 0.8$, $G_s = 2.7$)

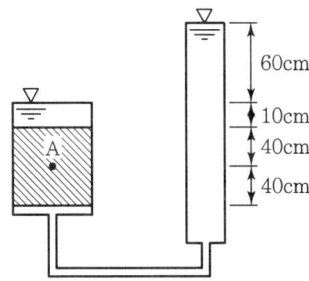

① 441kN/m^2 ② 568.4N/m^2
③ 637kN/m^2 ④ 744.8N/m^2

[해설]
㉠ $\gamma_{sub} = \dfrac{G_s - 1}{1 + e}\gamma_w = \dfrac{2.7 - 1}{1 + 0.8} \times 1 = 0.94\text{g/cm}^3 = 92.12\text{N/m}^3$
㉡ $\sigma_A' = \gamma_{sub} h - i\gamma_w z$
$= 0.94 \times 40 - \dfrac{60}{80} \times 1 \times 40 = 7.6\text{g/cm}^2 = 744.8\text{N/m}^2$

03 그림과 같이 물이 위로 흐르는 경우 Y-Y 단면에서의 유효응력은?

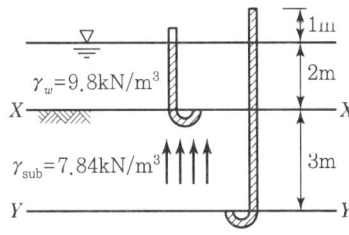

① 10.25kN/m^2 ② 13.72kN/m^2
③ 9.8kN/m^2 ④ 16.87kN/m^2

[해설]
Y-Y단면에서의 유효응력
$= \sigma' -$ 침투수압$(i\gamma_w z)$
$= (7.84 \times 3) - \left(\dfrac{1}{3} \times 9.8 \times 3\right) = 13.72\text{kN/m}^2$

04 두께 1m인 흙의 간극에 물이 흐른다. a-a면과 b-b면에 피에조미터(Piezometer)를 세웠을 때 그 수두 차가 0.1m이었다면 가장 올바른 설명은?

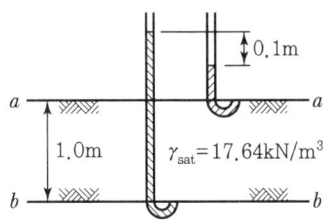

① 물은 a-a 면에서 b-b 면으로 흐르는데 그 침투압은 9.8kN/m^2이다.
② 물은 b-b 면에서 a-a 면으로 흐르는데 그 침투압은 9.8kN/m^2이다.
③ 물은 a-a 면에서 b-b 면으로 흐르는데 그 침투압은 0.98kN/m^2이다.
④ 물은 b-b 면에서 a-a 면으로 흐르는데 그 침투압은 0.98kN/m^2이다.

[해설]
피에조미터(Piezometer)의 수위가 a-a 면보다 b-b 면이 더 높으므로 물의 상향 침투가 발생하며 b-b 면에서 침투압은 $0.98\text{kN/m}^2 (i\gamma_w z = \dfrac{0.1}{1} \times 9.8 \times 1)$이다.

05 흙속에서의 물의 흐름 중 연직 유효응력의 증기를 가져오는 것은?

① 정수압상태   ② 상향흐름
③ 하향흐름   ④ 수평흐름

[해설]
물이 하향침투하면 유효응력은 침투수압만큼 증가한다.

정답 01 ② 02 ④ 03 ② 04 ④ 05 ③

07 널말뚝의 침투

1. 널말뚝에서 침투에 의한 전수압(전수두) 및 유효응력

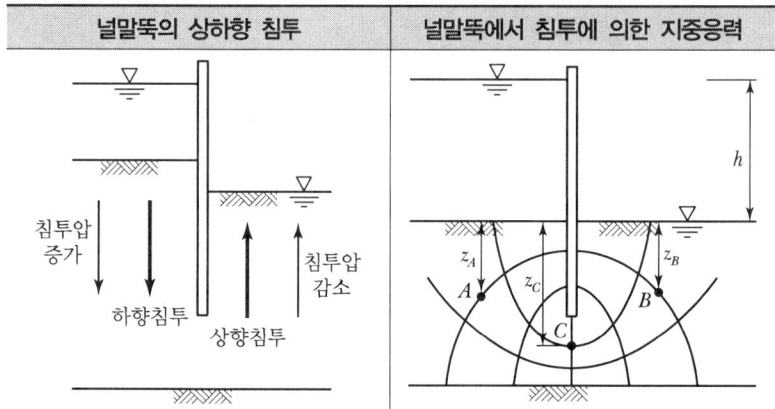

A점	전응력(σ_A)	$\sigma_A = \gamma_w h + \gamma_{sat} z_A$
	침투수압(F_A) (전수두, 과잉 간극수압)	$F_A = i\gamma_w z = \dfrac{\Delta h}{L}\gamma_w z$ $= \dfrac{h}{6}\gamma_w \times 5$
	간극수압(u_A) (중립응력)	$u_A = \gamma_w(h + z_A) - \dfrac{5}{6}\gamma_w h$
	유효응력(σ_A')	$\sigma_A' = \sigma_A - u_A = \gamma_{sub} z_A + \dfrac{5}{6}\gamma_w h$
B점	전응력(σ_B)	$\sigma_B = \gamma_{sat} z_B$
	침투수압(F_B) (전수두, 과잉 간극수압)	$F_B = i\gamma_w z = \dfrac{\Delta h}{L}\gamma_w z = \dfrac{h}{6}\gamma_w \times 1$
	간극수압(u_B) (중립응력)	$u_B = \gamma_w z_B + \dfrac{1}{6}\gamma_w h$
	유효응력(σ_B')	$\sigma_B' = \sigma_B - u_B = \gamma_{sub} z_B - \dfrac{1}{6}\gamma_w h$
	침투유량	$Q = kH\dfrac{N_f}{N_d}$

GUIDE

- 널말뚝은 유선이 단순한 상하향 침투와 달리 유선과 등수두선의 곡선이므로 침투압이나 유효응력 등의 계산은 유선망을 이용한다.

- 침투수압(과잉간극수압)
  $F = i\gamma_w z$

- z : 지면에서 구하는 점까지의 거리

- i (동수경사)
  $i = \dfrac{\Delta h (수두차)}{L (시료길이)}$

- H : 수위차

- N_d : 등수두면수

- N_f : 유로수

- $k = \sqrt{k_h k_v}$

예 / 상 / 문 / 제

01 침투유량(q) 및 B점에서의 간극수압(u_B)을 구한 값으로 옳은 것은?(단, 투수층의 투수계수는 3×10^{-1}cm/sec이다.)

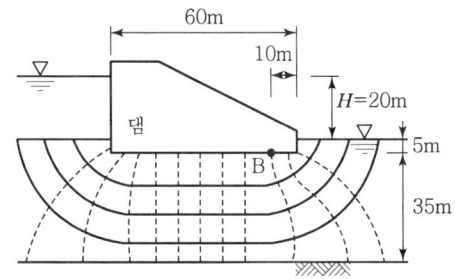

① $q = 100$cm³/sec/cm, $u_B = 0.5$kg/cm²
② $q = 100$cm³/sec/cm, $u_B = 1.0$kg/cm²
③ $q = 200$cm³/sec/cm, $u_B = 0.5$kg/cm²
④ $q = 200$cm³/sec/cm, $u_B = 1.0$kg/cm²

해설

- 침투유량(Q)
  $= kH \dfrac{N_f}{N_d} = 3 \times 10^{-1} \times 2{,}000 \times \dfrac{4}{12} = 200$cm³/sec/cm
- $u_B = \gamma_w z_B + \left(\dfrac{\Delta h}{L} \gamma_w z \right) = (1 \times 5) + \left(\dfrac{20}{12} \times 1 \times 3 \right)$
  $= 10$t/m² $= 1$kg/cm²

02 그림과 같은 유선망에서 점 A에서 공극 수압은?

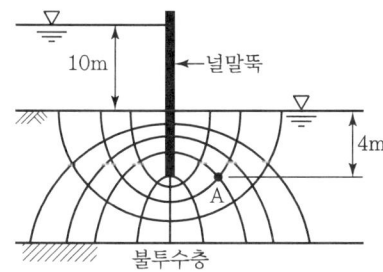

① 39.2kN/m²
② 58.8kN/m²
③ 68.6kN/m²
④ 98kN/m²

해설

A점의 간극(공극) 수압
$u_A = \gamma_w z_A + i \gamma_w z$
$= (9.8 \times 4) + \left(\dfrac{10}{10} \times 9.8 \times 3 \right)$
$= 68.6$kN/m²

03 다음 그림에 보인 댐에 대하여 A점에 대한 간극수압은?

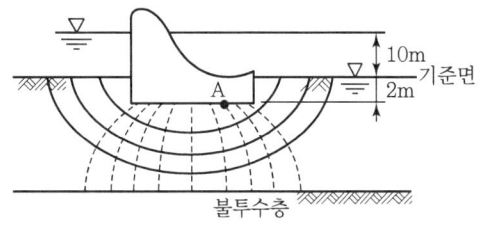

① 3t/m²
② 4t/m²
③ 5t/m²
④ 6t/m²

해설

A점의 간극수압
$u_A = \gamma_w z_A + i \gamma_w z$
$= (1 \times 2) + \left(\dfrac{10}{10} \times 1 \times 3 \right)$
$= 5$t/m²

04 다음 그림에서 A점의 간극수압은?

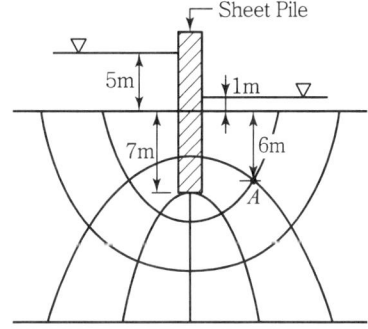

① 47.73kN/m²
② 75.13kN/m²
③ 120.64kN/m²
④ 45.57kN/m²

해설

A점의 간극수압
$u_A = \gamma_w \cdot z_A + \left(\dfrac{\Delta h}{L} \cdot \gamma_w \cdot z \right)$
$= 9.8 \times 7 + \left(\dfrac{4}{6} \times 9.8 \times 1 \right) = 75.13$kN/m²

정답 01 ④ 02 ③ 03 ③ 04 ②

08 분사현상

1. 분사현상(quick sand)의 개념

개념
① 모래지반에서 상향침투가 있을 때, 모래 입자의 하향중량보다 상향침투압이 크면 모래 입자가 상향으로 떠올라서 지반이 파괴되는 현상
② 분사현상이 일어날 때는 유효응력이 0이 되어 흙 입자 간의 유동이 발생
③ 보일링(boiling)은 분사현상이 발생하면서 흙이 보글보글 올라오는 현상

2. 분사현상의 조건

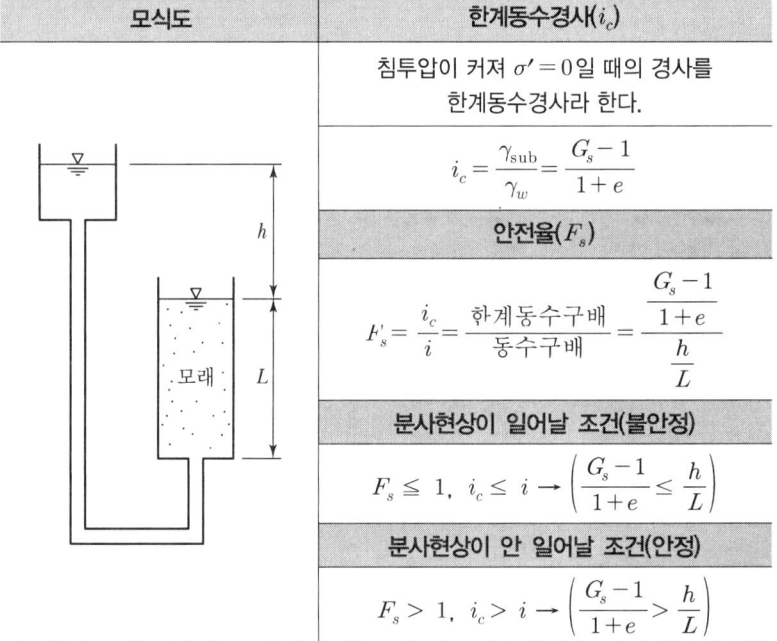

모식도	한계동수경사(i_c)
	침투압이 커져 $\sigma' = 0$일 때의 경사를 한계동수경사라 한다.
	$i_c = \dfrac{\gamma_{\text{sub}}}{\gamma_w} = \dfrac{G_s - 1}{1 + e}$
	안전율(F_s)
	$F_s = \dfrac{i_c}{i} = \dfrac{\text{한계동수구배}}{\text{동수구배}} = \dfrac{\dfrac{G_s - 1}{1 + e}}{\dfrac{h}{L}}$
	분사현상이 일어날 조건(불안정)
	$F_s \leq 1, \ i_c \leq i \rightarrow \left(\dfrac{G_s - 1}{1 + e} \leq \dfrac{h}{L}\right)$
	분사현상이 안 일어날 조건(안정)
	$F_s > 1, \ i_c > i \rightarrow \left(\dfrac{G_s - 1}{1 + e} > \dfrac{h}{L}\right)$

3. 파이핑(piping)

모식도	파이핑(piping)
	분사현상에 의해 흙 입자가 계속 이탈되면 파이프와 같은 공동현상(물이 흐르는 통로)이 생기고 결국 파괴에 이르게 된다. 이렇게 모래를 유출시키는 현상을 파이핑이라 한다.

GUIDE

- 분사현상은 흙의 투수성과 무관

- Boiling 현상
  보일링 현상은 모래지반에서 발생되며 관입깊이를 길게 하면 보일링이 발생되지 않는다.

- Heaving 현상
  히빙현상은 연약한 점토질 지반에서 주로 발생되며 굴착 저면이 부푸는 현상이다.

- Heaving 방지대책
  ① 흙막이 근입깊이를 깊게 한다.
  ② 표토를 제거(하중을 줄임)
  ③ 굴착면의 하중을 증가
  ④ 부분굴착(Trench cut)
  ⑤ 지반 개량(양질의 재료)

- $\gamma_{\text{sat}} = \dfrac{G_s + e}{1 + e} \gamma_w$
- $\gamma_{\text{sub}} = \dfrac{G_s - 1}{1 + e} \gamma_w$

- 동수구배(i)가 클수록 분사현상이 잘 일어난다.

- 동수구배(i)가 작을수록 분사현상은 발생하지 않는다.

- $G_s \cdot \omega = S \cdot e$

- $e = \dfrac{n}{100 - n}$

- 점성토지반의 바닥융기(heaving)에 대한 안전율
  $F_s = \dfrac{5.7c}{\gamma \cdot H - \left(\dfrac{c \cdot H}{0.78}\right)}$

예 / 상 / 문 / 제

01 Boiling 현상은 주로 어떤 지반에 많이 생기는가?

① 모래 지반 ② 사질점토 지반
③ 보통토   ④ 점토질 지반

[해설]

Boiling	Heaving
모래지반에서 주로 발생	연약한 점토질 지반에서 주로 발생

02 연약 점토지반을 굴착할 때 Sheet Pile을 박고 내부의 흙을 파내면 Sheet Pile 배면의 토괴중량이 굴착 저면의 지지력과 소성평형 상태에 이르러 굴착 저면이 부푸는 현상은?

① Heaving   ② Biling
③ Quick Sand ④ Slip

[해설]
히빙현상은 연약한 점토지반에서 주로 발생하며 굴착 저면이 부푸는 현상이다.

03 점성토지반의 성토 및 굴착 시 발생하는 Heaving 방지대책으로 틀린 것은?

① 지반개량을 한다.
② 표토를 제거하여 하중을 적게 한다.
③ 널말뚝의 근입장을 짧게 한다.
④ Trench Cut 및 부분 굴착을 한다.

[해설]
히빙 방지대책
• 흙막이의 근입장을 깊게 한다.
• 표토를 제거하여 하중을 줄인다.
• 부분굴착

04 어떤 모래의 비중이 2.64이고, 간극비가 0.75일 때 이 모래의 한계동수경사는?

① 0.45 ② 0.64 ③ 0.94 ④ 1.52

[해설]
한계동수경사
$$i_c = \frac{h}{L} = \frac{\gamma_{sub}}{\gamma_w} = \frac{G_s - 1}{1+e} = \frac{2.64-1}{1+0.75} = 0.94$$

05 그림에서 수두차 h를 최소 얼마 이상으로 하면 모래시료에 분사현상이 발생하겠는가?

① 16.5cm
② 17.0cm
③ 17.4cm
④ 18.0cm

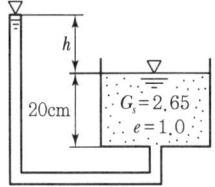

[해설]
분사현상 안전율
$$F_s = \frac{i_c}{i} = \frac{\frac{G_s-1}{1+e}}{\frac{h}{L}} = \frac{\frac{2.65-1}{1+1}}{\frac{h}{20}} = \frac{0.825}{\frac{h}{20}} = 1$$

∴ $h = 16.5$cm

06 그림에서 안전율 3을 고려하는 경우, 수두차 h를 최소 얼마로 높일 때 모래시료에 분사현상이 발생하겠는가?

① 12.75cm
② 9.75cm
③ 4.25cm
④ 3.25cm

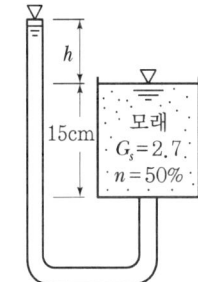

[해설]
분사현상 안전율

• $F_s = \dfrac{i_c}{i} = 3$

• $F_s = \dfrac{\frac{G-1}{1+e}}{\frac{h}{L}} = \dfrac{\frac{2.7-1}{1+1}}{\frac{h}{15}} = \dfrac{0.85}{\frac{h}{15}} = 3$

[간극비]$(e) = \dfrac{n}{1-n} = \dfrac{0.5}{1-0.5} = 1$

∴ $h = \dfrac{0.85}{3} \times 15 = 4.25$cm

정답 01 ① 02 ① 03 ③ 04 ③ 05 ① 06 ③

CHAPTER 05 실 / 전 / 문 / 제

01 흙속에서 물의 흐름을 설명한 것으로 틀린 것은?

① 투수계수는 온도에 비례하고 점성에 반비례한다.
② 불포화토는 포화토에 비해 유효응력이 작고, 투수계수가 크다.
③ 흙 속의 침투수량은 Darcy 법칙, 유선망, 침투해석 프로그램 등에 의해 구할 수 있다.
④ 흙 속에서 물이 흐를 때 수두차가 커져 한계동수구배에 이르면 분사현상이 발생한다.

[해설]
유효응력은 흙입자로 전달되는 압력으로 전응력에서 간극수압을 뺀 값이다. 따라서 흙입자만이 받는 응력으로 포화도와 무관하다.

02 아래의 경우 중 유효응력이 증가하는 것은?

① 땅 속의 물이 정지해 있는 경우
② 땅 속의 물이 아래로 흐르는 경우
③ 땅 속의 물이 위로 흐르는 경우
④ 분사현상이 일어나는 경우

[해설]
물이 하향으로 침투할 때 유효응력은 간극수압만큼 증가한다.

03 아래 그림과 같은 지반의 A점에서 전응력 σ, 간극수압 u, 유효응력 σ'을 구하면?

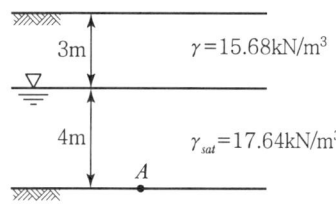

① $\sigma = 99.96 \text{kN/m}^2$, $u = 39.2 \text{kN/m}^2$, $\sigma' = 60.76 \text{kN/m}^2$
② $\sigma = 99.96 \text{kN/m}^2$, $u = 29.4 \text{kN/m}^2$, $\sigma' = 70.56 \text{kN/m}^2$
③ $\sigma = 117.6 \text{kN/m}^2$, $u = 39.2 \text{kN/m}^2$, $\sigma' = 78.4 \text{kN/m}^2$
④ $\sigma = 117.6 \text{kN/m}^2$, $u = 29.4 \text{kN/m}^2$, $\sigma' = 88.2 \text{kN/m}^2$

[해설]
• 전응력
$\sigma = \gamma \cdot H_1 + \gamma_{sat} \cdot H_2$
$= 15.68 \times 3 + 17.64 \times 4$
$= 117.6 \text{kN/m}^2$

• 간극수압
$u = \gamma_w \cdot h_w$
$= (1 \times 9.8) \times 4 = 39.2 \text{kN/m}^2$

• 유효응력
$\sigma' = \sigma - u$
$= 117.6 - 39.2 = 78.4 \text{kN/m}^2$

04 다음 그림에서 흙 속 6cm 깊이의 유효압력은? (단, 포화된 흙의 단위 체적 중량은 1.9g/cm^3이다.)

① 124.6N/m^2 ② 158.3N/m^2
③ 447.6N/m^2 ④ 529.2N/m^2

[해설]
• 전응력 $\sigma = \gamma_w h_1 + \gamma_{sat} h_2 = 1 \times 5 + 1.9 \times 6 = 16.4 \text{g/cm}^2$
$= 1,607.2 \text{kN/m}^2$
• 공극수압(중립응력) $u = \gamma_w h = 1 \times (5+6) = 11 \text{g/cm}^2$
$= 1,078 \text{kN/m}^2$
∴ 유효압력 $\sigma' = \sigma - u = 1,607.2 - 1,078 = 529.2 \text{N/m}^2$

05 다음 그림에서 A점 위치에 공극 수압계를 설치한 결과 높이가 8.0m가 되었다. 이 흙의 전체 단위중량이 16kN/m^3라 할 때 A점의 유효연직응력은?(단, $\gamma_w = 10 \text{kN/m}^3$ 이다.)

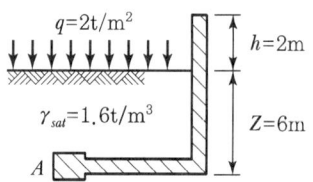

① 15.68kN/m^2 ② 25.48kN/m^2
③ 35.28kN/m^2 ④ 94.08kN/m^2

정답 01 ② 02 ② 03 ③ 04 ④ 05 ③

해설

- 전응력 $\sigma = \gamma_t \cdot h + q_s = 16 \times 6 + 2 = 113.68\text{kN/m}^2$
- 공극수압 $u = \gamma_w h = 10 \times (6+2) = 78.4\text{kN/m}^2$
- ∴ 유효응력 $\sigma' = \sigma - u = 113.68 - 78.4 = 35.28\text{kN/m}^2$

06 다음 그림에서 X−X 단면에 작용하는 유효응력은?

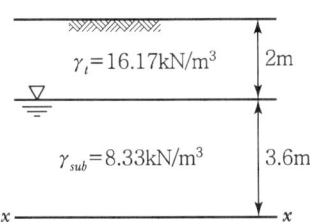

① 41.75kN/m^2 ② 51.35kN/m^2
③ 62.33kN/m^2 ④ 70.66kN/m^2

해설

유효응력
$\sigma' = \sigma - u$
$= \gamma_t \cdot H_1 + \gamma_{sub} \cdot H_2$
$= 16.17 \times 2 + 8.33 \times 3.6$
$= 62.33\text{kN/m}^2$

07 아래 그림에서 점토 중앙 단면에 작용하는 유효응력은 얼마인가?

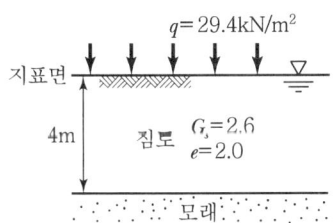

① 12.25kN/m^2 ② 23.23kN/m^2
③ 31.85kN/m^2 ④ 39.86kN/m^2

해설

- 점토층 중앙단면에 작용하는 유효응력
$\sigma' = \gamma_{sub} H = 5.23 \times 2 = 10.46\text{kN/m}^2$
$(\gamma_{sub} = \dfrac{G_s - 1}{1 + e}\gamma_w = \dfrac{2.6 - 1}{1 + 2.0} \times 9.8 = 5.23\text{kN/m}^2)$

- 유효 상재하중
∴ $\sigma' + q = 10.46 + 29.4 = 39.86\text{kN/m}^2$

08 그림에서 A−A면에 작용하는 유효수직응력은?(단, 흙의 포화단위중량은 1.8g/cm^3이다.)

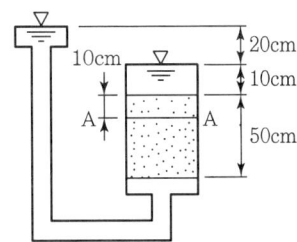

① 2.0g/cm^2 ② 4.0g/cm^2
③ 8.0g/cm^2 ④ 28.0g/cm^2

해설

유효연직응력 $\sigma' = \gamma_{sub} Z - \gamma_w \cdot \dfrac{\Delta h}{H_2} \cdot Z$
$= (1.8 - 1) \times 10 - 1 \times \dfrac{20}{50} \times 10 = 4.0\text{g/cm}^2$

09 그림에서 지하 4m에서의 유효응력을 구한 값은?

```
0.0m ▽▽▽▽
              γ_t = 16.17 kN/m³
-2.0m ▽
              γ_sat = 18.13 kN/m³
-4.0m
```

① 3t/m^2 ② 4t/m^2
③ 5t/m^2 ④ 7t/m^2

해설

- 전응력 $\sigma = \gamma_t h_1 + \gamma_{sat} h_2 = 16.17 \times 2 + 18.18 \times 2 = 68.7\text{kN/m}^2$
- 간극수압 $u = \gamma_w h = (1 \times 9.8) \times 2 = 19.6\text{kN/m}^2$
- 유효응력 $\sigma' = \sigma - u = 68.7 - 19.6 = 49.1\text{kN/m}^2 \div 9.8 = 5\text{t/m}^2$

[별해]
$\sigma' = \gamma_t h_1 + \gamma_{sub} h_2 = 16.17 \times 2 + (18.13 - 9.8) \times 2$
$= 49\text{kN/m}^2 \div 9.8 = 5\text{t/m}^2$

10 그림에서 모관수에 의해 A–A면까지 완전히 포화되었다고 가정하면 B–B면에서의 유효 응력은 얼마인가?

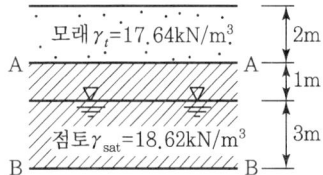

① 61.74kN/m^2
② 70.56kN/m^2
③ 80.36kN/m^2
④ 119.56kN/m^2

해설
유효응력 $\sigma' = \gamma_t h_1 + \gamma_{sat} h_2 + (\gamma_{sat} - \gamma_w) h_3$
$= 17.64 \times 2 + 18.62 \times 1 + (18.62 - 9.8) \times 3$
$= 80.36 \text{kN/m}^2$

11 포화된 지반의 간극비를 e, 함수비를 ω, 간극률을 n, 비중을 G_s라 할 때 다음 중 한계 동수경사를 나타내는 식으로 적절한 것은?

① $\dfrac{G_s + 1}{1 + e}$

② $(1+n)(G_s - 1)$

③ $\dfrac{e - \omega}{\omega(1 + e)}$

④ $\dfrac{G_s(1 - \omega + e)}{(1 + G_s)(1 + e)}$

해설
$\therefore i_c = \dfrac{G_s - 1}{1 + e} = \dfrac{\dfrac{e}{\omega} - 1}{1 + e} = \dfrac{e - \omega}{\omega(1 + e)}$

($G_s \cdot \omega = S \cdot e$에서 포화토의 경우 $G_s = \dfrac{e}{\omega}$)

12 비중 $G_s = 2.35$, 간극비 $e = 0.35$인 모래지반의 한계동수경사는?

① 1.0
② 1.5
③ 2.0
④ 2.5

해설
한계동수경사
$i_c = \dfrac{G_s - 1}{1 + e} = \dfrac{2.35 - 1}{1 + 0.35} = 1.0$

13 간극률 50%, 비중이 2.50인 흙에서 한계동수경사는?

① 1.25
② 1.50
③ 0.50
④ 0.75

해설
한계동수경사
$i_c = \dfrac{G_s - 1}{1 + e} = \dfrac{2.5 - 1}{1 + 1} = 0.75$

(여기서, 간극비 $e = \dfrac{n}{1 - n} = \dfrac{0.5}{1 - 0.5} = 1$)

14 비중이 2.50, 함수비 40%인 어떤 포화토의 한계동수경사를 구하면?

① 0.75
② 0.55
③ 0.50
④ 0.10

해설
한계동수경사
$i_c = \dfrac{\gamma_{sub}}{\gamma_w} = \dfrac{G_s - 1}{1 + e} = \dfrac{2.5 - 1}{1 + 1}$
$= 0.75$

(여기서, $S \cdot e = G_s \cdot \omega$에서 $1 \times e = 2.5 \times 0.4$, $\therefore e = 1$)

15 널말뚝을 모래지반에 5m 깊이로 박았을 때 상류와 하류의 수두차가 4m였다. 이때 모래지반의 포화단위중량이 19.6kN/m³이다. 현재 이 지반의 분사현상에 대한 안전율은?

① 0.85
② 1.25
③ 2.0
④ 2.5

정답 10 ③ 11 ③ 12 ① 13 ④ 14 ① 15 ②

실 / 전 / 문 / 제

해설
분사현상 안전율
$$F_s = \frac{i_c}{i} = \frac{\dfrac{\gamma_{sat} - \gamma_w}{\gamma_w}}{\dfrac{h}{L}} = \frac{\dfrac{19.6 - 9.8}{9.8}}{\dfrac{4}{5}} = 1.25$$

16 비중이 2.65, 공극률이 40%인 모래 지반의 한계 동수 구배값은 어느 것인가?

① 0.99
② 1.18
③ 1.59
④ 1.89

해설
공극비 $e = \dfrac{n}{100-n} = \dfrac{40}{100-40} = 0.67$

∴ 한계 동수 구배 $i_c = \dfrac{G_s - 1}{1+e} = \dfrac{2.65 - 1}{1+0.67} = 0.99$

17 어느 흙댐의 동수경사가 1.0, 흙의 비중이 2.65, 함수비가 40%인 포화토에서 분사현상에 대한 안전율을 구하면?

① 0.8
② 1.0
③ 1.2
④ 1.4

해설
$$F_s = \frac{i_c}{i} = \frac{\dfrac{G_s - 1}{1+e}}{\dfrac{h}{L}} = \frac{\dfrac{2.65 - 1}{1+1.06}}{1.0} = 0.8$$

(여기서, $S \cdot e = G_s \cdot \omega$에서 $1 \times e = 2.65 \times 0.4$ ∴ $e = 1.06$)

18 어떤 모래층에서 수두가 3m일 때 한계동수경사가 1.0이었다. 모래층의 두께가 최소 얼마를 초과하면 분사현상이 일어나지 않겠는가?

① 1.5m
② 3.0m
③ 4.5m
④ 6.0m

해설
분사현상 안전율
$$F_s = \frac{i_c}{i} = \frac{\dfrac{G_s - 1}{1+e}}{\dfrac{h}{L}}, \quad 1 = \frac{1.0}{\dfrac{3}{L}}$$

∴ 시료의 길이(모래층의 두께) $L = 3$m

19 분사현상(quick sand action)에 관한 그림이 아래와 같을 때 수두차 h를 얼마 이상으로 하면 모래시료에 분사현상이 발생하겠는가?(단, $G_s = 2.60$, $n = 50\%$)

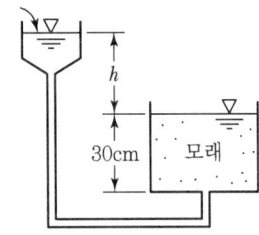

① 6cm
② 12cm
③ 24cm
④ 30cm

해설
• $e = \dfrac{n}{100-n} = \dfrac{50}{100-50} = 1$

• 한계 동수 구배 $i_c = \dfrac{\gamma_{sub}}{\gamma_w} = \dfrac{G_s - 1}{1+e} = \dfrac{2.60 - 1}{1+1} = 0.80$

• 분사현상 발생조건 : $i > i_c$

  $\dfrac{h}{L} > \dfrac{G_s - 1}{1+e}$ 에서 $\dfrac{h}{30} > 0.8$ ∴ $h = 24$cm

20 그림과 같은 조건에서 분사현상에 대한 안전율을 구하면?(단, 모래의 $\gamma_{sat} = 19.6$kN/m³이다.)

① 1.0
② 2.0
③ 2.5
④ 3.0

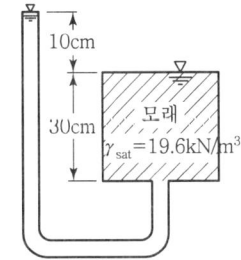

정답 16 ① 17 ① 18 ② 19 ③ 20 ④

CHAPTER 05 실 / 전 / 문 / 제

[해설]
분사현상 안전율

$$F_s = \frac{i_c}{i} = \frac{\frac{G_s-1}{1+e}}{\frac{h}{L}} = \frac{\frac{\gamma_{sub}}{\gamma_w}}{\frac{h}{L}} = \frac{\frac{19.6-9.8}{9.8}}{\frac{0.1}{0.3}} = 3$$

21 그림에서 안전율 3을 고려하는 경우, 수두차 h를 최소 얼마로 높일 때 모래시료에 분사현상이 발생하겠는가?

① 12.75cm
② 9.75cm
③ 4.25cm
④ 3.25cm

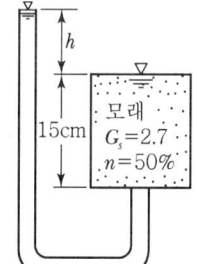

[해설]
분사현상 안전율

$$F_s = \frac{i_c}{i} = \frac{\frac{G_s-1}{1+e}}{\frac{h}{L}} \text{에서}$$

$$\therefore\ 3 = \frac{\frac{2.7-1}{1+1}}{\frac{h}{15}} \quad \therefore\ h = 4.25\text{cm}$$

(간극비 $e = \frac{n}{1-n} = \frac{0.5}{1-0.5} = 1$)

22 다음 그림과 같이 물이 흙 속으로 아래에서 침투할 때 분사현상이 생기는 수두차 (Δh)는 얼마인가?

① 1.16m
② 2.27m
③ 3.58m
④ 4.13m

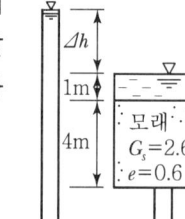

[해설]
분사현상 안전율

$$F_s = \frac{i_c}{i} = \frac{\frac{G_s-1}{1+e}}{\frac{h}{L}} = \frac{\frac{2.65-1}{1+0.6}}{\frac{h}{4}} = \frac{1.03}{\frac{h}{4}}$$

$F_s \le 1,\ \frac{1.03}{\frac{h}{4}} \le 1$

$\therefore\ \frac{\Delta h}{4} \ge 1.03\ \therefore\ \Delta h \ge 4.125$인 경우 분사현상 발생

23 어떤 흙의 비중이 2.65, 간극률이 36%일 때 다음 중 분사현상이 일어나지 않을 동수경사는?

① 1.9   ② 1.2
③ 1.1   ④ 0.9

[해설]
• 한계동수경사

$$i_c = \frac{G_s-1}{1+e} = \frac{2.65-1}{1+0.56} = 1.05$$

(여기서, 간극비 $e = \frac{n}{1-n} = \frac{0.36}{1-0.36} = 0.56$)

• 분사현상이 일어나지 않을 조건
  $F_s \ge 1,\ i_c \ge i$
  ∴ 한계동수경사(i_c) = 1.05보다 동수경사(i)가 작아야 한다.

24 그림과 같이 모래층에 널말뚝을 설치하여 물막이공 내의 물을 배수하였을 때, 분사현상이 일어나지 않게 하려면 얼마의 압력을 가하여야 하는가?(단, 모래의 비중은 2.65, 간극비는 0.65, 안전율은 3)

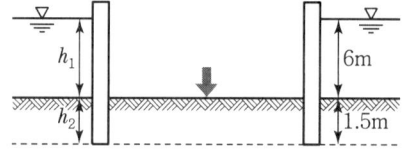

① 65kN/m²   ② 130kN/m²
③ 330kN/m²   ④ 161.7kN/m²

정답 21 ③ 22 ④ 23 ④ 24 ④

[해설]

$$F_s = \frac{\text{활동에 저항하는 저항력의 합}}{\text{활동을 일으키려는 작용력의 합}} = \frac{\sigma' + P}{F}$$

- $\sigma' = \gamma_{sub} \cdot h_2 = 9.8 \times 1.5 = 14.7 \text{kN/m}^2$
  $(\gamma_{sub} = \frac{G_s - 1}{1 + e} \gamma_w = \frac{2.65 - 1}{1 + 0.65} \times 9.8 = 9.8 \text{kN/m}^3)$

- $F = i\gamma_w z$
  $= \frac{h_1}{h_2} \cdot \gamma_w \cdot h_2 = h_1 \cdot \gamma_w = 6 \times 9.8 \text{kN} = 58.8 \text{kN/m}^2$

$\therefore F_s = \frac{\sigma' + P}{F} = \frac{14.7 + P}{58.8} = 3$

따라서 분사현상이 일어나지 않을 압력 $P = 161.7 \text{kN/m}^2$

25 다음 그림과 같은 점성토 지반의 굴착 저면에서 바닥융기에 대한 안전율을 Terzaghi 식에 의해 구하면?(단, $\gamma = 16.96 \text{kN/m}^3$, $c = 23.52 \text{kN/m}^2$이다.)

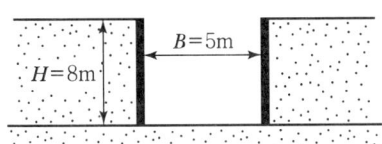

① 3.21 ② 2.32
③ 1.64 ④ 1.17

[해설]
히빙(Heaving) 안전율

Terzaghi 식 $F_s = \dfrac{5.7c}{\gamma \cdot H - \dfrac{c \cdot H}{0.7B}}$

$= \dfrac{5.7 \times 23.52}{19.96 \times 8 - \dfrac{23.52 \times 8}{0.7 \times 5}} = 1.64$

26 Boiling 현상은 주로 어떤 지반에 많이 생기는가?

① 모래 지반 ② 사질 점토 지반
③ 보통토   ④ 섬노실 지반

[해설]
- Boiling 현상 : 모래 지반
- Heaving 현상 : 연약한 점토질 지반

27 그림과 같이 모래지반에서 지하수위가 지표면 아래 1m에서 2m로 낮아진다면, A–A′면에 작용하는 연직유효응력의 변화[kN/m²]로 옳은 것은?(단, 지하수위가 하강 후 모래의 습윤단위중량은 17.64kN/m³로 한다.)

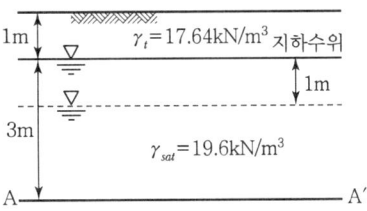

① 1.96 감소 ② 1.96 증가
③ 7.84 감소 ④ 7.84 증가

[해설]
- 지하수위 3m
  $\sigma' = 17.64 \times 1 + (19.6 - 9.8) \times 3 = 47.04 \text{kN/m}^2$
- 지하수위 2m
  $\sigma' = 17.64 \times 2 + (19.6 - 9.8) \times 2 = 54.88 \text{kN/m}^2$
$\therefore$ 유효응력은 7.84kN/m^2 증가

28 수조에 상방향의 침투에 의한 수두를 측정한 결과, 그림과 같이 나타났다. 이때, 수조 속에 있는 흙에 발생하는 침투력을 나타낸 식은?(단, 시료의 단면적은 A, 시료의 길이는 L, 시료의 포화단위중량은 γ_{sat}, 물의 단위중량은 γ_w이다.)

① $\Delta h \cdot \gamma_w \cdot \dfrac{A}{L}$
② $\Delta h \cdot \gamma_w \cdot A$
③ $\Delta h \cdot \gamma_{sat} \cdot A$
④ $\dfrac{\gamma_{sat}}{\gamma_w} \cdot A$

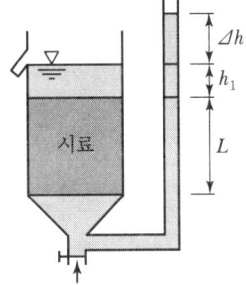

[해설]
- 단위면적당 침투수압
  $F = i\gamma_w z = \dfrac{\Delta h}{L} \times \gamma_w \times L = \Delta h \cdot \gamma_w$
- 시료면적에 작용하는 침투수압
  $F = \Delta h \cdot \gamma_w \cdot A$

정답 25 ③ 26 ① 27 ④ 28 ②

CHAPTER 06

지중응력

01 집중하중에 의한 지중응력
02 선하중에 의한 지중응력
03 구형(직사각형) 등분포하중 작용
04 간편법에 의한 지중응력
05 접지압

01 집중하중에 의한 지중응력

1. 흙의 자중에 의한 응력

모식도	연직응력(σ_v)
(그림)	$\sigma_v = \gamma_t z$
	수평응력(σ_h)
	$\sigma_h = K\sigma_v = K\gamma_t z$

2. 집중하중 작용 시 유효응력을 고려하지 않은 지중응력

모식도	z 깊이에서 흙덩어리 응력을 고려하지 않을 때 연직응력의 증가량
(그림)	$\Delta\sigma_z = \dfrac{Q}{z^2} I$
	① σ_{z1} : 집중하중 작용점에서 r만큼 떨어진 점의 지중응력 ② σ_{z2} : 집중하중 작용점 바로 아래(직하)의 지중응력 ③ I : 영향계수(Boussinesq 지수)

	집중하중 점에서 r만큼 떨어질 경우 I	집중하중점 직하 시 I (바로 아래, $r=0$, $R=z$)
	$I = \dfrac{3}{2\pi}\left(\dfrac{z}{R}\right)^5$	$I = \dfrac{3}{2\pi}$

특징	① 지반을 반무한 탄성체로 가정(균질, 등방성)한다. ② 지중응력 증가량은 탄성계수(E)와 무관하다. ③ 측정치와 탄성이론치가 비교적 잘 맞는다.

3. 유효응력을 고려한 지중응력(유효연직응력)

유효연직응력(σ_z')	내용
$\sigma_z' = \sigma' + \Delta\sigma_z$	① $\sigma' = \sigma - u = (\gamma_t z) - (\gamma_w z)$ ② $\Delta\sigma_z = \dfrac{Q}{z^2} I$ ③ $I = \dfrac{3}{2\pi}\left(\dfrac{z}{R}\right)^5$

GUIDE

- **지중응력**
  지표면에 하중이 작용하는 경우 지반 내에 생기는 응력

- **토압계수(K)**
  $K = \dfrac{\sigma_h'}{\sigma_v'} = \dfrac{\sigma_h}{\sigma_v}$
  만약 간극수압(u)이 0이면
  $\sigma' = \sigma - u$ 에서
  $\sigma' = \sigma$

- 연직응력 = σ_v = 상재토압

- $R = \sqrt{r^2 + z^2}$

- **집중하중의 작용점**
  직하($r=0$)에서 I(영향계수)는
  $I = \dfrac{3}{2\pi} = 0.4775$

- σ_v' : 유효지중(연직)응력
- σ' : 유효응력
- $\Delta\sigma_z$: 연직응력의 증가량

예 / 상 / 문 / 제

01 그림과 같은 지표면에 98kN의 집중하중이 작용했을 때 작용점의 직하 3m 지점에서 이 하중에 의한 연직응력은?

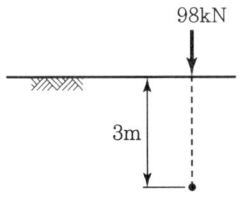

① 4.136kN/m^2
② 5.199kN/m^2
③ 6.412kN/m^2
④ 6.938kN/m^2

해설
작용점 직하 3m 지점에서 연직응력
$\Delta \sigma_z = \dfrac{Q}{z^2} I$
$I = \dfrac{3}{2\pi} = 0.4775$
$\therefore \Delta \sigma_z = \dfrac{Q}{z^2} I = \dfrac{98}{3^2} \times 0.4775 = 5.199 \text{kN/m}^2$

02 지표면에 집중하중이 작용할 때, 연직응력 증가량에 관한 설명으로 옳은 것은?(단, Boussinesq 이론을 사용, E는 Young 계수이다.)

① E에 무관하다.
② E에 정비례한다.
③ E의 제곱에 정비례한다.
④ E의 제곱에 반비례한다.

해설
지중응력(연직응력 증가량) $\Delta \sigma_z = \dfrac{Q}{z^2} I$
$\therefore E(\text{Young계수, 탄성계수})$와는 무관

03 지표면에 78.4kN의 집중하중이 작용할 때 하중작용 위치 직하 2m 위치에 있어서 연직응력은 약 얼마인가?(단, 영향치는 0.4775임)

① 39.2kN/m^2
② 9.4kN/m^2
③ 19.6kN/m^2
④ 53.8kN/m^2

해설
직하 2m 위치의 연직응력
$\Delta \sigma_z = \dfrac{Q}{z^2} I = \dfrac{78.4}{2^2} \times 0.4775 = 9.4 \text{kN/m}^2$

04 아래 그림과 같은 지표면에 2개의 집중하중이 작용하고 있다. 30kN의 집중하중 작용점 하부 2m 지점 A에서의 연직하중의 증가량은 약 얼마인가?(단, 영향계수는 소수점 이하 넷째 자리까지 구하여 계산하시오.)

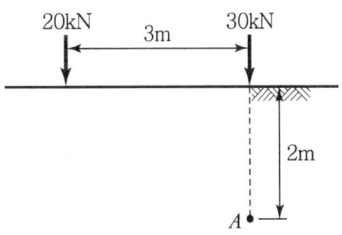

① 3.7kN/m^2
② 8.9kN/m^2
③ 14.2kN/m^2
④ 19.4kN/m^2

해설
연직응력의 증가량 $(\Delta \sigma_z) = \dfrac{Q}{z^2} I_\sigma$

• $\Delta \sigma_z (3^{\text{kN}}) + \Delta \sigma_z (2^{\text{kN}})$
$= \left(\dfrac{Q}{z^2} \times \dfrac{3}{2\pi} \right) + \left(\dfrac{Q}{z^2} \times \dfrac{3}{2\pi} \cdot \dfrac{z^5}{R^5} \right)$
$= \left(\dfrac{30}{2^2} \times \dfrac{3}{2\pi} \right) + \left(\dfrac{20}{2^2} \times \dfrac{3}{2\pi} \cdot \dfrac{2^5}{3.6^5} \right) = 3.7 \text{kN/m}^2$

(여기서 $R = \sqrt{r^2 + z^2} = \sqrt{3^2 + 2^2} = 3.6$)

05 그림과 같은 지반에 980kN의 집중하중이 지표면에 작용하고 있다. 하중 작용점 바로 아래 5m 깊이에서의 유효연직응력은 얼마인가?

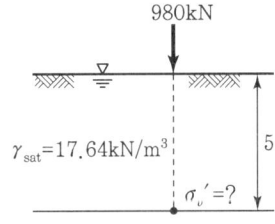

① 19.13kN/m^2
② 79.12kN/m^2
③ 102.91kN/m^2
④ 57.92kN/m^2

해설
작용점 직하 5m 깊이에서 유효연직응력 $(\sigma'_v) = \sigma' + \Delta \sigma_z$

• $\sigma' = (\gamma_{sat} - \gamma_w) \times z = (17.64 - 9.8) \times 5 = 39.2 \text{kN/m}^2$
• $\Delta \sigma_z = \dfrac{Q}{z^2} I = \dfrac{980}{5^2} \times \left(\dfrac{3}{2\pi} \right) = 18.72 \text{kN/m}^2$
$\therefore \sigma'_v = \sigma' + \Delta \sigma_z = 39.2 + 18.72 = 57.92 \text{kN/m}^2$

정답 01 ② 02 ① 03 ② 04 ① 05 ④

02 선하중에 의한 지중응력

1. 선하중에 의한 지중응력

내용	모식도
① 폭에 비해 길이가 무한히 긴 토목구조물에 하중이 작용하는 경우 ② 반무한지반 위의 지표면상에 단위길이당 선하중 P가 작용할 때 연직응력의 증가량을 구하는 방법	

2. 연직응력 증가량

하중점 직하	편심거리만큼 떨어진 곳
$\Delta \sigma_z = \dfrac{2P}{\pi z}$	$\Delta \sigma_z = \dfrac{2Pz^3}{\pi (x^2 + z^2)^2}$

예 / 상 / 문 / 제

01 반무한지반의 지표상에 무한길이의 선하중 q_1, q_2가 다음의 그림과 같이 작용할 때 A점에서의 연직응력 증가는?

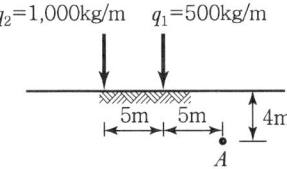

① 3.03kg/m^2
② 12.12kg/m^2
③ 15.15kg/m^2
④ 18.18kg/m^2

해설

반무한지반에서 선하중 작용 시 응력 증가량

$$\Delta\sigma_z = \frac{2gz^3}{\pi(x^2+z^2)^2}$$

- $q_1 = 500\text{kg/m} = 0.5\text{t/m}$

$$\Delta\sigma_{z1} = \frac{2\times 0.5 \times 4^3}{\pi(5^2+4^2)^2} = 0.012\text{t/m}^2$$

- $q_2 = 1,000\text{kg/m} = 1\text{t/m}$

$$\Delta\sigma_{z2} = \frac{2\times 1 \times 4^3}{\pi(10^2+4^2)^2} = 0.003\text{t/m}^2$$

$\therefore \Delta\sigma_z = \Delta\sigma_{z1} + \Delta\sigma_{z2} = 0.012 + 0.003 = 0.015\text{t/m}^2$
$\quad\quad = 15\text{kg/m}^2$

정답 01 ③

03 구형(직사각형) 등분포하중 작용

1. 구형 등분포하중에 의한 지중응력(모서리점 아래)

모식도	연직응력 증가량(모서리점 아래)
(그림: 길이 L, 폭 B, 하중 $q(t/m^2)$, 깊이 z에서의 σ_z)	$\sigma_z = I \cdot q$ ① $I = f(m, n)$ ② $m = \dfrac{B}{z}$ ③ $n = \dfrac{L}{z}$ ④ $q = \dfrac{P}{A}$

GUIDE

- σ_z : 연직응력 증가량
  q : 구형 등분포하중의 크기(t/m^2)
  I : 영향계수
  (m, n을 계산한 후 도표를 이용하여 산정)

- B : 구형 등분포 하중의 폭
  L : 구형 등분포 하중의 길이
  z : 지표면으로부터 구하는 점까지의 연직깊이

2. 임의 점 A가 구형 안에 있는 경우

구하고자 하는 점의 위치가 직사각형 단면 안에 있을 때	지중응력(연직응력 증가량)
(그림: 직사각형 $BDFH$ 내부의 점 A에서 4개 영역 (1),(2),(3),(4)로 분할)	$\sigma_z = \sigma_{z(ACBI)} + \sigma_{z(ACDE)}$ $\quad + \sigma_{z(AGHI)} + \sigma_{z(AEFG)}$ $= I \cdot q_{(1)} + I \cdot q_{(2)} + I \cdot q_{(3)}$ $\quad + I \cdot q_{(4)}$

- 모서리 아래가 아닌 점의 지중응력을 구할 때는 중첩의 원리를 이용

- 지중응력을 구할 점이 직사각형 단면 안에 있는 경우
  ① A점을 기준으로 직사각형의 모서리가 되도록 4부분으로 나눈다.
  ② 각 부분의 지중응력을 계산한다.

3. 임의 점 A가 구형 밖에 있는 경우

구하고자 하는 점의 위치가 직사각형 단면 밖에 있을 때	지중응력(연직응력 증가량)
(그림: 직사각형 $EDCF$ 밖의 점 A, 가상의 사각형 $ACEG$)	$\sigma_z = \sigma_{z(ACEG)} - \sigma_{z(ACDH)}$ $\quad - \sigma_{z(ABFG)} + \sigma_{z(ABIH)}$

- 지중응력을 구할 점이 직사각형 단면 밖에 있는 경우는
  ① A점을 모서리로 하는 가상의 사각형을 작도한다.
  ② 각 부분의 지중응력을 계산한다.

- **Newmark 영향원법**
  임의 형태 기초에 작용하는 등분포 하중으로 인하여 발생하는 지중응력 계산에 사용되는 계산법

4. 중첩의 원리

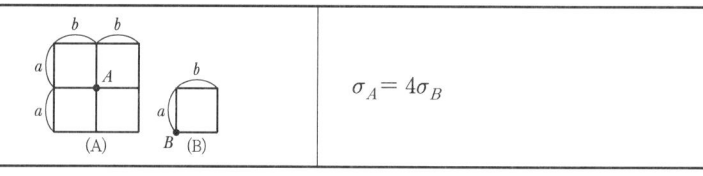

$\sigma_A = 4\sigma_B$

예 / 상 / 문 / 제

01 두 변의 길이가 각각 L과 B부분에 등분포하중이 모서리 직하 깊이 z 되는 곳의 연직응력 σ_z는 다음과 같이 구한다. $\sigma_z = q \cdot I(m, n)$ 여기서, q는 하중강도, $I(m, n)$은 응력의 영향치 $m = \dfrac{B}{z}$, $n = \dfrac{L}{z}$ 이때 중첩의 원리를 써서 다음 그림의 A점 직하 1m되는 곳의 σ_z는?

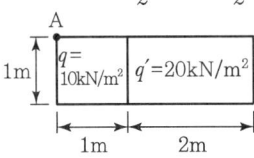

$m = 1$, $n = 1$이면, $K_{(m,n)} = 0.175$
$m = 1$, $n = 2$이면, $K_{(m,n)} = 0.200$
$m = 1$, $n = 3$이면, $K_{(m,n)} = 0.203$

① 5.75kN/m^2 ② 4.03kN/m^2
③ 3.38kN/m^2 ④ 2.31kN/m^2

해설

- $m = \dfrac{B}{z} = \dfrac{1}{1} = 1$,
 $n = \dfrac{L}{z} = \dfrac{1}{1} = 1$
 $\sigma_{z1} = I \cdot q$
 $= 0.175 \times 10 = 1.75 \text{kN/m}^2$

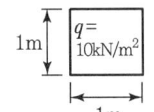

- $m = \dfrac{B}{z} = \dfrac{1}{1} = 1$,
 $n = \dfrac{L}{z} = \dfrac{3}{1} = 3$
 $\sigma_{z2} = I \cdot q' = 0.203 \times 20 = 4.06 \text{kN/m}^2$

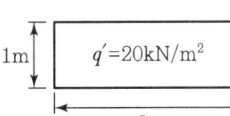

∴ $\sigma_z = \sigma_{z2} - \sigma_{z1} = 4.06 - 1.75 = 2.31 \text{kN/m}^2$

02 동일한 등분포하중이 작용하는 그림과 같은 (A)와 (B) 두 개의 구형 기초판에서 A와 B점의 수직 z 되는 깊이에서 증가되는 지중응력을 각각 σ_A, σ_B라 할 때 다음 중 옳은 것은?(단, 지반 흙의 성질은 동일함)

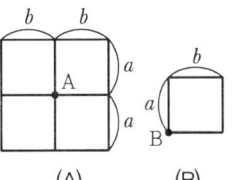

① $\sigma_A = \dfrac{1}{2}\sigma_B$ ② $\sigma_A = \dfrac{1}{4}\sigma_B$
③ $\sigma_A = 2\sigma_B$ ④ $\sigma_A = 4\sigma_B$

해설

중첩의 원리에 의해서 A점의 지중응력(σ_A)은 B점의 지중응력의 4배이다.
∴ $\sigma_A = 4\sigma_B$

03 다음 그림과 같이 2m×3m 크기의 기초에 100kN/m^2의 등분포하중이 작용할 때 A점 아래 4m 깊이에서의 연직응력 증가량은?(단, 아래 표의 영향계수 값을 활용하여 구하며, $m = \dfrac{B}{z}$, $n = \dfrac{L}{z}$이고 B는 직사각형 단면의 폭, L은 직사각형 단면의 길이, z는 토층의 깊이이다.)

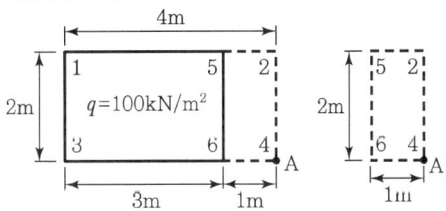

[영향계수(I) 값]

m	0.25	0.5	0.5	0.5
n	0.5	0.25	0.75	1.0
I	0.048	0.048	0.115	0.122

① 6.7kN/m^2 ② 7.4kN/m^2
③ 12.2kN/m^2 ④ 17.0kN/m^2

해설

구형 등분포하중에 의한 지중응력
$\sigma_z = \sigma_{z(1234)} - \sigma_{z(2546)}$

- $\sigma_{z(1234)} = I \cdot q$
 ($m = \dfrac{B}{z} = \dfrac{2}{4} = 0.5$, $n = \dfrac{L}{z} = \dfrac{4}{4} = 1$, $I = 0.1222$)
 ∴ $\sigma_{z(1234)} = I_\sigma g = 0.1222 \times 100 = 12.22$
- $\sigma_{z(2546)} = I \cdot q$
 ($m = \dfrac{B}{z} = \dfrac{1}{4} = 0.25$, $n = \dfrac{L}{z} = \dfrac{2}{4} = 0.5$, $I = 0.048$)
 ∴ $\sigma_{z(2546)} = I \cdot g = 0.048 \times 100 = 4.8$

따라서 $\sigma_z = \sigma_{z(1234)} - \sigma_{z(2546)} = 12.22 - 4.8 = 7.4 \text{kN/m}^2$

정답 01 ④ 02 ④ 03 ②

04 간편법에 의한 지중응력

1. 간편법(2 : 1 분포법, $\tan\theta = \dfrac{1}{2}$ 법)

모식도	장방형 기초의 지중응력
	$q \times B \times L = \Delta\sigma_z \times (B+Z) \times (L+Z)$
	$\therefore \Delta\sigma_z = \dfrac{qBL}{(B+Z)(L+Z)}$
	정방형 기초의 지중응력
	$q \times B^2 = \Delta\sigma_z \times (B+Z)^2$
	$\therefore \Delta\sigma_z = \dfrac{qB^2}{(B+Z)^2}$
	연속 기초의 지중응력
	$q \times B \times 1 = \Delta\sigma_z \times (B+Z) \times 1$
	$\therefore \Delta\sigma_z = \dfrac{qB}{B+Z}$

GUIDE

- 지중응력(연직응력=수직응력)

- **2대1 분포법의 기본가정**
  지표면에 등분포하중이 재하될 때 하중이 전달되는 수직거리와 수평거리의 비를 2 : 1로 본다.
  $(\tan\alpha = \dfrac{1}{2})$

- $q(\text{kN/m}^2)$
- $qBL = P(\text{kN})$

- 장방형 기초=직사각형 기초
- 정방형 기초=정사각형 기초($B=L$)
- 연속기초=$(L+Z)$를 단위길이(1)로 해석

05 접지압

1. 휨성(가요성) 기초의 접지압

점토지반	모래지반
연성기초, 접지압	연성기초, 접지압

휨성(가요성) 기초의 밑면 접지압 분포는 어느 부분이나 동일

- **접지압**
  하중에 의해 기초 저면에 접한 지반에 발생하는 지반 반력

2. 강성 기초의 접지압

점토지반	모래지반
강성기초, 접지압	강성기초, 접지압
기초 모서리에서 최대응력 발생	기초 중앙부에서 최대응력 발생

- 점토지반에 강성기초가 놓인다면 접지압은 양단에서 최대이고 중심부로 갈수록 감소한다.

- 모래지반에 강성기초가 놓인다면 접지압은 중심에서 최대이고 양단으로 갈수록 감소한다.

예 / 상 / 문 / 제

01 5m×10m의 장방형 기초 위에 $q = 58.8\text{kN/m}^2$의 등분포하중이 작용할 때 지표면 아래 5m에서의 증가 유효수직응력을 2 : 1 분포법으로 구한 값은?

① 9.8kN/m^2 ② 19.6kN/m^2
③ 29.4kN/m^2 ④ 39.2kN/m^2

[해설]
- 2 : 1 분포법에 의한 지중응력(연직응력, 수직응력)
- $\Delta\sigma_z = \dfrac{qBL}{(B+Z)(L+Z)} = \dfrac{6 \times 5 \times 10}{(5+5)(10+5)}$
  $= 19.6\text{kN/m}^2$

02 지표에 설치된 3m×3m의 정사각형 기초에 80kN/m²의 등분포하중이 작용할 때, 지표면 아래 5m 깊이에서의 연직응력의 증가량은?(단, 2 : 1 분포법을 사용한다.)

① 7.15kN/m^2 ② 9.20kN/m^2
③ 11.25kN/m^2 ④ 13.10kN/m^2

[해설]
$\Delta\sigma_z = \dfrac{qBL}{(B+Z)(L+Z)} = \dfrac{80 \times 3 \times 3}{(3+5)(3+5)} = 11.25\text{kN/m}^2$

03 접지압(또는 지반반력)이 그림과 같이 되는 경우는?

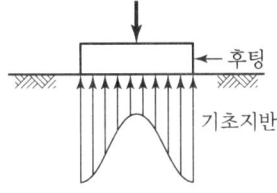

① 푸팅 : 강성, 기초지반 : 점토
② 푸팅 : 강성, 기초지반 : 모래
③ 푸팅 : 연성, 기초지반 : 점토
④ 푸팅 : 연성, 기초지반 : 모래

[해설]
강성기초의 접지압

점토	모래
기초 모서리에서 최대응력 발생	기초 중앙부에서 최대응력 발생

04 점성토 지반에 있어서 강성기초의 접지압 분포에 관한 다음 설명 중 옳은 것은?

① 기초의 모서리 부분에서 최대 응력이 발생한다.
② 기초의 중앙부에서 최대 응력이 발생한다.
③ 기초의 밑면 부분에서는 어느 부분이나 동일하다.
④ 기초의 모서리 및 중앙부에서 최대 응력이 발생한다.

[해설]
점토지반에서 강성기초의 접지압 분포는 기초모서리에서 최대응력 발생

05 접지압의 분포가 기초의 중앙부분에 최대응력이 발생하는 기초형식과 지반은 어느 것인가?

① 연성기초이고 점성지반
② 연성기초이고 사질지반
③ 강성기초이고 점성지반
④ 강성기초이고 사질지반

[해설]
모래지반에서 강성기초의 접지압 분포는 기초 중앙에서 최대응력 발생

06 하중이 완전히 강성(剛性)인 푸팅(footing) 기초판을 통하여 지반에 전달되는 경우의 접지압(contact pressure) 분포로서 다음 중 적당한 것은?

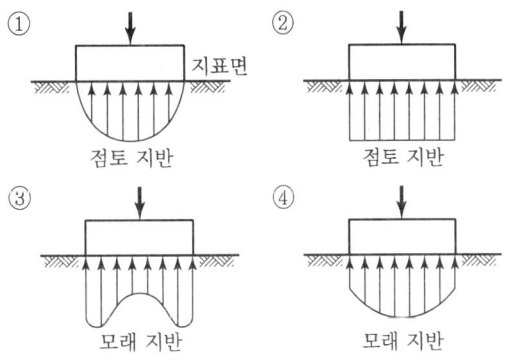

[해설]
- 강성기초 : 모래 지반
- 연성기초 : 점토 지반 및 모래 지반
- 강성기초 : 점토 지반
- 강성기초 : 모래 지반

정답 01 ② 02 ③ 03 ① 04 ① 05 ④ 06 ④

CHAPTER 06 실 / 전 / 문 / 제

01 100kN의 집중하중이 지표면에 작용하고 있다. 이때 하중점 직하 6m 깊이에서 연직응력의 증가량은 얼마인가?(단, 영향계수는 0.4775)

① 1.33kN/m² ② 2.24kN/m²
③ 3.24kN/m² ④ 4.24kN/m²

해설
집중하중에 의한 지중응력 증가량
$\Delta \sigma_z = \dfrac{Q}{z^2} I$
여기서, $I = \dfrac{3}{2\pi} = 0.4775$
$\therefore \sigma_z = \dfrac{Q}{z^2} I = \dfrac{100}{6^2} \times 0.4775 = 1.33 \text{kN/m}^2$

02 지표면에 250kN의 집중하중이 작용하는 경우, 깊이 5m, 하중작용 위치에서 2.5m 떨어진 점의 연직응력을 Bonssinesq의 식으로 구한 값은?(단, 영향계수(I)는 0.273을 적용한다.)

① 10.09kN/m² ② 8.76kN/m²
③ 5.46kN/m² ④ 2.73kN/m²

해설
집중하중에 의한 지중응력 증가량
$\Delta \sigma_z = \dfrac{Q}{z^2} \cdot I = \dfrac{250}{5^2} \times 0.273 = 2.73 \text{kN/m}^2$

03 아래 그림과 같이 지표면에 집중하중이 작용할 때 A점에서 발생하는 연직응력의 증가량은?

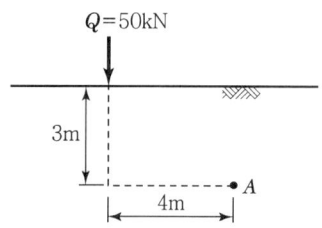

① 0.21kN/m² ② 9.20kN/m²
③ 11.25kN/m² ④ 13.10kN/m²

해설
$\Delta \sigma_z = \dfrac{Q}{z^2} I = \dfrac{Q}{z^2} \times \dfrac{3}{2\pi} \left(\dfrac{z}{R} \right)^5$
$= \dfrac{50}{3^2} \times \dfrac{3}{2 \times \pi} \left(\dfrac{3}{5} \right)^5 = 0.21 \text{kN/m}^2$
(여기서, $R = \sqrt{3^2 + 4^2} = 5$)

04 두 변의 길이가 각각 L과 B부분에 등분포하중이 모서리 직하 깊이 z 되는 곳의 연직 응력 σ_z는 다음과 같이 구한다. $\sigma_z = q \cdot I(m, n)$ 여기서, q는 하중강도, $I(m, n)$은 응력의 영향치 $m = \dfrac{B}{z}$, $n = \dfrac{L}{z}$
이때 중첩의 원리를 써서 다음 그림의 A점 직하 1m되는 곳의 σ_z는?

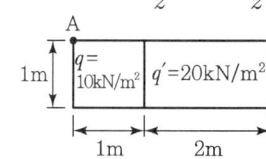

$m = 1, n = 1$이면, $K_{(m, n)} = 0.175$
$m = 1, n = 2$이면, $K_{(m, n)} = 0.200$
$m = 1, n = 3$이면, $K_{(m, n)} = 0.203$

① 5.75kN/m² ② 4.03kN/m²
③ 3.38kN/m² ④ 2.31kN/m²

해설
- $m = \dfrac{B}{z} = \dfrac{1}{1} = 1$
  $n = \dfrac{L}{z} = \dfrac{1}{1} = 1$
  $\sigma_{z1} = I \cdot q$
  $= 0.175 \times 10 = 1.75 \text{kN/m}^2$
- $m = \dfrac{B}{z} = \dfrac{1}{1} = 1$
  $n = \dfrac{L}{z} = \dfrac{3}{1} = 3$
  $\sigma_{z2} = I \cdot q' = 0.203 \times 02 = 4.06 \text{kN/m}^2$
$\therefore \sigma_z = \sigma_{z2} - \sigma_{z1} = 4.06 - 1.75 = 2.31 \text{kN/m}^2$

정답 01 ① 02 ④ 03 ① 04 ②

실 / 전 / 문 / 제

05 아래 그림과 같은 지표면에 2개의 집중하중이 작용하고 있다. 30kN의 집중하중 작용점 하부 2m 지점 A에서의 연직하중의 증가량은 약 얼마인가?(단, 영향계수는 소수점 이하 넷째 자리까지 구하여 계산하시오.)

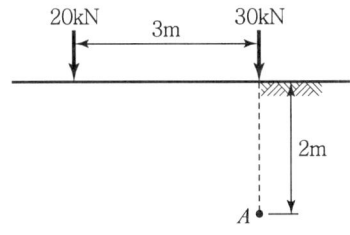

① 3.7kN/m^2
② 8.9kN/m^2
③ 14.2kN/m^2
④ 19.4kN/m^2

[해설]

연직응력의 증가량 $(\Delta\sigma_z) = \dfrac{Q}{z^2} I_\sigma$

- $\Delta\sigma_z(3^{\text{kN}}) + \Delta\sigma_z(2^{\text{kN}})$

$= \left(\dfrac{Q}{z^2} \times \dfrac{3}{2\pi}\right) + \left(\dfrac{Q}{z^2} \times \dfrac{3}{2\pi} \cdot \dfrac{z^5}{R^5}\right)$

$= \left(\dfrac{30}{2^2} \times \dfrac{3}{2\pi}\right) + \left(\dfrac{20}{2^2} \times \dfrac{3}{2\pi} \cdot \dfrac{2^5}{3.6^5}\right) = 3.7\text{kN/m}^2$

(여기서 $R = \sqrt{r^2 + z^2} = \sqrt{3^2 + 2^2} = 3.6$)

06 $2\text{m} \times 3\text{m}$ 크기의 직사각형 기초에 58.8kN/m^2의 등분포하중이 작용할 때 기초 아래 10m 되는 깊이에서의 응력 증가량을 2 : 1 분포법으로 구한 값은?

① 2.26kN/m^2
② 5.31kN/m^2
③ 1.33kN/m^2
④ 1.83kN/m^2

[해설]

2 : 1 분포법에 의한 지중응력 증가량

$\Delta\sigma_z = \dfrac{qBL}{(B+Z)(L+Z)} = \dfrac{58.8 \times 2 \times 3}{(2+10)(3+10)} = 2.26\text{kN/m}^2$

07 지표에서 $1\text{m} \times 1\text{m}$인 기초에 50kN의 하중이 작용하고 있다. 깊이 4m 되는 곳에서의 연직응력을 2 : 1 분포법으로 구한 값은?

① 4kN/m^2
② 3kN/m^2
③ 1kN/m^2
④ 2kN/m^2

[해설]

$\Delta\sigma_z = \dfrac{qB^2}{(B+Z)^2} = \dfrac{50 \times 1^2}{(1+4)^2} = 2\text{kN/m}^2$

08 그림과 같이 $2\text{m} \times 2\text{m}$ 되는 기초에 24.5kN/m^2의 등분포 하중이 작용한다. 깊이 5m 되는 지점에서 이 하중에 의해 일어나는 연직응력(ΔP)을 2 : 1 분포법으로 구한 값은?

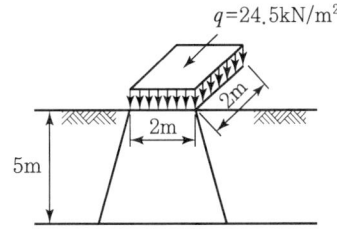

① 0.15kN/m^2
② 1.7kN/m^2
③ 1.85kN/m^2
④ 2kN/m^2

[해설]

2 : 1 분포법

$qBL = \Delta P(B+Z)(L+Z)$

$\Delta P = \dfrac{q_s \cdot B \cdot L}{(B+Z)(L+Z)} = \dfrac{24.5 \times 2 \times 2}{(2+5) \times (2+5)} = 2\text{kN/m}^2$

09 $5\text{m} \times 10\text{m}$의 장방형 기초 위에 $q = 60\text{kN/m}^2$의 등분포하중이 작용할 때 지표면 아래 5m에서의 증가 유효수직응력을 2 : 1 분포법으로 구한 값은?

① 10kN/m^2
② 20kN/m^2
③ 30kN/m^2
④ 40kN/m^2

CHAPTER 06 실 / 전 / 문 / 제

[해설]

2 : 1 분포법에 의한 지중응력 증가량

$$\Delta\sigma_z = \frac{qBL}{(B+Z)(L+Z)} = \frac{60 \times 5 \times 10}{(5+5) \cdot (10+5)}$$
$$= 20 \text{kN/m}^2$$

10 접지압의 분포가 기초의 중앙부분에 최대응력이 발생하는 기초형식과 지반은 어느 것인가?

① 연성기초이고 점성지반
② 연성기초이고 사질지반
③ 강성기초이고 점성지반
④ 강성기초이고 사질지반

[해설]

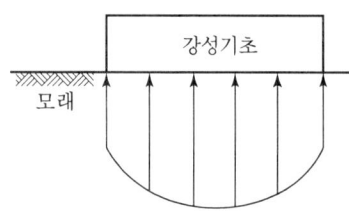

모래지반에서 강성기초의 접지압 분포 : 기초 중앙에서 최대응력 발생

11 점토의 지반에 있어서 강성기초의 접지압 분포에 관한 다음의 설명 중 옳은 것은?

① 기초 모서리 부분에서 최대응력이 발생한다.
② 기초 중앙 부분에서 최대응력이 발생한다.
③ 기초 밑면의 응력은 어느 부분이나 동일하다.
④ 기초의 모서리 및 중앙부에서 최대 응력이 발생한다.

[해설]

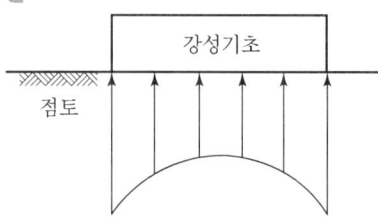

∴ 점토지반에서 강성기초의 접지압분포 : 기초 모서리에서 최대응력 발생

12 하중이 완전히 강성(剛性)인 푸팅(Footing) 기초판을 통하여 지반에 전달되는 경우의 접지압(Contact Pressure) 분포로서 다음 중 적당한 것은?

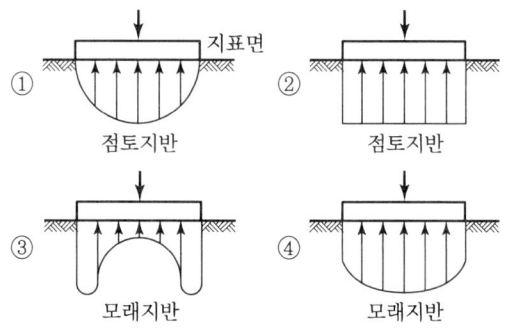

[해설]

- 강성 기초 : 모래 지반
- 연성 기초 : 점토 지반 및 모래 지반
- 강성 기초 : 점토 지반
- 강성 기초 : 모래 지반

13 접지압(또는 지반반력)이 그림과 같이 되는 경우는?

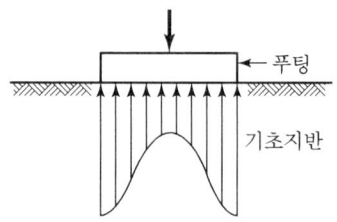

① 푸팅 : 강성, 기초지반 : 점토
② 푸팅 : 강성, 기초지반 : 모래
③ 푸팅 : 연성, 기초지반 : 점토
④ 푸팅 : 연성, 기초지반 : 모래

[해설]

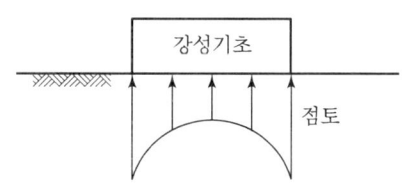

점토지반에서 강성기초의 접지압 분포 : 기초 모서리에서 최대응력 발생

정답   10 ④   11 ①   12 ④   13 ①

14 다음 중 임의 형태 기초에 작용하는 등분포하중으로 인하여 발생하는 지중응력계산에 사용하는 가장 적합한 계산법은?

① Boussinesq법 ② Osterberg법
③ Newmark 영향원법 ④ 2 : 1 간편법

해설

- Newmark 영향원법
  ㉠ 등분포하중으로 인해 발생하는 지중응력 계산에 사용(불규칙 형상의 단면)
  ㉡ $\sigma_z = 0.005 nq$
    여기서, n : 면적요소 수, q : 등분포하중
- 2 : 1 간편법은 Boussinesq의 탄성이론을 근사화

정답 14 ③

CHAPTER 07

압밀

01 압밀침하현상
02 시간침하곡선의 성과표
03 간극비 하중($e-\log P$) 곡선
04 선행압밀하중
05 압밀도
06 압밀침하량(ΔH)
07 배수거리와 압밀시간과의 관계
08 압축지수와 팽창지수를 고려한 압밀침하량

01 압밀침하현상

1. 압밀의 과정(S = 100%)

압밀의 정의
지반위의 상재하중으로 인해 흙 속의 간극에서 물이 배출되면서 서서히 압축(침하)되는 현상으로 투수성이 낮은 점토지반에서 일어난다.

압밀순간($t=0$)		압밀 진행 중($0<t<\infty$)		압밀 후($t=\infty$)	
과잉간극수압(u_e)	$u_e = u_i$(최대)	과잉간극수압(u_e)	u_e	과잉간극수압(u_e)	$u_e = 0$
유효응력(σ')	$\sigma' = 0$	유효응력(σ')	σ'	유효응력(σ')	σ'(최대)
전응력(σ)	$\sigma = u_i$	전응력(σ)	$\sigma = \sigma' + u_e$	전응력(σ)	$\sigma = \sigma'$

- 물로 가득한 주사기의 구멍을 막고 피스톤을 누르면 그 힘은 물이 받는다.(압밀순간, 압밀 전)
- 주사기 속에 가느다란 스프링을 넣으면 피스톤은 물이 빠져나가야만 스프링을 누를 수 있다.(스프링이 흙 입자, 물은 간극수)

2. 침하의 종류

탄성침하(즉시침하)	소성침하
재하순간 침하가 발생되며 하중을 제거하면 원상태로 회복(함수비의 변화 없음)	하중을 제거해도 원 상태로 회복되지 않는 처짐

3. 압밀의 단계

1차 압밀(침하)	2차 압밀(침하)
① 과잉 간극수압이 0이 되면서 일어나는 압밀(점성토에서 주로 발생) ② 점토층의 두께에 비해 재하 면적이 매우 넓고 큰 경우(대단위 해안 매립지, 연약지반) ③ 하중이 증가하면 압밀침하량은 증가하고 압밀도와는 무관하다.	① 1차 압밀이 100% 진행된 이후의 압밀 ② 유기질이 많은 흙에서 크게 일어나며 점토층 두께가 클수록 2차 압밀이 크다. ③ 과잉간극수압이 0이 된 이후에도 계속되는 압밀

GUIDE

- 간극(공극)수압(u)
  ① 물이 받는 압력
  ② 중립응력

- 과잉 간극수압(u_e)
  외부하중으로 인하여 간극수에 작용하는 간극수압

- 초기 과잉 간극수압(u_i)
  ① 시간 $t=0$일 때 과잉간극수압
  ② 물이 배출되기 직전 과잉간극수압

- 압밀 후 과잉간극수압(간극수)
  소산되면 유효응력은 증가

- 압밀속도
  모래 > 점토
  (투수계수가 큰 모래에서 압밀속도는 빠르다.)

- 침하
  지반이 어떤 원인에 의해 연직변위가 발생할 때 이 연직변위를 침하라 하며 보통 즉시침하만 고려

- 침하량
  모래 < 점토
  (간극비가 큰 점토지반에서 침하량은 더 크다.)

- 압밀침하(장기침하)

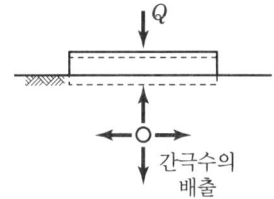

예/상/문/제

01 다음의 예들 가운데서 Terzaghi의 1차 압밀이론이 적용되는 것은?

① 연약 점토지반에 Sand Drain을 시공한 예
② 도로, 철도, 제방의 경우
③ 연약 점토층에 고층건물을 구축할 경우
④ 대단위 해안 매립지

02 점토 지반에 대한 다음과 같은 재하상태 가운데서 현재의 1차원 압밀이론(Terzaghi 압밀이론)에 가장 가까운 재하 상태는 어느 것인가?

① 점토층의 두께에 비해 재하 면적이 매우 넓고 큰 경우
② 점토층이 두껍고 재하 면적은 제방과 같이 좁고 긴 경우
③ 점토층의 두께에 비해 재하 면적이 매우 작은 경우
④ 재하 면적이 매우 넓고 점토 지반 내에 연직으로 모래 기둥이 많이 박혀 있는 경우

03 흙의 2차 압밀에 관한 사항 중 옳은 것은?

① 다량의 유기물을 포함하고 있으면 2차 압밀효과가 적게 나타난다.
② 2차 압밀은 실제 이론 계산에서 구한 압밀도 100%에 가까운 압밀을 말한다.
③ 이론 계산에서 구한 압밀도 100%를 넘어서도 압밀이 계속되는 부분을 2차 압밀이라 한다.
④ 간극 수압이 0이 되면 2차 압밀은 끝난다.

[해설]
- 2차 압밀(침하)은 1차 압밀이 100% 진행된 이후의 압밀이다.
- 유기질이 많은 흙에서 크게 일어나며 점토층 두께가 클수록 2차 압밀이 크다.

04 포화된 점토에 압밀 하중 σ(kg/cm²)를 작용시켰다. 압밀 하중이 재하된 순간의 응력 상태는? (단, σ'는 유효 응력, u는 공극 수압이다.)

① $\sigma = \sigma'$
② $\sigma = \sigma' + u$
③ $\sigma = u$
④ $\sigma = \sigma' - u$

[해설]

구분	경과 시간 (t)	공극 수압 (u)	유효 응력 (σ')	전응력 (σ)
압밀 순간	$t=0$	u	0	$\sigma = u$
압밀 진행 중	$0 < t < \infty$	u	σ'	$\sigma = \sigma' + u$
압밀 후	$t = \infty$	0	σ'	$\sigma = \sigma'$

㉠ 포화된 점토에서 하중은 물에 의해서만 지지되므로 압밀 하중 σ와 공극 수압(u)은 같다.
㉡ 압밀 순간의 전응력은 공극 수압과 같다.

05 점토의 압밀에 관한 다음 설명 중 틀린 것은?

① 재하된 순간($t=0$)에서의 과잉 공극 수압은 재하량과 같다.
② 과잉 공극 수압은 재하 시간이 경과함에 따라 감소해서 시간이 ∞가 될 때 0이 된다.
③ 과잉 공극 수압이 0이 될 때는 1차 압밀이 100% 진행되었다고 한다.
④ 유효 응력은 재하된 순간에 최대치가 된다.

[해설]
유효 응력 σ'는 재하된 순간($t=0$)에 0이다.

06 점토층의 A점에서 Stand pipe를 꽂은 결과 아래 그림과 같았다. A점에서의 과잉공극수압은 다음 중 어느 것인가?

① $(h_1 + h_2 + h_3 + h_4)\gamma_w$
② $(h_2 + h_3 + h_4)\gamma_w$
③ $(h_3 + h_4)\gamma_w$
④ $h_4 \gamma_w$

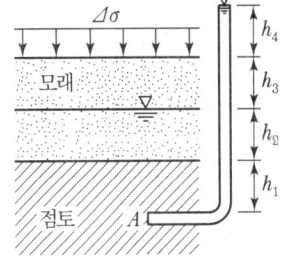

[해설]
- 하중작용 전 공극수압 $= \gamma_w(h_1 + h_2)$
- 하중작용 후 공극수압 $= \gamma_w(h_1 + h_2 + h_3 + h_4)$
- 과잉공극수압 $= \gamma_w(h_3 + h_4)$

정답 01 ④ 02 ① 03 ③ 04 ③ 05 ④ 06 ③

4. 1차 압밀이론의 기본가정(Terzaghi)

Terzaghi의 1차 압밀이론의 기본가정
① 흙은 균질하다.
② 흙은 완전 포화되어 있다.
③ 토립자와 물은 비압축성이다.(압축성은 무시한다.)
④ 투수와 압축은 수직적(1차원)이다.
⑤ Darcy 법칙이 타당(투수계수는 압력의 크기에 관계없이 일정)하다.
⑥ 압밀이 진행되면 투수계수는 일정하다.
⑦ 대단위 해안 매립지 등에 적용한다.
⑧ 압밀 시 압력−간극비 관계는 이상적으로 직선적 변화를 한다.

- 투수계수(k)
  $k = C_v \, m_v \, \gamma_w$
  투수계수는 압력의 크기에 관계없이 일정하다.

5. 압밀시험에 따른 성과표

시간 침하곡선(각 하중단계)	$e - \log P$ 곡선(전 하중단계)
① 압밀계수(C_v)	① 압축지수(C_c)
② 압축계수(a_v)	② 선행 압밀하중
③ 체적변화계수(m_v)	
④ 1차 압밀비	
⑤ 투수계수	

- 시간침하곡선
  각 하중 단계마다 작성

- 간극비($e - \log P$)곡선
  전 하중 단계에서 작성

02 시간침하곡선의 성과표

1. 체적변화계수

모식도	체적변화계수(m_v, 용적변화율)
	$m_v = \dfrac{\dfrac{\Delta V}{V}}{\Delta P} = \dfrac{1}{\Delta P} \cdot \dfrac{\Delta V_v}{V_s + V_v} = \dfrac{1}{\Delta P} \cdot \dfrac{\Delta e}{1 + e_1}$ $\therefore m_v = \dfrac{a_v}{1 + e_1}(\text{cm}^2/\text{g})$

- 체적변화계수(m_v)
  용적변화율로 표시하며 압력의 증가에 대한 시료 체적의 감소비율 (시료의 높이 변화로 표시)

- 실내 투수시험
  ① 정수위 투수시험법
  $k = \dfrac{QL}{h\,A\,t}$
  ② 변수위 투수시험법
  $k = 2.3 \dfrac{aL}{AT} \log_{10} \dfrac{h_1}{h_2}$
  ③ 압밀시험
  $k = C_v \, m_v \, \gamma_w$

2. 투수계수

식	내용	
$k = C_v \cdot m_v \cdot \gamma_w$	C_v : 압밀계수 $m_v = \dfrac{a_v}{1 + e_1}$ a_v : 압축계수	m_v : 체적변화계수 γ_w : 물의 단위중량 e_1 : 초기 간극비

- 압축계수(a_v)와 압밀계수(C_v)는 반비례

예 / 상 / 문 / 제

01 Terzaghi의 압밀이론에 대한 기본 가정으로 옳은 것은?

① 흙은 모든 불균질이다.
② 흙 속의 간극은 공기로만 가득 차 있다.
③ 토립자와 물의 압축량은 같은 양으로 고려한다.
④ 압력과 간극의 관계는 이상적으로 직선화된다.

해설
Terzaghi 압밀이론 기본가정
• 흙은 균질하다.
• 흙 속의 간극은 물로 완전 포화된다.
• 토립자와 물은 비압축성이다.
• 압력과 간극비의 관계는 이상적으로 직선 변화된다.

02 Terzaghi는 포화점토에 대한 1차 압밀이론에서 수학적 해를 구하기 위하여 다음과 같은 가정을 하였다. 이 중 옳지 않은 것은?

① 흙은 균질하다.
② 흙입자와 물의 압축성은 무시한다.
③ 흙 속에서 물의 이동은 Darcy 법칙을 따른다.
④ 투수계수는 압력의 크기에 비례한다.

해설
투수계수는 압력의 크기에 관계없이 일정하다.

03 Terzaghi의 1차원 압밀이론에 대한 가정으로 틀린 것은?

① 흙은 균질하다.
② 흙은 완전 포화되어 있다.
③ 압축과 흐름은 1차원적이다.
④ 압밀이 진행되면 투수계수는 감소한다.

해설
압밀이 진행되면 투수계수는 일정하다고 가정

04 어떤 점토의 압밀계수는 $1.92 \times 10^{-3} cm^2/sec$, 압축계수는 $2.86 \times 10^{-2} cm^2/g$이었다. 이 점토의 투수계수는?(단, 이 점토의 초기 간극비는 0.80이다.)

① $1.05 \times 10^{-5} cm/sec$
② $2.05 \times 10^{-5} cm/sec$
③ $3.05 \times 10^{-5} cm/sec$
④ $4.05 \times 10^{-5} cm/sec$

해설
투수계수(k) = $C_v \cdot m_v \cdot \gamma_w$
• C_v(압밀계수) = $1.92 \times 10^{-3} cm^2/sec$
• m_v(체적변화계수) = $\dfrac{a_v}{1+e_1} = \dfrac{2.86 \times 10^{-2}}{1+0.8} = 0.0159 cm^2/g$
∴ $k = C_v \cdot m_v \cdot \gamma_w = (1.92 \times 10^{-3}) \times (0.0159) \times 1$
$= 3.05 \times 10^{-5} cm/sec$

05 압밀시험에서 시간-압축량 곡선으로부터 구할 수 없는 것은?

① 압밀계수(C_v)
② 압축지수(C_c)
③ 체적변화계수(m_v)
④ 투수계수(k)

해설

시간침하(압축)곡선	간극비하중($e-\log P$)곡선
① 투수계수(k)	① 간극비(e)
② 압밀계수(C_v)	② 선행압밀하중(P_c)
③ 체적변화계수(m_v)	③ 압축지수(C_c)

06 두께 20m의 점토층이 $100 kN/m^2$의 하중을 받아서 총 침하량이 8cm가 되었다. 이 토층의 용적변화율은?

① $4 \times 10^{-8} cm^2/N$
② $4 \times 10^{-5} cm^2/N$
③ $4 \times 10^{-4} cm^2/N$
④ $4 \times 10^{-3} cm^2/N$

해설
$m_v = \dfrac{\frac{\Delta H}{H}}{\Delta P} = \dfrac{1}{H} \cdot \dfrac{\Delta H}{\Delta P} = \dfrac{1}{20} \times \dfrac{0.08}{100}$
$= 4 \times 10^{-5} m^2/kN$
$= 4 \times 10^{-8} cm^2/N$
($V = A \times H, \Delta V = A \times \Delta H$)

정답 01 ④ 02 ④ 03 ④ 04 ③ 05 ② 06 ①

3. 시간 침하곡선

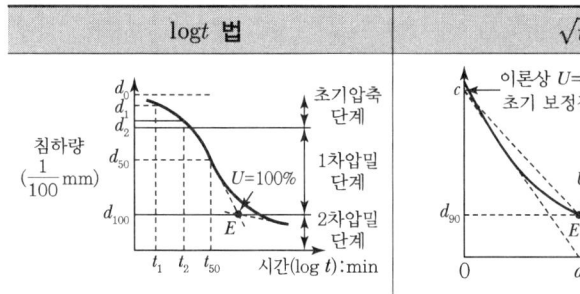

$\log t$ 법	$\sqrt{t}$ 법
① 압밀도 50% 기준 ② 시간계수(T_v) : 0.197 ③ 실제와 잘 맞음	① 압밀도 90% 기준 ② 시간계수(T_v) : 0.848 ③ 사용이 간편

GUIDE

- **압밀시험 결과**
  시간-침하곡선에서 압밀계수(C_v)를 직접 구할 수 있다.

- **체적변화계수(m_v)**
  $$m_v = \frac{a_v}{1+e_1}(\text{cm}^2/\text{g})$$

4. 압밀계수(C_v)

압밀계수 식		
$C_v = \dfrac{k}{m_v \gamma_w} = \dfrac{k(1+e)}{a_v \gamma_w} = \dfrac{T_v \cdot H^2}{t}(\text{cm}^2/\text{sec})$		T_v : 시간계수 H : 배수거리(cm) t : 압밀(침하)시간(sec)

$\log t$ 법	$\sqrt{t}$ 법
압밀도 50%일 때 $T_v = 0.197$	압밀도 90%일 때 $T_v = 0.848$
$C_v = \dfrac{T_{50} H^2}{t_{50}} = \dfrac{0.197 H^2}{t_{50}}$	$C_v = \dfrac{T_{90} H^2}{t_{90}} = \dfrac{0.848 H^2}{t_{90}}$
t_{50} : 압밀이 50% 진행된 시간 (압밀도 50%에 대한 압밀도)	t_{90} : 압밀이 90% 진행된 시간 (압밀도 90%에 대한 압밀도)

- **압밀계수(C_v)**
  지반의 압밀침하가 진행되는 데 소요되는 시간을 측정하기 위해 구한다.
  ① $\log t$ 법
   • 압밀도 기준 50%
   • $T_v = 0.197$
  ② $\sqrt{t}$ 법
   • 압밀도 기준 90%
   • $T_v = 0.848$

- 침하시간(t) $\propto H^2$

5. 배수거리

H : 배수거리(cm)	
일면(단면) 배수 : H	양면(이면) 배수 : $\dfrac{H}{2}$
투수층 점토층 — H 불투수층	투수층 $\dfrac{H}{2}$ — 점토층 — H 투수층
한쪽만 모래층	상하 모래층

- **압밀시험의 배수거리**
  양면(이면) 배수로 해석
  (배수거리 $= \dfrac{H}{2}$)

예/상/문/제

01 압밀시험 결과의 정리에서 $\sqrt{t}$ 방법, $\log t$ 방법의 곡선으로부터 직접 구할 수 있는 것은?

① 압밀계수 ② 압축지수
③ 압축계수 ④ 체적변화계수

해설
시간－침하곡선으로 압밀계수 $\left(C_v = \dfrac{T_v \cdot H^2}{t}\right)$ 를 직접 구할 수 있다.

02 두께 8m의 포화 점토층의 상하가 모래층으로 되어 있다. 이 점토층이 최종 침하량의 1/2의 침하를 일으킬 때까지 걸리는 시간은?(단, 압밀계수 $C_v = 6.4 \times 10^{-4}\text{cm}^2/\text{sec}$이다.)

① 570일   ② 730일
③ 365일   ④ 964일

해설
- 압밀소요시간 : t_{50}
- $t_{50} = \dfrac{T_v \cdot H^2}{C_v} = \dfrac{0.197 \times \left(\dfrac{800}{2}\right)^2}{6.4 \times 10^{-4}}$
  $= 49{,}250{,}000\text{초} = 570\text{일}$

(압밀도 50%일 때 $T_v = 0.197$, 양면배수 : $\dfrac{H}{2}$)

03 압밀계수가 $0.5 \times 10^{-2}\text{cm}^2/\text{sec}$이고, 일면배수 상태의 5m 두께 점토층에서 90% 압밀이 일어나는 데 소요되는 시간은?(단, 90% 압밀도에서의 시간계수(T_v)는 0.848이다.)

① $2.12 \times 10^7 \text{sec}$ ② $4.24 \times 10^7 \text{sec}$
③ $6.36 \times 10^7 \text{sec}$ ④ $8.48 \times 10^7 \text{sec}$

해설
압밀소요시간(90% 압밀도, 일면배수)
$t_{90} = \dfrac{T_v \cdot H^2}{C_v} = \dfrac{0.848 \times 500^2}{0.5 \times 10^{-2}}$
$= 42{,}400{,}000\text{초} = 4.24 \times 10^7 \text{초}$

04 모래지층 사이에 두께 6m의 점토층이 있다. 이 점토의 토질시험 결과가 아래 표와 같을 때, 이 점토층의 90% 압밀을 요하는 시간은 약 얼마인가? (단, 1년은 365일로 하고, 물의 단위중량(γ_w)은 9.81kN/m³이다.)

- 간극비 $(e) = 1.5$
- 압축계수 $(a_v) = 4 \times 10^{-3}\text{m}^2/\text{kN}$
- 투수계수 $(k) = 3 \times 10^{-7}\text{cm/s}$

① 50.7년   ② 12.7년
③ 5.07년   ④ 1.27년

해설
$C_v = \dfrac{T_v \cdot H^2}{t}, \; t = \dfrac{T_v \cdot H^2}{C_v}$

- C_v
  $k = C_v m_v \gamma_w$
  $C_v = \dfrac{k}{m_v \cdot \gamma_w} = \dfrac{3 \times 10^{-7} \times 0.01^m}{\left(\dfrac{4 \times 10^{-3}}{1+1.5} \times 9.81\right)}$
  $= 1.911 \times 10^{-7}\text{m}^2/\text{sec}$

- $t = \dfrac{0.848 \times \left(\dfrac{6}{2}\right)^2}{1.911 \times 10^{-7}} = 39{,}937{,}205.65\text{초}$
  $= 462.24\text{일} = 1.27\text{년}$

05 두께 5m의 점토층을 90% 압밀하는 데 50일이 걸렸다. 같은 조건하에서 10m의 점토층을 90% 압밀하는 데 걸리는 시간은?

① 100일 ② 160일 ③ 200일 ④ 240일

해설
- 소요시간(t)과 배수거리(H)의 관계 $\left(t = \dfrac{T_v \cdot H^2}{C_v}\right)$
- $t \propto H^2$
- $t_1 : H_1^2 = t_2 : H_2^2$
  $50 : 5^2 = t_2 : 10^2$
  $\therefore t_2 = 200\text{일}$

정답 01 ① 02 ① 03 ② 04 ④ 05 ③

03 간극비 하중($e-\log P$) 곡선

1. 간극비 하중곡선($e-\log P$, 압밀곡선)

압밀시험 결과	간극비 하중($e-\log P$) 곡선
(그래프: e vs $\log P$, e_1, e_2, P_1, P_2 표시)	① 압밀시험에서 압밀하중을 단계적으로 증가시킬 때 압밀압력과 최종간극비를 나타낸 곡선 ② 이 곡선의 기울기를 압축계수(a_v) ③ 이 곡선을 직선화시키기 위해 $e-\log P$ 곡선을 작성
$e-\log P$(간극비 하중) 곡선 작도목적	시료가 교란되면
① 압축지수(C_c)를 구하기 위해 ② 압밀 침하량을 계산하기 위해 ③ 선행압밀 하중을 구해서 흙의 이력상 태를 파악하기 위해	① 압밀곡선의 기울기가 완만하다. ② 압축지수가 작아진다. ③ 압밀 진행속도가 느려진다. ④ 침하량이 작아진다.

GUIDE

- $e-\log P$ 곡선에서 구할 수 있는 것
  ① 압축지수(C_c)
  ② 선행 압밀하중(P_c)

- 압밀시험은 불교란 시료를 이용

- 압밀이 진행되면 전단강도는 증가한다.

- 압밀속도가 증가하면 과잉간극수가 소산된다.

2. 압축계수(a_v)

압축계수(a_v)	내용
$a_v = \dfrac{e_1 - e_2}{P_2 - P_1}$ $= \dfrac{\Delta e}{\Delta P}(\text{cm}^2/\text{kg})$	e_1 : 초기 간극비 e_2 : 압밀 종료 시 간극비 P_1 : 초기 유효연직응력(σ') P_2 : 압밀 종료 시 유효연직응력($P_1 + \Delta P$)

- 압축계수(a_v)

  압밀하중의 증가량에 대한 간극비의 감소율로 표기된다.

3. 압축지수(C_c)

압축지수(C_c)	내용
$C_c = \dfrac{e_1 - e_2}{\log P_2 - \log P_1}$ $= \dfrac{\Delta e}{\log \dfrac{P_2}{P_1}}$	① 압밀곡선($e-\log P$)에서 직선부분의 기울기 (무차원)이며 처녀압축곡선의 기울기 ② 시료가 교란되면(압밀곡선의 기울기가 완만) 압축지수(C_c)와 침하량이 감소하고 압밀 진행속도가 느려진다. 따라서, 압밀시료는 불교란 시료를 이용한다.

- 압축지수(C_c)
  ① 점토질 성분이 많을수록 압축지수가 크다.
  ② 압축지수가 크면 공극비의 변화와 압축성이 크다.

4. 압축지수(C_c)의 경험식(Terzaghi 경험식)

불교란시료(정규압밀점토)	교란시료
$C_c = 0.009(\omega_L - 10)$	$C_c = 0.007(\omega_L - 10)$

- 소성도표(A선의 방정식)
  $I_P = 0.73(\omega_L - 20)$
- ω_L : 액성한계

예 / 상 / 문 / 제

01 시험 결과에서 $e - \log P$ 곡선을 그리는 목적은?

① 압밀시간을 계산하려고
② 압밀침하량을 계산하려고
③ 압밀도를 계산하려고
④ 시간계수를 계산하려고

[해설]
$e - \log P$(간극비 하중) 곡선 작도목적
- 압축지수(C_c)를 구하기 위해
- 압밀 침하량을 계산하기 위해
- 선행압밀 하중을 구해서 흙의 이력상태를 파악하기 위해

02 압밀시험 결과 $e - \log P$ 곡선으로부터 구할 수 없는 것은?

① 선행 압축력
② 지중 공극비
③ 압축지수
④ 압밀계수

[해설]
$e - \log P$ 곡선에서 구할 수 있는 것
- 압축지수(C_c)
- 선행 압밀하중(P_c)
- 공극비(e)

03 점토층으로부터 흙시료를 채취하여 압밀시험을 한 결과, 하중강도가 $3.0\mathrm{N/cm^2}$로부터 $4.6\mathrm{N/cm^2}$로 증가했을 때 공극비는 2.7로부터 1.9로 감소하였다. 압축계수(a_v)는 얼마인가?

① $0.5\mathrm{cm^2/N}$
② $0.6\mathrm{cm^2/N}$
③ $0.7\mathrm{cm^2/N}$
④ $0.8\mathrm{cm^2/N}$

[해설]
$$a_v = \frac{e_1 - e_2}{P_2 - P_1} = \frac{2.7 - 1.9}{4.6 - 3.0} = 0.5\mathrm{cm^2/N}$$

04 압밀곡선($e - \log P$)에서 처녀압축곡선의 기울기는 무엇을 의미하는가?

① 압축계수
② 용적변화율
③ 압밀계수
④ 압축지수

[해설]
압밀곡선에서 직선부분의 기울기는 압축지수를 의미하며 무차원 값이다.(처녀 압축곡선의 기울기)

05 압밀에 관련된 설명으로 잘못된 것은?

① $e - \log P$ 곡선은 압밀침하량을 구하는 데 사용된다.
② 압밀이 진행됨에 따라 전단강도가 증가한다.
③ 교란된 지반이 교란되지 않은 지반보다 더 빠른 속도로 압밀이 진행된다.
④ 압밀도가 증가해감에 따라 과잉간극수가 소산된다.

[해설]
시료가 교란되면
- 압밀곡선의 기울기가 완만하다.
- 압축지수가 작아진다.
- 압밀 진행속도가 느리고 침하량이 작아진다.
- 따라서, 압밀시험은 불교란 시료를 이용한다.

06 다음의 토질시험 중 불교란 시료를 사용해야 하는 시험은?

① 입도분석시험
② 압밀시험
③ 액성·소성한계시험
④ 흙입자의 비중시험

[해설]
압밀시험은 불교란 시료를 사용해야 한다. 교란시료는 압축지수와 침하량이 작아지고 압밀진행속도가 느려진다.

07 흐트러지지 않은 시료의 정규압밀점토의 압축지수(C_c) 값은?(단, 액성한계는 45%이다.)

① 0.25
② 0.27
③ 0.30
④ 0.315

[해설]
압축지수(C_c) = $0.009(\omega_L - 10) = 0.009(45 - 10) = 0.315$

정답 01 ② 02 ④ 03 ① 04 ④ 05 ③ 06 ② 07 ④

04 선행압밀하중

1. 선행압밀하중(P_c)

선행압밀하중(P_c)	과압밀비(OCR)
① 시료가 과거에 받았던 최대의 압밀하중 ② 하중($\log P$)과 간극비(e) 곡선(압밀곡선)으로 구한다. ③ 과압밀비(OCR) 산정에 이용된다.	$OCR = \dfrac{P_c}{P}$ P_c : 선행압밀하중(선행압밀응력, $\sigma_{과거}$) P : 현재 하중(유효연직응력, $\sigma'_{현재}$)

GUIDE

- 과압밀비(OCR)로 현재의 지반 응력상태를 평가할 수 있다.

- **정규압밀 점토**
  $OCR = 1$

- **과압밀 점토**
  $OCR > 1$

2. 선행압밀하중(P_c) 결정방법

모식도	P_c(선행압밀하중) 결정방법
(e-log P 곡선 그림: 직선부 연장선, E, A, 수평선, 2등분선, 접선, P_c)	① $e - \log P$ 곡선에서 곡률반경이 최소인 점(A)을 취해 수평선을 그린다. ② 곡률반경 최소인 점(A)에 접선을 그린다. ③ 수평선과 접선이 이루는 각의 2등분선을 그린다. ④ 직선부의 연장선을 그린다. ⑤ 각의 2등분선과 연장선이 만나는 점(E)을 구한다. ⑥ E점에서 가로축에 수선을 내리면 그 하중이 선행압밀하중(P_c)이 된다.

- 선행압밀하중(P_c)은 $e - \log P$ 곡선에서 결정한다.

3. 정규압밀 점토 및 과압밀 점토

정규압밀 점토	과압밀 점토
$OCR = 1$, $P_c = P$	$OCR > 1$, $P_c > P$
현재의 유효연직응력이 선행압밀압력과 동일한 응력상태에 있는 흙 (공극비의 변화가 상대적으로 작다.)	과거에 지금보다도 큰 하중을 받았던 상태로 제일 안정된 상태의 지반이다. (공극비의 변화가 상대적으로 크다.)
자연퇴적	절토·굴삭

- **압밀 진행 중**
  $OCR < 1$, $P_c < P$

- **점토에서 과압밀 발생원인**
  ① 전응력의 변화
  ② 흙구조의 변화
  ③ 환경적 요소의 변화

예 / 상 / 문 / 제

01 압밀이론에서 선행(先行) 압밀하중이란?

① 현재 받고 있는 최소의 압밀하중
② 현재 지반 중에서 과거에 최대로 받았던 압밀하중
③ 앞으로 받을 수 있는 최대의 압밀하중
④ 현재 받고 있는 최대의 압밀하중

[해설]
선행압밀하중(P_c)
- 시료가 과거에 받았던 최대의 압밀하중
- 하중과 간극비 곡선으로 구한다.
- 과압밀비(OCR) 산정에 이용된다.

02 압밀시험 결과 시간-침하량 곡선에서 구할 수 없는 값은?

① 1차 압밀비 ② 초기 압축비
③ 선행압밀압력(P_c) ④ 압밀계수(C_v)

[해설]
선행압밀하중은 압밀곡선($e-\log P$)에서 구할 수 있다.

03 압밀이론에서 선행압밀하중에 대한 설명 중 옳지 않은 것은?

① 현재 지반 중에서 과거에 받았던 최대의 압밀하중이다.
② 압밀소요시간의 추정이 가능하여 압밀도 산정에 사용된다.
③ 주로 압밀시험으로부터 작도한 $e-\log P$ 곡선을 이용하여 구할 수 있다.
④ 현재의 지반 응력상태를 평가할 수 있는 과압밀비 산정 시 이용된다.

[해설]
압밀소요시간 $\left(t=\dfrac{T_v \cdot H^2}{C_v}\right)$과 선행압밀하중($P_c$)은 무관하다.

04 선행압밀하중을 결정하기 위해서는 압밀시험을 행한 다음 어느 곡선으로부터 구할 수 있는가?

① 간극비-압력(log 눈금) 곡선
② 압밀계수-압력(log 눈금) 곡선
③ 1차 압밀비-압력(log 눈금) 곡선
④ 2차 압밀계수-압력(log 눈금) 곡선

05 지표면 아래 1m 되는 곳에 점 A가 있다. 본래 이 지층은 건조했으나 댐 건설로 현재는 지표면까지 지하수위가 도달하였다. 다른 요인을 무시할 때 A점의 과압밀비(OCR)는?(단, 흙의 건조 단위중량은 16kN/m^3, 포화 단위중량은 20kN/m^3, $\gamma_w=10\text{kN/m}^3$)

① 1.00 ② 1.25 ③ 1.60 ④ 0.80

[해설]

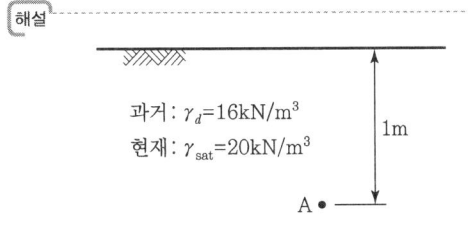

$$OCR=\frac{P_c(\sigma)}{P(\sigma')}=\frac{\gamma_d \cdot z}{\gamma_{sub} \cdot z}=\frac{16 \times 1}{(20-10)\times 1}=\frac{16}{10}=1.6$$

06 다음 그림 중 A점에서 자연 시료를 채취하여 압밀시험한 결과 선행 압축력이 7.94N/cm^2이었다. 이 흙은 무슨 점토인가?(단, $\gamma_w=9.8\text{kN/m}^3$ 이다.)

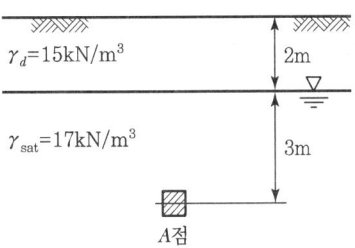

① 압밀 진행 중인 점토 ② 정규 압밀 점토
③ 과압밀 점토 ④ 이것으로는 알 수 없다.

[해설]
- 유효 상재 하중(P) $=\gamma_d \cdot h_1 + \gamma_{sub} \cdot h_2$
  $=(15 \times 2)+(17-9.8)\times 3 = 51.6\text{kN/m}^2$
- OCR(과압밀비) $=\dfrac{P_c}{P}=\dfrac{79.4}{51.6}=1.54$

  $OCR(1.54)>1$
  ∴ 과압밀 점토
※ $7.94\text{N/cm}^2 = 79.4\text{kN/m}^2$

정답 01 ② 02 ③ 03 ② 04 ① 05 ③ 06 ③

05 압밀도

1. 압밀도

압밀도	특징
① 압밀의 진행 정도 ② U로 표현	초기과잉간극수압이 가장 크면 압밀현상이 가장 늦게 일어난다.
	압밀도는 배수층(투수층)에 근접할수록 증가한다.

GUIDE

- **압밀도(U)**
  임의시간 t가 경과한 후 지층 내에서의 압밀의 정도

- **평균압밀도($\overline{U}$)**
  점토층 전체의 압밀도(압밀도 U_z는 지층의 깊이에 따라 다르다.)

2. Z 지점에서 압밀도(U_z)와 평균압밀도($\overline{U}$)

깊이 z 되는 지점에서 압밀도(U_z)	전체 점토층의 평균압밀도($\overline{U}$)
$U_z = \dfrac{\text{소산된 과잉간극수압}}{\text{초기 과잉간극수압}}$ $= \dfrac{u_i - u_t}{u_i} \times 100$ $= \dfrac{P - u_t}{P} \times 100$	$\overline{U} = \dfrac{\Delta H_t}{\Delta H} \times 100 (\%)$
① u_i : 초기 과잉간극수압(kg/cm²), $u_i = \gamma_w h$ ② u_t : t시간 이후의 과잉간극수압 ③ P : 점토층에 가해진 압력(kg/cm²) ④ u(전체 간극수압)$= u_i + u_t$	① ΔH_t : t 시간 후의 압밀침하량 ② ΔH : 전체 입밀침하량

- 과잉간극수압은 외부하중으로 인해 발생하는 수압

- **압밀순간**
  $\sigma(P) = u_i$

3. 압밀도(U)에 영향을 주는 요소

압밀도(U)는 시간계수에 비례한다.	특징
① $U_z = f(T_v)$ ② $T_v = \dfrac{C_v t}{H^2}$	① 시간계수(T_v), 압밀계수(C_v), 소요시간(t)에 비례 ② 배수거리(H)의 제곱에 반비례

- **압밀도와 시간계수**

압밀도	시간계수(T_v)
$U_z = 50\%$	0.197
$U_z = 90\%$	0.848

- 하중의 증가량과 압밀도와는 관계가 없다.

예 / 상 / 문 / 제

01 연약지반에 구조물을 축조할 때 피에조미터를 설치하여 과잉간극수압의 변화를 측정했더니 어떤 점에서 구조물 축조 직후 $100kN/m^2$이었지만, 4년 후는 $20kN/m^2$이었다. 이때의 압밀도는?

① 20% ② 40%
③ 60% ④ 80%

해설

압밀도(U_z) = $\dfrac{u_i - u_t}{u_i} \times 100$

$= \dfrac{100-20}{10} \times 100$

$= 80\%$

02 지표면에 $40kN/m^2$의 성토를 시행하였다. 압밀이 70% 진행되었다고 할 때 현재의 과잉 간극수압은?

① $8kN/m^2$ ② $12kN/m^2$
③ $22kN/m^2$ ④ $28kN/m^2$

해설

압밀도(U_z) = $\dfrac{P-u_t}{P} \times 100$, $70 = \dfrac{40-u_t}{40} \times 100$

∴ 현재 간극수압(u_t) = $12kN/m^2$

03 다음과 같은 지반에서 재하 순간 수주(水柱)가 지표면(지하수위)으로부터 5m였다. 40% 압밀이 일어난 후 A점에서의 전체 간극수압은 얼마인가? (단, 물의 단위 중량은 $9.81kN/m^3$이다.)

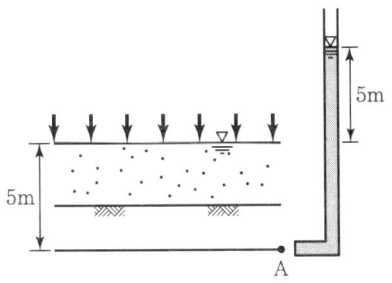

① $19.62kN/m^2$ ② $29.43kN/m^2$
③ $49.05kN/m^2$ ④ $78.48kN/m^2$

해설

압밀도(U_z) = $\dfrac{u_i - u_t}{u_i} \times 100$

- u_i(초기과잉간극수압) = $\gamma_w \cdot H = 9.81 \times 5 = 49.05 kN/m^2$
- 압밀도(U_z) = 40%

$40\% = \dfrac{(5 \times 9.81) - u_i}{(5 \times 9.81)} \times 100$

∴ $u_t = 29.43 kN/m^2$

- A점 간극수압은
  (u) = 정수압(u_i) + 과잉간극수압(u_t)
  $= 49.05 + 29.43 = 78.48 kN/m^2$

04 그림과 같은 지반에 피에조미터를 설치하고 성토한 순간에 수주(水柱)가 지표면에서부터 4m였다. 4개월 후에 수주가 3m가 되었다면 지하 6m 되는 곳의 압밀도와 과잉간극수압은?(단, $\gamma_w = 10 kN/m^3$이다.)

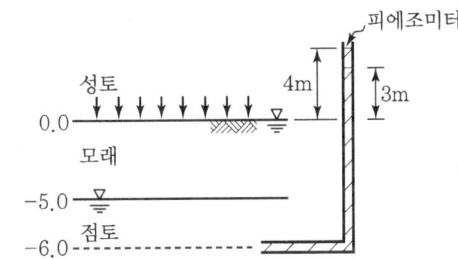

	압밀도	과잉간극수압
①	10%	$90kN/m^2$
②	25%	$30kN/m^2$
③	75%	$60kN/m^2$
④	90%	$50kN/m^2$

해설

- 압밀도(U_z) = $\dfrac{u_i - u_t}{u_i} \times 100 = \dfrac{40-30}{40} \times 100$
  $= 25\%$
- t시간 후의 과잉간극수압(u_t) = $3m \times 10 kN/m^3$
  $= 30 kN/m^2$

정답 01 ④ 02 ② 03 ④ 04 ②

06 압밀침하량(ΔH)

1. 압밀침하량(정규압밀점토)

ΔH(압밀침하량)	내용
$\Delta H = m_v \Delta P H$ $= \dfrac{a_v}{1+e_1} \Delta P H$ $= \dfrac{e_1 - e_2}{1+e_1} H$ $= \dfrac{C_c}{1+e_1} \log \dfrac{P_2}{P_1} H$	① $m_v = \dfrac{a_v}{1+e_1}$ ② $a_v = \dfrac{e_1 - e_2}{P_2 - P_1} = \dfrac{e_1 - e_2}{\Delta P}$ ③ $C_c = \dfrac{e_1 - e_2}{\log P_2 - \log P_1} = \dfrac{e_1 - e_2}{\log \dfrac{P_2}{P_1}}$
	• e_1 : 초기 간극비(최초 간극비) • C_c : 압축지수 • P_1 : 자중에 의한 유효응력(초기 유효연직응력) • P_2 : 상재하중에 의해 증가된 유효응력 $(P_2 = P_1 + \Delta P)$ • H : 점토층(압밀층) 두께

GUIDE

- m_v : 체적변화계수
- a_v : 압축계수
- C_c : 압축지수
- 압밀침하량과 압밀계수(C_v)와는 무관

- 압축지수(C_c) 경험식
  ① 불교란 시료
    $C_c = 0.009(\omega_L - 10)$
  ② 교란 시료
    $C_c = 0.007(\omega_L - 10)$

07 배수거리와 압밀시간과의 관계

1. 배수거리와 압밀층 두께

압밀시간과 배수거리의 관계	특징
$t_1 : t_2 = H_1^2 : H_2^2$ $\therefore t_2 = \left(\dfrac{H_2}{H_1}\right)^2 \times t_1$	① t_1 : 시료의 압밀시간 ② H_1 : 시료의 배수거리 ③ t_2 : 현장 흙의 압밀시간 ④ H_2 : 현장 시료의 배수거리
일면 배수층의 배수거리(H)	양면 배수층의 배수거리($H/2$)
투수층 / 점토층 / 불투수층 (두께 H)	투수층 / 점토층 ($H/2$) / 투수층 (두께 H)

- $T_v = \dfrac{C_v t}{H^2}$
  $\therefore t \propto H^2$

- 배수 길이
  ① 일면 배수 : H
  ② 양면 배수 : $H/2$

예 / 상 / 문 / 제

01 다음 중 압밀침하량 산정 시 관련이 없는 것은?

① 체적변화계수 ② 압축지수
③ 압축계수 ④ 압밀계수

[해설]
압밀침하량과 압밀계수와는 무관

02 두께 5m의 점토층이 있다. 압축 전의 간극비가 1.32, 압축 후의 간극비가 1.01으로 되었다면 이 토층의 압밀침하량은 약 얼마인가?

① 67cm ② 58cm ③ 52cm ④ 47cm

[해설]
$\Delta H = \dfrac{e_1 - e_2}{1+e_1} \cdot H = \dfrac{1.32-1.01}{1+1.32} \times 500 = 67\text{cm}$

03 두께 6m의 점토층이 있다. 이 점토의 간극비는 $e = 2.0$이고 액성한계는 $W_L = 70\%$이다. 지금 압밀하중을 20N/cm²에서 40N/cm²로 증가시키려고 한다. 예상되는 압밀침하량은?(단, 압축지수 C_c는 Skempton의 식 $C_c = 0.009(W_L - 10)$을 이용할 것)

① 0.27m ② 0.33m ③ 0.49m ④ 0.65m

[해설]
$\Delta H(\text{압밀침하량}) = \dfrac{C_c}{1+e} \log \dfrac{P_2}{P_1} H$
$= \dfrac{0.54}{1+2} \times \log \dfrac{40}{20} \times 6 = 0.33\text{m}$
※ $C_c = 0.009(\omega_L - 10) = 0.009(70-10) = 0.54$

04 두께 10m의 점토층에서 시료를 채취하여 압밀시험한 결과 압축지수가 0.37, 간극비는 1.24이었다. 이 점토층 위에 구조물을 축조하는 경우, 축조 이전의 유효압력은 100kN/m²이고 구조물에 의한 증가응력은 50kN/m²이다. 이 점토층이 구조물 축조로 인하여 생기는 압밀침하량은 얼마인가?

① 8.7cm ② 29.1cm
③ 38.2cm ④ 52.7cm

[해설]
압밀침하량$(\Delta H) = \dfrac{C_c}{1+e_1} \log \dfrac{P_2}{P_1} H$
$= \dfrac{0.37}{1+1.24} \log \dfrac{100+50}{100} \times 10$
$= 0.291\text{m} = 29.1\text{cm}$

05 점토층의 두께 5m, 간극비 1.4, 액성한계 50%이고 점토층 위의 유효 상재 압력이 100kN/m²에서 140kN/m²로 증가할 때의 침하량은?(단, 압축지수는 흐트러지지 않은 시료에 대한 Terzaghi & Peck의 경험식을 사용하여 구한다.)

① 8cm ② 11cm ③ 24cm ④ 36cm

[해설]
- 압축지수$(C_c) = 0.009(\omega_L - 10)$
  $= 0.009 \times (50-10) = 0.36$
- 침하량$(\Delta H) = \dfrac{C_c}{1+e} \log \dfrac{P_2}{P_1} H$
  $= \dfrac{0.36}{1+1.4} \times \log \dfrac{140}{100} \times 5$
  $= 0.11\text{m} = 11\text{cm}$

06 어떤 점토층의 어느 압밀도에 도달할 때까지의 소요시간을 양면 배수라고 생각하여 계산할 때 5년이라고 하면, 일면 배수라고 생각할 때는 몇 년인가?

① 10년 ② 20년
③ 30년 ④ 40년

[해설]
$H^2 : x = \left(\dfrac{H}{2}\right)^2 : 5$
$x = \left(\dfrac{H}{\frac{H}{2}}\right)^2 \times 5 = 20\text{년}$

압밀 소요시간에서 일면 배수는 양면 배수의 4배이다.

정답 01 ④ 02 ① 03 ② 04 ② 05 ② 06 ②

08 압축지수와 팽창지수를 고려한 압밀침하량

1. 압축지수와 팽창지수를 고려한 압밀침하량

ΔH(압밀 침하량) : 압축지수와 팽창지수 고려
$$\Delta H = \frac{C_s}{1+e_1} \log \frac{P_c}{P_1} H + \frac{C_c}{1+e_1} \log \frac{P_2}{P_c} H$$

C_s : 팽창지수
e_1 : 초기 간극비(최초 간극비)
C_c : 압축지수
P_1 : 자중에 의한 유효응력
P_2 : 상재하중에 의해 증가된 유효응력($P_2 = P_1 + \Delta P$)
P_c : 선행압밀하중
H : 점토층(압밀층) 두께

2. 평균압밀도($\overline{U}$)

전체 점토층의 평균 압밀도($\overline{U}$)	
$\overline{U} = \dfrac{\Delta H_t}{\Delta H} \times 100$	① ΔH_t : t시간 후의 압밀 침하량 ② ΔH : 전체 압밀 침하량

3. 전체 압밀 침하량(ΔH)

ΔH(압밀 침하량)
$$\Delta H = \frac{C_c}{1+e_1} \log \frac{P_2}{P_1} H$$

예 / 상 / 문 / 제

01 그림과 같은 하중을 받는 과압밀 점토의 1차 압밀침하량은 얼마인가?(단, 점토 중 중앙에서의 초기응력은 0.6kg/cm^2, 선행압밀하중 1.0kg/cm^2, 압축지수(C_c) 0.1, 팽창지수(C_s) 0.01, 초기간극비 1.15)

① 11.3cm
② 15.2cm
③ 20.3cm
④ 29.6cm

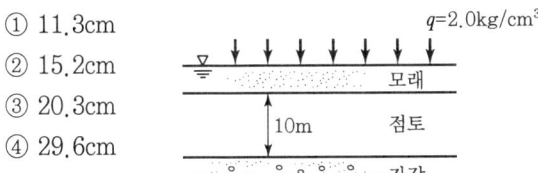

[해설]

압축지수와 팽창지수를 고려한 압밀침하량

$$\Delta H = \frac{C_s}{1+e}\log\frac{P_c}{P_1}H + \frac{C_c}{1+e}\log\frac{P_2}{P_c}H$$

$$= \frac{0.01}{1+1.15}\log\frac{1.0}{0.6}\times 1,000 + \frac{0.1}{1+1.15}\log\frac{2.6}{1.0}\times 1,000$$

$$= 20.3\text{cm}$$

(여기서, $P_2 = P_1 + \Delta P = 0.6 + 2.0 = 2.6\text{kg/cm}^2$)

02 10m 두께의 포화된 정규압밀점토층의 지표면에 매우 넓은 범위에 걸쳐 50kN/m^2의 등분포하중이 작용한다. 포화단위중량 $\gamma_{sat}=20\text{kN/m}^3$, 압축지수($C_c$)=0.8, e_o=0.6, 압밀계수 $C_v=4\times 10^{-5}\text{cm}^2/\text{sec}$ 일 때 다음 설명 중 틀린 것은?(단, 지하수위는 점토층 상단에 위치하고 $1\text{t}=10\text{kN}$, $\gamma_w=10\text{kN/m}^3$)

① 초기과잉간극수압의 크기는 50kN/m^2이다.
② 점토층에 설치한 피에조미터의 재하 직후 물의 상승고는 점토층 상면으로부터 5m이다.
③ 압밀침하량이 75.25cm 발생하면 점토층의 평균 압밀도는 50%이다.
④ 일면배수조건이라면 점토층이 50% 압밀하는 데 소요일수는 24,500일이다.

[해설]

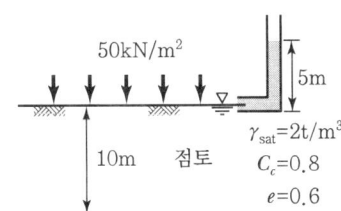

① $u_i = \gamma_w \cdot h$
   $= 10\times 5 = 50\text{kN/m}^2$

② $u_i = \gamma_w h$
   $50 = 10\times h$ $\therefore h = 5\text{m}$

③ ㉠ $P_1 = 10\times\frac{10}{2} = 50\text{kN/m}^2$
   ㉡ $P_2 = P_1 + \Delta P = 50 + 50 = 100\text{kN/m}^2$
   ㉢ $\Delta H = \frac{C_c}{1+e_1}\log\frac{P_2}{P_1}H = \frac{0.8}{1+0.6}\times\log\frac{100}{50}\times 10$
      $= 1.51\text{m}$
   ㉣ $\overline{U} = \frac{\Delta H_t}{\Delta H} = \frac{75.25}{151} = 0.498 = 49.8\%$

④ $t_{50} = \frac{0.197H^2}{C_v} = \frac{0.197\times 1,000^2}{4\times 10^{-5}} = 4.925\times 10^9$ 초
   $= 57,002.3$일

03 그림과 같은 지층단면에서 지표면에 가해진 50kN/m^2의 상재하중으로 인한 점토층(정규압밀 점토)의 1차 압밀최종침하량을 구하고, 침하량이 5cm 일 때 평균압밀도를 구하면?($\gamma_w=9.8\text{kN/m}^3$ 이다.)

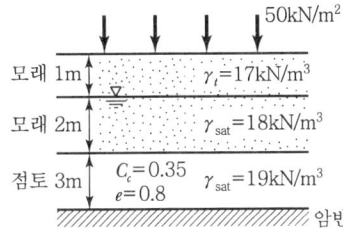

① S=18.5cm, U=27%   ② S=14.7cm, U=22%
③ S=18.5cm, U=22%   ④ S=14.7cm, U=27%

[해설]

압밀최종침하량

$$\Delta H = \frac{C_c}{1+e}\log\frac{P_2}{P_1}H$$

• $\sigma' = \gamma\cdot H_1 + \gamma_{sub}\cdot H_2 + \gamma_{sub}\cdot H_3$
   $= 17\times 1 + (18-9.8)\times 2 + (19-9.8)\times\frac{3}{2} = 47.2\text{kN/m}^2$

• $P_1 = 47.2\text{kN/m}^2$
• $P_2 = P_1 + P = 47.2 + 50 = 97.2\text{kN/m}^2$

$\therefore \Delta H = \frac{C_c}{1+e}\log\frac{P_2}{P_1}H$

$= \frac{0.35}{1+0.8}\times\log\frac{97.2}{47.2}\times 300 = 18.3\text{cm}$

그리고 평균압밀도는

$$U = \frac{t\text{시간 후의 압밀량}}{\text{전체 압밀침하량}} = \frac{5}{18.3}\times 100 = 27\%$$

정답 01 ③ 02 ④ 03 ①

CHAPTER 07 실 / 전 / 문 / 제

01 어느 점토의 압밀계수 $C_v = 1.640 \times 10^{-4}$ cm²/sec, 압축계수(a_v) = 2.820×10^{-2} cm²/kg일 때 이 점토의 투수계수는?(단, 간극비 $e = 1.0$)

① 8.014×10^{-9} cm/sec ② 6.646×10^{-9} cm/sec
③ 4.624×10^{-9} cm/sec ④ 2.312×10^{-9} cm/sec

[해설]
압밀시험에 의한 투수계수

$$K = C_v m_v \gamma_w = C_v \frac{a_v}{1+e} \gamma_w$$

$$= 1.640 \times 10^{-4} \times \frac{2.820 \times 10^{-2} \times 10^{-3}}{1 + 1.0} \times 1$$

$$= 2.312 \times 10^{-9} \text{ cm/sec}$$

(압축계수 a_v를 cm²/kg에서 cm²/g로 단위환산)

02 Terzaghi의 1차 압밀에 대한 설명으로 틀린 것은?

① 압밀방정식은 점토 내에 발생하는 과잉간극수압의 변화를 시간과 배수거리에 따라 나타낸 것이다.
② 압밀방정식을 풀면 압밀도를 시간계수의 함수로 나타낼 수 있다.
③ 평균압밀도는 시간에 따른 압밀침하량을 최종압밀침하량으로 나누면 구할 수 있다.
④ 하중이 증가하면 압밀침하량이 증가하고 압밀도도 증가한다.

[해설]
하중이 증가하면 압밀침하량은 증가하지만 압밀도와는 무관하다.

03 다음 중 테르자기(Terzaghi) 압밀 이론의 가정이 아닌 것은?

① 흙은 균질의 분체이다.
② 토립자의 공극은 항상 물로 포화되어 있다.
③ 흙의 압축은 3차원적이다.
④ 흙속의 물은 1차원적으로 배수되고 Darcy의 법칙이 성립된다.

[해설]
Terzaghi의 압밀 이론
• 흙은 균질하고 포화되어 있다.
• 흙 입자와 물의 압축성은 무시한다.
• 흙 속 물의 이동은 Darcy의 법칙에 따르며 투수계수는 일정하다.
• 흙의 압축은 1축 압축으로 행하여진다.

04 Terzaghi는 포화 점토에 대한 1차 압밀 이론에서 수학적 해를 구하기 위하여 다음과 같은 가정을 하였다. 이 중 옳지 않은 것은?

① 흙은 균질이다.
② 흙 입자와 물의 압축성은 무시한다.
③ 흙속에서의 물의 이동은 Darcy 법칙을 따른다.
④ 투수 계수는 압력의 크기에 비례한다.

[해설]
④ 투수 계수는 압력의 크기에 관계없이 일정하다.

05 Terzaghi의 압밀이론에서 2차 압밀이란 어느 것인가?

① 과대하중에 의해 생기는 압밀
② 과잉간극수압이 "0"이 되기 전의 압밀
③ 횡방향의 변형으로 인한 압밀
④ 과잉간극수압이 "0"이 된 후에도 계속되는 압밀

[해설]
2차압밀
• 과잉 간극수압이 완전히 배제된 후에도 계속 진행되는 압밀(Creep 변형)을 말한다.
• 유기질토, 해성점토, 점토 층의 두께가 두꺼울수록 2차 압밀은 크다.

06 다음의 흙 중에서 2차 압밀량이 가장 큰 흙은?

① 모래   ② 점토
③ Silt   ④ 유기질토

정답 01 ④ 02 ④ 03 ③ 04 ④ 05 ④ 06 ④

> [해설]
> 2차 압밀이 가장 큰 흙은 유기질토, 해성점토 등이다.

07 10m 두께의 포화된 정규압밀점토층의 지표면에 매우 넓은 범위에 걸쳐 $5.0t/m^2$의 등분포하중이 작용한다. 포화단위중량 $\gamma_{sat}=2.0t/m^3$, 압축지수(C_c)=0.8, e_o=0.6, 압밀계수 $C_v=4\times10^{-5}cm^2/sec$일 때 다음 설명 중 틀린 것은?(단, 지하수위는 점토층 상단에 위치한다.)

① 초기과잉간극수압의 크기는 $5.0t/m^2$이다.
② 점토층에 설치한 피에조미터의 재하 직후 물의 상승고는 점토층 상면으로부터 5m이다.
③ 압밀침하량이 75.25cm 발생하면 점토층의 평균 압밀도는 50%이다.
④ 일면배수조건이라면 점토층이 50% 압밀하는 데 소요일수는 24,500일이다.

> [해설]
> 침하시간(일면배수조건)
> $t_{50} = \dfrac{T_v \cdot H^2}{C_v} = \dfrac{0.197 \times 1,000^2}{4 \times 10^{-5}} = 4,925,000,000$초
> $\therefore 4,925,000,000 \times \dfrac{1}{60 \times 60 \times 24} = 57,002.3$일

08 두께 2m의 포화점토층의 상하가 모래층으로 되어 있을 때 이 점토층이 최종 침하량의 90% 침하를 일으킬 때까지 걸리는 시간은?(단, 압밀계수(c_v)는 $1.0\times10^{-5}cm^2/sec$, 시간계수(T_{90})는 0.848이다.)

① $0.788\times10^9 sec$
② $0.197\times10^9 sec$
③ $3.392\times10^9 sec$
④ $0.848\times10^9 sec$

> [해설]
> 압밀 소요시간(양면배수)
> $t_{90} = \dfrac{T_v \cdot H^2}{C_v} = \dfrac{0.848 \times \left(\dfrac{200}{2}\right)^2}{1.0 \times 10^{-5}}$
> $= 0.848 \times 10^9 sec$

09 두께 10m 되는 포화 점토의 위아래에 모래층이 있을 때 압밀도 50%에 달할 때까지 소요되는 일수는 얼마인가?(단, 점토의 압밀계수는 $4.0\times10^{-4} cm^2/sec$이다.)

① 1,425일
② 6,134일
③ 2,850일
④ 3,333일

> [해설]
> $t_{50} = \dfrac{0.197H^2}{C_v} = \dfrac{0.197 \times \left(\dfrac{1,000}{2}\right)^2}{4.0 \times 10^{-4}} = 1.231 \times 10^8 sec = 1,425$일

10 모래지층 사이에 두께 6m의 점토층이 있다. 이 점토의 토질 실험결과가 다음과 같을 때, 이 점토층의 90% 압밀을 요하는 시간은 약 얼마인가?(단, 1년은 365일로 계산)

- 간극비 : 1.5
- 압축계수(a_v) : $4\times10^{-4}(cm^2/g)$
- 투수계수 k=$3\times10^{-7}(cm/sec)$

① 12.9년
② 5.22년
③ 1.29년
④ 52.2년

> [해설]
> $t_{90} = \dfrac{T_v \cdot H^2}{C_v}$
> - $K = C_v \cdot m_v \cdot \gamma_w = C_v \cdot \dfrac{a_v}{1+e} \cdot \gamma_w$
> $3 \times 10^{-7} = C_v \times \dfrac{4 \times 10^{-4}}{1+1.5} \times 1$
> $\therefore$ 압밀계수(C_v)=$1.875 \times 10^{-3} cm^2/sec$
> - 90% 압밀을 요하는 침하시간(양면배수조건)
> $t_{90} = \dfrac{T_v \cdot H^2}{C_v} = \dfrac{0.848 \times \left(\dfrac{600}{2}\right)^2}{1.875 \times 10^{-3}}$
> $= 40,704,000$초
> $\therefore 40,704,000 \times \dfrac{1}{60 \times 60 \times 24 \times 365} = 1.29$년

정답 07 ④ 08 ④ 09 ① 10 ③

CHAPTER 07 실 / 전 / 문 / 제

11 일면배수 상태인 10m 두께의 점토층이 있다. 지표면에 무한히 넓게 등분포압력이 작용하여 1년 동안 40cm의 침하가 발생되었다. 점토층이 90% 압밀에 도달할 때 발생되는 1차 압밀침하량은?(단, 점토층의 압밀계수는 $C_v = 19.7 \text{m}^2/\text{yr}$이다.)

① 40cm ② 48cm
③ 72cm ④ 80cm

[해설]

- 시간계수 $(T_v) = \dfrac{C_v \cdot t}{H^2} = \dfrac{19.7 \times 1}{10^2} = 0.197$
- 시간계수 $(T_v) = 0.197$인 경우는 압밀도 50일 때이다.
- 압밀도는 침하량과 비례
  50% : 40 cm = 90% : ΔH
  ∴ 90% 압밀 시 침하량 $\Delta H = 72$cm

12 두께 H인 점토층에 압밀하중을 가하여 요구되는 압밀도에 달할 때까지 소요되는 기간이 단면배수일 경우 400일이었다면 양면배수일 때는 며칠이 걸리겠는가?

① 800일 ② 400일
③ 200일 ④ 100일

[해설]

압밀소요시간
$t = \dfrac{T_v \cdot H^2}{C_v} \; (t \propto H^2)$
(압밀시간 t는 점토의 두께(배수거리) H의 제곱에 비례)

$t_1 : H^2 = t_2 : \left(\dfrac{H}{2}\right)^2$

$400 : H^2 = t_2 : \left(\dfrac{H}{2}\right)^2$

∴ $t_2 = \dfrac{400 \times \left(\dfrac{H}{2}\right)^2}{H^2} = 100$일

13 두께 2cm인 점토시료의 압밀시험 결과 전 압밀량의 90%에 도달하는 데 1시간이 걸렸다. 만일 같은 조건에서 같은 점토로 이루어진 2m의 토층 위에 구조물을 축조한 경우 최종침하량의 90%에 도달하는 데 걸리는 시간은?

① 약 250일 ② 약 368일
③ 약 417일 ④ 약 525일

[해설]

$t_{90} = \dfrac{T_v \cdot H^2}{C_v}$ 에서, $t_{90} \propto H^2$

$t_1 : H_1^2 = t_2 : H^2$

$1 : \left(\dfrac{2}{2}\right)^2 = t_2 : \left(\dfrac{200}{2}\right)^2$

∴ $t_2 = 10,000$hr ≒ 417일

14 두께 5m 되는 점토층 아래 위에 모래층이 있을 때 최종 1차 압밀침하량이 0.6m로 산정되었다. 아래의 압밀도(U)와 시간계수(T_v)의 관계 표를 이용하여 0.36m가 침하될 때 걸리는 총소요시간을 구하면?(단, 압밀계수 $C_v = 3.6 \times 10^{-4} \text{cm}^2/\text{sec}$이고, 1년은 365일)

$U\%$	T_v
40	0.126
50	0.197
60	0.287
70	0.403

① 약 1.2년 ② 약 1.6년
③ 약 2.2년 ④ 약 3.6년

[해설]

- 압밀도 $U = \dfrac{0.36}{0.6} \times 100 = 60\%$
- 침하시간(양면배수조건)

$t_{60} = \dfrac{T_v \cdot H^2}{C_v} = \dfrac{0.287 \times \left(\dfrac{500}{2}\right)^2}{3.6 \times 10^{-4}}$

= 49,826,388.89초

∴ $49,826,388.89 \times \dfrac{1}{60 \times 60 \times 24 \times 365} = 1.6$년

정답 11 ③ 12 ④ 13 ③ 14 ②

실 / 전 / 문 / 제

15 그림과 같은 포화 점토층이 상재 하중에 의하여 압밀도 $U = 60\%$에 도달하는 데 걸리는 시간은? (단, $C_v = 3.6 \times 10^{-4} \text{cm}^2/\text{sec}$, $T_v = 0.287$)

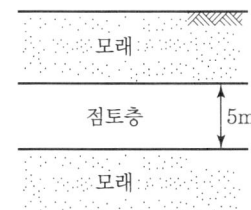

① 약 2.5년 ② 약 1.3년
③ 약 1.6년 ④ 약 2.2년

해설

$t_{60} = \dfrac{T_v \cdot H^2}{C_v} = \dfrac{0.287 \times \left(\dfrac{500}{2}\right)^2}{3.6 \times 10^{-4} \times 60 \times 60 \times 24 \times 365} = 1.58$년

($\because$ 1년(sec) $= 60 \times 60 \times 24 \times 365$)

16 두께 10m의 점토층 상·하에 모래층이 있다. 점토층의 평균압밀계수가 $0.11 \text{cm}^2/\text{min}$일 때 최종 침하량의 50%의 침하가 일어나는 데 며칠이 걸리겠는가? (단, 시간계수는 0.197을 적용한다.)

① 996일 ② 448일
③ 311일 ④ 224일

해설

$t_{50} = \dfrac{T_v \cdot H^2}{C_v} = \dfrac{0.197 \times \left(\dfrac{1,000}{2}\right)^2}{0.11}$

$= 447,727.27 \text{분} \times \dfrac{1}{60 \times 24} = 311$일

17 압밀계수를 구하는 목적은?

① 압밀침하량을 구하기 위하여
② 압축지수를 구하기 위하여
③ 선행압밀하중을 구하기 위하여
④ 압밀침하속도를 구하기 위하여

해설

시간 - 침하($t - d$) 곡선

압밀계수(C_v) $= \dfrac{T_v \cdot H^2}{t}$

$\therefore$ 압밀침하속도를 구하기 위해 압밀계수를 구한다.

18 그림과 같이 피에조미터를 설치하고 성토 직후에 수주가 지표면에서 3m였다. 6개월 후의 수주가 2.4m이면 지하 5m 되는 곳의 압밀도와 과잉간극수압의 소산량은 얼마인가? (단, $\gamma_w = 10\text{kN/m}^3$이다.)

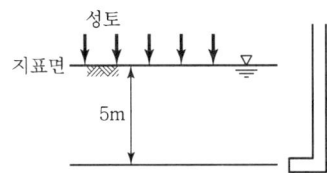

① 압밀도: 20%, 과잉간극수압 소산량: 6kN/m^2
② 압밀도: 20%, 과잉간극수압 소산량: 24kN/m^2
③ 압밀도: 80%, 과잉간극수압 소산량: 24kN/m^2
④ 압밀도: 80%, 과잉간극수압 소산량: 6kN/m^2

해설

• 압밀도(U_z) $= \dfrac{u_i - u_t}{u_i} \times 100 = \dfrac{3 - 2.4}{3} \times 100 = 20\%$

• 과잉간극수압의 소산량 $= (10 \times 3) - (10 \times 2.4) = 6\text{kN/m}^2$

19 연약지반에 흙댐을 축조할 때에 어느 위치에서 공극수압의 변화를 측정하였다. 흙댐을 축조한 직후의 공극수압이 100kN/m^2이었고 5년 후에 20kN/m^2이었을 때 이 측점의 압밀도는?

① 80% ② 40%
③ 20% ④ 10%

해설

$U_z = \dfrac{u_i - u_t}{u_i} \times 100 = \dfrac{100 - 20}{100} \times 100 = 80\%$

정답 15 ③ 16 ③ 17 ④ 18 ① 19 ①

CHAPTER 07 실 / 전 / 문 / 제

20 그림과 같은 지반에 재하순간 수주(水柱)가 지표면으로부터 5m였다. 20% 압밀이 일어난 후 지표면으로부터 수주의 높이는?

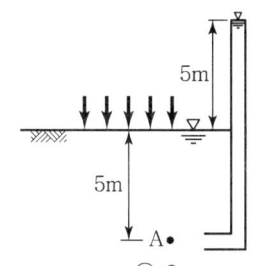

① 1m ② 2m
③ 3m ④ 4m

해설

압밀도

$U_z = \dfrac{u_i - u_t}{u_i} \times 100$ 에서

$20 = \dfrac{5 - u_t}{5} \times 100$

$\therefore u_t = 4\text{m}$

21 그림과 같이 6m 두께의 모래층 밑에 2m 두께의 점토층이 존재한다. 지하수면은 지표 아래 2m 지점에 존재한다. 이때, 지표면에 $\Delta P = 50\text{kN/m}^2$의 등분포하중이 작용하여 상당한 시간이 경과한 후, 점토층의 중간 높이 A점에 피에조미터를 세워 수두를 측정한 결과, $h = 4.0\text{m}$로 나타났다면 A점의 압밀도는?(단, $\gamma_w = 10\text{kN/m}^3$ 이다.)

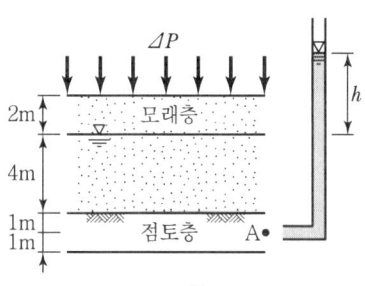

① 20% ② 30%
③ 50% ④ 80%

해설

압밀도

$U_z = \dfrac{u_i - u_t}{u_i} \times 100 = \dfrac{50 - 40}{50} \times 100 = 20\%$

22 선행압밀하중은 다음 중 어느 곡선에서 구하는가?

① 압밀하중$(\log p)$ – 간극비(e) 곡선
② 압밀하중(p) – 간극비(e) 곡선
③ 압밀시간$(\sqrt{t})$ – 압밀침하량(d) 곡선
④ 압밀하중$(\log t)$ – 압밀침하량(d) 곡선

해설

- 선행압밀하중은 시료가 과거에 받았던 최대의 압밀하중을 말한다.
- 하중$(\log P)$과 간극비(e) 곡선으로 구하며 과압밀비(OCR) 산정에 이용된다.

23 그림과 같은 지층단면에서 지표면에 가해진 50kN/m²의 상재하중으로 인한 점토층(정규압밀점토)의 1차 압밀최종침하량을 구하고, 침하량이 5cm일 때 평균압밀도를 구하면?($\gamma_w = 10\text{kN/m}^3$ 이다.)

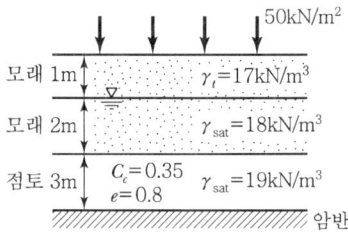

① S = 18.5cm, U = 27%
② S = 14.7cm, U = 22%
③ S = 18.5cm, U = 22%
④ S = 14.7cm, U = 27%

정답 20 ④ 21 ① 22 ① 23 ①

해설

압밀최종침하량

$$\Delta H = \frac{C_c}{1+e} \log \frac{P_2}{P_1} H$$

- $\sigma' = \gamma \cdot H_1 + \gamma_{sub} \cdot H_2 + \gamma_{sub} \cdot H_3$
  $= 17 \times 1 + (18-9.8) \times 2 + (19-9.8) \times \frac{3}{2} = 47.2 \text{kN/m}^2$
- $P_1 = 47.2 \text{kN/m}^2$
- $P_2 = P_1 + P = 47.2 + 50 = 97.2 \text{kN/m}^2$

$$\therefore \Delta H = \frac{C_c}{1+e} \log \frac{P_2}{P_1} H$$
$$= \frac{0.35}{1+0.8} \times \log \frac{97.2}{47.2} \times 300 = 18.3 \text{cm}$$

그리고 평균압밀도는
$$U = \frac{t \text{시간 후의 압밀량}}{\text{전체 압밀침하량}} = \frac{5}{18.3} \times 100 = 27\%$$

24 점토층의 두께 5m, 간극비 1.4, 액성한계 50%이고 점토층 위의 유효상재 압력이 100kN/m²에서 140kN/m²로 증가할 때의 침하량은?(단, 압축지수는 흐트러지지 않은 시료에 대한 Terzaghi & Peck의 경험식을 사용하여 구한다.)

① 7cm   ② 11cm
③ 24cm ④ 36cm

해설

$$\Delta H = \frac{C_c}{1+e} \log \frac{P_2}{P_1} H$$
$$= \frac{0.36}{1+1.4} \log \frac{140}{100} \times 500 = 11 \text{cm}$$

※ $C_c = 0.009(W_L - 10) = 0.009 \times (50 - 10) = 0.36$

25 토층 두께 20m의 견고한 점토지반 위에 설치된 건축물의 침하량을 관측한 결과 완성 후 어떤 기간이 경과하여 그 침하량이 5.5cm에 달한 후 침하는 정지되었다. 이 점토 지반 내에서 건축물에 의해 증가되는 평균압력이 0.6kg/cm²이라면 이 점토층의 체적압축계수(m_v)는?

① $4.58 \times 10^{-3} \text{cm}^2/\text{kg}$
② $3.25 \times 10^{-3} \text{cm}^2/\text{kg}$
③ $2.15 \times 10^{-2} \text{cm}^2/\text{kg}$
④ $1.15 \times 10^{-2} \text{cm}^2/\text{kg}$

해설

압밀침하량
$\Delta H = m_v \cdot \Delta P \cdot H$에서,
$5.5 = m_v \times 0.6 \times 2,000$
$\therefore m_v = 4.58 \times 10^{-3} \text{cm}^2/\text{kg}$

26 다짐되지 않은 두께 2m, 상대밀도 45%의 느슨한 사질토 지반이 있다. 실내시험 결과 최대 및 최소 간극비가 0.85, 0.40으로 각각 산출되었다. 이 사질토를 상대밀도 70%까지 다짐할 때 두께의 감소는 약 얼마나 되겠는가?

① 13.3cm   ② 17.2cm
③ 21.0cm   ④ 25.5cm

해설

- 상대밀도 45%일 때 자연간극비(e_1)

$$D_r = \frac{e_{\max} - e_1}{e_{\max} - e_{\min}} \times 100$$
$$= \frac{0.85 - e_1}{0.85 - 0.40} \times 100 = 45\%\text{에서 } e_1 \text{을 구하면}$$
$\therefore e_1 = 0.6475$

- 상대밀도 70%일 때 자연간극비(e_2)

$$D_r = \frac{e_{\max} - e_2}{e_{\max} - e_{\min}} \times 100$$
$$= \frac{0.85 - e_2}{0.85 - 0.40} \times 100$$
$= 70\%$
$\therefore e_2 = 0.535$

- 침하량

$$\Delta H = \frac{e_1 - e_2}{1 + e_1} \cdot H$$
$$= \frac{0.6475 - 0.535}{1 + 0.6475} \times 200$$
$= 13.7 \text{cm}$

정답 24 ② 25 ① 26 ①

CHAPTER 07 실/전/문/제

27 현장에서 채취한 흙시료에 대해 압밀시험을 실시하였다. 압밀링에 담겨진 시료의 단면적은 $30cm^2$, 시료의 초기 높이는 2.6cm, 시료의 비중은 2.5이며 시료의 건조중량은 1.18N(120g)이었다. 이 시료에 320kPa($3.2kg/cm^2$)의 압밀압력을 가했을 때, 0.2cm의 최종 압밀침하가 발생되었다면 압밀이 완료된 후 시료의 간극비는?(단, 물의 단위중량은 $9.81kN/m^3$이다.)

① 0.125　　　　② 0.385
③ 0.500　　　　④ 0.625

[해설]
- 초기 간극비(e_1)
$V = A \cdot H = 30 \times 2.6 = 78cm^3$
$\gamma_d = \dfrac{W}{V} = \dfrac{120}{78} = 1.54 g/cm^3$
$\gamma_d = \dfrac{G_s}{1+e} \gamma_w$ 에서 $1.54 = \dfrac{2.5}{1+e} \times 1$
$\therefore e_1 = 0.62$
- 압밀침하량(ΔH) $= \dfrac{e_1 - e_2}{1 + e_1} \cdot H$ 에서
$0.2 = \dfrac{0.62 - e_2}{1 + 0.62} \times 2.6$
$\therefore$ 압밀이 완료된 후 시료의 간극비(e_2) $= 0.5$

28 다음 점성토의 교란에 관련된 사항 중 잘못된 것은?

① 교란 정도가 클수록 $e - \log P$ 곡선의 기울기가 급해진다.
② 교란될수록 압밀계수는 작게 나타난다.
③ 교란을 최소화하려면 면적비가 작은 샘플러를 사용한다.
④ 교란의 영향을 제거한 SHANSEP 방법을 적용하면 효과적이다.

[해설]
시료의 교란 정도가 클수록 $e - \log P$ 곡선의 기울기가 완만해진다.

29 어떤 점토의 액성한계 값이 40%이다. 이 점토의 불교란 상태의 압축지수 C_c를 Skempton 공식으로 구하면 얼마인가?

① 0.27　　　　② 0.29
③ 0.36　　　　④ 0.40

[해설]
Skempton의 경험공식(불교란시료)
압축지수 $C_c = 0.009(\omega_L - 10)$
$= 0.009 \times (40 - 10)$
$= 0.27$

30 정규압밀점토의 압밀시험에서 하중강도를 $4N/cm^2$에서 $0.8N/cm^2$로 증가시킴에 따라 간극비가 0.83에서 0.65로 감소하였다. 압축지수는 얼마인가?

① 0.3　　　　② 0.45
③ 0.6　　　　④ 0.75

[해설]
$C_c = \dfrac{e_1 - e_2}{\log P_2 - \log P_1} = \dfrac{0.83 - 0.65}{\log 8 - \log 4} = 0.6$

31 점토에서 과압밀이 발생하는 원인으로 가장 거리가 먼 것은?

① 지질학적 침식으로 인한 전응력의 변화
② 2차 압밀에 의한 흙 구조의 변화
③ 선행하중 재하 시 투수계수의 변화
④ pH, 염분 농도와 같은 환경적인 요소의 변화

[해설]
점토에서 과압밀 발생원인
- 전응력 변화
- 흙구조 변화
- 환경적인 요소변화

정답 27 ③　28 ①　29 ①　30 ③　31 ③

CHAPTER 08

전단강도

01 수직응력과 전단강도
02 흙의 전단강도
03 Mohr 응력원
04 직접 전단시험
05 일축압축시험
06 삼축압축시험
07 3축 압축 시 전단시험의 배수방법
08 점토의 강도증가율
09 응력경로(Stress path)
10 간극수압계수
11 사질토의 전단특성

01 수직응력과 전단강도

1. 응력과 강도

응력	강도
① 부재에 작용하는 힘(내부저항력) ② 전단응력은 외력(전단력)의 크기만큼 발생(단위면적당 외력과 동일)	① 부재가 견디는 힘 ② 최대저항력(고정값) ③ 파괴 시 응력

GUIDE

- 응력
  $$\sigma = \frac{P}{A}(\text{N/cm}^2)$$

- 강도
  외력이 점점 커져서 파괴 시 응력 (최대저항력)

- 전단강도(shear strength, s)
  $$S = \tau_f(\text{failure})$$

2. 응력의 작용방향

응력이 작용하는 흙 요소	수직응력(σ)의 작용방향
(그림)	임의의 면에 직각방향으로 작용하는 응력
	전단응력(τ)의 작용방향
	임의의 면에 평행한 방향으로 작용하는 응력

- 응력(압축, 인장)
  길이가 변함

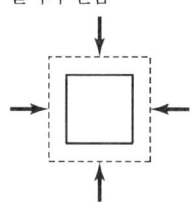

3. 흙의 전단강도와 전단응력

흙의 활동파괴 모식도	흙의 전단응력(τ)
(그림)	사면에 하중이 직접 작용하는 경우 흙 내부에 활동 파괴를 일으키는 힘
	흙의 전단강도($S=\tau_f$)
	전단응력에 저항하는 최대 전단저항

- 전단
  각도가 변함

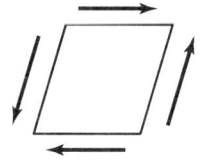

- 응력 + 전단(종합적 표시)

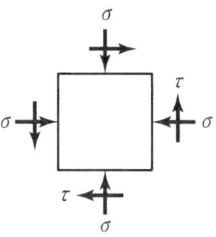

4. 흙 속의 전단응력(강도)을 증가, 감소시키는 요인

전단응력(τ)을 증가시키는 요인	전단강도(S)를 감소시키는 요인
① 함수비 증가로 흙의 단위중량 증가 ② 지반에 고결제(약액) 주입 ③ 인장응력에 의한 균열 발생(인장응력 발생 부분에 압축잔류응력 발생) ④ 지진, 발파에 의한 충격	① 간극(공극)수압의 증가 ② 흙다짐 불량, 동결 융해 ③ 수분 증가에 따른 점토의 팽창 ④ 수축, 팽창, 인장에 의한 미세균열 ⑤ 포화된 느슨한 모래층에 지진 등의 충격이 가해졌을 때

- 파괴면
  전단면 = 활동면

예 / 상 / 문 / 제

01 다음 중 흙의 전단강도를 감소시키는 요인이 아닌 것은?

① 공극수압의 증가
② 수분 증가에 의한 점토의 팽창
③ 수축, 팽창 등으로 인하여 생긴 미세한 균열
④ 지진, 발파에 의한 충격

[해설]
전단강도 응력 감소요인
- 간극수압의 증가
- 흙다짐 불량, 동결융해
- 수분 증가에 따른 점토의 팽창
- 수축, 팽창, 인장에 의한 미세균열

02 전단응력을 증가시키는 외적인 요인이 아닌 것은?

① 간극수압의 증가
② 지진, 발파에 의한 충격
③ 인장응력에 의한 균열의 발생
④ 함수량 증가에 의한 단위중량 증가

[해설]
전단강도(응력) 증가요인
- 함수비 증가에 따른 흙의 단위중량 증가
- 지반에 고결제(약액) 주입
- 인장응력에 의한 균열의 발생
- 지진, 발파에 의한 충격
 간극수압이 증가되면 전단응력이 감소된다.

03 다음 중 흙 속의 전단강도를 감소시키는 요인이 아닌 것은?

① 공극수압의 증가
② 흙다짐의 불충분
③ 수분 증가에 따른 점토의 팽창
④ 지반에 약액 등의 고결제 주입

[해설]
지반에 약액 등의 고결제를 주입하면 전단응력이 증가된다.

04 다음 중 흙의 전단 강도가 대단히 적어지는 경우를 열거한 것으로 옳지 않은 것은?

① 포화된 가늘고 느슨한 모래층에 지진 등의 충격이 가해졌을 때
② 해성 점토(marine clay)가 민물에 씻기어 소금 성분을 잃었을 때
③ 가늘고 느슨한 모래층에서 동수 경사가 한계동수경사보다 클 때
④ 실트 지반에 모관현상이 활발한 때

[해설]
- 액화 현상 : 포화된 가늘고 느슨한 모래 지반에 지진과 같은 충격이 가해지면 유효응력이 작아 전단강도가 감소한다.
- 리칭 현상 : 해성 점토가 담수에 의해 소금 성분을 잃으면 전단강도가 저하된다.
- 분사 현상 : 동수경사가 한계동수경사보다 클 때 상향 침투가 생겨 유효응력이 작아 전단강도는 감소한다.
- 모관 현상 : 실트 지반에 모관현상이 활발할 때 유효응력의 증가로 인하여 전단강도가 증가한다.

05 흐트러진 흙을 자연상태의 흙과 비교하였을 때 잘못된 설명은?

① 투수성이 크다.   ② 전단강도가 크다.
③ 간극이 크다.   ④ 압축성이 크다.

[해설]
흐트러진 흙은 전단강도가 작다.

정답 01 ④ 02 ① 03 ④ 04 ④ 05 ②

02 흙의 전단강도

1. 전단강도(전단응력)

모아-쿨롱의 파괴규준	흙의 전단강도 식
쿨롱의 파괴포락선 (그래프: τ vs σ, c: 점착력, ϕ: 내부마찰각(전단저항각))	$S(\tau_f) = c + \sigma' \tan\phi$
	전응력(σ)과 간극수압(u)이 발생할 때
	$S(\tau_f) = c + (\sigma - u)\tan\phi$

S : 흙의 전단강도(kg/cm²) c : 점착력(kg/cm²) σ : 수직(전)응력
u : 간극수압 ϕ : 전단저항각(내부마찰각)
σ' : 파괴면에 작용하는 유효수직응력(kg/cm²)

쿨롱의 파괴규준은 전단응력(τ)이 전단강도(s)와 같아질 때 파괴 된다는 것

2. 흙의 종류에 따른 전단강도

일반 흙 및 실트 ($c \neq 0$, $\phi \neq 0$)	모래(사질토) ($c = 0$, $\phi \neq 0$)	점토(점성토) ($c \neq 0$, $\phi = 0$)
$S = c + \sigma' \tan\phi$	$S = \sigma' \tan\phi$	$S = c$

3. 강도정수(c, ϕ)를 구하기 위한 실내 전단강도시험

종류	시험방법	모식도	토질
① 직접 전단시험	축하중(P)과 전단력(S)을 가함		모든 토질
② 일축 압축시험	축하중(P)만 가함		점성토
③ 3축 압축시험	횡방향 구속 후 측압 가함		모든 토질

GUIDE

- 모아-쿨롱 파괴이론
  ① $\tau_f = S$
  ② 파괴 시 전단응력=전단강도

- 유효응력(σ')
  $\sigma' = \sigma - u$

- 전단응력
  흙 속의 임의의 파괴면에 작용하는 응력

- S(흙의 전단강도)
  ① 흙의 전단저항
  ② 파괴 시 응력(최대전단응력)
  ③ $S = \tau_f$(failure, 파괴면에 작용하는 전단응력)

- $10\text{t/m}^2 = 1\text{kg/cm}^2$

- 모래
  점착력(c) = 0

- 점토
  내부마찰력(ϕ) = 0

- 전단시험
  전단시험은 흙의 강도 정수인 내부마찰각(ϕ)과 점착력(c)을 구하는 데 목적이 있다.

- 전단강도시험의 종류
  ① 실내 전단시험
  ② 현장 전단시험
     • 베인 전단시험(연약지반 점착력을 구하기 위해)
     • 원추 관입시험
     • 표준 관입시험

예/상/문/제

01 점착력이 $10kN/m^2$, 내부마찰각이 $30°$인 흙에 수직응력 $2,000kN/m^2$를 가할 경우 전단응력은?

① $2,010kN/m^2$ ② $675kN/m^2$
③ $116kN/m^2$ ④ $1,165kN/m^2$

해설
전단응력
$S(\tau_f) = c + \sigma'\tan\phi = 10 + 2,000\tan30°$
$= 1,165kN/m^2$

02 토질시험 결과 내부마찰각(ϕ) = $30°$, 점착력 $c = 50kN/m^2$, 간극수압이 $800kN/m^2$이고 파괴면에 작용하는 수직응력이 $3,000kN/m^2$일 때 이 흙의 전단응력은?

① $1,273kN/m^2$ ② $1,320kN/m^2$
③ $1,583kN/m^2$ ④ $1,954kN/m^2$

해설
파괴 시 전단응력(S, τ_f)
$= c + \sigma'\tan\phi = c + (\sigma - u)\tan\phi$
$= 50 + (3,000 - 800)\tan30° = 1,320kN/m^2$

03 어떤 흙에 대해서 직접 전단시험을 한 결과 수직응력이 $10kg/cm^2$(1MPa)일 때 전단저항이 $5kg/cm^2$(0.5MPa)이었고, 또 수직응력이 $20kg/cm^2$(2MPa)일 때에는 전단저항이 $8kg/cm^2$(0.8MPa)이었다. 이 흙의 점착력은?

① $2kg/cm^2$(0.2MPa)   ② $3kg/cm^2$(0.3MPa)
③ $8kg/cm^2$(0.8MPa)   ④ $10kg/cm^2$(1MPa)

해설
전단저항(전단강도)
$\tau = c + \sigma'\tan\phi$
$5 = c + 10\tan\phi$ ·············· ㉠
$8 = c + 20\tan\phi$ ·············· ㉡
㉠, ㉡식을 연립방정식으로 정리
$\ominus \begin{vmatrix} 10 = 2c + 20\tan\phi \\ 8 = c + 20\tan\phi \end{vmatrix}$
$2 = c$
∴ 점착력(c) = $2kg/cm^2$ = 0.2MPa

04 그림과 같은 지반에서 유효응력에 대한 점착력 및 마찰각이 각각 $c' = 10kN/m^2$, $\phi' = 20°$일 때 A점에서의 전단강도는?(단, 물의 단위중량은 9.81 kN/m^3이다.)

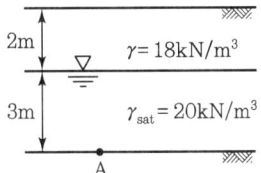

① $34.23kN/m^2$ ② $44.94kN/m^2$
③ $54.25kN/m^2$ ④ $66.17kN/m^2$

해설
$S_A(\tau_f) = c' + \sigma'\tan\phi$
$= 10 + [(18 \times 2) + (20 - 9.81) \times 3]\tan20°$
$= 34.23kN/m^2$

05 다음 중 흙의 강도를 구하는 시험이 아닌 것은?

① 압밀시험   ② 직접전단시험
③ 일축압축시험   ④ 삼축압축시험

해설

실내 전단시험	현장 전단시험
• 직접 전단시험	• 베인 전단시험
• 일축압축시험	• 원추 관입시험
• 3축압축시험	• 표준 관입시험

참고
쿨롱의 파괴포락선을 $\sigma \sim \tau$ 좌표상에 표시할 때는
$\tau = c + \sigma'\tan\phi$가 되나 이때의 τ는 파괴 시의 값이므로
$S(\tau_f) = c + \sigma'\tan\phi$로 표기

정답 01 ④ 02 ② 03 ① 04 ① 05 ①

03 Mohr 응력원

1. 주응력

모식도	주응력
(그림)	전단응력이 0인 면(주응력면)에 수직으로 작용하는 응력 ① 최대 주응력 : σ_1(수직응력) ② 최소 주응력 : σ_3(수평응력)
	주응력면
	① 주응력이 작용하는 면 ② 전단응력(접선응력)이 0인 면

GUIDE

- 전단응력이 존재하지 않을 조건
  $\sigma_1 = \sigma_3$

- 축차응력
  ① 최대 주응력 − 최소 주응력
  ② $\sigma_1 - \sigma_3$

2. Mohr 응력원(해석적으로 수직응력, 전단응력 구함)

Mohr원과 파괴포락선	Mohr의 응력원
(그림) $\theta = 45° + \dfrac{\phi}{2}$	(그림)

파괴면에 작용하는 (파괴 시)수직응력	$\sigma = \dfrac{\sigma_1 + \sigma_3}{2} + \dfrac{\sigma_1 - \sigma_3}{2}\cos 2\theta$
파괴면에 작용하는 (파괴 시)전단응력	$\tau = \dfrac{\sigma_1 - \sigma_3}{2}\sin 2\theta$

- Mohr 응력원
  ① σ_1과 σ_3의 차를 직경으로 그린 원
  ② 흙 속 임의면에 작용하는 전단력과 수직응력을 2차원 평면으로 표시

- Mohr 원의 중심좌표
  $\left(\dfrac{\sigma_1 + \sigma_3}{2},\ 0\right)$

- Mohr 원의 반경
  $\left(\dfrac{\sigma_1 - \sigma_3}{2}\right)$

- 최대주응력면과 최소주응력면은 직교한다.

- $\theta + \theta' = 90°$

3. 주응력면과 파괴면이 이루는 각

모식도	파괴면과 최대 주응력(수평축)이 이루는 각도	파괴면과 최소 주응력(연직축)이 이루는 각도
(그림)	$\theta = 45° + \dfrac{\phi}{2}$	$\theta' = 45° - \dfrac{\phi}{2}$

예 / 상 / 문 / 제

01 Mohr 응력원에 대한 설명 중 옳지 않은 것은?

① 임의 평면의 응력상태를 나타내는 데 매우 편리하다.
② 평면기점(Origin of Plane, O_p)은 최소주응력을 나타내는 원호 상에서 최소주응력면과 평행선이 만나는 점을 말한다.
③ σ_1과 σ_3의 차의 벡터를 반지름으로 해서 그린 원이다.
④ 한 면에 응력이 작용하는 경우 전단력이 0이면, 그 연직응력을 주응력으로 가정한다.

[해설]
Mohr 응력원은 σ_1과 σ_3의 차를 직경으로 그린 원이다.

02 흙 속에 있는 한 점의 최대 및 최소 주응력이 각각 200kN/m² 및 100kN/m²일 때 최대 주응력면과 30°를 이루는 평면상의 전단응력을 구한 값은?

① 10.5kN/m²
② 21.5kN/m²
③ 32.3kN/m²
④ 43.3kN/m²

[해설]
$$전단응력(\tau) = \frac{\sigma_1 - \sigma_3}{2}\sin 2\theta$$
$$= \frac{200-100}{2}\sin(2\times 30°)$$
$$= 43.3 \text{kN/m}^2$$

03 다음은 정규압밀점토의 삼축압축시험 결과를 나타낸 것이다. 파괴 시의 전단응력 τ와 수직응력 σ를 구하면?

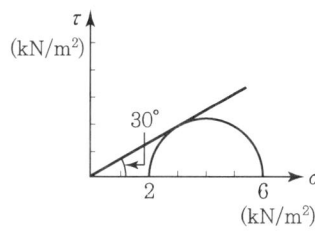

① $\tau=1.73\text{kN/m}^2$, $\sigma=2.50\text{kN/m}^2$
② $\tau=1.41\text{kN/m}^2$, $\sigma=3.00\text{kN/m}^2$
③ $\tau=1.41\text{kN/m}^2$, $\sigma=2.50\text{kN/m}^2$
④ $\tau=1.73\text{kN/m}^2$, $\sigma=3.00\text{kN/m}^2$

[해설]
- 최대주응력(σ_1) = 6kN/m²
- 최소주응력(σ_3) = 2kN/m²
- 파괴면과 주응력이 이루는 각(θ) = $45° + \frac{\phi}{2} = 45° + \frac{30°}{2} = 60°$

$$\therefore 수직응력(\sigma) = \frac{\sigma_1+\sigma_3}{2} + \frac{\sigma_1-\sigma_3}{2}\cos 2\theta$$
$$= \frac{6+2}{2} + \frac{6-2}{2}\cos(2\times 60°)$$
$$= 3\text{kN/m}^2$$

$$\therefore 전단응력(\tau) = \frac{\sigma_1-\sigma_3}{2}\sin 2\theta$$
$$= \frac{6-2}{2}\sin(2\times 60°)$$
$$= 1.73\text{kN/m}^2$$

04 최대 주응력이 100kN/m², 최소 주응력이 40kN/m²일 때 최소 주응력면과 45°를 이루는 평면에 일어나는 수직응력은?

① 70kN/m²
② 30kN/m²
③ 50kN/m²
④ 40kN/m²

[해설]
$$\sigma = \frac{\sigma_1+\sigma_3}{2} + \frac{\sigma_1-\sigma_3}{2}\cos 2\theta$$
$$= \frac{100+40}{2} + \frac{100-40}{2}\cos(2\times 45°)$$
$$= 70\text{kN/m}^2$$
(θ : 최대주응력면과 파괴면이 이루는 각)

05 어떤 점토시료를 일축압축시험한 결과 수평면과 파괴면이 이루는 각이 48°였다. 점토시료의 내부마찰각은?

① 3°
② 6°
③ 18°
④ 30°

[해설]
- 파괴면과 수평면이 이루는 각(θ) = $45° + \frac{\phi}{2}$
- 여기서 내부마찰각(ϕ)을 구하면
$$48° = 45° + \frac{\phi}{2}$$
$$\therefore \phi = 6°$$

정답 01 ③ 02 ④ 03 ④ 04 ① 05 ②

4. Mohr-Coulomb 파괴포락선

Mohr-Coulomb 파괴포락선 모식도	Mohr 원	내용
(그림)	A점	전단파괴가 일어나지 않는다.
	B점	전단파괴가 일어난다.
	C점	전단파괴가 이미 발생 (존재할 수 없음)

- **A점**
  Morh 원이 Mohr 파괴포락선 아래에 존재할 때는 평형상태를 의미(흙이 파괴되기 이전)한다.

- **B점**
  Morh 원이 Mohr 파괴포락선에 접하는 경우는 흙이 파괴된 상태를 의미한다.

5. 평면기점(O_P)

평면기점으로 응력을 구하는 모식도

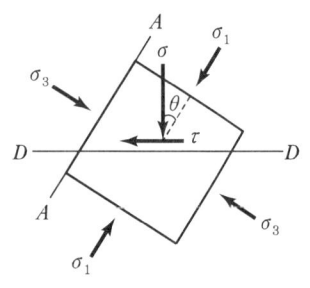 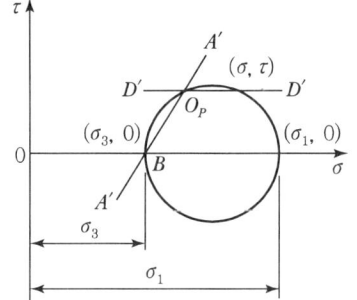

① 좌표(σ_1,0)와 좌표(σ_3,0)을 기준으로 Mohr 원을 작도한다.

② B점(최소 주응력점)에서 최소 주응력면과 평행한 선을 작도한다.
   (최대 주응력점에서 최대 주응력면과 평행한 선을 작도)

③ 이때 Mohr 원과 접하는 점이 평면기점(O_P)이다.

④ 평면기점(O_P)에서 파괴면($\overline{DD}$)에 평행한 선분을 그었을 때 Mohr 원과 만나는 교점의 좌표(σ, τ)가 구하는 응력이다.

- **Mohr 응력원**
  σ_1과 σ_3의 차를 직경으로 그린 원

- **평면기점, 극점(O_P)**
  Mohr 원에서 평면기점을 이용하면 임의평면에 작용한 응력을 계산

- 최대 주응력 = σ_1

- 최소 주응력 = σ_3

- **Mohr 원의 중심좌표**
  $\left(\dfrac{\sigma_1+\sigma_3}{2},\ 0\right)$

- **Mohr 원의 반경**
  $\left(\dfrac{\sigma_1-\sigma_3}{2}\right)$

예 / 상 / 문 / 제

01 Mohr 응력원에 대한 설명 중 틀린 것은?

① Mohr 응력원에 접선을 그었을 때 종축과 만나는 점이 점착력 C이고, 그 접선의 기울기가 내부마찰각 ϕ이다.
② Mohr 응력원이 파괴포락선과 접하지 않을 경우 전단파괴가 발생됨을 뜻한다.
③ 비압밀비배수 시험조건에서 Mohr 응력원은 수평축과 평행한 형상이 된다.
④ Mohr 응력원에서 응력상태는 파괴포락선 위쪽에 존재할 수 없다.

해설
Mohr 응력원이 파괴포락선과 접하면 전단파괴가 발생된다.

02 다음 그림은 최대 주응력 σ_1, 최소 주응력 σ_3를 받고 있는 흙의 한 요소를 나타낸 것인데 흙의 요소 내에 각 α를 이루고 있는 단면상의 수직응력과 전단응력을 구하기 위하여 모어원의 평면 기점을 이용하고 사용한다. 적당한 것은?

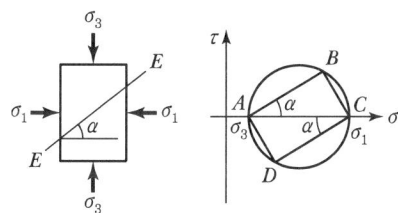

	평면 기점	구하는 점의 좌표
①	A	B
②	B	C
③	C	D
④	D	A

해설
- 좌표 $(\sigma_3, 0)$과 좌표 $(\sigma_1, 0)$을 통하는 원을 그리면 Mohr 원이 된다.
- 최대 주응력 (σ_1)에서 최대 주응력면에 평행선을 Mohr 원과 만나는 C점이 평면 기점 O_P가 된다.
- 평면 기점 O_P에서 E-E 면에 평행한 선분을 그어 Mohr 원과 만나는 점 D좌표 (σ, τ)가 응력이다.

03 아래 그림은 일축압축시험 결과를 나타낸 Mohr 원이다. 그림에서 평면 기점(Origin of Plan : O_P)은 다음 중 어느 것인가?

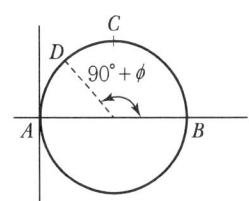

① A ② B
③ C ④ D

해설

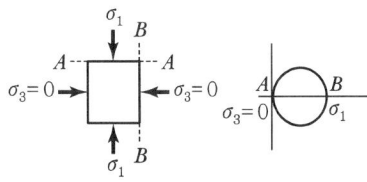

- Mohr 원의 B점(최대 주응력이 표시되는 좌표)에서 최대 주응력면($\overline{AA}$)과 평행하게 그은 선이 Mohr 원과 만나는 점 (즉 A점)
- Mohr 원의 A점(최소 주응력이 표시되는 좌표)에서 최소 주응력면($\overline{BB}$)과 평행하게 그은 선이 Mohr 원과 만나는 점 (즉 A점)

정답 01 ② 02 ③ 03 ①

04 직접 전단시험

1. 직접 전단시험

직접 전단시험기의 전단상자 구조	내용
(상부 전단상자 / 하부 전단상자, 재하판, 다공질판, 공시체 $\phi 60mm$, $h60mm$, 전단면, 배수공, 수직력(P), 전단력(S))	① 흙 시료의 전단 파괴면을 미리 정함 ② 일정한 수직응력을 가하면서 전단응력을 증가시켜 전단파괴가 발생될 때의 전단응력이 전단강도이다. ③ 직접 전단시험은 사질점토 지반에서 강도정수(c, ϕ)를 구하는 시험 ④ 배수조절이 어려워 간극수압측정이 곤란

GUIDE

- 실내 전단시험(강도정수를 구함)
  ① 직접 전단시험
     (축하중과 전단력을 가함)
  ② 일축압축시험
     (축하중만 가함)
  ③ 삼축압축시험
     (횡방향 구속 후 측압 가함)

2. 수직응력 및 전단응력

1면 전단시험		2면 전단시험	
$\sigma = \dfrac{P}{A}$	$\tau = \dfrac{S}{A}$	$\sigma = \dfrac{P}{A}$	$\tau = \dfrac{S}{2A}$

- 시료에 가해지는 수직력(P)과 전단력(S)을 시료단면적으로 나누면 수직응력(σ), 전단응력(τ)이 구해진다.

- σ : 수직응력(N/cm²)
- τ : 전단응력(N/cm²)
- P : 수직하중(N)
- S : 전단력(N)
- A : 시료 단면적(N)

3. 직접 전단시험 시 시료의 변위

전단응력의 변화 (전단응력 – 변형률 곡선)	시료체적의 변화 (수직변위 – 변형률 곡선)
(조밀한 모래, 느슨한 모래 곡선)	(조밀한 모래, 느슨한 모래 곡선)
① 조밀한 모래는 최댓값(peak) 이후 전단응력이 줄어든다. ② 느슨한 모래에서는 시간이 경과됨에 따라 강도가 회복된다.	① 조밀한 모래에서는 전단이 진행될 때 체적은 증가한다. ② 느슨한 모래에서는 전단이 진행될 때 체적은 감소한다.

- 직접 전단시험의 특징
  ① 시험이 간단하고 조작이 용이하다.
  ② 결과정리가 용이하다.
  ③ 전단면이 미리 정해져 있다.
  ④ 배수조절이 곤란하다.(간극수압 측정 곤란)
  ⑤ 시료의 경계에 응력이 집중된다.(진행성 파괴가 일어난다.)

예 / 상 / 문 / 제

01 흙 시료의 전단파괴면을 미리 정해놓고 흙의 강도를 구하는 시험은?

① 일축압축시험 ② 삼축압축시험
③ 직접전단시험 ④ 평판재하시험

[해설]
직접전단시험은 전단파괴면을 미리 정해놓고 흙의 강도를 구하는 시험이다.

02 점성토의 비배수 전단강도를 구하는 시험으로 가장 적합하지 않은 것은?

① 일축압축시험
② 비압밀비배수 삼축압축시험(UU)
③ 베인시험
④ 직접전단강도시험

[해설]
직접전단시험은 배수조절이 곤란하며 사질점토 지반에서 강도정수를 구하는 시험이다.

03 흙의 2면 전단시험에서 전단응력을 구하려면 다음의 어느 식이 적용되는가?(단, τ=전단응력, A=단면적, S=전단력)

① $\tau = \dfrac{S}{A}$ ② $\tau = \dfrac{S}{2A}$
③ $\tau = \dfrac{2A}{S}$ ④ $\tau = \dfrac{2S}{A}$

[해설]
1면전단응력(τ) = $\dfrac{S}{A}$ (2면 전단 : $\dfrac{S}{2A}$)

04 어떤 흙의 직접 전단시험에서 수직하중 50N일 때 전단력이 23N이었다. 수직응력(σ)과 전단응력(τ)은 얼마인가?(단, 공시체의 단면적은 20cm²이다.)

① $\sigma = 1.5\text{N/cm}^2$, $\tau = 0.90\text{N/cm}^2$
② $\sigma = 2.0\text{N/cm}^2$, $\tau = 1.05\text{N/cm}^2$
③ $\sigma = 2.5\text{N/cm}^2$, $\tau = 1.15\text{N/cm}^2$
④ $\sigma = 1.0\text{N/cm}^2$, $\tau = 0.65\text{N/cm}^2$

[해설]
수직하중(P) : 50N, 전단력(S) : 23N, 단면적(A) = 20cm²
- 수직응력(σ) = $\dfrac{P}{A}$ = $\dfrac{50}{20}$ = 2.5N/cm²
- 전단응력(τ) = $\dfrac{S}{A}$ = $\dfrac{23}{20}$ = 1.15N/cm²

05 다음은 전단을 설명한 것이다. 잘못된 것은?

① 다시 성형한 시료의 강도는 적어지지만 조밀한 모래에서는 시간이 경과됨에 따라 강도가 회복된다.
② 전단저항과 내부마찰각(ϕ)은 조밀한 모래일수록 크다.
③ 직접 전단시험에 있어서 전단응력과 수평변위곡선은 조밀한 모래에서는 peak가 생긴다.
④ 직접 전단시험에 있어 수평변위−수직변위곡선은 조밀한 모래에서는 전단이 진행됨에 따라 체적이 증가한다.

[해설]
다시 성형한 시료의 강도는 적어지지만 느슨한 모래에서는 시간이 경과됨에 따라 강도가 회복된다.

06 다음 중 직접 전단시험의 특징이 아닌 것은?

① 배수조건에 대한 완벽한 조절이 가능하다.
② 시료의 경계에 응력이 집중된다.
③ 전단면이 미리 정해진다.
④ 시험이 간단하고 결과 분석이 빠르다.

[해설]
직접 전단시험은 배수 조절이 어려워 간극수압 측정이 곤란하다.

정답 01 ③ 02 ④ 03 ② 04 ③ 05 ① 06 ①

05 일축압축시험

1. 일축압축시험

시험 시의 응력상태	시험결과(Mohr 원과 파괴포락선)
σ_1 수직, $\sigma_3 = 0$	$\tau = c_u (\phi_u = 0)$, $c_u = \dfrac{q_u}{2}$, $\sigma_3 = 0$, q_u

① 시료에 수직압력만을 가하여 파괴 시 시료의 하중과 변형량을 측정하여 점착력(c) 과 내부마찰력(ϕ)을 구하는 시험
② 측면은 구속하지 않는다.(측압을 받지 않는 공시체의 최대 압축응력)
③ 시료의 자립이 가능해야 하므로 내부마찰력(ϕ)이 0인 점성토 지반에서만 이용
④ 전단 시 배수조건을 조절할 수 없으므로 항상 비압밀, 비배수 조건에서만 적용 가능
⑤ Mohr 응력원은 1개만 얻을 수 있고 점성토의 일축압축강도와 예민비 파악 가능

GUIDE

- **일축압축시험**
  축방향으로만 압축하여 흙을 파괴시키는 것이므로 $\sigma_3 = 0$일 때의 삼축 압축시험과 같다.

2. 일축압축강도(q_u)

일축압축시험 결과의 정리

$S(\tau_f) = c + \sigma \tan\phi$, $45° + \dfrac{\phi}{2}$, $2\theta = 90° + \phi$, $\sigma_1 = q_u$ 수직 응력, $\sigma_1 = \dfrac{P}{A}$

일축압축강도(q_u) 산정식	완전 포화된 점토일 경우
$\sigma_1 = q_u$ $= 2c \cdot \tan\left(45° + \dfrac{\phi}{2}\right)$	① $\phi = 0$ ② $c = \dfrac{q_u}{2}$ ③ $q_u = 2c$ ($\theta = 45°$, $2\theta = 90°$, $\sigma_1 = q_u$)

- **일축압축시험 특징**
  ① Mohr 응력원을 1개밖에 그릴 수 없다.
  ② 파괴면이 최대 주응력면(수평축)과 이루는 파괴각(θ)
  $$\theta = 45° + \dfrac{\phi}{2}$$
  ③ 최소주응력(σ_3)이 0일 때 삼축 압축시험과 같다.
  ④ UU(비압밀 비배수) test

- **모래**
  점착력(c) = 0

- **점토**
  내부마찰각(ϕ) = 0

- **일축압축강도(q_u) 단위**
  kN/m^2

예 / 상 / 문 / 제

01 흙의 일축압축시험에 관한 설명 중 틀린 것은?

① 내부 마찰각이 적은 점토질의 흙에 주로 적용된다.
② 축방향으로만 압축하여 흙을 파괴시키는 것이므로 $\sigma_3=0$일 때의 삼축 압축시험이라고 할 수 있다.
③ 압밀비배수(CU)시험 조건이므로 시험이 비교적 간단하다.
④ 흙의 내부마찰각 ϕ는 공시체 파괴면과 최대 주응력면 사이에 이루는 각 θ를 측정하여 구한다.

해설
일축압축시험은 배수조건을 조절할 수 없으므로 비압밀 비배수 조건에서의 시험결과밖에 얻지 못한다.(UU-test)

02 흙의 일축압축강도시험에 관한 설명 중 옳지 않은 것은?

① Mohr 원이 하나밖에 그려지지 않는다.
② 점성이 없는 사질토의 경우 시료 자립이 어렵고 배수상태를 파악할 수 없어 일반적으로 점성토에 주로 사용된다.
③ 배수조건에서의 시험결과밖에 얻지 못한다.
④ 일축압축강도시험으로 결정할 수 있는 시험값으로는 일축압축강도, 예민비, 변형계수 등이 있다.

해설
일축압축강도시험
• Mohr 원은 하나만 얻을 수 있다.
• 시료의 자립이 가능한 점성토에 주로 사용한다.
• 배수조절을 할 수 없어 비압밀 비배수 조건에서의 시험결과만 얻을 수 있다.

03 현장에서 채취한 흐트러지지 않은 포화 점토 시료에 대해 일축압축강도 $q_u=80\text{kN/m}^2$의 값을 얻었다. 이 흙의 점착력은?

① 20kN/m^2
② 25kN/m^2
③ 30kN/m^2
④ 40kN/m^2

해설
점토는 내부마찰각(ϕ)=0°, 일축압축강도(q_u) = $2c$
∴ 점착력(c) = $\dfrac{q_u}{2} = \dfrac{80}{2} = 40\text{kN/m}^2$

04 일축압축시험에서 파괴면과 수평면이 이루는 각은 52°이었다. 이 흙의 내부마찰각(ϕ)은 얼마이고 일축압축강도가 76N/cm^2일 때 점착력(c)은 얼마인가?

① $\phi=7°$, $c=38\text{N/cm}^2$
② $\phi=14°$, $c=30\text{N/cm}^2$
③ $\phi=14°$, $c=38\text{N/cm}^2$
④ $\phi=7°$, $c=30\text{N/cm}^2$

해설
내부마찰각과 점착력
• 파괴면과 수평면이 이루는 각(θ) = $45°+\dfrac{\phi}{2}=52°$
  ∴ 내부마찰각(ϕ) = 14°
• 일축압축강도(q_u) = $2c \cdot \tan\left(45°+\dfrac{\phi}{2}\right)$
  $76 = 2 \times c \times \tan\left(45°+\dfrac{14°}{2}\right)$
  ∴ $c = 30\text{N/cm}^2$

05 어떤 흙의 시료에 대하여 일축압축시험을 실시하여 구한 파괴강도는 360kN/m^2이었다. 이 공시체의 파괴각이 52°이면, 이 흙의 점착력(c)과 내부마찰각(ϕ)은?

① $c=141\text{kN/m}^2$, $\phi=14°$
② $c=180\text{kN/m}^2$, $\phi=14°$
③ $c=141\text{kN/m}^2$, $\phi=0°$
④ $c=180\text{kN/m}^2$, $\phi=0°$

해설
내부마찰각과 점착력
• 파괴각(θ) = $45°+\dfrac{\phi}{2}=52°$
  ∴ 내부마찰각(ϕ) = 14°
• 일축압축강도(q_u) = $2c \cdot \tan\left(45°+\dfrac{\phi}{2}\right)$
  $360 = 2 \times c \times \tan\left(45°+\dfrac{14°}{2}\right)$
  ∴ $c = 141\text{kN/m}^2$

정답 01 ③ 02 ③ 03 ④ 04 ② 05 ①

3. 일축압축시험 시 전단강도(실험식)

시료의 단면 모식도	점토의 일축압축강도 시험식과 전단강도
(그림: 시료에 수직응력 P가 작용, 높이 L, 압축량 ΔL, 단면적 A, 파괴 시 단면적 A_o)	① 일축압축강도 $$\sigma(q_u) = \frac{P}{A_o} = \frac{P}{\dfrac{A}{1-\varepsilon}} = \frac{P}{\dfrac{A}{1-\dfrac{\Delta L}{L}}}$$ ② 일축압축강도(q_u)와 N값의 관계 $$q_u = 2c = \frac{N}{8}(\phi=0)$$ ③ 전단강도(S, τ_f) $$S(\tau_f) = c = \frac{q_u}{2}(\phi=0)$$

GUIDE

- P : 최대 수직응력
- A : 시료의 평균 단면적
- A_o : 파괴 시 환산 단면적
- ε : 파괴 시 세로방향 변형률
- L : 처음 시료의 높이
- ΔL : 시료의 압축된 높이

• 일축압축강도
$$q_u = 2c \cdot \tan\left(45° + \frac{\phi}{2}\right)$$

• N치
표준관입시험에서 타격횟수

• $S(\tau_f) = c + \sigma' \tan\phi$

4. 예민비

예민비
① 예민성은 일축압축시험을 실시하면 강도가 감소되는 성질이다.   ② 예민비는 교란에 의해 감소되는 강도의 예민성을 나타내는 지표이다. (일축압축시험 결과 얻어지는 일축압축강도를 이용하여 예민비를 구한다.)   ③ 예민비가 크면 진동이나 교란 등에 민감하여 강도가 크게 저하되므로 공학적 성질이 불량하다.(안전율을 크게 한다.) $$S_t = \frac{q_u}{q_{ur}} = \frac{\text{불교란 시료의 일축압축강도(자연 상태)}}{\text{교란 시료의 일축압축강도(흐트러진 상태)}}$$

• 예민비가 큰 점토는 교란시켰을 때 (다시 반죽했을 때) 강도가 많이 감소된다.

• q_{ur}
교란시료의 일축압축강도 (되비비기한 시료의 일축압축강도)

5. thixotropy

thixotropy(틱소트로피) 현상	dilatancy(다일러탠시) 현상
점토는 되이김(remolding)하면 전단강도가 현저히 감소하는데 시간이 경과함에 따라 그 강도의 일부를 다시 찾게 되는 현상	조밀한 사질토에서 전단이 진행됨에 따라 부피가 증가되는 현상

• 점토의 예민성

예민비(S_t)	예민성
$S_t \leq 1$	비예민
$S_t = 1 \sim 8$	예민
$S_t = 8 \sim 64$	Quick Clay
$S_t > 64$	Extra Quick Clay

예 / 상 / 문 / 제

01 흐트러지지 않은 연약한 점토시료를 채취하여 일축압축시험을 실시하였다. 공시체의 직경이 35mm, 높이가 80mm, 파괴 시의 하중계의 읽음값이 20N, 축방향의 변형량이 12mm일 때, 이 시료의 전단강도는?

① $0.45N/cm^2$
② $0.65N/cm^2$
③ $0.85N/cm^2$
④ $0.16N/cm^2$

[해설]

전단강도$(S, \tau_f) = c = \dfrac{q_u}{2}$

- $q_u = \dfrac{P}{A_0} = \dfrac{P}{\dfrac{A}{1-\varepsilon}} = \dfrac{P}{\dfrac{A}{1-\dfrac{\Delta L}{L}}} = \dfrac{20}{\dfrac{\pi \times 3.5^2}{4}{1-\dfrac{1.2}{8}}} = 1.7N/cm^2$

∴ $S(\tau_f) = \dfrac{q_u}{2} = \dfrac{1.7}{2} = 0.85N/cm^2$

02 점토의 예민비(Sensitivity Ratio)를 구하는 데 사용되는 시험방법은?

① 일축압축시험
② 삼축압축시험
③ 직접 전단시험
④ 베인전단시험

[해설]

일축압축시험으로 예민비를 구할 수 있다.

03 예민비가 큰 점토에 대한 설명으로 옳은 것은?

① 입자의 모양이 둥근 점토
② 흙을 다시 이겼을 때 강도가 증가하는 점토
③ 입자가 가늘고 긴 형태의 점토
④ 흙을 다시 이겼을 때 강도가 감소하는 점토

[해설]

예민비가 큰 점토는 공학적으로 불량하며 흙을 다시 이겼을 때 강도가 감소한다.

04 포화점토의 일축압축시험 결과 자연상태 점토의 일축압축강도와 흐트러진 상태의 일축압축강도가 각각 $18N/cm^2$, $4N/cm^2$였다. 이 점토의 예민비는?

① 0.72
② 0.22
③ 4.5
④ 6.4

[해설]

예민비$(S_t) = \dfrac{q_u}{q_{ur}} = \dfrac{18}{4} = 4.5$

05 점토($\phi = 0°$)의 자연시료에 대한 일축압축강도가 $360kN/m^2$이고, 이 흙을 되비볐을 때의 파괴압축응력이 $120kN/m^2$이었다. 이 흙의 점착력(c)과 예민비(S_t)는 얼마인가?

① $c = 180kN/m^2$, $S_t = 3$
② $c = 180kN/m^2$, $S_t = 0.33$
③ $c = 240kN/m^2$, $S_t = 3$
④ $c = 240kN/m^2$, $S_t = 0.33$

[해설]

점착력과 예민비

- 일축압축강도$(q_u) = 2c \cdot \tan\left(45° + \dfrac{\phi}{2}\right)$

  만약 점토라면, $(q_u) = 2 \cdot c$

- 점착력$(c) = \dfrac{q_u}{2} = \dfrac{360}{2} = 180kN/m^2$

- 예민비$(S_t) = \dfrac{q_u}{q_{ur}} = \dfrac{360}{120} = 3$

06 점성토 시료를 교란시켜 재성형을 한 경우 시간이 지남에 따라 강도가 증가하는 현상을 나타내는 용어는?

① 크리프(Creep)
② 틱소트로피(Thixotropy)
③ 이방성(Anisotropy)
④ 아이소크론(Isocron)

[해설]

틱소트로피(Thixotrophy) 현상

Remolding한 교란된 시료를 함수비 변화 없이 그대로 방치하면 시간이 경과되면서 강도가 일부 회복되는 현상으로 점성토 지반에서만 일어난다.

정답 01 ③ 02 ① 03 ④ 04 ③ 05 ① 06 ②

06 삼축압축시험

1. 삼축압축시험

삼축압축시험의 모식도
$\sigma_3 \to \square \leftarrow \sigma_3$ (좌우), σ_3 (상하) + σ (상하) = σ_1 (상하), $\sigma_3 \to \square \leftarrow \sigma_3$

① 압력실에 수압을 가하면 시료에는 등방압력(σ_3)이 작용한다.
② 이 상태로 축차응력(축하중, σ)을 가한다($\sigma = \sigma_1 - \sigma_3$)
③ 두 응력차로 인해 전단파괴가 발생되도록 하는 시험
④ 실제 축방향으로 작용하는 하중은 σ_1이 되므로 삼축응력을 받게 되는 것이다.

- **3축압축시험**
  ① 현장조건을 가장 잘 재현할 수 있는 시험
  ② 직접 전단시험과 달리 미리 파괴면을 설정하지 않음

- **등방압력(σ_3)**
  ① 액압(구속압력)
  ② 구속응력

- A : 시료의 평균 단면적
  A_o : 파괴 시 환산 단면적
  ε : 파괴 시 세로방향 변형률
  L : 처음 시료의 높이
  ΔL : 시료의 압축된 높이

2. 삼축압축시험의 결과

시료의 단면적	축차응력(σ, 압축응력)	
(그림: P, ΔL, L, A, A_o)	① $\sigma = \sigma_1 - \sigma_3$ ② $\sigma = \dfrac{P}{A_o} = \dfrac{P}{\dfrac{A}{1-\varepsilon}} = \dfrac{P}{\dfrac{A}{1-\dfrac{\Delta L}{L}}}$	
	최대주응력(σ_1)	모래시료의 내부마찰각(ϕ)
	$\sigma_1 = $ 최소주응력 + 축차응력 $= \sigma_3 + (\sigma_1 - \sigma_3)$	$\phi = \sin^{-1}\left(\dfrac{\sigma_1 - \sigma_3}{\sigma_1 + \sigma_3}\right)$

- **Mohr-Coulomb 파괴포락선**

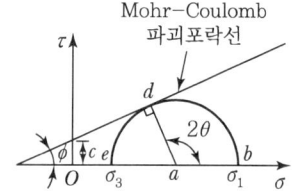

3. 주응력면과 파괴면이 이루는 각

모식도	파괴면과 최대 주응력(수평축)이 이루는 각도	파괴면과 최소 주응력(연직축)이 이루는 각도
(그림: 최소 주응력면(연직축), 파괴면 $45 - \dfrac{\phi}{2}$, $45 + \dfrac{\phi}{2}$, 최대 주응력면(수평축))	$\theta = 45° + \dfrac{\phi}{2}$	$\theta' = 45° - \dfrac{\phi}{2}$

- **배압(Back Pressure)**
  실험실에서 흙시료를 100% 포화하기 위해 흙시료 속으로 가하는 수압(+간극수압)

- **부압(-간극수압)**

예 / 상 / 문 / 제

01 다음의 시험법 중 축압을 받는 지반의 전단강도를 구하는 데 가장 좋은 시험법은?

① 일축압축시험
② 표준관입시험
③ 콘 관입시험
④ 삼축압축시험

삼축압축시험
현장 조건에 대한 재현 중 배수나 축압의 조건을 가장 용이하고 정확하게 할 수 있는 시험이다.

02 현장에서 완전히 포화되었던 시료라 할지라도 시료 채취 시 기포가 형성되어 포화도가 저하될 수 있다. 이 경우 생성된 기포를 원상태로 용해시키기 위해 작용시키는 압력을 무엇이라고 하는가?

① 구속압력(Confined Pressure)
② 축차응력(Diviator Stress)
③ 배압(Back Pressure)
④ 선행압밀압력(Preconsolidation Pressure)

배압(Back Pressure)
실험실에서 흙시료를 100% 포화하기 위해 흙시료 속으로 가하는 수압

03 모래시료에 대해서 압밀배수 삼축압축시험을 실시하였다. 초기 단계에서 구속응력(σ_3')은 100 N/cm²이고 전단 파괴 시에 작용된 축차응력(σ)은 200N/cm²이었다. 이와 같은 모래시료의 내부 마찰각(ϕ)의 크기는?

① $\phi = 10°$
② $\phi = 20°$
③ $\phi = 30°$
④ $\phi = 40°$

해설

- $\sigma_1 = \sigma_3 + \sigma = 100 + 200 = 300 \text{N/cm}^2$
- 내부 마찰각(ϕ) = $\sin^{-1}\left(\dfrac{\sigma_1 - \sigma_3}{\sigma_1 + \sigma_3}\right)$

  $= \sin^{-1}\left(\dfrac{300-100}{300+100}\right)$

  $= 30°$

04 어떤 시료에 대해 액압 1.0kg/cm²를 가해 각 수직변위에 대응하는 수직하중을 측정한 결과가 아래 표와 같다. 파괴 시의 축차응력은?(단, 피스톤의 지름과 시료의 지름은 같다고 보며, 시료의 단면적 $A_o = 18\text{cm}^2$, 길이 $L = 14\text{cm}$이다.)

ΔL (1/100 mm)	0	⋯	1,000	1,100	1,200	1,300	1,400
P(kg)	0	⋯	54.0	58.0	60.0	59.0	58.0

① 3.05kg/cm²
② 2.55kg/cm²
③ 2.05kg/cm²
④ 1.55kg/cm²

해설

- 최대수직하중 : 60kg
- $\sigma = \sigma_1 - \sigma_3 = \dfrac{P}{A_0} = \dfrac{P}{\dfrac{A}{1-\varepsilon}} = \dfrac{P}{\dfrac{A}{1-\dfrac{\Delta L}{L}}}$

  $= \dfrac{60}{\dfrac{18}{1-\dfrac{1.2}{14}}} = 3.05\text{kg/cm}^2$

정답 01 ④ 02 ③ 03 ③ 04 ①

07 3축 압축 시 전단시험의 배수방법

1. 3축 압축시험의 종류

3축 압축시험 모식도	배수조건에 따른 시험 종류
(그림: Piston, 다공석판, 고무막, 시료, σ_3, 압력계, 공극수압 측정장치, 액압)	① 비압밀 비배수시험(UU시험) Unconsolidated Undrained test ② 압밀배수시험(CD시험) Consolidated Drained test ③ 압밀 비배수시험(CU시험) Consolidated Undrained test

GUIDE

• 3축 압축시험의 종류

	구속압력	축차응력
UU	비배수	비배수
CD	배수	배수
CU	배수	비배수

2. 비압밀 비배수시험(UU시험)

구분	내용
시험방법	① 구속압력단계에도 축차응력단계에도 배수시키지 않은 채로 실시하는 실험 ② 비교적 투수성이 낮은 포화점토 지반에 적용, 배수가 생기지 않을 정도로 급속한 파괴 예상 시 ③ 점토지반 위에 성토하면 성토 직후가 가장 위험하여 단기안정문제라고 한다.
특징	① 포화점토가 성토 직후 급속한 파괴가 예상될 때 (포화된 점토 지반 위에 급속하게 성토하는 제방의 안전성을 검토) ② 점토지반의 단기간 안정 검토 시(시공 직후 초기 안정성 검토) ③ 시공 중 압밀, 함수비와 체적의 변화가 없다고 예상 ④ 내부마찰각(ϕ) = 0 (불안전 영역에서 강도정수 결정) ⑤ 성토로 인한 재하속도가 과잉간극수압이 소산되는 속도보다 빠를 때
모식도	(그림: 전단응력 τ, 파괴포락선, $\phi_u = 0$, $\tau_f = c_u$, $\sigma_3, \sigma_1, \sigma_3, \sigma_1, \sigma_3, \sigma_1$) 비압밀 비배수(UU-test) 결과는 수직응력의 크기가 증가하더라도 축차응력은 일정하다.

내용	① 내부마찰각(ϕ_u) = 0
	  $S_u(\tau_{f_u}) = c_u + \sigma' \cdot \tan\phi_u$
	  $S_u = c_u$ (전단강도(응력)는 Mohr 원의 반지름과 같다.)
	② 점착력(c_u) = $\dfrac{\sigma_1 - \sigma_3}{2}$
	③ σ(축차응력) = $\sigma_1 - \sigma_3$
	  (σ_3 : 구속응력(액압), σ_1 : 파괴 시 응력)

• 구속압력을 증대시키면 공극수압은 증가하고 유효응력은 일정하므로 동일한 크기의 모어원이 그려진다.

• UU시험은 보통 구속압을 조정하며 3회 시험을 한다.

• 비압밀 비배수시험(UU시험)
  ① 파괴포락선이 수평
     ($\phi_u = 0$, $c_u \neq 0$)
  ② 축차응력($\sigma_1 - \sigma_3$)을 직경으로 하는 Mohr 응력원이 그려진다.
  ③ Mohr 파괴원은 직경이 같은 원이 하나만 얻어진다.
  ④ 축차응력($\sigma_1 - \sigma_3$)은 일정
     (σ_3에 관계 없이)
  ⑤ 전단응력은 일정
  ⑥ 일축압축시험의 조건

예 / 상 / 문 / 제

01 점토지반의 단기간 안정을 검토하는 경우에 알맞은 시험법은?

① 비압밀 비배수 전단시험 ② 압밀 배수 전단시험
③ 압밀 급속 전단시험 ④ 압밀 비배수 전단시험

[해설]
비압밀 비배수시험(UU시험)
- 점토의 단기간 안정 검토
- 포화점토가 성토 직후 급속한 파괴가 예상될 때
- 시공 중 압밀, 함수비의 변화가 없고, 체적의 변화가 없다고 예상

02 아래의 설명과 같은 경우 강도정수 결정에 적합한 3축 압축시험의 종류는?

> 최근에 매립된 포화 점성토지반 위에 구조물을 시공한 직후의 초기 안정 검토에 필요한 지반 강도정수 결정

① 압밀 배수시험(CD) ② 압밀 비배수시험(CU)
③ 비압밀 비배수시험(UU) ④ 비압밀 배수시험(UD)

[해설]
비압밀 비배수시험(UU-Test)
- 단기 안정 검토 – 성토 직후 파괴
- 초기재하 시, 전단 시 간극수 배출 없음
- 기초지반을 구성하는 점토층이 시공 중 압밀이나 함수비의 변화가 없는 조건

03 포화된 점토시료에 대해 비압밀 비배수 삼축압축시험을 실시하여 얻어진 비배수 전단강도는 180 N/cm²이었다(이 시험에서 가한 구속응력은 240N/cm²). 만약 동일한 점토시료에 대해 또 한 번의 비압밀 비배수 3축 압축시험을 실시할 경우(단, 이번 시험에서 가해질 구속응력의 크기는 400N/cm²), 전단파괴 시에 예상되는 축차응력의 크기는?

① 90N/cm² ② 180N/cm²
③ 360N/cm² ④ 540N/cm²

[해설]
축차응력의 크기$(\sigma) = \sigma_1 - \sigma_3$
- $S_u = c_u + \sigma' \tan\phi_u$, $S_u = c_u = \dfrac{\sigma_1 - \sigma_3}{2}$
- $S_u = c_u = \dfrac{\sigma_1 - \sigma_3}{2} = 180$ $\therefore \sigma = \sigma_1 - \sigma_3 = 360\text{N/cm}^2$

※ UU-Test는 σ_3에 관계없이 $(\sigma_1 - \sigma_3)$이 일정하다.

04 $\phi = 0$인 포화점토를 비압밀 비배수시험을 하였다. 이때 파괴 시 최대주응력이 200kN/m², 최소주응력이 100kN/m²이었다면, 이 포화점토의 비배수점착력은?

① 50kN/m² ② 100kN/m²
③ 150kN/m² ④ 200kN/m²

[해설]

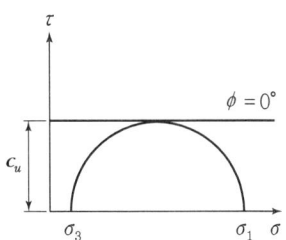

점착력$(c_u) = \dfrac{\sigma_1 - \sigma_3}{2} = \dfrac{200 - 100}{2} = 50\text{kN/m}^2$

05 포화된 점토에 대하여 비압밀 비배수(UU)시험을 하였을 때의 결과에 대한 설명으로 옳은 것은?(단, ϕ : 내부마찰각, c : 점착력)

① ϕ와 c가 나타나지 않는다.
② ϕ는 "0"이 아니지만, c는 "0"이다.
③ ϕ와 c가 모두 "0"이 아니다.
④ ϕ는 "0"이고 c는 "0"이 아니다.

[해설]
포화된 점토의 UU-Test

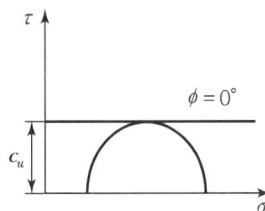

∴ 내부마찰각 $\phi = 0°$이고 점착력 $c_u \neq 0$이다.

정답 01 ① 02 ③ 03 ③ 04 ① 05 ④

3. 압밀 배수시험(CD시험)

구분	내용
시험 방법	① 시료에 구속압력(σ_3)을 가해 압밀한 후 축차응력($\sigma_1 - \sigma_3$)을 가해 공극수를 배출하는 시험법 ② 구속압력 시에도 축차응력 시에도 배수시키며 하는 실험
특징	① 점토지반의 장기간 안정 검토 시 ② 압밀이 서서히 진행되고 파괴도 완만하게 진행될 때 ③ 간극수압이 발생되지 않거나 측정이 곤란할 때 ④ 흙댐의 정상류에 의한 장기적인 공극수압 산정 시
모식도	**정규압밀점토(느슨한 모래)**: 파괴포락선은 좌표축 원점을 지난다. **과압밀점토(조밀한 모래)**: 파괴포락선은 원점을 지나지 않는다.
내부 마찰각 (ϕ)	$\sin\phi = \dfrac{\sigma_1 - \sigma_3}{\sigma_1 + \sigma_3}$, $\therefore \phi = \sin^{-1}\left(\dfrac{\sigma_1 - \sigma_3}{\sigma_1 + \sigma_3}\right)$ ① σ_3 : 구속응력 ② $\sigma_1 - \sigma_3$: 축차응력
파괴면에 작용하는 전단응력 (S, τ_f)	$\tau_f = \dfrac{\sigma_1 - \sigma_3}{2} \sin 2\theta$, $\left(\theta = 45° + \dfrac{\phi}{2}\right)$

GUIDE

- CD시험
  ① 과잉 간극수압 소산
  ② 전응력＝유효응력

- 정규압밀점토
  $OCR = 1$

- 과압밀점토
  $OCR > 1$

- 과압밀점토의 전단강도는 정규압밀점토보다 크다.

- $\sin\phi = \dfrac{\dfrac{\sigma_1 - \sigma_3}{2}}{\sigma_3 + \dfrac{\sigma_1 - \sigma_3}{2}}$
  $= \dfrac{\sigma_1 - \sigma_3}{\sigma_1 + \sigma_3}$

4. 압밀 비배수시험(CU시험)

구분	내용
시험 방법	① 시료에 구속압력을 가하고 간극수압이 0이 될 때까지 압밀시킨 다음 비배수상태에서 축차응력($\sigma_1 - \sigma_3$)을 가해 전단하는 시험방법(압밀 후 파괴) ② 구속압력 시에는 배수조건, 축차응력 시에는 비배수조건에서 하는 실험
특징	① Pre-loading(압밀 진행) 후 갑자기 파괴 예상 시 ② 제방, 흙댐에서 수위가 급강하 시 안정 검토 ③ 점토 지반이 성토하중에 의해 압밀 후 급속히 파괴가 예상될 시 ④ 간극수압을 측정하면 압밀배수와 같은 전단강도 값을 얻을 수 있다. ⑤ 유효응력항으로 표시
CU 시험의 목적	① 압밀 후 급속전단에 의한 비배수 강도를 구함 ② 지반의 강도증가율을 구함

- 압밀 비배수시험(CU시험)
  ① 초기재하 시 : 간극수 배출, 등방압축
  ② 전단 시 : 간극수 배출하지 않음, 축차응력

- 점토지반의 단기간 안정검토
  UU Test

- 점토지반의 압밀 완료 후 단기 안정해석
  CU Test

예 / 상 / 문 / 제

01 성토된 하중에 의해 서서히 압밀이 되고 파괴도 완만하게 일어나며 간극수압이 발생되지 않거나 측정이 곤란한 경우 실시하는 시험은?

① 비압밀 비배수 전단시험(UU 시험)
② 압밀 배수 전단시험(CD 시험)
③ 압밀 비배수 전단시험(CU 시험)
④ 급속 전단시험

해설
압밀 배수시험(CD – test)
• 초기 재하 시(등방압축), 전단 시(축차압축) 간극수 배출
• 장기안정검토 : 압밀이 서서히 진행되어 완만한 파괴가 예상될 때
• 사질지반의 안정검토, 점토지반 재하 시 장기안정 검토

02 모래시료에 대해서 압밀배수 삼축압축시험을 실시하였다. 초기 단계에서 구속응력(σ_3)은 100N/cm²이고, 전단파괴 시에 작용된 축차응력(σ_{df})은 200N/cm²이었다. 이와 같은 모래시료의 내부마찰각(ϕ) 및 파괴면에 작용하는 전단응력(τ_f)의 크기는?

① $\phi = 30°$, $\tau_f = 115.47 \text{N/cm}^2$
② $\phi = 40°$, $\tau_f = 115.47 \text{N/cm}^2$
③ $\phi = 30°$, $\tau_f = 86.60 \text{N/cm}^2$
④ $\phi = 40°$, $\tau_f = 86.60 \text{N/cm}^2$

해설
전단응력(τ_f) = $\frac{\sigma_1 - \sigma_3}{2} \cdot \sin 2\theta$

• σ_1
$\sigma = \sigma_1 - \sigma_3$, $\sigma_1 = \sigma_3 + \sigma = 100 + 200 = 300 \text{N/cm}^2$
∴ 전단응력(τ_f)
$= \frac{\sigma_1 - \sigma_3}{2} \sin 2\theta = \frac{300 - 100}{2} \sin(2 \times 60) = 86.6 \text{N/cm}^2$
(파괴면과 이루는 각도(θ) = $45° + \frac{\phi}{2} = 45° + \frac{30°}{2} = 60°$)

• $\sin \phi = \frac{\sigma_1 - \sigma_3}{\sigma_1 + \sigma_3}$
∴ $\phi = \sin^{-1}\left(\frac{300 - 100}{300 + 100}\right) = 30°$

03 정규압밀점토에 대하여 구속응력 200kN/m²로 압밀배수 삼축압축시험을 실시한 결과 파괴 시 축차응력이 400kN/m²이었다. 이 흙의 내부마찰각은?

① 20°   ② 25°   ③ 30°   ④ 45°

해설
내부마찰각(ϕ) = $\sin^{-1}\left(\frac{\sigma_1 - \sigma_3}{\sigma_1 + \sigma_3}\right)$

• $\sigma_3 = 200 \text{kN/m}^2$
• $\sigma = \sigma_1 - \sigma_3$
$\sigma_1 = \sigma_3 + \sigma = 200 + 400 = 600 \text{kN/m}^2$
∴ 내부마찰각(ϕ) = $\sin^{-1}\left(\frac{\sigma_1 - \sigma_3}{\sigma_1 + \sigma_3}\right) = \sin^{-1}\left(\frac{600 - 200}{600 + 200}\right) = 30°$

04 점토지반을 프리로딩(Pre – Loading)공법 등으로 미리 압밀시킨 후 급격히 재하할 때의 안정을 검토하는 경우에 가장 적당한 전단시험 방법은?

① 비압밀 비배수(UU) 시험
② 압밀 비배수(CU) 시험
③ 압밀 배수(CD) 시험
④ 압밀 완속(CS) 시험

해설
압밀 비배수시험(CU – Test)
• 압밀 후 파괴되는 경우
• 초기재하 시 – 간극수 배출
  전단 시 – 간극수 배출 없음
• 수위 급강하 시 흙댐의 안전문제
• 압밀 진행에 따른 전단강도 증가상태를 추정
• 유효응력항으로 표시

05 연약지반 개량공사에서 성토 하중에 의해 압밀된 후 다시 추가 하중을 재하한 직후의 안정검토를 할 경우 삼축압축시험 중 어떠한 시험이 가장 좋은가?

① CD시험   ② UU시험
③ CU시험   ④ 급속전단시험

해설
4번 해설 참조

정답 01 ② 02 ③ 03 ③ 04 ② 05 ③

08 점토의 강도증가율

1. 점토의 강도증가율 산정방법

점토의 강도증가율(m)	점토의 강도증가율(m) 산정방법
연직유효응력에 따라 변화하는 비배수 강도를 지수 $\left(\dfrac{\text{비배수 점착력}}{\text{유효응력}}\right)$로 표현	① 소성지수에 의한 방법 ② 비배수 전단강도에 의한 방법 ③ 압밀 비배수 삼축압축시험에 의한 방법

- 직접전단시험은 점토의 강도증가율과 상관없다.
- 강도증가율을 사용하면 계산에 의해 깊이에 따른 비배수 강도를 쉽게 구할 수 있다.

2. Skempton 제안식(소성지수에 의한 방법)

점토의 강도증가율(m) 식	내용
$m = \dfrac{c_u}{\sigma_v'} = 0.11 + 0.0037PI(\%)$	① c_u : 비배수 점착력 ② σ_v' : 연직유효응력(P) ③ PI : 소성지수(%), I_P

09 응력경로(Stress Path)

1. 응력경로

응력경로 정의	Mohr원 정점의 좌표
① 지반 내의 임의의 한 점에 작용해온 하중의 변화과정을 응력평면 위에 나타낸 것 ② 응력경로(Stress Path)는 Mohr 응력원에서 각 원의 전단응력이 최대인 점을 연결한 선분	$p = \dfrac{\sigma_1 + \sigma_3}{2}$, $q = \dfrac{\sigma_1 - \sigma_3}{2}$

- 일반적으로 실제 유효응력 경로는 곡선이며 직선인 경우는 드물다.

- 응력경로는 시험 중의 연속적인 응력상태를 나타내며 전응력경로와 유효응력경로로 나눈다.
- 전응력(σ)
- 유효응력(σ') $= \sigma - u$
- 전응력경로 (Total Stress Path)
- 유효응력경로 (Effective Stress Path)

2. 응력경로의 종류

전응력(σ) 경로	유효응력(σ') 경로
$p = \dfrac{\sigma_v + \sigma_h}{2}$ $q = \dfrac{\sigma_v - \sigma_h}{2}$	$p' = \dfrac{(\sigma_v - u) + (\sigma_h - u)}{2}$ $q' = \dfrac{(\sigma_v - u) - (\sigma_h - u)}{2}$

- 3축압축시험에서는 간극수압이 항상 0이므로 전응력경로와 유효응력경로는 동일하다.

예/상/문/제

01 실내시험에 의한 점토의 강도증가율 $\left(\dfrac{c_u}{p}\right)$ 산정방법이 아닌 것은?

① 소성지수에 의한 방법
② 비배수 전단강도에 의한 방법
③ 압밀 비배수 삼축압축시험에 의한 방법
④ 직접전단시험에 의한 방법

[해설]
직접전단시험은 점토의 강도증가율과는 상관없다.

02 비배수 점착력, 유효상재압력, 그리고 소성지수 사이의 관계는 $\dfrac{c_u}{\sigma_v'} = 0.11 + 0.0037(PI)$ 이다. 아래 그림에서 정규압밀점토의 두께는 15m, 소성지수(PI)가 40%일 때 점토층의 중간깊이에서 비배수 점착력은?(단, $\gamma_w = 10\text{kN/m}^3$ 이다.)

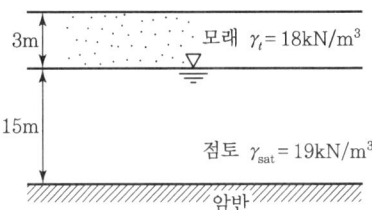

① 35.7kN/m^2　② 31.3kN/m^2
③ 25.9kN/m^2　④ 21.4kN/m^2

[해설]

$\dfrac{c_u}{\sigma_v'} = 0.11 + 0.0037(PI)$

- σ_v' (연직유효응력)

$\sigma_v' = \gamma_t \times H_1 + \gamma_{sub} \times \dfrac{H_2}{2}$

$= (18 \times 3) + (19-10) \times \dfrac{15}{2}$

$= 121.5\text{kN/m}^2$

- $c_u = \sigma_v'[0.11 + 0.0037(PI)]$

$= 121.5[0.11 + 0.0037 \times 40]$

$= 31.3\text{kN/m}^2$

03 응력경로(Stress Path)에 대한 설명으로 옳지 않은 것은?

① 응력경로는 특성상 전응력으로만 나타낼 수 있다.
② 응력경로란 시료가 받는 응력의 변화과정을 응력공간에 궤적으로 나타낸 것이다.
③ 응력경로는 Mohr의 응력원에서 전단응력이 최대인 점을 연결하여 구해진다.
④ 시료가 받는 응력상태에 대해 응력경로를 나타내면 직선 또는 곡선으로 나타난다.

[해설]
- 응력경로 : Mohr의 응력원에서 각 원의 전단응력이 최대인 점(p, q)을 연결하여 그린 선분
- 응력경로는 전응력 경로와 유효응력 경로로 나눌 수 있다.

04 응력경로를 설명한 다음 설명 중 틀린 것은? (단, 여기서 Mohr원의 중심위치는 $p = \dfrac{\sigma_1 + \sigma_3}{2}$, 반경의 크기 $q = \dfrac{\sigma_1 - \sigma_3}{2}$ 이다.)

① 응력경로는 각 Mohr원의 중심위치 p와 반경의 크기 q를 연결하는 선을 말한다.
② 응력경로는 시료가 받는 응력의 변화과정을 연속적으로 살필 수 있는 표현방법이다.
③ 액압 σ_3를 고정하고 축압 σ_1을 연속적으로 증가시키는 경우의 응력경로는 σ_3와 각 Mohr원의 꼭짓점을 연결하는 직선이다.
④ 응력경로는 그 성격상 전응력에 대해서만 그릴 수 있다.

[해설]
응력경로의 종류
- 전응력경로
- 유효응력경로

정답　01 ④　02 ②　03 ①　04 ④

3. CD 시험 시의 전응력경로 및 유효응력경로

유효응력경로(전응력경로)	응력경로
(그래프: q-p 좌표에서 45° 유효응력경로(=전응력경로), σ_3, σ_3' 및 σ_1, σ_1' 표시)	① 최소주응력(σ_3)이 일정한 상태에서 최대주응력(σ_1)이 점차 증가하여 파괴되는 경우 ② 표준삼축압축시험에서의 응력경로 ③ 삼축압축시험 시 흙이 파괴될 때까지의 유효응력경로는 변하지 않는다.

4. 응력경로

삼축압축시험	직접전단시험	압밀시험
(그래프: K_f-line, 응력경로)	(그래프: K_f-line, 응력경로)	(그래프: K_f-line, K_o)
① 액압을 일정하게 가해 주므로 초기에는 전단응력이 발생하지 않아 p선 위로 이동 ② 그러다가 전단 단계에 이르면 파괴포락선을 향한다.	① 하중재하 초기에는 전단응력이 수직응력에 비해 점점 커진다. ② 더 이상 하중을 견디지 못하면 파괴포락선을 향한다.	이 시험은 시료를 전단하는 것이 아니므로 K_o선을 따라 응력경로가 이동한다.

- 삼축압축시험의 전응력 경로

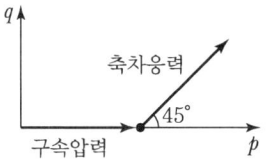

응력경로의 초기조건은 최대주응력(σ_v)과 최소주응력(σ_h)이 같은 상태이다. ($p = \sigma_v$, $q = 0$)

5. k_f선(응력경로, 수정파괴포락선)과 ϕ선(파괴포락선)

k_f선	Mohr-Coulomb선
(그래프: q-p 좌표, K_f, 각도 α, 절편 m)	(그래프: τ-σ 좌표, 각도 ϕ, 절편 c)
k_f선과 Mohr-Coulomb선의 기하학적 관계	

① 내부 마찰각(ϕ) : $\tan \alpha = \sin \phi$, ∴ $\phi = \sin^{-1}(\tan \alpha)$
② q축과의 절편(m) : $m = c \cdot \cos \phi$, $c = \dfrac{m}{\cos \phi}$
③ 응력비(응력경로) : $\dfrac{q}{p} = \dfrac{1-K}{1+K}$ (K : 토압계수)

- 응력비(응력경로, $\dfrac{q}{p}$)

$$\dfrac{q}{p} = \dfrac{\dfrac{\sigma_1 - \sigma_3}{2}}{\dfrac{\sigma_1 + \sigma_3}{2}} = \dfrac{\sigma_1 - \sigma_3}{\sigma_1 + \sigma_3}$$

$$= \dfrac{1 - \dfrac{\sigma_3}{\sigma_1}}{1 + \dfrac{\sigma_3}{\sigma_1}} = \dfrac{1-K}{1+K}$$

예 / 상 / 문 / 제

01 다음은 전단시험을 한 응력경로이다. 어느 경우인가?

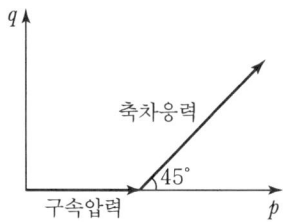

① 초기단계의 최대주응력과 최소주응력이 같은 상태에서 시행한 삼축압축시험의 전응력경로이다.
② 초기단계의 최대주응력과 최소주응력이 같은 상태에서 시행한 일축압축시험의 전응력경로이다.
③ 초기단계의 최대주응력과 최소주응력이 같은 상태에서 $K_0 = 0.5$인 조건에서 시행한 삼축압축시험의 전응력경로이다.
④ 초기단계의 최대주응력과 최소주응력이 같은 상태에서 $K_0 = 0.7$인 조건에서 시행한 일축압축시험의 전응력경로이다.

[해설]
초기 단계의 최대 주응력과 최소 주응력이 같은 상태에서 시행한 삼축압축 시험의 전응력 경로이다. ($p = \sigma_v$, $q = 0$)

02 다음의 stress path(응력경로)는 어떤 시험일 때인가?

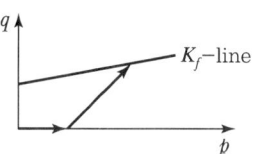

① 직접전단압축일 때   ② 표준삼축압축일 때
③ 압밀시험일 때   ④ 등방압축시험일 때

[해설]
삼축압축시험에서는 간극수압이 항상 0이므로 전응력경로와 유효응력경로는 동일하다.

03 다음의 응력경로(stress path)는 어떤 상태를 나타내는가?

① 등방압축
② 표준삼축압축
③ 직접전단
④ 압밀시험

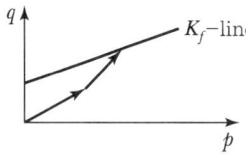

[해설]
직접전단 시 응력경로는 좌표의 정점으로부터 점점 증가하여 k_f 선에 도달하여 파괴된다.

04 점성토에 대한 압밀배수 삼축압축시험 결과를 p-q diagram에 그렸을 때 K_1-line의 경사각 α는 20°이고 절편 m은 34N/cm²이었다. 이 점성토의 내부마찰각(ϕ) 및 점착력(c)은?

① $\phi = 21.34°$, $c = 36.5\text{N/cm}^2$
② $\phi = 23.54°$, $c = 34.3\text{N/cm}^2$
③ $\phi = 24.21°$, $c = 31.5\text{N/cm}^2$
④ $\phi = 24.52°$, $c = 30.9\text{N/cm}^2$

[해설]
- 내부마찰각(ϕ)
  $\phi = \sin^{-1}(\tan\alpha) = \sin^{-1}(\tan 20°) = 21.344° = 21°20'39''$
- 점착력(c) : $c = \dfrac{m}{\cos\phi} = \dfrac{34}{\cos 21.344°} = 36.5\text{N/cm}^2$

05 토압계수 $K = 0.5$일 때 응력경로는 그림에서 어느 것인가?

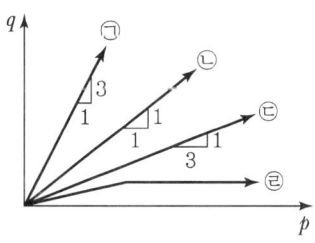

① ㉠   ② ㉡   ③ ㉢   ④ ㉣

[해설]
응력비(응력경로) $= \dfrac{q}{p} = \dfrac{1-K}{1+K} = \dfrac{1-0.5}{1+0.5} = \dfrac{1}{3}$

정답 01 ① 02 ② 03 ③ 04 ① 05 ③

10 간극수압계수

1. 간극수압계수

정의	간극수압계수
• 점토에 압력을 가하면 과잉간극수압이 발생한다. • 전응력의 증가량에 대한 간극수압의 변화량의 비를 간극수압계수라 한다.	$\dfrac{\Delta u}{\Delta \sigma}$

2. 등방압축 시 간극 수압계수(B계수)

등방압축	내용	B계수
$\Delta\sigma_3$ (사방에서 작용)	CU 시험 시(등방압축 때) σ_3 증가량에 대한 u의 변화량의 비	$B = \dfrac{\Delta u}{\Delta \sigma_3}$
	① 완전 포화토 $B=1(\Delta\sigma_3 = \Delta u)$ ② 완전 건조토 $B=0$	

- $S = 100\%$ 포화된 상태이면 $B = 1$이고, 구속압력이 일정하면 $\Delta\sigma_3 = 0$이다.

- 포화점토지반
  ① 포화도 $S = 100\%$
  ② 내부마찰각(ϕ) = 0°
  ③ 간극수압계수 $B = 1$

3. 1축 압축 시 간극수압계수(D계수)

1축 압축	내용	D계수
$\Delta\sigma_1 - \Delta\sigma_3$	1축 압축시험에서 $(\Delta\sigma_3 - \Delta\sigma_1)$의 증가량에 대한 u의 변화량의 비	$D = \dfrac{\Delta u}{\Delta\sigma_1 - \Delta\sigma_3}$

- 축차응력
  $\Delta\sigma = (\Delta\sigma_1 - \Delta\sigma_3)$

- 3축 압축시험

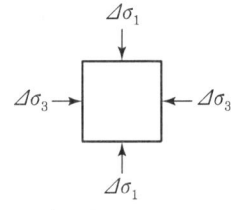

① $\Delta\sigma_1 (\Delta\sigma_v)$
② $\Delta\sigma_3 (\Delta\sigma_h) = \Delta\sigma_v \cdot k$

4. 3축 압축 시(비배수 전단 시) 과잉공극수압 및 A계수

3축 압축 시 과잉공극수압(Δu)	A 계수	
$\Delta u = B[\Delta\sigma_3 + A(\Delta\sigma_1 - \Delta\sigma_3)]$ ① A, B : 간극수압계수 ② 포화된 흙($B=1$) ③ $\Delta\sigma_3$: 추가된 등방압밀 압력(비배수) ④ $\Delta\sigma_1 - \Delta\sigma_3$: 추가된 축차응력(비배수)	포화된 흙($B=1$) $A = \dfrac{\Delta u - \Delta\sigma_3}{\Delta\sigma_1 - \Delta\sigma_3}$	구속응력은 일정 ($\Delta\sigma_3 = 0$) $A = \dfrac{\Delta u}{\Delta\sigma_1}$

- 간극수압 A계수
  ① 3축 압축시험에서 구함
  ② 정규압밀점토에서는 A값이 1에 가까운 값을 나타낸다.
  ③ A계수가 항상 (+)값을 갖는 것은 아니다.(과압밀점토에서는 (−)값)
  ④ $A = \dfrac{D}{B}$

예 / 상 / 문 / 제

01 2.0N/cm²의 구속응력을 가하여 시료를 완전히 압밀시킨 다음, 축차응력을 가하여 비배수 상태로 전단시켜 파괴할 때 축변형률 $\varepsilon_f = 10\%$, 축차응력 $\Delta\sigma_f = 2.8$N/cm², 간극수압 $\Delta u_f = 2.1$N/cm²를 얻었다. 파괴 시 간극수압계수 A를 구하면?(단, 간극수압계수 B는 1.0으로 가정한다.)

① 0.44 ② 0.75
③ 1.33 ④ 2.27

해설

$\Delta u = B[\Delta\sigma_3 + A(\Delta\sigma_1 - \Delta\sigma_3)]$
$2.1 = 1[0 + (A \times 2.8)]$ (100% 포화된 상태면 $B=1$이고, 구속압력이 일정하면 $\Delta\sigma_3 = 0$)
∴ $A = 0.75$

[별해]

A계수 $= \dfrac{D계수}{B계수}$

• D계수

$D = \dfrac{\Delta u}{\Delta\sigma_1 - \Delta\sigma_3} = \dfrac{2.1}{2.8} = 0.75$

• B계수 $= 1$

∴ A계수 $= \dfrac{D계수}{B계수} = \dfrac{0.75}{1} = 0.75$

02 그림과 같이 지하수위가 지표와 일치한 연약점토 지반 위에 양질의 흙으로 매립 성토할 때 매립이 끝난 후 매립 지표로부터 5m 깊이에서의 과잉공극수압은 약 얼마인가?

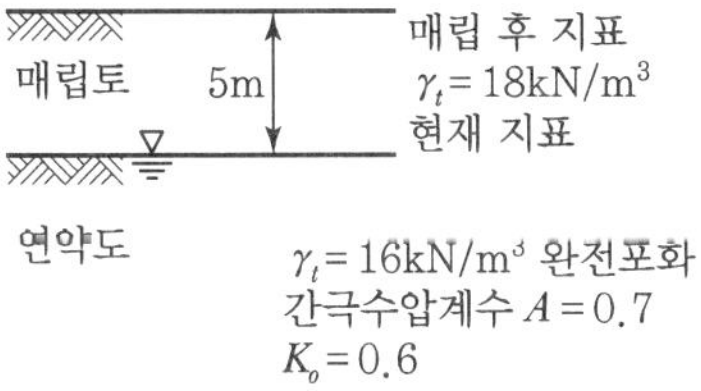

매립토 5m 매립 후 지표
$\gamma_t = 18$kN/m³
현재 지표

연약토 $\gamma_t = 16$kN/m³ 완전포화
간극수압계수 $A = 0.7$
$K_o = 0.6$

① 90.4kN/m² ② 79.2kN/m²
③ 54.1kN/m² ④ 34.5kN/m²

해설

3축 압축 시 과잉공극수압
$\Delta u = B[\Delta\sigma_3 + A(\Delta\sigma_1 - \Delta\sigma_3)]$
• $B = 1$
• $\Delta\sigma_1 = \gamma \cdot H = 18 \times 5 = 90$kN/m²
• $\Delta\sigma_3 = \sigma_v \cdot K_o = (\gamma \cdot H)K_o = (18 \times 5) \times 0.6 = 54$kN/m²
∴ $\Delta u = B[\Delta\sigma_3 + A(\Delta\sigma_1 - \Delta\sigma_3)]$
$= 1 \times [54 + 0.7(90 - 54)] = 79.2$kN/m²

03 아래 표의 공식은 흙시료에 삼축압력이 작용할 때 흙시료 내부에 발생하는 간극수압을 구하는 공식이다. 이 식에 대한 설명으로 틀린 것은?

$$\Delta u = B[\Delta\sigma_3 + A(\Delta\sigma_1 - \Delta\sigma_3)]$$

① 포화된 흙의 경우 $B = 1$이다.
② 간극수압계수 A의 값은 삼축압축시험에서 구할 수 있다.
③ 포화된 점토에서 구속응력을 일정하게 두고 간극수압을 측정했다면, 축차응력과 간극수압으로부터 A값을 계산할 수 있다.
④ 간극수압계수 A값은 언제나 (+)값을 갖는다.

해설

간극수압계수의 A값이 언제나 (+)값을 갖는 것은 아니다. 과압밀 점토에서는 (-)값을 나타낸다.

정답 01 ② 02 ② 03 ④

11 사질토의 전단특성

1. 다일러탠시(Dilatancy)

다일러탠시	종류
흙이 전단을 받으면 체적이 변화되는 현상(팽창, 수축)	① 정(+)의 다일러탠시(Dilatancy) : 팽창 ② 부(−)의 다일러탠시(Dilatancy) : 수축

2. 조밀한 모래(과압밀 점토)

정(+)의 다일러탠시	내용
(그림: 팽창, τ)	① (+) Dilatarcy 발생(체적 증가) ② 비배수 전단 시 간극수압은 감소(−) ③ 조밀한 모래와 과압밀 점토의 전단특성은 거의 비슷

3. 느슨한 모래(정규압밀 점토)

부(−)의 다일러탠시	내용
(그림: 수축, τ)	① (−) Dilatancy 발생(체적 감소) ② 비배수 전단 시 간극수압은 증가(+) ③ 느슨한 모래와 정규압밀 점토의 전단특성은 거의 비슷

4. 다일러탠시(Dilatancy) 현상

체적 변화	간극수압의 변화
(그래프: $+\dfrac{dV}{V}$ 조밀한 모래(과압밀 점토), $-\dfrac{dV}{V}$ 느슨한 모래(정규 압밀 점토), 체적 변화 $\left(\dfrac{\Delta V}{V}\right)$)	(그래프: $+\Delta u$ 느슨한 모래(정규 압밀 점토), $-\Delta u$ 조밀한 모래(과압밀 점토))
① 조밀한 모래는 간극비가 감소하다가 증가(+Dilatancy) ② 느슨한 모래는 전단파괴 이전에 체적 감소(−Dilatancy)	① 과압밀 점토는 (−) 간극수압이 생김 ② 정규 압밀 점토는 (+) 간극수압이 생김

GUIDE

- 시료가 느슨한 경우 변형을 일으킬 때 모래 입자는 용이하게 위치를 바꿀 수 있으므로 체적은 감소 (+간극수압이 발생)
- 조밀한 모래는 모래의 입자가 이동할 때 다른 입자를 누르고 넘어가야 하므로 용적이 증가. 이때 공시체가 팽창하려는 성향으로 인해 흙의 간극으로 물이 흡수되어야 하지만 비배수 조건이므로 (−) 간극수압이 발생

- **사질토의 전단강도 영향인자**
  ① 상대밀도
  ② 입도 분포
  ③ 입자의 형상
  ④ 입자의 크기

- **점성토의 공학적 영향인자**
  예민비(일축 압축강도시험)

- **틱소트로피(Thixotropy)**
  교란된 점토지반이 시간이 지남에 따라 강도의 일부를 회복하는 현상

- **액상화 현상(liguefaction)**
  진동이나 충격과 같은 동적외력의 작용으로 모래의 간극비가 감소하며 이로 인하여 간극수압이 상승하여 흙의 전단강도가 급격히 소실되어 현탁액과 같은 상태로 되는 현상

- **한계 간극비**
  초기 간극비 상태에 있는 모래는 전단 시 체적의 변화가 없게 되는데 이때의 간극비

예/상/문/제

01 모래의 밀도에 따라 일어나는 전단 특성에 대한 다음 설명 중 옳지 않은 것은?

① 다시 성형한 시료의 강도는 작아지지만 조밀한 모래에서는 시간이 경과됨에 따라 강도가 회복된다.
② 전단저항각[내부마찰각(ϕ)]은 조밀한 모래일수록 크다.
③ 직접전단시험에 있어서 전단응력과 수평변위곡선은 조밀한 모래에서는 Peak가 생긴다.
④ 조밀한 모래에서는 전단변형이 계속 진행되면 부피가 팽창한다.

[해설]
틱소트로피(Thixotrophy) 현상
Remolding한 시료(교란된 시료)를 함수비의 변화 없이 그대로 방치하면 시간이 경과되면서 강도가 일부 회복되는 현상으로 점토지반에서만 일어난다.

02 모래나 점토 같은 입상재료(粒狀材料)를 전단하면 Dilatancy 현상이 발생하며 이는 공극수압과 밀접한 관계가 있다. 다음에 설명한 이들의 관계 중 옳지 않은 것은?

① 과압밀 점토에서는 (+) Dilatancy에 부(-)의 공극수압이 발생한다.
② 정규압밀 점토에서는 (-) Dilatancy에 정(+)의 공극수압이 발생한다.
③ 밀도가 큰 모래에서는 (+) Dilatancy가 일어난다.
④ 느슨한 모래에서는 (+) Dilatancy가 일어난다.

[해설]
느슨한 모래에서는 (-) Dilatancy가 일어난다.

03 모래 등과 같은 점성이 없는 흙의 전단강도 특성에 대한 설명 중 잘못된 것은?

① 조밀한 모래의 전단과정에서는 전단응력의 피크(Peak) 점이 나타난다.
② 느슨한 모래의 전단과정에서는 응력의 피크점이 없이 계속 응력이 증가하여 최대 전단응력에 도달한다.
③ 조밀한 모래는 변형의 증가에 따라 간극비가 계속 감소하는 경향을 나타낸다.
④ 느슨한 모래의 전단과정에서는 전단파괴될 때까지 체적이 계속 감소한다.

[해설]
조밀한 모래는 변형의 증가에 따라 간극비가 계속 감소하다가 증가하는 경향을 나타낸다.

04 다음 그림에서 느슨한 모래의 전단거동 특성으로 옳은 것은?

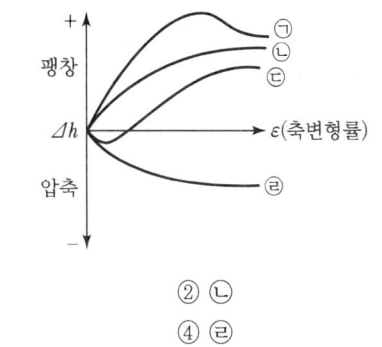

① ㉠
② ㉡
③ ㉢
④ ㉣

[해설]
느슨한 모래는 전단파괴에 도달하기 전에 체적이 감소하고, 조밀한 모래는 체적증가가 생긴다.

05 흙에 대한 일반적인 설명으로 틀린 것은?

① 점성토가 교란되면 전단강도가 작아진다.
② 점성토가 교란되면 투수성이 커진다.
③ 불교란시료의 일축압축강도와 교란시료의 일축압축강도의 비를 예민비라 한다.
④ 교란된 흙이 시간 경과에 따라 강도가 회복되는 것을 틱소트로피(Thixotropy)현상이라 한다.

[해설]
점성토가 교란되면 투수성이 작아진다.

CHAPTER 08 실 / 전 / 문 / 제

01 흐트러진 흙을 자연상태의 흙과 비교하였을 때 잘못된 설명은?

① 투수성이 크다.
② 간극이 크다.
③ 전단강도가 크다.
④ 압축성이 크다.

[해설]
흐트러진 흙은 자연상태의 흙보다 전단강도가 작다.

02 어떤 흙의 전단실험 결과 $c = 18N/cm^2$, $\phi = 35°$, 토립자에 작용하는 수직응력이 $\sigma = 36N/cm^2$일 때 전단강도는?

① $48.9N/cm^2$
② $43.2N/cm^2$
③ $63.3N/cm^2$
④ $38.6N/cm^2$

[해설]
$S(\tau_f) = c + \sigma' \tan\phi = 18 + 36\tan 35° = 43.2N/cm^2$

03 어떤 흙을 직접전단시험하여 수직응력이 60 N/cm^2일 때 $44N/cm^2$의 전단강도를 얻었다. 이 흙의 점착력이 $10N/cm^2$이라면 이 흙의 내부마찰각은?

① $51.5°$
② $36.2°$
③ $32.1°$
④ $29.5°$

[해설]
$S(\tau_f) = c + \sigma' \tan\phi$
$44 = 10 + 60\tan\phi$
$\phi = \tan^{-1}\left(\dfrac{44 - 10}{60}\right) = 29.5°$

04 현장에서 연약점토의 전단강도를 구하기 위한 시험방법은?

① 표준관입시험
② 베인전단시험
③ 평판재하시험
④ CBR시험

[해설]
베인전단시험(vane shear test)
연약한 점토 또는 대단히 예민한 점토에 대하여 현장에서 직접 시행하는 전단 시험

05 유효응력으로 구한 강도정수가 $c' = 2kN/m^2$, $\phi' = 45°$인 어떤 흙의 가상파괴면에 수직응력이 $10kN/m^2$, 간극수압이 $5kN/m^2$ 작용하고 있을 때 전단강도는?

① $2kN/m^2$
② $5kN/m^2$
③ $7kN/m^2$
④ $12kN/m^2$

[해설]
$S(\tau_f) = c + \sigma' \tan\phi$
$S(\tau_f) = c + (\sigma - u) \tan\phi = 2 + (10 - 5)\tan 45° = 7kN/m^2$

06 직접전단시험을 한 결과 수직응력이 $12N/cm^2$일 때 전단저항력이 $10N/cm^2$이었고, 수직응력이 $24N/cm^2$일 때 전단저항력은 $18N/cm^2$이었다. 이때 점착력(c)은?

① $2.00N/cm^2$
② $3.00N/cm^2$
③ $4.56N/cm^2$
④ $6.21N/cm^2$

[해설]
$S(\tau_f) = c + \sigma' \tan\phi$
$10 = c + 12\tan\phi \cdots ①$
$18 = c + 24\tan\phi \cdots ②$
①×2 − ② 연립방정식을 풀이하면
$\quad 20 = 2 \cdot c + 24\tan\phi$
$\quad 18 = c + 24\tan\phi$
$\quad 2 = c$
∴ 점착력(c) = $2.0N/cm^2$

07 사질토에 대한 직접전단시험을 실시하여 다음과 같은 결과를 얻었다. 내부마찰각은 약 얼마인가?

수직응력(kN/m²)	3	6	9
최대전단응력(kN/m²)	1.73	3.46	5.19

정답 01 ③ 02 ② 03 ④ 04 ② 05 ③ 06 ① 07 ②

① 25° ② 30°
③ 35° ④ 40°

[해설]
$S(\tau_f) = c + \sigma' \tan\phi$
- $1.73 = 3\tan\phi$
- $3.46 = 6\tan\phi$
- $5.19 = 9\tan\phi$
∴ 내부마찰각 $(\phi) = 30°$

08 내부마찰각 $\phi = 30°$, 점착력 $c = 0$인 그림과 같은 모래지반이 있다. 지표에서 6m 아래 지반의 전단강도는?(단, $\gamma_w = 10\text{kN/m}^3$ 이다.)

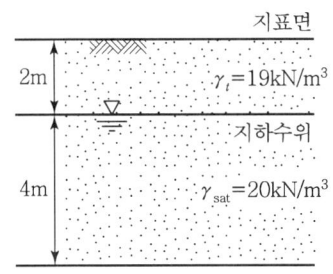

① 78.2kN/m^2 ② 98.1kN/m^2
③ 45.5kN/m^2 ④ 65.4kN/m^2

[해설]
- $\sigma' = \sigma - u$
  $= \gamma_t \cdot H_1 + \gamma_{sub} \cdot H_2$
  $= 19 \times 2 + (20-10) \times 4 = 78.8\text{kN/m}^2$
- $S(\tau_f) = c + \sigma' \tan\phi$
  $= 0 + 78.8\tan 30°$
  $= 45.5\text{kN/m}^2$

09 그림과 같은 지반에서 깊이 5m 지점에서의 전단강도는?(단, 내부 마찰각은 35°, 점착력은 0이다.)

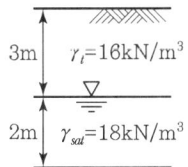

① 32kN/m^2 ② 38kN/m^2
③ 45kN/m^2 ④ 63kN/m^2

[해설]
- 수직응력 $\sigma' = \gamma_t h_1 + (\gamma_{sat} - \gamma_w) h_2$
  $= 16 \times 3 + (18 - 9.8) \times 2 = 64.4\text{kN/m}^2$
- 전단강도 $S = c + \sigma' \tan\phi = 0 + 64.4\tan 35° = 45\text{kN/m}^2$

10 원주상의 공시체에 수직응력이 10N/cm^2, 수평응력이 5N/cm^2일 때 공시체의 각도 30° 경사면에 작용하는 전단응력은?

① 1.7N/cm^2
② 2.2N/cm^2
③ 3.5N/cm^2
④ 4.3N/cm^2

[해설]
전단응력$(\tau) = \dfrac{\sigma_1 - \sigma_3}{2} \sin 2\theta$
$= \dfrac{10-5}{2} \sin(2 \times 30°)$
$= 2.2\text{N/cm}^2$

11 어떤 흙에 대해서 직접 전단시험을 한 결과 수직응력이 10N/cm^2일 때 전단저항이 5N/cm^2이었고, 또 수직응력이 20N/cm^2일 때에는 전단저항이 8N/cm^2이었다. 이 흙의 점착력은?

① 2N/cm^2
② 3N/cm^2
③ 8N/cm^2
④ 10N/cm^2

[해설]
$\tau = c + \sigma\tan\phi$에서
$5 = 10\tan\phi + c$ ················· ①
$8 = 20\tan\phi + c$ ················· ②
①과 ② 식에서 점착력 $c = 2\text{N/cm}^2$

정답 08 ③ 09 ③ 10 ② 11 ①

CHAPTER 08 실 / 전 / 문 / 제

12 흙 재료를 일축압축시험으로 시험하여 일축압축강도가 30kN/m²이었다. 이 흙의 점착력은?(단, $\phi=0°$인 점토)

① 10kN/m² ② 15kN/m²
③ 20kN/m² ④ 25kN/m²

해설
- $q_u = 2c \cdot \tan\left(45° + \dfrac{\phi}{2}\right)$
  ($\phi=0°$인 점토의 경우, $q_u = 2 \cdot c$)
- 점착력
  $c = \dfrac{q_u}{2} = \dfrac{30}{2} = 15\text{kN/m}^2$

13 $\phi=0°$인 포화된 점토시료를 채취하여 일축압축시험을 행하였다. 공시체의 직경이 4cm, 높이가 8cm이고 파괴 시의 하중계의 읽음 값이 4.0kg, 축방향의 변형량이 1.6cm일 때, 이 시료의 전단강도는 약 얼마인가?

① 0.07kg/cm²
② 0.13kg/cm²
③ 0.25kg/cm²
④ 0.32kg/cm²

해설
- 파괴 시 단면적 $(A) = \dfrac{A_0}{1-\varepsilon}$
  압축변형 $(\varepsilon) = \dfrac{\Delta L}{L} = \dfrac{1.6}{8} = 0.2$
  시료의 단면적 $(A_0) = \dfrac{\pi \cdot D^2}{4} = \dfrac{\pi \times 4^2}{4} = 12.57\text{cm}^2$
  $\therefore A = \dfrac{12.57}{1-0.2} = 15.7\text{cm}^2$
- 일축압축강도(압축응력)
  $q_u = \dfrac{P}{A} = \dfrac{4}{15.7} = 0.25\text{kg/cm}^2$
- 내부마찰각 $(\phi)=0°$인 점토의 경우
  $S(\tau_f) = c + \sigma' \tan\phi$
  $= c + 0 = \dfrac{q_u}{2} = \dfrac{0.25}{2} = 0.125\text{kg/cm}^2$

14 한 요소에 작용하는 응력의 상태가 그림과 같을 때 m-m면에 작용하는 수직응력은?

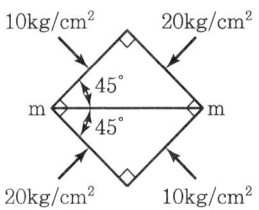

① 15kg/cm² ② $\dfrac{2}{5}\sqrt{2}$ kg/cm²
③ $\dfrac{5}{2}\sqrt{3}$ kg/cm² ④ 10kg/cm²

해설
$\sigma = \dfrac{\sigma_1 + \sigma_3}{2} + \dfrac{\sigma_1 - \sigma_3}{2}\cos 2\theta$
$= \dfrac{20+10}{2} + \dfrac{20-10}{2}\cos(45° \times 2) = 15\text{kg/cm}^2$
($\because \sigma_1 = 20\text{kg/cm}^2,\ \sigma_3 = 10\text{kg/cm}^2,\ \theta = 45°$)

15 지름이 5cm이고 높이가 12cm인 점토시료를 일축압축시험한 결과, 수직변위가 0.9cm 일어났을 때 최대하중 10.61kg을 받았다. 이 점토의 표준관입시험 N값은 대략 얼마나 되겠는가?

① 2 ② 4
③ 6 ④ 8

해설
- 일축압축강도(압축응력)
  $q_u = \dfrac{P}{A} = \dfrac{10.61}{21.23} = 0.5\text{kg/cm}^2$
- 파괴 시 단면적
  $A = \dfrac{A_o}{1-\varepsilon} = \dfrac{A_o}{1-\dfrac{\Delta L}{L}} = \dfrac{\dfrac{\pi \times 5^2}{4}}{1-\dfrac{0.9}{12}} = 21.23\text{cm}^2$
- $q_u = \dfrac{N}{8}(\text{kg/cm}^2)$에서
  $0.5 = \dfrac{N}{8}$ $\therefore N = 4$

정답 12 ② 13 ② 14 ① 15 ②

16 예민비가 큰 점토란?

① 입자 모양이 둥근 점토
② 흙을 다시 이겼을 때 강도가 증가하는 점토
③ 입자가 가늘고 긴 형태의 점토
④ 흙을 다시 이겼을 때 강도가 감소하는 점토

[해설]
예민비
- $S_t = \dfrac{q_u}{q_{ur}}$
- 교란되지 않은 시료의 일축압축강도와 함수비 변화 없이 반죽하여 교란시킨 같은 흙의 일축압축강도의 비
- 예민비가 큰 점토는 교란시켰을 때 강도가 많이 감소한다.

17 흙속에 있는 한 점의 최대 및 최소 주응력이 각각 2.0N/cm^2 및 1.0N/cm^2일 때 최대 주응력면과 $30°$를 이루는 평면상의 전단응력을 구한 값은?

① 0.105N/cm^2
② 0.215N/cm^2
③ 0.323N/cm^2
④ 0.433N/cm^2

[해설]
$\tau = \dfrac{\sigma_1 - \sigma_3}{2}\sin 2\theta = \dfrac{2-1}{2}\sin(2\times 30°) = 0.433\text{N/cm}^2$

18 흙중의 한 점에서 최대 및 최소 주응력이 각각 1kg/cm^2 및 0.6kg/cm^2일 때, 이 점을 지나 최소 주응력면과 $60°$를 이루는 평면상의 전단응력은?

① 0.10kg/cm^2
② 0.17kg/cm^2
③ 0.40kg/cm^2
④ 0.69kg/cm^2

[해설]

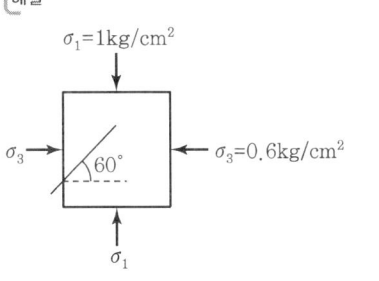

- 최대 주응력면과 이루는 각 $\theta = 90° - 60° = 30°$
- 전단응력 $\tau_\theta = \dfrac{\sigma_1 - \sigma_2}{2}\sin 2\theta$
  $= \dfrac{1 - 0.6}{2}\sin(2\times 30°)$
  $= 0.17\text{kg/cm}^2$

[주의] θ는 최대 주응력면과 이루는 각이다.

19 점토의 예민비(Sensitivity Ratio)는 다음 시험 중 어떤 방법으로 구하는가?

① 삼축압축시험
② 일축압축시험
③ 직접전단시험
④ 베인시험

[해설]
예민비$(S_t) = \dfrac{q_u(\text{불교란 시료의 일축압축강도})}{q_{ur}(\text{교란 시료의 일축압축강도})}$

20 자연상태 흙의 일축압축강도가 0.5N/cm^2이고 이 흙을 교란시켜 일축압축강도시험을 하니 강도가 0.1N/cm^2였다. 이 흙의 예민비는 얼마인가?

① 50
② 10
③ 5
④ 1

[해설]
$S_t = \dfrac{q_u}{q_{ur}} = \dfrac{0.5}{0.1} = 5$

21 흙시료 채취에 대한 설명으로 틀린 것은?

① 교란의 효과는 소성이 낮은 흙이 소성이 높은 흙보다 크다.
② 교란된 흙은 자연상태의 흙보다 압축강도가 작다.
③ 교란된 흙은 자연상태의 흙보다 전단강도가 작다.
④ 흙시료 채취 직후에 비교적 교란되지 않은 코어(Core)는 부(負)의 과잉간극수압이 생긴다.

[해설]
교란의 효과는 소성이 높은 흙이 소성이 낮은 흙보다 크다.

정답 16 ④ 17 ④ 18 ② 19 ② 20 ③ 21 ①

CHAPTER 08 실/전/문/제

22 연약점토지반에 성토제방을 시공하고자 한다. 성토로 인한 재하속도가 과잉간극수압이 소산되는 속도보다 빠를 경우, 지반의 강도정수를 구하는 가장 적합한 시험방법은?

① 압밀 배수시험   ② 압밀 비배수시험
③ 비압밀 비배수시험   ④ 직접전단시험

[해설]
비압밀 비배수시험(UU - Test)
- 단기안정 검토 – 성토 직후 파괴
- 초기재하 시, 전단 시 간극수 배출 없음
- 기초지반을 구성하는 점토층이 시공 중 압밀이나 함수비의 변화가 없는 조건
- 성토로 인한 재하속도가 과잉간극수압이 소산되는 속도보다 빠를 경우

23 포화점토의 비압밀 비배수시험에 대한 설명으로 옳지 않은 것은?

① 구속압력을 증대시키면 유효응력은 커진다.
② 구속압력을 증대한 만큼 간극수압은 증대한다.
③ 구속압력의 크기에 관계없이 전단강도는 일정하다.
④ 시공 직후의 안정 해석에 적용된다.

[해설]

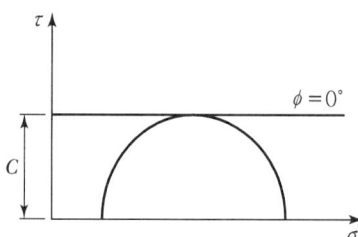

비압밀 비배수시험(UU - Test)은 구속압력을 증대시켜도 유효응력은 일정하다.

24 흙댐에서 수위가 급강하한 경우 사면안정해석을 위한 강도정수 값을 구하기 위하여 어떠한 조건의 삼축압축시험을 하여야 하는가?

① Quick 시험   ② CD 시험
③ CU 시험   ④ UU 시험

[해설]
압밀 비배수시험(CU - Test)
- 압밀 후 파괴되는 경우
- 초기 재하 시 – 간극수 배출
  전단 시 – 간극수 배출 없음
- 수위 급강하 시 흙댐의 안전문제 발생
- 압밀 진행에 따른 전단강도 증가 상태를 추정
- 유효응력항으로 표시

25 다음 그림의 파괴포락선 중에서 완전 포화된 점토를 UU(비압밀 비배수) 시험했을 때 생기는 파괴포락선은 어느 것인가?

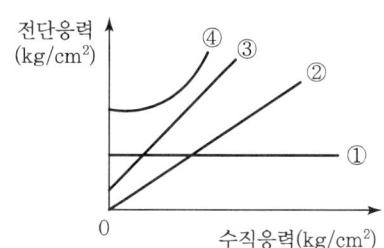

① ①   ② ②
③ ③   ④ ④

[해설]
100% 포화점토의 파괴포락선

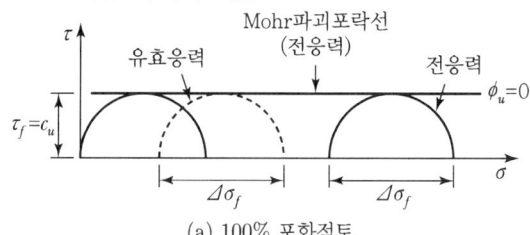

(a) 100% 포화점토

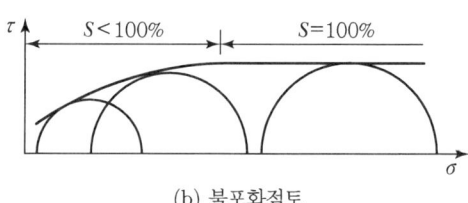

(b) 불포화점토

비압밀 비배수(UU) 시험에서 $S=100\%$일 때 내부 마찰각 $\phi=0$이므로 전단응력(τ) = 점착력(c)이다.

정답 22 ③ 23 ① 24 ③ 25 ①

실 / 전 / 문 / 제

26 점토지반을 프리로딩(Pre-Loading) 공법 등으로 미리 압밀시킨 후에 급격히 재하할 때의 안정을 검토하는 경우에 적당한 전단시험은?

① 비압밀 비배수(UU) 전단시험
② 압밀 비배수(CU) 전단시험
③ 압밀 배수(CD) 전단시험
④ 압밀 완속(CS) 전단시험

[해설]
압밀 비배수시험(CU-Test)
- 압밀 후 파괴되는 경우
- 초기 재하 시 - 간극수 배출
  전단 시 - 간극수 배출 없음
- 수위 급강하 시 흙댐의 안전문제
- 압밀 진행에 따른 전단강도 증가 상태를 추정
- 유효응력항으로 표시

27 아래 표의 설명과 같은 경우 강도정수 결정에 적합한 삼축압축시험의 종류는?

최근에 매립된 포화점성토 지반 위에 구조물을 시공한 직후의 초기 안정검토에 필요한 지반 강도정수 결정

① 비압밀 비배수시험(UU)
② 압밀 비배수시험(CU)
③ 압밀 배수시험(CD)
④ 비압밀 배수시험(UD)

[해설]
비압밀 비배수시험(UU-Test)
- 단기안정 검토 - 성토 직후 파괴
- 초기재하 시, 전단 시 간극수 배출 없음
- 기초지반을 구성하는 점토층이 시공 중 압밀이나 함수비의 변화가 없는 조건

28 사질 지반의 안정 문제나 점토 지반에서 재하후 장기간의 안정을 검토하는 경우 전단응력을 추정하기 위해서는 어느 시험을 하는가?

① 비압밀 비배수시험
② 비압밀 배수시험
③ 압밀 비배수시험
④ 압밀 배수시험

[해설]
- 압밀 배수(CD)시험 : 점토 지반의 장기간 안정 검토
- 비압밀 비배수(UU)시험 : 점토 지반의 단기간 안정 검토

29 다음 그림의 파괴 포락선 중에서 완전포화된 점성토에 대해 비압밀 비배수 삼축압축(UU)시험을 했을 때 생기는 파괴포락선은 어느 것인가?

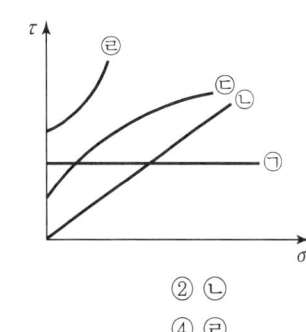

① ㉠
② ㉡
③ ㉢
④ ㉣

[해설]
완전 포화된 점토의 UU-test($\phi=0°$)

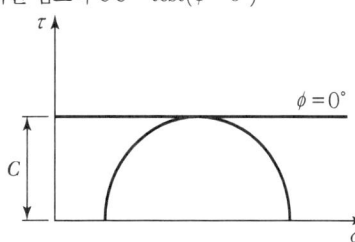

비압밀 비배수(UU-test) 결과는 수직응력의 크기가 증가하더라도 전단응력은 일정하다.

30 압밀비배수 전단시험에 대한 설명으로 옳은 것은?

① 시험 중 간극수를 자유로 출입시킨다.
② 시험 중 선응력을 구할 수 없다.
③ 시험 전 압밀할 때 비배수로 한다.
④ 간극수압을 측정하면 압밀배수와 같은 전단강도 값을 얻을 수 있다.

정답 26 ② 27 ① 28 ④ 29 ① 30 ④

CHAPTER 08 실 / 전 / 문 / 제

[해설]

압밀 비배수시험(CU – Test)
- 초기재하 시(등방압축), 간극수 배출, 전단 시(축차압축) 간극수 배출하지 않음
- 압밀 후 급격한 재하 시 안정 검토 : 압밀 후 급속한 파괴가 예상될 때
- 간극수압을 측정하여 유효응력으로 정리하면 압밀배수시험(CD – Test)과 거의 같은 전단상수를 얻는다.

31 포화점토에 대해 비압밀 비배수(UU) 삼축압축 시험을 한 결과 액압 $1.0kg/cm^2$에서 피스톤에 의한 축차압력 $1.5kg/cm^2$일 때 파괴되었고 이때의 간극수압이 $0.5kg/cm^2$만큼 발생되었다. 액압을 $2.0kg/cm^2$으로 올린다면 피스톤에 의한 축차압력은 얼마에서 파괴가 되리라 예상되는가?

① $1.5kg/cm^2$ ② $2.0kg/cm^2$
③ $2.5kg/cm^2$ ④ $3.0kg/cm^2$

[해설]

UU – Test에서는 구속응력의 크기에 상관없이 일정한 전단강도를 나타낸다.

32 포화된 점토에 대하여 비압밀 비배수(UU) 시험을 하였을 때의 결과에 대한 설명 중 옳은 것은? (단, ϕ : 내부마찰각, c : 점착력)

① ϕ와 c가 나타나지 않는다.
② ϕ는 "0"이 아니지만 c는 "0"이다.
③ ϕ와 c가 모두 "0"이 아니다.
④ ϕ는 "0"이고 c는 "0"이 아니다.

[해설]

포화된 점토의 UU – Test($\phi = 0°$)

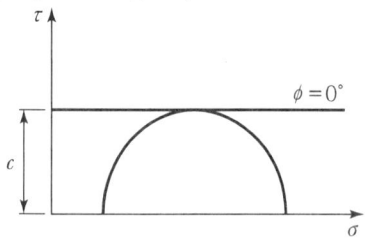

∴ 내부마찰각 $\phi = 0°$이고 점착력 $c \neq 0$이다.

33 $\phi = 0$인 포화점토를 비압밀 비배수시험을 하였다. 이때 파괴 시 최대주응력은 $2.0N/cm^2$, 최소주응력은 $1.0N/cm^2$이었다. 이 포화점토의 비배수 점착력은?

① $0.5N/cm^2$ ② $1.0N/cm^2$
③ $1.5N/cm^2$ ④ $2.0N/cm^2$

[해설]

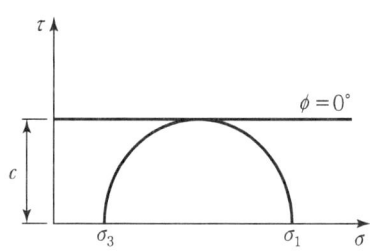

점착력(c)

$c = \dfrac{\sigma_1 - \sigma_3}{2} = \dfrac{2-1}{2} = 0.5N/cm^2$

34 정규압밀점토에 대하여 구속응력 $2N/cm^2$로 압밀배수 삼축압축시험을 실시한 결과 파괴 시 축차응력이 $4N/cm^2$이었다. 이 흙의 내부마찰각은?

① $20°$ ② $25°$
③ $30°$ ④ $45°$

[해설]

σ_1(파괴 시 응력) $= \sigma_3$(구속응력) $+ \sigma$(축차응력)
$\qquad = 2 + 4 = 6N/cm^2$

∴ 내부마찰각(ϕ) $= \sin^{-1}\left(\dfrac{\sigma_1 - \sigma_3}{\sigma_1 + \sigma_3}\right)$
$\qquad = \sin^{-1}\left(\dfrac{6-2}{6+2}\right)$
$\qquad = 30°$

35 어떤 흙의 공시체에 대한 일축 압축 시험을 하였더니, 일축 강도 $q_u = 3.0N/cm^2$, 파괴면의 각도 $\theta = 50°$였다. 이 흙의 점착력과 내부 마찰각은 얼마인가?

정답 31 ① 32 ④ 33 ① 34 ③ 35 ④

① $c=1.5\text{N/cm}^2$, $\phi=10°$
② $c=1.5\text{N/cm}^2$, $\phi=5°$
③ $c=1.259\text{N/cm}^2$, $\phi=5°$
④ $c=1.259\text{N/cm}^2$, $\phi=10°$

해설
- $\theta=45°+\dfrac{\phi}{2}=50°$
  ∴ 내부 마찰각 $\phi=10°$
- $q_u=2c\tan\left(45°+\dfrac{\phi}{2}\right)$에서
  $c=\dfrac{q_u}{2\tan\left(45°+\dfrac{\phi}{2}\right)}=\dfrac{3.0}{2\tan\left(45°+\dfrac{10°}{2}\right)}=1.259\text{N/cm}^2$

36 실내시험에 의한 점토의 강도증가율$\left(\dfrac{c_u}{p}\right)$ 산정방법이 아닌 것은?

① 소성지수에 의한 방법
② 비배수 전단강도에 의한 방법
③ 압밀 비배수 삼축압축시험에 의한 방법
④ 직접전단시험에 의한 방법

해설
직접전단시험은 점토의 강도증가율과는 상관없다.

37 순수 점토 시료로서 일축압축시험을 시행하여 일축압축강도 $q_u=92\text{N/cm}^2$의 값을 얻었다. 이 흙의 점착력(c)는?

① 23N/cm^2
② 32N/cm^2
③ 46N/cm^2
④ 92N/cm^2

해설
- 순수 점토일 때 내부 마찰각 $\phi=0$이다.
- 점착력 $c=\dfrac{q_u}{2}=\dfrac{92}{2}=46\text{N/cm}^2$

38 아래 그림과 같은 정규압밀점토 지반에서 점토층 중간에서의 비배수 점착력은?(단, 소성지수는 50%, $\gamma_w=10\text{kN/m}^3$ 이다.)

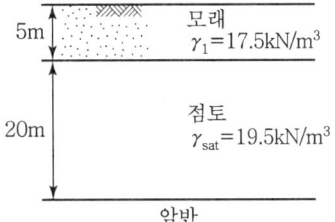

① 54.4kN/m^2
② 63.9kN/m^2
③ 73.8kN/m^2
④ 83.8kN/m^2

해설
- 점토의 강도증가율
  $m=\dfrac{c_u}{\sigma'}=0.11+0.0037\,I_p(\%)$
  (여기서, $\sigma'=\gamma_t\cdot H_1+\gamma_{sub}\cdot H_2$
  $=17.5\times 5+(19.5-10)\times\dfrac{20}{2}=184.5\text{kN/m}^2$)
- $m=\dfrac{c_u}{\sigma'}=\dfrac{c_u}{184.5}=0.11+0.0037\times 50=0.295$
∴ 비배수 점착력(c_u) $=54.4\text{kN/m}^2$

39 응력경로(Stress Path)에 대한 설명으로 옳은 것은?

① 응력경로는 Mohr의 응력원에서 전단응력이 최대인 점을 연결하여 구해진다.
② 응력경로란 시료가 받는 응력의 변화과정을 응력공간에 궤적으로 나타낸 것이다.
③ 응력경로는 특성상 전응력으로만 나타낼 수 있다.
④ 시료가 받는 응력상태에 대해 응력경로를 나타내면 직선 또는 곡선으로 나타내어진다.

해설
응력경로
- Mohr원에서 전단응력이 최대인 점(p, q)을 연결하여 그린 선분
- 응력경로는 전응력경로와 유효응력경로로 나눌 수 있다.

CHAPTER 08 실 / 전 / 문 / 제

40 다음은 전단시험을 한 응력경로이다. 어느 경우인가?

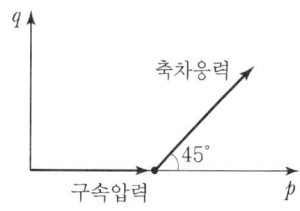

① 초기단계의 최대주응력과 최소주응력이 같은 상태에서 시행한 삼축압축시험의 전응력경로이다.
② 초기단계의 최대주응력과 최소주응력이 같은 상태에서 시행한 일축압축시험의 전응력경로이다.
③ 초기단계의 최대주응력과 최소주응력이 같은 상태에서 $K_o = 0.5$인 조건에서 시행한 삼축압축시험의 전응력경로이다.
④ 초기단계의 최대주응력과 최소주응력이 같은 상태에서 $K_o = 0.7$인 조건에서 시행한 일축압축시험의 전응력경로이다.

[해설]

$p = \dfrac{\sigma_1 + \sigma_3}{2}$,

$q = \dfrac{\sigma_1 - \sigma_3}{2}$

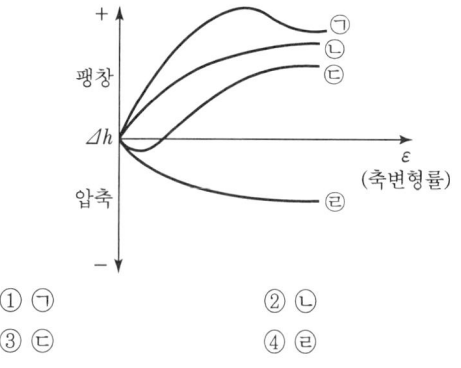

41 조밀한 모래의 전단변위와 시료 높이 변화와의 관계로 옳은 것은?

① ㉠
② ㉡
③ ㉢
④ ㉣

[해설]

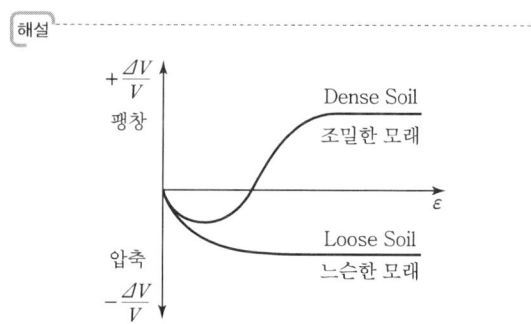

42 포화 점토를 가지고 비압밀 비배수(UU) 삼축압축시험을 한 결과 액압 $10N/m^2$에서 피스톤에 의한 축차 압력 $15N/m^2$에서 파괴되었고 이 때의 공극 수압이 $5N/m^2$만큼 발생되었다. 액압을 $20kN/m^2$ 올린다면 피스톤에 의한 축차 압력은 얼마에서 파괴되겠는가?

① $15N/m^2$
② $20N/m^2$
③ $25N/m^2$
④ $30N/m^2$

[해설]

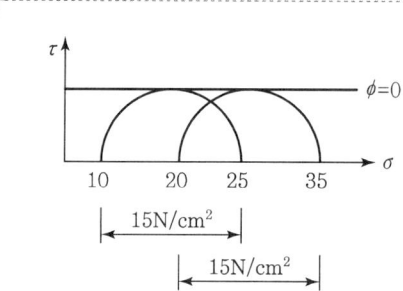

비압밀 비배수시험(UU-test)에서 포화점토 100%일 때 각 액압에 따른 축차 응력$(\sigma_1 - \sigma_3)$은 일정하므로 $\sigma_1 - \sigma_3$를 직경으로 하는 Mohr 응력원이 그려진다.
∴ $\sigma_{vmax} = \sigma_1 - \sigma_3 = 25 - 10 = 35 - 20 = 1.5N/cm^2$

43 연약점토 지반에 말뚝을 시공하는 경우, 말뚝을 타입한 후 어느 정도 기간이 경과한 후에 재하시험을 하게 된다. 그 이유로 가장 적합한 것은?

① 말뚝 타입 시 말뚝 자체가 받는 충격에 의해 두부의 손상이 발생할 수 있어 안정화에 시간이 걸리기 때문이다.

정답 40 ① 41 ③ 42 ① 43 ④

② 말뚝에 주면마찰력이 발생하기 때문이다.
③ 말뚝에 부마찰력이 발생하기 때문이다.
④ 말뚝 타입 시 교란된 점토의 강도가 원래대로 회복하는 데 시간이 걸리기 때문이다.

[해설]

말뚝 주위의 표면과 흙 사이의 마찰력으로 점토지반인 경우 마찰력이 감소하여 전단 변형이 일어나면 딕소트로피(Thixotrophy) 현상 발생

딕소트로피
Remolding한 시료(교란된 시료)를 함수비의 변화 없이 그대로 방치하면 시간이 경과되면서 강도가 일부 회복되는 현상

44 토압계수 K=0.5일 때 응력경로는 다음 그림에서 어느 것인가?

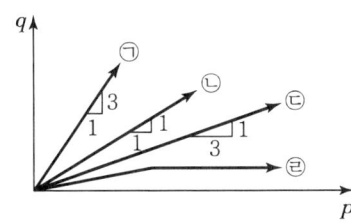

① ㉠
② ㉡
③ ㉢
④ ㉣

[해설]

응력비(응력경로) $= \dfrac{q}{p} = \dfrac{\dfrac{\sigma_1 - \sigma_3}{2}}{\dfrac{\sigma_1 + \sigma_3}{2}} = \dfrac{\sigma_1 - \sigma_3}{\sigma_1 + \sigma_3}$

$= \dfrac{1 - \dfrac{\sigma_3}{\sigma_1}}{1 + \dfrac{\sigma_3}{\sigma_1}} = \dfrac{1 - K}{1 + K}$

$= \dfrac{1 - 0.5}{1 + 0.5} = \dfrac{0.5}{1.5} = \dfrac{1}{3}$

45 다음 그림과 같은 p-q 다이어그램에서 K_f 선이 파괴선을 나타낼 때 이 흙의 내부마찰각은?

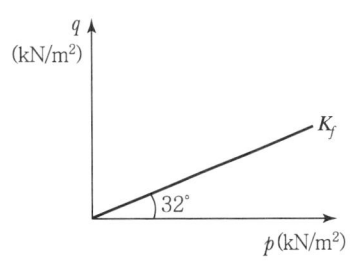

① 32°
② 36.5°
③ 38.7°
④ 40.8°

[해설]

응력경로(K_f Line)와 파괴포락선(Mohr-Coulomb)의 관계
$\sin\phi = \tan\alpha$
∴ $\phi = \sin^{-1} \times \tan 32° = 38.7°$

46 점성토에 대한 압밀 배수 삼축압축시험 결과를 p-q diagram에 그린 결과, K_f-line의 경사각 α는 20°이고 절편 m은 34N/cm²이었다. 이 점성토의 내부 마찰각(ϕ) 및 점착력(c)의 크기는?

① $\phi = 21.34°$, $c = 36.5$N/cm²
② $\phi = 23.45°$, $c = 37.1$N/cm²
③ $\phi = 21.34°$, $c = 93.4$N/cm²
④ $\phi = 23.54°$, $c = 85.8$N/cm²

[해설]

• 내부 마찰각 $\phi = \sin^{-1} \tan\alpha = \sin^{-1} \tan 20° = 21.34°$

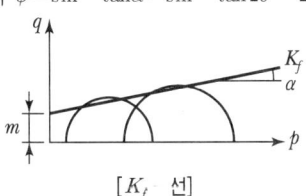

[K_f 선]

• 점착력 $c = \dfrac{m}{\cos\phi} = \dfrac{34}{\cos 21.34°} = 36.5$N/cm²

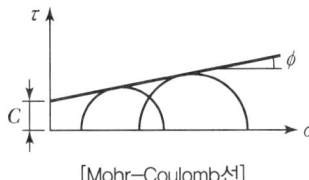

[Mohr-Coulomb선]

CHAPTER 08 실 / 전 / 문 / 제

47 입경이 균일한 포화된 사질지반에 지진이나 진동 등 동적하중이 작용하면 지반에서는 일시적으로 전단강도를 상실하게 되는데, 이러한 현상을 무엇이라고 하는가?

① 분사현상(quick sand)
② 틱소트로피현상(thixotropy)
③ 히빙현상(heaving)
④ 액상화현상(liquefaction)

[해설]
액상화현상 : 간극수압의 상승으로 유효응력이 감소되고 그 결과 사질토가 외력에 대한 전단저항을 잃게 되는 현상

48 포화점토의 비압밀 비배수 시험에 대한 설명으로 틀린 것은?

① 시공 직후의 안정 해석에 적용된다.
② 구속압력을 증대시키면 유효응력은 커진다.
③ 구속압력을 증대한 만큼 간극수압은 증대한다.
④ 구속압력의 크기에 관계없이 전단강도는 일정하다.

[해설]
구속압력을 증대시켜도 유효응력은 변화가 없다.

정답 47 ④ 48 ②

CHAPTER 09

수평토압

01 토압의 종류
02 토압이론
03 Rankine의 토압계수
04 Rankine의 토압계산

01 토압의 종류

1. 토압

모식도	정의
	① 토압은 지중의 어떤 점에 발생하는 압력 ② 보통 전도나 활동(미끄러짐)을 일으키는 횡방향 토압을 의미(토압=횡토압) ③ σ_v(연직토압)=$\gamma_t Z$ ④ σ_h(수평토압)=$K_o \sigma_v$

2. 정지토압

정지토압(P_o) 모식도	내용
	① 탄성 평형상태의 토압(지하벽) ② 흙 입자가 수평방향으로 변형이 전혀 없을 때 ($\sigma_v = \gamma_t Z$, $\sigma_h = K_o \sigma_v$)

3. 주동토압

주동토압(P_a) 모식도	내용
	① 벽체가 벽면(배면)에 있는 흙으로부터 떨어지도록 작용하는 토압(굴토 후 옹벽 설치 시) ② θ'(연직면과 파괴면이 이루는 각) $\theta' = 45° - \dfrac{\phi}{2}$ ③ 지반상태는 팽창 ④ 수평응력은 최소주응력

4. 수동토압

수동토압(P_p) 모식도	내용
	① 벽체가 흙 쪽으로(뒤채움 흙) 밀리도록 작용하는 토압 ② θ'(연직면과 파괴면이 이루는 각) $\theta' = 45° + \dfrac{\phi}{2}$ ③ 지반상태는 압축 ④ 수평응력은 최대주응력

GUIDE

- 토압의 종류
  ① 정지토압(P_o)
  ② 주동토압(P_a)
  ③ 수동토압(P_p)

- K_o(정지토압계수)

- 토압의 크기
  $P_p > P_o > P_a$

- 벽체의 변위

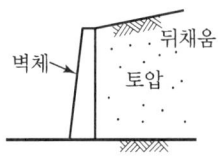

- 주동상태일 때 최대주응력면(수평면)과 파괴면은 $45° + \dfrac{\phi}{2}$의 각을 이루고 있다.(활동면이 급하다.)

- 수동상태일 때 최소주응력면(수평면)과 파괴면은 $45° - \dfrac{\phi}{2}$의 각을 이루고 있다.(활동면이 완만하다.)

예 / 상 / 문 / 제

01 다음 중에서 정지토압 P_0, 주동토압 P_a, 수동토압 P_p의 크기 순서로 옳은 것은?

① $P_p < P_o < P_a$
② $P_o < P_a < P_p$
③ $P_o < P_p < P_a$
④ $P_a < P_o < P_p$

[해설]
주동토압(P_a) < 정지토압(P_0) < 수동토압(P_p)

02 흙의 단위중량이 18kN/m³이고, 정지토압계수가 0.5인 균질토층이 있다. 지표면 아래 10m 깊이에서의 연직응력과 수평응력은?

① $\sigma_v = 90\text{kN/m}^2$, $\sigma_h = 180\text{kN/m}^2$
② $\sigma_v = 180\text{kN/m}^2$, $\sigma_h = 90\text{kN/m}^2$
③ $\sigma_v = 80\text{kN/m}^2$, $\sigma_h = 40\text{kN/m}^2$
④ $\sigma_v = 40\text{kN/m}^2$, $\sigma_h = 80\text{kN/m}^2$

[해설]
- 수직응력 : $\sigma_v = \gamma_t \cdot Z = 18 \times 10 = 180\text{kN/m}^2$
- 수평응력 : $\sigma_h = K_o \cdot \sigma_v = 0.5 \times 180 = 90\text{kN/m}^2$

03 토압론에 관한 다음 설명 중 틀린 것은 어느 것인가?

① Coulomb의 토압론은 강체역학에 기초를 둔 흙쐐기 이론이다.
② Rankine의 토압론은 소성이론에 의한 것이다.
③ 벽체가 벽면에 있는 흙으로부터 떨어지도록 작용하는 토압을 수동토압이라 하고 벽체가 흙 쪽으로 밀리도록 작용하는 힘을 주동토압이라 한다.
④ 정지토압계수는 수동토압계수와 주동토압계수 사이에 속한다.

[해설]
- 주동토압(P_a) : 벽체가 벽면에 있는 흙으로부터 떨어지도록 작용하는 토압
- 수동토압(P_p) : 벽체가 흙쪽으로(뒤채운 흙) 밀리도록 작용하는 토압

04 다음 Rankine의 토압에 대한 설명 중 틀린 것은?

① 수동토압인 경우 파괴면은 수평면과 $\theta = 45° - \dfrac{\phi}{2}$의 각도를 이룬다.
② 옹벽 뒷면에 상재 하중이 없을 때는 토압의 합력은 벽 밑에서 1/3 높이 되는 점에 작용한다.
③ 흙은 비압축성의 균질한 분체이다.
④ 토압의 작용방향은 지표의 경사에 관계없이 벽 뒷면에 수직으로 작용한다.

[해설]
- 파괴면이 수평면과 이루는 경사각
  주동토압 $\theta = 45° + \dfrac{\phi}{2}$, 수동토압 $\theta = 45° - \dfrac{\phi}{2}$이다.
- 지표면이 경사진 경우의 주동토압이나 수동토압의 방향은 지표면과 평행한 것으로 가정한다.

정답   01 ④   02 ②   03 ③   04 ④

02 토압이론

1. 토압이론

Rankine의 토압론	Coulomb의 토압론
벽 마찰각 무시($\delta = 0$) (소성론에 의한 토압산출)	벽 마찰각 고려($\delta \neq 0$) (강체역학에 기초를 둔 흙쐐기이론)
작은 입자에 작용하는 응력이 전체를 대표한다는 원리(소성론)	흙쐐기이론에 의한 이론
옹벽 저판의 길이가 긴 경우	옹벽의 저판 돌출부가 없거나 작은 경우

GUIDE

- 토압의 크기는 벽체의 변형형태, 변형방향 등에 따라 다르다.

- 벽마찰각(δ)을 무시하면 Coulomb의 토압과 Rankine의 토압은 같다.

2. Rankine 토압론의 기본가정

Rankine 토압론의 기본가정
① 흙은 비압축성이고 균질하다.(등방성) ② 중력만 작용하며 지반은 소성평형상태에 있다. ③ 지표면은 무한히 넓다. ④ 토압은 지표면에 평행하게 작용한다.(벽마찰 무시) ⑤ 지표면에 작용하는 하중은 등분포하중이다. ⑥ 흙은 입자 간의 마찰력에 의해 평형을 유지한다.

- 토압은 지표면에 평행하게 작용

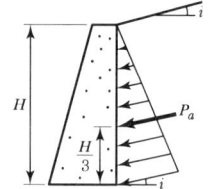

3. 토압분포도

구 분	토압분포도	내 용
		① 연직한 옹벽 ② 연직옹벽의 토압분포 모양은 삼각형이다.
		① 버팀대로 받친 벽체 ② 버팀대로 받친 벽체의 토압분포 모양은 포물선이다.
		앵커 달린 널말뚝

예 / 상 / 문 / 제

01 옹벽에 작용하는 토압이론에 대하여 설명한 것 중 틀린 것은?

① 토압의 크기는 벽체의 변형방향에 따라 다르다.
② Rankine의 주동 토압이론에서는 토질이 수평 방향에서 $\left(45°+\dfrac{\phi}{2}\right)$ 방향으로 파괴된다고 가정한다.
③ 토압의 크기는 벽체 뒤의 토질이 파괴되는 형태에 따라서 다르다.
④ Coulomb의 주동 토압계수는 벽 마찰각이 0이고, 연직벽인 경우에 Rankine 토압계수와 같다.

[해설]
- 토압의 크기는 벽체의 변형 형태, 변형 방향 등에 따라 다르다.
- Coulomb 토압론은 벽면 마찰각을 고려한 이론이다.
- Rankine의 토압론은 벽 마찰각을 무시한다.

02 지표면이 수평이고 옹벽의 뒷면과 흙과의 마찰각이 0°인 연직옹벽에서 Coulomb의 토압과 Rankine의 토압은?

① Coulomb의 토압은 항상 Rankine의 토압보다 크다.
② Coulomb의 토압은 Rankine의 토압보다 클 때도 있고 작을 때도 있다.
③ Coulomb의 토압과 Rankine의 토압은 같다.
④ Coulomb의 토압은 항상 Rankine의 토압보다 작다.

[해설]
Coulomb의 토압론은 벽 마찰각을 고려하고 Rankine의 토압은 벽마찰각을 무시하는데 Coulomb의 토압론에서 벽마찰각을 고려하지 않으면 Rankine의 토압과 같아진다.

03 랭킨 토압론의 가정 중 맞지 않는 것은?

① 흙의 비압축성이 고균질이다.
② 지표면은 무한히 넓다.
③ 흙은 입자 간의 마찰에 의하여 평형조건을 유지한다.
④ 토압은 지표면에 수직으로 작용한다.

[해설]
토압은 지표면에 평행하게 작용한다.

04 다음 Rankine의 토압에 대한 설명 중 틀린 것은?

① 수동 토압인 경우 파괴면은 수평면과 $\theta = 45° - \dfrac{\phi}{2}$ 의 각도를 이룬다.
② 옹벽 뒷면에 상재 하중이 없을 때는 토압의 합력은 벽 밑에서 1/3 높이 되는 점에 작용한다.
③ 흙은 비압축성의 균질한 분체이다.
④ 토압의 작용방향은 지표의 경사에 관계없이 벽 뒷면에 수직으로 작용한다.

[해설]
- 파괴면이 수평면과 이루는 경사각
  주동토압 $\theta = 45° + \dfrac{\phi}{2}$, 수동토압 $\theta = 45° - \dfrac{\phi}{2}$ 이다.
- 지표면이 경사진 경우의 주동토압이나 수동토압의 방향은 지표면과 평행한 것으로 가정한다.

05 토압에 대한 다음 설명 중 옳은 것은?

① 일반적으로 정지토압계수는 주동토압계수보다 작다.
② Rankine 이론에 의한 주동토압의 크기는 Coulomb 이론에 의한 값보다 작다.
③ 옹벽, 흙막이벽체, 널말뚝 중 토압분포가 삼각형 분포에 가장 가까운 것은 옹벽이다.
④ 극한 주동상태는 수동상태보다 훨씬 더 큰 변위에서 발생한다.

[해설]
- 정지토압계수(P_0) > 주동토압계수(P_a)
- 토압분포가 삼각형 분포인 것은 옹벽이다.

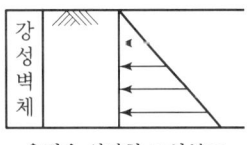

옹벽은 삼각형 토압분포

03 Rankine의 토압계수

1. 정지토압계수(K_o)

모식도	정지토압계수	특징
(그림)	$K_o = \dfrac{\sigma_h'}{\sigma_v'} = \dfrac{\sigma_h}{\sigma_v}$ $= 1 - \sin\phi'$ (모래)	① 삼축압축시험에서 수평방향의 변위가 없게 조절하여 측정 ② 수평력이 연직력보다 크게 작용하면 정지토압계수는 1보다 커질 수 있다. ③ ϕ' : 유효응력으로 구한 내부마찰각

2. 주동토압계수(K_a)

주동토압계수(K_a)	수평면과 주동상태 파괴면의 각도(θ)
$K_a = \dfrac{1-\sin\phi}{1+\sin\phi} = \tan^2\left(45° - \dfrac{\phi}{2}\right)$	$\theta = 45° + \dfrac{\phi}{2}$

흙의 내부마찰각(ϕ)이 증가할수록 주동토압계수(K_a)는 감소하므로 주동토압은 감소한다.

3. 수동토압계수(K_p)

수동토압계수(K_p)	수평면과 수동상태 파괴면과의 각도(θ)
$K_p = \dfrac{1+\sin\phi}{1-\sin\phi} = \tan^2\left(45° + \dfrac{\phi}{2}\right)$	$\theta = 45° - \dfrac{\phi}{2}$

흙의 내부마찰각(ϕ)이 증가할수록 수동토압계수(K_p)는 증가하므로 수동토압은 증가한다.

4. 주동토압계수와 수동토압계수의 관계

주동토압계수(K_a)와 수동토압계수(K_p)의 관계
$K_p > K_o > K_a$

5. 정지토압계수 계산

사질토에서 정지토압계수(Jaky 경험식)	과압밀 점토일 때 정지토압계수
$K_o = 1 - \sin\phi'$ (ϕ' : 유효응력으로 구한 내부마찰각)	$K_o(\text{과압밀}) = K_o(\text{정규압밀}) \times \sqrt{OCR}$

GUIDE

- 정지토압계수(K_o)
  ① 정지토압은 벽체가 움직이지 않고 안정적인 평형상태에 있을 때의 토압
  ② 연직유효응력에 의해 발생하는 수평토압이 정지토압에 해당한다.
  ③ 내부마찰각(ϕ)이 작을수록 K_o는 크다.
  ④ 정지토압계수(K_o)가 1보다 크면 과압밀 점토인 상태
  ⑤ K_o는 K노트(naught)로 발음
  ⑥ $\sigma_h = K_o \sigma_v$

- 전단강도
  $S(\tau_f) = c + \sigma' \cdot \tan\phi$
  전단강도가 크면 내부마찰각(ϕ)이 증가하고 수동토압계수도 증가한다.

- 주동토압계수와 수동토압계수의 관계
  ① $K_a \times K_p = 1$
  ② K_a와 K_p의 비 :
  $\left(\dfrac{K_a}{K_p}\right) = (K_a : K_p)$

- 정규압밀점토
  $K_o = 0.95 - \sin\phi'$

- 과압밀비(OCR)
  $= \dfrac{P_c(\text{선행 압밀하중})}{P(\text{현재 유효상재하중})}$

- Jaky의 식은 사질토나 NC Clay의 경우에 적용

- 과압밀 시 정지 토압계수는 1보다 클 수도 있다.

예 / 상 / 문 / 제

01 지반 내 응력에 대한 다음 설명 중 틀린 것은?

① 전응력이 커지는 크기만큼 간극수압이 커지면 유효응력이 변화없다.
② 정지토압계수 K_o는 1보다 클 수 없다.
③ 지표면에 가해진 하중에 의해 지중에 발생하는 연직응력의 증가량은 깊이가 깊어지면서 감소한다.
④ 유효응력이 전응력보다 클 수도 있다.

[해설]

정지토압계수 $K_o = \dfrac{\sigma_h}{\sigma_v}$

∴ 수평력이 연직력보다 크게 작용하는 지반에서 정지토압계수 K_o는 1보다 커질 수 있다.

02 다음은 토압에 대한 설명이다. 이 중 가장 옳지 않은 것은?

① 주동토압은 뒤채움 흙의 전단강도가 크면 감소된다.
② 주동토압계수는 뒤채움 흙의 내부마찰각이 크면 증가된다.
③ 수동토압은 주동토압보다 크다.
④ 뒤채움 흙이 침수되면 전단강도가 약해지므로 토압은 증가되어 옹벽이 앞으로 넘어지게 된다.

[해설]

흙의 내부마찰각이 증가하면 주동토압계수와 주동토압은 감소한다.

03 강도정수가 $c=0$, $\phi=40°$인 사질토 지반에서 Rankine 이론에 의한 수동토압계수는 주동토압계수의 몇 배인가?

① 4.6
② 9.0
③ 12.3
④ 21.1

[해설]

- 수동토압계수

$$K_P = \dfrac{1+\sin\phi}{1-\sin\phi} = \dfrac{1+\sin 40°}{1-\sin 40°} = 4.599$$

- 주동토압계수

$$K_a = \dfrac{1-\sin\phi}{1+\sin\phi} = \dfrac{1-\sin 40°}{1+\sin 40°} = 0.217$$

∴ $\dfrac{수동토압계수(K_p)}{주동토압계수(K_a)} = \dfrac{4.599}{0.217} = 21.1$

04 Jaky의 정지토압계수를 구하는 공식 $K_0 = 1-\sin\phi$가 가장 잘 성립하는 토질은?

① 과압밀점토
② 정규압밀점토
③ 사질토
④ 풍화토

[해설]

사질토에서 정지토압계수의 공식
사질토(Jaky의 경험식) : $K_o = 1-\sin\phi$

05 지반 내 응력에 대한 다음 설명 중 틀린 것은?

① 전응력이 커지는 크기만큼 간극수압이 커지면 유효응력은 변화가 없다.
② 정지토압계수 K_0는 1보다 클 수 없다.
③ 지표면에 가해진 하중에 의해 지중에 발생하는 연직응력의 증가량은 깊이가 깊어지면서 감소한다.
④ 유효응력이 전응력보다 클 수도 있다.

[해설]

- $\sigma' = \sigma - u$
- K_o(과압밀) $= K_o$(정규압밀) $\times \sqrt{OCR}$
  ∴ 과압밀 시 정지토압계수는 1보다 클 수도 있다.
- $\Delta\sigma_Z = \dfrac{Q}{Z^2}I_\sigma$ $\left(\Delta\sigma \propto \dfrac{1}{Z^2}\right)$
- 모세관 현상 시 $\sigma' > \sigma$

06 전단마찰각이 $25°$인 점토의 현장에 작용하는 수직응력이 $50\,\text{kN/m}^2$이다. 과거 작용했던 최대 하중이 $100\,\text{kN/m}^2$이라고 할 때 대상지반의 정지토압계수를 추정하면?

① 0.40
② 0.57
③ 0.82
④ 1.14

[해설]

정지토압계수 K_o(과압밀) $= K_o$(정규압밀)$\sqrt{OCR}$

$= (1-\sin\phi) \times \sqrt{\dfrac{P_c}{P_o}} = (1-\sin 25°) \times \sqrt{\dfrac{100}{50}} = 0.82$

정답 01 ② 02 ② 03 ④ 04 ③ 05 ② 06 ③

04 Rankine의 토압계산

1. 연직옹벽에 작용하는 토압($i=0$, $c=0$)

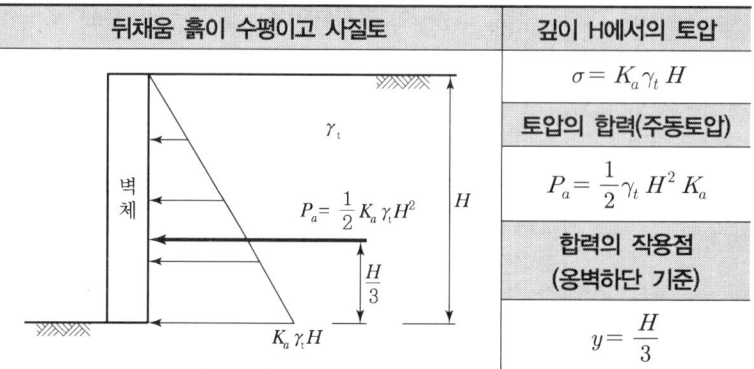

뒤채움 흙이 수평이고 사질토	깊이 H에서의 토압
	$\sigma = K_a \gamma_t H$
	토압의 합력(주동토압)
	$P_a = \dfrac{1}{2} \gamma_t H^2 K_a$
	합력의 작용점 (옹벽하단 기준)
	$y = \dfrac{H}{3}$

① 토압분포는 정수압과 같은 삼각분포
② 전토압의 작용점은 옹벽하단에서 $\dfrac{H}{3}$ 되는 점에 있다.

GUIDE

- 토압분포는 정수압과 같은 삼각 분포
- γ_t : 흙의 단위중량
- 주동토압

$$P_a = \dfrac{1}{2} \gamma_t H^2 K_a (\text{kN/m})$$

- 수동토압

$$P_p = \dfrac{1}{2} \gamma_t H^2 K_p (\text{kN/m})$$

2. 등분포하중에 의한 토압($i=0$, $c=0$)

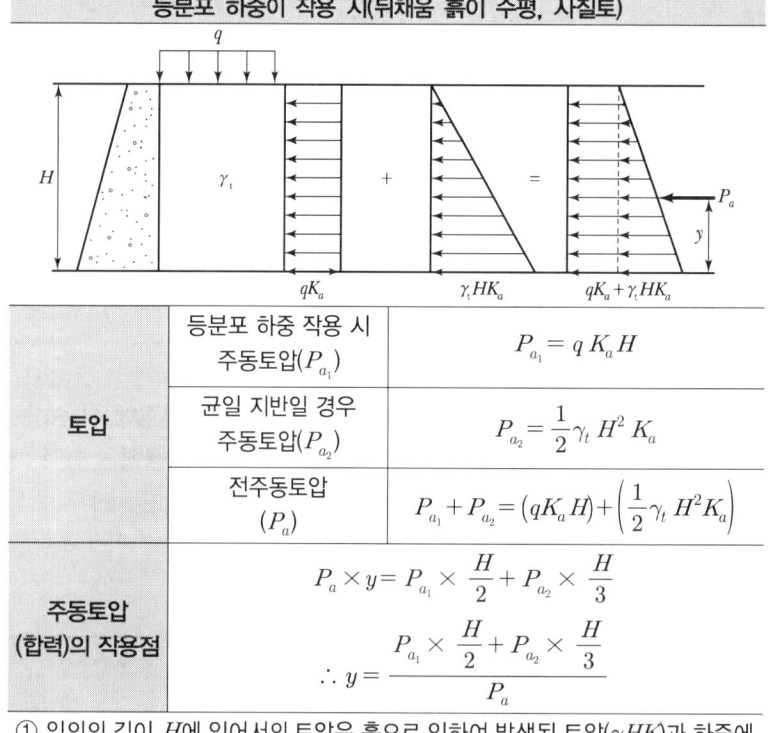

토압	등분포 하중 작용 시 주동토압(P_{a_1})	$P_{a_1} = q K_a H$
	균일 지반일 경우 주동토압(P_{a_2})	$P_{a_2} = \dfrac{1}{2} \gamma_t H^2 K_a$
	전주동토압 (P_a)	$P_{a_1} + P_{a_2} = (q K_a H) + \left(\dfrac{1}{2} \gamma_t H^2 K_a\right)$
주동토압 (합력)의 작용점		$P_a \times y = P_{a_1} \times \dfrac{H}{2} + P_{a_2} \times \dfrac{H}{3}$ $\therefore y = \dfrac{P_{a_1} \times \dfrac{H}{2} + P_{a_2} \times \dfrac{H}{3}}{P_a}$

① 임의의 깊이 H에 있어서의 토압은 흙으로 인하여 발생된 토압($\gamma H K$)과 하중에 의한 토압($q K_a$)을 합하여 구한다.
② 등분포하중으로 인하여 토압은 $q K_a$만큼 증가한다.

- 등분포하중으로 인해 토압은 $q K_a$ 만큼 증가
- 주동상태일 때 지표면과 평행한 토압의 크기는 최소
- 수동상태일 때 지표면과 평행한 토압의 크기는 최대
- 주동토압계수

$$K_a = \tan^2\left(45° - \dfrac{\phi}{2}\right)$$
$$= \dfrac{1 - \sin\phi}{1 + \sin\phi}$$

- 수동토압계수

$$K_p = \tan^2\left(45° + \dfrac{\phi}{2}\right)$$
$$= \dfrac{1 + \sin\phi}{1 - \sin\phi}$$

예 / 상 / 문 / 제

01 그림과 같은 옹벽에 작용하는 전주동토압은?

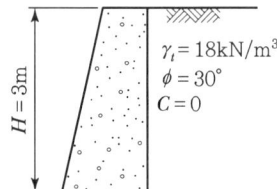

① 32.4kN/m ② 26.9kN/m
③ 17.3kN/m ④ 0.8kN/m

[해설]

- 주동토압계수
$$K_a = \tan^2\left(45° - \frac{\phi}{2}\right) = \tan^2\left(45° - \frac{30}{2}\right)$$
$$= 0.333$$

- 전주동토압
$$P_a = \frac{1}{2} K_a \gamma_t H^2$$
$$= \frac{1}{2} \times 0.333 \times 18 \times 3^2 = 26.9 \text{kN/m}$$

02 지표가 수평인 곳에 높이 5m의 연직옹벽이 있다. 흙의 단위중량이 1.8t/m^3, 내부마찰이 30°이고 점착력이 없을 때 주동토압은 얼마인가?

① 45kN/m ② 55kN/m
③ 65kN/m ④ 75kN/m

[해설]

- 주동토압계수
$$K_a = \tan^2\left(45° - \frac{\phi}{2}\right) = \tan^2\left(45° - \frac{30}{2}\right)$$
$$= 0.333$$

- 전주동토압
$$P_a = \frac{1}{2} K_a \gamma_t H^2$$
$$= \frac{1}{2} \times 0.333 \times 1.8 \times 5^2$$
$$= 7.5 \text{t/m} = 75 \text{kN/m}$$

03 그림과 같이 옹벽 배면의 지표면에 등분포하중이 작용할 때, 옹벽에 작용하는 전체 주동토압의 합력(P_a)과 옹벽 저면으로부터 합력의 작용점까지의 높이(h)는?

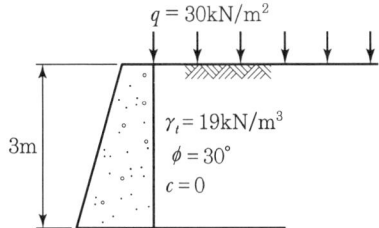

① $P_a = 28.5 \text{kN/m}$, $h = 1.26 \text{m}$
② $P_a = 28.5 \text{kN/m}$, $h = 1.38 \text{m}$
③ $P_a = 58.5 \text{kN/m}$, $h = 1.26 \text{m}$
④ $P_a = 58.5 \text{kN/m}$, $h = 1.38 \text{m}$

[해설]

옹벽 저면으로부터 합력의 작용점까지의 높이(h)

$$h = \frac{P_{a_1} \times \frac{H}{2} + P_{a_2} \times \frac{H}{3}}{P_a}$$

- $P_{a_1} = qK_aH = 30 \times 0.333 \times 3 = 29.97 \text{kN/m}$

- $P_{a_2} = \frac{1}{2}\gamma_t H^2 K_a = \frac{1}{2} \times 19 \times 3^2 \times 0.333$
$$= 28.47 \text{kN/m}$$

$$\left[K_a = \tan^2\left(45° - \frac{\phi}{2}\right) = \tan^2\left(45 - \frac{30°}{2}\right) = 0.333\right]$$

∴ 전 주동토압의 합력(P_a)은

$$P_a = P_{a_1} + P_{a_2} = 29.97 + 28.47 = 58.5 \text{kN/m}$$

따라서 합력의 작용점까지 높이(h)는

$$h = \frac{P_{a_1} \times \frac{H}{2} + P_{a_2} \times \frac{H}{3}}{P_a}$$
$$= \frac{\left(29.97 \times \frac{3}{2}\right) + \left(28.47 \times \frac{3}{3}\right)}{58.44} = 1.26 \text{m}$$

정답 01 ② 02 ④ 03 ③

3. 지하수위가 있는 경우 토압(1)

지하수위가 있을 경우 모식도
(그림)

σ'(유효응력)	$\sigma' = \gamma_{sub} H K_a$
u(간극수압)	$u = \gamma_w H$
P_a(전주동토압)	$P_a = P_{a_1} + P_{a_2} = \gamma_{sub} H^2 K_a \dfrac{1}{2} + \gamma_w H^2 \dfrac{1}{2}$
P_p(전수동토압)	$P_p = P_{p_1} + P_{p_2} = \gamma_{sub} H^2 K_p \dfrac{1}{2} + \gamma_w H^2 \dfrac{1}{2}$

GUIDE

- 물의 단위중량(γ_w)=1t/m³
  =9.8kN/m³
- 수압에는 토압계수를 곱하지 않는다.(방향과 관계없이 일정)
- 지하수위면 아래 깊이에서 토압은 수중단위중량(γ_{sub})을 사용하여 유효응력을 계산한다.
- 지하수위가 있는 경우 토압(1)
  하부 토층의 흙에 의한 토압+하부 토층의 수압

4. 지하수위가 있는 경우 토압(2)

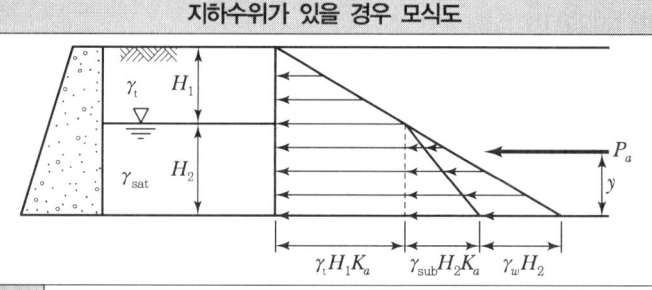

전주동 토압	$P_a = \dfrac{1}{2} \gamma_t H_1^2 K_a + \gamma_t H_1 H_2 K_a + \dfrac{1}{2} \gamma_{sub} H_2^2 K_a + \dfrac{1}{2} \gamma_w H_2^2$
전수동 토압	$P_p = \dfrac{1}{2} \gamma_t H_1^2 K_p + \gamma_t H_1 H_2 K_p + \dfrac{1}{2} \gamma_{sub} H_2^2 K_p + \dfrac{1}{2} \gamma_w H_2^2$
토압의 작용점	$P_a \times y = P_{a_1}\left(\dfrac{H_1}{3} + H_2\right) + \left(P_{a_2} \times \dfrac{H_2}{2}\right) + \left(P_{a_3} \times \dfrac{H_2}{3}\right) + \left(P_{a_4} \times \dfrac{H_2}{3}\right)$ $\therefore y = \dfrac{P_{a_1}\left(\dfrac{H_1}{3} + H_2\right) + \left(P_{a_2} \times \dfrac{H_2}{2}\right) + \left(P_{a_3} \times \dfrac{H_2}{3}\right) + \left(P_{a_4} \times \dfrac{H_2}{3}\right)}{P_a}$
뒤채움이 다층인 토압	가장 위층은 토압을 구하고 아래층은 그 위층에 있는 흙의 무게를 상재 하중(등분포 하중)으로 간주하고 토압을 구하여 합하면 된다.

- 지하수위가 있는 경우 토압(2)

  지하수위 상부 토층의
  흙에 의한 토압
  +
  지하수위 상부 토층의 흙을
  상재하중으로 간주한 토압
  +
  하부 토층의 흙에
  의한 토압
  +
  하부 토층의 수압

예 / 상 / 문 / 제

01 다음 그림과 같은 조건에서 Rankine의 공식을 사용하여 토압을 구하려고 한다. 토압 분포도에서 Ⓐ부분의 토압 크기를 나타내는 것은?(단, K_a : 주동토압계수, γ_{sub} : 흙의 수중 단위중량, γ_{sat} : 흙의 포화 단위중량, γ_t : 흙의 전체 단위중량, γ_w : 물의 단위중량)

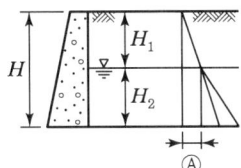

① $K_a \gamma_t H_1$ ② $K_a \gamma_{sub} H_2$
③ $\gamma_w H_2$ ④ $K_a \gamma_{sat} H_2$

[해설]

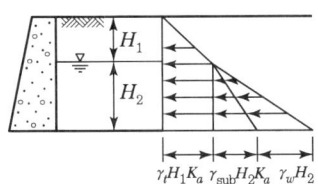

02 그림과 같은 옹벽에 작용하는 주동토압의 합력은?(단, $\gamma_{sat}=18\text{kN/m}^3$, $\phi=30°$, 벽마찰각 무시)

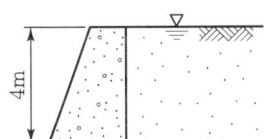

① 100kN/m ② 60kN/m
③ 20kN/m ④ 10kN/m

[해설]
- 주동토압계수
$K_a = \tan^2\left(45° - \dfrac{\phi}{2}\right) = \tan^2\left(45° - \dfrac{30}{2}\right) = 0.333$
- 전주동토압
$P_a = \dfrac{1}{2} K_a \gamma_{sub} H^2 + \dfrac{1}{2} \gamma_w H^2$
$= \dfrac{1}{2} \times 0.333 \times (18-9.8) \times 4^2 + \dfrac{1}{2} \times 1 \times 9.8 \times 4^2 = 100.24\text{kN/m}$

03 높이 6m의 옹벽이 그림과 같이 수중에 있다. 이 옹벽에 작용하는 전주동토압은 얼마인가?(단, 물의 단위중량 $\gamma_w = 10\text{kN/m}^3$ 이다.)

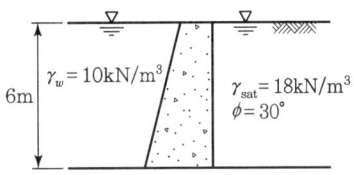

① 47.95kN/m ② 22.81kN/m
③ 10.87kN/m ④ 28.83kN/m

[해설]
전주동토압
$P_a = \dfrac{1}{2} K_a \gamma_{sub} H^2 = \dfrac{1}{2} \times 0.333 \times (18-10) \times 6^2 = 47.95\text{kN/m}$
(같은 수두의 양쪽 수압은 서로 상쇄)

04 그림에서 옹벽이 받는 전체 주동토압은 얼마인가?(단, 벽면과 뒤채움 마찰각은 무시하고 흙의 내부마찰각 $\phi = 30°$로 본다. $\gamma_w = 10\text{kN/m}^3$)

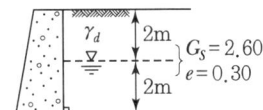

① 68.1kN/m ② 44.1kN/m
③ 36.7kN/m ④ 73.3kN/m

[해설]

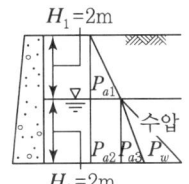

- $\gamma_d = \dfrac{G_s}{1+e}\gamma_w = \dfrac{2.60}{1+0.30} \times 10 = 20\text{kN/m}^3$
- $\gamma_{sub} = \dfrac{G_s-1}{1+e}\gamma_w = \dfrac{2.6-1}{1+0.3} \times 10 = 12.3\text{kN/m}^3$
- $K_a = \tan^2\left(45 - \dfrac{\phi}{2}\right) = \tan^2\left(45 - \dfrac{30°}{2}\right) = 0.33$
- $P_{a_1} = \dfrac{1}{2}\gamma_d H_1^2 K_a = \dfrac{1}{2} \times 20 \times 2^2 \times 0.33 = 13.3\text{kN/m}$
- $P_{a_2} = \gamma_d H_1 H_2 K_a = 20 \times 2 \times 2 \times 0.33 = 26.7\text{kN/m}$
- $P_{a_3} = \dfrac{1}{2}\gamma_{sub} H_2^2 K_a = \dfrac{1}{2} \times 12.3 \times 2^2 \times 0.33 = 8.1\text{kN/m}$
- $P_w = \dfrac{1}{2}\gamma_w H_2^2 = \dfrac{1}{2} \times 10 \times 2^2 = 20\text{kN/m}$
$\therefore P_a = P_{a_1} + P_{a_2} + P_{a_3} + P_w$
$= 13.3 + 26.7 + 8.1 + 20 = 68.1\text{kN/m}$

정답 01 ① 02 ① 03 ① 04 ①

5. 점성이 있는 경우의 토압($c \neq 0$)

점성이 있는 경우의 모식도

(전)주동토압	$P_a = \dfrac{1}{2}\gamma H^2 K_a - 2cH\sqrt{K_a}$
(전)수동토압	$P_p = \dfrac{1}{2}\gamma H^2 K_p + 2cH\sqrt{K_p}$
점착고 (Z_c, 인장 균열 깊이)	① 주동토압이 0인 지점까지의 깊이 ② 인장을 받아 균열이 발생하는 깊이(인장응력이 생기는 한계 깊이) ① 주동토압강도(σ_h)=0에서 $\gamma Z_c K_a - 2c\sqrt{k_a} = 0$ $\gamma Z_c \tan^2\left(45°-\dfrac{\phi}{2}\right) - 2c\tan\left(45°-\dfrac{\phi}{2}\right) = 0$ ② $Z_c = \dfrac{2c}{\gamma} \cdot \dfrac{1}{\tan\left(45°-\dfrac{\phi}{2}\right)}$ $\quad = \dfrac{2c}{\gamma} \cdot \tan\left(45°+\dfrac{\phi}{2}\right)$ 만약 비배수 조건의 점토이면 (완전 포화토, $\phi = 0$) $Z_c = \dfrac{2c_u}{\gamma}$
한계고 (H_c)	① 토압의 합력이 0이 되는 깊이(한계굴착 깊이) ② 점성토에 있어서 연직으로 굴착 가능한 깊이 ③ 흙막이 구조물을 설치하지 않고 굴착해도 사면이 유지되는 깊이 $H_c = 2Z_c = \dfrac{4c}{\gamma}\tan\left(45°+\dfrac{\phi}{2}\right)$
안전율 (F_s)	$F_s = \dfrac{H_c}{H} = 2 \cdot \dfrac{Z_c}{H}$

GUIDE

- 주동토압에서 배면토에 점착력이 있으면 토압은 작아진다.

- 수동토압에서 배면토에 점착력이 있으면 토압은 증가한다.

- 점착고, 인장균열 깊이

$$Z_c = \dfrac{2c}{\gamma} \cdot \tan\left(45°+\dfrac{\phi}{2}\right)$$

- 한계고(H_c)는 점착고(Z_c)의 2배이다.

- 보강토 공법
보강띠가 받는 최대 힘($T_{\max}$)
$T_{\max} = \sigma_h \times S_h \times S_v$
① $\sigma_h = \gamma \cdot H \cdot K_a$
② S_h : 보강띠의 수평방향 설치 간격
③ S_v : 보강띠의 연직방향 설치 간격

- $10\text{t/m}^2 = 1\text{kg/cm}^2$

예/상/문/제

01 그림과 같은 옹벽에 작용하는 전주동토압은? (단, 흙의 단위중량은 17kN/m³, 점착력은 1N/cm², 내부마찰각은 26°이다.)

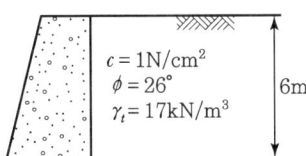

① 44.4kN/m ② 75.5kN/m
③ 119.4kN/m ④ 194.5kN/m

해설
• 주동토압계수
$$K_a = \tan^2\left(45° - \frac{\phi}{2}\right) = \tan^2\left(45 - \frac{26}{2}\right) = 0.39$$
• 전주동토압
$$P_a = \frac{1}{2}K_a\gamma H^2 - 2c\sqrt{K_a} \times H$$
$$= \frac{1}{2} \times 0.39 \times 17 \times 6^2 - 2 \times 10 \times \sqrt{0.39} \times 6 = 44.4\text{kN/m}$$
(점착력 $c = 1\text{N/cm}^2$를 10kN/m^2로 단위환산)

02 그림에서 인장균열의 깊이는?

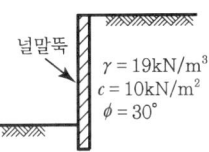

① 0.8m ② 1.2m ③ 1.8m ④ 3.6m

해설
$$Z_c = \frac{2c}{\gamma}\tan\left(45° + \frac{\phi}{2}\right) = \frac{2 \times 10}{19}\tan\left(45° + \frac{30°}{2}\right) = 1.82\text{m}$$

03 점착력이 14kN/m², 내부마찰각이 30°, 단위중량이 18.5kN/m³인 흙에서 점착고는 얼마인가?

① 1.74m ② 2.62m ③ 3.45m ④ 5.24m

해설
점착고(인장균열 깊이)
$$Z_c = \frac{2c}{\gamma}\tan\left(45° + \frac{\phi}{2}\right) = \frac{2 \times 14}{18.5}\tan\left(45° + \frac{30°}{2}\right) = 2.62\text{m}$$

04 내부마찰각이 30°, 단위중량이 18kN/m³인 흙의 인장균열 깊이가 3m일 때 점착력은?

① 15.6kN/m² ② 16.7kN/m²
③ 17.5kN/m² ④ 18.1kN/m²

해설
점착고(인장균열 깊이)
$$Z_c = \frac{2c}{\gamma}\tan\left(45° + \frac{\phi}{2}\right) \text{에서}$$
$$3 = \frac{2 \times c}{18}\tan\left(45° + \frac{30°}{2}\right)$$
∴ 점착력 $c = 15.6\text{kN/m}^2$

05 어떤 점토의 토질실험 결과 일축압축강도는 4.8N/cm², 단위중량은 17kN/m³이었다. 이 점토의 한계고는 얼마인가?

① 6.34m ② 4.87m
③ 9.24m ④ 5.65m

해설
• 한계고(연직절취 깊이)
$$H_c = \frac{4c}{\gamma}\tan\left(45° + \frac{\phi}{2}\right)$$
• $\phi = 0°$인 점토의 경우
$$H_c = \frac{4 \cdot c}{\gamma} = \frac{4 \times 24}{17} = 5.65\text{m}$$
(점착력 $c = \frac{q_u}{2} = \frac{4.8}{2} = 2.4\text{N/cm}^2 = 24\text{kN/m}^2$)

06 비교적 균질한 토층을 실험한 결과 $\gamma_t = 20$ kN/m³, $c = 25\text{kN/m}^2$, $\phi = 10°$인 경우에 연직으로 절취할 수 있는 깊이는 얼마인가?

① $H_c = 5.96\text{m}$ ② $H_c = 5.00\text{m}$
③ $H_c = 6.48\text{m}$ ④ $H_c = 4.71\text{m}$

해설
$$H_c = \frac{4c}{\gamma_t}\tan\left(45° + \frac{\phi}{2}\right) = \frac{4 \times 25}{20}\tan\left(45° + \frac{10°}{2}\right) = 5.96\text{m}$$
($H_c = 2Z_c$)

정답 01 ① 02 ③ 03 ② 04 ① 05 ④ 06 ①

CHAPTER 09 실 / 전 / 문 / 제

01 옹벽배면의 지표면 경사가 수평이고, 옹벽배면 벽체의 기울기가 연직인 벽체에서 옹벽과 뒤채움 흙 사이의 벽면마찰각(δ)을 무시할 경우, Rankine 토압과 Coulomb 토압의 크기를 비교하면?

① Rankine 토압이 Coulomb 토압보다 크다.
② Coulomb 토압이 Rankine 토압보다 크다.
③ 주동토압은 Rankine 토압이 더 크고, 수동토압은 Coulomb 토압이 더 크다.
④ 항상 Rankine 토압과 Coulomb 토압의 크기는 같다.

해설

벽마찰각을 고려하지 않으면 Coulomb의 토압과 Rankine의 토압은 같아진다.

02 랭킨 토압론의 가정 중 맞지 않는 것은?

① 흙의 비압축성이 고균질이다.
② 지표면은 무한히 넓다.
③ 흙은 입자 간의 마찰에 의하여 평형조건을 유지한다.
④ 토압은 지표면에 수직으로 작용한다.

해설

Rankine의 토압이론 기본가정
• 토압은 지표면에 평행하게 작용한다.
• 흙입자는 입자 간의 마찰력에 의해서만 평형을 유지한다.
• 지표면은 무한히 넓게 존재한다.
• 지표면에 작용하는 하중은 등분포하중이다.
• 흙은 비압축성이고 균질의 입자이다.

03 Rankine의 주동토압계수에 관한 설명 중 틀린 것은?

① 주동토압계수는 내부마찰각이 크면 작아진다.
② 주동토압계수는 내부마찰 크기와 관계가 없다.
③ 주동토압계수는 수동토압계수보다 작다.
④ 정지토압계수는 주동토압계수보다 크고 수동토압계수보다 작다.

해설

주동토압계수(K_a) $= \tan^2\left(45° - \dfrac{\phi}{2}\right)$

∴ 주동토압계수는 내부마찰각 크기에 따라 결정된다.

04 주동토압계수를 K_a, 수동토압계수를 K_p, 정지토압계수를 K_o라 할 때 그 크기의 순서로 옳은 것은?

① $K_a > K_o > K_p$
② $K_p > K_o > K_a$
③ $K_o > K_a > K_p$
④ $K_o > K_p > K_a$

해설

토압의 대소 비교
수동토압계수(K_p) > 정지토압계수(K_o) > 주동토압계수(K_a)

05 주동토압을 P_A, 수동토압을 P_P, 정지토압을 P_o라 할 때 토압의 크기 순서로 옳은 것은?

① $P_A > P_P > P_o$
② $P_P > P_o > P_A$
③ $P_P > P_A > P_o$
④ $P_o > P_A > P_P$

해설

수동토압 > 정지토압 > 주동토압
$P_P > P_o > P_A$

06 전단마찰각이 25°인 점토의 현장에 작용하는 수직응력이 50kN/m²이다. 과거 작용했던 최대 하중이 100kN/m²이라고 할 때 대상지반의 정지토압계수를 추정하면?

① 0.40
② 0.57
③ 0.82
④ 1.14

해설

• 정지토압계수
  $K_o = 1 - \sin\phi = 1 - \sin 25° = 0.577$
• 과압밀비
  $\text{OCR} = \dfrac{P_c}{P_o} = \dfrac{100}{50} = 2$
• 과압밀 점토인 경우 정지토압계수
  $K_{o(\text{과압밀})} = K_{o(\text{정규압밀})} \cdot \sqrt{\text{OCR}}$
  $= 0.577\sqrt{2} = 0.82$

정답 01 ④ 02 ④ 03 ② 04 ② 05 ② 06 ③

실 / 전 / 문 / 제

07 그림과 같은 옹벽에 작용하는 주동토압은 얼마인가?(단, 흙의 단위 중량 $\gamma=17\text{kN/m}^3$, 내부 마찰각 $\phi=30°$, 점착력 $c=0$)

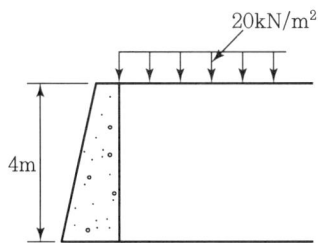

① 36kN/m
② 45kN/m
③ 72kN/m
④ 124kN/m

해설
상재 하중이 있을 때의 주동토압
$$P_a = \left(\frac{\gamma H^2}{2} + qH\right)\tan^2\left(45° - \frac{\phi}{2}\right)$$
$$= \left(\frac{17 \times 4^2}{2} + 20 \times 4\right)\tan^2\left(45° - \frac{30°}{2}\right) = 72\text{kN/m}$$

08 그림과 같은 옹벽에 작용하는 주동토압의 크기를 Rankine의 토압공식으로 구하면?

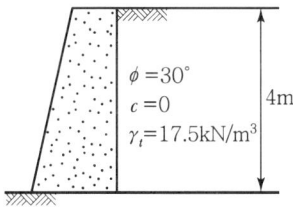

① 42kN/m
② 37kN/m
③ 47kN/m
④ 52kN/m

해설
• 주동토압계수
$$K_a = \tan^2\left(45° - \frac{\phi}{2}\right) = 0.333$$
• 전주동토압
$$P_a = \frac{1}{2}K_a\gamma H^2$$
$$= \frac{1}{2} \times 0.333 \times 17.5 \times 4^2 = 47\text{kN/m}$$

09 지표가 수평인 곳에 높이 5m의 연직옹벽이 있다. 흙의 단위중량이 18kN/m^3, 내부마찰각이 30°이고 점착력이 없을 때 주동토압은 얼마인가?

① 45kN/m
② 55kN/m
③ 65kN/m
④ 75kN/m

해설
• 주동토압계수
$$K_a = \tan^2\left(45° - \frac{\phi}{2}\right) = 0.333$$
• 전주동토압
$$P_a = \frac{1}{2}K_a\gamma H^2 = \frac{1}{2} \times 0.333 \times 18 \times 5^2$$
$$= 75\text{kN/m}$$

10 $\gamma_t = 19\text{kN/m}^3$, $\phi=30°$인 뒤채움 모래를 이용하여 8m 높이의 보강토 옹벽을 설치하고자 한다. 폭 75mm, 두께 3.69mm의 보강띠를 연직방향 설치간격 $S_v = 0.5\text{m}$, 수평방향 설치간격 $S_h = 1.0\text{m}$로 시공하고자 할 때, 보강띠에 작용하는 최대힘 $T_{\max}$의 크기를 계산하면?

① 15.3kN
② 25.3kN
③ 35.3kN
④ 45.3kN

해설
• 주동토압계수
$$K_a = \tan^2\left(45° - \frac{\phi}{2}\right) = 0.333$$
• 최대수평토압
$$\sigma_h = K_a \times \gamma \times H$$
$$= 0.333 \times 19 \times 8$$
$$= 50.6\text{kN/m}$$
• 연직방향 설치간격 $S_v = 0.5\text{m}$
• 수평방향 설치간격 $S_h = 1.0\text{m}$이므로 단위면적당 평균 보강띠 설치개수는 2개이다.
• $T_{\max} = \sigma_h \times S_v \times S_h = 50.6 \times 0.5 \times 1.0 = 25.3\text{kN}$

정답 07 ③ 08 ③ 09 ④ 10 ②

CHAPTER 09 실/전/문/제

11 다음 그림에서 옹벽이 받는 주동토압은?(단, 지하 수위면은 지표면과 일치, $\gamma_w = 10\text{kN/m}^3$이다.)

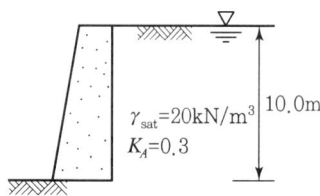

① 650kN/m ② 500kN/m
③ 350kN/m ④ 130kN/m

해설

$P_a = \frac{1}{2}\gamma_{sub}H^2K_A + \frac{1}{2}\gamma_w H^2$

$= \frac{1}{2}\times(20-10)\times 10^2\times 0.3 + \frac{1}{2}\times 10\times 10^2 = 650\text{kN/m}$

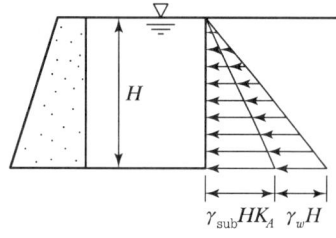

12 그림과 같은 옹벽에 작용하는 전체 주동토압을 구하면?(단, 뒤채움 흙의 단위중량 $\gamma=17.2\text{kN/m}^3$, 내부마찰각 $\phi=30°$)

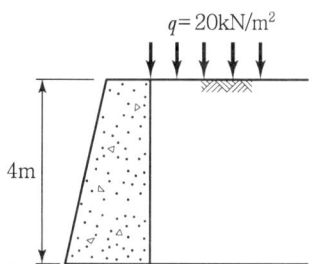

① 57.2kN/m
② 65.5kN/m
③ 72.5kN/m
④ 81.5kN/m

해설

• 주동토압계수
$K_a = \tan2\left(45°-\frac{\phi}{2}\right) = 0.333$

• 전주동토압
$P_a = \frac{1}{2}K_a\gamma H^2 + K_a qH$

$= \frac{1}{2}\times 0.333\times 17.2\times 4^2 + 0.333\times 20\times 4$

$= 72.5\text{kN/m}$

13 내부마찰각이 30°, 단위중량이 18kN/m³인 흙의 인장균열 깊이가 3m일 때 점착력은?

① 1.56N/cm²
② 1.67N/cm²
③ 1.75N/cm²
④ 1.81N/cm²

해설

점착고 : 인장균열 깊이

$z_c = \frac{2c}{\gamma}\tan\left(45°+\frac{\phi}{2}\right)$에서

$3 = \frac{2\times c}{18}\tan\left(45°+\frac{30°}{2}\right)$

∴ 점착력 $c = 15.6\text{kN/m}^2 = 1.56\text{N/cm}^2$

14 어떤 점토의 토질실험 결과 일축압축강도는 4.8N/cm², 단위중량은 17kN/m³이었다. 이 점토의 한계고는 얼마인가?

① 6.34m ② 4.87m
③ 9.24m ④ 5.65m

해설

• 한계고 : 연직절취 깊이

$H_c = \frac{4c}{\gamma}\tan\left(45°+\frac{\phi}{2}\right)$

• $\phi = 0°$인 점토인 경우

$H_c = \frac{4c}{\gamma} = \frac{4\times 24}{17} = 5.65\text{m}$

(여기서, 점착력 $c = \frac{q_u}{2} = \frac{4.8}{2} = 2.4\text{N/cm}^2 = 24\text{kN/m}^2$)

정답 11 ① 12 ③ 13 ① 14 ④

실 / 전 / 문 / 제

15 단위체적중량이 16kN/m³인 연약지반($\phi=0°$)에서 연직으로 2m까지 절취할 수 있다고 한다. 이때 이 점토지반의 점착력은?

① 0.4N/cm² ② 0.8N/cm²
③ 1.6N/m² ④ 1.724N/cm²

해설

$H_c = \dfrac{4c}{\gamma}\tan\left(45°+\dfrac{\phi}{2}\right)$ 에서

$2 = \dfrac{4 \times c}{16}\tan\left(45°+\dfrac{0°}{2}\right)$

$\therefore\ c = \dfrac{16 \times 2}{4} = 8\text{kN/m}^2 = 0.8\text{N/cm}^2$

16 현장 습윤단위중량(γ_t) 17kN/m³, 내부마찰각(ϕ) 10°, 점착력(c) 1.5N/cm²인 지반에서 연직으로 굴착 가능한 깊이는?

① 0.4m ② 2.7m
③ 3.5m ④ 4.2m

해설

$H_c = \dfrac{4c}{\gamma}\tan\left(45°+\dfrac{\phi}{2}\right)$

$= \dfrac{4 \times 15}{17}\tan\left(45°+\dfrac{10°}{2}\right)$

$= 4.2\text{m}$

(여기서, 점착력 $c = 1.5\text{N/cm}^2 = 15\text{kN/m}^2$)

정답 15 ② 16 ④

CHAPTER 10

흙의 다짐

01 흙의 다짐
02 다짐곡선
03 다짐한 흙의 특성
04 다짐한 흙의 공학적 특성
05 현장 다짐
06 CBR 시험(노상토 지지력비 시험)

01 흙의 다짐

1. 다짐의 개선효과

다짐의 정의	흙의 다짐효과
흙에 에너지를 가해 간극 내의 공기를 제거하여 밀도를 높임으로써 투수계수를 감소시키고 전단강도를 증진시키는 작업 (함수비를 크게 변화시키지 않고 공기를 배출)	① 투수성의 감소 ② 압축성의 감소 ③ 흡수성 감소 ④ 전단강도의 증가 및 지지력의 증가 ⑤ 부착력 및 밀도 증가

2. 다짐시험

다짐시험의 목적	표준다짐시험[프록터(Proctor)에 의해 제안]
최적 함수비(OMC)와 최대 건조밀도(γ_{dmax})를 구한다.	① 내경 : 101.6mm ② 높이 : 116.4mm ③ 흙을 3층으로 나눈다. ④ 2.5kg의 래머로 30cm의 높이에서 25회씩 다진다.

3. 다짐시험(KS F 2312)

시험 방법	래머 중량 (kg)	낙하고 (cm)	다짐 층수	층당 타격 횟수	몰드 지름 (cm)	시료의 허용 최대입경(mm)
A	2.5	30	3	25	10	19.0
B	2.5	30	3	55	15	37.5
C	4.5	45	5	25	10	19.0
D	4.5	45	5	55	15	19.0
E	4.5	45	3	92	15	37.5

4. 다짐시험의 결과정리

다짐시험의 결과
습윤단위중량(γ_t) = $\dfrac{W}{V}$ = $\dfrac{G_s + Se}{1+e}\gamma_w$
건조단위중량(γ_d) = $\dfrac{W_s}{V}$ = $\dfrac{G_s \gamma_w}{1+e}$ = $\dfrac{\gamma_t}{1+\omega}$

GUIDE

- 압밀
  간극 내 공극수를 배출

- 다짐
  간극 내 공기를 배출

- 다짐효과로 증가하는 값
  ① 지지력
  ② 상대밀도
  ③ 전단강도
  ④ 부착력
  ⑤ 사면의 안전성

- 타이어 롤러
  (압축작용+반죽작용)

- 다짐시험법의 분류
  ① 표준다짐시험
    – A, B 방법
  ② 수정다짐시험
    – C, D, E 방법

- E 다짐시험방법이 1층당 다짐(타격)횟수가 가장 많다.

- 다짐시험의 목적
  최적함수비와 최대건조단위중량을 결정하기 위해

예 / 상 / 문 / 제

01 흙을 다지면 흙의 성질이 개선되는데 다음 설명 중 옳지 않은 것은?

① 투수성이 감소한다.
② 부착성이 감소한다.
③ 흡수성이 감소한다.
④ 압축성이 작아진다.

해설
다짐효과
- 투수성 감소
- 압축성 감소
- 흡수성 감소
- 전단강도 증가 및 지지력 증대
- 부착력 및 밀도 증가

02 흙의 다짐효과에 대한 설명으로 옳은 것은?

① 부착성이 양호해지고 흡수성이 증가한다.
② 투수성이 증가한다.
③ 압축성이 커진다.
④ 밀도가 커진다.

해설
다짐은 밀도와 강도를 증가시키고 투수성은 저하시킨다.

03 다짐효과에 대한 설명 중 옳지 않은 것은?

① 부착력이 증대하고 투수성이 감소한다.
② 전단강도가 증가한다.
③ 상호 간의 간격이 좁아져 밀도가 증가한다.
④ 압축이 커진다.

해설
- 일반적으로 흙을 다짐하면 전단강도는 증가되고 투수성은 감소한다.
- 일반적으로 다짐을 하면 밀도는 증가하고 압축성은 감소한다.

04 흙을 다지면 기대되는 효과로 거리가 먼 것은?

① 강도 증가
② 투수성 감소
③ 과도한 침하 방지
④ 함수비 감소

해설
다짐은 함수비를 크게 변화시키지 않고 공극 내의 공기를 배출시켜 단위중량을 증가시키는 과정

05 흙의 다짐시험 방법 중 1층당의 다짐 횟수가 가장 많은 것은?

① A방법
② C방법
③ D방법
④ E방법

해설
1층당 다짐 횟수

A	B	C	D	E
25	55	25	55	92

06 A 다짐시험에 사용하는 rammer와 다짐 횟수의 설명으로 옳은 것은?

① rammer의 중량 2.5kg, 1층당 다짐 횟수 55회
② rammer의 중량 2.5kg, 1층당 다짐 횟수 25회
③ rammer의 중량 4.5kg, 1층당 다짐 횟수 55회
④ rammer의 중량 4.5kg, 1층당 다짐 횟수 25회

해설
A 다짐시험 : 래머의 중량 2.5kg, 다짐 층수 3층, 다짐 횟수 25회

정답 01 ② 02 ④ 03 ④ 04 ④ 05 ④ 06 ②

02 다짐곡선

1. 최적함수비(OMC)

다짐곡선	최적함수비(OMC)
(그래프: 가로축 함수비 ω(%), 세로축 γ_d(g/cm³), 영공기 간극곡선(포화곡선) $V_a=0\%(S=100\%)$, 다짐곡선, $\gamma_{d\max}$, O.M.C)	① 흙이 가장 잘 다져지는 함수비 ② 최대 건조밀도일 때의 함수비 ③ 최적함수비(OMC)에서 최소 간극비를 얻을 수 있다. ④ 최적함수비(OMC)로 다지면 최대 건조중량($\gamma_{d\max}$)을 얻는다.

최적함수비를 중심으로 함수비가 감소되는 쪽을 건조측, 증가하는 쪽은 습윤측

2. 영공극 곡선(영공기 간극곡선, 포화곡선)

영공극 곡선(영공기 간극곡선, 포화곡선)
① 흙 속에 공기간극이 전혀 없는 경우($S=100\%$) 건조밀도와 함수비의 관계곡선 ② 영공기 간극곡선은 다짐곡선의 오른쪽에 놓인다. ③ 다짐시험에서 얻어지며 최적함수비선이라 한다. ④ $\gamma_d = \dfrac{G_s \gamma_w}{1+e} = \dfrac{G_s \gamma_w}{1+\dfrac{G_s \omega}{S}} = \dfrac{\gamma_w}{\dfrac{1}{G_s}+\dfrac{\omega}{S}}$

3. (상대)다짐도와 다짐에너지

(상대) 다짐도	다짐의 정도를 말하며 도로교 시방서에서는 보통 90~95%의 다짐도가 요구된다. $RC = \dfrac{\gamma_{d(\text{현장})}}{\gamma_{d\max}(\text{실내실험실})} \times 100(\%)$	① $\gamma_{d(\text{현장})}$: 현장에서 얻은 건조단위중량 ② $\gamma_{d\max}(\text{실내실험실})$: 실내 다짐시험에 의한 최대 건조단위중량
다짐 에너지	단위체적당 흙에 가해지는 에너지를 다짐에너지라 한다. $E_c = \dfrac{W_R H N_B N_L}{V}$	① (E_c)단위 : kg·cm/cm³ ② W_R : 래머의 중량(kg) ③ H : 낙하고(cm) ④ N_B : 층당 타격횟수(회/층) ⑤ N_L : 다짐 층수(층) ⑥ V : 몰드의 체적(cm³)

다짐에너지가 커지면 $\gamma_{d\max}$는 증가, OMC는 감소

GUIDE

- 다짐곡선
  ① 가로축 : 함수비(ω)
  ② 세로축 : 건조밀도(γ_d)

- 최대건조단위중량은 최적함수비(OMC)에서 얻어진다.

- 최대건조단위중량인 $\gamma_{d\max}$는 다짐곡선의 최대점을 나타내는 건조단위중량

- 다짐시험의 종료
  다짐곡선과 영공기 간극곡선이 만나면 다짐시험 종료

- 현장다짐 기계
  ① 점성토 지반 : 탬핑롤러
  ② 사질토 지반 : 진동롤러

- 다짐에너지는 시료 용적에 반비례

- 현장 다짐도 95%라는 의미
  실내다짐 최대 건조밀도에 대한 95% 밀도를 말한다.(실내표준다짐시험의 최대 건조밀도 95%의 현장 시공밀도)

- 다짐시험 시 몰드 속에 있는 흙의 함수비는 다짐에너지에 거의 영향을 주지 않는다.

예 / 상 / 문 / 제

01 영공기 간극곡선(Zero Air Void Curve)은 다음 중 어떤 토질시험 결과로 얻어지는가?

① 액성한계시험　　② 다짐시험
③ 직접전단시험　　④ 압밀시험

[해설]
영공극 곡선
포화도 $S=100\%$, 공기함유율 $A=0\%$일 때의 다짐곡선을 영공기 간극곡선 또는 포화곡선이라 한다.

02 그림과 같은 다짐곡선을 보고 설명한 것으로 틀린 것은?

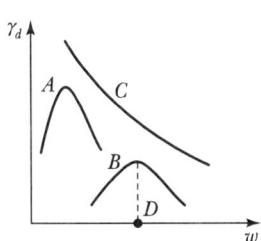

① A는 일반적으로 사질토이다.
② B는 일반적으로 점성토이다.
③ C는 과잉 간극 수압곡선이다.
④ D는 최적 함수비를 나타낸다.

[해설]
영공기 간극곡선은 다짐곡선의 오른쪽에 평행에 가깝게 위치한다.

03 현장다짐도 90%란 무엇을 의미하는가?

① 실내다짐 최대건조밀도에 대한 90% 밀도를 말한다.
② 롤러로 다진 최대밀도에 대한 90% 밀도를 말한다.
③ 현장함수비의 90% 함수비에 대한 다짐밀도를 말한다.
④ 포화도가 90%인 때의 다짐밀도를 말한다.

[해설]
$$RC = \frac{\gamma_{d(현장)}}{\gamma_{d\max(실험실)}} \times 100(\%)$$

04 실내 다짐시험에서 측정된 최대 건조밀도가 1.60N/cm^3이고 다짐도를 90%라 할 때 현장에서의 다짐 밀도 최소치는?

① 1.44N/cm^3　　② 1.78N/cm^3
③ 0.7N/cm^3　　④ 1.2N/cm^3

[해설]
다짐도$(RC) = \dfrac{\gamma_d}{\gamma_{d\max}} \times 100\%$

$90\% = \dfrac{\gamma_d}{1.60} \times 100$　∴ $\gamma_d = 1.44\text{N/cm}^3$

05 현장 도로 토공에서 들밀도 시험을 했다. 파낸 구멍의 체적이 $V=1,980\text{cm}^3$이었고 이 구멍에서 파낸 흙 무게가 3,420N이었다. 이 흙의 토질실험 결과 함수비가 10%, 비중이 2.7, 최대 건조 밀도는 1.65N/cm^3이었을 때 이 현장의 다짐도는?

① 85%　② 87%　③ 91%　④ 95%

[해설]

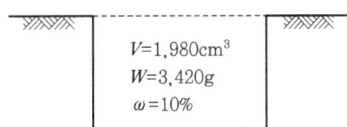

- 습윤 밀도$(\gamma_t) = \dfrac{W}{V} = \dfrac{3,420}{1,980} = 1.73\text{N/cm}^3$
- 건조 밀도$(\gamma_d) = \dfrac{\gamma_t}{1+\omega} = \dfrac{1.73}{1+0.10} = 1.57\text{N/cm}^3$
- ∴ 다짐도$(RC) = \dfrac{\gamma_d}{\gamma_{d\max}} = \dfrac{1.57}{1.65} \times 100 = 95\%$

06 흙의 다짐에 있어 래머의 중량이 2.5kg, 낙하고 30cm, 3층으로 각층 다짐횟수가 25회일 때 다짐에너지는?(단, 몰드의 체적은 $1,000\text{cm}^3$이다.)

① $5.63\text{kg}\cdot\text{cm/cm}^3$　　② $5.96\text{kg}\cdot\text{cm/cm}^3$
③ $10.45\text{kg}\cdot\text{cm/cm}^3$　　④ $0.66\text{kg}\cdot\text{cm/cm}^3$

[해설]
다짐에너지
$$E_c = \frac{W_R\,H\,N_B\,N_L}{V} = \frac{2.5\times30\times25\times3}{1,000} = 5.63\text{kg}\cdot\text{cm/cm}^3$$

정답　01 ②　02 ③　03 ①　04 ①　05 ④　06 ①

03 다짐한 흙의 특성

1. 다짐에너지(다짐횟수)에 따른 특징

다짐곡선 모식도	특징
(그래프: γ_d (g/cm³) vs 함수비 ω(%), 40회, 30회, 20회 곡선)	① 다짐 에너지가 커지면 $\gamma_{d\max}$는 증가하고 OMC는 작아진다. ② 다짐횟수를 증가시키면 다짐곡선이 좌측 상향으로 이동 ③ 다짐에너지가 너무 크면 과전압(Over Compaction)이 발생되어 다짐상태가 나빠지게 된다.

GUIDE

- 다짐에너지가 클수록
  ① $\gamma_{d\max}$ 증가
  ② OMC(최적함수비)는 작아진다.

- 다짐 함수비가 클수록
  일축압축 강도는 감소한다.

2. 다짐 곡선에서 토질에 따른 특징

다짐곡선 모식도	특징
(그래프: γ_d (g/cm³) vs 함수비 ω(%), 0%, 5%, 10%, GW, SW, ML, CL 곡선)	① 조립토일수록 최적함수비는 작고 최대 건조단위중량은 크다. ② 입도분포가 양호할수록 최적함수비는 작고 최대 건조단위중량은 크다. ③ 점성토에서 소성이 증가할수록 최적함수비는 크고 최대건조 단위중량은 작다. ④ 점성토일수록 다짐곡선이 평탄하고 최적함수비가 높아서 함수비의 변화에 따른 다짐효과가 적다. ⑤ 최적함수비 곡선은 영공기 공극곡선과 거의 나란하다.

- 조립토(모래질)가 많을수록
  최대건조밀도는 증가하고 최적함수비는 감소한다.

- 점토분(세립토)이 많은 흙
  최대건조밀도는 감소하고 최적함수비(OMC)는 증가한다.

3. 동일한 에너지로 다지는 경우 토질의 특징

다짐곡선 모식도	다짐곡선 상향 (좌측으로 갈수록)	다짐곡선 하향 (우측으로 갈수록)
(그래프: γ_d (g/cm³) vs ω(%), GW, GP / SW, SP, SC / SM, ML, MH / CL, CH 곡선)	① 조립토 ② 양입도 ③ 다짐에너지 증가 ④ $\gamma_{d\max}$ 증가 ⑤ OMC 감소 ⑥ 경사 급하다.	① 세립토 ② 빈입도 ③ 다짐에너지 감소 ④ $\gamma_{d\max}$ 감소 ⑤ OMC 증가 ⑥ 경사 완만하다.

- 조립토일수록
  다짐곡선의 경사가 급하다.

예 / 상 / 문 / 제

01 다짐에 대한 설명으로 틀린 것은?

① 조립토는 세립토보다 최적함수비가 작다.
② 조립토는 세립토보다 최대 건조밀도가 높다.
③ 조립토는 세립토보다 다짐곡선의 기울기가 급하다.
④ 다짐에너지가 클수록 최대 건조밀도는 낮아진다.

[해설]
다짐에너지가 클수록 최대 건조밀도($\gamma_{d\max}$)는 커지고 최적함수비(OMC)는 작아진다.

02 다짐에 관한 다음 사항 중 옳지 않은 것은?

① 최대 건조단위중량은 사질토에서 크고 점성토일수록 작다.
② 다짐에너지가 클수록 최적 함수비는 커진다.
③ 양입도에서는 빈입도보다 최대 건조단위중량이 크다.
④ 다짐에 영향을 주는 것은 토질, 함수비, 다짐방법 및 에너지 등이다.

[해설]
다짐 특성
• 다짐에너지가 크면 ($\gamma_{d\max}$ 크고 OMC 작다. 양입도, 조립토, 급경사)
• 다짐에너지가 작으면 ($\gamma_{d\max}$ 작고 OMC 크다. 빈입도, 세립토, 완경사)

03 다짐시험에서 동일한 다짐에너지(Compative Effort)를 가했을 때 건조밀도가 큰 것에서 작아지는 순서로 되어있는 것은?

① SW > ML > CH
② SW > CH > ML
③ CH > ML > SW
④ ML > CH > SW

[해설]
다짐에너지가 크면 $\gamma_{d\max}$ 크고 OMC 작다. 양입도, 조립토, 급경사
∴ 자갈G > 모래S > 실트M > 점토C

04 그림과 같은 다짐곡선에서 해당하는 흙의 종류로 옳은 것은?

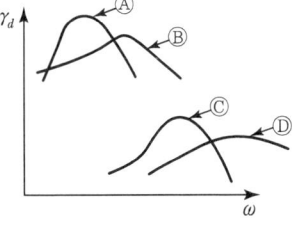

① Ⓐ : ML, Ⓒ : SM
② Ⓐ : SW, Ⓓ : CL
③ Ⓑ : MH, Ⓓ : GM
④ Ⓑ : GC, Ⓒ : CH

[해설]
조립토가 많은 시료일수록 다짐곡선은 왼쪽 위로 이동한다.
• SW : 입도분포가 양호한 모래
• CL : 저압축성(저소성) 점토

05 다짐곡선에 대한 설명으로 틀린 것은?

① 다짐에 영향을 미치는 인자는 다짐에너지, 입자의 구성, 함수비 등이다.
② 사질 성분이 많은 시료일수록 다짐곡선은 오른쪽 위로 이동하게 된다.
③ 점성분이 많은 흙일수록 다짐곡선은 넓게 퍼지는 형태를 가지게 된다.
④ 점성분이 많은 흙일수록 다짐곡선은 오른쪽 아래에 위치하게 된다.

[해설]
사질 성분이 (조립토) 많은 시료일수록 다짐곡선은 왼쪽 위로 이동하게 된다.

06 다짐에 대한 설명으로 옳지 않은 것은?

① 점토분이 많은 흙은 일반적으로 최적함수비가 낮다.
② 사질토는 일반적으로 건조밀도가 높다.
③ 입도배합이 양호한 흙은 일반적으로 최적함수비가 낮다.
④ 점토분이 많은 흙은 일반적으로 다짐곡선의 기울기가 완만하다.

[해설]
점토분(세립토)이 많은 흙은 일반적으로 최적함수비(OMC)가 크다.

정답 01 ④ 02 ② 03 ① 04 ② 05 ② 06 ①

04 다짐한 흙의 공학적 특성

1. 다짐한 점성토의 공학적 특성

다짐곡선	다짐이 점토에 미치는 영향

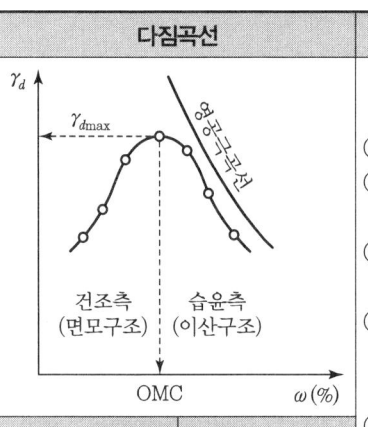	① 최적함수비에서 최소 간극비를 얻음
	② 강도 특성
	   건조 측에서 최대전단강도가 나옴
	③ 투수성
	   습윤 측에서 최소투수계수가 나옴
	④ 구조특성
	   - 건조 측 : 면모구조
	   - 습윤 측 : 이산구조(분산구조)
	⑤ 압축성
	   - 건조 측 : 압축성이 작다.
	   - 습윤 측 : 압축성이 크다.
	⑥ 다짐의 목적
	   - 전단강도 확보 : 건조 측이 유리
	   - 투수성 감소(차수, 댐의 심벽) : 습윤 측이 유리

건조 측	습윤 측
면모구조	이산구조
투수성 크다.	투수성 작다.
전단강도 크다.	전단강도 작다.
팽창성 크다.	팽창성 작다.
압축성 작다.	압축성 크다.
전단강도 확보	차수 목적

GUIDE

- 흙을 다짐하면
  ① 전단강도는 증가
  ② 압축성과 투수성은 감소

- 다짐 에너지가 증가할수록
  ① $\gamma_{d\max}$ 증가
  ② OMC는 감소

- 강도 증진 목적
  건조 측 다짐

- 차수 목적
  습윤 측 다짐

2. 함수비 변화에 의한 효과

다짐곡선 모식도	수화단계(반고체 영역)
건조밀도 $\gamma_d(g/cm^3)$ 곡선 (수화, 윤활, 팽창, 포화) 함수비 $\omega(\%)$	① 수분이 부족 ② 흙 입자 간에 점착력이 없다. ③ 큰 공극으로 인해 건조밀도가 작다.
	윤활단계(탄성영역)
	① 다짐효과가 가장 좋다. ② 최적 함수비 부근에서 최대 건조밀도가 나타난다.
팽창단계(소성영역)	**포화단계(반점성영역)**
함수비가 최적함수비를 넘으면 흙은 압축되었다가 충격이 제거되면 팽창한다.	함수비가 더욱 증가되면 흙입자는 포화된다.
함수비의 변화에 따른 4단계 : 수화 → 윤활 → 팽창 → 포화	
4단계 중 윤활단계에서 다짐효과가 가장 좋다.	

- 윤활단계
  물의 일부는 흙 입자 사이에 윤활역할을 하며 이 단계에서 다짐에 의해 흙입자 상호 간의 점착이 이루어지기 시작하여 최대 함수비 부근에서 최대 건조밀도가 나타난다.

예/상/문/제

01 다짐에 대한 설명으로 틀린 것은?

① 점토를 최적함수비(W_{opt})보다 작은 함수비로 다지면 분산구조를 갖는다.
② 투수계수는 최적함수비(W_{opt}) 근처에서 거의 최솟값을 나타낸다.
③ 다짐에너지가 클수록 최대건조단위중량($\gamma_{d\max}$)은 커진다.
④ 다짐에너지가 클수록 최적함수비(W_{opt})는 작아진다.

[해설]
점성토에서 최적함수비(OMC)보다 큰 함수비로 다지면 분산(이산)구조를 보이고, 최적함수비보다 작은 함수비로 다지면 면모구조를 보인다.

02 점토의 다짐에서 최적함수비보다 함수비가 적은 건조 측 및 함수비가 많은 습윤 측에 대한 설명으로 옳지 않은 것은?

① 다짐의 목적에 따라 습윤 및 건조 측으로 구분하여 다짐계획을 세우는 것이 효과적이다.
② 흙의 강도 증가가 목적인 경우, 건조 측에서 다지는 것이 유리하다.
③ 습윤 측에서 다지는 경우, 투수계수 증가효과가 크다.
④ 다짐의 목적이 차수를 목적으로 하는 경우, 습윤 측에서 다지는 것이 유리하다.

[해설]
최적함수비보다 건조 측에서 다지는 경우 투수성이 크다.

03 흙의 다짐에 관한 사항 중 옳지 않은 것은?

① 최적함수비로 다질 때 최대 건조 단위중량이 된다.
② 조립토는 세립토보다 최대 건조 단위중량이 커진다.
③ 점토를 최적함수비보다 작은 건조 측 다짐을 하면 흙구조가 면모구조로, 습윤 측 다짐을 하면 이산구조가 된다.
④ 강도 증진을 목적으로 하는 도로 토공의 경우 습윤 측 다짐을, 차수를 목적으로 하는 심벽재의 경우 건조 측 다짐이 바람직하다.

[해설]
다짐의 목적이 전단강도 확보라면 건조 측이 유리하고, 차수(댐 심벽)라면 습윤 측이 유리하다.

04 다짐의 효과에 대한 설명 중 틀린 것은?

① 다짐함수비가 클수록 일축압축강도는 감소한다.
② 최적함수비에서 습윤 쪽으로 다짐을 하는 경우 건조 쪽으로 다지는 것보다 흙의 압축성이 커진다.
③ 최적함수비에서 건조 쪽으로 다지는 경우가 습윤 쪽으로 다지는 경우보다 투수계수가 작다.
④ 댐 코어 재료는 습윤 쪽으로 다지는 것이 건조 쪽으로 다지는 것보다 균열이 적다.

[해설]
- 최적함수비(OMC)가 증가할수록 점토분(세립토)이 많은 흙이며 일축압축강도는 감소한다.
- 최적함수비보다 약간 습윤 측으로 다지는 경우가 흙의 팽창성과 투수계수가 작다.(압축성은 크다.)
- 최적함수비보다 약간 건조 측으로 다지는 경우가 팽창성과 투수계수가 크다.(압축성은 작다.)

05 흙의 다짐에 대한 설명으로 틀린 것은?

① 조립토는 세립토보다 최대 건조단위중량이 커진다.
② 습윤 측 다짐을 하면 흙 구조가 면모구조가 된다.
③ 최적함수비로 다질 때 최대 건조단위중량이 된다.
④ 동일한 다짐에너지에 대해서는 건조 측이 습윤 측보다 더 큰 강도를 보인다.

[해설]
건조 측에서 다지면 면모구조, 습윤 측에서 다지면 이산구조가 된다.

정답 01 ① 02 ③ 03 ④ 04 ③ 05 ②

05 현장 다짐

1. 현장에서 건조단위중량 결정방법

목적	건조단위중량 결정법의 종류(현장)
현장에서 특정 부분에서 채취한 흙의 부피 및 건조밀도를 구하기 위한 시험	① 모래치환법(들밀도시험) ② 고무막법(물치환법) ③ 절삭법(Core cutter에 의한 방법) ④ 방사선 밀도측정기에 의한 방법

2. 모래치환법(들밀도시험)

표준모래의 단위중량	$\gamma = \dfrac{W'}{V} = \dfrac{\text{시험구멍에 채워진 표준 모래의 중량}}{\text{시험 구멍의 체적}}$
현장 흙의 습윤단위중량	$\gamma_t = \dfrac{W}{V} = \dfrac{\text{시험구멍에서 파낸 흙의 중량}}{\text{시험 구멍의 체적}}$
현장 흙의 건조단위중량	$\gamma_d = \dfrac{W_s}{V} = \dfrac{\text{흙의 건조무게}}{\text{시험 구멍의 체적}} = \dfrac{\gamma_t}{1+\omega}$

• 모래(표준사)의 용도
시험 구멍의 체적을 구하기 위해 사용(No.10체를 통과하고 No.200체에 남은 모래를 사용)

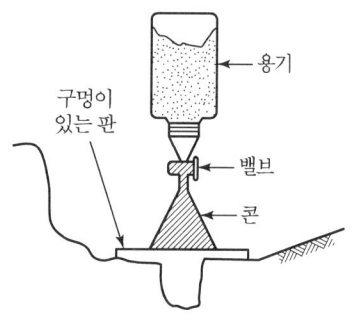

현장 흙의 건조단위중량 계산순서
① 시험 구멍에 채워진 표준모래 중량(W')과 표준모래의 단위중량(γ)을 측정
② 시험구멍의 체적(V)을 계산
③ 시험 구멍에서 파낸 흙의 중량(W)을 측정
④ 현장 흙의 습윤단위중량(γ_t) 계산
⑤ 현장 흙의 건조단위중량(γ_d) 계산

3. 다짐도

(상대) 다짐도 RC	다짐한 흙의 특징
$RC = \dfrac{\gamma_{d(\text{현장})}}{\gamma_{d\max(\text{실내 실험실})}} \times 100(\%)$ $= \dfrac{\text{현장의 건조밀도}}{\text{실내 실험실 최대 건조밀도}} \times 100$	① 전단강도, 부착력 증가 ② 강도, 지지력 증가 ③ 공극, 압축성, 흡수성, 투수성 감소

예 / 상 / 문 / 제

01 실내다짐시험 결과 최대건조단위중량이 15.6 kN/m³이고, 다짐도가 95%일 때 현장의 건조단위중량은 얼마인가?

① 13.62kN/m³ ② 14.82kN/m³
③ 16.01kN/m³ ④ 17.43kN/m³

[해설]

• 다짐도 $= \dfrac{\gamma_{d(현장)}}{\gamma_{d\max(실내실험실)}} \times 100$

• $0.95 = \dfrac{\gamma_{d(현장)}}{15.6}$

∴ $\gamma_{d(현장)} = 14.82\text{kN/m}^3$

02 모래치환법에 의한 현장 흙의 단위무게 실험결과가 아래와 같다. 현장 흙의 건조단위중량은?

• 실험구멍에서 파낸 흙의 중량 1,600g
• 실험구멍에서 파낸 흙의 함수비 20%
• 실험구멍에 채워진 표준모래의 중량 1,350g
• 실험구멍에 채워진 표준모래의 단위중량 1.35g/cm³

① 0.93g/cm³ ② 1.13g/cm³
③ 1.33g/cm³ ④ 1.53g/cm³

[해설]

• 표준모래의 단위중량
 $\gamma = \dfrac{W}{V}$ 에서, $1.35 = \dfrac{1,350}{V}$
 ∴ 실험구멍의 체적 $V = 1,000\text{cm}^3$

• 현장 흙의 습윤단위중량
 $\gamma_t = \dfrac{W}{V} = \dfrac{1,600}{1,000} = 1.6\text{g/cm}^3$

• 따라서 현장 흙의 건조단위중량
 $\gamma_d = \dfrac{\gamma_t}{1+\omega} = \dfrac{1.6}{1+0.2} = 1.33\text{g/cm}^3$

03 모래 치환법에 의한 흙의 밀도 측정법에서 모래(표준사)는 무엇을 구하기 위해 사용되는가?

① 흙의 중량 ② 시험구멍의 부피
③ 흙의 함수비 ④ 지반의 지지력

[해설]

들밀도 시험방법인 모래치환방법에서 모래는 현장에서 파낸 구멍의 체적을 알기 위하여 쓰인다.

04 모래치환법에 의한 현장 흙의 단위무게 실험 결과 흙을 파낸 구덩이의 체적 $V = 1,650\text{cm}^3$, 흙무게 $W = 2,850\text{N}$, 흙의 함수비 $\omega = 15\%$이고, 실험실에서 구한 흙의 최대건조밀도 $\gamma_{d\max} = 1.60\text{N/cm}^3$일 때 다짐도는?

① 92.49% ② 93.75%
③ 95.85% ④ 97.85%

[해설]

• 현장 흙의 습윤단위중량
 $\gamma_t = \dfrac{W}{V} = \dfrac{2,850}{1,650} = 1.73\text{N/cm}^3$

• 현장 흙의 건조단위중량
 $\gamma_d = \dfrac{\gamma_t}{1+\omega} = \dfrac{1.73}{1+0.15} = 1.50\text{N/cm}^3$

• 상대다짐도
 $RC = \dfrac{\gamma_d}{\gamma_{d\max}} \times 100 = \dfrac{1.50}{1.60} \times 100 = 93.75\%$

05 아래 기호를 이용하여 현장밀도시험의 결과로부터 건조밀도(ρ_d)를 구하는 식으로 옳은 것은?

ρ_d : 흙의 건조밀도(g/cm³)
V : 시험구멍의 부피(cm³)
m : 시험구멍에서 파낸 흙의 습윤 질량(g)
w : 시험구멍에서 파낸 흙의 함수비(%)

① $\rho_d = \dfrac{1}{V} \times \left(\dfrac{m}{1+\dfrac{w}{100}}\right)$
② $\rho_d = m \times \left(\dfrac{V}{1+\dfrac{w}{100}}\right)$
③ $\rho_d = \dfrac{1}{m} \times \left(\dfrac{V}{1+\dfrac{w}{100}}\right)$
④ $\rho_d = V \times \left(\dfrac{w}{1+\dfrac{m}{100}}\right)$

[해설]

$\rho_d = \dfrac{\rho_t}{1+w} = \dfrac{m}{V(1+w)}$

정답 01 ② 02 ③ 03 ② 04 ② 05 ①

06 CBR 시험(노상토 지지력비 시험)

1. 노상토 지지력비(CBR) 시험의 적용범위

CBR(California Bearing Ratio) 시험	평판재하시험(Plate Bearing Test)
아스팔트 포장과 같은 연성포장(가요성 포장)의 포장 두께를 산정할 때 사용	콘크리트 포장과 같은 강성포장의 두께를 산정할 때 사용

• 노상토 지지력비 시험은 아스팔트 포장도로를 설계할 때 가장 중요하다.

2. 노상토 지지력비(CBR)

단위하중(kg/cm²)	전하중(kg)
$CBR = \dfrac{\text{시험 단위하중}(\text{kg/cm}^2)}{\text{표준 단위하중}(\text{kg/cm}^2)}$ $= \dfrac{q_{ty}}{q_{sy}} \times 100(\%)$	$CBR = \dfrac{\text{시험 전하중}(\text{kg})}{\text{표준 전하중}(\text{kg})}$ $= \dfrac{Q_{ty}}{Q_{sy}} \times 100(\%)$

• CBR 단위는 %

3. CBR 시험에서 표준단위하중과 표준전하중

관입량(mm)	표준단위하중((kg/cm²)	표준전하중(kg)
2.5	70kg/cm²	1,370kg
5.0	105kg/cm²	2,030kg

• 1kgf = 9.8N

4. 노상토 지지력비 결정방법

$CBR_{2.5} > CBR_{5.0}$	$CBR_{2.5} < CBR_{5.0}$	
$CBR_{2.5}$를 설계에 이용	재시험 실시	
	재시험 후 재시험 결과	
	$CBR_{2.5} > CBR_{5.0}$일 때 : $CBR_{2.5}$를 설계에 이용	
	$CBR_{2.5} < CBR_{5.0}$일 때 : $CBR_{5.0}$를 설계에 이용	

• $CBR_{2.5} < CBR_{5.0}$이면 재시험, 재시험 후에도 $CBR_{2.5} < CBR_{5.0}$이면 CBR값은 $CBR_{5.0}$이다.

5. 설계 CBR 계산

설계 CBR
설계 CBR = 평균 $CBR - \dfrac{\text{최대 } CBR - \text{최소 } CBR}{d_2(\text{설계지수})}$

• 설계 CBR
포장설계에서 포장두께를 결정하기 위한 것으로 공식으로 구한다.

예 / 상 / 문 / 제

01 아스팔트 포장도로를 설계하려 할 때 가장 중요하다고 생각되는 사항은 어느 것인가?

① 평판재하시험   ② 표준관입시험
③ CBR 시험   ④ 삼축압축시험

[해설]
- CBR 시험 : 아스팔트 포장의 두께를 결정
- 평판재하시험 : 콘크리트 포장의 두께를 산정

02 CBR 시험에서 지름 5cm의 피스톤이 2.5mm 관입될 때 표준단위하중강도는?

① 105kg/cm^2 ② 70kg/cm^2
③ 125kg/cm^2 ④ 207kg/cm^2

[해설]
표준단위하중 및 표준하중

관입 깊이	표준단위하중	표준하중
2.5mm	70kg/cm^2	1,370kg
5.0mm	105kg/cm^2	2,030kg

03 CBR 시험에서 관입 깊이가 2.5mm일 때, piston에 작용하는 하중이 900kg이다. 이 재료의 $\text{CBR}_{2.5}$의 값은?

① 80%   ② 65.7%
③ 63.3%   ④ 60.5%

[해설]
$$\text{CBR}_{2.5} = \frac{2.5\text{mm 관입시켰을 때의 하중(kg)}}{1,370\text{kg}} \times 100$$
$$= \frac{900}{1,370} \times 100 = 65.69\%$$

04 노상토의 지지력을 나타내는 CBR 값의 단위는?

① kg/cm^2 ② $\text{kg} \cdot \text{cm}$
③ %   ④ kg/cm^3

05 CBR 시험에서 피스톤이 2.5mm 관입될 때와 5mm 관입될 때를 비교한 결과 5mm 값이 더 크게 나타났다. 어떻게 CBR 값을 결정하는가?

① 그대로 5mm 값을 CBR 값으로 한다.
② 2.5mm 값과 5mm 값의 평균값을 CBR 값으로 한다.
③ 5mm 값을 무시하고 2.5mm 값을 표준으로 하여 CBR 값으로 한다.
④ 되풀이 시험해서 그래도 5mm 값이 크게 나오면 그대로 5mm 값을 CBR 값으로 한다.

[해설]
$\text{CBR}_{5.0} > \text{CBR}_{2.5}$일 때 재시험한다.
- $\text{CBR}_{5.0} > \text{CBR}_{2.5}$이면 CBR 값은 $\text{CBR}_{5.0}$이다.
- $\text{CBR}_{5.0} < \text{CBR}_{2.5}$이면 CBR 값은 $\text{CBR}_{2.5}$이다.

06 도로 연장 3km 건설구간에서 7개 지점의 시료를 채취하여 다음과 같은 CBR을 구하였다. 이때의 설계 CBR은 얼마인가?

7개 지점의 CBR : 5.3, 5.7, 7.6, 8.7, 7.4, 8.6, 7.0

[설계 CBR 계산용 계수]

개수 (n)	2	3	4	5	6	7	8	9	10 이상
d_2	1.41	1.91	2.24	2.48	2.67	2.83	2.96	3.08	3.18

① 4   ② 5
③ 6   ④ 7

[해설]
$$설계\text{CBR} = 평균\text{CBR} - \frac{최대\text{CBR} - 최소\text{CBR}}{d_2}$$
$$= \frac{5.3+5.7+7.6+8.7+7.4+8.6+7}{7} - \frac{8.7-5.3}{2.83}$$
$$= 5.98 \fallingdotseq 6$$

정답 01 ③ 02 ② 03 ② 04 ③ 05 ④ 06 ③

CHAPTER 10 실 / 전 / 문 / 제

01 흙의 다짐시험에서 다짐에너지를 증가시킬 때 일어나는 결과는?

① 최적함수비와 최대건조밀도가 모두 증가한다.
② 최적함수비와 최대건조밀도가 모두 감소한다.
③ 최적함수비는 증가하고 최대건조밀도는 감소한다.
④ 최적함수비는 감소하고 최대건조밀도는 증가한다.

[해설]
다짐에너지를 증가시키면 최적함수비(OMC)는 감소하고 최대건조밀도($\gamma_{d\max}$)는 증가한다.

02 다짐에 대한 다음 설명 중 옳지 않은 것은?

① 세립토의 비율이 클수록 최적함수비는 증가한다.
② 세립토의 비율이 클수록 최대건조단위중량은 증가한다.
③ 다짐에너지가 클수록 최적함수비는 감소한다.
④ 최대건조단위중량은 사질토에서 크고 점성토에서 작다.

[해설]
세립토의 비율이 클수록 최대건조단위중량($\gamma_{d\max}$)은 감소한다.

03 다짐에 대한 설명으로 틀린 것은?

① 조립토는 세립토보다 최적함수비가 작다.
② 조립토는 세립토보다 최대 건조밀도가 높다.
③ 조립토는 세립토보다 다짐곡선의 기울기가 급하다.
④ 다짐에너지가 클수록 최대 건조밀도는 낮아진다.

[해설]
다짐에너지가 클수록 최대건조밀도($\gamma_{d\max}$)는 커진다.

04 다음 중 다짐 곡선은 무엇으로 작도하는가?

① 건조단위중량 – 다짐 횟수
② 최대건조밀도 – 함수비
③ 최대건조밀도 – 최적 함수비
④ 건조밀도 – 함수비

[해설]
가로축에는 함수비, 세로축에는 건조밀도를 취해서 도상에 1점을 통하여 곡선이 얻어진다.

05 다짐에 관한 설명 중 옳지 않은 것은?

① 일반적으로 흙의 건조밀도는 가하는 다짐에너지가 클수록 크다.
② 모래질 흙은 진동 또는 진동을 동반하는 다짐이 유효하다.
③ 건조밀도 – 함수비 곡선에서 최적함수비와 최대건조밀도를 구할 수 있다.
④ 모래질을 많이 포함한 흙의 건조밀도 – 함수비 곡선의 경사는 완만하다.

[해설]
모래질(조립토)을 많이 포함한 흙의 건조밀도 – 함수비 곡선의 경사는 급하다.

06 흙의 다짐에 대한 설명으로 틀린 것은?

① 사질토의 최대 건조단위중량은 점성토의 최대 건조단위중량 보다 크다.
② 점성토의 최적함수비는 사질토의 최적함수비보다 크다.
③ 영공기 간극곡선은 다짐곡선과 교차할 수 없고, 항상 다짐곡선이 우측에만 위치한다.
④ 유기질 성분을 많이 포함할수록 흙의 최대 건조단위중량과 최적함수비는 감소한다.

[해설]
유기질(세립분) 성분을 많이 포함할수록 흙의 최대 건조단위중량($\gamma_{d\max}$)은 작아지고 최적함수비(OMC)는 커진다.

07 토질 종류에 따른 다짐곡선을 설명한 것 중 옳지 않은 것은?

① 조립토가 세립토에 비하여 최대건조단위중량이 크게 나타나고 최적함수비는 작게 나타난다.

정답 01 ④ 02 ② 03 ④ 04 ④ 05 ④ 06 ④ 07 ③

② 조립토에서는 입도분포가 양호할수록 최대건조단위중량은 크고 최적함수비는 작다.
③ 조립토일수록 다짐곡선은 완만하고 세립토일수록 다짐곡선은 급하게 나타난다.
④ 점성토에서는 소성이 클수록 최대건조단위중량은 감소하고 최적함수비는 증가한다.

[해설]
다짐곡선은 조립토일수록 급하게 나타내고 세립토일수록 완만하게 나타난다.

08 흙의 다짐에 관한 사항 중 옳지 않은 것은?

① 최적 함수비로 다질 때 최대 건조단위중량이 된다.
② 조립토는 세립토보다 최대 건조단위중량이 커진다.
③ 점토를 최적함수비보다 작은 건조 측 다짐을 하면 흙구조가 면모구조로, 습윤 측 다짐을 하면 이산구조가 된다.
④ 강도 증진을 목적으로 하는 도로 토공의 경우 습윤 측 다짐을, 차수를 목적으로 하는 심벽재의 경우 건조 측 다짐이 바람직하다.

[해설]
• 강도 증진 목적 : 건조 측 다짐
• 차수 목적 : 습윤 측 다짐

09 다져진 흙의 역학적 특성에 대한 설명으로 틀린 것은?

① 다짐에 의하여 간극이 작아지고 부착력이 커져서 역학적 강도 및 지지력은 증대하고, 압축성, 흡수성 및 투수성은 감소한다.
② 점토를 최적함수비보다 약간 건조 측의 함수비로 다지면 면모구조를 가지게 된다.
③ 점토를 최적함수비보다 약간 습윤 측에서 다지면 투수계수가 감소하게 된다.
④ 면모구조를 파괴시키지 못할 정도의 작은 압력으로 점토시료를 압밀할 경우 건조 측 다짐을 한 시료가 습윤 측 다짐을 한 시료보다 압축성이 크게 된다.

[해설]
면모구조를 파괴시키지 못할 정도의 작은 압력으로 점토시료를 압밀할 경우 건조 측 다짐을 한 시료가 습윤 측 다짐을 한 시료보다 압축성이 작게 된다.

10 흙의 다짐시험에 대한 설명으로 옳은 것은?

① 다짐에너지가 크면 최적 함수비가 크다.
② 다짐에너지와 관계없이 최대 건조단위중량은 일정하다.
③ 다짐에너지와 관계없이 최적 함수비는 일정하다.
④ 몰드 속에 있는 흙의 함수비는 다짐에너지에 거의 영향을 받지 않는다.

[해설]
다짐에너지에 따라 최대 건조단위중량과 최적함수비는 변화하지만, 몰드 속에 있는 흙의 함수비는 다짐 에너지에 거의 영향을 받지 않는다.

11 다음 표는 흙의 다짐에 대해 설명한 것이다. 옳게 설명한 것을 모두 고르면?

(1) 사질토에서 다짐에너지가 클수록 최대건조단위중량은 커지고 최적함수비는 줄어든다.
(2) 입도분포가 좋은 사질토가 입도분포가 균등한 사질토보다 더 잘 다져진다.
(3) 다짐곡선은 반드시 영공기간극곡선의 왼쪽에 그려진다.
(4) 양족 롤러는 점성토를 다지는 데 적합하다.
(5) 점성토에서 흙은 최적함수비보다 큰 함수비로 다지면 면모구조를 보이고 작은 함수비로 다지면 이산구조를 보인다.

① (1), (2), (3), (4)
② (1), (2), (3), (5)
③ (1), (4), (5)
④ (2), (4), (5)

[해설]
• 점성토 : 탬핑롤러(양족롤러)에 의한 전압식 다짐
• 점성토에서 OMC보다 큰 함수비로 다지면 이산구조(분산구조), OMC보다 작은 함수비로 다지면 면모구조를 보인다.

CHAPTER 10 실/전/문/제

12 다짐시험에서 몇 개의 흙에다 동일한 다짐에너지(compactive effort)를 가했을 때 건조밀도가 큰 것에서 작아지는 순서로 되어 있는 것은?

① SW-ML-CH
② SW-CH-ML
③ CH-ML-SW
④ ML-CH-SW

해설

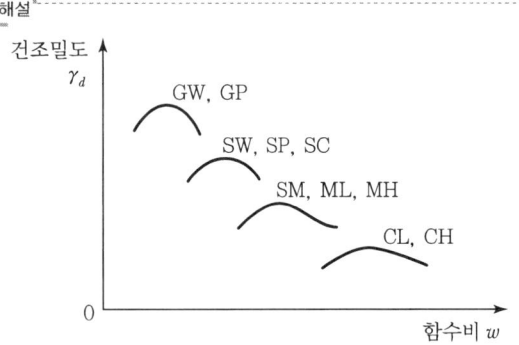

- SW : 입도 분포가 양호한 모래
- ML : 압축성이 낮은 실트
- CH : 압축성이 높은 점토

13 다음은 다짐시험에서 건조밀도와 함수비의 관계를 설명한 것이다. 잘못된 것은?

① 건조밀도-함수비 곡선에서 건조밀도가 최대가 되는 밀도를 최대건조밀도라 한다.
② 최대 건조밀도를 나타내는 함수비를 최적함수비라고 한다.
③ 흙이 조립토(粗粒土)에 가까울수록 최적함수비의 값은 크다.
④ 최적함수비는 흙의 종류에 따라 다른 값이 나온다.

해설
흙이 조립토에 가까울수록 최적함수비(OMC)는 작다.

14 다음 토질시험 중 도로의 포장 두께를 정하는데 많이 사용되는 것은?

① 표준관입시험
② 삼축압축시험
③ C.B.R 시험
④ 다짐시험

해설
노상토 지지력비 시험(CBR)은 아스팔트 연성포장 두께 산정에 이용된다.

15 흙의 다짐에 관한 다음 설명 중 옳지 않은 것은?

① 일반적으로 흙의 건조밀도는 가하는 다짐 energy가 클수록 크다.
② 모래질 흙은 진동 또는 진동을 동반하는 다짐 방법이 유효하다.
③ 건조밀도-함수비 곡선에서 최적 함수비와 최대건조밀도를 구할 수 있다.
④ 모래질을 많이 포함한 흙의 건조밀도-함수비 곡선의 구배는 완만하다.

해설
- 조립토(모래질) : 다짐곡선 급구배
- 세립토(점토질) : 다짐곡선 완구배

16 흙의 다짐에너지에 관한 설명 중 틀린 것은?

① 다짐에너지는 래머(Rammer)의 중량에 비례한다.
② 다짐에너지는 래머(Rammer)의 낙하고에 비례한다.
③ 다짐에너지는 시료의 체적에 비례한다.
④ 다짐에너지는 타격 수에 비례한다.

해설
$$E = \frac{W_r \cdot H \cdot N_b \cdot N_L}{V}$$
∴ 다짐에너지는 시료의 체적 V에 반비례한다.

17 다짐시험의 조건이 다음 표와 같을 때 다짐에너지(E_c)를 구하면?

- 몰드의 부피(V) : 1,000cm³
- 래머의 무게(W) : 2.5kg
- 래머의 낙하높이(h) : 30cm
- 다짐 층수(N_l) : 3층
- 각 층당 다짐횟수(N_b) : 25회

정답 12 ① 13 ③ 14 ③ 15 ④ 16 ③ 17 ①

① 5.625kg·cm/cm³   ② 6.273kg·cm/cm³
③ 7.021kg·cm/cm³   ④ 7.835kg·cm/cm³

[해설]
$$E_c = \frac{W_\gamma \cdot H \cdot N_b \cdot N_L}{V} = \frac{2.5 \times 30 \times 25 \times 3}{1,000}$$
$$= 5.625 \text{kg} \cdot \text{cm/cm}^3$$

18 실내다짐시험의 결과 최대건조 단위무게가 15.6kN/m³이고, 다짐도가 95%일 때 현장건조 단위무게는 얼마인가?

① 16.4kN/m³   ② 16.0kN/m³
③ 14.8kN/m³   ④ 13.6kN/m³

[해설]
$RC = \frac{\gamma_d}{\gamma_{d\max}} \times 100(\%)$ 에서 $95 = \frac{\gamma_d}{15.6} \times 100$

∴ $\gamma_d = 14.8 \text{kN/m}^3$

19 현장에서 다짐된 사질토의 상대다짐도가 95%이고, 최대 및 최소 건조단위중량이 각각 17.6kN/m³, 15kN/m³라고 할 때 현장시료의 건조단위중량과 상대밀도를 구하면?

	건조단위중량	상대밀도
①	16.7kN/m³	71%
②	16.7kN/m³	69%
③	16.3kN/m³	69%
④	16.3kN/m³	71%

[해설]
• 상대다짐도 $(RC) = \frac{\gamma_d}{\gamma_{d\max}} \times 100$ 에서

$95 = \frac{\gamma_d}{17.6} \times 100$

∴ 건조단위중량$(\gamma_d) = 16.7 \text{kN/m}^3$

• 상대밀도 $D_r = \frac{\gamma_d - \gamma_{d\min}}{\gamma_{d\max} - \gamma_{d\min}} \times \frac{\gamma_{d\max}}{\gamma_d} \times 100$

$= \frac{16.7 - 15}{17.6 - 15} \times \frac{17.6}{16.7} \times 100 = 69\%$

20 현장 흙의 들밀도시험 결과 흙을 파낸 부분의 체적과 파낸 흙의 무게는 각각 1,800cm³, 3.95kg이었다. 함수비는 11.2%이고, 흙의 비중은 2.65이다. 최대건조단위중량 2.05g/cm³일 때 상대다짐도는?

① 95.1%
② 96.1%
③ 97.1%
④ 98.1%

[해설]
• 현장 흙의 습윤단위중량
$$\gamma_t = \frac{W}{V} = \frac{3,950}{1,800} = 2.19 \text{g/cm}^3$$

• 현장 흙의 건조단위중량
$$\gamma_d = \frac{\gamma_t}{1+\omega} = \frac{2.19}{1+0.112} = 1.97 \text{g/cm}^3$$

• 상대다짐도
$$RC = \frac{\gamma_d}{\gamma_{d\max}} \times 100 = \frac{1.97}{2.05} \times 100 = 96.1\%$$

21 현장 도로 토공에서 들밀도시험을 실시한 결과 파낸 구멍의 체적이 1,980cm³이었고, 이 구멍에서 파낸 흙무게가 3,420N이었다. 이 흙의 토질실험 결과 함수비가 10%, 비중이 2.7, 최대건조 단위무게가 1.65N/cm³이었을 때 현장의 다짐도는?

① 80%   ② 85%
③ 91%   ④ 95%

[해설]
• 현장 흙의 습윤단위중량
$$\gamma_t = \frac{W}{V} = \frac{3,420}{1,980} = 1.73 \text{N/cm}^3$$

• 현장 흙의 건조단위중량
$$\gamma_d = \frac{\gamma_t}{1+\omega} = \frac{1.73}{1+0.1} = 1.57 \text{N/cm}^3$$

• 상대다짐도
$$RC = \frac{\gamma_d}{\gamma_{d\max}} \times 100 = \frac{1.57}{1.65} \times 100 = 95\%$$

정답 18 ③ 19 ② 20 ② 21 ④

CHAPTER 10 실 / 전 / 문 / 제

22 어떤 흙의 최대 및 최소 건조단위중량이 18kN/m³과 16kN/m³이다. 현장에서 이 흙의 상대밀도(Relative Density)가 60%라면 이 시료의 현장 상대다짐도(Relative Compaction)는?

① 82% ② 87%
③ 91% ④ 95%

[해설]

• 상대밀도
$$D_r = \frac{\gamma_d - \gamma_{d\min}}{\gamma_{d\max} - \gamma_{d\min}} \times \frac{\gamma_{d\max}}{\gamma_d} \times 100 \text{에서},$$

$$\frac{\gamma_d - 16}{18 - 16} \times \frac{18}{\gamma_d} \times 100 = 60\%$$

∴ $\gamma_d = 17.1\text{kN/m}^3$

• 상대다짐도
$$RC = \frac{\gamma_d}{\gamma_{d\max}} \times 100 = \frac{17.1}{18} \times 100 = 95\%$$

23 현장에서 습윤단위중량을 측정하기 위해 표면을 평활하게 한 후 시료를 굴착하여 무게를 측정하니 1,230N이었다. 이 구멍의 부피를 측정하기 위해 표준사로 채우는 데 1,037N이 필요하였다. 표준사의 단위중량이 1.45N/cm³이면 이 현장 흙의 습윤단위중량은?

① 1.72N/cm³
② 1.61N/cm³
③ 1.48N/cm³
④ 1.29N/cm³

[해설]

• 표준모래의 단위중량
$\gamma = \frac{W}{V}$ 에서, $1.45 = \frac{1,037}{V}$

∴ $V = 715.17\text{cm}^3$

• 현장 흙의 습윤단위중량
$\gamma_t = \frac{W}{V} = \frac{1,230}{715.17} = 1.72\text{N/cm}^3$

24 부피가 2,208cm³이고 무게가 4,000N인 몰드 속에 흙을 다져 넣어 무게를 측정하였더니 8,294N이었다. 이 몰드 속에 있는 흙을 시료 추출기를 사용하여 추출한 후 함수비를 측정하였더니 12.3%이었다. 이 흙의 건조단위중량은 얼마인가?

① 1.942N/cm³
② 1.732N/cm³
③ 1.812N/cm³
④ 1.614N/cm³

[해설]

• 현장 흙의 습윤단위중량
$\gamma_t = \frac{W}{V} = \frac{8,294 - 4,000}{2,208} = 1.945\text{N/cm}^3$

• 현장 흙의 건조단위중량
$\gamma_d = \frac{\gamma_t}{1+\omega} = \frac{1.945}{1+0.123} = 1.732\text{N/cm}^3$

25 모래치환법에 의한 흙의 들밀도시험 결과, 시험 구멍에서 파낸 흙의 중량 및 함수비는 각각 1,800g, 30%이고, 이 시험 구멍에 단위중량이 1.35g/cm³인 표준모래를 채우는 데 1,350g이 소요되었다. 현장 흙의 건조단위중량은?

① 0.93g/cm³ ② 1.03g/cm³
③ 1.38g/cm³ ④ 1.53g/cm³

[해설]

• 표준모래의 단위중량 $r = \frac{W}{V}$

$1.35 = \frac{1,350}{V}$ 에서

∴ $V = 1,000\text{cm}^3$

• 현장 흙의 습윤단위중량
$\gamma_t = \frac{W}{V} = \frac{1,800}{1,000} = 1.8\text{g/cm}^3$

• 현장 흙의 건조단위중량
$\gamma_d = \frac{\gamma_t}{1+\omega} = \frac{1.8}{1+0.3} = 1.38\text{g/cm}^3$

정답 22 ④ 23 ① 24 ② 25 ③

실 / 전 / 문 / 제

26 충분히 다진 현장에서 모래치환법에 의해 현장밀도 실험을 한 결과 구멍에서 파낸 흙의 무게가 1,536N, 함수비가 15%이었고 구멍에 채워진 단위중량이 1.70N/cm³인 표준모래의 무게가 1,411N이었다. 이 현장이 95% 다짐도가 된 상태가 되려면 이 흙의 실내실험실에서 구한 최대 건조단위중량($\gamma_{d\max}$)은 얼마인가?

① 1.69N/cm³
② 1.79N/cm³
③ 1.85N/cm³
④ 1.93N/cm³

해설

- 현장 흙의 습윤단위중량
  $\gamma_t = \dfrac{W}{V} = \dfrac{1,536}{830} = 1.85\text{N/cm}^3$
  ($\gamma_d = \dfrac{W}{V}$에서 $1.70 = \dfrac{1,411}{V}$ ∴ V=830cm³)

- 현장 흙의 건조단위중량
  $\gamma_d = \dfrac{\gamma_t}{1+\omega} = \dfrac{1.85}{1+0.15} = 1.61\text{N/cm}^3$

- 상대다짐도
  $\text{RC} = \dfrac{\gamma_d}{\gamma_{d\max}} \times 100$에서 $95 = \dfrac{1.61}{\gamma_{d\max}} \times 100$
  ∴ $\gamma_{d\max} = 1.69\text{N/cm}^3$

27 모래치환법에 의한 현장 흙의 단위무게 실험 결과가 아래와 같다. 현장 흙의 건조단위중량은?

- 실험구멍에서 파낸 흙의 중량 1,600N
- 실험구멍에서 파낸 흙의 함수비 20%
- 실험구멍에 채워진 표준모래의 중량 1,350N
- 실험구멍에 채워진 표준모래의 단위중량 1.35N/cm³

① 0.93N/cm³
② 1.13N/cm³
③ 1.33N/cm³
④ 1.53N/cm³

해설

- 표준모래의 단위중량
  $\gamma = \dfrac{W}{V}$에서,
  $1.35 = \dfrac{1,350}{V}$
  ∴ 실험구멍의 체적 $V = 1,000\text{cm}^3$

- 현장 흙의 습윤단위중량
  $\gamma_t = \dfrac{W}{V} = \dfrac{1,600}{1,000} = 1.6\text{N/cm}^3$

- 현장 흙의 건조단위중량
  $\gamma_d = \dfrac{\gamma_t}{1+\omega} = \dfrac{1.6}{1+0.2} = 1.33\text{N/cm}^3$

정답 26 ① 27 ③

CHAPTER 11

사면의 안정

01 사면의 종류
02 유한사면의 안전율(평면 파괴면)
03 유한사면의 안정해석(원호파괴면)
04 무한사면의 안정해석

01 사면의 종류

1. 유한사면

단순사면	직립사면
(사면어깨에서 사면선단, β)	($\beta = 90°$)
사면어깨에서 사면선단이 평형을 이루는 사면	사면 경사각이 90°로 절취된 사면 (흙막이 굴착)

- 사면의 안정문제는 길이방향의 변형도(Strain)를 무시할 수 있다고 보기 때문에 보통 사면의 단위 길이를 취하여 2차원 해석을 한다.

- **사면어깨**
  사면의 위쪽 끝 부분

- **사면선단**
  사면의 아래 쪽 끝 부분

- β(사면의 경사각)

2. 무한사면

무한사면 모식도	무한사면
	① 활동면의 깊이가 사면의 높이에 비해 작은 것(산의 사면)
	② 반무한 사면이라고도 한다.

3. 단순사면의 파괴형태

단순사면 모식도	단순사면의 파괴형태
사면선단 ⓐ ⓑ ⓒ	① 사면 내 파괴(ⓐ) 기초 지반의 두께가 작고 성토층이 여러 층인 경우에 발생
	② 사면 선단 파괴(ⓑ) 균질한 연약점토지반 위에 놓인 연직 사면에 잘 일어나는 파괴형태
	③ 사면 저부 파괴(ⓒ) 사면이 급하지 않고 점착력이 크며, 기초 지반이 깊은 경우에 발생

- 단순사면의 파괴형상은 원호에 가까운 곡면

- **사면 선단 파괴**
  $\beta > 53°$이면 심도계수와 상관없이 사면선단파괴가 일어난다.

4. 무한사면의 파괴형태

무한사면 모식도	무한사면의 파괴형태
	파괴형상은 사면에 평행한 평면을 이룬다.

예 / 상 / 문 / 제

01 사면의 안정문제는 보통 사면의 단위 길이를 취하여 2차원 해석을 한다. 이렇게 하는 가장 중요한 이유는?

① 길이방향의 변형도(Strain)를 무시할 수 있다고 보기 때문이다.
② 흙의 특성이 등방성(Isotropic)이라고 보기 때문이다.
③ 길이방향의 응력도(Stress)를 무시할 수 있다고 보기 때문이다.
④ 실제 파괴형태가 이와 같기 때문이다.

[해설]
길이방향의 변형도를 무시할 수 있다고 보기 때문에 사면안정 문제는 2차원 해석을 한다.

02 사면의 안정문제는 보통 사면의 단위길이를 취하여 2차원 해석을 한다. 이렇게 하는 가장 중요한 이유는?

① 흙의 특성이 등방성(isotropic)이라고 보기 때문이다.
② 길이방향의 응력도(stress)를 무시할 수 있다고 보기 때문이다.
③ 실제 파괴형태가 이와 같기 때문이다.
④ 길이방향의 변형도(strain)를 무시할 수 있다고 보기 때문이다.

[해설]
평면변형(Plane strain) 개념
길이가 매우 긴 옹벽이나 사면 등의 3차원 문제를 해석할 경우 평면변형(Plane strain) 개념에 바탕을 둔 2차원 해석을 한다.

03 원형 활동면에 의한 사면파괴의 종류는 일반적으로 다음과 같다. 해당되지 않는 것은?

① 사면 저부 파괴
② 사면 선단 파괴
③ 사면 내 파괴
④ 사면 인장 파괴

[해설]
단순사면의 파괴형태로는 사면 내 파괴, 사면 선단 파괴, 사면 저부 파괴가 있다.

04 균질한 연약점토 지반 위에 놓인 연직 사면에 잘 일어나는 파괴 형태는?

① 사면 저부 파괴
② 사면 선단 파괴
③ 사면 내 파괴
④ 사면 저면 파괴

[해설]
- 사면 선단 파괴 : 균질한 흙으로 되어 있을 때 점착성의 흙, 비교적 급한 사면(연직 사면)의 경우에 일어난다.
- 사면 저부 파괴 : 사면이 급하지 않고 점착력도 크며 기초 지반이 깊은 경우에 발생한다.
- 사면 내 파괴 : 기초 지반의 두께가 얇고 성토층이 여러 층인 경우에 발생한다.

05 다음은 연약점토의 단순 사면에서의 파괴형식을 설명한 것이다. 옳지 않은 것은?

① 지반이 얕을 때는 사면 내 파괴가 일어난다.
② 사면의 경사각 $\beta > 53°$이면 사면 내 파괴만 일어난다.
③ 지반이 중간 상태일 때 사면 선단 파괴가 일어난다.
④ 심도계수 ≥ 4일 때는 경사각에 관계없이 저부 파괴가 일어난다.

[해설]
$\beta > 53°$이면 심도계수와 관계없이 사면 선단 파괴가 일어난다.

정답 01 ① 02 ④ 03 ④ 04 ② 05 ②

5. 사면에 관한 용어

단순 사면 모식도	용어
(그림: 어깨, β, H, H', 암반)	① 사면 경사각(β) 　수평면과 경사면이 이루는 각 ② 심도계수 　$N_d = \dfrac{H'}{H}$

- 심도계수(N_d)가 크면 안정하다.
- H' : 사면 어깨에서 지반(암반)까지의 깊이
- H : 사면의 높이(사면고)

6. 사면파괴의 원인

사면파괴의 원인	상류 측 (댐) 사면이 가장 위험할 때	하류 측 사면이 가장 위험할 때
① 과잉간극수압의 상승 ② 자중의 증가 ③ 강도 저하 ④ 흙속의 수분 증가	① 시공 직후 ② 만수된 수위가 급강하 시	① 만수위일 때 ② 체제 내의 흐름이 정상 　침투 시

- 수위가 급강하면 공극 수압의 변화로 상류 측 사면이 붕괴되기 쉽다.

7. 임계원

임계원 모식도	임계원 및 임계 활동면
(그림: 안전율, 임계원)	① 임계원은 안전율이 최소인 활동원이다. ② 임계활동면은 안전율이 최소 활동면으로 가장 불안전한 활동면을 말한다.

- 사면의 안정계산에서 안전율이 최소인 원을 임계원(임계활동면)이라 한다.

8. 사면의 해석법

전응력 해석법	유효응력 해석법
① $\sigma = \sigma'$ ② 간극수압은 고려하지 않는다. 　(비배수 강도시험으로 얻은 강도정수 　c, ϕ로 해석하는 방법) ③ 단기안정 해석	① $\sigma' = \sigma - u$ ② 간극수압을 고려하여 안정해석(유효 　응력으로 얻은 강도정수와 간극수압 　을 사용하여 해석) ③ 장기안정 해석

- **전응력 해석법**
  간극수압의 영향이 강도 정수에 반영이 되어서 간극수압을 고려하지 않는다.

예 / 상 / 문 / 제

01 다음 중 사면의 안정 해석과 관계가 없는 것은?

① 안전율 ② 안정계수
③ 압축계수 ④ 심도계수

해설

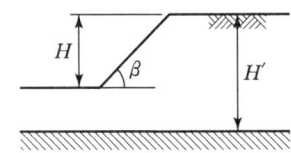

- 심도계수(N_d) = $\dfrac{H'}{H}$
- 압축계수(a_v)는 압밀하중의 증가량에 대한 간극비의 감소율로 표기

02 그림과 같은 사면을 이루고 있는 흙에서 점착력(c) = 20kN/m², 단위중량(γ) = 17kN/m³일 때 심도계수(n_d)와 사면의 한계 높이(H_c)는?(단, 안정 계수(N_s) = 6.2이다.)

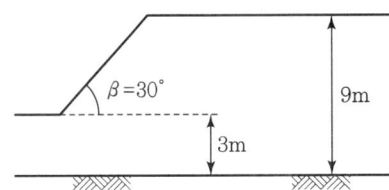

① n_d = 1.5, H_c = 7.29m ② n_d = 1.33, H_c = 7.29m
③ n_d = 1.5, H_c = 5.27m ④ n_d = 3, H_c = 5.27m

해설

- 심도계수(N_d) = $\dfrac{H'}{H} = \dfrac{9}{9-3} = 1.5$
- 한계 높이(H_c) = $\dfrac{N_s \cdot c}{\gamma} = \dfrac{6.2 \times 20}{17} = 7.29\text{m}$

03 다음 중 댐의 사면이 가장 불안정한 경우는 어느 때인가?

① 사면의 수위가 천천히 하강할 때
② 사면이 포화상태에 있을 때
③ 사면의 수위가 급격히 하강할 때
④ 사면이 습윤상태에 있을 때

해설

상류 측 댐 사면이 가장 위험할 때
• 시공 직후   • 수위 급강하 시

04 일반적으로 흙 댐의 사면 안정 검토 시 가장 위험한 경우는 다음 중 어느 것인가?

① 사면이 완전 포화상태일 경우
② 사면이 완전 건조되었을 경우
③ 사면의 수위가 급격히 상승할 경우
④ 사면의 수위가 급격히 내려갈 경우

해설

상류 측 (댐) 사면이 가장 위험할 때	하류 측 사면이 가장 위험할 때
① 시공 직후 ② 만수된 수위가 급강하 시	① 만수위일 때 ② 체제 내의 흐름이 정상 침투 시

05 일반적으로 댐 사면이 가장 위험한 때는 언제인가?

① 사면이 완전히 건조되었을 때
② 사면이 완전히 포화되었을 때
③ 수위가 점차로 상승하고 있을 때
④ 수위가 급강하하였을 때

해설

수위가 급강하할 때에 공극 수압의 변화로 사면이 가장 붕괴되기 쉽다.

06 사면파괴가 일어날 수 있는 원인에 대한 설명 중 적절하지 못한 것은?

① 흙 중의 수분 증가
② 굴착에 따른 구속력의 감소
③ 과잉 간극수압의 감소
④ 지진에 의한 수평방향력의 증가

해설

사면파괴 원인
간극수압의 상승, 자중의 증가, 강도 저하

02 유한사면의 안전율(평면 파괴면)

1. 활동에 대한 안전율

평면활동에 대한 안전율	원호활동에 대한 안전율
$F_s = \dfrac{\sum P_r}{\sum P_o}$	$F_s = \dfrac{\sum M_r}{\sum M_d}$
$\sum P_r$: 활동에 저항하는 저항력의 합	$\sum M_r$: 활동에 저항하는 저항모멘트의 합
$\sum P_o$: 활동을 일으키려는 작용력의 합	$\sum M_d$: 활동을 일으키는 작용모멘트의 합

• 안전율
① 안전율이 크다는 것은 안전율이 작은 상태보다는 더 안전하다는 의미
② 안전율의 크기만큼 파괴가능성이 적다는 의미는 아니다.
③ 안전율이 1보다 크면 안정

2. 평면 파괴면을 갖는 사면의 안정해석

유한사면의 해석	유한사면의 한계고 계산
(그림) $\tau_f = c + \sigma \tan\phi$	$H_c = \dfrac{4c}{\gamma_t}\left[\dfrac{\sin\beta \cdot \cos\phi}{1 - \cos(\beta - \phi)}\right]$

직립사면의 한계고(H_c, $\beta = 90°$) 계산
$H_c = 2Z_c = 2 \times \dfrac{2c}{\gamma_t}\tan\left(45° + \dfrac{\phi}{2}\right) = \dfrac{4c}{\gamma_t}\tan\left(45° + \dfrac{\phi}{2}\right) = \dfrac{2q_u}{\gamma_t}$

안정도표에 의한 한계고(H_c) 계산
$H_c = \dfrac{N_s c}{\gamma_t}$, N_s : 안정계수($\dfrac{1}{\text{안전수}}$), $N_s > 1$

• 한계고(H_c) 정의
지반을 흙막이 없이 붕괴가 일어나지 않게 굴착할 수 있는 깊이

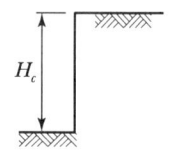

• Z_c(점착고, 인장균열 깊이)
$\dfrac{2c}{\gamma_t}\tan\left(45° + \dfrac{\phi}{2}\right)$

• $q_u = 2c\tan\left(45° + \dfrac{\phi}{2}\right)$

• $c = \dfrac{q_u}{2}$

3. 직각사면의 안전율

인장균열을 고려하지 않는 경우	인장균열을 고려하는 경우
$F_s = \dfrac{H_c}{H}$	$F_s = \dfrac{H_c'}{H}$
① H_c : 한계고	① H_c' : 인장응력을 고려한 한계고($\dfrac{2}{3}H_c$)
② H : 사면 높이(사면고)	② H : 사면 높이(사면고)

• 안정도표에 의한 방법
안정수 도표에서 경사각(β)과 내부마찰력(ϕ)을 이용하여 N_s(안정계수)를 구한 뒤 한계고를 구하는 방법

• 사면의 안정해석에 필요한 사항
① 심도계수
② 한계고
③ 안전율

• $10\text{t/m}^2 = 1\text{kg/cm}^2 = 0.1\text{MPa}$

• $10\text{kN/m}^2 = 0.1\text{N/cm}^2$

예 / 상 / 문 / 제

01 점착력 10kN/m², 내부마찰각 30°, 흙의 단위중량이 19kN/m³인 현장의 지반에서 흙막이벽체 없이 연직으로 굴착 가능한 깊이는?

① 1.82m ② 2.11m ③ 2.84m ④ 3.65m

해설

연직으로 굴착 가능한 깊이(한계고)

$H_c = \dfrac{4c}{\gamma_t}\tan\left(45° + \dfrac{\phi}{2}\right)$

• $c : 10\text{kN/m}^2$
• $\phi : 30°$

∴ $H_c = \dfrac{4c}{\gamma_t}\tan\left(45° + \dfrac{\phi}{2}\right) = \dfrac{4\times 10}{19}\tan\left(45° + \dfrac{30°}{2}\right) = 3.65\text{m}$

02 어떤 지반에 대한 토질시험 결과 점착력 $c = 5\text{N/cm}^2$, 흙의 단위중량 $\gamma = 20\text{kN/m}^3$이었다. 그 지반에 연직으로 7m를 굴착했다면 안전율은 얼마인가?(단, $\phi = 0$이다.)

① 1.43 ② 1.51 ③ 2.11 ④ 2.61

해설

안전율$(F_s) = \dfrac{H_c}{H}$

• 한계고$(H_c) = \dfrac{4c}{\gamma_t}\tan\left(45° + \dfrac{\phi}{2}\right) = \dfrac{4\times 50}{20}\tan\left(45° + \dfrac{0°}{2}\right) = 10\text{m}$
• $H = 7\text{m}$

∴ 연직사면의 안전율$(F_s) = \dfrac{H_c}{H} = \dfrac{10}{7} = 1.43$

03 어떤 점토를 연직으로 4m 굴착하였다. 이 점토이 일축압축강도가 48kN/m²이고, 단위중량이 16kN/m³일 때 굴착고에 대한 안전율은 얼마인가?(단, $\phi = 0$)

① 1.2 ② 1.5 ③ 2.0 ④ 3.0

해설

안전율$(F_s) = \dfrac{H_c}{H}$

• 한계고$(H_c) = \dfrac{4c}{\gamma_t}\tan\left(45° + \dfrac{\phi}{2}\right) = \dfrac{4\times 24}{16}\tan\left(45° + \dfrac{0°}{2}\right) = 6\text{m}$

$\left(c = \dfrac{q_u}{2} = \dfrac{48}{2} = 24\text{kN/m}^2\right)$

• $H = 4\text{m}$

∴ 연직사면의 안전율$(F_s) = \dfrac{H_c}{H} = \dfrac{6}{4} = 1.5$

04 습윤단위무게(γ_t)는 1.8t/m³, 점착력(c)은 0.2kg/cm², 내부마찰각(ϕ)은 25°인 지반을 연직으로 3m 굴착하였다. 이 지반의 붕괴에 대한 안전율은 얼마인가?(단, 안정계수 $N_s = 6.3$이다.)

① 2.33 ② 2.0 ③ 1.0 ④ 0.45

해설

직립사면 안전율$(F_s) = \dfrac{H_c}{H}$

• 한계고$(H_c) = \dfrac{4c}{\gamma_t}\tan\left(45° + \dfrac{\phi}{2}\right) = \dfrac{4\times 2}{1.8}\tan\left(45° + \dfrac{25°}{2}\right) = 6.99$
• $H = 3\text{m}$

∴ 연직사면의 안전율$(F_s) = \dfrac{H_c}{H} = \dfrac{6.99}{3} = 2.33$

[별해] $F_s = \dfrac{H_c}{H} = \dfrac{N_s \times \dfrac{c}{\gamma_t}}{H} = \dfrac{6.3 \times \dfrac{2}{1.8}}{3} = 2.33$

$(c = 0.2\text{kg/cm}^2 = 2\text{t/m}^2)$

05 다음 그림과 같은 포화점토사면의 파괴에 대한 안전율은?(단, 점토의 포화단위중량 20kN/m³, 흙의 전단강도계수 $c_u = 65\text{kN/m}^2$, $\phi_u = 0$, 안전수 $m = 0.18$이다.)

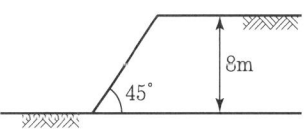

① 2.678 ② 3.175
③ 2.257 ④ 2.124

해설

한계고$(H_c) = \dfrac{N_s \cdot c}{\gamma} = \dfrac{\dfrac{1}{0.18}\times 65}{20} = 18.06$

안전율$(F_s) = \dfrac{H_c}{H} = \dfrac{18.06}{8} = 2.257$

정답 01 ④ 02 ② 03 ① 04 ① 05 ③

03 유한사면의 안정해석(원호파괴면)

1. 원호파괴면을 갖는 사면의 안정 해석법

질량법	절편법
① 사면이 동일 토층일 때 ② 지하수위가 없을 때(간극수압 무시) ③ $\phi = 0$의 사면안정 해석(점토지반) ④ 마찰원법	① 사면이 이질토층일 때 ② 지하수위가 있을 때(간극수압 고려) ③ 흙의 강도가 동일하지 않은 경우 사용 ④ 분할법

GUIDE

- 사면의 안정해석
  ① 질량법(마찰원법, 일체법)
  ② 절편법(분할법)
  　1) Fellenius법
  　2) Bishop법
  　3) Spencer법

2. 질량법($\phi = 0$)의 사면안정 해석

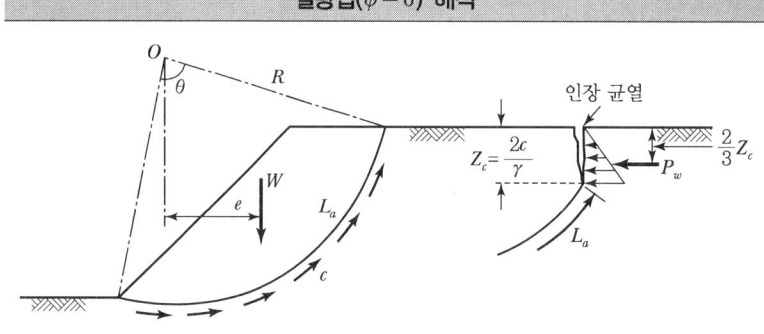

질량법($\phi = 0$) 해석

- 절편법에서는 먼저 임의의 활동면을 가정하고 절편 경계면은 마찰, 전단면으로 가정한다.

- 사면안정해석은 가상파괴곡선을 원호로 가정한다.

질량법 해석	① 포화점토의 비배수상태(급속재하)에서의 시공 직후 안정해석법 ② 전응력 해석방법(간극수압 무시)
전단강도	$S(\tau_f) = c + \sigma' \tan\phi = c$
원호의 길이	$L_a = \dfrac{\theta \cdot 2\pi \cdot R}{360°} \quad \left(\dfrac{\theta}{360°} = \dfrac{L_a}{2\pi R} \right)$
토체의 중량	$W(\text{t/m}) = $ 체적×밀도(단위중량)$= (A \times l) \times \gamma$
안전율	$F_s = \dfrac{\text{저항모멘트의 합}}{\text{작용모멘트의 합}} = \dfrac{\sum M_r}{\sum M_d} = \dfrac{SRL_a}{We}$ $= \dfrac{(c + \sigma'\tan\phi)RL_a}{We} = \dfrac{cRL_a}{We} = \dfrac{cRL_a}{A\gamma e}$

예 / 상 / 문 / 제

01 활동면 위의 흙을 몇 개의 연직 평행한 절편으로 나누어 사면의 안정을 해석하는 방법이 아닌 것은?

① Fellenius 방법 ② 마찰원법
③ Spencer 방법 ④ Bishop의 간편법

사면의 안정해석
• 질량법(마찰원법)
• 절편법(분할법) : Fellenius법, Bishop법, Spencer법

02 절편법에 대한 설명으로 틀린 것은?

① 흙이 균질하지 않고 간극수압을 고려할 경우 절편법이 적합하다.
② 안전율은 전체 활동면상에서 일정하다.
③ 사면의 안정을 고려할 경우 활동파괴면을 원형이나 평면으로 가정한다.
④ 절편경계면은 활동파괴면으로 가정한다.

절편경계면은 마찰, 전단면으로 가정한다.

03 흙의 포화단위중량이 20kN/m³인 포화점토층을 45° 경사로 8m를 굴착하였다. 흙의 강도계수 $c_u = 65$kN/m², $\phi_u = 0°$이다. 그림과 같은 파괴면에 대하여 사면의 안전율은?(단, ABCD의 면적은 70m²이고, O점에서 ABCD의 무게 중심까지의 수평거리는 4.5m이다.)

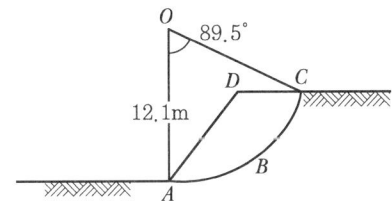

① 4.72 ② 2.67
③ 4.21 ④ 2.36

원호 활동면 안전율
$$F_s = \frac{\text{저항}M}{\text{작용}M} = \frac{c \cdot L_a \cdot R}{W \cdot e} = \frac{c \cdot L_a \cdot R}{A \cdot \gamma \cdot e}$$
$$= \frac{65 \times 12.1 \times \left(2 \times \pi \times 12.1 \times \frac{89.5°}{360°}\right)}{70 \times 20 \times 4.5}$$
$$= 2.36$$

04 그림에서 활동에 대한 안전율은?

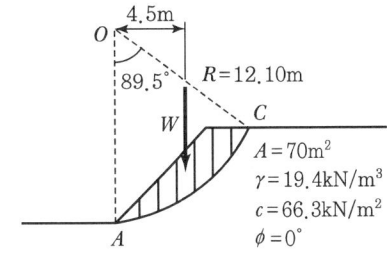

$A = 70$m²
$\gamma = 19.4$kN/m³
$c = 66.3$kN/m²
$\phi = 0°$

① 1.30 ② 2.05
③ 2.15 ④ 2.48

• 호의 길이 : ABC의 길이 L_a
  $360° : 2\pi R = 89.5° : L_a$
  $\therefore L_a = \dfrac{\pi \times (2 \times 12.10) \times 89.5°}{360°} = 18.90$m

• $F_s = \dfrac{\text{저항}M}{\text{작용}M} = \dfrac{c \cdot L_a \cdot R}{W \cdot e}$
  $= \dfrac{66.3 \times 18.90 \times 12.10}{1,358 \times 4.5}$
  $= 2.48$
  ($W = A \times l \times \gamma = 70 \times 1 \times 19.4 = 1,358$kN/m)

정답 01 ② 02 ④ 03 ④ 04 ④

3. 절편법(분할법)

절편법 모식도

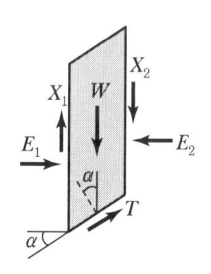

- 절편법(분할법)에 의한 사면안정 해석 시 제일 먼저 결정할 사항
  ① 가상 파괴활동면의 가정
  ② 여러 개의 가상 활동면으로부터 분할하여 해석

- 질량법(마찰원법, $\phi = 0$)
  사면이 동일 토층일 때 적용

절편법(분할법) 개요

① 활동을 일으키는 파괴면 위의 흙을 여러 개의 절편으로 나누어 해석하는 방법
② 지층이 여러 개의 층(이질토 층) 및 지하수위가 있는 경우에 적용 가능한 방법
   (흙이 균질하지 않고 간극수압을 고려할 경우)
③ 안전율은 전체 활동면 상에서 일정
④ 사면의 안전을 고려할 경우 활동파괴면을 평면으로 가정
⑤ 절편경계면은 마찰, 절단면으로 가정

Fellenius 방법의 기본 가정	Bishop 간편법의 기본 가정
절편의 양쪽에 작용하는 힘(수평, 연직)들의 합력은 0이다. • $X_1 - X_2 = 0$ • $E_1 - E_2 = 0$	절편의 양쪽에 작용하는 연직방향의 합력은 0 • $X_1 - X_2 = 0$

Fellenius 방법의 특징	Bishop 간편법의 특징
① 전응력 해석법(간극수압 고려하지 않음) ② 사면의 단기 안정문제 해석 ③ 계산은 간단 ④ 포화 점토 지반의 비배수 강도만 고려 ⑤ $\phi = 0$ 해석법 ⑥ 절편의 양 쪽에(수평, 연직) 작용하는 힘들의 합은 0이라고 가정	① 유효응력 해석법(간극수압 고려) ② 사면의 장기 안정문제 해석 ③ 계산이 복잡하여 전산기 이용(많이 적용) ④ $c - \phi$ 해석법 ⑤ 절편에 작용하는 연직방향의 힘의 합력은 0이다.

- Bishop 간편법은 안전율을 시행착오법으로 구한다.

예 / 상 / 문 / 제

01 절편법에 의한 사면의 안정해석이 가장 먼저 결정되어야 할 사항은?

① 가상활동면
② 절편의 중량
③ 활동면상의 점착력
④ 활동면상의 내부마찰각

[해설]
사면 안정해석 시 가장 먼저 고려해야 할 사항은 가상활동면의 결정

02 사면안정계산에 있어서 Fellenius법과 간편 Bishop법의 비교 설명 중 틀린 것은?

① Fellenius법은 간편 Bishop법보다 계산은 복잡하다.
② 간편 Bishop법은 절편의 양쪽에 작용하는 연직방향의 합력은 0(zero)이라고 가정한다.
③ Fellenius법은 절편의 양쪽에 작용하는 합력은 0(zero)이라고 가정한다.
④ 간편 Bishop법은 안전율을 시행착오법으로 구한다.

[해설]
Fellenius 방법은 Bishop 방법보다 계산이 간단하며 안전율을 과소평가하는 경향이 있다.

03 사면 안정해석법에 대한 설명으로 틀린 것은?

① 해석법은 크게 마찰원법과 분할법으로 나눌 수 있다.
② Fellenius 방법은 주로 단기안정해석에 이용된다.
③ Bishop 방법은 주로 장기안정해석에 이용된다.
④ Bishop 방법은 절편의 양측에 작용하는 수평방향의 합력이 0이라고 가정하여 해석한다.

[해설]
Bishop 방법은 절편의 양측에 작용하는 연직방향의 합력이 0이라고 가정하여 해석한다.

04 사면안정계산에 있어서 Fellenius법과 간편 Bishop법의 비교 설명 중 틀리는 것은?

① Fellenius법은 절편의 양쪽에 작용하는 합력은 0(zero)이라고 가정한다.
② 간편 Bishop법은 절편의 양쪽에 작용하는 연직방향의 합력은 0(zero)이라고 가정한다.
③ Fellenius법은 간편 Bishop법보다 계산은 복잡하지만 계산 결과는 더 안전 측이다.
④ 간편 Bishop법은 안전율을 시행착오법으로 구한다.

[해설]
Bishop의 간편법
Fellenius 방법보다 계산이 훨씬 복잡하나 전산기 이용으로 근래 많이 적용하고 있다.

05 다음은 사면의 안정해석 방법을 설명하고 있다. 틀린 것은?

① 마찰원법은 균일한 토질 지반에 적용된다.
② Fellenius 방법은 절편의 양측에 작용하는 힘의 합력은 0이라고 가정한다.
③ Bishop 방법은 흙의 장기 안정해석에 유효하게 쓰인다.
④ Fellenius 방법은 공극 수압을 고려한 $\phi = 0$ 해석법이다.

[해설]
- Fellenius 방법($\phi = 0$ 해석법) : 전응력 해석법으로 공극 수압을 고려하지 않는다.
- Bishop 방법($c - \phi$ 해석법) : 유효응력 해석법으로 공극 수압을 고려한다.

정답 01 ① 02 ① 03 ④ 04 ③ 05 ④

04 무한사면의 안정해석

1. 파괴면 아래에 지하수위가 있는 경우

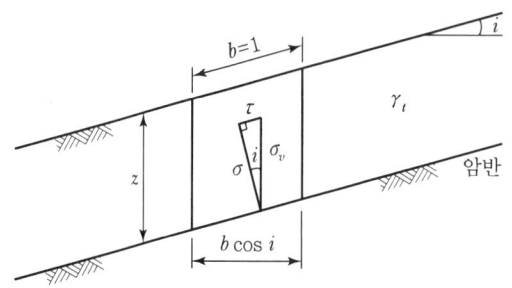

지하수위가 파괴면 아래에 있는 경우(침투류가 없는 경우)

- $\sigma_v = \gamma_t z \cos i$
- $\sigma = \sigma_v \cos i$

수직응력	사면의 경사가 i인 지표면에 평행한 단위폭에 작용하는 수직응력 $\sigma = \gamma_t z \cos^2 i$
간극수압 (중립응력)	$u = \gamma_w z \cos^2 i = 0$
전단응력	사면의 경사가 i인 지표면에 평행한 단위폭에 작용하는 전단응력 $\tau = \gamma_t z \sin i \cos i$
전단강도	$S(\tau_f) = c + \sigma' \tan\phi$
점성토 지반 안전율 ($c \neq 0$)	$F_s = \dfrac{S}{\tau} = \dfrac{전단강도}{전단응력}$ $F_s = \dfrac{c + \sigma \tan\phi}{\gamma_t z \sin i \cos i} = \dfrac{c + \gamma_t z \cos^2 i \tan\phi}{\gamma_t z \sin i \cos i}$ $F_s = \dfrac{c}{\gamma_t z \sin i \cos i} + \dfrac{\gamma_t z \cos^2 i \tan\phi}{\gamma_t z \sin i \cos i}$ $\therefore F_s = \dfrac{c}{\gamma_t z \sin i \cos i} + \dfrac{\tan\phi}{\tan i}$
사질토 지반 안전율 ($c = 0$)	$F_s = \dfrac{S}{\tau} = \dfrac{전단강도}{전단응력}$ $F_s = \dfrac{c}{\gamma_t z \sin i \cos i} + \dfrac{\tan\phi}{\tan i}$ $c = 0$이면 $\therefore F_s = \dfrac{\tan\phi}{\tan i}$
사면이 안정되기 위한 조건	$F_s = \dfrac{S}{\tau} \geq 1$

GUIDE

- i : 사면 경사각
- z : 지표면으로부터 활동면까지의 연직깊이
- σ' : 활동면에 수직으로 작용하는 유효응력

- 사면의 안전율은 사면의 높이와 관계가 없다. 내부마찰각(ϕ)이 사면의 경사각(β)보다 크면 안정

예 / 상 / 문 / 제

01 그림과 같은 사면에서 깊이 6m 위치에서 발생하는 단위폭당 전단응력은 얼마인가?

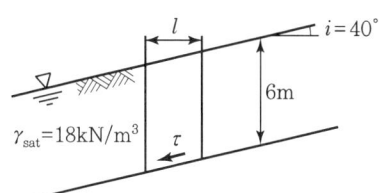

① 53.2kN/m² ② 23.4kN/m²
③ 40.5kN/m² ④ 20.4kN/m²

무한사면에서 전단응력
$\tau = \gamma_{sat} z \sin i \cos i = 1.8 \times 6 \times \sin 40° \times \cos 40° = 5.32 t/m^2$

02 경사가 12°인 과압밀 점토의 무한사면이 있다. 활동 파괴면은 지표면에서 5m 아래에 지표면과 평행하다. 활동 파괴에 대한 안전율은?(단, 지하수위는 지표면에서 2m 아래에 있다. 이때 점토의 습윤 및 포화단위중량은 각각 19kN/m³, 20kN/m³이고 흙의 전단강도계수 $c' = 10kN/m^2$, $\phi' = 28°$, $\gamma_w = 10kN/m^3$ 이다.)

① 1.438   ② 2.238   ③ 1.174   ④ 2.498

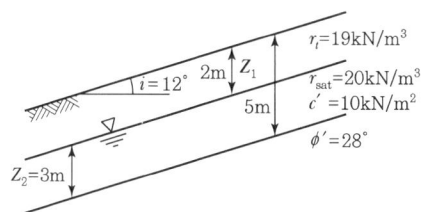

- 수직응력$(\sigma) = (\gamma_1 Z_1 + \gamma_{sat} Z_2)\cos^2 i$
  $= (19 \times 2 + 20 \times 3)\cos^2 12° = 93.76 kN/m^2$
- 전단응력$(\tau) = (\gamma_1 Z_1 + \gamma_{sat} Z_2)\cos i \sin i$
  $= (19 \times 2 + 20 \times 3)\cos 12° \sin 12° = 19.93 kN/m^2$
- 간극수압$(u) = \gamma_w Z_2 \cos^2 i = 10 \times 3 \cos^2 12° = 28.70 kN/m^2$
- 안전율$(F_s) = \dfrac{S}{\tau} = \dfrac{c' + (\sigma - u)\tan\phi'}{\tau}$
  $= \dfrac{10 + (93.76 - 28.70)\tan 28°}{19.93}$
  $= 2.238$

03 지하수위가 지표면과 일치되어 내부마찰각이 30°, 포화밀도가 20kN/m³인 비점성토로 된 반무한 사면이 15°로 경사져 있다. 이때 사면의 안전율은? (단, EKS, $\gamma_w = 10kN/m^3$ 이다.)

① 1.00   ② 1.08
③ 2.00   ④ 2.15

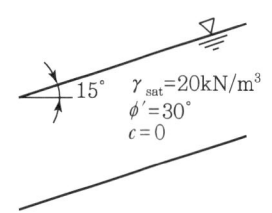

침투류가 지표면과 일치하는 경우(비점성토 $c=0$)
$F_s = \dfrac{\gamma_{sub}}{\gamma_{sat}} \cdot \dfrac{\tan\phi}{\tan i} = \dfrac{20-10}{20} \times \dfrac{\tan 30°}{\tan 15°} = 1.08$

04 그림과 같이 지하수위가 지표와 일치되는 반무한 사질토 사면이 놓여 있다. 이때의 안전율은 얼마인가?(단, $\gamma_w = 10kN/m^3$ 이다.)

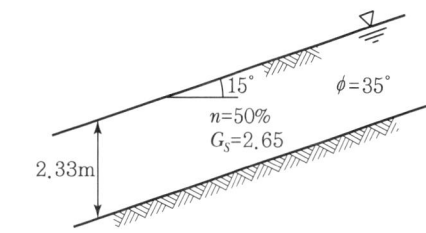

① 1.18   ② 2.33
③ 1.31   ④ 2.61

지하수가 지표면과 일치(− 지표면까지 포화)
$F_s = \dfrac{\gamma_{sub}}{\gamma_{sat}} \cdot \dfrac{\tan\phi}{\tan i}$

- 간극비$(e) = \dfrac{n}{1-n} = \dfrac{0.50}{1-0.50} = 1$
- $\gamma_{sat} = \dfrac{G_s + e}{1+e}\gamma_w = \dfrac{2.65+1}{1+1} \times 10 = 18.25 kN/m^3$
- $\gamma_{sub} = \gamma_{sat} - \gamma_w = 18.25 - 10 = 8.25 kN/m^3$
- $\therefore F_s = \dfrac{8.25}{18.25} \times \dfrac{\tan 35°}{\tan 15°} = 1.18$

정답 01 ① 02 ② 03 ② 04 ①

2. 지표면과 지하수위가 일치하는 경우(침투류가 있는 경우)

지하수위와 지표면이 일치하는 경우(침투류가 있는 경우)

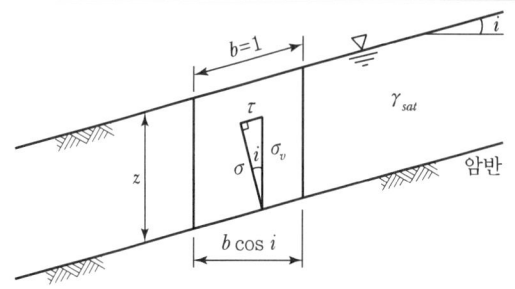

수직응력	사면의 경사가 i인 지표면에 평행한 단위폭에 작용하는 수직응력 $\sigma = \gamma_{sat}\, z \cos^2 i$
간극수압 (중립응력)	$u = \gamma_w\, z \cos^2 i$
전단응력	사면의 경사가 i인 지표면에 평행한 단위폭에 작용하는 전단응력 $\tau = \gamma_{sat}\, z \sin i \cos i$
전단강도	$S(\tau_f) = c + \sigma' \tan\phi$
점성토 지반에서 안전율 ($c \neq 0$)	$F_s = \dfrac{S}{\tau} = \dfrac{\text{전단강도}}{\text{전단응력}}$ $F_s = \dfrac{c + \sigma' \tan\phi}{\gamma_{sat}\, z \sin i \cos i} = \dfrac{c + \gamma_{sub}\, z \cos^2 i \tan\phi}{\gamma_{sat}\, z \sin i \cos i}$ $F_s = \dfrac{c}{\gamma_{sat}\, z \sin i \cos i} + \dfrac{\gamma_{sat}\, z \cos^2 i \tan\phi}{\gamma_{sat}\, z \sin i \cos i}$ $\therefore F_s = \dfrac{c}{\gamma_{sat}\, z \sin i \cos i} + \dfrac{\gamma_{sub} \tan\phi}{\gamma_{sat} \tan i}$
사질토 지반에서 안전율 ($c = 0$)	$F_s = \dfrac{S}{\tau} = \dfrac{\text{전단강도}}{\text{전단응력}}$ $F_s = \dfrac{c}{\gamma_{sat}\, z \sin i \cos i} + \dfrac{\gamma_{sub} \tan\phi}{\gamma_{sat} \tan i}$ $c = 0$ 이면 $\therefore F_s = \dfrac{\gamma_{sub} \tan\phi}{\gamma_{sat} \tan i} \fallingdotseq \dfrac{1}{2} \cdot \dfrac{\tan\phi}{\tan i}$
사면이 안정되기 위한 조건	$F_s = \dfrac{S}{\tau} \geq 1$

GUIDE

- i : 사면 경사각
- z : 지표면으로부터 활동면까지의 연직깊이
- σ' : 활동면에 수직으로 작용하는 유효응력

$\sigma' = \sigma - u$
$\quad = \gamma_{sat}\, z \cos^2 i - \gamma_w\, z \cos^2 i$
$\quad = (\gamma_{sat} - \gamma_w)\, z \cos^2 i$
$\quad = \gamma_{sub}\, z \cos^2 i$

- $\gamma_{sat} = \dfrac{G_s + e}{1 + e}\gamma_w$
- $\gamma_{sub} = \dfrac{G_s - 1}{1 + e}\gamma_w$
- $\gamma_{sub} = \gamma_{sat} - \gamma_w$

- 파괴면 아래 지하수위가 있는 경우 무한사면 안전율
  ① 점성토
  $$F_s = \dfrac{c}{\gamma_{sub}\, z \sin i \cos i} + \dfrac{\tan\phi}{\tan i}$$
  ② 사질토
  $$F_s = \dfrac{\tan\phi}{\tan i}$$

- 비점성토(사질토)
  $c = 0$

예/상/문/제

01 암반층 위에 5m 두께의 토층이 경사 15°의 자연사면으로 되어 있다. 이 토층은 $c=15\text{kN/m}^2$, $\phi=30°$, $\gamma_{sat}=18\text{kN/m}^3$이고, 지하수면은 토층의 지표면과 일치하고 침투는 경사면과 대략 평행이다. 이때의 안전율은?(물의 단위중량은 9.81kN/m^3)

① 0.85   ② 1.15   ③ 1.65   ④ 2.05

반무한 사면의 안전율(점착력 $c\neq0$이고, 지하수위가 지표면과 일치하는 경우)

$$F_s = \frac{c}{\gamma_{sat}\cdot z\cdot \sin i\cdot \cos i} + \frac{\gamma_{sub}}{\gamma_{sat}}\cdot \frac{\tan\phi}{\tan i}$$

$$= \frac{15}{18\times 5\times \sin 15°\times \cos 15°} + \frac{18-9.81}{18}\times \frac{\tan 30°}{\tan 15°} = 1.65$$

02 지하수위가 지표면과 일치되고 내부마찰각이 30°, 포화단위중량(γ_{sat})이 20kN/m^3이며 점착력이 0인 사질토로 된 반무한사면이 15°로 경사져 있다. 이때 이 사면의 안전율은?(단, $\gamma_w=10\text{kN/m}^3$이다.)

① 1.00   ② 1.08   ③ 2.00   ④ 2.15

반무한 사면의 안전율(지하수위가 지표면과 일치, $c=0$)

$$F_s = \frac{\gamma_{sub}}{\gamma_{sat}}\times \frac{\tan\phi}{\tan i} = \frac{20-10}{20}\times \frac{\tan 30°}{\tan 15°} = 1.08$$

03 그림과 같이 $c=0$인 모래로 이루어진 무한사면이 안정을 유지(안전율≥1)하기 위한 경사각(β)의 크기로 옳은 것은?(단, $\gamma_w=10\text{kN/m}^3$이다.)

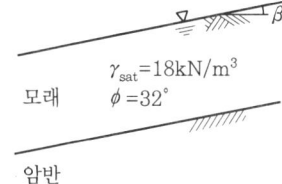

① $\beta\leq 7.8°$ ② $\beta\leq 15.5°$
③ $\beta\leq 31.3°$ ④ $\beta\leq 35.6°$

반무한 사면의 안전율($C=0$인 사질토, 지하수위가 지표면과 일치하는 경우)
안전율≥1이므로

$$F_s = \frac{\gamma_{sub}}{\gamma_{sat}}\times \frac{\tan\phi}{\tan\beta} = \frac{18-10}{18}\times \frac{\tan 32°}{\tan\beta} \geq 1$$

따라서 $\beta\leq 15.5$

04 그림과 같은 사면에서 깊이 6m 위치에서 발생하는 단위폭당 전단응력은 얼마인가?

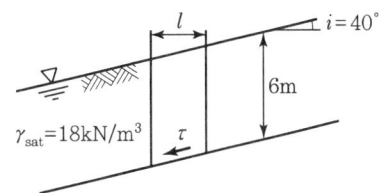

① 53.2kN/m^2 ② 23.4kN/m^2
③ 40.5kN/m^2 ④ 20.4kN/m^2

전단응력(τ) $= \gamma_{sat}z\cos i \sin i$
$= 18\times 6\times \cos 40°\times \sin 40°$
$= 53.2\text{kN/m}^2$

05 $\gamma_{sat}=20\text{kN/m}^3$인 사질토가 20°로 경사진 반무한 사면이 있다. 침투류가 지표면과 일치하는 경우 이 사면이 안정하기 위해서는 흙의 내부마찰각이 최소 몇 도 이상이어야 하는가?(단, $\gamma_w=10\text{kN/m}^3$이다.)

① 18°   ② 20°
③ 36°   ④ 45°

반무한사면에서 침투류가 지표면과 일치하는 경우(비점성토 $c=0$)

$$F_s = \frac{\gamma_{sub}}{\gamma_{sat}}\cdot \frac{\tan\phi}{\tan i}\geq 1$$

(∵ 사면이 안정하기 위해서는 $F_s\geq 1$ 이상)

$$1 = \frac{20-10}{20}\cdot \frac{\tan\phi}{\tan 20°}$$

∴ $\phi = 36°$ 이상

정답 01 ③ 02 ② 03 ② 04 ① 05 ③

CHAPTER 11 실 / 전 / 문 / 제

01 일축압축강도가 3.2N/cm², 흙의 단위중량이 16kN/m³이고, $\phi=0$인 점토지반을 연직굴착할 때 한계고는 얼마인가?

① 2.3m
② 3.2m
③ 4.0m
④ 5.2m

[해설]
한계고 : 연직절취 깊이
$$H_c = \frac{4 \cdot c}{\gamma} \tan\left(45° + \frac{\phi}{2}\right)$$
$$= \frac{4 \times 16}{16} \tan\left(45° + \frac{0°}{2}\right) = 4\text{m}$$
$(c = \frac{q_u}{2} = \frac{3.2}{2} = 1.6\text{N/cm}^2 = 16\text{kN/m}^2)$

02 단위중량이 16kN/m³인 연약점토($\phi=0°$) 지반에서 연직으로 2m까지 보강 없이 절취할 수 있다고 한다. 이때, 이 점토지반의 점착력은?

① 4kN/m²
② 8kN/m²
③ 1.4kN/m²
④ 1.8kN/m²

[해설]
$H_c = \frac{4 \cdot c}{\gamma} \tan\left(45° + \frac{\phi}{2}\right)$에서,
$2 = \frac{4 \times c}{16} \tan\left(45° + \frac{0°}{2}\right)$
∴ 점착력 $(c) = \frac{2 \times 16}{4} = 8\text{kN/m}^2$

03 균질한 연약 점토 지반 위에 놓인 연직 사면에 잘 일어나는 파괴 형태는?

① 사면 저부 파괴
② 사면 선단 파괴
③ 사면 내 파괴
④ 사면 저면 파괴

[해설]
- 사면 선단 파괴 : 균일한 흙으로 되어 있을 때 점착성의 흙, 비교적 급한 사면(연직 사면)일 때 일어난다.
- 사면 저부 파괴 : 사면이 급하지 않고 점착력도 크고 기초 지반이 깊은 경우에 발생한다.
- 사면 내 파괴 : 기초 지반의 두께가 작고 성토층이 여러 층인 경우에 발생한다.

04 흙의 내부마찰각(ϕ) 20°, 점착력(c) 24kN/m², 단위중량(γ_t) 19.3kN/m³인 사면의 경사각이 45°일 때 임계높이는 약 얼마인가?(단, 안정수 m=0.06)

① 15m
② 18m
③ 21m
④ 24m

[해설]
$$H_c = \frac{N_s \cdot c}{\gamma} = \frac{16.67 \times 24}{19.3} = 20.7\text{m}$$
$(N_s = \frac{1}{m} = \frac{1}{0.06} = 16.67)$

05 점착력 4N/cm², 내부마찰각 35°, 습윤단위무게 21kN/m³이다. 이 지반을 연직으로 7m 굴착하였을 때 연직사면의 안전율은?

① 1.5
② 2.1
③ 2.5
④ 3.0

[해설]
- 한계고 : 연직절취 깊이
$$H_c = \frac{4 \cdot c}{\gamma} \tan\left(45° + \frac{\phi}{2}\right)$$
$$= \frac{4 \times 40}{21} \tan\left(45° + \frac{35°}{2}\right) = 14.6\text{m}$$
$(c = 4\text{N/cm}^2 = 40\text{kN/m}^2)$

- 연직사면의 안전율
$$F = \frac{H_c}{H} = \frac{14.6}{7} = 2.1$$

06 어떤 점토를 연직으로 4m 굴착하였다. 이 점토의 일축압축강도가 48kN/m²이고, 단위중량이 16kN/m³일 때 굴착고에 대한 안전율은 얼마인가?

① 1.2
② 1.5
③ 2.0
④ 3.0

[해설]
- 직립사면의 안전율
$$F_s = \frac{H_c}{H} = \frac{\frac{4 \cdot c}{\gamma} \tan\left(45° + \frac{\phi}{2}\right)}{H}\text{에서,}$$

정답 01 ③ 02 ② 03 ② 04 ③ 05 ② 06 ②

- $\phi=0$인 점토의 경우
- $F_s = \dfrac{\dfrac{4 \cdot c}{\gamma}}{H} = \dfrac{\dfrac{4\times 24}{16}}{4} = 1.5$

$\left(c = \dfrac{q_u}{2} = \dfrac{48}{2} = 24\mathrm{kN/m^2}\right)$

07 어떤 굳은 점토층을 깊이 7m까지 연직 절토하였다. 이 점토층의 일축압축강도가 $1.4\mathrm{N/cm^2}$, 흙의 단위중량이 $20\mathrm{kN/m^3}$라 하면 파괴에 대한 안전율은?(단, 내부마찰각은 30°)

① 0.5 ② 1.0
③ 1.5 ④ 2.0

[해설]
- 점착력(c)

$q_u = 2 \cdot c \cdot \tan\left(45° + \dfrac{\phi}{2}\right)$ 에서

$14 = 2 \cdot c \cdot \tan\left(45° + \dfrac{30°}{2}\right)$

$\therefore c = 4\mathrm{N/cm^2} = 40\mathrm{kN/m^2}$

- 한계고(연직절취 깊이)

$H_c = \dfrac{4 \cdot c}{\gamma}\tan\left(45° + \dfrac{\phi}{2}\right)$

$= \dfrac{4\times 40}{20}\tan\left(45° + \dfrac{30°}{2}\right) = 13.9\mathrm{m}$

- 연직사면의 안전율

$F_s = \dfrac{H_c}{H} = \dfrac{13.9}{7} \fallingdotseq 2.0$

08 점성토 지반에서 안정계수가 $N_s = 8$이고, 흙의 단위 중량이 $\gamma_t = 1.8\mathrm{t/m^3}$, 점착력이 $c = 0.36 \mathrm{kg/cm^2}$일 때, 이 사면을 유지할 수 있는 한계 높이는?

① 0.81m ② 1.6m
③ 8.6m   ④ 16.0m

[해설]
한계고 $H_c = \dfrac{N_s \cdot c}{\gamma_t} = \dfrac{8 \times 3.6}{1.8} = 16\mathrm{m}$

$(\because c = 0.36\mathrm{kg/cm^2} = 3.6\mathrm{t/m^2})$

09 $\gamma_t = 18\mathrm{kN/m^3}$, $c_u = 30\mathrm{kN/m^2}$, $\phi = 0$의 점토 지반을 수평면과 50°의 기울기로 굴착하려고 한다. 안전율을 2.0으로 가정하여 평면활동이론에 의한 굴토 깊이를 결정하면?

① 2.80m ② 5.60m
③ 7.15m ④ 9.84m

[해설]
Culmann의 방법(임계사면 높이)

$H_c = \dfrac{4 \cdot c_u}{\gamma}\left[\dfrac{\sin\beta \cdot \cos\phi}{1-\cos(\beta-\phi)}\right]$

$= \dfrac{4\times 30}{18}\left[\dfrac{\sin 50° \times \cos 0°}{1-\cos(50°-0°)}\right] = 14.297\mathrm{m}$

$H = \dfrac{H_c}{F} = \dfrac{14.297}{2.0} = 7.15\mathrm{m}$

10 암반층 위에 5m 두께의 토층이 경사 15°의 자연사면으로 되어 있다. 이 토층은 $c = 15\mathrm{kN/m^2}$, $\phi = 30°$, $\gamma_{sat} = 18\mathrm{kN/m^3}$이고, 지하수면은 토층의 지표면과 일치하고 침투는 경사면과 대략 평행이다. 이때의 안전율은?(단, $\gamma_w = 10\mathrm{kN/m^3}$ 이다.)

① 0.8 ② 1.1
③ 1.6 ④ 2.0

[해설]
반무한 사면의 안전율
($c \neq 0$이고, 지하수위가 지표면과 일치)

$F_s = \dfrac{c}{\gamma z \cos i \sin i} + \dfrac{\gamma_{sub}}{\gamma_{sat}} \cdot \dfrac{\tan\phi}{\tan i}$

$= \dfrac{15}{18\times 5 \times \cos 15° \times \sin 15°} + \dfrac{18-10}{18} \times \dfrac{\tan 30°}{\tan 15°}$

$= 1.6$

11 내부마찰각 33°인 사질토에 25°경사의 사면을 조성하려고 한다. 이 비탈면의 지표까지 포화되었을 때 안전율을 계산하면?(단, 사면 흙의 $\gamma_{sat} = 18\mathrm{kN/m^3}$, $\gamma_w = 10\mathrm{kN/m^3}$ 이다.)

① 0.62 ② 0.70
③ 1.12 ④ 1.41

정답 07 ④ 08 ④ 09 ③ 10 ③ 11 ①

CHAPTER 11 실 / 전 / 문 / 제

[해설]
반무한 사면의 안전율
($c=0$이고, 지하수위가 지표면과 일치)
$$F_s = \frac{\gamma_{sub}}{\gamma_{sat}} \times \frac{\tan\phi}{\tan i} = \frac{18-10}{18} \times \frac{\tan 33°}{\tan 25°}$$
$$= 0.62$$

12 $\gamma_{sat} = 20\text{kN/m}^3$인 사질토가 20°로 경사진 무한사면이 있다. 지하수위가 지표면과 일치하는 경우 이 사면의 안전율이 1 이상이 되기 위해서는 흙의 내부마찰각이 최소 몇 도 이상이어야 하는가?(단, $\gamma_w = 10\text{kN/m}^3$ 이다.)

① 18.21° ② 20.52°
③ 36.06° ④ 45.47°

[해설]
반무한 사면의 안전율
$c=0$인 사질토, 지하수위가 지표면과 일치하는 경우
$$F_s = \frac{\gamma_{sub}}{\gamma_{sat}} \cdot \frac{\tan\phi}{\tan i} = \frac{20-10}{20} \times \frac{\tan\phi}{\tan 20°} \geq 1$$
∴ $\phi = 36.06°$

13 지하수위가 지표면과 일치되어 내부 마찰각이 30°, 포화 밀도가 20kN/m³인 비점성토로 된 반무한 사면이 15°로 경사져 있다. 이때 사면의 안전율은?(단, $\gamma_w = 10\text{kN/m}^3$ 이다.)

① 1.00 ② 1.08
③ 2.00 ④ 2.15

[해설]
침투류가 지표면과 일치하는 경우(비점성토 $c=0$)

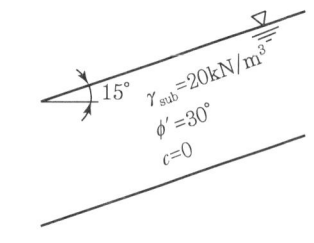

$$F_s = \frac{\gamma_{sub}}{\gamma_{sat}} \cdot \frac{\tan\phi}{\tan i} = \frac{20-10}{20} \times \frac{\tan 30°}{\tan 15°} = 1.08$$

14 그림과 같이 c=0인 모래로 이루어진 무한사면이 안정을 유지(안전율≥1)하기 위한 경사각 β의 크기로 옳은 것은?(단, $\gamma_w = 10\text{kN/m}^3$ 이다.)

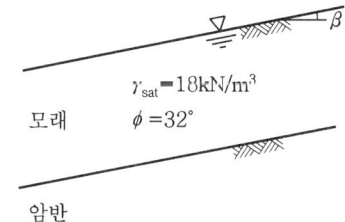

① $\beta \leq 7.8°$ ② $\beta \leq 15.5°$
③ $\beta \leq 31.3°$ ④ $\beta \leq 35.6°$

[해설]
반무한 사면의 안전율($c=0$인 사질토, 지하수위가 지표면과 일치하는 경우)
$$F = \frac{\gamma_{sub}}{\gamma_{sat}} \cdot \frac{\tan\phi}{\tan\beta} = \frac{1.8-1}{1.8} \times \frac{\tan 32°}{\tan\beta} \geq 1$$
여기서, 안전율≥1이므로 $\beta \leq 15.5°$

15 다음 중 사면의 안정해석방법이 아닌 것은?

① 마찰원법
② 비숍(Bishop)의 방법
③ 펠레니우스(Fellenius)의 방법
④ 카사그란데(Cassagrande)의 방법

[해설]
사면의 안정해석 방법
• 마찰원법
• 비숍(Bishop)법
• 펠레니우스(Fellenius)법

16 활동면 위의 흙을 몇 개의 연직 평행한 절편으로 나누어 사면의 안정을 해석하는 방법이 아닌 것은?

① Fellenius 방법
② 마찰원법
③ Spencer 방법
④ Bishop의 간편법

정답 12 ③ 13 ② 14 ② 15 ④ 16 ②

해설
- 분할법(절편법) : 다층토지반, 지하수위가 있을 때
  ㉠ Fellenius 방법
  ㉡ Bishop 방법
  ㉢ Spencer 방법
- 마찰원법 : 균질한 지반

17 사면의 안정에 관한 다음 설명 중 옳지 않은 것은?

① 임계활동면이란 안전율이 가장 크게 나타나는 활동면을 말한다.
② 안전율이 최소로 되는 활동면을 이루는 원을 임계원이라 한다.
③ 활동면에 발생하는 전단응력이 흙의 전단강도를 초과할 경우 활동이 일어난다.
④ 활동면은 일반적으로 원형활동면으로 가정한다.

해설
활동을 일으키기 가장 위험한 활동면 즉, 안전율이 최소 활동면을 임계활동면이라 한다.

18 분할법에 의한 사면안정 해석 시에 제일 먼저 결정되어야 할 사항은?

① 분할세편의 중량
② 활동면상의 마찰력
③ 가상활동면
④ 각 세편의 공극수압

해설
사면안정 해석 시 가장 먼저 고려해야 할 사항은 가상활동년의 결정이다.

19 그림과 같은 사면에서 활동에 대한 안전율은?

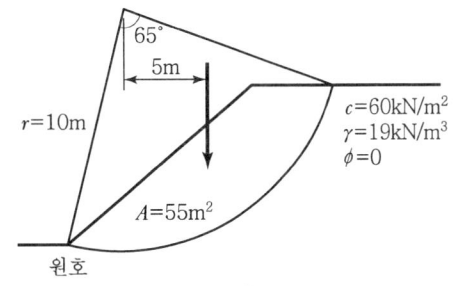

① 1.30
② 1.50
③ 1.70
④ 1.90

해설
$$F_s = \frac{저항\ M}{활동\ M} = \frac{c \cdot R \cdot L}{W \cdot e}$$
$(W = A \times l \times \gamma = 55 \times 1 \times 19 = 1,045 \text{kN/m})$

$$= \frac{60 \times 10 \times \left(2 \times \pi \times 10 \times \frac{65°}{360°}\right)}{1,045 \times 5} = 1.30$$

20 그림에서 활동에 대한 안전율은?

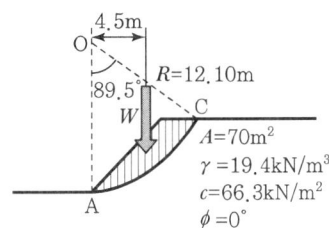

① 1.30
② 2.05
③ 2.15
④ 2.48

해설
- 호의 길이 : ABC의 길이 L_a
  $360° : \pi D = 89.5° : L_a$
  $\therefore L_a = \frac{\pi \times (2 \times 12.10) \times 89.5°}{360°} = 18.90\text{m}$
- $F = \frac{\sum M_r}{\sum M_o} = \frac{c \cdot L_a \cdot R}{W \cdot e}$
  $= \frac{66.3 \times 18.90 \times 12.10}{1,358 \times 4.5} = 2.48$
  $(\because W = A \cdot \gamma = 70 \times 19.4 = 1,358\text{kN/m})$

정답 17 ① 18 ③ 19 ① 20 ④

CHAPTER 12

지반조사

01 토질조사
02 보링(Boring)
03 시료 채취(Sampling)
04 사운딩(Sounding)
05 표준관입시험(S.P.T)
06 평판재하시험(P.B.T)

01 토질조사

1. 토질조사 방법

예비조사	본 조사(지반조사)
① 자료조사 ② 현지답사 ③ 개략조사 　Sounding, Boring, Sampling, 　지하탐사법, 지내력, 토질시험	① 정밀조사 ② 현장정밀조사 ③ 보완조사

- 토질조사의 목적
  ① 공사계획 자료로 활용
  ② 안전하고 경제적인 설계자료를 위해
  ③ 구조물의 위치 선정 자료로 활용

02 보링(Boring)

1. 보링(Boring)의 개요 및 목적

개요	목적
지반의 구성 및 지하수위의 상태를 파악하고 각종 토질시험을 하기 위한 시료를 채취하기 위해 지중에 구멍을 뚫는 것	① 지반조사 ② 지하수위 파악 ③ 불교란시료의 채취 ④ N치 측정(표준관입시험)

- 오거보링
  ① screw hole : 단단한 흙에 적용
  ② post hole : 연약한 흙에 적용

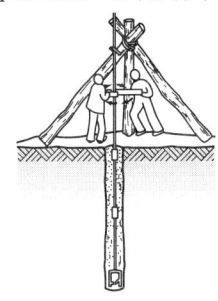

2. 보링(boring)의 분류

오거 보링 (Auger Boring)	회전식 보링 (Rotary Boring)	충격식 보링 (Percussion Boring)
(그림)	(그림)	(그림)
① 나선 모양으로 된 오거를 현장에서 인력으로 작업 ② 교란된 시료 채취에 적합 ③ 깊이 10m 이내 점토층에 사용	① 시간, 공사비가 많이 든다. ② 확실한 시료(Core) 채취 ③ 작업이 능률적 ④ 대부분 지반에 적용 ⑤ 현재 가장 많이 사용	① 비용이 저렴 ② 굴진속도 빠름 ③ Core 채취가 불가능 ④ 분말상의 교란된 시료만 얻을 수 있다.

- 회전식 보링

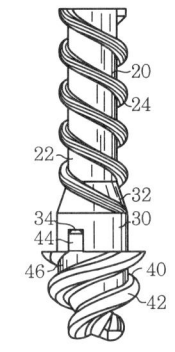

- 충격식 보링

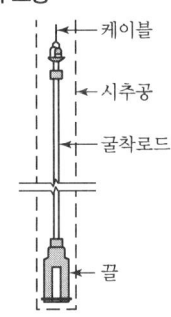

예 / 상 / 문 / 제

01 토질조사의 방법에 관한 설명 중 옳지 않은 것은?

① 기초의 형식을 결정하고 본 조사의 계획을 세우기 위한 예비조사가 있다.
② 본조사의 정밀조사에서는 기초의 설계 시공에 필요한 모든 자료를 얻는다.
③ 보링, 사운딩, 기타 원위치시험과 실내토질시험 등을 실시하여 지반 구성과 기초의 지지력, 침하량을 결정한다.
④ 자료 조사, 현지 답사, 개략 조사 등은 본조사에 속한다.

[해설]
자료조사, 현지답사 등은 예비조사에 속한다.

02 토질조사의 주요 목적 중 가장 거리가 먼 것은?

① 확실한 공사계획을 세우는 자료를 얻는다.
② 안전하고 경제적인 설계자료를 얻는다.
③ 구조물의 위치 선정에 필요한 자료를 얻는다.
④ 구조물의 형식을 선정하는 자료를 얻는다.

[해설]
토질의 조사 목적
- 공사계획과 현장 지반의 전반적인 적합 여부 파악(공사계획자료)
- 구조물이나 토공재료의 안정성과 경제성 조사(경제적인 설계자료)
- 자연조건의 변동에 대한 원인과 결과 예측(구조물의 위치 선정 자료)

03 다음은 토질조사에 대한 설명이다. 틀린 것은?

① 보링(Boring)의 위치와 수는 지형 조건과 설계 형태에 따라 변한다.
② 보링의 깊이는 설계의 형태와 크기에 따라 변한다.
③ 보링 구멍은 사용 후에 흙이나 시멘트 그라우트(Grout)로 메워야 한다.
④ 토목공사 시에 토질 조사비용이 많이 들면 들수록 경제적이다.

[해설]
토질조사 비용이 많이 들면 비용도 증가되어 비경제적이다.

04 보링의 목적이 아닌 것은?

① 흐트러지지 않은 시료의 채취
② 지반의 토질 구성 파악
③ 지하수위 파악
④ 평판재하시험을 위한 재하면의 형성

[해설]
보링의 목적
- 지반조사
- 지하수위 파악
- 불교란시료의 채취
- N치 측정(표준관입시험)

05 다음은 흙 시료 채취에 관한 설명 중 옳지 않은 것은?

① Post-hole형의 Auger는 비교적 연약한 흙을 Boring하는 데 적합하다.
② 비교적 단단한 흙에는 Screw형의 Auger가 적합하다.
③ Auger Boring은 흐트러지지 않은 시료를 채취하는 데 적합하다.
④ 깊은 토층에서 시료를 채취할 때는 보통 기계 Boring을 한다.

[해설]
오거보링(Auger Boring)은 교란된 시료 채취에 적합하다.

06 다음 기술 중 틀린 것은 어느 것인가?

① 보링(Boring)에는 회전식(Rotary Boring)과 충격식(Percussion Boring)이 있다.
② 충격식은 굴진속도가 빠르고 비용도 적게 드나 분말상의 교란된 시료만 얻어진다.
③ 회전식은 시간과 공사비가 많이 들 뿐만 아니라 확실한 Core도 얻을 수 없다.
④ 보링은 기초의 상황을 판단하기 위해 실시한다.

[해설]
회전식 보링(Rotary Boring)의 특징
- 시간, 공사비가 많이 든다.
- 확실한 시료(Core)를 채취한다.
- 작업이 능률적이다.
- 대부분 지반에 적용한다.
- 현재 가장 많이 사용된다.

정답 01 ④ 02 ④ 03 ④ 04 ④ 05 ③ 06 ③

03 시료 채취(Sampling)

1. 시료 채취 방법

교란시료 채취기	불교란시료 채취기
① 분리형 원통 시료기(Split Spoon Sampler) ② Auger Boring	① 피스톤 튜브 시료기 ② 얇은 관 시료기

2. 면적비(A_R)

샘플러 모식도	면적비
(그림: D_w, D_s, D_e)	$A_R = \dfrac{D_w^2 - D_e^2}{D_e^2} \times 100(\%)$
	① D_w : Sampler의 외경
	② D_e Sampler의 선단(날끝) 내경

3. 면적비(A_R) 판정조건

$A_R \leq 10(\%)$	$A_R > 10(\%)$
불교란시료로 간주	교란시료로 간주

4. 암석의 회수율(TCR)

암석의 회수율
회수율(TCR) = $\dfrac{\text{채취된 시료의 길이}}{\text{관입 깊이}} \times 100\%$

5. 암석의 암질지수(RQD)

암석의 RQD
암질지수(RQD) = $\dfrac{\text{암 길이 10cm 이상 회수된 부분길이의 합}}{\text{관입 깊이}} \times 100\%$

GUIDE

- 교란시료로 실시하는 시험
  ① 입도 분석
  ② 흙의 비중시험
  ③ 액성한계시험
  ④ 소성한계시험

- 불교란시료로 실시하는 시험
  ① 압밀시험
  ② 전단시험

- 면적비를 10% 이하로 하는 이유
  샘플러(Sampler) 내부로 잉여토의 혼입을 막기 위하여(불교란시료의 채취를 위해)

- 소성이 낮은 흙(투수성이 높고 점착성이 낮은 흙)은 교란효과가 적다.(소성이 높은 흙보다)

- 불교란시료의 특징
  ① 전단강도와 압축강도가 크다.
  ② 과잉 간극 수압은 부(−)

- 암반의 분류(RMR 분류)
  ① 암석강도
  ② 암질지수(RQD)
  ③ 불연속면(절리, 층리)의 간격
  ④ 불연속면(절리, 층리)의 상태
  ⑤ 지하수 상태

예 / 상 / 문 / 제

01 다음 시료 채취에 사용되는 시료기(Sampler) 중 불교란시료 채취에 사용되는 것만 고른 것으로 옳은 것은?

(1) 분리형 원통 시료기(Split Spoon Sampler)
(2) 피스톤 튜브 시료기(Piston Tube Sampler)
(3) 얇은 관 시료기(Thin Wall Tube Sampler)
(4) Laval 시료기(Laval Sampler)

① (1), (2), (3) ② (1), (2), (4)
③ (1), (3), (4) ④ (2), (3), (4)

해설

불교란 시료 채취기
- 피스톤 튜브 시료기
- 얇은 관 시료기
- Laval 시료기

02 다음 그림은 불교란 흙 시료를 채취하기 위한 샘플러 선단의 그림이다. 면적비(Area ratio, A_r)는?

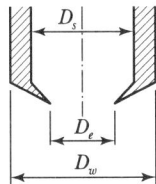

① $A_r = \dfrac{D_s^2 - D_e^2}{D_e^2} \times 100(\%)$

② $A_r = \dfrac{D_w^2 - D_e^2}{D_e^2} \times 100(\%)$

③ $A_r = \dfrac{D_s^2 - D_e^2}{D_w^2} \times 100(\%)$

④ $A_r = \dfrac{D_s^2 - D_e^2}{D_s^2} \times 100(\%)$

해설

면적비$(A_r) = \dfrac{D_w^2 - D_e^2}{D_e^2} \times 100(\%)$

03 다음 그림과 같은 샘플러(Sampler)에서 면적비는?(단, $D_s = 7.2$cm, $D_e = 7.0$cm, $D_w = 7.5$cm)

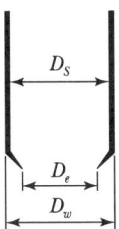

① 5.9% ② 12.7% ③ 5.8% ④ 14.8%

해설

면적비$(A_R) = \dfrac{D_w^2 - D_e^2}{D_e^2} \times 100$

$= \dfrac{7.5^2 - 7.0^2}{7.0^2} \times 100 = 14.8\%$

04 채취된 시료의 교란 정도는 면적비를 계산하여 통상 면적비가 몇 %보다 작으면 여잉토의 혼입이 불가능한 것으로 보고 흐트러지지 않은 시료로 간주하는가?

① 10% ② 13% ③ 15% ④ 20%

해설

- $A_r \leq 10\%$: 불교란 시료
- $A_r > 10\%$: 교란 시료

05 암석시편을 얻기 위하여 시추조사를 실시하여 1.5m를 굴진하였다. 회수된 암석시편의 길이가 0.8m이며 그 중 길이 10cm 이상 되는 시편길이의 합이 0.5m라고 할 때 이 암석시편의 회수율(Rock Recovery)은?

① 47% ② 53%
③ 33% ④ 67%

해설

회수율(TCR) $= \dfrac{\text{채취된 시료의 길이}}{\text{관입깊이}} \times 100$

$= \dfrac{0.8}{1.5} \times 100 = 53\%$

정답 01 ④ 02 ② 03 ④ 04 ① 05 ②

04 사운딩(Sounding)

1. 사운딩(Sounding) 개요

개요	사운딩
로드(Rod) 끝에 설치한 저항체를 지중에 삽입하여 관입, 회전, 인발 등의 저항으로 토층의 물리적 성질과 상태를 탐사하는 것	① 정적 사운딩 ② 동적 사운딩

GUIDE

- 동적 사운딩
  주로 사질토에 적합

2. 사운딩(Sounding) 분류

정적 사운딩	동적 사운딩
① 휴대용 콘(원추) 관입시험(연약한 점토) ② 화란식 콘(원추) 관입시험(일반적 흙) ③ 스웨덴식 관입시험(자갈 이외의 흙) ④ 이스키메타(연약한 점토, 인발) ⑤ 베인전단시험(연약한 점토, 회전)	① 동적 원추관 시험 : 자갈 이외의 흙 ② 표준 관입시험(S.P.T) : 사질토 적합, 점성토 가능

- 원추 관입시험
  (CPT, 콘관입시험)

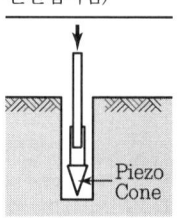

3. 베인시험(Vane Test)

시험기 모식도	전단강도(S) = 점착력(c_u) 식	Vane Test 특징
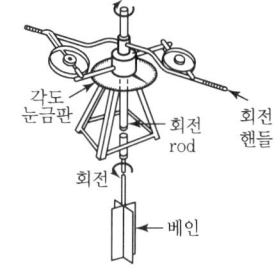	$c_u(vane) = \dfrac{M_{max}}{\pi D^2 \left(\dfrac{H}{2} + \dfrac{D}{6}\right)}$ ・c_u : 점착력(kg/cm^2) ・M_{max} : 회전저항 모멘트, 파괴 시 토크($kg \cdot cm$) ・H : 날개의 높이(cm) ・D : 날개의 폭(cm)	① 연약한 점토층에 실시하는 시험 ② 점착력 산정 가능 ③ 지반의 비배수 전단강도(c_u)를 측정 ④ 비배수조건($\phi = 0$)에서 사면의 안정해석

- 베인 시험

- 사운딩 시험
  ① 표준관입시험
  ② 콘관입시험
  ③ 베인시험

4. 베인시험에서 수정 비배수강도

수정 비배수강도	μ (수정계수)
수정 비배수강도 = $\mu c_u(vane)$	$\mu = 1.7 - 0.54 \log(PI)$

- PI(소성지수, I_P)
  액성한계(ω_L) − 소성한계(ω_P)

예 / 상 / 문 / 제

01 Rod에 붙인 어떤 저항체를 지중에 넣어 관입, 인발 및 회전에 의해 흙의 전단강도를 측정하는 원위치 시험은?

① 보링(Boring)   ② 사운딩(Sounding)
③ 시료 채취(Sampling)   ④ 비파괴시험(NDT)

해설
사운딩(Sounding)은 Rod 선단의 저항체를 땅속에 넣어 관입, 회전, 인발 등의 저항으로 토층의 강도 및 밀도 등을 체크하는 방법의 원위치시험이다.

02 토질조사에서 사운딩(Sounding)에 관한 설명으로 옳은 것은?

① 동적인 사운딩 방법은 주로 점성토에 유효하다.
② 표준관입시험(S. P. T)은 정적인 사운딩이다.
③ 사운딩은 보링이나 시굴보다 확실하게 지반구조를 알아낸다.
④ 사운딩은 주로 원위치시험으로서 의의가 있고 예비조사에 사용하는 경우가 많다.

해설
- 동적인 사운딩 방법은 주로 사질토에 유효하다.
- 표준관입시험은 동적인 사운딩이다.

03 다음 중 사운딩시험이 아닌 것은?

① 표준관입시험   ② 평판재하시험
③ 콘관입시험   ④ 베인시험

해설
평판재하시험(PBT)은 기초지반의 허용지내력 및 탄성계수를 산정하는 지반조사방법이다.

04 다음 중 정적인 사운딩(Sounding)이 아닌 것은?

① 표준관입시험   ② 이스키미터
③ 베인시험기   ④ 화란식 원추관입시험기

해설
동적인 사운딩 : 표준 관입시험, 동적 원추관입시험

05 현장 토질조사를 위하여 베인 테스트(Vane Test)를 행하는 경우가 종종 있다. 이 시험은 다음 중 어느 경우에 많이 쓰이는가?

① 연약한 점토의 점착력을 알기 위해서
② 모래질 흙의 다짐도를 측정하기 위하여
③ 모래질 흙의 내부마찰각을 알기 위해서
④ 모래질 흙의 투수계수를 측정하기 위하여

해설
베인시험(Vane Test)
정적인 사운딩으로 연약 점성토 지반에 대한 회전저항 모멘트를 측정하여 비배수 전단강도(점착력)를 확인하는 시험이다.

06 어떤 점토지반에서 베인 시험을 실시하였다. 베인의 지름이 50mm, 높이가 100mm, 파괴 시 토크가 59N·m일 때 이 점토의 점착력은?

① 129kN/m^2 ② 157kN/m^2
③ 213kN/m^2 ④ 276kN/m^2

해설

$$C_v = \frac{M_{\max}}{\pi D^2 \left(\frac{H}{2} + \frac{D}{6}\right)}$$

$$= \frac{59 \times 10^{-3} \text{kN} \cdot \text{m}}{\pi \times (50 \times 10^{-3})^2 \times \left(\frac{100 \times 10^{-3}}{2} + \frac{50 \times 10^{-3}}{6}\right)} = 129 \text{kN/m}^2$$

07 포화점토에 대해 베인전단시험을 실시하였다. 베인의 직경과 높이는 각각 7.5cm와 15cm이고 시험 중 사용한 최대회전 모멘트는 250kg·cm이다. 점성토의 액성한계는 65%이고 소성한계는 30%이다. 설계에 이용할 수 있도록 수정 비배수강도를 구하면? (단, 수정계수(μ) = $1.7 - 0.54\log(\text{PI})$)를 사용하고, 여기서 PI는 소성지수이다.)

① 0.8t/m^2 ② 1.40t/m^2 ③ 1.82t/m^2 ④ 2.0t/m^2

해설

- $c = \dfrac{M_{\max}}{\pi D^2 \cdot \left(\dfrac{H}{2} + \dfrac{D}{6}\right)} = \dfrac{250}{\pi \times 7.5^2 \times \left(\dfrac{15}{2} + \dfrac{7.5}{6}\right)} = 0.16 \text{kg/cm}^2$

- 수정계수(μ) = $1.7 - 0.54\log(\text{PI}) = 1.7 - 0.54\log(65 - 30)$
  $= 0.8662$

∴ 수정 비배수강도 $= 0.16 \times 0.8662 = 0.14 \text{kg/cm}^2 = 1.4 \text{t/m}^2$

정답 01 ② 02 ④ 03 ② 04 ① 05 ① 06 ① 07 ②

05 표준관입시험(S.P.T)

1. 표준관입시험 개요

표준관입시험 모식도	정의
해머 64kg / 76cm / 로드 / 샘플러 / 30cm	64kg 해머로 76cm 높이에서 30cm 관입될 때까지의 타격횟수 N치를 구하는 시험 (교란시료를 채취하여 시험)
	표준관입시험은 동적인 사운딩으로 사질토, 점성토 모두 적용 가능하지만 주로 사질토 지반의 특성을 잘 반영한다.

2. N치의 수정

Rod 길이에 대한 수정	토질상태에 대한 수정
$N_1 = N'\left(1 - \dfrac{x}{200}\right)$	$N_2 = 15 + \dfrac{1}{2}(N_1 - 15)$
심도가 깊어지면 실제보다 큰 N치가 측정되므로 보정해야 한다.	포화된 실트는 N값을 약 15라고 생각하여 15 이상일 때 N값은 수정해야 한다.

3. N치와 내부 마찰력과의 관계

토립자 둥글고 입도 불량(입도 균등)	$\phi = \sqrt{12N} + 15$
토립자 둥글고 입도 양호 토립자 모나고 입도 불량(입도 균등)	$\phi = \sqrt{12N} + 20$
토립자 모나고 입도 양호	$\phi = \sqrt{12N} + 25$

4. N값으로 추정할 수 있는 사항

사질지반	점성지반
① 상대밀도 ② 내부마찰각 ③ 지지력계수	① 연경도(Consistency) ② 일축압축강도 ③ 허용지력 및 비배수점착력

GUIDE

- **표준관입시험용 샘플러**
  Split Spoon Sampler

- **표준관입시험의 목적**
  ① N치 측정(주로 사질토)의 지반특성
  ② 교란시료 채취
  ③ 토층변화 조사
  ④ 모래의 상대밀도

- 보링구멍 밑면의 흙이 보링에 의해 흐트러져 15cm 관입 후부터 N값을 측정한다.

- N치의 수정값은 소수점 아래 첫째 자리에서 반올림하여 정수로 표기

- N' : 실측 N치

- x : 로드 길이(m)

- 로드(Rod) 길이가 길어질수록 타격에너지 손실로 실제보다 N치가 크게 나온다.

- **N값과 점토의 관계**

연경도 (consistency)	N치
대단히 연약	$N < 2$
연약	2~4
중간	4~8
견고	8~15
대단히 견고	15~30

- N치와 일축압축강도와 관계
  $q_u = \dfrac{N}{8}(\text{kg/cm}^2)$

예 / 상 / 문 / 제

01 표준관입시험에서 얻은 N치의 보링 로드 끝에 스플릿 스푼(split spoon) 채취기를 붙여서 표준 해머를 낙하고 76cm에서 때렸을 때 몇 cm 관입될 때의 타격 횟수를 측정하는 시험인가?

① 20cm   ② 25cm   ③ 30cm   ④ 35cm

해설
표준관입시험 : 64kg의 해머로 낙하고 76cm에서 30cm 관입시킬 때의 타격 N치를 측정

02 표준관입시험에 관한 설명으로 옳지 않은 것은?

① 표준관입시험의 N치로 모래 지반의 상대 밀도를 추정할 수 있다.
② N치로 점토 지반의 연경도에 관한 추정이 가능하다.
③ 지층의 변화를 판단할 수 있는 자료를 얻을 수 이다.
④ 모래 지반에 대해서는 흐트러지지 않은 시료를 얻을 수 있다.

해설
표준관입시험은 교란시료를 채취하여 시험한다.

03 연약한 점성토의 지반특성을 파악하기 위한 현장조사 시험방법에 대한 설명 중 틀린 것은?

① 현장베인시험은 연약한 점토층에서 비배수 전단강도를 직접 산정할 수 있다.
② 정적콘관입시험(CPT)은 콘지수를 이용하여 비배수 전단강도 추정이 가능하다.
③ 표준관입시험에서의 N값은 연약한 점성토 지반특성을 잘 반영해 준다.
④ 정적콘관입시험(CPT)은 연속적인 지층분류 및 전단강도 추정 등 연약점토 특성분석에 매우 효과적이다.

해설
표준관입시험(S.P.T)은 사질토와 점성토 모두 적용 가능하지만 주로 사질토 지반의 특성을 잘 반영한다.

04 토질조사에 대한 설명 중 옳지 않은 것은?

① 사운딩(Sounding)이란 지중에 저항체를 삽입하여 토층의 성상을 파악하는 현장시험이다.
② 불교란시료를 얻기 위해서 Foil Sampler, Thin Wall Tube Sampler 등이 사용된다.
③ 표준관입시험은 로드(Rod)의 길이가 길어질수록 N치가 작게 나온다.
④ 베인시험은 정적인 사운딩이다.

해설
심도가 깊어지면 타격에너지 손실로 실제보다 N치가 크게 나온다.

05 어떤 점토지반의 표준관입시험 결과 $N=2\sim4$이었다. 이 점토의 Consistency는?

① 대단히 견고   ② 연약
③ 견고   ④ 대단히 연약

06 표준관입시험(S.P.T) 결과 N치가 25이었고, 그때 채취한 교란시료로 입도시험을 한 결과 입자가 모나고, 입도 분포가 불량할 때 Dunham 공식에 의해서 구한 내부마찰각은?

① 약 42°   ② 약 40°   ③ 약 37°   ④ 약 32°

해설
$\therefore \phi = \sqrt{12 \cdot N} + 20 = \sqrt{12 \times 25} + 20 = 37°$

07 모래의 내부마찰각 ϕ와 N치와의 관계를 나타낸 Dunham의 식 $\phi = \sqrt{12N} + C$에서 상수 C의 값이 가장 큰 경우는?

① 토립자가 모나고 입도분포가 좋을 때
② 토립자가 모나고 균일한 입경일 때
③ 토립자가 둥글고 입도분포가 좋을 때
④ 토립자가 둥글고 균일한 입경일 때

해설

C 값	상태
15	토립자가 둥글고 입도가 불량
20	토립자가 둥글고 입도가 양호 토립자가 모나고 입도가 불량
25	토립자가 모나고 입도가 양호

정답 01 ③ 02 ④ 03 ③ 04 ③ 05 ② 06 ③ 07 ①

06 평판재하시험(P.B.T)

1. 평판재하시험

평판재하시험 모식도	지지력계수
철·콘크리트 등 적재물 기둥 다이얼 게이지 재하판	$K_d(\text{kg/cm}^3) = \dfrac{q}{y}$ ① q : 하중강도(kg/cm²) ② y : 침하량(cm) ③ d : 재하판 크기

2. 재하판의 크기에 따른 지지력계수

지지력계수	$K_d(\text{kg/cm}^3)$
• $K_{30} = 2.2 K_{75}$ • $K_{30} = 1.3 K_{40}$	① K_{30} : 지름 30cm 재하판의 지지력계수 ② K_{40} : 지름 40cm 재하판의 지지력계수 ③ K_{75} : 지름 75cm 재하판의 지지력계수

3. 평판재하시험에 의한 허용지지력 산정

장기 허용지지력	단기 허용지지력
$q_a = q_t + \dfrac{1}{3} \gamma_t \, D_f \, N_q$	$q_a = 2q_t + \dfrac{1}{3} \gamma_t \, D_f \, N_q$

① q_a : 평판재하시험에 의한 허용지지력
② q_t : 재하시험에서 구한 시험설계 허용지지력
③ D_f : 지반면에서 기초 하중면까지의 연직깊이
④ N_q : 지지력계수

4. 재하시험에 의한 설계 허용지지력(q_t)

설계 허용지지력(q_t)		q_t 결정
① $q_t = \dfrac{q_y(\text{항복강도})}{2}$	② $q_t = \dfrac{q_u(\text{극한강도})}{3}$	①, ② 값 중 작은 값
q_u(항복강도)와 q_t(극한강도)의 단위는 t/m²		

GUIDE

• 평판재하시험
① 하중강도는 0.35kg/cm^2 씩 증가
② 침하량(y)은 보통 0.125cm를 표준으로 한다.

• 평판재하시험이 끝나는 조건
① 침하량이 15mm에 달할 때
② 하중강도(재하응력)가 예상되는 최대 접지 압력을 초과할 때
③ 하중강도(재하응력)가 그 지반의 항복점을 넘을 때

• 평판재하시험에 의한 침하량 산정
$$S = q \cdot B \cdot \dfrac{1-\nu^2}{E} \cdot I_w$$
여기서, S : 기초침하량
q : 기초의 하중강도
B : 기초의 폭
ν : 포아송비
I_w : 영향계수
E : 탄성계수

예 / 상 / 문 / 제

01 지지력계수를 구할 때 재하판의 침하량은 몇 cm일 때의 것을 표준으로 하여 사용하는가?

① 0.100cm
② 0.125cm
③ 0.150cm
④ 0.175cm

02 평판재하시험이 끝나는 다음 조건 중 옳지 않은 것은?

① 침하량이 15mm에 달할 때
② 하중강도가 현장에서 예상되는 최대 접지압력을 초과할 때
③ 하중강도가 그 지반의 항복점을 넘을 때
④ 흙의 함수비가 소성한계에 달할 때

03 도로의 평판재하시험에서 1.25mm 침하량에 해당하는 하중강도가 250kN/m²일 때 지지력계수는?

① 100MN/m³
② 200MN/m³
③ 1,000MN/m³
④ 2,000MN/m³

[해설]

$K = \dfrac{q}{y} = \dfrac{250}{0.00125} = 200,000 \text{kN/m}^3$
$= 200 \text{MN/m}^3$

(1MN = 10³kN)

04 지름 30cm인 재하판으로 측정한 지지력계수 $K_{30} = 6.6 \text{kg/cm}^3$일 때 지름 75cm인 재하판의 지지력계수($K_{75}$)는?

① 3.0kg/cm³
② 3.5kg/cm³
③ 4.0kg/cm³
④ 4.5kg/cm³

[해설]

$K_{30} = 2.2 K_{75}$

$\therefore K_{75} = \dfrac{6.6}{2.2} = 3.0 \text{kg/cm}^3$

05 어느 지반에 30cm×30cm 재하판을 이용하여 평판재하시험을 한 결과 항복하중이 50kN, 극한하중이 90kN이었다. 이 지반의 허용지지력은 다음 중 어느 것인가?

① 566kN/m²
② 278kN/m²
③ 1,000kN/m²
④ 333kN/m²

[해설]

- $q_t = \dfrac{항복강도(q_y)}{2} = \dfrac{50}{2} \times \dfrac{1}{0.3 \times 0.3} = 277.8 \text{kN/m}^2$
- $q_t = \dfrac{극한강도}{3} = \dfrac{90}{3} \times \dfrac{1}{0.3 \times 0.3} = 333.3 \text{kN/m}^2$

중 작은 값

∴ 277.8kN/m²와 333.3kN/m²의 값 중 작은 값 277.8kN/m² 가 허용지지력이 된다.

06 어떤 사질 기초 지반의 평판재하시험 결과 항복 강도가 60kN/m², 극한 강도가 100kN/m²이었다. 그리고 그 기초는 지표에서 1.5m 깊이에 설치될 것이고 그 기초 지반의 단위중량이 1.85kN/m³일 때 이때의 지지력계수 $N_q = 5$이었다. 이 기초의 장기 허용지지력은?

① 24.7kN/m²
② 26.9kN/m²
③ 30kN/m²
④ 34.5kN/m²

[해설]

- 재하시험에 의한 허용지지력

$q_t = \dfrac{q_y}{2} = \dfrac{60}{2} = 30 \text{kN/m}^2$
$q_t = \dfrac{q_u}{3} = \dfrac{100}{3} = 33.3 \text{kN/m}^2$

중 작은 값

$\therefore q_t = 30 \text{kN/m}^2$

- 장기 허용지지력

$q_a = q_t + \dfrac{1}{3}\gamma D_f N_q = 30 + \dfrac{1}{3} \times 1.8 \times 1.5 \times 5 = 34.5 \text{kN/m}^2$

정답 01 ② 02 ④ 03 ② 04 ① 05 ② 06 ④

5. 평판재하시험(PBT) 결과에서 고려할 사항

시험결과의 영향깊이	평판재하시험 결과 이용 시 유의사항
지중응력의 분포 범위는 재하판 폭의 2배 정도 깊이로 영향을 미친다.	① 시험한 현장 지반의 토질 종단을 알아야 한다. ② 지하수위의 위치와 변동상황을 고려해야 한다. ③ Scale Effect를 고려해야 한다.

6. 재하판의 크기에 따른 영향(Scale Effect)

(극한) 지지력	① 점토지반은 재하판 폭에 무관	$q_{u(기초)} = q_{u(재하판)}$
	② 모래지반은 재하판 폭에 비례	$q_{u(기초)} = q_{u(재하판)} \cdot \dfrac{B_{(기초)}}{B_{(재하판)}}$
침하량	① 점토지반은 재하판 폭에 비례	$S_{(기초)} = S_{(재하판)} \cdot \dfrac{B_{(기초)}}{B_{(재하판)}}$
	② 모래지반은 재하판의 크기가 커지면 약간 커진다.(폭(B)에 비례하지는 않음)	$S_{(기초)} = S_{(재하판)} \cdot \left[\dfrac{2B_{(기초)}}{B_{(기초)} + B_{(재하판)}}\right]^2$

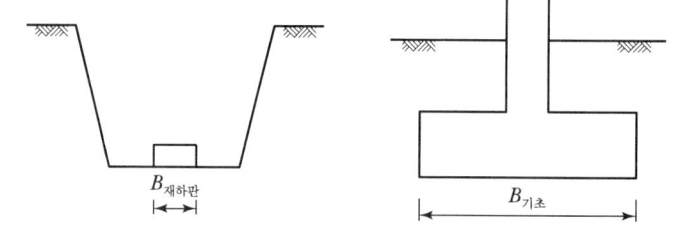

GUIDE

- 지하수위가 상승하면
  흙의 유효밀도는 약 50% 감소하므로 지반의 지지력이 약해진다.

- 재하판 크기에 의한 영향
  (Scale effect)
  ① 지지력은 모래에 비례
  ② 침하량은 점토에 비례
  ③ 지지력은 점토와 무관
  ④ 침하량은 모래에서 재하판 폭에서 약간 증가

- $F_s(안전율) = \dfrac{Q_u(극한하중)}{Q_a(허용하중)}$

- 극한하중(Q_u)
  $Q_u(\text{t}) = q_u(\text{t/m}^2) \times A(\text{m}^2)$

- 허용하중(Q_a)
  $Q_a(\text{t}) = \dfrac{Q_u}{F_s}$

예 / 상 / 문 / 제

01 평판재하시험 결과 이용 시 고려하여야 할 사항으로 거리가 먼 것은?

① 시험한 현장 지반의 토질 종단을 알아야 한다.
② 지하수위의 변동상황을 고려하여야 한다.
③ Scale Effect를 고려하여야 한다.
④ 시험기계의 종류를 알아야 한다.

[해설]
평판재하시험(P.B.T) 결과 이용 시 주의사항
- 시험한 지반의 토질 종단을 알아야 한다.
- 지하수위 변동 상황을 알아야 한다.
- Scale Effect를 고려해야 한다.

02 점토 지반에서 직경 30cm의 평판재하시험 결과 $30kN/m^2$의 압력이 작용할 때 침하량이 5mm라면, 직경 1.5m의 실제 기초에 $30kN/m^2$의 하중이 작용할 때 침하량의 크기는?

① 2mm
② 50mm
③ 14mm
④ 25mm

[해설]
점토지반의 침하량은 재하판의 폭에 비례한다.
$30 : 0.5 = 150 : S_{(기초)}$
$\therefore$ 침하량 $S_{(기초)} = \dfrac{0.5 \times 150}{30} = 2.5\text{cm} = 25\text{mm}$

03 모래질 지반에 30cm×30cm 크기로 재하시험을 한 결과 $15kN/m^2$의 극한지지력을 얻었다. 2m×2m의 기초를 설치할 때 기대되는 극한지지력은?

① $100kN/m^2$
② $50kN/m^2$
③ $30kN/m^2$
④ $2.5kN/m^2$

[해설]
사질토에서 지지력은 재하판 폭에 비례한다.
$0.3 : 15 = 2 : q_{u(기초)}$
$\therefore q_{u(기초)} = \dfrac{2}{0.3} \times 15 = 100\text{t/m}^2$

04 크기가 30cm×30cm의 평판을 이용하여 사질토 위에서 평판재하시험을 실시하고 극한지지력 $20kN/m^2$를 얻었다. 크기가 1.8m×1.8m인 정사각형 기초의 총 허용하중은?(단, 안전율 3을 사용)

① 90kN
② 110kN
③ 130kN
④ 150kN

[해설]
- $0.3 : 20 = 1.8 : q_u$ $\therefore q_u = \dfrac{1.8 \times 20}{0.3} = 120\text{kN/m}^2$
  ($\because$ 모래질의 지지력은 재하판의 폭에 비례)
- 극한 하중(Q_u)
  $Q_u = q_u \times A = 120 \times 1.8 \times 1.8 = 388.8\text{kN}$
$\therefore$ 허용하중(Q_a) $= \dfrac{Q_u}{F_s} = \dfrac{388.8}{3} = 129.6\text{kN}$

05 사질토 지반에서 직경 30cm의 평판재하시험 결과 $30kN/m^2$의 압력이 작용할 때 침하량이 5mm라면, 직경 1.5m의 실제 기초에 $30kN/m^2$의 하중이 작용할 때 침하량의 크기는?

① 28mm
② 50mm
③ 14mm
④ 25mm

[해설]
사질토층의 재하시험에 의한 즉시침하
$S_{(기초)} = S_{(재하판)} \cdot \left\{ \dfrac{2 \cdot B_{(기초)}}{B_{(기초)} + B_{(재하판)}} \right\}^2 = 5 \times \left\{ \dfrac{2 \times 1.5}{1.5 + 0.3} \right\}^2$
$= 14\text{mm}$

06 평판재하시험에 대한 설명 중 옳지 않은 것은?

① 순수한 점토의 지지력은 재하판의 크기와 관계없다.
② 순수한 모래 지반의 지지력은 재하판의 폭에 비례한다.
③ 순수한 점토의 침하량은 재하판의 폭에 비례한다.
④ 순수한 모래 지반의 침하량은 재하판의 폭에 비례한다.

[해설]
순수한 모래 지반의 침하량은 재하판의 폭에 비례하지 않고 약간 증가한다.

정답 01 ④ 02 ④ 03 ① 04 ③ 05 ③ 06 ④

CHAPTER 12 실/전/문/제

01 외경(D_0) 50.8mm, 내경(D_1) 34.9mm인 스플릿 스푼 샘플러의 면적비로 옳은 것은?

① 112%   ② 106%
③ 53%   ④ 46%

[해설]
면적비

$$(A_r) = \frac{D_w^2 - D_e^2}{D_e^2} \times 100$$

$$= \frac{50.8^2 - 34.9^2}{34.9^2} \times 100$$

$$= 112\%$$

02 다음 그림과 같은 샘플러(Sampler)에서 면적비는 얼마인가?

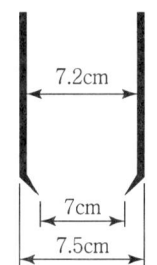

① 5.80%   ② 5.97%
③ 14.62% ④ 14.80%

[해설]
면적비

$$(A_r) = \frac{D_w^2 - D_e^2}{D_e^2} \times 100$$

$$= \frac{7.5^2 - 7^2}{7^2} \times 100$$

$$= 14.80\%$$

03 샘플러 튜브(Sampler Tube)의 면적비(A_r)를 9%라 하고 외경(D_w)을 6cm라 하면 끝의 내경(D_e)은 약 얼마인가?

① 3.61cm   ② 4.82cm
③ 5.75cm   ④ 6.27cm

[해설]
면적비

$$A_r = \frac{D_w^2 - D_e^2}{D_e^2} \times 100 = \frac{6^2 - D_e^2}{D_e^2} \times 100$$

$$0.09 = \frac{36 - D_e^2}{D_e^2} \quad \therefore D_e = 5.75\text{cm}$$

04 Rod에 붙인 어떤 저항체를 지중에 넣어 관입, 인발 및 회전에 의해 흙의 전단강도를 측정하는 원위치 시험은?

① 보링(Boring)   ② 사운딩(Sounding)
③ 시료 채취(Sampling) ④ 비파괴시험(NDT)

[해설]
사운딩(Sounding)
Rod 선단의 저항체를 땅 속에 넣어 관입, 회전, 인발 등의 저항으로 토층의 강도 및 밀도 등을 체크하는 방법의 원위치시험

05 저항체를 땅 속에 삽입해서 관입, 회전, 인발 등의 저항을 측정하여 토층의 상태를 탐사하는 원위치 시험을 무엇이라 하는가?

① 사운딩   ② 오거보링
③ 테스트 피트 ④ 샘플러

[해설]
4번 해설 참고

06 다음 현장시험 중 Sounding의 종류가 아닌 것은?

① 평판재하시험   ② Vane 시험
③ 표준관입시험   ④ 동적 원추관입시험

[해설]
- 정적 사운딩 : 휴대용, 화란식 원추관입시험기, 스웨덴식 관입시험기, 이스키미터, 베인시험기
- 동적 사운딩 : 동적 원추관입시험기, 표준관입시험기
- 평판재하시험(P.B.T) : 기초지반의 허용지내력 및 탄성계수를 산정하는 지반조사방법

정답 01 ① 02 ④ 03 ③ 04 ② 05 ① 06 ①

실 / 전 / 문 / 제

07 다음 중에서 사운딩(Sounding)이 아닌 것은 어느 것인가?

① 표준관입시험(Standard Penetration Test)
② 일축압축시험(Unconfined Compression Test)
③ 원추관입시험(Cone Penetrometer Test)
④ 베인시험(Vane Test)

[해설]
일축압축시험
점성토의 일축압축강도와 예민비를 구하기 위하여 행한다.(전단시험)

08 사운딩에 대한 설명 중 틀린 것은?

① 로드 선단에 지중저항체를 설치하고 지반 내 관입, 압입, 또는 회전하거나 인발하여 그 저항치로부터 지반의 특성을 파악하는 지반조사방법이다.
② 정적 사운딩과 동적 사운딩이 있다.
③ 압입식 사운딩의 대표적인 방법은 Standard Penetration Test(SPT)이다.
④ 특수사운딩 중 측압사운딩의 공내횡방향재하시험은 보링공을 기계적으로 수평으로 확장시키면서 측압과 수평변위를 측정한다.

[해설]
동적 사운딩의 대표적인 방법은 표준관입시험(Standard Penetration Test, SPT)이다.

09 현장에서 직접 연약한 점토의 전단강도를 측정하는 방법으로 흙이 전단될 때의 회전저항 모멘트를 측정하여 점토의 점착력(비배수 강도)을 측정하는 시험방법은?

① 표준관입시험
② 더치콘(Dutchch Cone)
③ 베인시험(Vane Test)
④ CBR Test

[해설]
베인시험(Vane Test)
정적인 사운딩으로 깊이 10m 미만의 연약점성토 지반에 대한 회전저항모멘트를 측정하여 비배수 전단강도(점착력)를 측정하는 시험

10 베인전단시험(Vane Shear Test)에 대한 설명으로 옳지 않은 것은?

① 현장 원위치시험의 일종으로 점토의 비배수전단강도를 구할 수 있다.
② 십자형의 베인(Vane)을 땅 속에 압입한 후, 회전모멘트를 가해서 흙이 원통형으로 전단파괴될 때 저항모멘트를 구함으로써 비배수전단강도를 측정하게 된다.
③ 연약점토지반에 적용된다.
④ 베인전단시험으로부터 흙의 내부마찰각을 측정할 수 있다.

[해설]
9번 해설 참고

11 Vane Test에 Vane의 지름 50mm, 높이 10cm, 파괴 시 토크가 5.9N·m일 때 점착력은?

① 1.29N/cm²
② 1.57N/cm²
③ 2.13N/cm²
④ 2.76N/cm²

[해설]
$$c = \frac{M_{max}}{\pi D^2 \cdot \left(\frac{H}{2} + \frac{D}{6}\right)}$$
$$= \frac{590}{\pi \times 5^2 \times \left(\frac{10}{2} + \frac{5}{6}\right)}$$
$$= 1.29 \text{N/cm}^2$$

정답 07 ② 08 ③ 09 ③ 10 ④ 11 ①

CHAPTER 12 실/전/문/제

12 포화점토에 대해 베인전단시험을 실시하였다. 베인의 직경과 높이는 각각 7.5cm와 15cm이고 시험 중 사용한 최대회전모멘트는 300N·cm이다. 점성토의 비배수 전단강도(c_u)는?

① 1.94N/cm^2
② 1.62kN/m^2
③ 1.94kN/m^2
④ 1.62N/cm^2

[해설]

전단강도(c_u) = $\dfrac{M_{\max}}{\pi D^2 \cdot \left(\dfrac{H}{2} + \dfrac{D}{6}\right)}$

= $\dfrac{300}{\pi \times 7.5^2 \times \left(\dfrac{15}{2} + \dfrac{7.5}{6}\right)}$

= $0.194\text{N/cm}^2 = 1.94\text{kN/m}^2$

13 어떤 점토 지반에서 베인(Vane) 시험을 지반 깊이 3m 지점에서 실시하였다. 최대 회전모멘트가 120kg·cm이면 이 점토의 점착력(c)은 얼마인가? (단, 베인의 직경과 높이의 비는 1:2이고, 직경은 5cm였다.)

① 0.65kg/cm^2
② 1.25kg/cm^2
③ 0.26kg/cm^2
④ 0.86kg/cm^2

[해설]

점착력(c) = $\dfrac{M_{\max}}{\pi D^2 \cdot \left(\dfrac{H}{2} + \dfrac{D}{6}\right)}$

= $\dfrac{120}{\pi \times 5^2 \times \left(\dfrac{10}{2} + \dfrac{5}{6}\right)} = 0.26\text{kg/cm}^2$

(직경과 높이의 비 $1:2 = 5:H$ $\therefore H = 10\text{cm}$)

14 포화점토에 대해 베인전단시험을 실시하였다. 베인의 직경과 높이는 각각 7.5cm와 15cm이고, 시험 중 사용한 최대 회전 모멘트는 250kg·cm이다. 점성토의 액성한계는 65%이고 소성한계는 30%이다. 설계에 이용할 수 있도록 수정 비배수 강도를 구하면?(단, 수정계수(μ) = $1.7 - 0.54\log(PI)$를 사용하고, 여기서, PI는 소성지수이다.)

① 0.8t/m^2
② 1.40t/m^2
③ 1.82t/m^2
④ 2.0t/m^2

[해설]

• $c = \dfrac{M_{\max}}{\pi D^2 \cdot \left(\dfrac{H}{2} + \dfrac{D}{6}\right)}$

= $\dfrac{250}{\pi \times 7.5^2 \times \left(\dfrac{15}{2} + \dfrac{7.5}{6}\right)}$

= 0.16kg/cm^2

• 수정계수
  $\mu = 1.7 - 0.54\log(PI)$
  $= 1.7 - 0.54\log(65 - 30)$
  $= 0.8662$

• 수정 비배수 강도
  $c \times \mu = 0.16 \times 0.8662$
  $= 0.14\text{kg/cm}^2$
  $= 1.4\text{t/m}^2$

15 표준관입시험에 대한 다음 설명에서 ( )에 적합한 것은?

> 질량 63.5±0.5kg의 드라이브 해머를 76±1cm 자유 낙하시키고 보링로드 머리부에 부착한 노킹블록을 타격하여 보링로드 앞 끝에 부착한 표준관입시험용 샘플러를 지반에 ( )mm 박아 넣는 데 필요한 타격횟수를 N값이라고 한다.

① 200
② 250
③ 300
④ 350

[해설]

표준관입시험(S.P.T)
64kg 해머로 76cm 높이에서 보링구멍 밑의 교란되지 않은 흙 속에 30cm 관입될 때까지의 타격횟수를 N치라 한다.

정답 12 ③ 13 ③ 14 ② 15 ③

실/전/문/제

16 표준관입시험의 N 값에 대한 설명으로 옳은 것은?

① 질량(63.5±0.5)kg의 드라이브 해머를 (560±10)mm에서 타격하여 샘플러를 지반에 200mm 박아 넣는 데 필요한 타격횟수
② 질량(53.5±0.5)kg의 드라이브 해머를 (760±10)mm에서 타격하여 샘플러를 지반에 200mm 박아 넣는 데 필요한 타격횟수
③ 질량(63.5±0.5)kg의 드라이브 해머를 (760±10)mm에서 타격하여 샘플러를 지반에 300mm 박아 넣는 데 필요한 타격횟수
④ 질량(53.5±0.5)kg의 드라이브 해머를 (560±10)mm에서 타격하여 샘플러를 지반에 300mm 박아 넣는 데 필요한 타격횟수

[해설]
15번 해설 참고

17 토질조사에 대한 설명 중 옳지 않은 것은?

① 사운딩(Sounding)이란 지중에 저항체를 삽입하여 토층의 성상을 파악하는 현장 시험이다.
② 불교란시료를 얻기 위하여 Foil Sampler, Thin Wall Tube Sampler 등이 사용된다.
③ 표준관입시험은 로드(Rod)의 길이가 길어질수록 N치가 작게 나온다.
④ 베인시험은 정적인 사운딩이다.

[해설]
로드(Rod)길이 수정
심도가 깊어지면 타격에너지 손실로 실제보다 N치가 크게 나옴

18 연약한 점성토의 지반특성을 파악하기 위한 현장조사 시험방법에 대한 설명 중 틀린 것은?

① 현장베인시험은 연약한 점토층에서 비배수 전단강도를 직접 산정할 수 있다.
② 정적콘관입시험(CPT)은 콘지수를 이용하여 비배수 전단강도 추정이 가능하다.
③ 표준관입시험에서의 N값은 연약한 점성토 지반특성을 잘 반영해 준다.
④ 정적콘관입시험(CPT)은 연속적인 지층분류 및 전단강도 추정 등 연약점토의 특성분석에 매우 효과적이다.

[해설]
표준관입시험기(Standard Penetraion Test, S.P.T)
표준관입시험기(S.P.T)는 큰 자갈 이외 대부분의 흙, 즉 사질토와 점성토에 모두 적용 가능하지만 주로 사질토 지반 특성을 잘 반영한다.

19 표준관입시험에 관한 설명 중 옳지 않은 것은?

① 표준관입시험의 N 값으로 모래지반의 상대밀도를 추정할 수 있다.
② N 값으로 점토지반의 연경도에 관한 추정이 가능하다.
③ 지층의 변화를 판단할 수 있는 시료를 얻을 수 있다.
④ 모래지반에 대해서도 흐트러지지 않은 시료를 얻을 수 있다.

[해설]
표준관입시험(S.P.T)
동적인 사운딩으로 보링 시에 교란시료(흐트러진 시료)를 채취하여 물성시험 시료로 사용한다.

20 다음은 주요한 Sounding(사운딩)의 종류를 나타낸 것이다. 이 가운데 사질토에 가장 적합하고 점성토에서도 쓰이는 조사법은?

① 더치 콘(Dutch Cone) 관입시험기
② 베인시험기(Vane Tester)
③ 표준관입시험기
④ 이스키미터(Iskymeter)

[해설]
18번 해설 참고

정답 16 ③ 17 ③ 18 ③ 19 ④ 20 ③

CHAPTER 12 실/전/문/제

21 다음 중 표준관입시험으로부터 추정하기 어려운 항목은?

① 극한 지지력 ② 상대밀도
③ 점성토의 연경도 ④ 투수성

[해설]
투수성은 시료가 교란되면 그 값이 달라지므로 불교란시료로 시험하여야 한다.

22 표준관입시험(SPT)을 할 때 처음 15cm 관입에 요하는 N값을 제외하고 그 후 30cm 관입에 요하는 타격수로 N값을 구한다. 그 이유로 가장 타당한 것은?

① 정확히 30cm를 관입시키기가 어려워서 15cm 관입에 요하는 N값을 제외한다.
② 보링구멍 밑면 흙이 보링에 의하여 흐트러져 15cm 관입 후부터 N값을 측정한다.
③ 관입봉의 길이가 정확히 45cm이므로 이에 맞도록 관입시키기 위함이다.
④ 흙은 보통 15cm 밑부터 그 흙의 성질을 가장 잘 나타낸다.

[해설]
보링 구멍 밑면의 흙이 보링에 의해 흐트러져 15cm 관입 후부터 N값을 측정한다.

23 모래의 내부마찰각 ϕ와 N치의 관계를 나타낸 Dunham의 식 $\phi = \sqrt{12N} + C$에서 상수 C의 값이 가장 큰 경우는?

① 토립자가 모나고 입도분포가 좋을 때
② 토립자가 모나고 균일한 입경일 때
③ 토립자가 둥글고 입도분포가 좋을 때
④ 토립자가 둥글고 균일한 입경일 때

[해설]
• 토립자가 모나고 입도분포가 양호한 경우
 $\phi = \sqrt{12 \cdot N} + 25$
• 토립자가 모나 나고 입도분포가 불량한 경우
 $\phi = \sqrt{12 \cdot N} + 20$
• 토립자가 둥글고 입도분포가 양호한 경우
 $\phi = \sqrt{12 \cdot N} + 20$
• 토립자가 둥글고 입도분포가 불량한 경우
 $\phi = \sqrt{12 \cdot N} + 15$

24 표준관입시험(S.P.T) 결과 N치가 25이었고, 그때 채취한 교란시료로 입도시험을 한 결과 입자가 둥글고, 입도분포가 불량할 때 Dunham 공식에 의하여 구한 내부마찰각은?

① 29.8° ② 30.2°
③ 32.3° ④ 33.8°

[해설]
$\phi = \sqrt{12 \cdot 25} + 15 = 32.3°$

25 토립자가 둥글고 입도분포가 양호한 모래지반에서 N치를 측정한 결과 N=19가 되었을 경우, Dumham의 공식에 의한 이 모래의 내부 마찰각 ϕ는?

① 20° ② 25°
③ 30° ④ 35°

[해설]
$\phi = \sqrt{12 \cdot N} + 20 = \sqrt{12 \times 19} + 20 = 35°$

26 토립자가 둥글고 입도분포가 나쁜 모래지반에서 표준관입시험을 한 결과 N치는 10이었다. 이 모래의 내부마찰각을 Dunham의 공식으로 구하면 다음 중 어느 것인가?

① 21° ② 26°
③ 31° ④ 36°

[해설]
$\phi = \sqrt{12 \cdot N} + 15 = \sqrt{12 \times 10} + 15 = 26°$

정답 21 ④ 22 ② 23 ① 24 ③ 25 ④ 26 ②

27 입도시험 결과 균등계수가 6이고 입자가 둥근 모래흙의 강도시험 결과 내부마찰각이 32°이었다. 이 모래지반의 N치는 대략 얼마나 되겠는가?(단, Dunham 식 사용)

① 12
② 18
③ 22
④ 24

[해설]
- 입도양호 모래 : 균등계수 $C_u > 6$
  곡률계수 $C_g = 1\sim3$
- $\phi = \sqrt{12 \cdot N} + 15$
  $32° = \sqrt{12 \cdot N} + 15$
  ∴ $N = 24$

28 표준관입시험에서 N치가 20으로 측정되는 모래 지반에 대한 설명으로 옳은 것은?

① 매우 느슨한 상태이다.
② 간극비가 1.2인 모래이다.
③ 내부마찰각이 30°~40°인 모래이다.
④ 유효상재 하중이 20kN/m²인 모래이다.

[해설]
N치가 20일 때 내부마찰각 ϕ는
- $\sqrt{12 \times 20} + 15 = 30.5°$
- $\sqrt{12 \times 20} + 25 = 40.5°$
∴ 약 30°~40°인 모래이다.

29 다음 중 표준관입시험으로 구할 수 없는 것은?

① 투수계수
② 탄성계수
③ 일축압축강도
④ 내부마찰각

[해설]
표준관입시험 시 N값으로 추정할 수 있는 사항

사질지반	점성지반
상대밀도	일축압축강도
내부마찰각	비배수점착력
탄성계수	연경도

30 점토지반에서 N치로 추정할 수 있는 사항이 아닌 것은?

① 컨시스턴시
② 일축압축강도
③ 상대밀도
④ 기초지반의 허용지지력

[해설]
상대밀도는 사질지반에서 N치로 추정할 수 있는 사항이다.

31 어떤 모래지반의 표준관입시험에서 N값이 40이었다. 이 지반의 상태는?

① 대단히 조밀한 상태
② 조밀한 상태
③ 중간 상태
④ 느슨한 상태

[해설]
N값과 모래의 상대밀도 관계

N값	상대밀도(%)
0~4	대단히 느슨(15)
4~10	느슨(15~35)
10~30	중간(35~65)
30~50	조밀(65~85)
50 이상	대단히 조밀(85~100)

32 어떤 점토지반의 표준관입시험 결과 N 값이 2~4였다. 이 점토의 Consistency는?

① 대단히 견고
② 연약
③ 견고
④ 대단히 연약

[해설]

연경도(Consistency)	N치
대단히 연약	N < 2
연약	2~4
중간	4~8
견고	8~15
대단히 견고	15~30
고결	N > 30

정답 27 ④ 28 ③ 29 ① 30 ③ 31 ② 32 ②

CHAPTER 12 실 / 전 / 문 / 제

33 다음은 주요한 Sounding(사운딩)의 종류를 나타낸 것이다. 이 가운데 사질토에 가장 적합하고 점성토에서도 쓰이는 조사법은?

① 더치 콘(Dutch Cone) 관입시험기
② 베인 시험기(Vane Tester)
③ 표준관입시험기
④ 이스키미터(Iskymeter)

해설
표준관입시험은 사질토와 점성토 모두 적용 가능하지만 주로 사질토 지반특성을 잘 반영한다.

34 암질을 나타내는 항목과 직접 관계가 없는 것은?

① N치
② RQD 값
③ 탄성파속도
④ 균열의 간격

해설
N치는 표준관입시험의 결과치로서 암질과 직접적인 관계가 없다.

35 평판재하시험이 끝나는 다음 조건 중 옳지 않은 것은?

① 침하량이 15mm에 달할 때
② 하중 강도가 현장에서 예상되는 최대 접지 압력을 초과할 때
③ 하중강도가 그 지반의 항복점을 넘을 때
④ 흙의 함수비가 소성한계에 달할 때

해설
평판재하 시험이 끝나는 조건
• 침하량이 15mm에 달할 때
• 하중강도가 예상되는 최대 접지 압력을 초과할 때
• 하중강도가 그 지반의 항복점을 넘을 때

36 도로의 평판재하시험이 끝나는 조건에 대한 설명으로 옳지 않은 것은?

① 완전히 침하가 멈출 때
② 침하량이 15mm에 달할 때
③ 하중강도가 그 지반의 항복점을 넘을 때
④ 하중강도가 현장에서 예상되는 최대접지압력을 초과할 때

해설
평판재하시험이 끝나는 조건
• 침하량이 15mm에 달할 때
• 하중 강도가 예상되는 최대 접지압력을 초과할 때
• 하중 강도가 그 지반의 항복점을 넘을 때

37 도로지반의 평판재하시험에서 1.25mm 침하될 때 하중강도가 2.5N/cm²라면 지지력계수(K)는?

① $2N/cm^3$
② $20N/cm^3$
③ $1N/cm^3$
④ $10N/cm^3$

해설
지지력계수$(K) = \dfrac{q}{y} = \dfrac{2.5}{0.125} = 20N/cm^3$

38 말뚝기초의 지지력에 관한 설명으로 틀린 것은?

① 부의 마찰력은 아래 방향으로 작용한다.
② 말뚝선단부의 지지력과 말뚝 주면마찰력의 합이 말뚝의 지지력이 된다.
③ 점성토 지반에는 동역학적 지지력 공식이 잘 맞는다.
④ 재하시험 결과를 이용하는 것이 신뢰도가 큰 편이다.

해설
사질토 지반에서는 동역학적 지지력 공식이, 점성토 지반에서는 정역학적 지지력 공식이 잘 맞는다.

39 모래지반에 30cm×30cm의 재하판으로 재하실험을 한 결과 10kN/m²의 극한지지력을 얻었다. 4m×4m의 기초를 설치할 때 기대되는 극한지지력은?

① $10kN/m^2$
② $100kN/m^2$
③ $133kN/m^2$
④ $154kN/m^2$

정답 33 ③ 34 ① 35 ④ 36 ① 37 ② 38 ③ 39 ③

[해설]
사질토 지반의 지지력은 재하판의 폭에 비례한다.
$0.3 : 10 = 4 : q_u$
∴ 극한지지력 $q_u = 133.33\text{kN/m}^2$

40 크기가 30cm×30cm인 평판을 이용하여 사질토 위에서 평판재하시험을 실시하고 극한지지력 20kN/m²을 얻었다. 크기가 1.8m×1.8m인 정사각형 기초의 총허용하중은 약 얼마인가?(단, 안전율 3을 사용)

① 22kN ② 66kN
③ 130kN ④ 150kN

[해설]
• 사질토 지반의 지지력은 재하판의 폭에 비례
  $0.3 : 20 = 1.8 : q_u$
  ∴ 극한지지력 $q_u = 120\text{kN/m}^2$
• 허용지지력
  $q_a = \dfrac{q_u}{F_s} = \dfrac{120}{3} = 40\text{kN/m}^2$
• 총허용하중
  $Q_a = q_a \cdot A = 40 \times 1.8 \times 1.8 = 129.6\text{kN}$

41 평판재하실험에서 재하판의 크기에 의한 영향(Scale Effect)에 관한 설명으로 틀린 것은?

① 사질토 지반의 지지력은 재하판의 폭에 비례한다.
② 점토지반의 지지력은 재하판의 폭과 무관하다.
③ 사질토 지반의 침하량은 재하판의 폭이 커지면 약간 커지기는 하지만 비례하는 정도는 아니다.
④ 점토지반의 침하량은 재하판의 폭과 무관하다.

[해설]
점토지반의 침하량은 재하판의 폭에 비례한다.

42 직경 30cm의 평판을 이용하여 점토 위에서 평판재하시험을 실시하고 극한지지력 15kN/m²을 얻었다고 할 때 직경이 2m인 원형 기초의 총허용하중을 구하면?(단, 안전율은 3을 적용한다.)

① 8.3kN ② 15.7kN
③ 24.2kN ④ 32.6kN

[해설]
• 점성토 지반의 지지력은 재하판의 폭과 무관하다.
  ∴ 직경 2m 원형기초의 극한지지력도 15kN/m²
• 극한하중 = 극한지지력×기초 단면적
  $= 15 \times \dfrac{\pi \times 2^2}{4} = 47.12\text{kN}$
• 허용하중 = $\dfrac{극한하중}{안전율} = \dfrac{47.12}{3} = 15.7\text{kN}$

43 어떤 점토시료의 압밀시험 결과, 1차 압밀 침하량은 20cm가 발생되었다. 이 점토시료가 70% 압밀일 때의 침하량은?

① 6cm ② 14cm
③ 0.6cm ④ 1.4cm

[해설]
$2.0 \times 0.7 = 14\text{cm}$
(압밀도와 침하량은 비례)

44 사질토 지반에서 직경 30cm의 평판재하시험 결과 30kN/m²의 압력이 작용할 때 침하량이 5mm라면, 직경 1.5m의 실제 기초에 30kN/m²의 하중이 작용할 때 침하량의 크기는?

① 28mm ② 50mm
③ 14mm ④ 25mm

[해설]
사질토층의 재하시험에 의한 즉시침하
$S_{기초} = S_{재하판} \cdot \left\{ \dfrac{2 \cdot B_{기초}}{B_{기초} + B_{재하판}} \right\}^2$
$= 5 \times \left\{ \dfrac{2 \times 1.5}{1.5 + 0.3} \right\}^2 = 14\text{mm}$

정답 40 ③ 41 ④ 42 ② 43 ② 44 ③

CHAPTER 12 실/전/문/제

45 3m×3m인 정방형 기초를 허용지지력이 20t/m²인 모래지반에 시공하였다. 이 기초에 허용지지력만큼의 하중이 가해졌을 때, 기초 모서리에서의 탄성 침하량은?(단, 영향계수(I_s)=0.561, 지반의 푸아송비(μ)=0.5, 지반의 탄성계수(E_s)=1,500t/m²)

① 0.90cm
② 1.54cm
③ 1.68cm
④ 2.10cm

해설

$$S_i = q_a \cdot B \cdot \frac{1-\mu^2}{E_s} \cdot I_s = 20 \times 3 \times \frac{1-0.5^2}{1,500} \times 0.561$$
$$= 0.0168\text{m} = 1.68\text{cm}$$

정답 45 ③

CHAPTER 13

직접기초

01 직접기초
02 Terzaghi의 수정지지력
03 기타 지지력 공식
04 직접기초의 굴착공법
05 편심하중을 받는 기초
06 보상기초

01 직접기초

1. 얕은 기초(직접기초)

개요	모식도	내용
독립확대(푸팅) 기초		한 개의 기둥만 지지하는 기초
복합확대(푸팅) 기초		2개 이상의 기둥을 지지하는 기초
연속(줄)확대 기초		벽체를 지지하는 기초
전면(Mat) 기초		• 기초바닥면적이 시공면적의 2/3 이상일 때 • 연약지반에 많이 사용(지반 조건이 좋지 않고 부등침하가 발생하기 쉬운 지형)

2. 기초지반의 전단파괴

전반 전단파괴	국부 전단파괴
① 흙 전체가 전단파괴 발생 ② 조밀한 모래나 굳은 점토지반에서 발생	① 부분적으로 지반이 전단파괴 ② 느슨한 모래나 연약한 점토지반에서 발생

3. 기초의 구비조건

기초의 구비조건	동결 깊이
① 동해를 받지 않는 최소한의 근입 깊이(D_f)를 가질 것(기초 깊이는 동결 깊이보다 깊어야 한다.) ② 지지력에 대해 안정할 것 ③ 침하에 대해 안정할 것 (침하량이 허용 침하량 이내일 것) ④ 기초공 시공이 가능할 것(내구적, 경제적)	

GUIDE

• 기초의 분류
  ① 얕은(직접) 기초
    • 확대(footing) 기초
      – 독립확대 기초
      – 복합확대 기초
      – 연속확대 기초
    • 전면(Mat) 기초
  ② 깊은 기초
    • 말뚝기초
    • 피어(pier) 기초
    • 케이슨 기초

• 독립기초

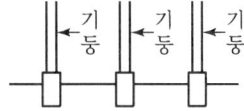

• 복합기초

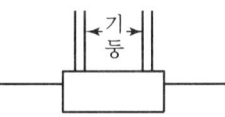

• 국부 전단 시 점착력은 $\dfrac{2}{3}$ 배

• 기초의 분류
  ① 얕은 기초 : $\dfrac{D_f}{B} \leq 1$
  ② 깊은 기초 : $\dfrac{D_f}{B} > 1$

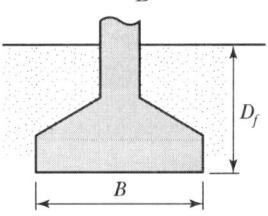

근입깊이(D_f)를 깊게 하면 기초 지반의 지지력은 증가한다.

예 / 상 / 문 / 제

01 다음 중 얕은 기초는?

① Footing 기초 ② 말뚝 기초
③ Caisson 기초 ④ Pier 기초

해설
기초의 종류
- 직접기초(얕은 기초) : 푸팅(Footing)기초, 전면(Mat)기초
- 깊은기초 : 말뚝기초, 피어(Pier)기초, 케이슨(Caisson)기초

02 다음 중 얕은 기초는 어느 것인가?

① 말뚝기초 ② 피어기초
③ 케이슨기초 ④ 확대기초

03 다음 기초의 형식 중 얕은 기초인 것은?

① 확대기초 ② 우물통기초
③ 공기 케이슨기초 ④ 철근콘크리트 말뚝기초

04 다음의 기초형식 중 직접기초가 아닌 것은?

① 말뚝기초 ② 독립기초
③ 연속기초 ④ 전면기초

해설
직접기초(얕은 기초)의 종류
- 독립 푸팅기초
- 캔틸레버 푸팅기초
- 복합 푸팅기초
- 연속 푸팅기초
- 전면기초(Mat Foundation)

05 다음 중 지지력이 약한 지반에서 가장 적합한 기초형식은?

① 복합확대기초 ② 독립확대기초
③ 연속확대기초 ④ 전면기초

해설
전면기초(Mat Foundation)
지지력이 약한 지반에 가장 적합한 기초형식으로서 건물의 전체를 한 장의 슬래브로 지지한 기초

06 기초 지반의 지지력이 작은 곳에서 하나의 큰 슬래브로 연결하여 지반에 작용하는 단위 압력을 감소시키는 형식의 기초는 어느 것인가?

① 연속 기초 ② 독립 기초
③ 복합 기초 ④ 전면 기초

07 기초의 구비조건에 대한 설명으로 틀린 것은?

① 기초는 상부하중을 안전하게 지지해야 한다.
② 기초의 침하는 절대 없어야 한다.
③ 기초 깊이는 동결 깊이 이하이어야 한다.
④ 기초는 시공이 가능하고 경제적으로 만족해야 한다.

해설
기초의 침하량은 허용 값 이내여야 한다.

08 얕은기초의 지지력 계산에 적용하는 Terzaghi의 극한지지력 공식에 대한 설명으로 틀린 것은?

① 기초의 근입깊이가 증가하면 지지력도 증가한다.
② 기초의 폭이 증가하면 지지력도 증가한다.
③ 기초지반이 지하수에 의해 포화되면 지지력은 감소한다.
④ 국부전단파괴가 일어나는 지반에서 내부마찰각(ϕ)은 $\frac{2}{3}\phi$를 적용한다.

해설
국부 전단파괴가 일어나는 지반에서 점착력(c) = $\frac{2}{3}c$

09 얕은 기초의 근입심도를 깊게 하면 일반적으로 기초지반의 지지력은?

① 증가한다.
② 감소한다.
③ 변화가 없다.
④ 증가할 수도 있고, 감소할 수도 있다.

해설
근입심도(D_f)가 깊으면 기초 지반의 지지력은 증가한다.

정답 01 ① 02 ④ 03 ① 04 ① 05 ④ 06 ④ 07 ② 08 ④ 09 ①

02 Terzaghi의 수정지지력

1. Terzaghi의 기초 파괴형태

기초 파괴형태 모식도

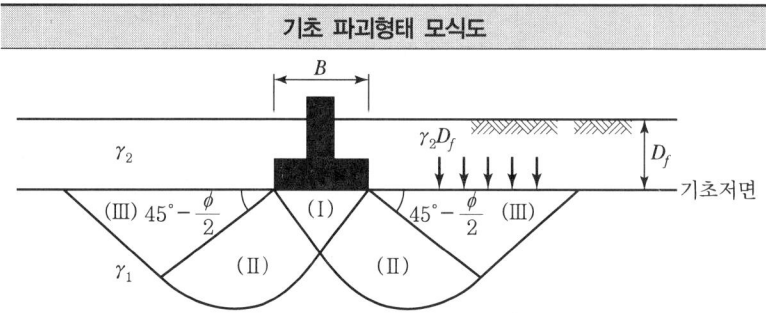

특징

① I영역 : 탄성영역(흙쐐기 영역, 탄성평형상태)
② II영역 : 방사상 전단영역(대수나선 전단영역)
③ III영역 : Rankine의 수동영역(흙의 선형 전단파괴영역)
④ 전단파괴 순서 : I → II → III
⑤ III영역에서 수평면과 파괴면이 이루는 각도 : $45° - \dfrac{\phi}{2}$

2. 직접기초(얕은 기초)에서 (수정) 극한지지력 공식

(수정) 극한지지력(q_{ult})

q_{ult} = 점착지지력 + 마찰지지력 + 덮개토압에 의한 지지력

Terzaghi의 극한지지력(q_{ult}) = $\alpha c N_c + \beta B \gamma_1 N_r + \gamma_2 D_f N_q$

① c : 점착력
② B : 기초폭(m)
③ D_f : 근입깊이
④ N_c, N_r, N_q : 지지력계수(ϕ의 함수)
⑤ γ_1 : 기초 저면 아래 지반의 단위중량
⑥ γ_2 : 기초 저면 위 지반의 단위중량

3. 기초형상에 따른 형상계수(α, β)

기초형상 형상계수	연속 기초	정사각형 기초	원형 기초	직사각형 기초
α	1.0	1.3	1.3	$1.0 + 0.3\dfrac{B}{L}$
β	0.5	0.4	0.3	$0.5 - 0.1\dfrac{B}{L}$

GUIDE

• 극한지지력의 특징

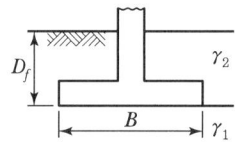

① q_{ult} 는 폭, 근입 깊이에 비례
② N_c, N_r, N_q (지지력계수)는 내부마찰각(ϕ)에 의해 결정 (점착력(c)과 무관)
③ B는 기초의 폭(단변), 원형 기초에서는 지름

• B : 구형의 단변길이
• L : 구형의 장변길이

예 / 상 / 문 / 제

01 얕은 기초의 극한지지력을 결정하는 테르자기의 이론에서 하중 Q가 점차 증가하여 푸팅이 아래로 침하할 때 다음 중 옳지 않은 것은?

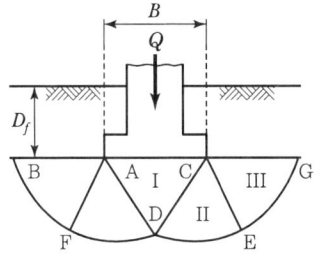

① I의 △ACD 구역은 탄성영역이다.
② II의 △CDE 구역은 방사방향의 전단영역이다.
③ III의 △CEG 구역은 랭킨(Rankine)의 주동영역이다.
④ DC와 FD는 대수 나선형의 곡선이다.

[해설]
영역 III의(CEG, AFH) 구역은 Rankine의 수동영역이다.

02 Terzaghi의 극한지지력 공식에 대한 설명으로 틀린 것은?

① 기초의 형상에 따라 형상계수를 고려하고 있다.
② 지지력계수 N_c, N_q, N_r는 내부마찰각에 의해 결정된다.
③ 점성토에서의 극한지지력은 기초의 근입깊이가 깊어지면 증가된다.
④ 극한지지력은 기초의 폭에 관계없이 기초 하부의 흙에 의해 결정된다.

[해설]
Terzaghi 극한지지력 공식
$q_{ult} = \alpha c N_c + \beta \gamma_1 B N_r + \gamma_2 D_f N_q$
∴ 극한지지력은 기초의 폭(B)이 증가하면 지지력도 증가한다.

03 다음 Terzaghi의 극한지지력 공식에 대한 설명으로 틀린 것은?

$$q_u = \alpha c N_c + \beta \gamma_1 B N_\gamma + \gamma_2 D_f N_q$$

① α, β는 기초형상계수이다.
② 원형 기초에서 B는 원의 직경이다.
③ 정사각형 기초에서 α의 값은 1.3이다.
④ N_c, N_γ, N_q는 지지력계수로서 흙의 점착력에 의해 결정된다.

[해설]
N_c, N_r, N_q는 지지력계수로서 흙의 내부마찰각에 의해 결정된다.

04 Terzaghi의 지지력 공식에서 고려되지 않는 것은?

① 흙의 내부 마찰각
② 기초의 근입 깊이
③ 압밀량
④ 기초의 폭

05 단위체적중량 18kN/m³, 점착력 20kN/m², 내부마찰각 0°인 점토 지반에 폭 2m, 근입깊이 3m의 연속기초를 설치하였다. 이 기초의 극한지지력을 Terzaghi 식으로 구한 값은?(단, 지지력계수 $N_c = 5.7$, $N_r = 0$, $N_q = 1.0$이다.)

① 232kN/m²
② 168kN/m²
③ 127kN/m²
④ 84kN/m²

[해설]
테르자기 극한지지력 공식
$q_{ult} = \alpha c N_c + \beta \gamma_1 B N_\gamma + \gamma_2 D_f N_q$
$q_{ult} = 1.0 \times 20 \times 5.7 + 0.5 \times 18 \times 2 \times 0 + 18 \times 3 \times 1.0$
$= 168 \text{kN/m}^2$

정답 01 ③ 02 ④ 03 ④ 04 ③ 05 ②

4. 주어진 조건에 따른 Terzaghi의 수정 극한지지력 식

모래지반에 기초 설치	점토지반에 기초 설치	지표 위에 기초 설치
$q_{ult} = \beta B \gamma_1 N_r + \gamma_2 D_f N_q$ $(c=0)$	$q_{ult} = \alpha c N_c + \gamma_2 D_f N_q$ $(\phi=0,\ N_r=0)$	$q_{ult} = \alpha c N_c + \beta B \gamma_1 N_r$ $(D_f=0)$
극한지지력(q_{ult}) = $\alpha c N_c + \beta B \gamma_1 N_r + \gamma_2 D_f N_q$		

GUIDE

- 얕은 기초의 지지력에 영향을 미치는 것
  ① 기초의 형상
  ② 기초의 깊이
  ③ 지반의 경사

5. 지하수위 영향에 따른 단위중량 계산($0 \leq d_1 \leq D_f$)

지하수위 조건	모식도	$\gamma_1,\ \gamma_2$
지하수위가 기초 저면보다 위에 위치할 때		① $\gamma_1 = \gamma_{sub}$ ② $\gamma_2 = \dfrac{\gamma_t d_1 + \gamma_{sub} d_2}{D_f}$ ($\gamma_2 D_f = \gamma_t d_1 + \gamma_{sub} d_2$)
극한지지력	$q_{ult} = \alpha c N_c + \beta B \gamma_1 N_r + \gamma_2 D_f N_q$	

- 지하수위가 기초 저면에 위치
  ① $\gamma_1 = \gamma_{sub}$
  ② $\gamma_2 = \gamma_t$
  (흙의 단위중량(γ_1)은 지하수면 이하에서는 수중밀도(γ_{sub})를 사용)

6. 지하수위 영향에 따른 단위중량 계산($d \leq B$)

지하수위 조건	모식도	$\gamma_1,\ \gamma_2$
지하수위가 기초 저면보다 아래에 위치할 때($d \leq B$)		① $\gamma_1 = \dfrac{\gamma_t d + \gamma_{sub}(B-d)}{B}$ $[\gamma_1 B = \gamma_t d + \gamma_{sub}(B-d)]$ ② $\gamma_2 = \gamma_t$
극한지지력	$q_{ult} = \alpha c N_c + \beta B \gamma_1 N_r + \gamma_2 D_f N_q$	

- 기초 바닥에서 지하수위까지의 연직거리가 기초 폭보다 큰 경우 ($d \geq B$)는 지지력에 영향이 없다.

7. 직접기초의 허용지지력(q_a)

허용지지력(t/m²)	허용 총 하중(t)
$q_a = \dfrac{q_{ult}}{F_s} = \dfrac{극한지지력}{안전율}$	$Q_a = q_a \times A$

- 안전율(F_s)
  $= \dfrac{저항하는\ 힘(지지력)}{작용하는\ 힘(지지력)}$
  $= \dfrac{극한지지력(최대저항력)}{허용지지력}$

- 순 허용지지력에 사용되는 안전율은 3 이상으로 한다.

예 / 상 / 문 / 제

01 다음 그림과 같은 정방형 기초에서 안전율을 3으로 할 때 Terzaghi공식을 사용한 한 변의 최소길이 B는?(단, 흙의 전단강도 $c=60kN/m^2$, $\phi=0°$이고, 물의 단위중량은 $9.81kN/m^2$이며, 흙의 습윤 및 포화단위중량은 각각 $19kN/m^2$, $20kN/m^2$, $N_c=5.7$, $N_r=0$, $N_q=1.0$이다.)

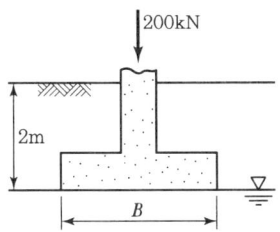

① 1.115m
② 1.432m
③ 1.512m
④ 1.624m

[해설]

형상계수	원형 기초	정사각형 기초	연속기초
α	1.3	1.3	1.0
β	0.3	0.4	0.5

- 극한지지력
$$q_{ult} = \alpha c N_c + \beta \gamma_1 B N_r + \gamma_2 D_f N_q$$
$$= 1.3 \times 60 \times 5.7 + 0.4 \times (20-9.8) \times B \times 0 + 19 \times 2 \times 1.0$$
$$= 482.6 kN/m^2$$

- 허용지지력(q_a) $= \dfrac{q_{ult}}{F_s} = \dfrac{482.6}{3} = 160.87 kN/m^2$

따라서 허용하중(Q_a)$=q_a \cdot A$에서 $200 = 160.87 \times B^2$
∴ $B = 1.115m$

02 그림과 같이 3m×3m 크기의 정사각형 기초가 있다. Terzaghi 지지력공식 $q_u = 1.3cN_c + \gamma_1 D_f N_q + 0.4\gamma_2 BN_\gamma$을 이용하여 극한지지력을 산정할 때 사용되는 흙의 단위중량(γ_2)의 값은?(단, 물의 단위중량은 $9.81kN/m^3$이다.)

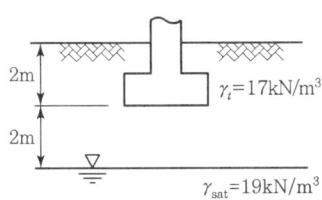

① $9.4kN/m^3$
② $11.7kN/m^3$
③ $14.4kN/m^3$
④ $17.2kN/m^3$

[해설]

- $B \leq d$: 지하수위 영향 없음
- $B > d$: 지하수위 영향 고려

$$\gamma_2 = \frac{\gamma \cdot d + \gamma_{sub}(B-d)}{B} = \frac{17 \times 2 + (19-9.81)(3-2)}{3}$$
$$= 14.4 kN/m^3$$

03 크기가 1.5m×1.5m인 정방형 직접기초가 있다. 근입깊이가 1.0m일 때, 기초 저면의 허용지지력을 테르자기(Terzaghi) 방법에 의하여 구하면? (단, 기초지반의 점착력은 $15kN/m^2$, 단위중량은 $18kN/m^3$, 마찰각은 20°이고 이때의 지지력계수는 $N_c=17.69$, $N_q=7.44$, $N_r=3.64$이며, 허용지지력에 대한 안전율은 4.0으로 한다.)

① 약 $130kN/m^2$
② 약 $140kN/m^2$
③ 약 $150kN/m^2$
④ 약 $160kN/m^2$

[해설]

테르자기 극한지지력 공식
$q_{ult} = \alpha c N_c + \beta \gamma_1 B N_r + \gamma_2 D_f N_q$

형상계수	원형 기초	정사각형 기초	연속기초
α	1.3	1.3	1.0
β	0.3	0.4	0.5

$q_{ult} = 1.3 \times 15 \times 17.69 + 0.4 \times 18 \times 1.5 \times 3.64 + 18 \times 1.0 \times 7.44$
$= 518.2 kN/m^2$

허용지지력(q_a) $= \dfrac{q_{ult}}{F_s} = \dfrac{518.2}{4} = 129.6 kN/m^2 ≒ 130 kN/m^2$

03 기타 지지력 공식

1. Meyerhof 공식(모래지반의 극한지지력)

극한지지력 공식	내용
$q_{ult} = 3NB\left(1 + \dfrac{D_f}{B}\right)$	① N : 표준관입시험치 ② B : 기초의 폭 ③ D_f : 근입 깊이

2. Skempton 공식(점토지반의 극한지지력)

극한지지력 공식	내용
$q_{ult} = c\,N_c + \gamma D_f$	① 비배수 상태($\phi = 0$)인 포화점토에 적용 ② N_c : Skempton 지지력 계수 ③ γ : γ_{sat} 사용(전응력 해석)

GUIDE

- Meyerhof의 일반지지력 공식에 포함되는 계수
  ① 형상계수
  ② 근입깊이계수
  ③ 하중경사계수
  ④ 지지력계수

04 직접기초의 굴착공법

1. open cut 공법

open cut 공법	특징
(G.L, 경사면 그림)	토질이 양호하고 부지의 여유가 있을 경우에 적합한 굴착공법(개착공법)

2. 아일랜드 공법 및 트렌치 컷 공법

아일랜드(Island) 공법	트렌치 컷(Trench cut) 공법
(버팀대, 마찰력만으로, 구조체, 흙막이벽, 구조체 다음에 설치 그림)	(1차 구축, 2차 구축, 1차 구축, 2차 굴착 시공시 흙막이 그림)
① 중앙부를 먼저 굴착 ② 다음에 주변부 굴착	① 주변부를 먼저 굴착 ② 다음에 중앙부 굴착

- 구조물의 침하대책
  ① 지중응력의 증가를 감소시킨다. (구조물 경량화)
  ② 구조물의 중량 배분을 균등하게 한다.
  ③ 구조물의 강성을 크게 한다.
  ④ 신축이음(중량이 일정하지 않을 경우)

- 언더피닝 공법
  기존 구조물이 얕은 기초에 인접하고 있어 새로이 깊은 별도의 기초를 축조할 때 구 기초를 보강할 필요가 있는 보강공법

예 / 상 / 문 / 제

01 크기가 1.5m×1.5m인 직접기초가 있다. 근입깊이가 1.0m일 때 기초가 받을 수 있는 최대 허용하중을 Terzaghi 방법에 의하여 구하면?(단, 기초 지반의 점착력은 15kN/m², 단위중량은 18kN/m³, 마찰각은 20°이고 이때의 지지력계수는 $N_c = 17.69$, $N_q = 7.44$, $N_r = 3.64$이며, 허용지지력에 대한 안전율은 4.0으로 한다.)

① 약 290kN
② 약 390kN
③ 약 490kN
④ 약 590kN

> **해설**
> - $q_{ult} = \alpha c N_c + \beta \gamma_1 B N_r + \gamma_2 D_f N_q$
> $= 1.3 \times 15 \times 17.69 + 0.4 \times 18 \times 1.5 \times 3.64 + 18 \times 1.0 \times 7.44$
> $= 518.19 \text{kN/m}^2$
> - 허용지지력 $(q_a) = \dfrac{q_{ult}}{F_s} = \dfrac{518.19}{4} = 129.5 \text{kN/m}^2$
> - 허용하중 $(Q_a) = q_a \times A$
> $= 129.5 \times (1.5 \times 1.5)$
> $= 290 \text{kN}$

02 Meyerhof의 일반지지력 공식에 포함되는 계수가 아닌 것은?

① 국부전단계수
② 근입깊이계수
③ 경사하중계수
④ 형상계수

> **해설**
> Meyerhof의 일반지지력 공식에 포함되는 계수
> - 형상계수
> - 근입깊이계수
> - 경사하중계수
> - 지지력계수

03 기초 폭 4m의 연속 기초를 지표면 아래 3m에 위치한 모래 지반에 설치하려고 한다. 이때 표준관입시험 결과에 의한 사질 지반의 평균 N값이 10일 때 극한지지력은?(단, Meyerhof공식 사용)

① 420t/m²
② 210t/m²
③ 105t/m²
④ 75t/m²

> **해설**
> Meyerhof의 지지력
> $q_{ult} = 3NB\left(1 + \dfrac{D_f}{B}\right)$
> $= 3 \times 10 \times 4 \times \left(1 + \dfrac{3}{4}\right)$
> $= 210 \text{t/m}^2$

04 건물의 신축에서 큰 침하를 피하지 못하는 경우의 대책 중 옳지 않은 것은?

① 신축이음을 설치한다.
② 구조물의 강성을 높인다. 특히 수평재가 유효하다.
③ 지중응력의 증가를 크게 한다.
④ 구조물의 형상 및 중량 배분을 고려한다.

> **해설**
> 구조물의 침하대책
> - 지중응력을 감소시킨다.
> - 구조물의 중량 배분을 균등하게 한다.
> - 구조물의 강성을 크게 한다.
> - 신축이음

05 직접기초 굴착공법이 아닌 것은?

① 오픈 컷(open cut) 공법
② 트랜치 컷(trench cut) 공법
③ 아일랜드(island) 공법
④ 디프 웰(deep well) 공법

> **해설**
> 기초 굴착공법
> - open cut
> - 아일랜드 공법
> - 트랜치 컷 공법

정답 01 ① 02 ① 03 ② 04 ③ 05 ④

05 편심하중을 받는 기초

1. 연속기초의 편심하중

편심하중	압축응력
(그림: 폭 B, 편심거리 e, 하중 Q)	$\sigma_{max} = \dfrac{Q}{A}\left(1 + \dfrac{6e}{B}\right)$
	$\sigma_{min} = \dfrac{Q}{A}\left(1 - \dfrac{6e}{B}\right)$

GUIDE

- σ_{max} : 최대압축응력
- σ_{min} : 최소압축응력
- Q : 연직하중
- A : 폭(B)×길이(L)
  (연속기초는 단위길이로 해석)
- e(편심거리) $= \dfrac{M}{Q}$

06 보상기초

1. 정의

보상기초	정의
(그림: D_f, Q, γ)	① 지지층이 깊을 경우 기초가 설치되는 지반을 굴착하여 구조물로 인한 하중 증가를 감소하는 얕은 기초 ② 구조물 하중($\gamma \cdot D_f$)만큼 하중이 감소됨 ③ 완전 보상기초는 토압 증가가 없다. ($q=0$)

순압력(q)	완전 보상기초의 근입 깊이
$q = \dfrac{Q}{A} - (\gamma \cdot D_f)$	$D_f = \dfrac{Q}{A \cdot \gamma}$

• 순압력
근입 깊이만큼의 흙에 의한 압력을 제외한 기초의 단위면적당 작용하는 하중

• 완전 보상기초
근입깊이가 증가함에 따라 기초에 작용하는 순압력이 0이 되는 기초

2. 부분 보상기초

부분 보상기초	부분 보상기초의 안전율
① $D_f < \dfrac{Q}{A}$ ② $q = \dfrac{Q}{A} - (\gamma D_f) > 0$	$F_s = \dfrac{q_{u(net)}}{q} = \dfrac{\text{순극한지지력}}{\text{하중(압력)}}$ $= \dfrac{q_{u(net)}}{\dfrac{Q}{A} - (\gamma \cdot D_f)}$

예 / 상 / 문 / 제

01 아래 그림과 같은 폭(B) 1.2m, 길이(L) 1.5m인 사각형 얕은 기초의 폭(B) 방향에 편심이 작용하는 경우 지반에 작용하는 최대압축응력은?

① 29.2t/m²
② 38.5t/m²
③ 39.7t/m²
④ 41.5t/m²

[해설]
$$\sigma_{max} = \frac{Q}{A}\left(1+\frac{6e}{B}\right) = \frac{30}{1.2\times1.5}\left(1+\frac{6\times0.15}{1.2}\right) = 29.2\text{t/m}^2$$
$$\left(e = \frac{M}{Q} = \frac{4.5}{30} = 0.15\text{m}\right)$$

02 기초폭 4m인 연속기초에서 기초면에 작용하는 합력의 연직 성분은 10kN이고 편심거리가 0.4m일 때, 기초지반에 작용하는 최대 압력은?

① 2kN/m²
② 4kN/m²
③ 6kN/m²
④ 8kN/m²

[해설]
연속기초의 편심하중
$$q_{max} = \frac{Q}{B}\left(1+\frac{6e}{B}\right) = \frac{10}{4}\left(1+\frac{6\times0.4}{4}\right) = 4\text{kN/m}^2$$

03 다음 그림과 같은 전면기초에서 단면적이 100m², 구조물의 사하중 및 활하중을 합한 총 하중이 2,500ton이고 근입 깊이가 2m, 근입 깊이 내의 흙의 단위중량이 1.8t/m³이었다. 이 기초에 작용하는 순압력은?

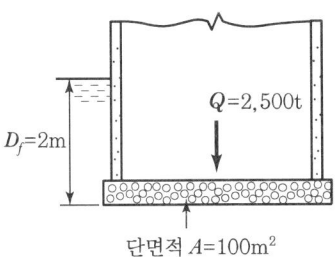

① 21.4t/m²
② 25.0t/m²
③ 26.8t/m²
④ 28.6t/m²

[해설]
$$q = \frac{Q}{A} - (\gamma \cdot D_f) = \frac{2,500}{100} - (1.8\times2) = 21.4\text{t/m}^2$$

04 크기가 30m×40m인 전면 기초가 점성토 지반 위에 설치되었다. 기초에 작용하는 하중의 합이 18,000kN이고, 점성토의 단위중량이 2kN/m³일 때, 완전보상기초(compensated foundation)가 되기 위한 기초의 깊이를 구하면?

① 7.5m
② 15m
③ 3.75m
④ 6m

[해설]
$q = \frac{Q}{A} - (\gamma \cdot D_f) = 0$ 에서
$$= \frac{18,000}{30\times40} - (2\times D_f) = 0 \quad \therefore\ D_f = 7.5\text{m}$$

05 그림과 같은 20×30m 전면기초인 부분보상기초(Partially Compensated Foundation)의 지지력 파괴에 대한 안전율은?

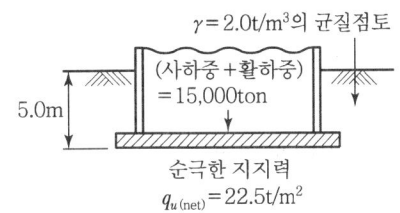

① 3.0
② 2.5
③ 2.0
④ 1.5

[해설]
부분보상기초 안전율(F_s)
$$F_s = \frac{q_{u(net)}}{q} = \frac{\text{순극한 지지력}}{\text{하중(압력)}}$$
$$\therefore F_s = \frac{q_{u(net)}}{\frac{Q}{A}-(\gamma\cdot D_f)} = \frac{22.5}{\left(\frac{15,000}{20\times30}\right)-(2\times5)} = 1.5$$

정답 01 ① 02 ② 03 ① 04 ① 05 ④

CHAPTER 13 실/전/문/제

01 지반의 강도가 약한 연약 지반에는 다음의 어떤 기초가 가장 좋은가?

① 연속 기초　② 전면 기초
③ 독립 기초　④ 복합 기초

[해설]
전면기초
지반의 국부적인 차이에 의한 부등 침하의 영향이 적어 지반의 강도가 아주 약한 연약지반에는 footing 기초보다 유리하다.

02 얕은 기초의 극한지지력을 결정하는 Terzaghi의 이론에서 하중 Q가 점차 증가하여 기초가 아래로 침하할 때의 설명으로 옳지 않은 것은?

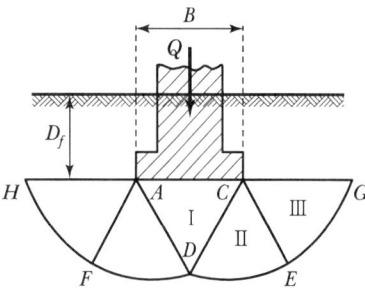

① I의 △ACD 구역은 탄성영역이다.
② II의 △CDE 구역은 방사방향의 전단영역이다.
③ III의 △CEG 구역은 Rankine의 주동영역이다.
④ 원호 DE와 FD는 대수 나선형의 곡선이다.

[해설]
얕은 기초의 전반전단 파괴형상
• I영역 : 탄성영역
• II영역 : 전단영역
• III영역 : 수동영역

03 Terzaghi의 지지력공식에서 고려되지 않는 것은?

① 흙의 내부 마찰각　② 기초의 근입깊이
③ 침하량　④ 기초의 폭

[해설]
Terzaghi 극한지지력 공식
$q_u = \alpha \cdot c \cdot N_c + \beta \cdot \gamma_1 \cdot B \cdot N_r + \gamma_2 \cdot D_f \cdot N_q$
여기서, α, β : 형상계수
　　　　N_c, N_r, N_q : 지지력계수(ϕ함수)
　　　　c : 점착력
　　　　γ_1, γ_2 : 단위중량
　　　　B : 기초폭
　　　　D_f : 근입깊이

∴ 압밀침하량은 고려하지 않는다.

04 다음 중 얕은 기초의 지지력에 영향을 미치지 않는 것은?

① 지반의 경사　② 기초의 깊이
③ 기초의 두께　④ 기초의 형상

[해설]
얕은 기초의 지지력은 지반의 경사, 기초의 근입 깊이(D_f), 기초의 폭(B), 기초의 형상(α, β), 지반의 조건 등에 따라 영향을 미친다.

05 Terzaghi의 얕은 기초에 대한 수정 지지력 공식에서 형상계수 α와 β의 해석 중 틀린 것은?(단, B는 단변(短邊)의 길이, L은 장변(長邊)의 길이)

① 연속기초에서 $\alpha=1.0, \beta=0.5$
② 정방형기초에서 $\alpha=1.3, \beta=0.4$
③ 장방형기초에서 $\alpha=1+0.3\dfrac{B}{L}, \beta=0.5-0.1\dfrac{B}{L}$
④ 원형기초에서 $\alpha=1.3, \beta=0.6$

[해설]
Terzaghi의 수정 공식에서 형상계수

구분	연속	정사각형	원형	직사각형
α	1.0	1.3	1.3	$1+0.3\dfrac{B}{L}$
β	0.5	0.4	0.3	$0.5-0.1\dfrac{B}{L}$

정답　01 ②　02 ③　03 ③　04 ③　05 ④

실 / 전 / 문 / 제

06 테르자기(Terzaghi)의 지지력 공식에 의하면, 기초의 깊이가 깊을수록 극한 지지력은?

① 증가한다.
② 감소한다.
③ 관계가 없다.
④ 경우에 따라 증가하기도 하고 감소하기도 한다.

[해설]
$q_u = \alpha c N_c + \beta \gamma_1 B N_r + \gamma_2 D_f N_q$
∴ 기초 폭(B)과 기초 깊이(D_f)가 클수록 지지력은 증가한다.

07 단위체적중량 1.8kN/m³, 점착력 2.0kN/m², 내부마찰각 0°인 점토 지반에 폭 2m, 근입 깊이 3m의 연속기초를 설치하였다. 이 기초의 극한지지력을 Terzaghi 식으로 구한 값은?(단, 지지력계수 $N_c = 5.7$, $N_r = 0$, $N_q = 1.0$이다.)

① 8.4kN/m² ② 23.2kN/m²
③ 12.7kN/m² ④ 16.8kN/m²

[해설]
테르자기의 극한지지력 공식
$q_u = \alpha \cdot c \cdot N_c + \beta \cdot \gamma_1 \cdot B \cdot N_r + \gamma_2 \cdot D_f \cdot N_q$

형상계수	원형 기초	정사각형 기초	연속기초
α	1.3	1.3	1.0
β	0.3	0.4	0.5

$q_u = 1.0 \times 2.0 \times 5.7 + 0 + 1.8 \times 3 \times 1.0$
$= 16.8 \text{kN/m}^2$

08 크기가 1.5m×1.5m인 정방형 직접기초가 있다. 근입 깊이가 1.0m일 때, 기초 저면의 허용지지력을 테르자기(Terzaghi) 방법에 의하여 구하면?(단, 기초 지반의 점착력은 1.5kN/m², 단위중량은 1.8kN/m³, 마찰각은 20°이고 이때의 지지력계수는 $N_c = 17.69$, $N_q = 7.44$, $N_r = 3.64$이며, 허용지지력에 대한 안전율은 4.0으로 한다.)

① 약 13kN/m²
② 약 14kN/m²
③ 약 15kN/m²
④ 약 16kN/m²

[해설]
$q_u = \alpha \cdot c \cdot N_c + \beta \cdot \gamma_1 \cdot B \cdot N_r + \gamma_2 \cdot D_f \cdot N_q$
$= 1.3 \times 1.5 \times 17.69 + 0.4 \times 1.8 \times 1.5 \times 3.64 + 1.8 \times 1.0 \times 7.44$
$= 51.82 \text{kN/m}^2$

허용지지력(q_a) $= \dfrac{q_u}{F_s} = \dfrac{51.82}{4} = 12.96 \text{kN/m}^2 ≒ 13 \text{kN/m}^2$

09 그림에서 정사각형 독립기초 2.5m×2.5m가 실트질 모래 위에 시공되었다. 이때 근입 깊이가 1.50m인 경우 허용지지력은?(단, $N_c = 35$, $N_\gamma = N_q = 20$)

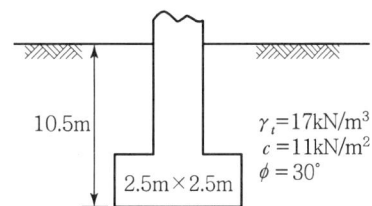

① 250kN/m²
② 300kN/m²
③ 350kN/m²
④ 450kN/m²

[해설]
극한지지력
$q_u = \alpha \cdot c \cdot N_c + \beta \cdot \gamma_1 \cdot B \cdot N_r + \gamma_2 \cdot D_f \cdot N_q$
$= 1.3 \times 11 \times 35 + 0.4 \times 17 \times 2.5 \times 20 + 17 \times 1.5 \times 20$
$= 1,350.5 \text{kN/m}^2$

허용지지력
$q_a = \dfrac{q_u}{F_s} = \dfrac{1,350.5}{3} = 450 \text{kN/m}^2$
(∵ 기초의 안전율은 통상 $F_s = 3$을 사용한다.)

정답 06 ① 07 ④ 08 ① 09 ④

CHAPTER 13 실 / 전 / 문 / 제

10 $c=22kN/m^2$, $\phi=25°$, $\gamma_t=18kN/m^3$인 지반에 $2.5 \times 2.5m$의 정사각형 기초가 근입깊이 1.2m에 놓여 있고 지하수위 영향은 없다. 이때 이 정사각형 기초의 허용하중을 구하면?(단, Terzaghi의 지지력공식을 이용하여 안전율 3, 형상계수 $\alpha=1.3$, $\beta=0.4$ $N_c=25.1$, $N_r=9.7$, $N_q=12.7$)

① 1,200kN ② 2,430kN
③ 3,430kN ④ 4,860kN

[해설]

테르자기 극한지지력 공식
$q_u = \alpha \cdot c \cdot N_c + \beta \cdot \gamma_1 \cdot B \cdot N_r + \gamma_2 \cdot D_f \cdot N_q$

형상계수	원형 기초	정사각형 기초	연속기초
α	1.3	1.3	1.0
β	0.3	0.4	0.5

$q_u = 1.3 \times 22 \times 25.1 + 0.4 \times 18 \times 2.5 \times 9.7 + 18 \times 1.2 \times 12.7$
$= 1,166.78 kN/m^2$

• 허용 지지력
$q_a = \dfrac{극한지지력(q_u)}{안전율(F_s)} = \dfrac{1,166.78}{3}$
$= 388.9 kN/m^2$

• 허용하중
$Q_a = 허용지지력(q_a) \times 기초단면적(A)$
$= 388.9 \times 2.5 \times 2.5 = 2,430 kN$

11 단위체적중량이 $1.6kN/m^3$, 점착력 $c=1.5kN/m^2$, 내부 마찰각 $\phi=0$인 점토지반에 폭 $B=2m$, 근입 깊이 $D_f=3m$인 연속기초의 극한 지지력은? (단, Terzaghi식을 이용, 지지력계수 $N_c=5.7$, $N_r=0$, $N_q=1.0$, 형상계수 $\alpha=1.0$, $\beta=0.5$)

① $10.15kN/m^2$ ② $13.35kN/m^2$
③ $15.42kN/m^2$ ④ $18.12kN/m^2$

[해설]

$q_u = \alpha c N_c + \beta \gamma_1 B N_r + \gamma_2 D_f N_q$
$= \alpha c N_c + \gamma_2 D_f N_q$ (∵ $\phi=0$인 점토)
$= 1.0 \times 1.5 \times 5.7 + 1.6 \times 3 \times 1 = 13.35 kN/m^2$

12 크기가 $1.5m \times 1.5m$인 직접기초가 있다. 근입깊이가 1.0m일 때, 기초가 받을 수 있는 최대허용하중을 Terzaghi 방법에 의하여 구하면?(단, 기초지반의 점착력은 $15kN/m^2$, 단위중량은 $18kN/m^3$, 마찰각은 20°이고 이때의 지지력계수는 $N_c=17.69$, $N_q=7.44$, $N_r=3.64$이며, 허용지지력에 대한 안전율은 4.0으로 한다.)

① 약 290kN ② 약 390kN
③ 약 490kN ④ 약 590kN

[해설]

• 극한지지력
$q_u = \alpha \cdot c \cdot N_c + \beta \cdot \gamma_1 \cdot B \cdot N_r + \gamma_2 \cdot D_f \cdot N_q$
$= 1.3 \times 15 \times 17.69 + 0.4 \times 18 \times 1.5 \times 3.64 + 18 \times 1.0 \times 7.44$
$= 518.2 kN/m^2$

• 허용지지력
$q_a = \dfrac{q_u}{F} = \dfrac{518.2}{4} = 129.6 kN/m^2$

• 허용하중
$Q_a = q_a \cdot A = 129.6 \times 1.5 \times 1.5 = 290 kN$

13 그림에서 정사각형 독립기초 $3m \times 3m$가 실트질 모래 위에 시공되었다. 이때 근입 깊이가 1.50m인 경우 허용지지력은?(단, $N_c=35$, $N_r=N_q=20$)

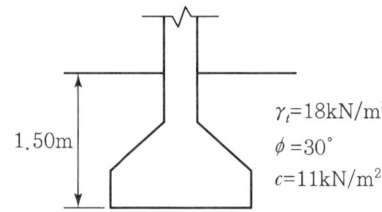

① $250kN/m^2$
② $382kN/m^2$
③ $410kN/m^2$
④ $466kN/m^2$

정답 10 ② 11 ② 12 ① 13 ④

실/전/문/제

해설

$q_u = \alpha c N_c + \beta \gamma_1 B N_r + \gamma_2 D_f N_q$
$= 1.3 \times 11 \times 35 + 0.4 \times 18 \times 2.5 \times 20 + 18 \times 1.5 \times 20$
$= 1,400.5 \text{kN/m}^2$
($\because \alpha = 1.3, \beta = 0.4$)

$\therefore$ 허용지지력 $q_a = \dfrac{q_u}{F_s} = \dfrac{1,400.5}{3} = 466.8 \text{kN/m}^2$

14 4m×4m인 정사각형 기초를 내부마찰각 $\phi = 20°$, 점착력 $c = 30\text{kN/m}^2$인 지반에 설치하였다. 흙의 단위중량 $\gamma = 19\text{kN/m}^3$이고 안전율이 3일 때 기초의 허용하중은?(단, 기초의 깊이는 1m이고, $N_q = 7.44$, $N_\gamma = 4.97$, $N_c = 17.69$이다.)

① 3,780kN ② 5,240kN
③ 6,750kN ④ 8,140kN

해설

- 극한지지력
$q_u = \alpha \cdot c \cdot N_c + \beta \cdot \gamma_1 \cdot B \cdot N_r + \gamma_2 \cdot D_f \cdot N_q$
$= 1.3 \times 30 \times 17.69 + 0.4 \times 19 \times 4 \times 4.97 + 19 \times 1 \times 7.44$
$= 982.4 \text{kN/m}^2$

- 허용지지력
$q_a = \dfrac{q_u}{F_s} = \dfrac{982.4}{3} = 327.5 \text{kN/m}^2$

- 허용하중
$Q_a = q_a \cdot A = 327.5 \times 4 \times 4 = 5,240 \text{kN}$

15 다음 그림과 같이 점토질 지반에 연속기초가 설치되어 있다. Terzaghi 공식에 의한 이 기초의 허용지지력 q_a는 얼마인가?(단, $\phi = 0$이며, 폭(B) = 2m, $N_c = 5.14$, $N_q = 1.0$, $N_r = 0$, 안전율 $F_s = 3$ 이다.)

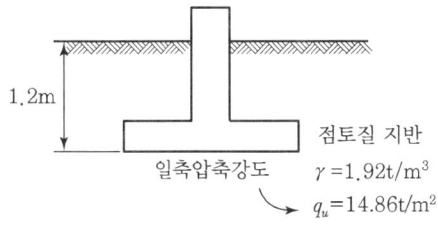

① 6.4t/m² ② 13.5t/m²
③ 18.5t/m² ④ 40.49t/m²

해설

$q_u = \alpha c N_c + \beta \gamma_1 B N_r + \gamma_2 D_f N_q$
$= 1 \times 7.43 \times 5.14 + 0.5 \times 1.92 \times 2 \times 0 + 1.92 \times 1.2 \times 1$
$= 40.49 \text{t/m}^2$
($\because$ 연속 기초 $\alpha = 1.0, \beta = 0.5$)

$q_a = \dfrac{q_u}{F} = \dfrac{40.49}{3} = 13.5 \text{t/m}^2$

($\because \phi = 0$일 때 점착력 $c = \dfrac{q_u}{2} = \dfrac{14.86}{2} = 7.43 \text{t/m}^2$)

16 그림과 같은 20×30cm 전면기초인 부분보상기초(Partialfy Compensated Foundation)의 지지력 파괴에 대한 안전율은?

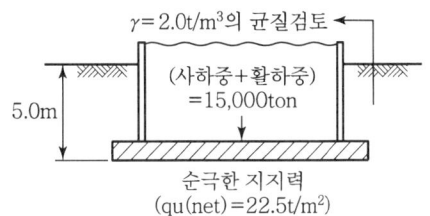

① 3.0 ② 2.5
③ 2.0 ④ 1.5

해설

- 부분보상기초 지지력
$q = \dfrac{Q}{A} - (\gamma \cdot D_f)$
$= \dfrac{15,000}{20 \times 30} - (2 \times 5) = 15 \text{t/m}^2$

- 안전율
$F_s = \dfrac{q_{u(net)}}{q} = \dfrac{22.5}{15} = 1.5$

정답 14 ② 15 ② 16 ④

CHAPTER 13 실/전/문/제

17 폭(B) 1.2m, 길이(L) 1.5m인 다음 그림과 같은 사각형 얕은 기초의 폭(B) 방향에 편심이 작용하는 경우 지반에 작용하는 최대압축응력은?

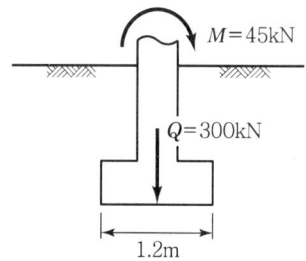

① 292kN/m²
② 385kN/m²
③ 397kN/m²
④ 415kN/m²

[해설]
기초지반에 작용하는 최대압력
$$\sigma_{max} = \frac{\Sigma V}{B}\left(1 \pm \frac{6e}{B}\right)$$
$$= \frac{300}{1.2 \times 1.5} \times \left(1 \pm \frac{6 \times 0.15}{1.2}\right) = 292\text{kN/m}^2$$
(편심거리 $e = \frac{M}{Q} = \frac{45}{300} = 0.15\text{m}$)

18 기초폭 4m인 연속기초에서 기초면에 작용하는 합력의 연직성분은 100kN이고 편심거리가 0.4m일 때, 기초지반에 작용하는 최대 압력은?

① 20kN/m² ② 40kN/m²
③ 60kN/m² ④ 80kN/m²

[해설]
편심하중을 받는 기초의 지지력
$$\sigma_{max} = \frac{\Sigma V}{B} \times \left(1 \pm \frac{6 \cdot e}{B}\right)$$
$$= \frac{100}{4} \times \left(1 + \frac{6 \times 0.4}{4}\right)$$
$$= 40\text{kN/m}^2$$

정답 17 ① 18 ②

CHAPTER 14

깊은 기초

01 말뚝기초의 분류
02 기성 및 현장타설 콘크리트 말뚝
03 단항과 군항
04 말뚝의 지지력
05 동역학적 지지력 공식(항타공식)
06 주면마찰력과 부마찰력
07 피어(Pier) 기초
08 케이슨(Caisson) 기초

01 말뚝기초의 분류

1. 지지방법에 의한 분류

선단지지말뚝	마찰말뚝	다짐(하부지반지지)말뚝
상부 구조물의 하중을 선단의 지지력으로 암반에 지지하는 말뚝	상부 구조물의 하중을 말뚝의 주면 마찰력으로 지지하는 말뚝	주면 마찰력과 선단 지지력을 모두 기대하는 말뚝

GUIDE

- 깊은 기초의 분류
  ① 말뚝 기초
  ② 피어 기초
  ③ 케이슨 기초

- 직접(얕은) 기초
  ① footing 기초
  ② 전면기초

2. 주동말뚝과 수동말뚝

주동말뚝	수동말뚝
① 말뚝이 변형함에 따라 지반이 저항 ② 말뚝이 움직이는 주체가 됨	연약지반 상에서 지반이 먼저 변형하고 그 결과 말뚝이 저항하는 말뚝

- 인장말뚝

  큰 벤딩 모멘트를 받는 기초의 인발력에 저항하는 부재로 사용되는 말뚝

02 기성 및 현장타설 콘크리트 말뚝

1. 강말뚝(steel pile), 강관말뚝, H형 강말뚝

강말뚝의 특징
① 재질이 강해 지내력이 큰 지층에 항타할 수 있다.(개당 100t 이상의 큰 지지력을 얻음) ② 단면의 휨강성이 커서 수평저항력이 크다.(이음이 확실하고 길이 조절이 용이)

- Pedestal pile

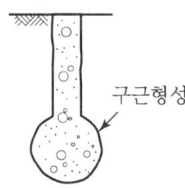
구근형성

2. 현장타설 콘크리트 말뚝 종류

정의	현장콘크리트 파일(관입공법)의 종류	
현장에서 지중에 구멍을 뚫고 그 속에 콘크리트 또는 철근콘크리트를 충전하여 형성하는 말뚝	무각말뚝	① 프랭키 파일(Franky Pile) ② 페데스탈 파일(Pedestal Pile)
	유각말뚝	③ 레이몬드 파일(Raymond Pile)

- Raymond pile

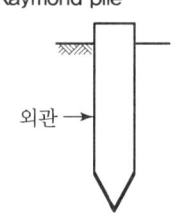
외관

예/상/문/제

01 다음 기초의 형식 중 깊은 기초에 해당되는 것은?

① 케이슨 기초 ② 독립 푸팅 기초
③ 전면 기초   ④ 복합 푸팅 기초

해설
- 직접(얕은) 기초
  ㉠ Footing 기초 – 독립기초, 복합기초, 연속기초
  ㉡ 전면 기초
- 깊은 기초
  ㉠ 말뚝 기초
  ㉡ 케이슨 기초
  ㉢ 피어 기초

02 말뚝의 분류 중 지지상태에 따른 분류에 속하지 않는 것은?

① 다짐 말뚝   ② 마찰 말뚝
③ Pedestal 말뚝 ④ 선단지지 말뚝

해설
말뚝의 지지방법에 의한 분류
- 선단지지 말뚝
- 마찰 말뚝
- 다짐(하부지반 지지)말뚝

03 말뚝기초의 지반거동에 관한 설명으로 틀린 것은?

① 연약지반상에 타입되어 지반이 먼저 변형하고 그 결과 말뚝이 저항하는 말뚝을 주동말뚝이라 한다.
② 말뚝에 작용한 하중은 말뚝 주변의 마찰력과 말뚝선단의 지지력에 의하여 주변 지반에 전달된다.
③ 기성말뚝을 타입하면 전단파괴를 일으키며 말뚝 주위의 지반은 교란된다.
④ 말뚝 타입 후 지지력의 증가 또는 감소 현상을 시간효과(Time Effect)라 한다.

해설
연약지반상에 타입되어 지반이 먼저 변형하고 그 결과 말뚝이 저항하는 말뚝을 수동말뚝이라 한다.

04 다음 중 현장 타설 콘크리트 말뚝기초공법이 아닌 것은?

① 프랭키(Franky) 말뚝공법
② 레이몬드(Raymond) 말뚝공법
③ 페데스탈(Pedestal) 말뚝공법
④ PHC 말뚝공법

해설
현장 타설 콘크리트 말뚝
㉠ 프랭키 파일(Franky Pile)
㉡ 페데스탈 파일(Pedestal Pile)
㉢ 레이몬드 파일(Raymond Pile)

05 다음 중 현장 말뚝 기초 공법에 해당되지 않는 것은?

① 프랭키 공법   ② 바이브로플로테이션 공법
③ 페데스탈 공법   ④ 레이몬드 공법

해설
바이브로플로테이션 공법
사질토 지반의 개량 공법으로 충격, 진동에 의한 다짐으로 밀도를 증가하는 방법이다.

06 얇은 철판의 외관 안에 굳은 심대를 넣어 처박은 후 심대는 빼내고 콘크리트를 다져 넣는 방법으로 콘크리트 말뚝을 만드는 공법은?

① Franky Pile   ② Pedestal Pile
③ Raymond Pile ④ Simplex Pile

해설

공법	특징
Franky Pile	(외관+콘크리트) 삽입 → 외관 인발
Pedestal Pile	내외 이중관 삽입 → 내관 인발 → 콘크리트 타설 → 외관 인발
Raymond Pile	얇은 내외관 삽입 → 내관 인발 → 콘크리트 타설

정답 01 ① 02 ③ 03 ① 04 ④ 05 ② 06 ③

03 단항과 군항

1. 단항과 군항의 정의

단항(외말뚝)	군항(무리말뚝)
주변 말뚝의 영향 없이 자체의 지지력을 발휘하는 말뚝	주변 말뚝과 겹쳐진 응력으로 지지력을 발휘하는 말뚝

2. 단항과 군항의 판정기준

지중응력이 미치는 범위(직경)	단항(외말뚝)	군항(무리말뚝)
$D_o = 1.5\sqrt{r \cdot l}$	$D_o < S$	$D_o > S$
① D_o : 지중응력이 미치는 범위(직경) (무리말뚝의 영향을 고려하지 않아도 되는 말뚝의 최소 간격) ② r : 말뚝의 반경, ③ l : 말뚝 길이	S : 말뚝 중심 사이의 간격	

3. 단항과 군항의 허용지지력

단항(단말뚝)의 허용지지력	군항(군말뚝, 무리말뚝)의 허용지지력
$Q_{as} = Q_a \cdot N$	$Q_{ag} = E \cdot Q_a \cdot N$
	① Q_a : 말뚝 1개의 허용지지력 ② N : 말뚝 개수 ③ E : 군항의 효율($E < 1$)

4. 군항의 효율

군항의 효율(E)	θ
$E = 1 - \theta \left[\dfrac{(m-1)n + (n-1)m}{90\,m\,n} \right]$	$\theta(°) = \tan^{-1}\left(\dfrac{d}{S}\right)$
	① m : 말뚝의 열수 ② n : 1열속의 말뚝수 ③ d : 말뚝의 직경(cm) ④ S : 말뚝 중심 사이의 간격(cm)

GUIDE

• 단항(외말뚝)

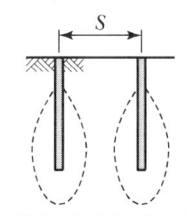

응력중첩이 생기지 않으면 단항으로 판정

• 군항(무리말뚝)

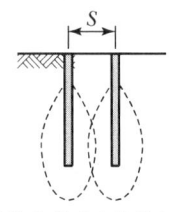

응력중첩이 생기면 군항으로 판정

• 무리말뚝인 군항의 침하량은 동일한 규모의 하중을 받는 단항(외말뚝)의 침하량보다 크다.

• 군항은 단항보다 각각의 말뚝이 발휘하는 지지력이 작다.

예 / 상 / 문 / 제

01 말뚝의 직경이 50cm, 지중에 관입된 말뚝의 길이가 10m인 경우, 무리말뚝의 영향을 고려하지 않아도 되는 말뚝의 최소간격은?

① 2.37m   ② 2.75m
③ 3.35m   ④ 3.75m

[해설]
무리말뚝(군항)의 영향을 고려하지 않아도 되는 최소 간격은
$D_o = 1.5\sqrt{r \cdot l} = 1.5 \times \sqrt{0.25 \times 10} = 2.37\text{m}$

02 말뚝이 20개인 군항기초에 있어서 효율이 0.75이고, 단항으로 계산된 말뚝 한 개의 허용지지력이 15kN일 때 군항의 허용지지력은 얼마인가?

① 112.5kN   ② 225kN
③ 300kN   ④ 400kN

[해설]
군항의 허용지지력은 $Q_{ag} = EQ_aN = 0.75 \times 15 \times 20 = 225\text{kN}$

03 깊은 기초에 대한 설명으로 틀린 것은?

① 점토지반 말뚝기초의 주면마찰저항을 산정하는 방법에는 α, β, λ 방법이 있다.
② 사질토에서 말뚝의 선단지지력은 깊이에 비례하여 증가하나 어느 한계에 도달하면 더 이상 증가하지 않고 거의 일정해진다.
③ 무리말뚝의 효율은 1보다 작은 것이 보통이나 느슨한 사질토의 경우에는 1보다 클 수 있다.
④ 무리말뚝의 침하량은 동일한 규모의 하중을 받는 외말뚝의 침하량보다 작다.

[해설]
지반 중에 박은 2개 이상의 말뚝의 지중응력이 서로 영향이 미칠 정도로 접근한 경우 군항(무리말뚝)이라 한다. 무리말뚝의 침하량은 동일한 규모의 하중을 받는 외말뚝의 침하량보다 크다.

04 아래 그림과 같이 사질토 지반에 타설된 무리 마찰말뚝이 있다. 말뚝은 원형이고 직경은 0.4m, 설치간격은 1m이었다. 이 무리말뚝의 효율은 얼마인가?(단, Convert-Labarre 공식을 사용할 것)

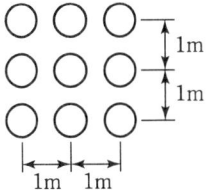

① 0.55   ② 0.62   ③ 0.68   ④ 0.75

[해설]
군항(무리말뚝)의 지지력 효율
$E = 1 - \theta\left[\dfrac{(m-1)n + (n-1)m}{90mn}\right]$

(여기서, $\theta = \tan^{-1}\dfrac{d}{S}$)

$\therefore E = 1 - \tan^{-1}\left(\dfrac{0.4}{1}\right)\left[\dfrac{(3-1)\times 3 + (3-1)\times 3}{90 \times 3 \times 3}\right] = 0.68$

05 지름 $d = 20$cm인 나무말뚝을 25본 박아서 기초 상판을 지지하고 있다. 말뚝의 배치를 5열로 하고 각 열은 두 간격으로 5본씩 박혀 있다. 말뚝의 중심간격 $S = 1$m이고 본의 말뚝이 단독으로 100kN의 지지력을 가졌다고 하면 이 무리말뚝은 전체로 얼마의 하중을 견딜 수 있는가?(단, Converse-Labbarre식을 사용한다.)

① 1,000kN   ② 2,000kN   ③ 3,000kN   ④ 4,000kN

[해설]
군항의 허용지지력
$Q_{ag} = E \cdot N \cdot Q_a$

• 군항의 시시력 효율
$E = 1 - \theta\left[\dfrac{(m-1)n + (n-1)m}{90mn}\right]$
$= 1 - 11.3\left[\dfrac{(5-1)\times 5 + (5-1)\times 5}{90 \times 5 \times 5}\right] = 0.8$

(여기서, $\theta = \tan^{-1}\dfrac{d}{S} = \tan^{-1}\left(\dfrac{20}{100}\right) = 11.3$)

• $N = 5 \times 5 = 25$
• $R_a = 100$kN

$\therefore$ 군항의 허용지지력 $R_{ag} = E \cdot N \cdot R_a = 0.8 \times 25 \times 100 = 2,000\text{kN}$

정답 01 ① 02 ② 03 ④ 04 ③ 05 ②

04 말뚝의 지지력

1. 말뚝의 지지력 산정방법

정역학적 공식	동역학적 공식(항타공식)
① Terzaghi 공식	① Sander 공식
② Meyerhof 공식	② Engineering News 공식
③ Dörr 공식	③ Hiley 공식
④ Dunham 공식	④ Weisbach 공식

2. 정역학적 공식에 의한 극한지지력

말뚝의 하중 부담	정역학적 공식에 의한 극한지지력
(그림: 말뚝에 Q_u 작용, 마찰의 지지력 Q_f, 선단의 지지력 Q_p)	$Q_u = Q_p + Q_f$ ① Q_u : 정역학적 공식에 의한 극한지지력(t) ② Q_p : 선단지지에 의한 말뚝의 지지력(t) ③ Q_f : 주면마찰에 의한 말뚝의 지지력(t)

3. 선단지지력과 주면마찰저항력

선단지지력(Q_p, Meyerhof법)	주면마찰저항력(Q_f)
$Q_p = A_p(c_u N_c + q' N_q)$	$Q_f = (\sum P_s \times \triangle L) \cdot f_s$
① Q_p : 선단지지력(t) ② A_p : 말뚝 선단의 면적(m²) ③ c_u : 말뚝선단 주위 흙의 점착력(kN/m²) ④ N_c : 지지력 계수($\phi=0$일 때 $N_c=9$) ⑤ q' : 말뚝 선단과 같은 위치의 연직유효응력($\gamma \cdot l$) ⑥ N_q : 지지력 계수($\phi=0$일 때 $N_q=0$)	① Q_f : 말뚝의 주면마찰력 ② P_s : 말뚝단면의 윤변 ③ $\triangle L$: P_s와 f_s가 일정한 곳에서의 말뚝길이 ④ f_s : 말뚝둘레의 마찰력

GUIDE

- 정역학적 공식은 점성토 지반에 잘 맞는다.
  (현장타설 콘크리트말뚝의 지지력 추정)

- 동역학적 공식은 사질토 지반에 잘 맞는다.
  (항타할 때의 타격에너지와 지반의 변형에 의한 에너지가 같다고 하여 만든 공식으로 기성말뚝을 항타하여 시공 시 지지력을 추정)

- 동역학적 공식 중 Hiley 공식이 가장 합리적

- 디젤해머
  램, 앤빌블록, 연료 주입 시스템으로 구성된다. 연약지반에서는 램이 들어올려지는 양이 작아서 공기-연료 혼합물의 점화가 불가능하여 사용이 어렵다.

- 말뚝의 정적지지력(Q_u)
  선단지지력 + 주면마찰저항력

예 / 상 / 문 / 제

01 말뚝의 지지력 공식 중 정역학적 방법에 의한 공식은 다음 중 어느 것인가?

① Meyerhof의 공식
② Hiley 공식
③ Enginerring-News 공식
④ sander 공식

[해설]

정역학적 공식	동역학적 공식
① Terzaghi 공식	① Sander 공식
② Meyerhof 공식	② Engineering News 공식
③ Dörr 공식	③ Hiley 공식
④ Dunham 공식	④ Weisbach 공식

02 다음 중 말뚝의 지지력을 구하는 공식이 아닌 것은?

① 샌더(Sander) 공식 ② 힐리(Hiley) 공식
③ 재키(Jaky) 공식   ④ 엔지니어링 뉴스 공식

[해설]
말뚝의 지지력을 구하는 공식(동역학적)
- Hiley 공식
- Weisbach 공식
- Engineering-News 공식
- Sander 공식

03 말뚝기초의 지지력에 관한 설명으로 틀린 것은?

① 부의 마찰력은 아래 방향으로 작용한다.
② 말뚝선단부의 지지력과 말뚝 주변 마찰력의 합이 말뚝의 지지력이 된다.
③ 점성토 지반에는 동역학적 지지력 공식이 잘 맞는다.
④ 재하시험 결과를 이용하는 것이 신뢰도가 큰 편이다.

[해설]
사질토 지반에서는 동역학적 지지력 공식이, 점성토 지반에서는 정역학적 지지력 공식이 잘 맞는다.

04 깊은 기초의 지지력 평가에 관한 설명 중 잘못된 것은?

① 정역학적 지지력 추정방법은 논리적으로 타당하나 강도 정수를 추정하는 데 한계성을 내포하고 있다.
② 동역학적 방법은 항타 장비, 말뚝과 지반조건이 고려된 방법으로 해머 효율의 측정이 필요하다.
③ 현장 타설 콘크리트 말뚝기초는 동역학적 방법으로 지지력을 추정한다.
④ 말뚝 항타분석기(PDA)는 말뚝의 응력분포, 경시 효과 및 해머 효율을 파악할 수 있다.

[해설]
동역학적 방법(항타공식)
항타할 때의 타격에너지와 지반의 변형에 의한 에너지가 같다고 하여 만든 공식으로 기성 말뚝을 항타하여 시공 시 지지력을 추정할 수 있다.

05 다음은 말뚝을 시공할 때 사용되는 해머에 대한 설명이다. 어떤 해머에 대한 것인가?

> 램, 앤빌블록, 연료 주입 시스템으로 구성된다. 연약지반에서는 램이 들어올려지는 양이 작아 공기-연료 혼합물의 점화가 불가능하여 사용이 어렵다.

① 증기해머   ② 진동해머
③ 디젤해머   ④ 유압해머

06 점착력이 50kN/m², $\gamma_t = 18$kN/m³의 비배수 상태($\phi=0$)인 포화된 점성토 지반에 직경 40cm, 길이 10cm의 PHC 말뚝이 항타 시공되었다. 이 말뚝의 선단지지력은 얼마인가?(단, Meyerhof 방법을 사용)

① 15.7kN   ② 32.3kN
③ 56.5kN   ④ 450kN

[해설]
- 말뚝의 정적지지력 = 선단지지력 + 주면마찰력
- 선단지지력(Meyerhof 방법)
$$Q_p = A_p \cdot (c_u \cdot N_c + q' \cdot N_q)$$
$$= \frac{\pi \times 0.4^2}{4} \times (50 \times 9 + 18 \times 10 \times 0) = 56.5\text{kN}$$
(여기서, 내부마찰각 $\phi=0°$인 경우 지지력계수 $N_c=9$, $N_q=0$)

정답 01 ① 02 ③ 03 ③ 04 ③ 05 ③ 06 ③

05 동역학적 지지력 공식(항타공식)

1. Hiley의 공식

극한지지력
$Q_u = \dfrac{W_h \cdot H \cdot e}{S + \dfrac{1}{2}(C_1 + C_2 + C_3)} \left(\dfrac{W_h + n^2 \cdot W_P}{W_h + W_P} \right)$

① Q_u : 극한 지지력　　② W_h : 해머의 무게(t)
③ H : 낙하고(cm)　　　④ S : 말뚝의 최종 관입량(cm)
⑤ n : 반발계수　　　　⑥ W_P : 말뚝의 중량(t)
⑦ C_1, C_2, C_3 : 캡, 말뚝, 흙의 일시작 탄성 압축량(cm)
⑧ e : Hammer의 효율　⑨ Hiley 공식의 안전율 = 3

GUIDE

- Hiley 공식
  ① 가장 합리적
  ② 모래, 자갈에 작함
  ③ 말뚝머리에서 측정되는 반발량을 이용

2. Sander 공식

극한지지력	허용지지력
$Q_u = \dfrac{W_h \cdot H}{S}$	$Q_a = \dfrac{Q_u}{F_s} = \dfrac{W_h \cdot H}{8S}$

① Q_u : 극한지지력　　② W_h : 해머의 무게(t)
③ H : 낙하고(cm)　　　④ S : 타격당 말뚝의 평균 관입량(cm)
⑤ Q_a : 허용지지력　　⑥ F_s : 안전율

- 동역학적 지지력 공식에서 말뚝의 침하량(S)과 낙하고(H)의 단위는 cm로 대입해야 한다.

- Sander 공식의 안전율
  $F_s = 8$

3. Engineering-News 공식

drop hammer (낙하 해머)		극한지지력	$Q_u = \dfrac{W_h \cdot H}{S + 2.54}$		
		허용지지력	$Q_a = \dfrac{W_h \cdot H}{F_s(S+2.54)} = \dfrac{W_h \cdot H}{6(S+2.54)} = \dfrac{H_e \cdot 100 \cdot E}{6(S+2.54)}$		
steam hammer (증기 해머)	단동식	극한지지력	$Q_u = \dfrac{W_h \cdot H}{S + 0.25}$		
		허용지지력	$Q_a = \dfrac{W_h \cdot H}{F_s(S+0.25)} = \dfrac{W_h \cdot H}{6(S+0.25)} = \dfrac{H_e \cdot 100 \cdot E}{6(S+0.25)}$		
	복동식	극한지지력	$Q_u = \dfrac{(W_h + A_p \cdot P)H}{S + 0.25}$		
		허용지지력	$Q_a = \dfrac{(W_h + A_p \cdot P)H}{F_s(S+0.25)} = \dfrac{(W_h + A_p \cdot P)H}{6(S+0.25)}$		

- Engineering News 공식의 안전율
  $F_s = 6$

- H : 낙하고(cm)
  S : 타격당 말뚝의 평균 관입량 (cm)
  A_p : 피스톤의 면적(cm^2)
  P : 해머에 작용하는 증기압
  H_e : 해머의 타격에너지
  E : 해머의 효율

- 낙하해머(drop hammer)의 손실 상수는 2.54

- 증기해머(steam hammer)의 손실 상수는 0.25

예 / 상 / 문 / 제

01 말뚝의 허용지지력을 구하는 Sander의 공식은?(단, R_a : 허용지지력, S : 관입량, W_H : 해머의 중량, H : 낙하고)

① $R_a = \dfrac{W_H \cdot H}{8S}$ ② $R_a = \dfrac{W_H \cdot H}{4S}$

③ $R_a = \dfrac{W_H \cdot S}{4H}$ ④ $R_a = \dfrac{W_H \cdot H}{8+S}$

[해설]
Sander공식(안전율 $F_s = 8$)
허용지지력 $R_a = \dfrac{W_H \cdot H}{8 \cdot S}$

02 무게 100N인 해머로 2m 높이에서 말뚝을 박았더니 침하량이 2cm이었다. 이 말뚝의 허용지지력을 Sander 공식으로 구한 값은?(단, 안전율 $F_s = 8$을 적용한다.)

① 1.25kN ② 2.5kN
③ 5kN   ④ 10kN

[해설]
Sander공식(안전율 $F_s = 8$)
- 극한지지력 $Q_u = \dfrac{W_h \cdot H}{S}$
- 허용지지력 $Q_a = \dfrac{Q_u}{F_s} = \dfrac{W_h \cdot H}{8 \cdot S}$
  $= \dfrac{100 \times 200}{8 \times 2} = 1,250\text{N} = 1.25\text{kN}$

※ 낙하고(H), 침하량(S)은 cm로 대입

03 말뚝의 지지력을 결정하기 위해 엔지니어링 뉴스공식을 사용할 때 적용하는 안전율은?

① 6   ② 8
③ 10 ④ 12

[해설]
엔지니어링 뉴스공식 안전율
$F_s = 6$

04 단동식 증기 해머로 말뚝을 박았다. 해머의 무게 25kN, 낙하고 3m, 타격당 말뚝의 평균관입량 1cm, 안전율 6일 때 Engineering-News 공식으로 허용지지력을 구하면?

① 2,500kN ② 2,000kN
③ 1,000kN ④ 500kN

[해설]
Engineering-News공식(단동식 증기해머)에서
허용지지력은
$Q_a = \dfrac{Q_u}{F_s} = \dfrac{W_h \cdot H}{6(S+0.25)} = \dfrac{25 \times 300}{6(1+0.25)} = 1,000\text{kN}$
(Engineering-News공식의 안전율 $F_s = 6$)

05 말뚝의 지지력 공식 중 엔지니어링 뉴스(Engineering News) 공식에 대한 설명으로 옳은 것은?

① 정역학적 지지력 공식이다.
② 동역학적 지지력 공식이다.
③ 군항의 지지력 공식이다.
④ 전달파를 이용한 지지력 공식이다.

[해설]
엔지니어링 뉴스공식은 말뚝의 지지력 공식 중 동역학적(항타공식) 지지력 공식이다.

06 직경 30cm 콘크리트 말뚝을 단동식 증기해머로 타입하였을 때 엔지니어링 뉴스공식을 적용한 말뚝의 허용지지력은?(단, 타격에너지=36kN·m 해머효율=0.8, 손실상수=0.25cm, 마지막 25mm 관입에 필요한 타격횟수=5)

① 640kN   ② 1,280kN
③ 1,920kN ④ 3,840kN

[해설]
엔지니어링 뉴스공식
$Q_a = \dfrac{H_e \times 100 \times E}{6(S+0.25)} = \dfrac{36 \times 100 \times 0.8}{6(0.5+0.25)} = 640\text{kN}$

(여기서, 타격당 말뚝의 평균관입량 $S = \dfrac{25}{5} = 5\text{mm} = 0.5\text{cm}$)

정답 01 ① 02 ① 03 ① 04 ③ 05 ② 06 ①

06 주면마찰력과 부마찰력

1. 주면마찰력

주면마찰력의 정의	종류
말뚝 주면과 말뚝 주면에 있는 흙 사이에 작용하는 마찰력	① 정의 주면마찰력(Q_f) 말뚝 주면과 흙의 마찰에 의해 상향으로 작용하는 마찰력 ② 부의 주면마찰력(부마찰력, Q_{nf}) 연약층의 압밀침하 시 말뚝을 침하시키려는 하향의 마찰력

- 정역학적 극한지지력
  $Q_u = Q_p + Q_f$

- 부마찰력 작용시 극한지지력
  $Q_u = Q_p - Q_{nf}$

2. 부마찰력(negative friction)

부마찰력 모식도

연약지반에 말뚝을 박은 다음 성토할 경우에는 말뚝 주면 침하량이 말뚝의 침하량보다 상대적으로 클 때 말뚝 주면에 발생하는 (−)의 마찰력을 부주면 마찰력이라 한다.

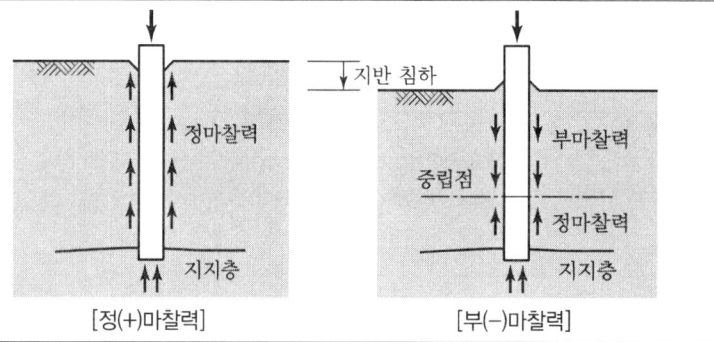

[정(+)마찰력]   [부(−)마찰력]

특징	① 아래쪽으로 작용하는 말뚝의 주면마찰 ② 말뚝에 부마찰력이 발생하면 말뚝의 지지력은 부주면 마찰력만큼 감소 ③ 연약 지반을 관통하여 견고한 지반까지 말뚝을 박은 경우 일어나기 쉽다. ④ 연약한 점토에서 부마찰력은 상대 변위의 속도가 느릴수록 적게 발생
발생 원인	① 지반 중에 연약점토층의 압밀침하 ② 연약한 점토층 위의 성토(사질토) 하중 ③ 지하수위의 저하

- 부마찰력이 일어나면 극한지지력 은 감소한다.

- 말뚝이 박힌 채 지반이 침하하면 말뚝과 지반이 서로 일체식 거동 을 하여 부마찰력이 발생

- 동일 속도로 내려가면(상대변위의 속도가 느리면) 부마찰력은 적게 발생

3. 부마찰력의 크기

부마찰력의 크기	내용
$Q_{nf} = f_n A_s$	① f_n : 단위면적당 부마찰력(연약 점토 $f_n = \dfrac{q_u}{2}$) ② A_s : 부마찰력이 작용하는 부분의 말뚝 주면적(πDl) ③ l : 말뚝 관입깊이

- q_u : 일축압축강도

예/상/문/제

01 말뚝에 관한 다음 설명 중 옳은 것은?

① 말뚝에 부(負)의 주면 마찰이 일어나면 지지력은 증가한다.
② 무리 말뚝(群抗)에 있어서 각각의 말뚝이 발휘하는 지지력은 단말뚝보다 크다.
③ 정역학적 지지력 공식에 의하면 지지력은 선단 저항력과 주면 마찰력의 합과 같다.
④ 일반적으로 지반 조건으로 보아 말뚝 끝이 암반에 도달하면 마찰 말뚝, 연약 점토성에 도달하면 지지 말뚝으로 구분한다.

[해설]
- 말뚝에 부마찰력이 일어나면 지지력은 감소한다.
- 무리 말뚝(군항)은 전달되는 응력이 겹쳐져서 각각의 지지력은 단말뚝보다 작다.
- 말뚝 끝이 암반에 도달하면 선단지지 말뚝이다.

02 말뚝의 부마찰력(negative skin friction)에 대한 설명 중 틀린 것은?

① 말뚝의 허용지지력은 점성토일 때 세심하게 고려한다.
② 연약지반에 말뚝을 박고 그 위에 성토를 하였을 때 생긴다.
③ 연약지반을 관통하여 견고한 지반까지 말뚝을 박을 경우 일어나기 쉽다.
④ 연약한 점토에 있어서는 상대 변위의 속도가 느릴수록 부마찰력은 크다.

[해설]
연약한 점토에서 부마찰력은 상대 변위의 속도가 느릴수록 적고, 빠를수록 크다.

03 다음 중 직접기초의 지지력 감소요인으로서 적당하지 않은 것은?

① 편심하중
② 경사하중
③ 부마찰력
④ 지하수위의 상승

[해설]
부마찰력은 깊은 기초(말뚝기초)와 관련이 있다.

04 말뚝의 부마찰력에 대한 설명 중 틀린 것은?

① 부마찰력이 작용하면 지지력이 감소한다.
② 연약지반에 말뚝을 박은 후 그 위에 성토를 한 경우 일어나기 쉽다.
③ 부마찰력은 말뚝 주변침하량이 말뚝의 침하량보다 클 때 아래로 끌어내리는 마찰력을 말한다.
④ 연약한 점토에 있어서는 상대변위의 속도가 느릴수록 부마찰력은 크다.

[해설]
하중이 증가하는 주면마찰력으로 상대변위의 속도가 빠를수록 부마찰력은 크다.

05 가로 2m, 세로 4m의 직사각형 케이슨이 지중 16m까지 관입되었다. 단위면적당 마찰력 $f = 0.2$ kN/m²일 때 케이슨에 작용하는 주면마찰(skin friction)은 얼마인가?

① 38.4kN
② 27.5kN
③ 19.2kN
④ 12.8kN

[해설]
$$Q_{f(주면마찰력)} = f_n \cdot A_s$$
$$= 0.2 \times (2+4+2+4) \times 16 = 38.4 \text{kN}$$

06 연약점성토층을 관통하여 철근콘크리트 파일을 박았을 때 부마찰력(Negative Friction)은?(단, 이때 지반의 일축압축강도 $q_u = 20$kN/m², 파일직경 $D = 50$cm, 관입깊이 $l = 10$m이다.)

① 157.1kN
② 185.3kN
③ 208.2kN
④ 242.4kN

[해설]
부마찰력 $(Q_{nf}) = f_n A_s$

- 마찰응력 $(f_s) = \dfrac{q_u}{2} = \dfrac{20}{2} = 10 \text{kN/m}^2$
- $A_s = \pi Dl = \pi \times 0.5 \times 10 = 15.71 \text{m}^2$

∴ $Q_{nf} = f_n A_s = 10 \times 15.71 = 157.1$kN

정답 01 ③ 02 ④ 03 ③ 04 ④ 05 ① 06 ①

07 피어(Pier) 기초

1. 피어기초의 개요

정의	피어기초의 특징
① 구조물의 하중을 굳은 지반까지 전달하기 위해 수직공을 굴착하여 그 속에 현장 콘크리트를 타설하여 만든 말뚝 ② 굴착에 의한 대구경 현장 말뚝공법으로서 보통 직경이 100cm 정도	① 말뚝의 타입이 곤란한 곳도 기계 굴착에 의해 시공이 가능 ② 수평력에 대한 휨강도의 저항성이 크다. ③ 무소음, 무진동 공법으로 시가지 공사에 적합

- 현장타설말뚝
  ① 타격에 의한 방법
  ② 굴착에 의한 방법

2. 대구경 현장타설말뚝인 피어기초의 종류

피어 (pier) 기초	기계굴착	올케이싱(all casing) 공법	베노토 공법
			돗바늘 공법
		RCD(Reverse Circulation Drill) 공법	
		어스드릴(earth drill) 공법	
	인력굴착	Chicago 공법	
		Gow 공법	

- 케이싱 설치

3. 기계굴착 공법별 특성 비교

구분	Benoto 공법	RCD 공법 (역순환공법)	Earth drill 공법
굴착기계	Hammer grab	특수비트 +Suction pump	Drilling bucket
배토방법	굴착기구 사용	순환수와 함께 빨아올림	굴착기구 사용
공벽 보호	Casing 튜브 삽입	정수압(수두압)	벤토나이트 안정액
특징	타격을 하지 않기 때문 소음진동이 적다.	유속이 빠른 곳은 곤란 이수처리가 곤란하다.	슬라임 처리 곤란, 지지력이 다소 떨어짐
유의사항	케이싱 튜브의 인발 시 철근이 따라 뽑히는 공상현상 주의	공벽의 수압유지 작업능률이 좋다.	공병붕괴 방지를 위한 안정액 유지관리

- Hammer grab

예 / 상 / 문 / 제

01 다음 중 피어(Pier) 공법이 아닌 것은?

① 시카고(Chicago) 공법
② 베노토(Benoto) 공법
③ 고어(Gow) 공법
④ 감압공법

[해설]

피어(pier)기초	기계굴착	올케이싱(all casing) 공법	베노토 공법
			돗바늘 공법
		RCD(Reverse Circulation Drill) 공법	
	인력굴착	Chicago 공법	
		Gow 공법	

02 구조물의 하중을 굳은 지반에 전달하기 위하여 수직공을 굴착하여 그 속에 현장 콘크리트를 타설하여 만들어진 주상의 기초로 비교적 지지력이 큰 구조물이며, 이 기초의 대표적인 시공법에는 베노토 공법 등이 있다. 다음 중 이 기초에 속하는 것은?

① 피어(Pier) 기초
② 현장 타설 콘크리트 말뚝
③ 오픈 케이슨
④ 뉴메틱 케이슨

[해설]
피어기초
• 구조물의 하중을 굳은 지반까지 전달하기 위해 수직공을 굴착하여 그 속에 현장 콘크리트를 타설하여 만든 말뚝
• 깊은 기초로서 보통 직경이 100cm 정도의 대구경

03 피어기초의 수직공을 굴착할 때의 방법 중에서 인력굴착에 속하는 공법은?

① Benoto 공법
② Earth drill 공법
③ Gow 공법
④ Reverse circulation 공법

[해설]
피어기초 중 인력굴착의 종류
• Chicago 공법
• Gow 공법

04 피어기초의 특징이 아닌 것은?

① 굴착을 하게 되므로 예정지반까지 도달한다.
② 지내력 시험이 실제의 기초 밑면까지 행하여져 확실한 결과가 얻어진다.
③ 많은 수의 기초를 동시에 시공할 수 있다.
④ 말뚝박기에 따르는 소음진동이 심하다.

[해설]
피어기초는 타격을 하지 않기 때문에 소음진동이 적다.

05 다음 말뚝공법 중 현장말뚝공법이 아닌 것은 어느 것인가?

① Benoto 공법
② Earth drill 공법
③ Open caisson 공법
④ Reverse circulation 공법

[해설]
현장말뚝은 타격에 의한 방법과 굴착에 의한 방법이 있다.

06 Benoto 공법에 대한 다음 기술 중 적당치 않은 것은?

① 굴착에는 해머그래브를 사용한다.
② 케이싱 튜브를 사용하여 공법을 유지한다.
③ 점토질 실트와 자갈층 등에 대하여 유리하다.
④ 굴착하는 동안 지하수는 펌프로 배수시킬 필요가 있다.

[해설]
④는 역순환(RCD) 공법에 대한 설명이다.

07 선단에 요동장치가 부착된 케이싱 튜브를 압입시켜 관입하고 케이싱 내부의 흙을 해머그래브로 굴착하여 소정의 지지지반까지 구멍을 판 후 이수를 펌핑하고 철근을 조립하여 콘크리트를 치면서 케이싱 튜브를 빼내 원형의 주상 기초를 만드는 공법을 무엇이라 하는가?

① Benoto 공법
② Earth drill 공법
③ Open caisson 공법
④ 역순환(RCD) 공법

정답 01 ④ 02 ① 03 ③ 04 ④ 05 ③ 06 ④ 07 ①

08 케이슨(Caisson) 기초

1. 케이슨 기초의 개요

정의	시공방법에 따른 종류
수상이나 육상에서 제작한 속이 빈 콘크리트 구조물, 즉 케이슨을 자중이나 적재 하중에 의해 지지층까지 침하시킨 후 모래, 자갈, 콘크리트로 속채움하는 기초	① 오픈 케이슨(open caisson) ② 뉴메틱 케이슨(pneumatic caisson) (공기 케이슨) ③ 박스 케이슨(box caisson)

2. 오픈케이슨(open caisson), 우물통기초, 정통기초

장점	단점
① 시공침하 깊이에 제한이 없다. ② 기계설비가 비교적 간단하다. ③ 공사비가 상대적으로 저렴하다. ④ 무진동 시공(시가지 공사 적합)	① 토질상태 파악하기 힘들다. ② 수중 타설한 콘크리트 품질문제이다. ③ 주변지반의 융기(히빙), 분사현상이 발생하기 쉽다.

3. 뉴메틱케이슨(pneumatic caisson), 공기케이슨

정의	단점
케이슨 밑에 작업실을 만들고 압축공기에 의해 지하수 유입을 막으며 굴착, 침하시키는 공법 (boiling, heaving 방지)	① 노무관리비가 많이 든다.(노동자와 노동조건의 제약) ② 소규모 공사에서는 비경제적이다.(기계설비가 고가) ③ 잠수병이 염려된다.(고압 내에서 작업함) ④ 굴착깊이에 제한(30~40m 이상 심도가 깊은 공사는 곤란)

4. 박스케이슨(box caisson)

박스케이슨
밑이 막힌 박스형으로 육상에서 제작한 후 해상에 진수시켜 내부에 모래, 자갈, 콘크리트를 채워 침하시키는 공법

장점	단점
① 공사비가 저렴하고 공사하기가 쉽다. ② 케이슨을 지지하기에 알맞은 토층이 지표면 근처에 있는 경우에 적합하다.	① 굴착 깊이가 깊어지면 부적합하다. ② 지반의 표면이 수평으로 되어 있거나 수평면으로 굴착하여야 한다.

GUIDE

• 공기케이슨(뉴메틱케이슨)

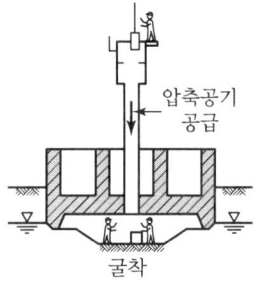

• 공기케이슨의 장점
  ① 토층 확인 가능(지지력시험)
  ② boiling, heaving 방지
  ③ 콘크리트 신뢰성 높다.(수중콘크리트 시공이 아님)

• 공기케이슨에서 압축공기의 압력은 $3.5\text{kg}/\text{cm}^2$ 정도

예 / 상 / 문 / 제

01 뉴메틱 케이슨의 장점을 열거한 것 중 옳지 않은 것은?

① 토질을 확인할 수 있고 비교적 정확한 지지력을 측정할 수 있다.
② 수중 콘크리트를 하지 않으므로 신뢰성이 많은 저부 콘크리트 슬래브의 시공이 가능하다.
③ 기초 지반의 보월링과 팽창을 방지할 수 있으므로 인접 구조물에 피해를 주지 않는다.
④ 굴착 깊이에 제한을 받지 않는다.

[해설]
뉴메틱 케이슨은 케이슨병 때문에 35~40m 이상의 깊은 공사는 못한다.

02 공기케이슨 기초에 관한 설명 중 옳지 않은 것은?

① 이동경사가 적고 경사 수정도 쉽다.
② 굴착 시 boiling이나 heaving의 우려가 있다.
③ 주야 작업이므로 노무관리비가 많이 든다.
④ 소음과 진동이 크다.

[해설]
압축공기를 이용해 물의 유입을 방지하므로 굴착할 때 boiling이나 heaving을 방지할 수 있다.

03 뉴메틱 케이슨 기초의 장점을 열거한 것이다. 옳지 않은 것은?

① 내부 공기를 이용하여 시공하므로 굴착깊이에 제한이 적은 기초공사에 경제적이다.
② 토질을 확인할 수 있기 때문에 비교적 정확한 지지력을 측정할 수 있다.
③ 수중 콘크리트를 하지 않으므로 신뢰성이 큰 저부 콘크리트 slab의 시공을 할 수 있다.
④ 기초 지반의 boiling과 팽창을 방지할 수 있으므로 인접 구조물에 피해를 주지 않는다.

[해설]
굴착깊이에 제한을 받는다.(약 35m 정도만 굴착 가능)

04 뉴매틱 케이슨 공법에 관한 다음 설명 중 틀린 것은?

① well 기초보다 침하공정이 빠르고, 또 케이슨의 경사 수정이 용이하다.
② 50m 이상의 깊이에 적합한 공법이다.
③ 굴착 시 극단적인 여굴이 필요없고 장애물 제거도 용이하다.
④ 압축공기를 사용하기 때문에 소규모 공사에는 비경제적이다.

[해설]
뉴매틱 케이슨 공법(공기케이슨)은 굴착깊이에 제한이 있어서 30~40m 이상의 심도가 깊은 공사는 곤란하다.

정답 01 ④ 02 ② 03 ① 04 ②

CHAPTER 14 실 / 전 / 문 / 제

01 일반적으로 마찰말뚝의 경우에 간격 D는 다음의 어느 것보다 작을 때 무리말뚝(군항)으로 취급하는가?(단, r : 말뚝의 반지름, l : 말뚝의 길이)

① $D = 1.3\sqrt{r \cdot l}$ ② $D = 1.0\sqrt{r \cdot l}$
③ $D = 1.5\sqrt{r \cdot l}$ ④ $D = 0.5\sqrt{r \cdot l}$

해설
- $D_o = 1.5\sqrt{r \cdot l} > d$: 무리말뚝
- $D_o = 1.5\sqrt{r \cdot l} < d$: 단항말뚝

02 무리말뚝에 있어서 말뚝 간격이 작아지면 외말뚝의 지지력이 무리말뚝의 효과 즉, 지지력 저감의 효과가 발생하는 데 무리말뚝의 영향을 고려하지 않아도 되는 말뚝의 최소 간격은?(단, 말뚝의 평균 지름은 100cm, 말뚝의 관입 길이는 14m이다.)

① 3m ② 4m
③ 5m ④ 6m

해설
$D_o = 1.5\sqrt{r \cdot l} = 1.5\sqrt{0.50 \cdot 14} = 3.97\text{m}$

03 깊은 기초에 대한 설명으로 틀린 것은?

① 점토지반 말뚝기초의 주면 마찰 저항을 산정하는 방법에는 α, β, λ 방법이 있다.
② 사질토에서 말뚝의 선단지지력은 깊이에 비례하여 증가하나 어느 한계에 도달하면 더 이상 증가하지 않고 거의 일정해진다.
③ 무리말뚝의 효율은 1보다 작은 것이 보통이나 느슨한 사질토의 경우에는 1보다 클 수 있다.
④ 무리말뚝의 침하량은 동일한 규모의 하중을 받는 외말뚝의 침하량보다 작다.

해설
무리말뚝의 침하량은 동일한 규모의 하중을 받는 외말뚝의 침하량보다 크다.

04 다음 중 말뚝기초를 시공하는 데 있어서 유의해야 할 사항으로 옳지 않은 것은?

① 말뚝을 좁은 간격으로 시공했을 때 단항(single pile)인가 군항(group pile)인가를 따져야 한다.
② 군항일 경우는 말뚝 1본당 지지력은 말뚝수를 곱한 값이 지지력이다.
③ 말뚝이 점토 지반을 관통하고 있을 때는 부마찰력(negative friction)에 대해서 검토를 할 필요가 있다.
④ 말뚝 간격이 너무 좁으면 단항에 비해서 훨씬 깊은 곳까지 응력이 미치므로 그 영향을 검토해야 한다.

해설
군항의 허용지지력 $Q_{ag} = Q_a \times N \times E$
∴ 군항의 경우 1본당 지지력(R)에 효율(E)을 곱하여 구할 수 있다.

05 10개의 무리말뚝기초에 있어서 효율이 0.8, 단항으로 계산한 말뚝 1개의 허용지지력이 100kN일 때 군항의 허용지지력은?

① 500kN ② 800kN
③ 1,000kN ④ 1,250kN

해설
$Q_{ag} = Q_a \times N \times E = 100 \times 10 \times 8 = 800\text{kN}$

06 말뚝기초의 지반거동에 관한 설명으로 틀린 것은?

① 기성말뚝을 타입하면 전단파괴를 일으키며 말뚝 주위의 지반은 교란된다.
② 말뚝에 작용한 하중은 말뚝 주변의 마찰력과 말뚝선단의 지지력에 의하여 주변 지반에 전달된다.
③ 연약지반 상에 타입되어 지반이 먼저 변형하고 그 결과 말뚝이 저항하는 말뚝을 주동말뚝이라 한다.
④ 말뚝 타입 후 지지력의 증가 또는 감소현상을 시간효과(Time Effect)라 한다.

정답 01 ③ 02 ② 03 ④ 04 ② 05 ② 06 ③

[해설]
연약지반상에 타입되어 지반이 먼저 변형하고 그 결과 말뚝이 저항하는 말뚝을 수동말뚝이라 한다.

07 점착력이 50kN/m², $\gamma_t = 18$kN/m³의 비배수 상태($\phi = 0$)인 포화된 점성토 지반에 직경 40cm, 길이 10m의 PHC 말뚝이 항타시공되었다. 이 말뚝의 선단지지력은 얼마인가?(단, Meyerhof 방법 사용)

① 15.7kN
② 32.3kN
③ 56.5kN
④ 450kN

[해설]
선단지지력(Meyerhof 방법)
$Q_p = A_p(c_u N_c + q' N_q) = A_p(c_u N_c + \gamma l N_q)$
$= \dfrac{\pi \times 0.4^2}{4} \times (50 \times 9 + 18 \times 0.1 \times 0) = 56.5$kN
(내부마찰각 $\phi = 0°$인 경우 지지력계수 $N_c = 9$, $N_q = 0$ 적용)

08 10개의 무리 말뚝기초에 있어서 효율이 0.8, 단항으로 계산한 말뚝 1개의 허용지지력이 200kN일 때 군항의 허용지지력은?

① 1,200kN
② 1,600kN
③ 1,800kN
④ 2,000kN

[해설]
군항의 허용지지력
$Q_{ag} = Q_a \times N \times E = 200 \times 10 \times 0.8 = 1,600$kN

09 중심간격이 2.0m, 지름 40cm인 말뚝을 가로 4개, 세로 5개씩 전체 20개의 말뚝을 박았다. 말뚝 한 개의 허용지지력이 150kN이라면 이 군항의 허용지지력은 약 얼마인가?(단, 군말뚝의 효율은 Converse-Labarre 공식 사용)

① 4,500kN
② 3,000kN
③ 2,415kN
④ 1,145kN

[해설]
• 군항의 지지력 효율
$E = 1 - \dfrac{\phi}{90} \cdot \left[\dfrac{(m-1)n + (n-1)m}{m \cdot n} \right]$
$= 1 - \dfrac{11.3}{90} \times \left[\dfrac{(4-1) \times 5 + (5-1) \times 4}{4 \times 5} \right]$
$= 0.8$
($\phi = \tan^{-1} \dfrac{d}{s} = \tan^{-1} \dfrac{40}{200} = 11.3°$)

• 군항의 허용지지력
$Q_{ag} = Q_a \times N \times E = 150 \times 20 \times 0.8 = 2,400$kN

10 다음 그림과 같이 사질토 지반에 타설된 무리 마찰말뚝이 있다. 말뚝은 원형이고 직경은 0.4m, 설치간격은 1m이었다. 이 무리말뚝의 효율은 얼마인가?

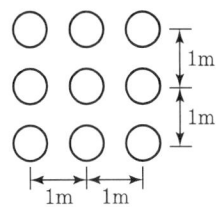

① 55%
② 62%
③ 68%
④ 75%

[해설]
$\phi = \tan^{-1}\left(\dfrac{d}{S}\right) = \tan^{-1}\left(\dfrac{0.4}{1}\right) = 21.80°$
$E = 1 - \phi \dfrac{m(n-1) + n(m-1)}{90mn}$
$= 1 - 21.80° \dfrac{3(3-1) + 3(3-1)}{90 \times 3 \times 3} = 0.677 = 67.7\%$

CHAPTER 14 실 / 전 / 문 / 제

11 무리말뚝의 효율(저감률)
$E = 1 - \phi \left[\dfrac{(m-1)n + (n-1)m}{90 \cdot m \cdot n} \right]$을 알면 무리 말뚝기초 중의 말뚝 1개의 지지력은 어떻게 구하는가?(단, 말뚝의 지지력은 R이라고 한다.)

① $R_g = R - E$ ② $R_g = \dfrac{E}{R}$
③ $R_g = R + E$ ④ $R_g = R \times E$

해설
단항의 허용지지력에 군항의 효율을 곱하여 준다.
즉, $R_g = R \cdot E$

12 지름 $d = 20\text{cm}$인 나무 말뚝을 25본 박아서 기초 상판을 지지하고 있다. 말뚝의 배치를 5열로 하고 각 열은 등간격으로 5본씩 박혀 있다. 말뚝의 중심 간격 $S = 1\text{m}$이다. 1본의 말뚝이 단독으로 100kN의 지지력을 가졌다고 하면 이 무리말뚝은 전체로 얼마의 하중을 견딜 수 있는가?(단, Converse-Labbarre식을 사용한다.)

① 1,000kN ② 2,000kN
③ 3,000kN ④ 4,000kN

해설
- $\phi = \tan^{-1} \dfrac{d}{S} = \tan^{-1} \dfrac{20}{100} = 11.3°$
- 효율 $E = 1 - \phi \left[\dfrac{m(n-1) + n(m-1)}{90mn} \right]$
  $= 1 - 11.3° \times \dfrac{5(5-1) + 5(5-1)}{90 \times 5 \times 5} = 0.799$
- $Q_{ag} = Q_a \times N \times E = 100 \times 25 \times 0.799 = 2,000\text{kN}$

13 다음은 말뚝을 시공할 때 사용되는 해머에 대한 설명이다. 어떤 해머에 대한 것인가?

램, 앤빌 블록, 연료 주입 시스템으로 구성된다. 연약지반에서는 램이 들어올려지는 양이 작아 공기-연료 혼합물의 점화가 불가능하여 사용이 어렵다.

① 증기해머
② 진동해머
③ 디젤해머
④ 드롭해머

해설
디젤해머에 대한 설명이다.

14 말뚝지지력에 관한 여러 가지 공식 중 정역학적 지지력 공식이 아닌 것은?

① Dörr 공식
② Terzaghi 공식
③ Meyerhof 공식
④ Engineering-News 공식

해설
말뚝의 지지력(정역학적 공식)
- Terzaghi 공식
- Meyerhof 공식
- Dörr 공식
- Dunham 공식

15 말뚝의 지지력을 결정하기 위해 엔지니어링 뉴스(Engineering-News) 공식을 사용할 때 안전율은 얼마인가?

① 1 ② 2
③ 3 ④ 6

해설
엔지니어링 뉴스 공식의 안전율 $F = 6$

16 직경 30cm 콘크리트 말뚝을 단동식 증기해머로 타입하였을 때 엔지니어링 뉴스 공식을 적용한 말뚝의 허용지지력은?(단, 타격에너지=36kN 해머효율=0.8, 손실상수=0.25cm, 마지막 25mm 관입에 필요한 타격횟수=5)

① 640kN ② 1,280kN
③ 1,920kN ④ 3,840kN

정답 11 ④ 12 ② 13 ③ 14 ④ 15 ④ 16 ①

[해설]
엔지니어링 뉴스 공식
$R_a = \dfrac{W_H \cdot H \cdot E}{6(S+0.25)} = \dfrac{36 \times 100 \times 0.8}{6(0.5+0.25)} = 640\text{kN}$

(타격당 말뚝의 평균관입량 $S = \dfrac{25}{5} = 5\text{mm} = 0.5\text{cm}$)

17 깊은 기초의 지지력 평가에 관한 설명으로 틀린 것은?

① 정역학적 지지력 추정방법은 논리적으로 타당하나 강도정수를 추정하는 데 한계성을 내포하고 있다.
② 동역학적 방법은 항타장비, 말뚝과 지반조건이 고려된 방법으로 해머 효율의 측정이 필요하다.
③ 현장 타설 콘크리트 말뚝 기초는 동역학적 방법으로 지지력을 추정한다.
④ 말뚝 항타분석기(PDA)는 말뚝의 응력분포, 경시 효과 및 해머 효율을 파악할 수 있다.

[해설]
정역학적 공식은 점성토 지반에서 현장타설 콘크리트말뚝의 지지력을 추정한다.

18 길이 10m인 나무말뚝을 사질토 중에 박아 넣을 때 Drop Hammer 중량 800N, 낙고 3.0m, 최종관입량 2cm일 때의 말뚝의 허용지지력을 Sander 공식으로 구하면 얼마인가?

① 12kN
② 120kN
③ 15kN
④ 150kN

[해설]
Sander 공식 허용지지력
$R_a = \dfrac{R_u}{F_s} = \dfrac{W_H \cdot H}{8 \cdot S}$
$= \dfrac{800 \times 300}{8 \times 2} = 15{,}000\text{N} = 15\text{kN}$

19 무게 320N인 드롭해머(Drop Hammer)로 2m의 높이에서 말뚝을 때려 박았더니 침하량이 2cm였다. Sander의 공식을 사용할 때 이 말뚝의 허용지지력은?

① 1,000N
② 2,000N
③ 3,000N
④ 4,000N

[해설]
Sander 공식 허용지지력
$R_a = \dfrac{W_H \cdot H}{8 \cdot S} = \dfrac{320 \times 200}{8 \times 2} = 4{,}000\text{N}$

20 무게 300N의 드롭해머로 3m 높이에서 말뚝을 타입할 때 1회 타격당 최종 침하량이 1.5cm 발생하였다. Sander 공식을 이용하여 산정한 말뚝의 허용지지력은?

① 7.50kN
② 8.61kN
③ 9.37kN
④ 15.67kN

[해설]
Sander 공식(안전율 $F_s = 8$)
- 극한지지력 $R_u = \dfrac{W_H \cdot H}{S}$
- 허용지지력 $R_a = \dfrac{R_u}{F_s} = \dfrac{W_H \cdot H}{8 \cdot S}$
  $= \dfrac{300 \times 300}{8 \times 1.5} = 7{,}500\text{N} = 7.5\text{kN}$

21 말뚝의 지지력 공식에서 다음 중 정역학적인 공식은?

① Meyerhof 공식
② Weisbach 공식
③ Hiley 공식
④ Engineering 공식

정답 17 ③ 18 ③ 19 ④ 20 ① 21 ①

CHAPTER 14 실/전/문/제

[해설]

정역학적 공식	동역학적 공식
1) Terzaghi 공식	1) Hiley 공식
2) Meyerhof 공식	2) Weisbach 공식
3) Dörr 공식	3) Engineering-News 공식
4) Dunham 공식	4) Sander 공식

22 부마찰력에 대한 설명이다. 틀린 것은?

① 부마찰력을 줄이기 위하여 말뚝표면을 아스팔트 등으로 코팅하여 타설한다.
② 지하수의 저하 또는 압밀이 진행 중인 연약지반에서 부마찰력이 발생한다.
③ 점성토 위에 사질토를 성토한 지반에 말뚝을 타설한 경우에 부마찰력이 발생한다.
④ 부마찰력은 말뚝을 아래 방향으로 작용하는 힘이므로 결국에는 말뚝의 지지력을 증가시킨다.

[해설]
부마찰력이 일어나면 지지력은 감소한다.

23 말뚝의 부마찰력에 대한 설명 중 틀린 것은?

① 부마찰력이 작용하면 지지력이 감소한다.
② 연약지반에 말뚝을 박은 후 그 위에 성토를 한 경우 일어나기 쉽다.
③ 부마찰력은 말뚝 주변침하량이 말뚝의 침하량보다 클 때에 아래로 끌어내리는 마찰력을 말한다.
④ 연약한 점토에 있어서는 상대변위의 속도가 느릴수록 부마찰력은 크다.

[해설]
연약한 점토에서 상대변위의 속도가 느릴수록 부마찰력은 적다.

24 말뚝에서 발생하는 부(負)의 주면 마찰력에 관한 설명으로 옳지 않은 것은?

① 부마찰력은 말뚝을 아래쪽으로 끌어내리는 마찰력이다.
② 부마찰력이 발생하면 말뚝의 지지력이 증가한다.
③ 부마찰력을 감소시키려면 표면적이 작은 말뚝을 사용한다.
④ 연약한 점토에 있어서 상대변위의 속도가 빠를수록 부마찰력은 크다.

[해설]
말뚝에 부마찰력이 발생하면 말뚝의 지지력은 부주면 마찰력만큼 감소한다.

25 말뚝기초에서 부마찰력(Negative Skin Friction)에 대한 설명으로 옳지 않은 것은?

① 지하수위 저하로 지반이 침하할 때 발생한다.
② 지반이 압밀진행 중인 연약점토 지반인 경우에 발생한다.
③ 발생이 예상되면 대책으로 말뚝 주면에 역청 등으로 코팅하는 것이 좋다.
④ 말뚝 주면에 상방향으로 작용하는 마찰력이다.

[해설]
아래쪽으로 작용하는 말뚝의 주면 마찰력을 부마찰력이라 한다.

26 연약점성토층을 관통하여 철근콘크리트 파일을 박았을 때 부마찰력(Negative Friction)은?(단, 이때 지반의 일축압축강도 $q_u = 20\text{kN/m}^2$, 파일 직경 $D = 50\text{cm}$, 관입 깊이 $l = 10\text{m}$이다.)

① 157.1kN
② 185.3kN
③ 208.2kN
④ 242.4kN

[해설]
부마찰력
$R_{nf} = f_n A_s = 10 \times \pi \times 0.5 \times 10 = 157.1\text{kN}$
※ $f_n = \dfrac{q_u}{2} = \dfrac{20}{2} = 10$

정답 22 ④ 23 ④ 24 ② 25 ④ 26 ①

실 / 전 / 문 / 제

27 말뚝의 정재하시험에서 하중 재하방법이 아닌 것은?

① 사하중을 재하하는 방법
② 반복하중을 재하하는 방법
③ 반력말뚝의 주변 마찰력을 이용하는 방법
④ Earth Anchor의 인발저항력을 이용하는 방법

[해설]
말뚝의 정재하시험의 하중재하 방법
- 사하중을 직접 재하하는 방법
- 반력말뚝의 주변 마찰력을 이용하는 방법
- Earth Anchor의 인발저항력을 이용하는 방법

28 피에조콘(Piezocone) 시험의 목적이 아닌 것은?

① 지층의 연속적인 조사를 통하여 지층 분류 및 지층 변화 분석
② 연속적인 원지반 전단강도의 추이 분석
③ 중간 점토 내 분포한 Sand Seam 유무 및 발달 정도 확인
④ 불교란시료 채취

[해설]
원추관입시험기(CPT)에 간극수압을 측정할 수 있도록 트랜스듀서(Transducer)를 부착한 것을 피에조콘이라 하며, 피에조콘 시험은 전기식 Cone을 선단로드에 부착하여 지중에 일정한 관입속도로 관입시키면서 저항치를 측정하는 시험이다.

29 기초의 크기가 25×25m인 강성기초로 된 구조물이 있다. 이 구조물의 허용각변위(Angular Distortion)가 1/500이라고 할 때, 최대 허용 부등침하량은?

① 2cm
② 2.5cm
③ 4cm
④ 5cm

[해설]
$$\delta = \frac{h}{L}$$
여기서, δ : 각변위
h : 지점 간 거리
L : 부등침하량

$$\frac{1}{500} = \frac{h}{2,500}$$

$$\therefore h = \frac{2,500}{500} = 5\text{cm}$$

30 굳은 점토지반에 앵커를 그라우팅하여 고정시켰다. 고정부의 길이가 5m, 직경 20cm, 시추공의 직경은 10cm이었다. 점토의 비배수전단강도 $c_u = 1.0\text{N/cm}^2$, $\phi = 0°$이라고 할 때 앵커의 극한지지력은?(단, 표면마찰계수는 0.6으로 가정한다.)

① 94.3kN
② 157.6kN
③ 188.5kN
④ 313.2kN

[해설]
앵커의 극한지지력
$P_u = \alpha \cdot c_u \cdot (\pi Dl)$
$= 0.6 \times 10 \times (\pi \times 20 \times 500)$
$= 188,495.56\text{N}$
$= 188.5\text{kN}$

31 다음은 말뚝기초의 부의 주면마찰력에 대한 설명이다. 이 중에서 잘못 설명된 것은?

① 말뚝 선단부에 큰 압력 부담을 주게 된다.
② 연약지반에 말뚝을 박고 그 위에 성토를 하였을 때 생긴다.
③ 말뚝 주위의 흙이 말뚝을 아래 방향으로 끄는 힘을 말한다.
④ 부의 주면마찰력이 일어나면 지지력은 증가한다.

[해설]
부의 주면마찰력이 일어나면 지지력은 감소한다.

정답 27 ② 28 ④ 29 ④ 30 ③ 31 ④

CHAPTER 15

지반개량공법

01 지반개량공법의 종류
02 Sand Drain 공법
03 Paper Drain 공법
04 Pre-loading 공법
05 압성토 공법
06 동다짐 공법
07 토목섬유

01 지반개량공법의 종류

1. 점성토 개량공법

탈수공법 (압밀 촉진)	① 샌드 드레인 공법(Sand drain) ② 페이퍼 드레인 공법(Paper drain) ③ 팩 드레인 공법(Pack drain) ④ 프리로딩 공법(preloading) ⑤ 생석회 말뚝 공법
치환공법 (공기단축, 공사비 저렴)	① 굴착 치환공법 ② 자중에 의한 치환공법 ③ 폭파에 의한 치환공법

2. 사질토 개량공법

다짐공법	배수공법	고결
① 다짐말뚝공법 ② compozer 공법 ③ vibro flotation 공법 ④ 전기충격식 공법 ⑤ 폭파다짐공법	Well point 공법	약액주입공법

3. 연약지반에서 일시적 지반개량공법

일시적 지반개량공법	① Well point 공법 ② 동결공법 ③ 대기압 공법(진공압밀공법)

[well point 공법]

GUIDE

- 압밀배수 원리를 이용한 점성토 개량공법
  ① 샌드 드레인 공법 (Sand drain)
  ② 페이퍼 드레인 공법 (Paper drain)
  ③ 팩 드레인 공법 (Pack drain)
  ④ 프리로딩 공법 (preloading)

- 생석회 말뚝공법(점성토 개량공법)
  ① 탈수효과
     생석회+물=체적 증가
  ② 팽창(압밀)효과
  ③ 건조효과
     고온 발열반응

- 웰 포인트(Well point) 공법
  ① 웰 포인트라는 양수관을 다수 박아서 상부를 연결하여 진공 흡입펌프에 의해 지하수를 양수하는 강제 배수공법
  ② 적용 깊이 : 8~30m
  ③ 투수성이 좋은 지반일 때 유리
  ④ 모래지반에 효과적 (점토지반은 곤란)

예 / 상 / 문 / 제

01 다음의 연약지반 개량공법 중에서 점성토지반에 쓰이는 공법은?

① 폭파다짐공법
② 생석회 말뚝공법
③ Compozer 공법
④ 전기충격공법

해설
① 폭파다짐공법 : 사질토 개량공법
② 생석회 말뚝공법 : 점성토 개량공법(탈수공법)
③ Compozer 공법 : 다짐공법
④ 전기충격공법 : 사질토 개량공법

02 점성토 개량공법 중 이용도가 가장 낮은 공법은?

① Paper-Drain 공법
② Pre-Loading 공법
③ Sand-Drain 공법
④ Soil-Cement 공법

해설
점성토지반 개량공법(압밀배수원리)
• 프리로딩(Preloading) 공법
• 샌드 드레인(Sand Drain) 공법
• 페이퍼 드레인(Paper Drain) 공법
• 팩 드레인(Pack Drain) 공법

03 다음 열거한 공법 중 점토지반의 개량공법에 속하지 않는 것은?

① 치환공법
② 폭파다짐공법
③ 샌드 드레인(Sand Drain) 공법
④ 생석회 말뚝공법

해설
폭파다짐공법 : 사질토 지반의 개량공법

04 다음 중 사질 지반의 개량공법에 속하지 않는 것은?

① 다짐 말뚝공법
② 다짐 모래 말뚝공법
③ 생석회 말뚝공법
④ 폭파다짐공법

해설
생석회 말뚝공법은 점성토 개량공법에 해당된다.

05 다음의 연약지반 개량공법 중 점성토 지반에 주로 사용되는 공법이 아닌 것은?

① 샌드 드레인(Sand Drain) 공법
② 페이퍼 드레인(Paper Drain) 공법
③ 프리로딩(Preloading) 공법
④ 바이브로 플로테이션(Vibro Floatation)

해설
바이브로 플로테이션(Vibro Floatation)은 사질토 개량공법에 사용된다.

06 다음의 지반개량공법 중 모래질 지반을 개량하는 데 사용되는 것은?

① 다짐모래말뚝공법
② 페이퍼 드레인 공법
③ 프리로딩 공법
④ 생석회 말뚝공법

해설
점성토 탈수방법
• 페이퍼 드레인 공법
• 프리로딩 공법
• 생석회 말뚝공법

07 연약지반 개량공법으로 압밀의 원리를 이용한 공법이 아닌 것은?

① 프리로딩 공법
② 바이브로 플로테이션 공법
③ 대기압 공법
④ 페이퍼 드레인 공법

해설
바이브로 플로테이션 공법은 사질토 지반 개량공법이다.

08 다음의 연약지반 처리공법에서 일시적인 공법은?

① 웰 포인트 공법
② 치환공법
③ 컴포저 공법
④ 샌드 드레인 공법

해설
일시적인 연약지반 개량공법
• 웰 포인트(Well Point) 공법
• 동결공법
• 진공압밀공법(대기압공법)

정답 01 ② 02 ④ 03 ② 04 ③ 05 ④ 06 ① 07 ② 08 ①

02 Sand Drain 공법

1. Sand Drain 공법

샌드 드레인 공법	Sand Drain
(그림)	연약 점토층에 모래 말뚝을 만들어 성토 하중에 의해 지반 내의 물을 뽑아 내어 압밀 침하를 촉진시키는 지반개량공법
Sand Drain 타설 시 지반이 교란되므로 수평방향 압밀계수(C_h)와 연직방향 압밀계수(C_v)는 같다고 하여도 무방	

- **Sand Drain 목적**
  ① 점성토층의 배수거리를 짧게 하여 압밀침하를 촉진
  ② 2차 압밀비 높은 점토, 이탄 등은 효과 없음

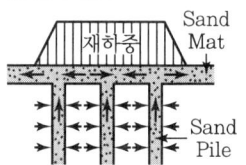

- 지표면에 50~100cm 정도의 모래를 까는데, 이것을 샌드매트(Sand Mat)라 한다.

- Sand Drain 공법은 2차 압밀비가 높은 점토 및 이탄 같은 유기질 흙에는 큰 효과가 없다.

2. 유효직경(d_e, 물을 흡수하는 범위)

정삼각형 배치	정사각형 배치
유효직경(d_e) = $1.05s$	유효직경(d_e) = $1.13s$

- **유효직경**
  ① d_e : 유효직경
  ② s : 말뚝간격

3. 평균압밀도(U)

평균압밀도(U)	
$U = 1 - (1-U_h)(1-U_v)$	① U_h : 수평방향 압밀도 ② U_v : 연직방향 압밀도

예 / 상 / 문 / 제

01 Sand Drain 공법의 주된 목적은?

① 압밀침하를 촉진시키는 것이다.
② 투수계수를 감소시키는 것이다.
③ 간극수압을 증가시키는 것이다.
④ 기초의 지지력을 증가시키는 것이다.

해설

Sand Drain 공법 : 연약점토층에 모래말뚝을 박아 배수거리를 짧게 하여 압밀을 촉진시키는 공법

02 다음은 Sand Drain에 관한 설명이다. 틀린 것은?

① 모래층은 압밀을 일으키지 않으므로 sand pile을 설치하지 않는다.
② sand pile의 간격은 점토층의 경우 투수성이 나쁘므로 보통 2~4m가 사용된다.
③ sand pile의 설치 목적은 압밀을 촉진시켜 빠른 시일 내에 종료시키는 데 있다.
④ sand pile의 설치 목적은 그의 지지력에 의해 압밀 침하량을 줄이는 데 있다.

해설

sand pile(drain) : 배수 거리를 짧게 하고 물을 빼내면 압밀을 빠른 기간 내에 끝내게 할 수 있다.

03 다음 연약지반 개량공법에 관한 사항 중 옳지 않은 것은?

① 샌드드레인 공법은 2차 압밀비가 높은 점토와 이탄 같은 흙에 큰 효과가 있다.
② 장기간에 걸친 배수공법은 샌드드레인이 페이퍼 드레인보다 유리하다.
③ 동압밀공법 적용 시 과잉간극 수압의 소산에 의한 강도 증가가 발생한다.
④ 화학적 변화에 의한 흙의 강화공법으로는 소결 공법, 전기화학적 공법 등이 있다.

해설

샌드드레인 공법은 2차 압밀비가 높은 점토와 이탄 같은 흙에 효과가 적다.

04 Sand Drain 공법의 지배영역에 관한 Barron의 정사각형의 배치에서 사주(sand pile)의 간격을 d, 유효원의 지름을 d_e라 할 때 d_e는 다음 중 어느 것인가?

① $d_e = 1.13d$
② $d_e = 1.05d$
③ $d_e = 1.03d$
④ $d_e = 1.50d$

해설

- 정3각형 배열 : $d_e = 1.05s$
- 정4각형 배열 : $d_e = 1.13s$

05 Sand Drain 공법에서 Sand Pile을 정삼각형으로 배치할 때 모래기둥의 간격은?(단, Pile의 유효지름은 40cm이다.)

① 35cm
② 38cm
③ 42cm
④ 45cm

해설

정3각형 배열일 때 영향원의 지름
$d_e = 1.05s$에서,
$40 = 1.05s$
∴ Sand Pile의 간격 $s = 38$cm

06 Sand Drain 공법에서 U_v(연직방향의 압밀도)=0.9, U_h(수평방향의 압밀도)=0.2인 경우 수직·수평방향을 고려한 평균압밀도(U)는 얼마인가?

① 90%
② 91%
③ 92%
④ 93%

해설

평균압밀도
$U = 1-(1-U_v)(1-U_h)$
$= 1-(1-0.9)(1-0.2)$
$= 0.92$

정답 01 ① 02 ④ 03 ① 04 ① 05 ② 06 ③

03 Paper Drain 공법

1. Paper Drain

모식도	Paper Drain	특징
	합성수지로 만든 card board를 타입 기계를 이용해서 지중에 압입하여 압밀을 촉진시켜 지반을 개량하는 공법	① 시공속도 빠르다. ② 공사비가 싸다. ③ 주변지반을 교란시키지 않는다. ④ 배수효과가 양호하다. ⑤ 횡방향력에 대한 저항력이 작다. ⑥ Sand Mat가 필요 없다.

- Paper Drain 단점
  ① 장기간 사용 시 열화현상 발생하여 배수효과 저하
  ② 장기간 사용 시 Sand drain이 유리
  ③ 특수기계(mandrel) 필요
  ④ 횡방향력에 대한 저항력이 작다.

2. Paper Drain의 등치 환산원의 직경

등치 환산원의 직경(D)	
$D = \alpha \dfrac{2(A+B)}{\pi}$	D : 등치 환산원의 직경 α : 형상계수(보통 $\alpha = 0.75$) A : Paper Drain의 폭 B : Paper Drain의 두께

04 Pre-loading 공법

1. 사전압밀공법

Preloading	내용
	공사 전에 큰 하중을 재하하여 미리 침하시키는 공법으로 초기 효과는 크나 공사기간이 길어서 실제 시공이 불편한 공법

모식도

- drain 공법과 pre-loading 공법의 비교

drain 공법	pre-loading 공법
압밀계수가 작고 점성토층의 두께가 큰 경우 적용	압밀계수가 크고 점성토층의 두께가 얇은 경우 적용

- Pre-loading 공법의 목적
  ① 압밀침하 촉진
  ② 시공 직후 잔류침하 감소
  ③ 간극비를 감소시켜 전단강도 증진

예 / 상 / 문 / 제

01 Sand Drain 공법과 Paper Drain 공법을 비교할 때 Paper Drain 공법의 특징이 아닌 것은?

① 주변 지반을 흐트러뜨리지 않는다.
② 시공속도가 더 빠르다.
③ drain 단면이 깊이 방향에 걸쳐 일정하다.
④ 공사비가 더 많이 든다.

[해설]
Paper Drain 공법은 Sand Drain 공법에 비해 공사비가 싸다.

02 Sand Drain에 대한 Paper Drain 공법의 장점 설명 중 옳지 않은 것은?

① 횡방향력에 대한 저항력이 크다.
② 시공 지표면에 sand mat가 필요없다.
③ 시공속도가 빠르고 타설 시 주변을 교란시키지 않는다.
④ 배수 단면이 깊이에 따라 일정하다.

[해설]
횡방향력에 대한 저항력이 작다.

03 Paper Drain 설계 시 Drain Paper의 폭이 10cm, 두께가 0.3cm일 때 Drain Paper의 등치환산원의 직경이 얼마이면 Sand Drain과 동등한 값으로 볼 수 있는가?(단, 형상계수 : 0.75)

① 5cm   ② 8cm   ③ 10cm   ④ 15cm

[해설]
등치환산원의 지름
$$D = \alpha \frac{2(A+B)}{\pi} = 0.75 \times \frac{2 \times (10+0.3)}{\pi} = 5\text{cm}$$

04 폭 10cm, 두께 3mm인 Paper Drain 설계 시 Sand Drain의 직경과 동등한 값(등치환산원의 지름)으로 볼 수 있는 것은?

① 2.5cm   ② 5.0cm   ③ 7.5cm   ④ 10.0cm

[해설]
등치환산원의 지름
$$D = \alpha \cdot \frac{2(A+B)}{\pi} = 0.75 \times \frac{2 \times (10+0.3)}{\pi} = 5\text{cm}$$

05 연약지반 개량공법 중에서 구조물을 축조하기 전에 압밀에 의해 미리 침하를 끝나게 하여 지반강도를 증가시키는 방법으로 연약층이 두꺼운 경우나 공사기간이 시급한 경우는 적용하기 곤란한 공법은?

① 치환공법   ② Preloading 공법
③ Sand Drain 공법   ④ 침투압 공법

06 연약지반개량공법 중 프리로딩공법에 대한 설명으로 틀린 것은?

① 압밀침하를 미리 끝나게 하여 구조물에 잔류침하를 남기지 않게 하기 위한 공법이다.
② 도로의 성토나 항만의 방파제와 같이 구조물 자체의 일부를 상재하중으로 이용하여 개량 후 하중을 제거할 필요가 없을 때 유리하다.
③ 압밀계수가 작고 압밀토층 두께가 큰 경우에 주로 적용한다.
④ 압밀을 끝내기 위해서는 많은 시간이 소요되므로, 공사기간이 충분해야 한다.

[해설]
압밀계수가 작고 압밀토층 두께가 큰 경우는 drain 공법 적용

07 연약지반개량공법 중 프리로딩(pre-loading) 공법은 다음 중 어떤 경우에 채용하는가?

① 압밀계수가 작고 점성토층의 두께가 두꺼운 경우
② 압밀계수가 크고 점성토층의 두께가 얇은 경우
③ 구조물 공사기간에 여유가 없는 경우
④ 2차 압밀비가 큰 흙의 경우

[해설]
- Pre-loading 공법 : 압밀계수가 크고 점성토층의 두께가 얇은 경우에 채용
- drain 공법 : 압밀계수가 작고 점성토층의 두께가 큰 경우에 채용

정답 01 ④   02 ①   03 ①   04 ②   05 ②   06 ③   07 ②

05 압성토 공법

압성토 공법의 목적	압성토 공법
고성토의 제방에서 전단파괴가 발생되기 전에 제방의 외측에 흙을 돋우어 활동에 대한 저항모멘트를 증대시켜 전단파괴를 방지하는 공법	(본성토, 압성토, 연약지반, H, $\frac{H}{3}$, $2H$)

GUIDE

- 압성토 공법은 사면보호 공법이 아니고 사면보강 공법 중 하나이다.

06 동다짐 공법

동다짐 공법	개량심도
① 동압밀 공법이라고 하며 중량이 큰 중추(10~40t)를 여러 차례 낙하시키며 충격과 진동으로 개량시키는 방법 ② 사질토 지반에 효과적(포화된 점성토에서도 사용 가능)	$D = \alpha\sqrt{W \cdot H}$ D : 개량심도 α : 토질계수(보정계수 0.5) W : 추의 무게 H : 낙하고

- **개량심도**
  개량이 가능한 깊이

- **토질계수(보정계수)**
  $\alpha = 0.4 \sim 0.7$이며, 통상 경험적으로 0.5를 많이 사용한다.

07 토목섬유

1. 토목섬유의 종류 및 주요 기능

토목섬유의 종류	주요 기능
① 지오텍스타일	① 배수기능
② 지오멤브레인	② 필터(여과) 기능
③ 지오그리드	③ 분리기능
④ 지오매트	④ 보강기능

- **토목섬유**

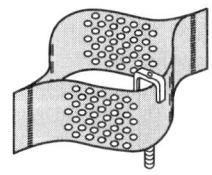

2. 토목섬유의 주요 기능

토목섬유 주요 기능	주요 기능 해설
① 배수 기능	물을 모아 출구로 배출시키는 기능
② 필터(여과) 기능	토립자의 이동을 막고 물만을 통과시키는 기능
③ 분리 기능	조립토와 세립토의 혼합을 방지하는 기능
④ 보강 기능	토목섬유의 인장강도에 의해 안정성을 증진시키는 기능

- **지오텍스타일(geotextile)**
  ① 합성섬유를 직조하여 만든 다공성 직물
  ② 흙 속에 폴리에스테르, 나일론, 폴리에틸렌 등을 사용하여 연약지반을 개량하는 시공방법

예/상/문/제

01 고성토의 제방에서 전단파괴가 발생되기 전에 제방의 외측에 흙을 돋우어 활동에 대한 저항모멘트를 증대시켜 전단파괴를 방지하는 공법은?

① 프리로딩 공법 ② 압성토 공법
③ 치환 공법 ④ 대기압 공법

해설
압성토 공법은 성토비탈면에 소단모양의 압성토를 하여 활동에 대한 저항모멘트를 크게 하는 것이 목적이다.

02 10m 깊이의 쓰레기층을 동다짐을 이용하여 개량하려고 한다. 사용할 해머 중량이 20t, 하부 면적 반경 2m의 원형 블록을 이용한다면, 해머의 낙하고는?

① 15m ② 20m
③ 25m ④ 23m

해설
개량심도$(D) = \alpha \sqrt{W \cdot H}$
$10 = 0.5 \sqrt{20 \times H}$
∴ $H = 20m$

03 토목섬유의 주요 기능 중 옳지 않은 것은?

① 보강(Reinforcement) ② 배수(Drainage)
③ 댐핑(Damping) ④ 분리(Separation)

해설
토목섬유 주요기능
- 배수
- 보강
- 방수 및 차단
- 필터
- 차단

04 토목 섬유재 중 지오텍스타일의 수행 기능이 아닌 것은?

① 배수(drainage) ② 보강(reinforcement)
③ 여과(filtration) ④ 차수(seepage barrier)

해설
토목섬유의 4가지 기능
- 배수기능 : 투수성이 큰 토목 섬유의 평면 내부를 따라서 물을 이동시키는 기능
- 여과기능 : 세립자의 이동을 막고 물만 통과시키는 기능
- 분리기능 : 점토, 실트 등의 세립토 사이에 설치되어서 이들 재료가 서로 혼합되는 것을 막아주는 기능
- 보강기능 : 토목섬유의 인장강도에 의해 토류 구조물의 안전성을 증진시키는 기능

05 다음 중 지오텍스타일(geotextile)의 설명 중 맞는 것은?

① 흙 속에 직물 따위를 넣어 수분을 흡수함으로써 유효응력을 줄이는 방법이다.
② 흙 속에 폴리에스테르, 나일론, 폴리에틸렌 등을 사용하여 연약지반을 개량하는 시공법의 하나이다.
③ 흙 속에 직물 따위를 넣어 압밀에 의한 침하량을 크게 하기 위하여 사용하는 시공법이다.
④ 흙 속에 직물 따위를 넣어 흙과 직물 사이의 접합면이 흙의 내부마찰각을 줄이게 함으로써 흙의 강도를 높이는 데 사용하는 시공법이다.

해설
- 토목섬유(geotextile) : 땅(geo)과 직물(textile)의 합성어로 폴리에스테르, 나일론, 폴리에틸렌 등의 합성섬유를 직조하여 만든 다공성 직물이며 흙 속에 포설하여 보강, 필터, 분리, 배수 등의 효과를 얻을 수 있다.
- 폴리에스테르, 나일론, 폴리에틸렌 등을 연약지반에 사용하여 배수, 필터, 분리, 보강 기능의 효과를 얻는다.
- 지오텍스타일 공법 : 흙 속에 토목 섬유를 깔아 연약지반의 인장강도를 크게 하여 지지력을 증대시켜 연약지반을 개량한다.

정답 01 ② 02 ② 03 ③ 04 ④ 05 ②

CHAPTER 15 실 / 전 / 문 / 제

01 다음의 연약지반개량공법에서 일시적인 개량공법은?

① Well Point 공법
② 치환공법
③ Paper Drain 공법
④ Sand Compaction Pile 공법

[해설]
일시적인 연약지반 개량공법
• 웰포인트(Well Point) 공법
• 동결공법
• 소결공법
• 진공압밀공법(대기압공법)

02 다음 중 사질(砂質) 지반의 개량 공법에 속하지 않는 것은?

① 다짐 말뚝 공법
② 바이브로 플로테이션 공법
③ 전기 충격 공법
④ 생석회 말뚝 공법

[해설]
사질토 지반
• 다짐 말뚝 공법
• compozer 공법
• Vibro Flotation 공법
• 폭파 다짐 공법
• 전기 충격 공법
• 약액 주입 공법

03 점성토 지반에 사용하는 연약지반 개량공법으로 거리가 먼 것은?

① Sand Drain 공법
② 침투압 공법
③ Vibro Flotation 공법
④ 생석회 말뚝 공법

[해설]
연약 점성토지반 개량공법(압밀배수원리)
• 치환공법
• 프리로딩 공법(여성토 공법)
• 압성토 공법
• 샌드 드레인 공법
• 페이퍼 드레인 공법
• 팩 드레인 공법
• 위크 드레인 공법
• 전기 침투 공법 및 전기화학적 고결 공법
• 침투압 공법
• 생석회 말뚝 공법
　－바이브로 플로테이션 공법 : 연약 사질토지반 개량공법

04 다음의 연약지반 개량공법 중 지하수위를 저하시킬 목적으로 사용되는 공법은?

① 샌드 드레인(Sand Drain) 공법
② 페이퍼 드레인(Paper Drain) 공법
③ 치환 공법
④ 웰 포인트(Well Point) 공법

[해설]
지하수위 저하공법
• 웰포인트(Well Point) 공법
• 디프웰(Deep Well) 공법
• 전기 침투공법
• 집수공법
• 암거공법
• 진공 흡입공법

05 Sand Drain의 지배 영역에 관한 Barron의 정삼각형 배치에서 샌드 드레인의 간격을 d, 유효원의 직경을 d_e라 할 때 d_e를 구하는 식으로 옳은 것은?

① $d_e = 1.128d$ ② $d_e = 1.028d$
③ $d_e = 1.050d$ ④ $d_e = 1.50d$

[해설]
• 정삼각형 배열 $d_e = 1.05d$
• 정사각형 배열 $d_e = 1.13d$

정답　01 ①　02 ④　03 ③　04 ④　05 ③

실/전/문/제

06 Sand Drain 공법에서 Sand Pile을 정삼각형으로 배치할 때 모래 기둥의 간격은?(단, Pile의 유효지름은 40cm이다.)

① 35cm ② 38cm
③ 42cm ④ 45cm

해설
정3각형 배열일 때 영향원의 지름
$d_e = 1.05d$에서
$40 = 1.05d$
∴ Sand Pile의 간격$(d) = 38$cm

07 다음의 연약지반 개량공법 중 점성토 지반에 주로 사용되는 공법이 아닌 것은?

① 샌드 드레인(Sand Drain) 공법
② 페이퍼 드레인(Paper Drain) 공법
③ 프리로딩(Preloading) 공법
④ 바이브로 플로테이션(Vibro Floatation) 공법

해설
바이브로 플로테이션은 사질토 개량공법에 사용한다.

08 연약지반 개량공법 중 프리로딩공법에 대한 설명으로 틀린 것은?

① 압밀침하를 미리 끝나게 하여 구조물에 잔류침하를 남기지 않게 하기 위한 공법이다.
② 도로의 성토나 항만의 방파제와 같이 구조물 자체의 일부를 상재하중으로 이용하여 개량 후 하중을 제거할 필요가 없을 때 유리하다.
③ 압밀계수가 작고 압밀토층 두께가 큰 경우에 주로 적용한다.
④ 압밀을 끝내기 위해서는 많은 시간이 소요되므로, 공사기간이 충분해야 한다.

해설
프리로딩(Preloading) 공법
압밀계수가 크고 압밀토층 두께가 얇은 경우에 주로 적용한다.

09 연약지반 처리공법 중 Sand Drain 공법에서 연직과 방사선 방향을 고려한 평균압밀도 U는?(단, $U_V = 0.20$, $U_H = 0.71$이다.)

① 0.573 ② 0.697
③ 0.712 ④ 0.768

해설
평균압밀도
$U = 1 - (1 - U_V) \cdot (1 - U_H)$
$\quad = 1 - (1 - 0.20) \times (1 - 0.71) = 0.768$

10 연약점토지반에 압밀촉진공법을 적용한 후, 전체 평균압밀도가 90%로 계산되었다. 압밀촉진공법을 적용하기 전, 수직방향의 평균압밀도가 20%였다고 하면 수평방향의 평균압밀도는?

① 70% ② 77.5%
③ 82.5% ④ 87.5%

해설
평균압밀도 $U = 1 - (1 - U_v)(1 - U_h)$에서
$0.9 = 1 - (1 - 0.2)(1 - U_h)$
∴ 수평방향 평균압밀도 $U_h = 0.875 = 87.5\%$

11 Paper Drain 설계 시 Paper Drain의 폭이 10cm, 두께가 0.3cm일 때 Paper Drain의 등치환산원의 지름이 얼마이면 Sand Drain과 동등한 값으로 볼 수 있는가?(단, 형상계수 : 0.75)

① 5cm ② 7.5cm
③ 10cm ④ 15cm

해설
등치환산원의 지름
$D = \alpha \dfrac{2(A+B)}{\pi} = 0.75 \times \dfrac{2 \times (10 + 0.3)}{\pi} = 5$cm

정답 06 ② 07 ④ 08 ③ 09 ④ 10 ④ 11 ①

CHAPTER 15 실 / 전 / 문 / 제

12 약액주입공법은 그 목적이 지반의 차수 및 지반 보강에 있다. 다음 중 약액주입공법에서 고려해야 할 사항으로 거리가 먼 것은?

① 주입률   ② Piping
③ Grout 배합비   ④ Gel Time

해설

분사현상
침투수압이 커지면 지하수와 함께 토사가 분출하여 굴착 저면이 마치 물이 끓는 상태와 같이 되는데, 이런 현상을 분사현상(Quick Sand) 또는 보일링 현상(Boiling)이라 한다. 이 현상이 계속되면 물이 흐르는 통로가 생겨 파괴에 이르게 되는데, 이렇게 모래를 유출시키는 현상을 파이핑(Piping)이라 한다.

13 10m 깊이의 쓰레기층을 동다짐을 이용하여 개량하려고 한다. 사용할 해머 중량이 20t이고, 하부 면적 반경이 2m인 원형 블록을 이용한다면, 해머의 낙하고는?

① 15m   ② 20m
③ 25m   ④ 23m

해설

$D = a\sqrt{W_H \cdot H}$
$10 = 0.5\sqrt{20 \times H}$
$H = 20$

14 Compozer 공법에 대한 다음 설명 중 적당하지 않은 것은?

① 느슨한 모래 지반을 개량하는 데 좋은 공법이다.
② 충격, 진동에 의해 지반을 개량하는 공법이다.
③ 효과는 의문이나 연약한 점토 지반에도 사용할 수 있는 공법이다.
④ 시공 관리가 매우 간단한 공법이다.

해설

Compozer 공법
느슨한 사질토 지반에 널리 활용되고 점성토 지반에도 적용이 가능한 공법으로 시공 관리가 까다롭고 주변 흙을 교란시킨다.

정답 12 ② 13 ② 14 ④

부록 1

과년도 출제문제

2015년	토목기사/산업기사 제1회 기출문제
	토목기사/산업기사 제2회 기출문제
	토목기사/산업기사 제4회 기출문제
2016년	토목기사/산업기사 제1회 기출문제
	토목기사/산업기사 제2회 기출문제
	토목기사/산업기사 제4회 기출문제
2017년	토목기사/산업기사 제1회 기출문제
	토목기사/산업기사 제2회 기출문제
	토목기사/산업기사 제4회 기출문제
2018년	토목기사/산업기사 제1회 기출문제
	토목기사/산업기사 제2회 기출문제
	토목기사 제3회 기출문제
	토목산업기사 제4회 기출문제
2019년	토목기사/산업기사 제1회 기출문제
	토목기사/산업기사 제2회 기출문제
	토목기사 제3회 기출문제
	토목산업기사 제4회 기출문제
2020년	토목기사/산업기사 제1·2회 기출문제
	토목기사 제3회 기출문제
	토목산업기사 제4회 기출문제
2021년	토목기사 제1회 기출문제
	토목기사 제2회 기출문제
	토목기사 제3회 기출문제
2022년	토목기사 제1회 기출문제
	토목기사 제2회 기출문제
	토목기사 제3회 CBT 복원문제
2023년	토목기사 제1~3회 CBT 복원문제
2024년	토목기사 제1~3회 CBT 복원문제

2015년 토목기사 제1회 토질 및 기초 기출문제

01 사운딩에 대한 설명 중 틀린 것은?

① 로드 선단에 지중저항체를 설치하고 지반 내 관입, 압입, 또는 회전하거나 인발하여 그 저항치로부터 지반의 특성을 파악하는 지반조사방법이다.
② 정적 사운딩과 동적 사운딩이 있다.
③ 압입식 사운딩의 대표적인 방법은 Standard Penet Ration Test(SPT)이다.
④ 특수사운딩 중 측압사운딩의 공내횡방향재하시험은 보링공을 기계적으로 수평으로 확장시키면서 측압과 수평변위를 측정한다.

[해설]
표준관입시험(SPT)은 동적 사운딩의 방법이다.

02 다음 표는 흙의 다짐에 대해 설명한 것이다. 옳게 설명한 것을 모두 고른 것은?

> (1) 사질토에서 다짐에너지가 클수록 최대건조단위중량은 커지고 최적함수비는 줄어든다.
> (2) 입도분포가 좋은 사질토가 입도분포가 균등한 사질토보다 더 잘 다져진다.
> (3) 다짐곡선은 반드시 영공기간극곡선의 왼쪽에 그려진다.
> (4) 양족 롤러(Sheepsfoot Roller)는 점성토를 다지는 데 적합하다.
> (5) 점성토에서 흙은 최적함수비보다 큰 함수비로 다지면 면모구조를 보이고 작은 함수비로 다지면 이산구조를 보인다.

① (1), (2), (3), (4)
② (1), (2), (3), (5)
③ (1), (4), (5)
④ (2), (4), (5)

[해설]
점성토에서 OMC보다 큰 함수비(습윤 측)로 다지면 이산구조(분산구조), OMC보다 작은 함수비(건조 측)로 다지면 면모구조를 보인다.

03 현장에서 완전히 포화되었던 시료라 할지라도 시료 채취 시 기포가 형성되어 포화도가 저하될 수 있다. 이 경우 생성된 기포를 원상태로 용해시키기 위해 작용시키는 압력을 무엇이라고 하는가?

① 구속압력(Confined Pressure)
② 축차응력(Diviator Stress)
③ 배압(Back Pressure)
④ 선행압밀압력(Preconsolidation Pressure)

[해설]
배압 : 실험실에서 흙 시료를 100% 포화시키기 위해 흙 시료 속으로 가하는 수압

04 직경 30cm의 평판재하시험에서 작용압력이 30t/m²일 때 평판의 침하량이 30mm이었다면, 직경 3m의 실제 기초에 30t/m²의 압력이 작용할 때의 침하량은?(단, 지반은 사질토 지반이다.)

① 30mm
② 99.2mm
③ 187.4mm
④ 300mm

[해설]
침하량(사질토)
$$S_{(기초판)} = S_{재하판} \times \left[\frac{2B_{(기초판)}}{B_{(기초판)} + B_{(재하판)}}\right]^2$$
$$= 0.03 \times \left[\frac{2 \times 3}{3 + 0.3}\right]^2 = 0.0992m = 99.2mm$$

05 다음 그림과 같은 p-q 다이어그램에서 K_f 선이 파괴선을 나타낼 때 이 흙의 내부마찰각은?

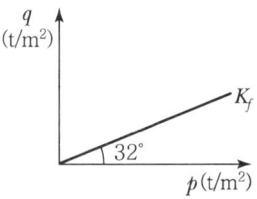

① 32°
② 36.5°
③ 38.7°
④ 40.8°

해설

k_f 선과 Mohr – Coulomb 선의 기하학적 관계
$\sin\phi = \tan\alpha$
$\therefore \phi = \sin^{-1}(\tan\alpha)$
$= \sin^{-1}(\tan 32°) = 38.7°$

06 기초폭 4m의 연속기초를 지표면 아래 3m 위치의 모래지반에 설치하려고 한다. 이때 표준 관입 시험 결과에 의한 사질지반의 평균 N값이 10일 때 극한지지력은?(단, Meyerhof 공식 사용)

① 420t/m² ② 210t/m²
③ 105t/m² ④ 75t/m²

해설

Meyerhof 공식
$q_{ult} = 3NB\left(1 + \dfrac{D_f}{B}\right) = 3 \times 10 \times 4 \times \left(1 + \dfrac{3}{4}\right) = 210\,\text{t/m}^2$

07 어떤 흙의 입도분석 결과 입경 가적 곡선의 기울기가 급경사를 이룬 빈입도일 때 예측할 수 있는 사항으로 틀린 것은?

① 균등계수는 작다.
② 간극비는 크다.
③ 흙을 다지기가 힘들 것이다.
④ 투수계수는 작다.

해설

빈입도
- 입도 분포가 불량하다.
- 균등계수가 작다.
- 간극비가 크다.
- 투수계수가 크다.

08 통일분류법으로 흙을 분류할 때 사용하는 인자가 아닌 것은?

① 입도분포 ② 애터버그 한계
③ 색, 냄새 ④ 군지수

해설

흙의 공학적 성질
㉠ 통일 분류법(입도분포, 액성한계, 소성지수)
㉡ AASHTO 분류법(군지수)

09 다음 중 투수계수를 좌우하는 요인이 아닌 것은?

① 토립자의 크기 ② 공극의 형상과 배열
③ 포화도 ④ 토립자의 비중

해설

$k = D_s^2 \cdot \dfrac{\gamma_w}{\mu} \cdot \dfrac{e^3}{1+e} \cdot C$
(k는 토립자 비중과 무관함)

10 유선망의 특징에 대한 설명으로 틀린 것은?

① 균질한 흙에서 유선과 등수두선은 상호 직교한다.
② 유선 사이에서 수두감소량(Head Loss)은 동일하다.
③ 유선은 다른 유선과 교차하지 않는다.
④ 유선망은 경계조건을 만족하여야 한다.

해설

등수두선 사이에서 수두감소량(손실수두)은 동일하다.

11 사면안정 해석방법에 대한 설명으로 틀린 것은?

① 일체법은 활동면 위에 있는 흙덩어리를 하나의 물체로 보고 해석하는 방법이다.
② 절편법은 활동면 위에 있는 흙을 몇 개의 절편으로 분할하여 해석하는 방법이다.
③ 마찰원방법은 점착력과 마찰각을 동시에 갖고 있는 균질한 지반에 적용된다.
④ 절편법은 흙이 균질하지 않아도 적용이 가능하지만, 흙속에 간극수압이 있을 경우 적용이 불가능하다.

해설

절편법은 흙속에 간극수압이 있을 경우 적용 가능하다.

12 흙시료 채취에 대한 설명으로 틀린 것은?

① 교란의 효과는 소성이 낮은 흙이 소성이 높은 흙보다 크다.
② 교란된 흙은 자연상태의 흙보다 압축강도가 작다.
③ 교란된 흙은 자연상태의 흙보다 전단강도가 작다.
④ 흙시료 채취 직후에 비교적 교란되지 않은 코어(Core)는 부(負)의 과잉간극수압이 생긴다.

[해설]
소성이 낮은 흙은 교란 효과가 작다.

13 아래 그림과 같은 지표면에 2개의 집중하중이 작용하고 있다. 3t의 집중하중 작용점 하부 2m 지점 A에서의 연직하중의 증가량은 약 얼마인가?(단, 영향계수는 소수점 이하 넷째 자리까지 구하여 계산하시오.)

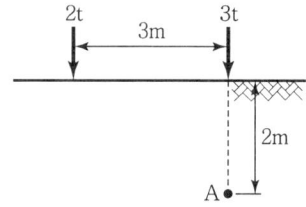

① $0.37t/m^2$
② $0.89t/m^2$
③ $1.42t/m^2$
④ $1.94t/m^2$

[해설]
$$\Delta\sigma_Z = \frac{Q_1}{Z^2}I_{\sigma_1} + \frac{Q_2}{Z^2}I_{\sigma_2}$$
$$= \frac{Q}{Z^2}\left(\frac{3}{2\pi}\right) + \frac{Q}{Z^2}\left(\frac{3}{2\pi} \times \frac{Z^5}{R^5}\right)$$
$$= \frac{3}{2^2}\left(\frac{3}{2\pi}\right) + \frac{Z}{2^2}\left(\frac{3}{2\pi} \times \frac{2^5}{3.6^5}\right)$$
$$= 0.37t/m^2$$
$(R = \sqrt{r^2 + Z^2} = \sqrt{3^2 + 2^2} = 3.6)$

14 어떤 흙에 대한 일축압축시험 결과 일축압축강도는 $1.0kg/cm^2$, 파괴면과 수평면이 이루는 각은 50°였다. 이 시료의 점착력은?

① $0.36kg/cm^2$
② $0.42kg/cm^2$
③ $0.5kg/cm^2$
④ $0.54kg/cm^2$

[해설]
일축압축강도$(q_u) = 2c\tan\left(45° + \frac{\phi}{2}\right)$
$1 = 2c\tan50°$
$\therefore c = \frac{1}{2 \times \tan50°} = 0.42kg/cm^2$

15 내부마찰각 30°, 점착력 $1.5t/m^2$ 그리고 단위중량이 $1.7t/m^3$인 흙에 있어서 인장균열(Tension Crack)이 일어나기 시작하는 깊이는 약 얼마인가?

① 2.2m
② 2.7m
③ 3.1m
④ 3.5m

[해설]
인장균열 깊이(점착고)
$Z_c = \frac{2c}{\gamma_t} \cdot \tan\left(45° + \frac{\phi}{2}\right) = \frac{2 \times 1.5}{1.7}\tan\left(45° + \frac{30°}{2}\right) = 3.1m$

16 아래 그림과 같은 폭(B) 1.2m, 길이(L) 1.5m인 사각형 얕은 기초에 폭(B) 방향에 편심이 작용하는 경우 지반에 작용하는 최대압축응력은?

① $29.2t/m^2$
② $38.5t/m^2$
③ $39.7t/m^2$
④ $41.5t/m^2$

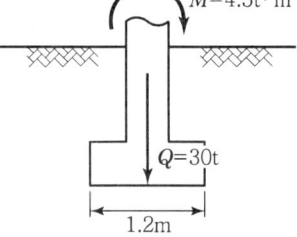

[해설]
$\sigma_{max} = \frac{Q}{A}\left(1 + \frac{6e}{B}\right)$
$= \frac{30}{1.2 \times 1.5}\left(1 + \frac{6 \times 0.15}{1.2}\right)$
$= 29.2t/m^2$
$\left(e = \frac{M}{Q} = \frac{4.5}{30} = 0.15m\right)$

정답 12 ① 13 ① 14 ② 15 ③ 16 ①

17 그림과 같이 3m×3m 크기의 정사각형 기초가 있다. Terzaghi 지지력 공식 $q_u = 1.3cN_c + \gamma_1 D_f N_q + 0.4\gamma_2 BN_\gamma$을 이용하여 극한지지력을 산정할 때 사용되는 흙의 단위중량(γ_2)의 값은?(단, 물의 단위중량은 $9.81kN/m^3$)

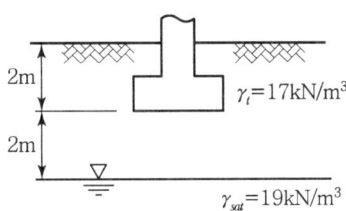

① $9.4kN/m^3$ ② $11.7kN/m^3$
③ $14.4kN/m^3$ ④ $17.2kN/m^3$

[해설]
- $B \leqq d$: 지하수위 영향 없음
- $B > d$: 지하수위 영향 고려

$$\gamma_2 = \frac{\gamma \cdot d + \gamma_{sub}(B-d)}{B} = \frac{17 \times 2 + (19-9.81)(3-2)}{3}$$
$$= 14.4 kN/m^3$$

18 어떤 흙의 변수위 투수시험을 한 결과 시료의 직경과 길이가 각각 5.0cm, 2.0cm이었으며, 유리관의 내경이 4.5mm, 1분 10초 동안에 수두가 40cm에서 20cm로 내려갔다. 이 시료의 투수계수는?

① $4.95 \times 10^{-4} cm/s$ ② $5.45 \times 10^{-4} cm/s$
③ $1.60 \times 10^{-4} cm/s$ ④ $7.39 \times 10^{-4} cm/s$

[해설]
$$k = 2.3 \cdot \frac{aL}{At} \log \frac{h_1}{h_2} = 2.3 \times \frac{\left(\frac{\pi \times 0.45^2}{4} \times 2\right)}{\left(\frac{\pi \times 5^2}{4} \times 70\right)} \log \frac{40}{20}$$
$$= 1.6 \times 10^{-4} cm/s$$

19 지표면에 $4t/m^2$의 성토를 시행하였다. 압밀이 70% 진행되었다고 할 때 현재의 과잉 간극수압은?

① $0.8t/m^2$ ② $1.2t/m^2$
③ $2.2t/m^2$ ④ $2.8t/m^2$

[해설]
$$u = \frac{u_i - u_t}{u_i} \times 100$$
$$70 = \frac{4 - u_t}{4} \times 100$$
$$\therefore u_t = 1.2t/m^2$$

20 Sand Drain 공법에서 Sand Pile을 정삼각형으로 배치할 때 모래기둥의 간격은?(단, Pile의 유효지름은 40cm이다.)

① 35cm ② 38cm
③ 42cm ④ 45cm

[해설]
정삼각형 배치 시 유효직경(d_e) = $1.05s$
∴ $40 = 1.05s$
샌드파일의 간격(s) = 38cm

정답 17 ③ 18 ③ 19 ② 20 ②

2015년 토목산업기사 제1회 토질 및 기초 기출문제

01 어떤 점토 사면에 있어서 안정계수가 4이고, 단위중량이 $1.5t/m^3$, 점착력이 $0.15kg/cm^2$일 때 한계고는?

① 4m   ② 2.3m
③ 2.5m ④ 5m

[해설]

한계고$(H_c) = \dfrac{N_s \cdot c}{\gamma_t} = \dfrac{4 \times 1.5}{1.5} = 4m$

$(c = 0.15 kg/cm^2 = 1.5 t/m^2)$

02 흙의 건조단위중량이 $1.60 g/cm^3$이고 비중이 2.64인 흙의 간극비는?

① 0.42   ② 0.60
③ 0.65   ④ 0.64

[해설]

$\gamma_d = \dfrac{G_s}{1+e} \gamma_w, \quad \therefore e = \dfrac{G_s}{\gamma_d} \gamma_w - 1 = \dfrac{2.64}{1.60} \times 1 - 1 = 0.65$

03 다음의 흙 중에서 2차 압밀량이 가장 큰 흙은?

① 모래   ② 점토
③ Silt   ④ 유기질토

[해설]

2차 압밀은 유기질이 많은 흙에서 일어난다.

04 다음 중 얕은 기초는?

① Footing 기초   ② 말뚝 기초
③ Caisson 기초   ④ Pier 기초

[해설]

기초의 종류

얕은(직접) 기초	깊은 기초
확대(Footing) 기초 전면(Mat) 기초	말뚝기초 피어(Pier) 기초 케이슨 기초

05 주동토압계수를 K_a, 수동토압계수를 K_p, 정지토압계수를 K_o라 할 때 그 크기의 순서로 옳은 것은?

① $K_a > K_0 > K_p$ ② $K_p > K_0 > K_a$
③ $K_0 > K_a > K_p$ ④ $K_0 > K_p > K_a$

[해설]

토압계수의 크기
$K_p > K_0 > K_a$
(수동토압계수 > 정지토압계수 > 주동토압계수)

06 다음 투수층에서 피에조미터를 꽂은 두 지점 사이의 동수경사(i)는 얼마인가?(단, 두 지점 간의 수평거리는 50m이다.)

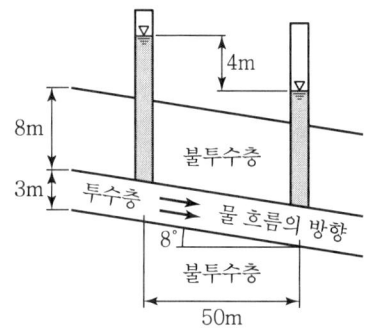

① 0.063   ② 0.079
③ 0.126   ④ 0.162

[해설]

동수경사$(i) = \dfrac{h}{L} = \dfrac{4}{50.5} = 0.079$

$\left(\cos 8° = \dfrac{50}{L}, \quad L = \dfrac{50}{\cos 8°} = 50.5m \right)$

07 도로지반의 평판재하 실험에서 1.25mm가 침하될 때 하중강도가 $2.5 kg/cm^2$이면 지지력계수 K는?

① $2 kg/cm^3$ ② $20 kg/cm^3$
③ $1 kg/cm^3$ ④ $10 kg/cm^3$

[해설]

지지력계수$(K) = \dfrac{q}{y} = \dfrac{2.5}{0.125} = 20 kg/cm^3$

정답 01 ① 02 ③ 03 ④ 04 ① 05 ② 06 ② 07 ②

08 평판재하시험이 끝나는 조건에 대한 설명으로 잘못된 것은?

① 침하량이 15mm에 달할 때
② 하중강도가 현장에서 예상되는 최대 접지압을 초과할 때
③ 하중강도가 그 지반의 항복점을 넘을 때
④ 완전히 침하가 멈출 때

해설
평판재하시험이 끝나는 조건
- 침하량이 15mm에 달할 때
- 하중강도가 예상되는 최대 접지압력을 초과할 때
- 하중강도가 그 지반의 항복점을 넘을 때

09 현장에서 채취한 흐트러지지 않은 포화 점토 시료에 대해 일축압축강도 $q_u = 0.8 \text{kg/cm}^2$의 값을 얻었다. 이 흙의 점착력은?

① 0.2kg/cm^2
② 0.25kg/cm^2
③ 0.3kg/cm^2
④ 0.4kg/cm^2

해설
일축압축강도$(q_u) = 2c\tan\left(45° + \dfrac{\phi}{2}\right)$
$q_u = 2c$ (점토, $\phi = 0$)
$\therefore c = \dfrac{q_u}{2} = \dfrac{0.8}{2} = 0.4\text{kg/cm}^2$

10 전단응력을 증가시키는 외적 요인이 아닌 것은?

① 간극수압의 증가
② 지진, 발파에 의한 충격
③ 인장응력에 의한 균열의 발생
④ 함수량 증가에 의한 단위중량 증가

해설

전단응력(강도, τ)을 증가시키는 요인	전단응력(강도, τ)을 감소시키는 요인
㉠ 함수비 증가에 따른 흙의 단위중량 증가 ㉡ 지반에 고결제(약액) 주입 ㉢ 인장응력에 의한 균열 발생(인장응력 발생 부분에 압축잔류응력 발생) ㉣ 지진, 발파에 의한 충격	㉠ 간극수압의 증가 ㉡ 흙다짐 불량, 동결 융해 ㉢ 수분증가에 따른 점토의 팽창 ㉣ 수축, 팽창, 인장에 의한 미세균열

11 다음 그림과 같은 샘플러(Sampler)에서 면적비는?(단, $D_s = 7.2\text{cm}$, $D_e = 7.0\text{cm}$, $D_w = 7.5\text{cm}$)

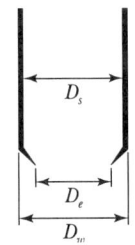

① 5.9%
② 12.7%
③ 5.8%
④ 14.8%

해설
면적비$(A_R) = \dfrac{D_w^2 - D_e^2}{D_e^2} \times 100(\%)$
$= \dfrac{7.5^2 - 7.0^2}{7.0^2} \times 100(\%) = 14.8\%$

12 어떤 점성토에 수직응력 40kg/cm^2를 가하여 전단시켰다. 전단면상의 간극수압이 10kg/cm^2이고 유효응력에 대한 점착력, 내부마찰각이 각각 0.2kg/cm^2, $20°$이면 전단강도는?

① 6.4kg/cm^2
② 10.4kg/cm^2
③ 11.1kg/cm^2
④ 18.4kg/cm^2

해설
$S(\tau_f) = c + \sigma'\tan\phi = c + (\sigma - u)\tan\phi$
$= 0.2 + (40 - 10)\tan 20°$
$= 11.1\text{kg/cm}^2$

정답 08 ④ 09 ④ 10 ① 11 ④ 12 ③

13 그림과 같은 지표면에 10t의 집중하중이 작용했을 때 작용점의 직하 3m 지점에서 이 하중에 의한 연직응력은?

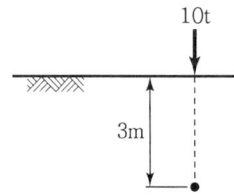

① $0.422t/m^2$ ② $0.531t/m^2$
③ $0.641t/m^2$ ④ $0.708t/m^2$

해설

$\Delta\sigma = \dfrac{Q}{Z^2}I_\sigma = \dfrac{10}{3^2} \times \dfrac{3}{2\pi} = 0.531t/m^2$

14 함수비 20%의 자연상태의 흙 2,400g을 함수비 25%로 하고자 한다면 추가해야 할 물의 양은?

① 100g   ② 120g
③ 400g   ④ 500g

해설

㉠ 함수비 20%일 때 물의 양
$\omega = \dfrac{W_w}{W_s} \times 100 = \dfrac{W_w}{W - W_w} \times 100$
$0.20 = \dfrac{W_w}{2400 - W_w} \times 100$
$W_w = 400g$

㉡ 함수비 25%일 때 물의 양
$20\% : 400kg = 25\% : W_w$
$\therefore W_w = 500g$

㉢ 추가해야 할 물의 양
$500 - 400 = 100g$

15 어느 흙댐의 동수구배가 0.8, 흙의 비중이 2.65, 함수비 40%인 포화토인 경우 분사현상에 대한 안전율은?

① 0.8   ② 1.0
③ 1.2   ④ 1.4

해설

$F_s = \dfrac{i_c}{i} = \dfrac{\dfrac{G_s - 1}{1 + e}}{\dfrac{h}{L}} = \dfrac{\dfrac{2.65 - 1}{1 + 1.06}}{0.8} = 1.0$

$\left(G_s \omega = Se, \therefore e = \dfrac{G_s \cdot \omega}{S} = \dfrac{2.65 \times 0.4}{1} = 1.06\right)$

16 그림과 같이 2개 층으로 구성된 지반에 대한 수평방향 등가투수계수는?

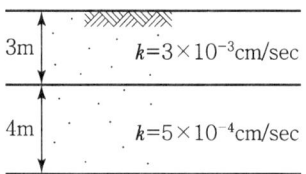

① $3.89 \times 10^{-3} cm/sec$ ② $7.78 \times 10^{-3} cm/sec$
③ $1.57 \times 10^{-3} cm/sec$ ④ $3.14 \times 10^{-3} cm/sec$

해설

수평방향 등가투수계수(K_h)

$k_h = \dfrac{k_1 H_1 + k_2 H_2}{H_1 + H_2} = \dfrac{(3 \times 10^{-3} \times 300) + (5 \times 10^{-4} \times 400)}{300 + 400}$
$= 1.57 \times 10^{-3} cm/sec$

17 다음 중 점성토 지반의 개량공법으로 부적당한 것은?

① 치환공법
② Sand Drain 공법
③ 바이브로 플로테이션 공법
④ 다짐모래말뚝공법

해설

바이브로 플로테이션 공법은 사질토 지반의 개량공법

정답 13 ② 14 ① 15 ② 16 ③ 17 ③

18 다짐에 대한 설명으로 틀린 것은?

① 조립토는 세립토보다 최적함수비가 작다.
② 조립토는 세립토보다 최대 건조밀도가 높다.
③ 조립토는 세립토보다 다짐곡선의 기울기가 급하다.
④ 다짐에너지가 클수록 최대 건조밀도는 낮아진다.

해설
다짐에너지가 커지면 $\gamma_{d\max}$ 는 증가하고 OMC는 작아진다.

19 10개의 무리말뚝기초에 있어서 효율이 0.8, 단항으로 계산한 말뚝 1개의 허용지지력이 10t일 때 군항의 허용지지력은?

① 50t ② 80t
③ 100t ④ 125t

해설
군항(무리말뚝)의 허용지지력$(R_{ag}) = R_a \cdot N \cdot E$
$= 10 \times 10 \times 0.8 = 80t$

20 다음 중 얕은 기초의 지지력에 영향을 미치지 않는 것은?

① 지반의 경사 ② 기초의 깊이
③ 기초의 두께 ④ 기초의 형상

해설
얕은 기초의 지지력에 영향을 미치는 것
- 기초의 형상
- 기초의 깊이
- 지반의 경사

정답 18 ④ 19 ② 20 ③

2015년 토목기사 제2회 토질 및 기초 기출문제

01 어느 흙댐의 동수경사가 1.0, 흙의 비중이 2.65, 함수비가 40%인 포화토에 있어서 분사현상에 대한 안전율을 구하면?

① 0.8 ② 1.0
③ 1.2 ④ 1.4

[해설]

$$F_s = \frac{i_c}{i} = \frac{\dfrac{G_s - 1}{1+e}}{\dfrac{h}{L}} = \frac{\dfrac{2.65-1}{1+1.06}}{\dfrac{1.0}{}} = 0.8$$

$$\left(G_s \cdot \omega = S \cdot e \quad \therefore e = \frac{G_s \cdot \omega}{S} = \frac{2.65 \times 0.4}{1} = 1.06\right)$$

02 굳은 점토지반에 앵커를 그라우팅하여 고정시켰다. 고정부의 길이가 5m, 직경이 20cm, 시추공의 직경은 10cm였다. 점토의 비배수전단강도(C_u) = 1.0kg/cm², ϕ=0°라고 할 때 앵커의 극한 지지력은?(단, 표면마찰계수는 0.6으로 가정한다.)

① 9.4ton   ② 15.7ton
③ 18.8ton ④ 31.3ton

[해설]
점토지반일 때 어스앵커의 극한 지지력(저항)
$P_u = \alpha \cdot C_u \cdot \pi D l$
　　$= 0.6 \times 1.0 \times \pi \times 20 \times 500$
　　$= 18,849.56$kg
　　$= 18.8$t

03 Sand Drain의 지배 영역에 관한 Barron의 정삼각형 배치에서 샌드 드레인의 간격을 d, 유효원의 직경을 d_e라 할 때 d_e를 구하는 식으로 옳은 것은?

① $d_e = 1.128d$ ② $d_e = 1.028d$
③ $d_e = 1.050d$ ④ $d_e = 1.50d$

[해설]
정삼각형 배열(d_e) = 1.05d
정사각형 배열(d_e) = 1.13d

04 어느 점토의 체가름 시험과 액·소성시험 결과 0.002mm(2μm) 이하의 입경이 전 시료 중량의 90%, 액성한계 60%, 소성한계 20%였다. 이 점토 광물의 주성분은 어느 것으로 추정되는가?

① Kaolinite
② Illite
③ Calcite
④ Montmorillonite

[해설]

활성도(A) = $\dfrac{I_p(W_L - W_P)}{2\mu \text{ 이하의 점토 함유량}} = \dfrac{60-20}{90} = 0.44$

∴ A < 0.75 : Kaolinite(0.44)

05 응력경로(Stress Path)에 대한 설명으로 옳지 않은 것은?

① 응력경로는 특성상 전응력으로만 나타낼 수 있다.
② 응력경로란 시료가 받는 응력의 변화과정을 응력공간에 궤적으로 나타낸 것이다.
③ 응력경로는 Mohr의 응력원에서 전단응력이 최대인 점을 연결하여 구해진다.
④ 시료가 받는 응력상태에 대해 응력경로를 나타내면 직선 또는 곡선으로 나타난다.

[해설]
응력경로는 전응력경로와 유효응력경로로 구분된다.

06 10m 깊이의 쓰레기층을 동다짐을 이용하여 개량하려고 한다. 사용할 해머 중량이 20t, 하부 면적 반경 2m의 원형 블록을 이용한다면, 해머의 낙하고는?

① 15m   ② 20m
③ 25m   ④ 23m

[해설]
개량심도(D) = $\alpha\sqrt{W \cdot H}$
　　　　　$10 = 0.5\sqrt{20 \times H}$
　　　　∴ H = 20m

정답 01 ① 02 ③ 03 ③ 04 ① 05 ① 06 ②

07 어떤 점토지반의 표준관입실험 결과 N 값이 2~4였다. 이 점토의 Consistency는?

① 대단히 견고
② 연약
③ 견고
④ 대단히 연약

[해설]

연경도(Consistency)	N치
대단히 연약	$N < 2$
연약	$2 \sim 4$
중간	$4 \sim 8$
견고	$8 \sim 15$
대단히 견고	$15 \sim 30$
고결	$N > 30$

08 $\Delta h_1 = 5$이고, $K_{v2} = 10 K_{v1}$일 때, K_{v3}의 크기는?

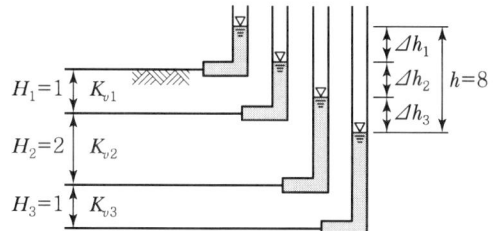

① $1.0 K_{v1}$
② $1.5 K_{v1}$
③ $2.0 K_{v1}$
④ $2.5 K_{v1}$

[해설]

※ 각 층의 침투속도는 균일

㉠ $V = Ki = K_{v1} \cdot \dfrac{\Delta h_1}{l_1} = K_{v2} \cdot \dfrac{\Delta h_2}{l_2} = K_{v3} \cdot \dfrac{\Delta h_3}{l_3}$

$= K_{v1} \cdot \dfrac{\Delta h_1}{1} = K_{v2} \cdot \dfrac{\Delta h_2}{2} = K_{v3} \cdot \dfrac{\Delta h_3}{1}$

$= K_{v1} \cdot \Delta h_1 = 10 K_{v1} \cdot \dfrac{\Delta h_2}{2} = K_{v3} \cdot \Delta h_3$

$= 5 K_{v1} = 5 K_{v1} \cdot \Delta h_2 = K_{v3} \cdot \Delta h_3$

∴ $\Delta h_2 = 1$, $\Delta h_3 = 2$

㉡ $V = K_{v3} \times \dfrac{2}{1} = 5 K_{v1}$

$= 2 K_{v3} = 5 K_{v1}$

∴ $K_{v3} = \dfrac{5}{2} K_{v1} = 2.5 K_{v1}$

09 Rod에 붙인 어떤 저항체를 지중에 넣어 관입, 인발 및 회전에 의해 흙의 전단강도를 측정하는 원위치 시험은?

① 보링(Boring)
② 사운딩(Sounding)
③ 시료 채취(Sampling)
④ 비파괴 시험(NDT)

[해설]
사운딩(Sounding)은 Rod 끝에 설치한 저항체를 지중에 삽입하여 관입, 회전, 인발 등의 저항으로 토층의 물리적 성질과 상태를 탐사하는 것

10 평판재하실험에서 재하판의 크기에 의한 영향(Scale Effect)에 관한 설명으로 틀린 것은?

① 사질토 지반의 지지력은 재하판의 폭에 비례한다.
② 점토 지반의 지지력은 재하판의 폭에 무관하다.
③ 사질토 지반의 침하량은 재하판의 폭이 커지면 약간 커지기는 하지만 비례하는 정도는 아니다.
④ 점토지반의 침하량은 재하판의 폭에 무관하다.

[해설]
점토 지반의 침하량은 재하판의 폭에 비례한다.

11 어떤 점토의 토질 실험 결과 일축압축강도 $0.48 \mathrm{kg/cm^2}$, 단위중량 $1.7 \mathrm{t/m^3}$였다. 이 점토의 한계고는?

① 6.34m
② 4.87m
③ 9.24m
④ 5.65m

[해설]
한계고$(H_c) = \dfrac{4c}{\gamma} \tan\left(45° + \dfrac{\phi}{2}\right)$

$= 2 \dfrac{q_u}{\gamma} = \dfrac{2 \times 4.8}{1.7} = 5.65 \mathrm{m}$

$(0.48 \mathrm{kg/cm^2} = 4.8 \mathrm{t/m^2})$

정답 07 ② 08 ④ 09 ② 10 ④ 11 ④

12 2m×2m 정방향 기초가 1.5m 깊이에 있다. 이 흙의 단위중량 $\gamma = 1.7\text{t/m}^3$, 점착력 $c = 0$이며, $N_\gamma = 19$, $N_q = 22$이다. Terzaghi의 공식을 이용하여 전 허용하중(Q_{all})을 구한 값은?(단, 안전율 $F_s = 3$으로 한다.)

① 27.3t ② 54.6t
③ 81.9t ④ 109.3t

해설
- 극한지지력
$$q_u = \alpha c N_c + \beta \gamma_1 BN_r + \gamma_2 D_f N_q$$
$$= 1.3 \times 0 \times N_c + 0.4 \times 1.7 \times 2 \times 19 + 1.7 \times 1.5 \times 22$$
$$= 81.94 \text{t/m}^2$$
- 허용지지력 $q_a = \dfrac{q_u}{F_s} = \dfrac{81.94}{3} = 27.31 \text{t/m}^2$
- 허용하중 $Q_a = q_a \cdot A = 27.31 \times 2 \times 2 = 109.3\text{t}$

13 약액주입공법은 그 목적이 지반의 차수 및 지반 보강에 있다. 다음 중 약액주입공법에서 고려해야 할 사항으로 거리가 먼 것은?

① 주입률 ② Piping
③ Grout 배합비 ④ Gel Time

해설
Piping 현상
수위차가 있는 지반 중에 파이프 형태의 수맥이 생겨 사질층의 물이 배출되는 현상

14 유선망의 특징을 설명한 것으로 옳지 않은 것은?

① 각 유로의 침투유량은 같다.
② 유선과 등수두선은 서로 직교한다.
③ 유선망으로 이루어지는 사각형은 이론상 정사각형이다.
④ 침투속도 및 동수구배는 유선망의 폭에 비례한다.

해설
침투속도 및 동수구배는 유선망의 폭에 반비례한다.

15 연약점토지반에 성토제방을 시공하고자 한다. 성토로 인한 재하속도가 과잉간극수압이 소산되는 속도보다 빠를 경우, 지반의 강도정수를 구하는 가장 적합한 시험방법은?

① 압밀 배수시험
② 압밀 비배수시험
③ 비압밀 비배수시험
④ 직접전단시험

해설
비압밀 비배수시험(UU – Test)
㉠ 포화 점토가 성토 직후 급속한 파괴가 예상될 때
㉡ 성토로 인한 재하속도 > 과잉 간극 수압이 소산되는 속도

16 그림과 같은 점성토 지반의 토질실험 결과 내부 마찰각 $\phi = 30°$, 점착력 $c = 1.5\text{t/m}^2$일 때 A점의 전단강도는?

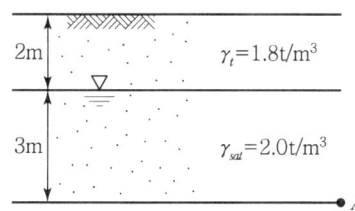

① 5.31t/m² ② 5.95t/m²
③ 6.38t/m² ④ 7.04t/m²

해설
전단강도(S) $= c + \sigma' \tan\phi = 1.5 + 6.6\tan 30° = 5.31\text{t/m}^2$
($\sigma' = 1.8 \times 2 + (2.0 - 1) \times 3 = 6.6\text{t/m}^2$)

17 $\gamma_{sat} = 2.0\text{t/m}^3$인 사질토가 20°로 경사진 무한사면이 있다. 지하수위가 지표면과 일치하는 경우 이 사면의 안전율이 1 이상이 되기 위해서는 흙의 내부마찰각이 최소 몇 도 이상이어야 하는가?

① 18.21° ② 20.52°
③ 36.06° ④ 45.47°

정답 12 ④ 13 ② 14 ④ 15 ③ 16 ① 17 ③

해설

무한사면(사질토)

$$F_s = \frac{c}{\gamma_{sub} \cdot Z \sin i \cos i} + \frac{\gamma_{sub}}{\gamma_{sat}} \times \frac{\tan\phi}{\tan i}$$

$$= \frac{\gamma_{sub}}{\gamma_{sat}} \cdot \frac{\tan\phi}{\tan i} = \frac{1}{2} \times \frac{\tan\phi}{\tan 20°} \geq 1$$

$$\therefore \phi = 36.06°$$

18 아래와 같은 흙의 입도분포곡선에 대한 설명으로 옳은 것은?

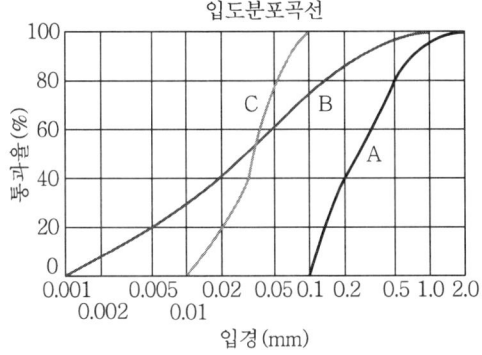

① A는 B보다 유효경이 작다.
② A는 B보다 균등계수가 작다.
③ C는 B보다 균등계수가 크다.
④ B는 C보다 유효경이 크다.

해설

B 곡선(경사 완만)
㉠ 입도분포가 좋은 양입도
㉡ 투수계수가 작다.
㉢ 균등계수가 크다.

19 그림과 같은 5m 두께의 포화점토층이 $10t/m^2$의 상재하중에 의하여 30cm의 침하가 발생하는 경우에 압밀도는 약 $U=60\%$에 해당하는 것으로 추정되었다. 향후 몇 년이면 이 압밀도에 도달하겠는가?(단, 압밀계수(C_v)$=3.6\times10^{-4} cm^2/sec$)

	$U(\%)$	T_v
모래	40	0.126
5m 점토층	50	0.197
	60	0.287
모래	70	0.403

① 약 1.3년
② 약 1.6년
③ 약 2.2년
④ 약 2.4년

해설

$$t_{60} = \frac{T_v \cdot H^2}{C_v} = \frac{0.287 \times \left(\frac{500}{2}\right)^2}{3.6\times10^{-4}} = 4982638889 초$$

$$\therefore \frac{4982638889}{60\times60\times24\times365} = 1.6년$$

20 현장 흙의 단위중량을 구하기 위해 부피 500 cm^3의 구멍에서 파낸 젖은 흙의 무게가 900g이고, 건조시킨 후의 무게가 800g이다. 건조한 흙 400g을 몰드에 가장 느슨한 상태로 채운 부피가 280cm^3이고, 진동을 가하여 조밀하게 다진 후의 부피는 210cm^3이다. 흙의 비중이 2.7일 때 이 흙의 상대밀도는?

① 33%
② 38%
③ 43%
④ 48%

해설

㉠ $\gamma_d = \dfrac{W_s}{V} = \dfrac{800}{500} = 1.6$

㉡ $\gamma_{d\min} = \dfrac{400}{280} = 1.43$

㉢ $\gamma_{d\max} = \dfrac{400}{210} = 1.9$

$$\therefore D_r = \left(\frac{\gamma_{d\max}}{\gamma_d} \times \frac{\gamma_d - \gamma_{d\min}}{\gamma_{d\max} - \gamma_{d\min}}\right) \times 100(\%)$$

$$= \left(\frac{1.9}{1.6} \times \frac{1.6-1.43}{1.9-1.43}\right) \times 100$$

$$= 43\%$$

정답 18 ② 19 ② 20 ③

2015년 토목산업기사 제2회 토질 및 기초 기출문제

01 다음은 지하수 흐름의 기본 방정식인 Laplace 방정식을 유도하기 위한 기본 가정이다. 틀린 것은?

① 물의 흐름은 Darcy의 법칙을 따른다.
② 흙과 물은 압축성이다.
③ 흙은 포화되어 있고 모세관 현상은 무시한다.
④ 흙은 등방성이고 균질하다.

[해설]
흙과 물은 비압축성으로 가정한다.

02 압밀비배수 전단시험에 대한 설명으로 옳은 것은?

① 시험 중 간극수를 자유로 출입시킨다.
② 시험 중 전응력을 구할 수 없다.
③ 시험 전 압밀할 때 비배수로 한다.
④ 간극수압을 측정하면 압밀배수와 같은 전단강도 값을 얻을 수 있다.

[해설]
압밀비배수(cu) 시험은 전단 시험 시 간극수를 배출하지 않으며 시험 중 전응력을 구할 수 있다.

03 다음 중에서 정지토압 P_o, 주동토압 P_a, 수동토압 P_p의 크기 순서가 옳은 것은?

① $P_p < P_0 < P_a$
② $P_0 < P_a < P_p$
③ $P_0 < P_p < P_a$
④ $P_a < P_0 < P_p$

[해설]
P_a(주동토압) $<$ P_0(정지토압) $<$ P_p(수동토압)

04 다음 그림과 같은 모래지반에서 X-X단면의 전단강도는?(단, $\phi = 30°$, $c = 0$)

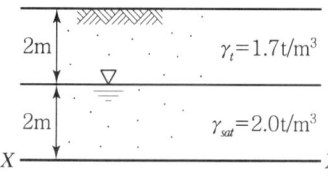

① $1.56 t/m^2$
② $2.14 t/m^2$
③ $3.12 t/m^2$
④ $4.27 t/m^2$

[해설]
전단강도$(S) = c + \sigma' \tan\phi = 0 + 0.54 \tan 30° = 3.12 t/m^2$
$(\sigma' = 1.7 \times 2 + (2.0 - 1) \times 2 = 5.4 t/m^2)$

05 다음의 연약지반 처리공법에서 일시적인 공법은?

① 웰 포인트 공법
② 치환공법
③ 컴포저 공법
④ 샌드 드레인 공법

[해설]
일시적인 연약지반 처리공법
㉠ Well Point 공법
㉡ 동결 공법
㉢ 대기압 공법(진공 압밀 공법)

06 선행압밀하중은 다음 중 어느 곡선에서 구하는가?

① 압밀하중$(\log P)$ - 간극비(e) 곡선
② 압밀하중(P) - 간극비(e) 곡선
③ 압밀시간$(\sqrt{t})$ - 압밀침하량(d) 곡선
④ 압밀하중$(\log t)$ - 압밀침하량(d) 곡선

[해설]
선행압밀하중
㉠ 시료가 과거에 받았던 최대의 압밀하중
㉡ 하중$(\log P)$과 간극비(e) 곡선으로 구한다.

07 다음 점토질 흙 위에 강성이 큰 사각형 독립 기초가 놓여졌을 때 기초 바닥면에서의 응력 상태를 설명한 것 중 옳은 것은?

① 기초 밑면에서의 응력은 일정하다.
② 기초의 중앙부분에서 최대 응력이 발생한다.
③ 기초의 모서리 부분에서 최대 응력이 발생한다.
④ 기초 밑면에서의 응력은 점토질과 모래질의 흙 모두 동일하다.

정답 01 ② 02 ④ 03 ④ 04 ③ 05 ① 06 ① 07 ③

해설
강성기초의 접지압
㉠ 점토지반 : 기초 모서리에서 최대 응력 발생
㉡ 모래지반 : 기초 중앙부에서 최대 응력 발생

08 흙이 동상작용을 받았다면 이 흙은 동상작용을 받기 전에 비해 함수비는?

① 증가한다.
② 감소한다.
③ 동일하다.
④ 증가할 때도 있고, 감소할 때도 있다.

해설
동상작용을 받으면 흙 입자의 팽창으로 수분이 증가되어 함수비도 증가된다.

09 체적이 19.65cm³인 포화토의 무게가 36g이다. 이 흙이 건조되었을 때 체적과 무게는 각각 13.50cm³와 25g이었다. 이 흙의 수축한계는 얼마인가?

① 7.4% ② 13.4%
③ 19.4% ④ 25.4%

해설
$$수축한계(w_s) = \omega - \left[\frac{V_s - V_0}{W_0} \times \gamma_w \times 100\right]$$
$$= 0.44 - \left[\frac{19.65 - 13.50}{25} \times 1\right] = 0.194$$
$$= 19.4\%$$
$$\left(\omega = \frac{W_w}{W_s} \times 100 = \frac{36 - 25}{25} \times 100 = 44\%\right)$$

10 다음 중 표준관입시험으로 구할 수 없는 것은?

① 사질토의 투수계수
② 점성토의 비배수점착력
③ 점성토의 일축압축강도
④ 사질토의 내부마찰각

해설
표준관입시험(SPT)의 N값으로 추정할 수 있는 것
㉠ 사질지반
  • 상대밀도
  • 내부마찰각
  • 지지력계수
㉡ 점성지반
  • 연경도
  • 일축압축강도
  • 허용지지력 및 비배수점착력

11 토층 두께 20m의 견고한 점토지반 위에 설치된 건축물의 침하량을 관측한 결과 완성 후 어떤 기간이 경과하여 그 침하량은 5.5cm에 달한 후 침하는 정지되었다. 이 점토 지반 내에서 건축물에 의해 증가되는 평균압력이 0.6kg/cm²라면 이 점토층의 체적압축계수(m_v)는?

① 4.58×10^{-3}cm²/kg ② 3.25×10^{-3}cm²/kg
③ 2.15×10^{-2}cm²/kg ④ 1.15×10^{-2}cm²/kg

해설
$\Delta H = m_v \cdot \Delta P \cdot H$
$5.5 = m_v \times 0.6 \times 2,000$
$\therefore m_v = 4.58 \times 10^{-3}$cm²/kg

12 원주상의 공시체에 수직응력이 1.0kg/cm², 수평응력이 0.5kg/cm²일 때 공시체의 각도 30° 경사면에 작용하는 전단응력은?

① 0.17kg/cm² ② 0.22kg/cm²
③ 0.35kg/cm² ④ 0.43kg/cm²

해설
$$\tau = \frac{\sigma_1 - \sigma_3}{2}\sin 2\theta$$
$$= \frac{1.0 - 0.5}{2}\sin(2 \times 30°)$$
$$= 0.22\text{kg/cm}^2$$

정답 08 ① 09 ③ 10 ① 11 ① 12 ②

13 5m×10m의 장방형 기초 위에 $q=6\text{t/m}^2$의 등분포하중이 작용할 때 지표면 아래 5m에서의 증가유효수직응력을 2:1 분포법으로 구한 값은?

① 1t/m^2
② 2t/m^2
③ 3t/m^2
④ 4t/m^2

해설
$$\Delta\sigma_Z = \frac{qBL}{(B+Z)(L+Z)} = \frac{6\times5\times10}{(5+5)\times(10+5)} = 2\text{t/m}^2$$

14 다음 중 사면의 안정해석방법이 아닌 것은?

① 마찰원법
② 비숍(Bishop)의 방법
③ 펠레니우스(Fellenius)의 방법
④ 카사그란데(Casagrande)의 방법

해설
사면의 안정해석
㉠ 질량법(마찰원법)
㉡ 절편법
  • Fellenius 법
  • Bishop 법
  • Spencer 법

15 통일분류법에 의한 흙의 분류에서 조립토와 세립토를 구분할 때 기준이 되는 체의 호칭번호와 통과율로 옳은 것은?

① No.4(4.75mm) 체, 35%
② No.10(2mm) 체, 50%
③ No.200(0.075mm) 체, 35%
④ No.200(0.075mm) 체, 50%

해설
• 조립토 : No.200 체 통과량 ≤ 50%
• 세립토 : No.200 체 통과량 > 50%

16 Terzaghi의 극한지지력 공식에 대한 다음 설명 중 틀린 것은?

① 사질지반은 기초 폭이 클수록 지지력은 증가한다.
② 기초 부분에 지하수위가 상승하면 지지력은 증가한다.
③ 기초 바닥 위쪽의 흙은 등가의 상재하중으로 대치하여 식을 유도하였다.
④ 점토지반에서 기초 폭은 지지력에 큰 영향을 끼치지 않는다.

해설
기초 부분에 지하수위가 상승하면 흙의 단위중량의 감소($\gamma_t \to \gamma_{sub}$)로 지지력은 감소한다.

17 어느 모래층의 간극률이 20%, 비중이 2.65이다. 이 모래의 한계동수경사는?

① 1.32
② 1.38
③ 1.42
④ 1.48

해설
$$i_c = \frac{G_s - 1}{1+e} = \frac{2.65-1}{1+0.25} = 1.32$$
$$\left(e = \frac{n}{1-n} = \frac{0.2}{1-0.2} = 0.25\right)$$

18 표준관입시험에 대한 아래 설명에서 ( )에 적합한 것은?

> 질량 63.5±0.5kg의 드라이브 해머를 76±1cm 자유 낙하시키고 보링로드 머리부에 부착한 노킹블록을 타격하여 보링로드 앞 끝에 부착한 표준관입시험용 샘플러를 지반에 ( )mm 박아 넣는 데 필요한 타격 횟수를 N값이라고 한다.

① 200
② 250
③ 300
④ 350

해설
표준관입시험(SPT)
64kg 해머로 76cm 높이에서 보링구멍 밑의 교란되지 않은 흙 속에 30cm 관입될 때까지의 타격 횟수를 N치라 한다.

정답 13 ② 14 ④ 15 ④ 16 ② 17 ① 18 ③

19 그림과 같은 다짐곡선을 보고 설명한 것으로 틀린 것은?

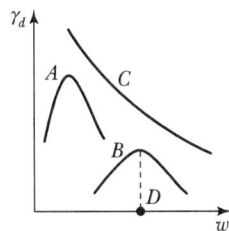

① A는 일반적으로 사질토이다.
② B는 일반적으로 점성토이다.
③ C는 과잉 간극 수압곡선이다.
④ D는 최적 함수비를 나타낸다.

해설
영공기 간극곡선은 포화도 $S_r = 100\%$인 공기함유율 $A = 0\%$일 때의 곡선으로 영공극곡선 또는 포화곡선이라고도 하며, 다짐곡선의 오른쪽에 평행에 가깝게 위치한다.

20 흙의 다짐시험에서 다짐에너지를 증가시킬 때 일어나는 변화로 옳은 것은?

① 최적함수비와 최대건조밀도가 모두 증가한다.
② 최적함수비와 최대건조밀도가 모두 감소한다.
③ 최적함수비는 증가하고 최대건조밀도는 감소한다.
④ 최적함수비는 감소하고 최대건조밀도는 증가한다.

해설
다짐에너지를 증가시키면 최대건조단위중량($\gamma_{d\max}$)은 증가, 최적함수비(OMC)는 감소한다.

정답 19 ③ 20 ④

2015년 토목기사 제4회 토질 및 기초 기출문제

01 그림과 같이 3층으로 되어 있는 성토층의 수평방향 평균투수계수는?

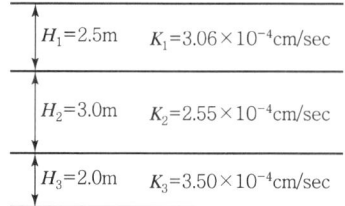

① 2.97×10^{-4} cm/sec
② 3.04×10^{-4} cm/sec
③ 6.97×10^{-4} cm/sec
④ 4.04×10^{-4} cm/sec

해설

$$K_h = \frac{K_1H_1 + K_2H_2 + K_3H_3}{H_1 + H_2 + H_3}$$
$$= \frac{(3.06 \times 10^{-4} \times 250) + (2.55 \times 10^{-4} \times 300) + (3.5 \times 10^{-4} \times 200)}{250 + 300 + 200}$$
$$= 2.97 \times 10^{-4} \text{ cm/sec}$$

02 점착력이 0.1kg/cm², 내부마찰각이 30°인 흙에 수직응력 20kg/cm²를 가할 경우 전단응력은?

① 20.1kg/cm²
② 6.76kg/cm²
③ 1.16kg/cm²
④ 11.65kg/cm²

해설

$S(\tau_f) = c + \sigma' \tan\phi = 0.1 + 20\tan 30° = 11.65$ kg/cm²

03 입경가적곡선에서 가적통과율 30%에 해당하는 입경이 $D_{30} = 1.2$mm일 때, 다음 설명 중 옳은 것은?

① 균등계수를 계산하는 데 사용된다.
② 이 흙의 유효입경은 1.2mm이다.
③ 시료의 전체 무게 중에서 30%가 1.2mm보다 작은 입자이다.
④ 시료의 전체 무게 중에서 30%가 1.2mm보다 큰 입자이다.

해설

$D_{30} = 1.2$mm
- 시료의 30%가 1.2mm를 통과
- 시료의 30%가 1.2mm보다 작은 입자

04 접지압(또는 지반반력)이 그림과 같이 되는 경우는?

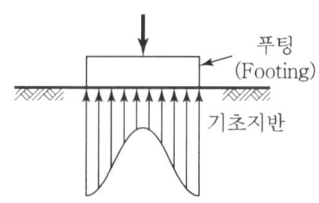

① 푸팅 : 강성, 기초지반 : 점토
② 푸팅 : 강성, 기초지반 : 모래
③ 푸팅 : 연성, 기초지반 : 점토
④ 푸팅 : 연성, 기초지반 : 모래

해설

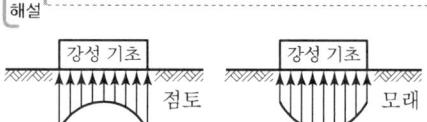

- 점토지반 접지압 분포 : 기초 모서리에서 최대응력 발생
- 모래지반 접지압 분포 : 기초 중앙부에서 최대응력 발생

05 실내시험에 의한 점토의 강도 증가율(C_u/P) 산정방법이 아닌 것은?

① 소성지수에 의한 방법
② 비배수 전단강도에 의한 방법
③ 압밀비배수 삼축압축시험에 의한 방법
④ 직접전단시험에 의한 방법

해설

직접전단시험은 점토의 강도 증가율과는 무관하다.

06 무게 300kg의 드롭해머로 3m 높이에서 말뚝을 타입할 때 1회 타격당 최종 침하량이 1.5cm 발생하였다. Sander 공식을 이용하여 산정한 말뚝의 허용지지력은?

① 7.50t
② 8.61t
③ 9.37t
④ 15.67t

정답 01 ① 02 ④ 03 ③ 04 ① 05 ④ 06 ①

해설

허용지지력 $(Q_a) = \dfrac{Q_u}{F_s} = \dfrac{W_h \cdot H}{8 \cdot S} = \dfrac{300 \times 300}{8 \times 1.5} = 7,500\text{kg}$
$= 7.5\text{t}$

$\left(Q_u = \dfrac{W_h \cdot H}{S}\right)$

07 함수비 18%의 흙 500kg을 함수비 24%로 만들려고 한다. 추가해야 하는 물의 양은?

① 80.41kg ② 54.52kg
③ 38.92kg ④ 25.43kg

해설

㉠ 함수비 18%일 때 물의 양
$W = \dfrac{W_w}{W_s} \times 100 = \dfrac{W_w}{W - W_w} \times 100$

$0.18 = \dfrac{W_w}{500 - W_w} \times 100$

∴ $W_w = 76.27\text{kg}$

㉡ 함수비 24%일 때 물의 양
$18\% : 76.27\text{kg} = 24\% : W_w$
∴ $W_w = 101.69\text{kg}$

㉢ 추가해야 하는 물
$101.69 - 76.27 = 25.43\text{kg}$

08 그림의 유선망에 대한 설명 중 틀린 것은?(단, 흙의 투수계수는 2.5×10^{-3}cm/sec)

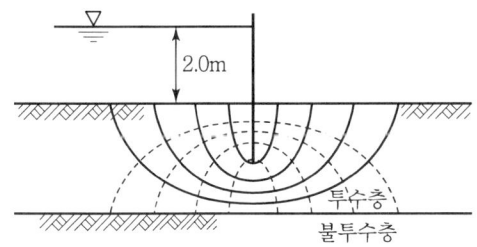

① 유선의 수 = 6
② 등수두선의 수 = 6
③ 유로의 수 = 5
④ 전 침투유량 $Q = 0.278\text{cm}^3/\text{cec}$

해설

① 유선의 수 : 6개
② 등수두선의 수 : 10개
③ 유로의 수 : $6 - 1 = 5$개
④ 침투유량 $(Q) = KH\dfrac{N_f}{N_d} = 2.5 \times 10^{-3} \times 200 \times \dfrac{5}{9}$
$= 0.278\text{cm}^3/\text{sec}$

09 다음 그림과 같은 샘플러(Sampler)에서 면적비는 얼마인가?

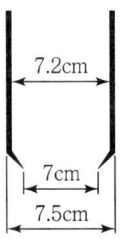

① 5.80% ② 5.97%
③ 14.62% ④ 14.80%

해설

$A_r = \dfrac{D_w^2 - D_e^2}{D_e^2} \times 100$

$= \dfrac{7.5^2 - 7^2}{7^2} \times 100 = 14.80\%$

10 $\gamma_t = 1.8\text{t/m}^3$, $c_u = 3.0\text{t/m}^2$, $\phi = 0$의 점토지반을 수평면과 50°의 기울기로 굴착하려고 한다. 안전율을 2.0으로 가정하여 평면활동 이론에 의한 굴토깊이를 결정하면?

① 2.80m ② 5.60m
③ 7.15m ④ 9.84m

해설

• $H_c = \dfrac{4 \cdot c_u}{\gamma}\left[\dfrac{\sin\beta \cdot \cos\phi}{1 - \cos(\beta - \phi)}\right]$

$= \dfrac{4 \times 3}{1.8}\left[\dfrac{\sin 50° \times \cos 0°}{1 - \cos(50° - 0°)}\right] = 14.297\text{m}$

• $H = \dfrac{H_c}{F_s} = \dfrac{14.297}{2.0} = 7.15\text{m}$

11 점성토 시료를 교란시켜 재성형을 한 경우 시간이 지남에 따라 강도가 증가하는 현상을 나타내는 용어는?

① 크리프(Creep)
② 틱소트로피(Thixotropy)
③ 이방성(Anisotropy)
④ 아이소크론(Isocron)

[해설]
틱소트로피(Thixotrophy) 현상
Remolding한 교란된 시료를 함수비 변화 없이 그대로 방치하면 시간이 경과되면서 강도가 일부 회복되는 현상으로, 점성토 지반에서만 일어난다.

12 현장에서 다짐된 사질토의 상대다짐도가 95%이고 최대 및 최소 건조단위중량이 각각 $1.76t/m^3$, $1.5t/m^3$라고 할 때 현장시료의 상대밀도는?

① 74% ② 69%
③ 64% ④ 59%

[해설]
$$상대밀도(D_r) = \left(\frac{\gamma_{d\max}}{\gamma_d} \times \frac{\gamma_d - \gamma_{d\min}}{\gamma_{d\max} - \gamma_{d\min}}\right) \times 100$$
$$= \left(\frac{1.76}{1.67} \times \frac{1.67 - 1.5}{1.76 - 1.5}\right) \times 100$$
$$= 69\%$$

$$\left(상대다짐도 = \frac{\gamma_d}{\gamma_{d\max}} \times 100, \ 95 = \frac{\gamma_d}{1.76} \times 100,\right.$$
$$\left.\therefore \gamma_d = 1.67t/m^3\right)$$

13 두 개의 기둥하중 $Q_1 = 30t$, $Q_2 = 20t$을 받기 위한 사다리꼴 기초의 폭 B_1, B_2를 구하면?(단, 지반의 허용지지력 $q_a = 2t/m^2$)

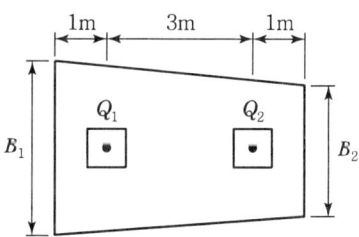

① $B_1 = 7.2m$, $B_2 = 2.8m$
② $B_1 = 7.8m$, $B_2 = 2.2m$
③ $B_1 = 6.2m$, $B_2 = 3.8m$
④ $B_1 = 6.8m$, $B_2 = 3.2m$

[해설]
사다리꼴 복합확대기초의 크기

㉠ $\dfrac{Q_1 \cdot S}{Q_1 + Q_2} = \dfrac{L}{3} \cdot \dfrac{2B_1 + B_2}{B_1 + B_2} - a$

$= \dfrac{30 \times 3}{30 + 20} = \dfrac{1+3+1}{3} \times \dfrac{2B_1 + B_2}{B_1 + B_2} - 1$

$= \dfrac{30 \times 3}{30 + 20} + 1 \times \dfrac{3}{1+3+1} = \dfrac{2B_1 + B_2}{B_1 + B_2}$

$= 1.68$

㉡ $\dfrac{B_1 + B_2}{2} \cdot L = \dfrac{Q_1 + Q_2}{q_a}$

$= \dfrac{B_1 + B_2}{2} \times (1+3+1) = \dfrac{30 + 20}{2}$

$= B_1 + B_2 = \dfrac{30+20}{2} \times 2 \div (1+3+1) = 10$

식 ㉠과 ㉡에 의하여

㉢ $\dfrac{2B_1 + B_2}{B_1 + B_2} = 1.68$

$\dfrac{B_1 + 10}{10} = 1.68$

$\therefore B_1 = 6.8m$

㉣ $B_1 + B_2 = 10$
$6.8 + B_2 = 10$
$\therefore B_2 = 3.2m$

정답 11 ② 12 ② 13 ④

14 2m×3m 크기의 직사각형 기초에 6t/m²의 등분포하중이 작용할 때 기초 아래 10m 되는 깊이에서의 응력 증가량을 2:1 분포법으로 구한 값은?

① 0.23t/m² ② 0.54t/m²
③ 1.33t/m² ④ 1.83t/m²

해설

$$\Delta\sigma_Z = \frac{qBL}{(B+Z)(L+Z)}$$
$$= \frac{6\times 2\times 3}{(2+10)(3+10)} = 0.23\text{t/m}^2$$

15 4m×4m인 정사각형 기초를 내부마찰각 $\phi=20°$, 점착력 $c=3\text{t/m}^2$인 지반에 설치하였다. 흙의 단위중량 $\gamma=1.9\text{t/m}^3$이고 안전율이 3일 때 기초의 허용하중은?(단, 기초의 깊이는 1m이고, $N_q=7.44$, $N_\gamma=4.97$, $N_c=17.69$이다.)

① 378t ② 524t
③ 675t ④ 814t

해설

• 극한 지지력
$q_u = \alpha c N_c + \beta \gamma_1 B N_\gamma + \gamma_2 D_f N_q$
$= 1.3\times 3\times 17.69 + 0.4\times 1.9\times 4\times 4.97 + 1.9\times 1\times 7.44$
$= 98.24\text{t/m}^2$

• 허용지지력
$q_a = \dfrac{q_u}{F_s} = \dfrac{98.24}{3} = 32.75\text{t/m}^2$

• 허용하중 $Q_a = q_a \cdot A = 32.75\times 4\times 4 = 524\text{t}$

16 다음 중 사운딩 시험이 아닌 것은?

① 표준관입시험 ② 평판재하시험
③ 콘 관입시험 ④ 베인 시험

해설
• 정적 사운딩 : 콘 관입시험, 베인시험, 이스키미터
• 동적 사운딩 : 표준관입시험, 동적원추관입시험

17 활동면 위의 흙을 몇 개의 연직 평행한 절편으로 나누어 사면의 안정을 해석하는 방법이 아닌 것은?

① Fellenius 방법 ② 마찰원법
③ Spencer 방법 ④ Bishop의 간편법

해설
사면의 안정해석
㉠ 질량법(마찰원법)
㉡ 절편법(분할법)
 • Fellenius 법
 • Bishop 법
 • Spencer 법

18 도로의 평판재하시험을 끝낼 수 있는 조건이 아닌 것은?

① 하중강도가 현장에서 예상되는 최대 접지압을 초과 시
② 하중강도가 그 지반의 항복점을 넘을 때
③ 침하가 더 이상 일어나지 않을 때
④ 침하량이 15mm에 달할 때

해설
평판재하시험이 끝나는 조건
㉠ 침하량이 15mm에 달할 때
㉡ 하중강도가 예상되는 최대 접지압력을 초과할 때
㉢ 하중강도가 그 지반의 항복점을 넘을 때

19 두께 2cm인 점토시료의 압밀시험결과 전 압밀량의 90%에 도달하는 데 1시간이 걸렸다. 만일 같은 조건에서 같은 점토로 이루어진 2m의 토층 위에 구조물을 축조한 경우 최종침하량의 90%에 도달하는 데 걸리는 시간은?

① 약 250일 ② 약 368일
③ 약 417일 ④ 약 525일

해설

$$t_{90} = \frac{T_v \cdot H^2}{C_v} (t \propto H^2)$$

1시간 : $2^2\text{cm} = t_2 : 200^2\text{cm}$
$t_2 = 10,000$시간 = 417일

정답 14 ① 15 ② 16 ② 17 ② 18 ③ 19 ③

20 그림과 같은 옹벽배면에 작용하는 토압의 크기를 Rankine의 토압공식으로 구하면?

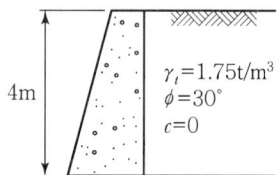

① 3.2t/m
② 3.7t/m
③ 4.7t/m
④ 5.2t/m

해설

$P_a = K_a \cdot \gamma \cdot H^2 \cdot \dfrac{1}{2} = 0.333 \times 1.75 \times 4^2 \times \dfrac{1}{2} = 4.7\text{t/m}$

$\left[K_a = \tan^2\left(45 - \dfrac{\phi}{2}\right) = \tan^2\left(45 - \dfrac{30}{2}\right) = 0.333 \right]$

정답 20 ③

2015년 토목산업기사 제4회 토질 및 기초 기출문제

01 흙의 투수계수에 관한 설명으로 틀린 것은?

① 흙의 투수계수는 흙 유효입경의 제곱에 비례한다.
② 흙의 투수계수는 물의 점성계수에 비례한다.
③ 흙의 투수계수는 물의 단위중량에 비례한다.
④ 흙의 투수계수는 형상계수에 따라 변화한다.

해설

$$K = D_s^2 \cdot \frac{\gamma_w}{\mu} \cdot \frac{e^3}{1+e} \cdot C$$

흙의 투수계수(K)는 물의 점성 계수(μ)에 반비례한다.

02 어떤 흙의 비중이 2.65, 간극률이 36%일 때 다음 중 분사현상이 일어나지 않을 동수경사는?

① 1.9 ② 1.2
③ 1.1 ④ 0.9

해설

분사 현상이 안 일어날 조건

$$i < i_c = \frac{G_s - 1}{1+e} = \frac{2.65-1}{1+0.56} = 1.05 \left(e = \frac{n}{1-n} = \frac{0.36}{1-0.36} = 0.56 \right)$$

$\therefore i < 1.05$

03 어떤 퇴적지반의 수평방향 투수계수가 4.0×10^{-3} cm/sec, 수직방향 투수계수가 3.0×10^{-3} cm/sec일 때 등가투수계수는 얼마인가?

① 3.46×10^{-3} cm/sec
② 5.0×10^{-3} cm/sec
③ 6.0×10^{-3} cm/sec
④ 6.93×10^{-3} cm/sec

해설

$$K = \sqrt{k_v \times k_h}$$
$$= \sqrt{(4.0 \times 10^{-3}) \times (3.0 \times 10^{-3})}$$
$$= 3.46 \times 10^{-3} \text{cm/sec}$$

04 현장 토질조사를 위하여 베인 테스트(Vane Test)를 행하는 경우가 종종 있다. 이 시험은 다음 중 어느 경우에 많이 쓰이는가?

① 연약한 점토의 점착력을 알기 위해서
② 모래질 흙의 다짐도를 측정하기 위하여
③ 모래질 흙의 내부마찰각을 알기 위해서
④ 모래질 흙의 투수계수를 측정하기 위하여

해설

베인 시험(Vane Test)
정적인 사운딩으로 깊이 10m 미만의 연약 점성토 지반에 대한 회전저항 모멘트를 측정하여 비배수 전단강도(점착력)를 확인하는 시험

05 어떤 흙의 중량이 450g이고 함수비가 20%인 경우 이 흙을 완전히 건조시켰을 때의 중량은 얼마인가?

① 360g ② 425g
③ 400g ④ 375g

해설

$$\omega = \frac{W_w}{W_s} \times 100$$
$$= \frac{W - W_s}{W_s} \times 100$$
$$0.2 = \frac{450 - W_s}{W_s} \times 100$$
$\therefore W_s = 375$g

06 유효입경이 0.1mm이고, 통과 백분율 80%에 대응하는 입경이 0.5mm, 60%에 대응하는 입경이 0.4mm, 40%에 대응하는 입경이 0.3mm, 20%에 대응하는 입경이 0.2mm일 때 이 흙의 균등계수는?

① 2 ② 3
③ 4 ④ 5

해설

균등계수(C_u) = $\dfrac{D_{60}}{D_{10}} = \dfrac{0.4}{0.1} = 4$

정답 01 ② 02 ④ 03 ① 04 ① 05 ④ 06 ③

2015년 토목산업기사 제4회 토질 및 기초 기출문제

07 흙의 다짐 시험에 대한 설명으로 옳은 것은?

① 다짐 에너지가 크면 최적 함수비가 크다.
② 다짐 에너지와 관계없이 최대 건조단위중량은 일정하다.
③ 다짐 에너지와 관계없이 최적 함수비는 일정하다.
④ 몰드 속에 있는 흙의 함수비는 다짐에너지에 거의 영향을 받지 않는다.

[해설]
- 다짐에너지가 크면 $\gamma_{d\max}\uparrow$, OMC $\downarrow$
- 몰드 속에 있는 흙의 함수비는 다짐에너지에 영향을 받지 않는다.

08 지표면이 수평이고 옹벽의 뒷면과 흙과의 마찰각이 0°인 연직옹벽에서 Coulomb의 토압과 Rankine의 토압은?

① Coulomb의 토압은 항상 Rankine의 토압보다 크다.
② Coulomb의 토압은 Rankine의 토압보다 클 때도 있고 작을 때도 있다.
③ Coulomb의 토압과 Rankine의 토압은 같다.
④ Coulomb의 토압은 항상 Rankine의 토압보다 작다.

[해설]
벽 마찰각을 무시하면 Coulonb의 토압과 Rankine의 토압은 같다.

09 연약지반에 말뚝을 시공한 후, 부주면 마찰력이 발생되면 말뚝의 지지력은?

① 증가된다.
② 감소된다.
③ 변함이 없다.
④ 증가할 수도 있고 감소할 수도 있다.

[해설]
부마찰력이 일어나면 지지력은 감소한다.

10 말뚝의 분류 중 지지상태에 따른 분류에 속하지 않는 것은?

① 다짐 말뚝
② 마찰 말뚝
③ Pedestal 말뚝
④ 선단 지지 말뚝

[해설]
말뚝의 지지 방법에 의한 분류
㉠ 선단 지지 말뚝
㉡ 마찰 말뚝
㉢ 다짐(하부 지반 지지) 말뚝

11 다음 중 표준관입시험으로부터 추정하기 어려운 항목은?

① 극한 지지력
② 상대밀도
③ 점성토의 연경도
④ 투수성

[해설]
표준관입시험(SPT)으로 추정할 수 있는 사항
㉠ 사질지반
  - 상대밀도
  - 내부 마찰각
  - 지지력 계수
㉡ 점성지반
  - 연경도
  - 일축압축 강도
  - 허용지지력 및 비배수 점착력

12 흙댐에서 수위가 급강하한 경우 사면안정해석을 위한 강도정수 값을 구하기 위해서는 어떠한 조건의 삼축압축시험을 하여야 하는가?

① Quick 시험
② CD 시험
③ CU 시험
④ UU 시험

[해설]
압밀 비배수 시험(CU-Test)
- 압밀 후 파괴되는 경우
- 초기 재하 시 – 간극수 배출, 전단 시 – 간극수 배출 없음
- 수위 급강하 시 흙댐에 안전문제 발생
- 압밀 진행에 따른 전단강도 증가 상태를 추정
- 유효응력항으로 표시

정답 07 ④ 08 ③ 09 ② 10 ③ 11 ④ 12 ③

13 단위중량이 1.6t/m³인 연약점토($\phi=0°$) 지반에서 연직으로 2m까지 보강 없이 절취할 수 있다고 한다. 이때, 이 점토지반의 점착력은?

① 0.4t/m² ② 0.8t/m²
③ 1.4t/m² ④ 1.8t/m²

[해설]

$H_c = \dfrac{4c}{\gamma}\tan\left(45° + \dfrac{\phi}{2}\right)$

$2 = \dfrac{4 \times c}{1.6}\tan\left(45° + \dfrac{0°}{2}\right)$

∴ 점착력$(c) = 0.8\text{t/m}^2$

14 어떤 점토시료를 일축압축시험한 결과 수평면과 파괴면이 이루는 각이 48°였다. 점토시료의 내부 마찰각은?

① 3° ② 6°
③ 18° ④ 30°

[해설]

파괴면과 수평면이 이루는 각도(θ)

$\theta = 45° + \dfrac{\phi}{2}$

$48° = 45° + \dfrac{\phi}{2}$ ∴ $\phi = 6°$

15 어떤 점토의 액성한계 값이 40%이다. 이 점토의 불교란 상태의 압축지수 C_c를 Skempton 공식으로 구하면 얼마인가?

① 0.27 ② 0.29
③ 0.36 ④ 0.40

[해설]

$C_c = 0.009(W_L - 10) = 0.009(40 - 10) = 0.27$

16 어떤 흙의 최대 및 최소 건조단위중량이 1.8t/m³와 1.6t/m³이다. 현장에서 이 흙의 상대밀도(Relative Density)가 60%라면 이 시료의 현장 상대 다짐도(Relative Compaction)는?

① 82% ② 87%
③ 91% ④ 95%

[해설]

• 상대밀도(D_r)

$D_r = \dfrac{\gamma_{d\max}}{\gamma_d} \times \dfrac{\gamma_d - \gamma_{d\min}}{\gamma_{d\max} - \gamma_{d\min}}$

$0.6 = \left(\dfrac{1.8}{\gamma_d} \times \dfrac{\gamma_d - 1.6}{1.8 - 1.6}\right) \times 100$

∴ $\gamma_d = 1.71\text{t/m}^3$

• 상대 다짐도 $= \dfrac{\gamma_d}{\gamma_{d\max}} \times 100 = \dfrac{1.71}{1.8} \times 100 = 95\%$

17 자연상태 흙의 일축압축강도가 0.5kg/cm²이고 이 흙을 교란시켜 일축압축강도 시험을 하니 강도가 0.1kg/cm²였다. 이 흙의 예민비는 얼마인가?

① 50 ② 10
③ 5 ④ 1

[해설]

예민비$(S_t) = \dfrac{q_u}{q_{ur}} = \dfrac{0.5}{0.1} = 5$

18 직경 30cm의 평판을 이용하여 점토 위에서 평판재하시험을 실시하고 극한 지지력 15t/m²를 얻었다고 할 때 직경이 2m인 원형 기초의 총 허용하중을 구하면?(단, 안전율은 3을 적용한다.)

① 8.3ton ② 15.7ton
③ 24.2ton ④ 32.6ton

[해설]

• 극한 하중 = 극한 지지력 × 기초단면적

$= 15 \times \dfrac{\pi \cdot 2^2}{4} = 47.12\text{t}$

(점성토 지반의 지지력은 재하판의 폭과 무관)

• 허용하중 $= \dfrac{\text{극한 하중}}{\text{안전율}} = \dfrac{47.12}{3} = 15.7\text{t}$

정답 13 ② 14 ② 15 ① 16 ④ 17 ③ 18 ②

19 지표면에 집중하중이 작용할 때, 연직응력 증가량에 관한 설명으로 옳은 것은?(단, Boussinesq 이론을 사용, E는 Young 계수이다.)

① E에 무관하다.
② E에 정비례한다.
③ E의 제곱에 정비례한다.
④ E의 제곱에 반비례한다.

[해설]
- 연직응력 증가량(σ_Z) = $\dfrac{Q}{Z^2} I_\sigma$
- E(Young 계수, 탄성계수)와는 무관

20 2t의 무게를 가진 낙추로서 낙하고 2m로 말뚝을 박을 때 최종적으로 1회 타격당 말뚝의 침하량이 20mm였다. 이때 Sander 공식에 의한 말뚝의 허용지지력은?

① 10t   ② 20t
③ 67t   ④ 25t

[해설]
Sander 공식($F_s = 8$)
- Q_u(극한 지지력) = $\dfrac{W_h \cdot H}{S}$
- Q_a(허용지지력) = $\dfrac{W_h \cdot H}{8 \cdot S} = \dfrac{2 \times 200}{8 \times 2} = 25\text{t}$

정답 19 ① 20 ④

2016년 토목기사 제1회 토질 및 기초 기출문제

01 다음 그림에서 흙의 저면에 작용하는 단위면적당 침투수압은?

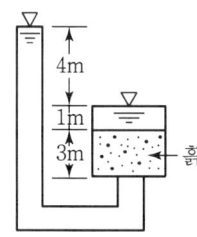

① $8t/m^2$　② $5t/m^2$
③ $4t/m^2$　④ $3t/m^2$

해설
침투수압(과잉 간극 수압, F)
$F = i\gamma_w Z$
$= \dfrac{h(\text{수두차})}{H(\text{시료길이})} \times \gamma_w \times Z(\text{지면에서 구하는 점까지 길이})$
$= \dfrac{4}{3} \times 1 \times 3 = 4t/m^2$

02 그림에서 안전율 3을 고려하는 경우, 수두차 h를 최소 얼마로 높일 때 모래시료에 분사현상이 발생하겠는가?

① 12.75cm
② 9.75cm
③ 4.25cm
④ 3.25cm

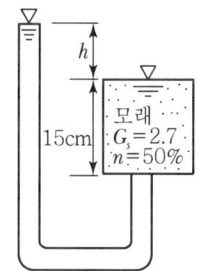

해설
분사현상 시 안전율
㉠ $F_s = \dfrac{i_c}{i} \le 3$
㉡ $F_s = \dfrac{\frac{G_s-1}{1+e}}{\frac{h}{H}} = \dfrac{\frac{2.7-1}{1+1}}{\frac{h}{15}} = \dfrac{0.85}{\frac{h}{15}} = 3$
$\left(e = \dfrac{n}{1-n} = \dfrac{0.5}{1-0.5} = 1\right)$
$\therefore h = \dfrac{0.85}{3} \times 15 = 4.25cm$

03 내부 마찰각이 30°, 단위중량이 $1.8t/m^3$인 흙의 인장균열 깊이가 3m일 때 점착력은?

① $1.56t/m^2$　② $1.67t/m^2$
③ $1.75t/m^2$　④ $1.81t/m^2$

해설
점착고(인장균열 깊이, Z_c) $= \dfrac{2c}{\gamma}\tan\left(45° + \dfrac{\phi}{2}\right)$
$3 = \dfrac{2 \times c}{1.8}\tan\left(45° + \dfrac{30°}{2}\right)$
$\therefore c(\text{점착력}) = 1.56t/m^2$

04 다져진 흙의 역학적 특성에 대한 설명으로 틀린 것은?

① 다짐에 의하여 간극이 작아지고 부착력이 커져서 역학적 강도 및 지지력은 증대하고 압축성, 흡수성 및 투수성은 감소한다.
② 점토를 최적함수비보다 약간 건조 측의 함수비로 다지면 면모구조를 가지게 된다.
③ 점토를 최적함수비보다 약간 습윤 측에서 다지면 투수계수가 감소하게 된다.
④ 면모구조를 파괴시키지 못할 정도의 작은 압력으로 점토시료를 압밀할 경우 건조 측 다짐을 한 시료가 습윤 측 다짐을 한 시료보다 압축성이 크게 된다.

해설
흙을 다짐하면 전단강도는 증가, 압축성과 투수성은 감소한다.

05 사면안정 계산에 있어서 Fellenius 법과 간편 Bishop 법의 비교 설명으로 틀린 것은?

① Fellenius 법은 간편 Bishop 법보다 계산은 복잡하지만 계산결과는 더 안전 측이다.
② 간편 Bishop 법은 절편의 양쪽에 작용하는 연직 방향의 합력은 0(zero)이라고 가정한다.
③ Fellenius 법은 절편의 양쪽에 작용하는 합력은 0(zero)이라고 가정한다.
④ 간편 Bishop 법은 안전율을 시행착오법으로 구한다.

정답 01 ③　02 ③　03 ①　04 ④　05 ①

[해설]

절편법(분할법)

Fellenius 방법	Bishop 방법
• 전응력 해석법 (공극수압 고려하지 않음)	• 유효응력 해석법 (공극 수압 고려)
• 사면의 단기 안정 문제 해석	• 사면의 장기 안정 문제 해석
• 계산이 간단	• 계산이 복잡
• $\phi=0$ 해석법	• $c-\phi$ 해석법

06 점착력이 5t/m², $\gamma_t=1.8$t/m³의 비배수 상태($\phi=0$)인 포화된 점성토 지반에 직경 40cm, 길이 10m의 PHC 말뚝이 항타시공되었다. 이 말뚝의 선단지지력은?(단, Meyerhof 방법을 사용)

① 1.527t ② 3.23t
③ 5.65t ④ 45t

[해설]

선단 지지력(Q_p, Meyerhof 법)

$Q_p = A_p(c_u \cdot N_c + q'N_q)$

$= \dfrac{\pi \times 0.4^2}{4} \times (5 \times 9 + 10 \times 0) = 5.65$t

($\phi=0$일 때 $N_c=9,\ N_q=0$)

07 사질토에 대한 직접 전단시험을 실시하여 다음과 같은 결과를 얻었다. 내부 마찰각은 약 얼마인가?

수직응력(t/m²)	3	6	9
최대전단응력(t/m²)	1.73	3.46	5.19

① 25° ② 30°
③ 35° ④ 40°

[해설]

$S(\tau_f) = c + \sigma' \tan\phi$

$\begin{vmatrix} 1.73 = c + 3\tan\phi \\ 5.19 = c + 9\tan\phi \end{vmatrix}$

$\overline{\quad 3.46 = -6\tan\phi \quad}$

$\therefore\ \phi = \tan^{-1}\left(\dfrac{3.46}{6}\right)$

$\quad = 30°$

08 그림과 같은 지반에 널말뚝을 박고 기초굴착을 할 때 A점의 압력수두가 3m라면 A점의 유효응력은?

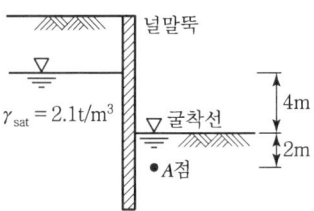

① 0.1t/m² ② 1.2t/m²
③ 4.2t/m² ④ 7.2t/m²

[해설]

$\sigma_A' = \sigma_A - u_A$

• $\sigma_A = \gamma_{sat} \times h_A = 2.1 \times 2 = 4.2$t/m²
• $u_A = \gamma_w \times h_p = 1 \times 3 = 3$t/m²

$\therefore\ \sigma_A' = \sigma_A - u_A = 4.2 - 3 = 1.2$t/m²

09 그림과 같은 점토지반에 재하순간 A점에서의 물의 높이가 그림에서와 같이 점토층의 윗면으로부터 5m였다. 이러한 물의 높이가 4m까지 내려오는데 50일이 걸렸다면, 50% 압밀이 일어나는 데는 며칠이 더 걸리겠는가?(단, 10% 압밀 시 압밀계수 $T_v=0.008$, 20% 압밀 시 $T_v=0.031$, 50% 압밀 시 $T_v=0.197$이다.)

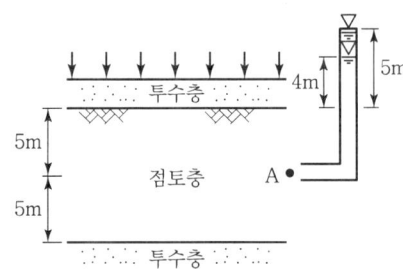

① 268일 ② 618일
③ 1,181일 ④ 1,231일

[해설]

• 현재 압밀도

$U = \dfrac{u_i - u_t}{u_i} = \dfrac{5-4}{5} \times 100 = 20\%$

- 압밀 소요 시간과 시간계수는 비례 $\left(t = \dfrac{T_v \cdot H^2}{C_v}\right)$

$t_{50} : T_{50} = t_{20} : T_{20}$

$t_{50} = \dfrac{T_{50}}{T_{20}} \times t_{20} = \dfrac{0.197}{0.031} \times 50 ≒ 318$일(50% 압밀소요시간)

∴ 추가소요일 $= t_{50} - t_{20} = 318 - 50 = 268$일

10 일반적인 기초의 필요조건으로 틀린 것은?

① 동해를 받지 않는 최소한의 근입깊이를 가져야 한다.
② 지지력에 대해 안정해야 한다.
③ 침하를 허용해서는 안 된다.
④ 사용성·경제성이 좋아야 한다.

[해설]
기초 구비조건
㉠ 최소한의 근입깊이를 가질 것(동결깊이 이하)
㉡ 지지력에 대해 안정할 것
㉢ 침하에 대해 안정할 것(침하량이 허용 침하량 이내일 것)
㉣ 기초공 기공이 가능할 것
㉤ 사용성·경제성이 좋을 것

11 흙속에서 물의 흐름에 대한 설명으로 틀린 것은?

① 투수계수는 온도에 비례하고 점성에 반비례한다.
② 불포화토는 포화토에 비해 유효응력이 작고, 투수계수가 크다.
③ 흙 속의 침투수량은 Darcy 법칙, 유선망, 침투해석 프로그램 등에 의해 구할 수 있다.
④ 흙 속에서 물이 흐를 때 수두차가 커져 한계동수구배에 이르면 분사현상이 발생한다.

[해설]
불포화토는 투수계수(k)가 작다.

12 모래지반의 현장상태 습윤 단위 중량을 측정한 결과 1.8t/m³로 얻어졌으며 동일한 모래를 채취하여 실내에서 가장 조밀한 상태의 간극비를 구한 결과 $e_{min} = 0.45$, 가장 느슨한 상태의 간극비를 구한 결과 $e_{max} = 0.92$를 얻었다. 현장상태의 상대밀도는 약

몇 %인가?(단, 모래의 비중 $G_s = 2.70$이고, 현장상태의 함수비 $w = 10\%$이다.)

① 44% ② 57%
③ 64% ④ 80%

[해설]
상대밀도 $(D_r) = \dfrac{e_{max} - e}{e_{max} - e_{min}} \times 100$

- $\gamma_d = \dfrac{\gamma_t}{1+w} = \dfrac{1.8}{1+0.1} = 1.64$
- $e = \dfrac{G \cdot \gamma_w}{\gamma_d} - 1 = \dfrac{2.7 \times 1}{1.64} - 1 = 0.65$

∴ $D_r = \dfrac{e_{max} - e}{e_{max} - e_{min}} \times 100 = \dfrac{0.92 - 0.65}{0.92 - 0.45} \times 100 = 57\%$

13 아래 표의 식은 3축 압축시험에 있어서 간극수압을 측정하여 간극수압계수 A를 계산하는 식이다. 이 식에 대한 설명으로 틀린 것은?

$$\Delta u = B[\Delta\sigma_3 + A(\Delta\sigma_1 - \Delta\sigma_3)]$$

① 포화된 흙에서 $B=1$이다.
② 정규압밀 점토에서는 A값이 1에 가까운 값을 나타낸다.
③ 포화된 점토에서 구속압력을 일정하게 할 경우 간극수압의 측정값과 축차응력을 알면 A값을 구할 수 있다.
④ 매우 과압밀된 점토의 A값은 언제나 $(+)$의 값을 갖는다.

[해설]
간극수압계수의 A값은 언제나 $(+)$의 값을 갖는 것은 아니다. (과압밀 점토에서는 $(-)$값을 갖는다.)

14 포화된 점토지반 위에 급속하게 성토하는 제방의 안정성을 검토할 때 이용해야 할 강도정수를 구하는 시험은?

① CU-Test ② UU-Test
③ $\overline{CU}$-Test ④ CD-Test

해설

UU-Test 적용
㉠ 포화된 점토 지반 위에 급속하게 성토하는 제방의 안전성을 검토
㉡ 점토의 단기간 안정 검토 시
㉢ 시공 중 압밀, 함수비의 변화가 없고 체적의 변화가 없다고 예상

15 흙의 비중이 2.60, 함수비 30%, 간극비 0.80일 때 포화도는?

① 24.0%   ② 62.0%
③ 78.0%   ④ 97.5%

해설

$G_s \omega = Se$

$S = \dfrac{G_s \omega}{e} = \dfrac{2.60 \times 30}{0.8} = 97.5\%$

16 시료가 점토인지 아닌지를 알아보고자 할 때 다음 중 가장 거리가 먼 사항은?

① 소성지수
② 소성도 A선
③ 포화도
④ 200번(0.075mm) 체 통과량

해설

점토 시료 여부 판정 시 필요한 특성값
㉠ 200번(0.075mm) 체 통과량(P200)
㉡ 소성지수
㉢ 소성도 A선

17 그림과 같은 20×30m 전면기초인 부분보상기초(Partially Compensated Foundation)의 지지력 파괴에 대한 안전율은?

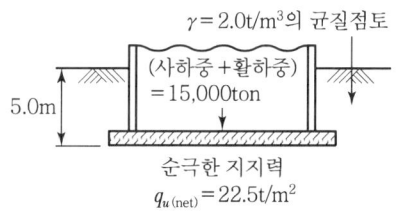

① 3.0   ② 2.5
③ 2.0   ④ 1.5

해설

부분보상기초의 안전율 $(F_s) = \dfrac{q_{u(net)}}{q} = \dfrac{\text{순극한 지지력}}{\text{하중(압력)}}$

$\therefore F_s = \dfrac{q_{u(net)}}{\dfrac{Q}{A} - (\gamma \cdot D_f)} = \dfrac{22.5}{\dfrac{15000}{20 \times 30} - (2 \times 5)} = 1.5$

18 지름 $d = 20$cm인 나무말뚝을 25본 박아서 기초 상판을 지지하고 있다. 말뚝의 배치를 5열로 하고 각 열은 등간격으로 5본씩 박혀 있다. 말뚝의 중심간격 $S = 1$m이고 1본의 말뚝이 단독으로 10t의 지지력을 가졌다고 하면 이 무리말뚝은 전체로 얼마의 하중을 견딜 수 있는가?(단, Converse-Labbarre 식을 사용한다.)

① 100t   ② 200t
③ 300t   ④ 400t

해설

무리말뚝의 허용지지력(R_{ag})

$R_{ag} = R_a \times N \times E$

$E = 1 - \theta° \left[\dfrac{(m-1)n + (n-1)m}{90mn} \right]$

$= 1 - 11.3° \times \left(\dfrac{(5-1)5 + (5-1)5}{90 \times 5 \times 5} \right) = 0.799$

$\left[\theta° = \tan^{-1}\left(\dfrac{d}{s}\right) = \tan^{-1}\left(\dfrac{20}{100}\right) = 11.3° \right]$

$\therefore R_{ag} = R_a \times N \times E = 10 \times 25 \times 0.799 = 200t$

정답   15 ④   16 ③   17 ④   18 ②

19 시험의 종류와 시험으로부터 얻을 수 있는 값의 연결이 틀린 것은?

① 비중계분석시험 – 흙의 비중(G_s)
② 삼축압축시험 – 강도정수(c, ϕ)
③ 일축압축시험 – 흙의 예민비(S_t)
④ 평판재하시험 – 지반반력계수(k_s)

[해설]
비중계 분석시험 : NO. 200 체를 통과한 시료의 입도 분석

20 현장 도로 토공에서 모래치환법에 의한 흙의 밀도 시험을 하였다. 파낸 구멍의 체적 $V=1,960\text{cm}^3$, 흙의 질량이 3,390g이고, 이 흙의 함수비는 10%였다. 실험실에서 구한 최대 건조 밀도 $\gamma_{d\max}=1.65\text{g/cm}^3$일 때 다짐도는?

① 85.6% ② 91.0%
③ 95.3% ④ 98.7%

[해설]
- 다짐도 $=\dfrac{\gamma_d}{\gamma_{d\max}}\times 100$

$\gamma_d = \dfrac{\gamma_t}{1+\omega} = \left(\dfrac{1.73}{1+0.1}\right) = 1.57\text{g/cm}^3$

$\left(\gamma_t = \dfrac{W}{V} = \dfrac{3390}{1960} = 1.73\text{g/cm}^3\right)$

∴ 다짐도 $=\dfrac{\gamma_d}{\gamma_{d\max}}\times 100 = \dfrac{1.57}{1.65}\times 100 = 95.3\%$

정답 19 ① 20 ③

2016년 토목산업기사 제1회 토질 및 기초 기출문제

01 말뚝의 부마찰력에 대한 설명으로 틀린 것은?

① 말뚝이 연약지반을 관통하여 견고한 지반에 박혔을 때 발생한다.
② 지반에 성토나 하중을 가할 때 발생한다.
③ 지하수위 저하로 발생한다.
④ 말뚝의 타입 시 항상 발생하며 그 방향은 상향이다.

[해설]
부마찰력은 하향으로 작용하는 주면 마찰력이다.

02 내부마찰각 $\phi=0°$인 점토에 대하여 일축압축 시험을 하여 일축압축 강도 $q_u=3.2\text{kg/cm}^2$를 얻었다면 점착력 c는?

① 1.2kg/cm^2
② 1.6kg/cm^2
③ 2.2kg/cm^2
④ 6.4kg/cm^2

[해설]
- 일축압축 강도$(q_u) = 2c\tan\left(45° + \dfrac{\phi}{2}\right)$
- 점토는 내부마찰력 $\phi = 0$
- $q_u = 2c$
- $\therefore$ 점착력$(c) = \dfrac{q_u}{2} = \dfrac{3.2}{2} = 1.6\text{kg/cm}^2$

03 말뚝의 허용지지력을 구하는 Sander의 공식은?(단, R_a : 허용지지력, S : 관입량, W_H : 해머의 중량, H : 낙하고)

① $R_a = \dfrac{W_H \cdot H}{8S}$
② $R_a = \dfrac{W_H \cdot H}{4S}$
③ $R_a = \dfrac{W_H \cdot S}{4H}$
④ $R_a = \dfrac{W_H \cdot H}{8+S}$

[해설]
Sander 공식(안전율=8)
- 극한 지지력$(Q_u) = \dfrac{W_H \cdot H}{S}$
- 허용지지력$(Q_a) = \dfrac{W_H \cdot H}{8S}$

04 충분히 다진 현장에서 모래 치환법에 의해 현장밀도 실험을 한 결과 구멍에서 파낸 흙의 무게가 1,536g, 함수비가 15%였고 구멍에 채워진 단위중량이 1.70g/cm^3인 표준모래의 무게가 1,411g이었다. 이 현장이 95% 다짐도가 된 상태가 되려면 이 흙의 실내실험실에서 구한 최대 건조단위 중량$(\gamma_{d\max})$은?

① 1.69g/cm^3
② 1.79g/cm^3
③ 1.85g/cm^3
④ 1.93g/cm^3

[해설]
다짐도$(R) = \dfrac{\gamma_d}{\gamma_{\max}} \times 100$
- $\gamma_t = \dfrac{W}{V} = \dfrac{1536}{830} = 1.851\text{g/cm}^3$
- $\gamma_s = \dfrac{W_s}{V_s}$, $V_s = \dfrac{W_s}{\gamma_s} = \dfrac{1411}{1.70} = 830\text{cm}^3$
- $\gamma_d = \dfrac{\gamma_t}{1+\omega} = \dfrac{1.851}{1+0.15} = 1.609\text{g/cm}^3$
- $\therefore \gamma_{d\max} = \dfrac{\gamma_d}{R} \times 100 = \dfrac{1.609}{95} \times 100 = 1.694\text{g/cm}^3$

05 포화도 75%, 함수비 25%, 비중 2.70일 때 간극비는?

① 0.9
② 8.1
③ 0.08
④ 1.8

[해설]
$G_s \cdot \omega = S \cdot e$
$\therefore e = \dfrac{G_s \cdot \omega}{S} = \dfrac{2.70 \times 0.25}{0.75} = 0.9$

06 흙의 입도시험에서 얻어지는 유효입경(有效粒經 : D_{10})이란?

① 10mm 체 통과분을 말한다.
② 입도분포곡선에서 10% 통과 백분율을 말한다.
③ 입도분포곡선에서 10% 통과 백분율에 대응하는 입경을 말한다.
④ 10번 체 통과 백분율을 말한다.

정답 01 ④ 02 ② 03 ① 04 ① 05 ① 06 ③

해설
유효입경(D_{10})
입경가적곡선(입도분포곡선)에서 통과 백분율 10%에 대응하는 입경을 말한다.

07 유선망의 특징에 관한 다음 설명 중 옳지 않은 것은?

① 각 유로의 침투수량은 같다.
② 유선과 등수두선은 서로 직교한다.
③ 유선망으로 되는 사각형은 이론상으로 정사각형이다.
④ 침투속도 및 동수경사는 유선망의 폭에 비례한다.

해설
침투속도 및 동수경사는 유선망의 폭에 반비례한다.

08 흙에 대한 일반적인 설명으로 틀린 것은?

① 점성토가 교란되면 전단강도가 작아진다.
② 점성토가 교란되면 투수성이 커진다.
③ 불교란시료의 일축압축강도와 교란시료의 일축압축강도의 비를 예민비라 한다.
④ 교란된 흙이 시간경과에 따라 강도가 회복되는 현상을 딕소트로피(Thixotropy) 현상이라 한다.

해설
점성토가 교란되면 투수성이 작아진다.

09 여러 종류의 흙을 같은 조건으로 다짐시험을 하였을 경우 일반적으로 최적함수비가 가장 작은 흙은?

① GW   ② ML
③ SP   ④ CH

해설
입도가 양호한 자갈(GW)은 최적함수비가 가장 작아지고 최대 건조밀도는 커진다.

10 가로 2m, 세로 4m의 직사각형 케이슨이 지중 16m까지 관입되었다. 단위면적당 마찰력 $f = 0.02$ t/m²일 때 케이슨에 작용하는 주면 마찰력(Skin Friction)은?

① 2.75t   ② 1.92t
③ 3.84t   ④ 1.28t

해설
주면 마찰력(Q_f)
$Q_f = (\sum P_s \times \Delta L) \times f_s$
$= (2 \times 16 \times 2) + (4 \times 16 \times 2) \times 0.02$
$= 3.84t$
(P_s : 말뚝 단면의 윤변)

11 압밀계수(C_v)의 단위로서 옳은 것은?

① cm/sec   ② cm²/kg
③ kg/cm   ④ cm²/sec

해설
압밀계수(C_v) = $\dfrac{T_v \times H^2}{t}$ (cm²/sec)

12 말뚝의 평균 지름이 140cm, 관입깊이가 15m일 때 군말뚝의 영향을 고려하지 않아도 되는 말뚝의 최소 간격은?

① 약 3m   ② 약 5m
③ 약 7m   ④ 약 9m

해설
$D_0 = 1.5\sqrt{r \times l} = 1.5\sqrt{0.7 \times 15} = 4.86m ≒ 5m$

13 일축압축강도가 0.32kg/cm², 흙의 단위중량이 1.6t/m³이고, $\phi = 0$인 점토지반을 연직 굴착할 때 한계고는?

① 2.3m   ② 3.2m
③ 4.0m   ④ 5.2m

해설
한계고(H_c) = $\dfrac{2q_u}{\gamma_t} = \dfrac{2 \times 0.32}{1.6} = 4m$

정답 07 ④ 08 ② 09 ① 10 ③ 11 ④ 12 ② 13 ③

14 표준관입시험에 관한 설명으로 틀린 것은?

① 해머의 질량은 63.5kg이다.
② 낙하고는 85cm이다.
③ 표준관입시험용 샘플러를 지반에 30cm 박아 넣는 데 필요한 타격 횟수를 N값이라고 한다.
④ 표준관입시험값 N은 개략적인 기초 지지력 측정에 이용되고 있다.

[해설]
표준관입시험(SPT)의 낙하고는 76cm이다.

15 정지토압 P_o, 주동토압 P_a, 수동토압 P_p의 크기순서가 올바른 것은?

① $P_a < P_o < P_p$ ② $P_o < P_p < P_a$
③ $P_o < P_a < P_p$ ④ $P_p < P_o < P_a$

[해설]
㉠ 토압 크기 순서 $P_p > P_o > P_a$
㉡ 토압계수 크기 순서 $K_p > K_o > K_a$

16 모래의 내부 마찰각 ϕ와 N치의 관계를 나타낸 Dunham의 식 $\phi = \sqrt{12N} + C$에서 상수 C의 값이 가장 큰 경우는?

① 토립자가 모나고 입도분포가 좋을 때
② 토립자가 모나고 균일한 입경일 때
③ 토립자가 둥글고 입도분포가 좋을 때
④ 토립자가 둥글고 균일한 입경일 때

[해설]

C값	상태
15	입자가 둥글고 입도가 불량
20	입자가 둥글고 입도가 양호 입도가 모나고 입도가 불량
25	입도가 모나고 입도가 양호

17 분사현상(Quick sand action)에 관한 그림이 아래와 같을 때 수두차 h를 최소 얼마 이상으로 하면 모래시료에 분사 현상이 발생하겠는가?(단, 모래의 비중 2.60, 간극률 50%)

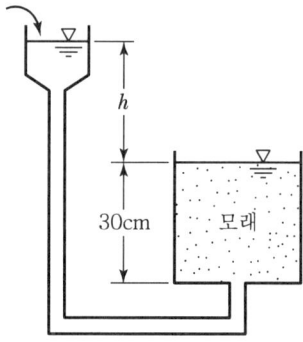

① 6cm ② 12cm
③ 24cm ④ 30cm

[해설]

$F = \dfrac{i_c}{i} = 1$

$= \dfrac{\dfrac{G_s - 1}{1+e}}{\dfrac{h}{L}} = \dfrac{\dfrac{2.6-1}{1+1}}{\dfrac{h}{30}} = \dfrac{0.8}{\dfrac{h}{30}} = 1$

$\therefore h = 0.24\text{m} = 24\text{cm}$

18 그림과 같은 모래지반의 토질시험결과 내부 마찰각 $\phi = 30°$, 점착력 $c = 0$일 때 깊이 4m 되는 A 점에서의 전단강도는?

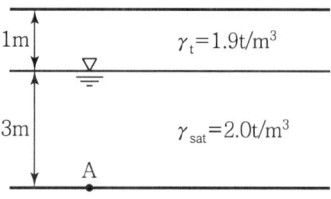

① 1.25t/m^2 ② 1.72t/m^2
③ 2.17t/m^2 ④ 2.83t/m^2

> [해설]
> 전단강도$(S) = c + \sigma' \tan\phi$
> ㉠ $c = 0$
> ㉡ σ'(유효응력)$= \gamma_t \times H_1 + \gamma_{sub} \times H_2$
> $\qquad = (1.9 \times 1) + (2-1) \times 3$
> $\qquad = 4.9 \text{t/m}^2$
> ∴ $S = 0 + 4.9\tan 30° = 2.83 \text{t/m}^2$

19 동해(凍害)는 흙의 종류에 따라 그 정도가 다르다. 다음 중 가장 동해가 심한 것은?

① Colloid   ② 점토
③ Silt   ④ 굵은 모래

> [해설]
> 동해가 가장 심하게 발생하는 토질은 실트(silt)
> (실트 > 점토 > 모래 > 자갈)

20 아래 그림과 같은 수중Z지반에서 지점의 유효 연직응력은?

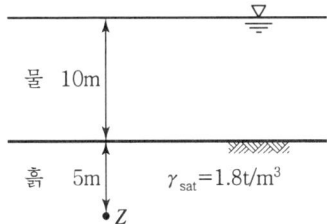

① 2t/m^2 ② 4t/m^2
③ 9t/m^2 ④ 14t/m^2

> [해설]
> $\sigma_Z' = \sigma_{sub} \times h$
> $\quad = (1.8 - 1) \times 5$
> $\quad = 4\text{t/m}^2$

정답 19 ③   20 ②

2016년 토목기사 제2회 토질 및 기초 기출문제

01 두께가 4미터인 점토층이 모래층 사이에 끼어 있다. 점토층에 3t/m²의 유효응력이 작용하여 최종 침하량이 10cm가 발생하였다. 실내압밀시험결과 측정된 압밀계수(C_v) = 2×10^{-4}cm²/sec라고 할 때 평균압밀도 50%가 될 때까지 소요일수는?

① 288일   ② 312일
③ 388일   ④ 456일

해설

$$t_{50} = \frac{T_v \cdot H^2}{C_v} = \frac{0.197 \times \left(\frac{400}{2}\right)^2}{2 \times 10^{-4}} = 39,400,000 \text{sec}$$

$$\therefore \frac{39,400,000}{60 \times 60 \times 24} = 456일$$

02 그림과 같은 지반에서 유효응력에 대한 점착력 및 마찰각이 각각 $c' = 1.0$t/m², $\phi' = 20°$일 때, A점에서의 전단강도(t/m²)는?

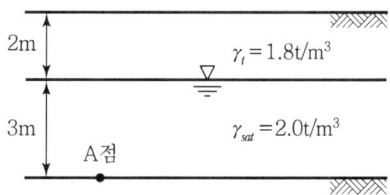

① 3.4t/m²   ② 4.5t/m²
③ 5.4t/m²   ④ 6.6t/m²

해설

$S(\tau_f) = c + \sigma' \tan\phi$

$\sigma' = \gamma_t \times h_1 + \gamma_{sub} \times 3$

$\quad = (1.8 \times 2) + (2-1) \times 3 = 6.6$t/m²

$\therefore S(\tau_f) = c + \sigma' \tan\phi = 1 + 6.6\tan 20 = 3.4$t/m²

03 연약한 점성토의 지반 특성을 파악하기 위한 현장조사 시험방법에 대한 설명 중 틀린 것은?

① 현장베인시험은 연약한 점토층에서 비배수 전단강도를 직접 산정할 수 있다.
② 정적 콘관입시험(CPT)은 콘지수를 이용하여 비배수 전단강도 추정이 가능하다.
③ 표준관입시험에서의 N값은 연약한 점성토 지반 특성을 잘 반영해 준다.
④ 정적 콘관입시험(CPT)은 연속적인 지층 분류 및 전단강도 추정 등 연약점토 특성 분석에 매우 효과적이다.

해설
표준관입시험은 사질토의 지반 특성을 잘 반영해 준다.

04 흙의 분류에 사용되는 Casagrande 소성도에 대한 설명으로 틀린 것은?

① 세립토를 분류하는 데 이용된다.
② U선은 액성한계와 소성지수의 상한선으로 U선 위쪽으로는 측점이 있을 수 없다.
③ 액성한계 50%를 기준으로 저소성(L) 흙과 고소성(H) 흙으로 분류한다.
④ A선 위의 흙은 실트(M) 또는 유기질토(O)이며, A선 아래의 흙은 점토(C)이다.

해설

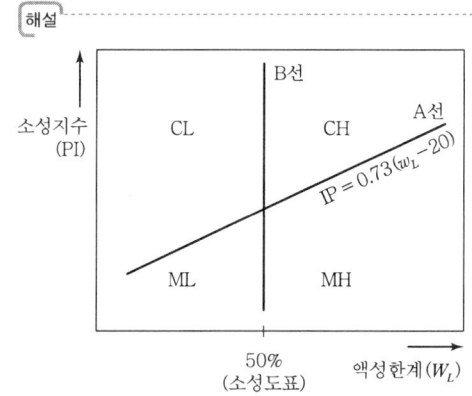

㉠ 압축성이 높음(H) : $W_L \geq 50\%$
㉡ 압축성이 낮음(L) : $W_L \leq 50\%$
㉢ 점토(C) : A선 위쪽
㉣ 실트(M) : A선 아래쪽
∴ A선 위의 흙은 점토(C)이며, A선 아래의 흙은 실트(M)

05 흙의 다짐에 있어 래머의 중량이 2.5kg, 낙하고 30cm, 3층으로 각 층 다짐횟수가 25회일 때 다짐에너지는?(단, 몰드의 체적은 1,000cm³이다.)

정답 01 ④ 02 ① 03 ③ 04 ④ 05 ①

① 5.63kg·cm/cm³ ② 5.96kg·cm/cm³
③ 10.45kg·cm/cm³ ④ 0.66kg·cm/cm³

해설

다짐에너지$(E_c) = \dfrac{W_R \cdot H \cdot N_B \cdot N_L}{V} = \dfrac{2.5 \times 30 \times 25 \times 3}{1,000}$
$= 5.63$kg·cm/cm³

06 수평방향투수계수가 0.12cm/sec이고, 연직방향투수계수가 0.03cm/sec일 때 1일 침투유량은?

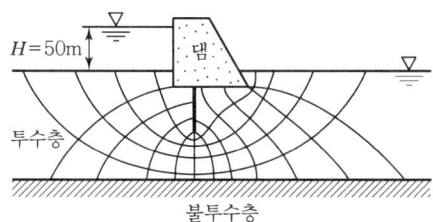

① 970m³/day/m ② 1,080m³/day/m
③ 1,220m³/day/m ④ 1,410m³/day/m

해설

1일 침투유량$(Q) = k \cdot H \cdot \dfrac{N_f}{N_d}$
$= \sqrt{k_H \times k_V} \times H \times \dfrac{N_f}{N_d}$
$= \sqrt{0.12 \times 0.03} \times 50 \times \dfrac{5}{12} = 1,080$m³/day

07 다음 그림에서 C점의 압력수두 및 전수두 값은 얼마인가?

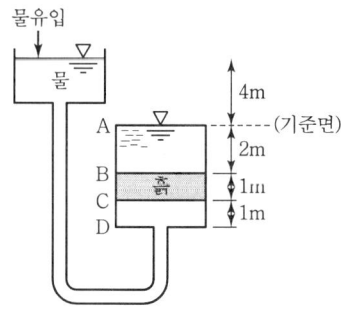

① 압력수두 3m, 전수두 2m
② 압력수두 7m, 전수두 0m
③ 압력수두 3m, 전수두 3m
④ 압력수두 7m, 전수두 4m

해설

㉠ C점의 압력수두 = 4+2+1 = 7m
㉡ C점의 위치수두 = −(2+1) = −3
㉢ C점의 전수두 = 위치수두 + 압력수두 = 7−3 = 4m

08 그림과 같이 흙입자가 크기가 균일한 구(직경 : d)로 배열되어 있을 때 간극비는?

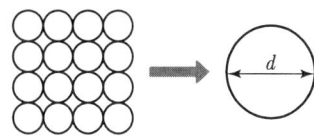

① 0.91 ② 0.71
③ 0.51 ④ 0.35

해설

간극비$(e) = \dfrac{V_v}{V_s} = \dfrac{V-V_s}{V_s}$

㉠ V(흙 전체의 체적) = $4d \times 4d \times d = 16d^3$
㉡ V_s(흙 입자의 체적) = $\dfrac{4}{3}\pi r^3 \times$ 토립자의 개수
$= \dfrac{4}{3}\pi \times \left(\dfrac{d}{2}\right)^3 \times 16 = \dfrac{8}{3}\pi d^3$

∴ $e = \dfrac{V-V_s}{V_s} = \dfrac{16d^3 - \dfrac{8}{3}\pi d^3}{\dfrac{8}{3}\pi d^3} = 0.91$

09 표준관입시험(SPT) 결과 N치가 25였고, 그때 채취한 교란시료로 입도시험을 한 결과 입자가 둥글고, 입도분포가 불량할 때 Dunham 공식에 의해서 구한 내부 마찰각은?

① 32.3° ② 37.3°
③ 42.3° ④ 48.3°

해설

내부마찰각$(\phi) = \sqrt{12N} + 15$(입자가 둥글고 입도 분포 불량)
$= \sqrt{(12 \times 25)} + 15$
$≒ 32.3°$

정답 06 ② 07 ④ 08 ① 09 ①

10 콘크리트 말뚝을 마찰말뚝으로 보고 설계할 때, 총 연직하중을 200ton, 말뚝 1개의 극한 지지력을 89ton, 안전율을 2.0으로 하면 소요말뚝의 수는?

① 6개   ② 5개
③ 3개   ④ 2개

[해설]

소요말뚝의 수 = $\dfrac{\text{작용하중}}{\text{말뚝의 허용지지력}(Q_a)}$

$\left(Q_a = \dfrac{Q_u}{F_s} = \dfrac{89}{2} = 44.5\right)$

∴ 소요말뚝의 수 = $\dfrac{200}{44.5} = 4.5 ≒ 5$본

11 점착력이 $1.4t/m^2$, 내부 마찰각이 30°, 단위중량이 $1.85t/m^3$인 흙에서 인장균열 깊이는 얼마인가?

① 1.74m   ② 2.62m
③ 3.45m   ④ 5.24m

[해설]

인장균열 깊이(점착고, Z_c)

$Z_c = \dfrac{2 \times c}{\gamma}\left(\tan 45° + \dfrac{\phi}{2}\right) = \dfrac{2 \times 1.4}{1.85}\left(\tan 45° + \dfrac{30°}{2}\right) = 2.62m$

12 다음 중 사면의 안정해석방법이 아닌 것은?

① 마찰원법
② 비숍(Bishop)의 방법
③ 펠레니우스(Fellenius)의 방법
④ 테르자기(Terzaghi)의 방법

[해설]

사면 안정해석법
- 질량법 – 마찰원법
- 절편법(분할법) – Fellenius의 방법
  – Bishop의 간편법

13 간극률이 50%이고, 투수계수가 9×10^{-2}cm/sec인 지반의 모관 상승고는 대략 어느 값에 가장 가까운가? (단, 흙입자의 형상에 관련된 상수 $C = 0.3cm^2$, Hazen 공식 : $k = C_1 \times D_{10}^2$에서 $C_1 = 100$으로 가정)

① 1.0cm   ② 5.0cm
③ 10.0cm ④ 15.0cm

[해설]

모관 상승고(h_c) = $\dfrac{C}{e \cdot D_{10}}$

㉠ $e = \dfrac{n}{1-n} = \dfrac{0.5}{1-0.5} = 1$

㉡ $K = C_1 \times D_{10}^2$

$D_{10} = \sqrt{\dfrac{k}{c_1}} = \sqrt{\dfrac{9 \times 10^{-2}}{100}} = 0.03$

∴ $h_c = \dfrac{0.3}{1 \times 0.03} = 10.0cm$

14 흙의 다짐에 대한 설명으로 틀린 것은?

① 다짐에너지가 증가할수록 최대 건조단위중량은 증가한다.
② 최적함수비는 최대 건조단위중량을 나타낼 때의 함수비이며, 이때 포화도는 100%이다.
③ 흙의 투수성 감소가 요구될 때에는 최적함수비의 습윤 측에서 다짐을 실시한다.
④ 다짐에너지가 증가할수록 최적함수비는 감소한다.

[해설]
- 다짐에너지가 증가할수록 $\gamma_{d\max}$ 증가, OMC는 작아진다.
- S(포화도)가 100%인 곡선은 영공극 곡선이다.

15 그림과 같은 지층 단면에서 지표면에 가해진 $5t/m^2$의 상재하중으로 인한 점토층(정규압밀점토)의 1차 압밀 최종침하량(S)을 구하고, 침하량이 5cm일 때 평균압밀도(U)를 구하면?

정답 10 ② 11 ② 12 ④ 13 ③ 14 ② 15 ①

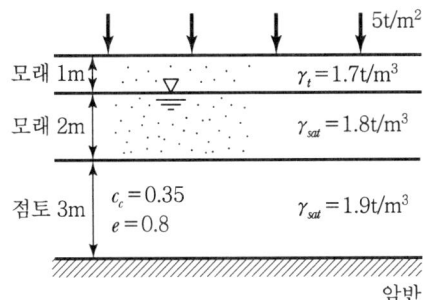

① $S=18.5\text{cm}, U=27\%$
② $S=14.7\text{cm}, U=22\%$
③ $S=18.5\text{cm}, U=22\%$
④ $S=14.7\text{cm}, U=27\%$

[해설]

평균압밀도$(U) = \dfrac{\Delta H_t}{\Delta H} \times 100 = \dfrac{t\text{시간 후의 압밀침하량}}{\text{최종 1차 압밀 침하량}} \times 100$

$\Delta H = \dfrac{C_c}{1+e_1}\log\dfrac{P_1+\Delta P}{P_1}H$

$= \dfrac{0.35}{1+0.8} \times \log\dfrac{4.65+5}{4.65} \times 300 = 18.5\text{cm}$

점토층 중앙부의 유효응력(P_1)

$= \gamma_t \times H + \gamma_{sub} \times H_2 + \gamma_{sub} \times \dfrac{H_3}{2}$

$= 1.7 \times 1 + (1.8-1) \times 2 + (1.9-1) \times \dfrac{3}{2} = 4.65$

$\therefore U = \dfrac{\Delta H_t}{\Delta H} \times 100 = \dfrac{5}{18.5} \times 100 = 27\%$

16 동일한 등분포 하중이 작용하는 그림과 같은 (A)와 (B) 두 개의 구형 기초판에서 A와 B점의 수직 Z되는 깊이에서 증가되는 지중응력을 각각 σ_A, σ_B 라 할 때 다음 중 옳은 것은?(단, 지반 흙의 성질은 동일함)

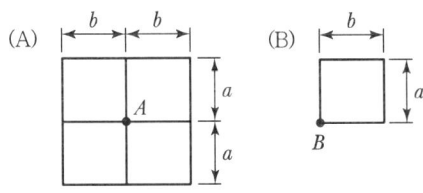

① $\sigma_A = \dfrac{1}{2}\sigma_B$
② $\sigma_A = \dfrac{1}{4}\sigma_B$
③ $\sigma_A = 2\sigma_B$
④ $\sigma_A = 4\sigma_B$

[해설]
$\sigma_A = \sigma_B \times 4$

17 말뚝재하시험 시 연약점토지반인 경우는 pile 의 타입 후 20여 일이 지난 다음 말뚝재하시험을 한다. 그 이유는?

① 주면 마찰력이 너무 크게 작용하기 때문에
② 부마찰력이 생겼기 때문에
③ 타입 시 주변이 교란되었기 때문에
④ 주위가 압축되었기 때문에

[해설]
말뚝재하시험(평판재하시험) 시 파일 타입 후 즉시 재하시험을 실시하지 않는 이유는 말뚝 주변이 교란되었기 때문이다.

18 Mohr 응력원에 대한 설명 중 옳지 않은 것은?

① 임의 평면의 응력상태를 나타내는 데 매우 편리하다.
② 평면기점(origin of plane, O_p)은 최소주응력을 나타내는 원호 상에서 최소주응력면과 평행선이 만나는 점을 말한다.
③ σ_1과 σ_3의 차의 벡터를 반지름으로 해서 그린 원이다.
④ 한 면에 응력이 작용하는 경우 전단력이 0이면, 그 연직응력을 주응력으로 가정한다.

[해설]
Mohr 응력원은 σ_1과 σ_3의 차의 벡터를 지름으로 해서 그린 원

19 최대주응력이 10t/m^2, 최소주응력이 4t/m^2 일 때 최소주응력 면과 $45°$를 이루는 평면에서 일어나는 수직응력은?

① 7t/m^2
② 3t/m^2
③ 6t/m^2
④ 4t/m^2

정답 16 ④ 17 ③ 18 ③ 19 ①

> [해설]
> 수직응력$(\sigma) = \dfrac{\sigma_1 + \sigma_3}{2} + \dfrac{\sigma_1 - \sigma_3}{2}\cos 2\theta$
> $= \dfrac{10+4}{2} + \dfrac{10-4}{2}\cos(2 \times 45°)$
> (θ : 최대주응력면과 파괴면이 이루는 각, $\theta + \theta' = 90°$,
> $\theta = 90 - \theta' = 90° - 45° = 45°$)

20 폭 10cm, 두께 3mm인 Paper Drain 설계 시 Sand drain의 직경과 동등한 값(등치환산원의 지름)으로 볼 수 있는 것은?

① 2.5cm ② 5.0cm
③ 7.5cm ④ 10.0cm

> [해설]
> 등치환산원의 지름$(D) = \alpha \times \dfrac{2(A+B)}{\pi}$
> $= 0.75 \times \dfrac{2(10+0.3)}{\pi}$
> $= 5\text{cm}$

정답 20 ②

2016년 토목산업기사 제2회 토질 및 기초 기출문제

01 흙의 다짐효과에 대한 설명으로 옳은 것은?
① 부착성이 양호해지고 흡수성이 증가한다.
② 투수성이 증가한다.
③ 압축성이 커진다.
④ 밀도가 커진다.

해설
다짐효과
㉠ 투수성 감소   ㉡ 압축성 감소
㉢ 흡수성 감소   ㉣ 부착력 및 밀도 증가

02 어떤 흙의 건조단위중량 $\gamma_d = 1.65 \text{g/cm}^3$이고, 비중은 2.73일 때 이 흙의 간극률은?
① 31.2%   ② 35.5%
③ 39.4%   ④ 42.6%

해설
간극률 $(n) = \dfrac{e}{1+e} \times 100$

$\left(\gamma_d = \dfrac{G_s}{1+e}\gamma_w, \ \therefore e = \dfrac{\gamma_w}{\gamma_d}G_s - 1 = \dfrac{1}{1.65} \times 2.73 - 1 = 0.65 \right)$

$\therefore n = \dfrac{0.65}{1+0.65} \times 100 = 39.4\%$

03 도로포장 두께 설계 시 필요한 시험은?
① 표준관입시험   ② CBR 시험
③ 콘 관입시험   ④ 현장베인시험

해설
도로 포장 두께 설계
• CBR 시험(아스팔트)
• PBT 시험(콘크리트)

04 내부 마찰각이 영(零, Zero)인 점토질 흙의 일축압축시험 시 압축강도가 4kg/cm^2이었다면 이 흙의 점착력은?
① 1kg/cm^2 ② 2kg/cm^2
③ 3kg/cm^2 ④ 4kg/cm^2

해설
$c = \dfrac{q_u}{2}(\phi = 0) = \dfrac{4}{2} = 2\text{kg/cm}^2$

05 말뚝기초의 부의 주면마찰력에 대한 설명으로 잘못된 것은?
① 말뚝 선단부에 큰 압력부담을 주게 된다.
② 연약지반에 말뚝을 박고 그 위에 성토를 하였을 때 발생한다.
③ 말뚝 주위의 흙이 말뚝을 아래 방향으로 끄는 힘을 말한다.
④ 부의 주면마찰력이 일어나면 지지력은 증가한다.

해설
부(주면) 마찰력이 일어나면 지지력은 감소한다.

06 연약지반개량공사에서 성토하중에 의해 압밀된 후 다시 추가하중을 재하한 직후의 안정검토를 할 경우 삼축압축시험 중 어떠한 시험이 가장 좋은가?
① CD시험   ② UU시험
③ CU시험   ④ 급속전단시험

해설
압밀비배수시험(CU 시험)
① 점토지반이 성토하중에 의해 압밀 후 급속히 파괴가 예상 시
② 제방, 흙댐에서 수위가 급 강하 시 안정 검토
③ Pre-loading(압밀진행) 후 갑자기 파괴 예상 시

07 다음 설명 중 동상(凍上)에 대한 대책으로 틀린 것은?
① 지하수위와 동결 심도 사이에 모래, 자갈층을 형성하여 모세관 현상으로 인한 물의 상승을 막는다.
② 동결 심도 내의 Silt질 흙을 모래나 자갈로 치환한다.
③ 동결 심도 내의 흙에 염화칼슘이나 염화나트륨 등을 섞어 빙점을 낮춘다.
④ 아이스 렌즈(ice lense)가 형성될 수 있도록 충분한 물을 공급한다.

정답   01 ④   02 ③   03 ②   04 ②   05 ④   06 ③   07 ④

해설
아이스 렌스(Ice Lense)가 생성되지 않도록 지표면을 단열시키고 물의 공급을 줄이면 동상현상이 방지된다.

08 점토층이 소정의 압밀도에 도달하는 소요시간이 단면배수일 경우 4년이 걸렸다면 양면배수일 때는 몇 년이 걸리겠는가?

① 1년 ② 2년
③ 4년 ④ 16년

해설
- 소요시간 $\left(t = \dfrac{T_v \cdot H^2}{C_v}\right)$ 과 배수거리(H)의 관계

$t_1 : t_2 = H^2 : \left(\dfrac{H}{2}\right)^2$

$\therefore t_2 = \dfrac{1}{4}t_1 = \dfrac{1}{4} \times 4 = 1$년

09 토질조사방법 중 Sounding에 대한 설명으로 옳은 것은?

① 표준관입시험(SPT)은 정적인 Sounding 방법이다.
② Sounding은 Boring이나 시굴보다도 확실하게 지반 구성을 알 수 있다.
③ Sounding은 원위치 시험으로서 의의가 있으며 예비조사에 많이 사용된다.
④ 동적인 Sounding 방법은 주로 점성토 지반에서 사용된다.

해설
① 표준관입시험(SPT)은 동적인 Sounding방법이다.
② Boring은 Sounding보다 확실하게 지반 구성을 알 수 있다.
④ 동적 사운딩은 사질토에 적합하다.

10 비중 2.62, 간극률 50%인 경우에 Quick Sand 현상을 일으키는 한계동수경사는?

① 0.325 ② 0.825
③ 0.512 ④ 1.013

해설
한계동수경사(i_c) $= \dfrac{G_s - 1}{1 + e} = \dfrac{2.65 - 1}{1 + 1} = 0.825$

$\left(e = \dfrac{n}{1-n} = \dfrac{0.5}{1-0.5} = 1\right)$

11 그림과 같은 지반에서 A점의 주동에 의한 수평방향의 전 응력 σ_h는 얼마인가?

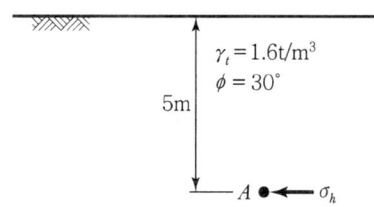

① 8.0t/m^2 ② 1.65t/m^2
③ 2.67t/m^2 ④ 4.84t/m^2

해설
수평응력(σ_h) $= \sigma_v \times K_a$
㉠ $\sigma_v = \gamma_t \times Z = 1.6 \times 5 = 8 \text{t/m}^2$
㉡ 주동토압계수(K_a) $= \tan^2\left(45 - \dfrac{\phi}{2}\right) = \tan^2\left(45 - \dfrac{30}{2}\right)$
$= 0.333$
$\therefore \sigma_h = \sigma_v \times K_a = 8 \times 0.333 = 2.67 \text{t/m}^2$

12 어떤 시료가 조밀한 상태에 있는가, 느슨한 상태에 있는가를 나타내는 데 쓰이며, 주로 모래와 같은 조립토에서 사용되는 것은?

① 상대밀도 ② 건조밀도
③ 포화밀도 ④ 수중밀도

해설
㉠ 상대밀도(D_r) : 사질토가 느슨한 상태인지, 조밀한 상태인지 나타내는 데 쓰인다.
㉡ $D_r = \left(\dfrac{\gamma_{max}}{\gamma_d} \times \dfrac{\gamma_d - \gamma_{d\min}}{\gamma_{d\max} - \gamma_{d\min}}\right) \times 100\%$

정답 08 ① 09 ③ 10 ② 11 ③ 12 ①

13 말뚝의 정재하시험에서 하중 재하방법이 아닌 것은?

① 사하중을 재하하는 방법
② 반복하중을 재하하는 방법
③ 반력말뚝의 주변 마찰력을 이용하는 방법
④ Earth Anchor의 인발저항력을 이용하는 방법

[해설]
말뚝 정재하시험의 재하방법
㉠ 사하중을 재하하는 방법
㉡ 반력 말뚝을 이용하는 방법
㉢ 반력 Anchor를 이용하는 방법

14 다음 중 현장 타설 콘크리트 말뚝기초 공법이 아닌 것은?

① 프랭키(Franky) 말뚝공법
② 레이몬드(Raymond) 말뚝공법
③ 페데스탈(Pedestal) 말뚝공법
④ PHC 말뚝공법

[해설]
현장 타설 콘크리트 말뚝
㉠ 프랭키 파일(Franky Pile)
㉡ 페데스탈 파일(Pedestal Pile)
㉢ 레이몬드 파일(Raymond Pile)

15 다음 중 직접전단시험의 특징이 아닌 것은?

① 배수조건에 대한 완벽한 조절이 가능하다.
② 시료의 경계에 응력이 집중된다.
③ 전단면이 미리 정해진다.
④ 시험이 간단하고 결과 분석이 빠르다.

[해설]
직접전단시험은 배수 조절이 곤란하여 간극수압 측정이 곤란하다.

16 테르자기(Terzaghi) 압밀이론에서 설정한 가정으로 틀린 것은?

① 흙은 균질하고 완전히 포화되어 있다.
② 흙입자와 물의 압축성은 무시한다.
③ 흙 속의 물의 이동은 Darcy의 법칙을 따르며 투수계수는 일정하다.
④ 흙의 간극비는 유효응력에 비례한다.

[해설]
압력과 간극비의 관계는 이상적으로 직선적 변화를 한다.

17 어떤 점토를 연직으로 4m 굴착하였다. 이 점토의 일축압축강도가 $4.8t/m^2$이고, 단위중량이 $1.6t/m^3$일 때 굴착고에 대한 안전율은 얼마인가?

① 1.2   ② 1.5
③ 2.0   ④ 3.0

[해설]
안전율 $(F_s) = \dfrac{H_c}{H} = \dfrac{6}{4} = 1.5$

$\left[한계고(H_c) = 2 \times \dfrac{2q_u}{\gamma_t} = \dfrac{2 \times 4.8}{1.6} = 6m \right]$

18 지름 30cm인 재하판으로 측정한 지지력계수 $K_{30} = 6.6 kg/cm^3$일 때 지름 75cm인 재하판의 지지력계수 K_{75}은?

① $3.0 kg/cm^3$ ② $3.5 kg/cm^3$
③ $4.0 kg/cm^3$ ④ $4.5 kg/cm^3$

[해설]
재하판 크기에 따른 지지력 계수
$K_{30} = 2.2 K_{75}$
$\therefore K_{75} = \dfrac{1}{2.2} K_{30} = \dfrac{1}{2.2} \times 6.6 = 3.0 kg/cm^3$

정답 13 ② 14 ④ 15 ① 16 ④ 17 ② 18 ①

19 연약지반 개량공법 중 프리로딩(Preloading) 공법은 다음 중 어떤 경우에 채용하는가?

① 압밀계수가 작고 점성토층의 두께가 큰 경우
② 압밀계수가 크고 점성토층의 두께가 얇은 경우
③ 구조물 공사기간에 여유가 없는 경우
④ 2차 압밀비가 큰 흙의 경우

[해설]
압밀계수가 크고 압밀토층 두께가 얇은 경우에 효과적인 공법이다.

20 평균 기온에 따른 동결지수가 520℃/days였다. 이 지방의 정수 $C=4$일 때 동결깊이는?(단, 데라다 공식을 이용)

① 22.8cm   ② 45.6cm
③ 91.2cm   ④ 130cm

[해설]
동결깊이$(Z) = C\sqrt{F}$ = 토질정수 $\sqrt{\text{동결지수}(℃ \cdot days)}$
$= 4\sqrt{520}$
$= 91.2\text{cm}$

정답   19 ②   20 ③

2016년 토목기사 제4회 토질 및 기초 기출문제

01 다음은 정규압밀점토의 삼축압축시험 결과를 나타낸 것이다. 파괴 시의 전단응력 τ와 σ를 구하면?

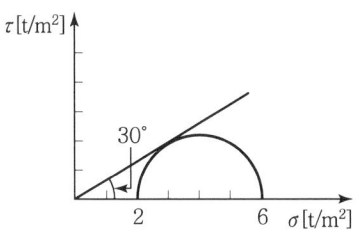

① $\tau = 1.73 \text{t/m}^2$, $\sigma = 2.50 \text{t/m}^2$
② $\tau = 1.41 \text{t/m}^2$, $\sigma = 3.00 \text{t/m}^2$
③ $\tau = 1.41 \text{t/m}^2$, $\sigma = 2.50 \text{t/m}^2$
④ $\tau = 1.73 \text{t/m}^2$, $\sigma = 3.00 \text{t/m}^2$

해설

- $\theta = 45° + \dfrac{\phi}{2} = 45° + \dfrac{30°}{2} = 60°$
- 수직응력$(\sigma) = \dfrac{\sigma_1 + \sigma_3}{2} + \dfrac{\sigma_1 - \sigma_3}{2}\cos 2\theta$
  $= \dfrac{6+2}{2} + \dfrac{6-2}{2}\cos(2 \times 60) = 3\text{t/m}^2$
- 전단응력$(\tau) = \dfrac{\sigma_1 - \sigma_3}{2}\sin 2\theta$
  $= \dfrac{6-2}{2}\sin(2 \times 60) = 1.73\text{t/m}^2$

02 그림과 같은 조건에서 분사현상에 대한 안전율을 구하면?(단, 모래의 $\gamma_{sat} = 2.0 \text{t/m}^3$이다.)

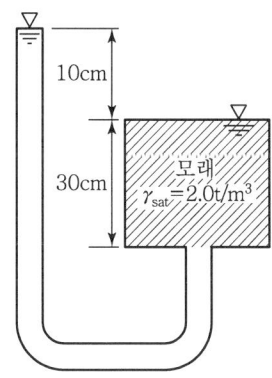

① 1.0 ② 2.0
③ 2.5 ④ 3.0

해설

안전율$(F_s) = \dfrac{i_{cr}}{i} = \dfrac{i_{cr}}{h/L} = \dfrac{1}{10/30} = 3.0$

$\left(i_{cr} = \dfrac{\gamma_{sub}}{\gamma_w} = \dfrac{2-1}{1} = 1.0 \right)$

03 3층 구조로 구조결합 사이에 치환성 양이온이 있어 활성이 크고 시트 사이에 물이 들어가 팽창・수축이 크고 공학적 안정성은 약한 점토 광물은?

① Kaolinite   ② Illite
③ Momtmorillonite ④ Sand

해설

몬모릴로 나이트(Montmorillonite)
㉠ 활성도$(A) : A > 1.25$
㉡ 공학적 안정성 : 불안정
㉢ 팽창・수축성 : 크다.

04 다음 중 일시적인 지반개량공법에 속하는 것은?

① 다짐 모래말뚝 공법 ② 약액주입공법
③ 프리로딩 공법   ④ 동결공법

해설

일시적인 지반개량공법
㉠ Well Point 공법
㉡ 동결공법
㉢ 대기압공법(진공압밀공법)

05 강도정수가 $c = 0$, $\phi = 40°$인 사질토 지반에서 Rankine 이론에 의한 수동토압계수는 주동토압계수의 몇 배인가?

① 4.6   ② 9.0
③ 12.3 ④ 21.1

해설

㉠ K_p(수동토압계수) $= \tan^2\left(45° + \dfrac{\phi}{2}\right) = \tan^2\left(45 + \dfrac{40°}{2}\right)$
$= 4.599$

정답 01 ④ 02 ④ 03 ③ 04 ④ 05 ④

ⓒ K_a(주동토압계수)$= \tan^2\left(45° - \dfrac{\phi}{2}\right) = \tan^2\left(45° - \dfrac{40°}{2}\right)$
$\qquad\qquad\qquad = 0.217$

∴ $\dfrac{K_p}{K_a} = \dfrac{4.599}{0.217} = 21.1$

06 그림과 같이 6m 두께의 모래층 밑에 2m 두께의 점토층이 존재한다. 지하수면은 지표 아래 2m 지점에 존재한다. 이때, 지표면에 $\Delta P = 5.0 \text{t/m}^2$의 등분포하중이 작용하여 상당한 시간이 경과한 후, 점토층의 중간 높이 A점에 피에조미터를 세워 수두를 측정한 결과, $h = 4.0\text{m}$로 나타났다면 A점의 압밀도는?

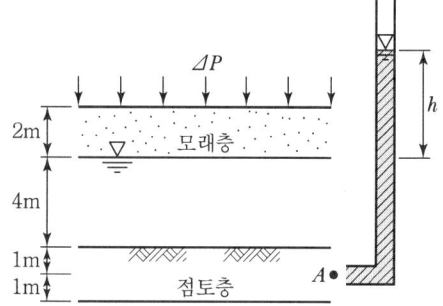

① 20%   ② 30%
③ 50%   ④ 80%

[해설]

압밀도 $= \dfrac{u_i - u_t}{u_i} \times 100 = \dfrac{5-4}{5} \times 100 = 20\%$

$(u_t = \gamma_w \cdot H = 1 \times 4 = 4.0 \text{t/m}^2)$

07 다짐에 대한 다음 설명 중 옳지 않은 것은?

① 세립토의 비율이 클수록 최적함수비는 증가한다.
② 세립토의 비율이 클수록 최대건조 단위중량은 증가한다.
③ 다짐에너지가 클수록 최적함수비는 감소한다.
④ 최대건조 단위중량은 사질토에서 크고 점성토에서 작다.

[해설]
세립토 비율이 크면 최대건조밀도는 감소하고 최적함수비(OMC)는 증가한다.

08 어느 지반에 30cm×30cm 재하판을 이용하여 평판재하시험을 한 결과, 항복하중이 5t, 극한 하중이 9t이었다. 이 지반의 허용지지력은?

① 55.6t/m²   ② 27.8t/m²
③ 100t/m²   ④ 33.3t/m²

[해설]

ⓐ 항복지지력 $(q_y) = \dfrac{Q_y}{A_p} = \dfrac{5}{0.3 \times 0.3} = 55.56 \text{t/m}^2$

ⓑ 극한 지지력 $(q_u) = \dfrac{Q_u}{A_p} = \dfrac{9}{0.3 \times 0.3} = 100 \text{t/m}^2$

ⓒ 허용지지력 (q_a)

• $q_a = \dfrac{q_y}{2} = \dfrac{55.56}{2} = 27.8 \text{t/m}^2$

• $q_a = \dfrac{q_u}{3} = \dfrac{100}{3} = 33.3 \text{t/m}^2$

둘 중 작은 값인 27.8t/m²가 허용지지력이 된다.

09 암반층 위에 5m 두께의 토층이 경사 15°의 자연사면으로 되어 있다. 이 토층은 $c = 1.5\text{t/m}^2$, $\phi = 30°$, $\gamma_{sat} = 1.8 \text{t/m}^3$이고, 지하수면은 토층의 지표면과 일치하며 침투는 경사면과 대략 평행이다. 이때의 안전율은?

① 0.8   ② 1.1
③ 1.6   ④ 2.0

[해설]
점착력 $c \ne 0$, 침투류가 있는 경우(지표면과 지하수위가 일치)

$F = \dfrac{c}{\gamma_{sat} Z \sin i \cos i} + \dfrac{\gamma_{sub}}{\gamma_{sat}} \times \dfrac{\tan\phi}{\tan i}$

$\quad = \dfrac{1.5}{1.8 \times 5 \times \sin 15° \times \cos 15°} + \dfrac{1.8-1}{1.8} \times \dfrac{\tan 30°}{\tan 15°}$

$\quad = 1.6$

정답 06 ① 07 ② 08 ② 09 ③

10 연약 점토층을 관통하여 철근콘크리트 파일을 박았을 때 부마찰력(Negative friction)은?(단, 지반의 일축압축강도 $q_u = 2t/m^2$, 파일 직경 $D = 50cm$, 관입깊이 $l = 10m$이다.)

① 15.71t ② 18.53t
③ 20.82t ④ 24.2t

해설

부주면 마찰력 $(R_{nf}) = f_n \cdot A_s$

㉠ 연약점토 시 $f_n = \dfrac{q_u}{2} = \dfrac{2}{2} = 1t/m^2$

㉡ $A_s = \pi D l = \pi \times 0.5 \times 10 = 15.71 m^2$

∴ $R_{nf} = f_n \cdot A_s = 1 \times 15.71 = 15.71t$

---

11 4m×4m 크기인 정사각형 기초를 내부 마찰각 $\phi = 20°$, 점착력 $c = 3t/m^2$인 지반에 설치하였다. 흙의 단위중량$(\gamma) = 1.9t/m^3$이고 안전율을 3으로 할 때 기초의 허용하중을 Terzaghi 지지력 공식으로 구하면?(단, 기초의 깊이는 1m이고, 전반전단파괴가 발생한다고 가정하며, $N_c = 17.69$, $N_q = 7.44$, $N_\gamma = 4.97$이다.)

① 478t ② 524t
③ 567t ④ 621t

해설

허용하중$(Q_a) = q_a \times A$

㉠ q_a (허용지지력) $= \dfrac{q_u}{F_s} = \dfrac{98.24}{3} = 32.75t/m^2$

$(q_u = \alpha c N_c + \beta B \gamma_1 N_r + \gamma_2 D_f N_q$
$= 1.3 \times 3 \times 17.69 + 0.4 \times 4 \times 1.9 \times 4.97 + 1.9 \times 1 \times 7.44$
$= 98.24 t/m^2)$

㉡ $A = B \times L = 4 \times 4 = 16 m^2$

∴ $Q_a = q_a \times A = 32.75 \times 16 = 524t$

---

12 어떤 퇴적층에서 수평방향의 투수계수는 $4.0 \times 10^{-4} cm/sec$이고, 수직방향의 투수계수는 $3.0 \times 10^{-4} cm/sec$이다. 이 흙을 등방성으로 생각할 때, 등가의 평균투수계수는 얼마인가?

① $3.46 \times 10^{-4} cm/sec$
② $5.0 \times 10^{-4} cm/sec$
③ $6.0 \times 10^{-4} cm/sec$
④ $6.93 \times 10^{-4} cm/sec$

해설

$k = \sqrt{k_h \cdot k_v} = \sqrt{(4 \times 10^{-4}) \times (3 \times 10^{-4})}$
$= 3.46 \times 10^{-4} cm/sec$

---

13 직접전단시험을 한 결과 수직응력이 $12 kg/cm^2$일 때 전단저항이 $5 kg/cm^2$, 또 수직응력이 $24 kg/cm^2$일 때 전단저항이 $7 kg/cm^2$이었다. 수직응력이 $30 kg/cm^2$일 때의 전단저항은 약 얼마인가?

① $6 kg/cm^2$ ② $8 kg/cm^2$
③ $10 kg/cm^2$ ④ $12 kg/cm^2$

해설

$S(\tau_f) = c + \sigma' \tan\phi = c + (\sigma - u)\tan\phi$

먼저 c와 ϕ를 구하면

$\begin{array}{r} 5 = c + 12\tan\phi \\ -\underline{\,7 = c + 24\tan\phi\,} \\ -2 = -12\tan\phi \end{array}$

∴ $\tan\phi = \dfrac{1}{6}$, $c = 3 kg/cm^2$

∴ $S(\tau_f) = c + (\sigma - u)\tan\phi$
$= 3 + (30 - 0) \times \dfrac{1}{6} = 8 kg/cm^2$

---

14 크기가 1m×2m인 기초에 $10t/m^2$의 등분포 하중이 작용할 때 기초 아래 4m인 점의 압력 증가는 얼마인가?(단, 2 : 1 분포법을 이용한다.)

① $0.67 t/m^2$ ② $0.33 t/m^2$
③ $0.22 t/m^2$ ④ $0.11 t/m^2$

해설

$\Delta \sigma_Z = \dfrac{qBL}{(B+Z)(L+Z)}$
$= \dfrac{10 \times 1 \times 2}{(1+4)(2+4)}$
$= 0.67 kg/cm^2$

정답 10 ① 11 ② 12 ① 13 ② 14 ①

15 두께 5m의 점토층을 90% 압밀하는 데 50일이 걸렸다. 같은 조건하에서 10m의 점토층을 90% 압밀하는 데 걸리는 시간은?

① 100일　　　　② 160일
③ 200일　　　　④ 240일

[해설]
- 압밀시간과 압밀층 두께의 관계

$t_1 : t_2 = H_1^2 : H_2^2$

$\therefore t_2 = \left(\dfrac{H_2}{H_1}\right)^2 \times t_1 = \left(\dfrac{10}{5}\right)^2 \times 50 = 200$일

16 흙의 내부 마찰각(ϕ)은 20°, 점착력(c)이 2.4 t/m²이고, 단위중량(γ_t)은 1.93t/m³인 사면의 경사각이 45°일 때 임계높이는 약 얼마인가?(단, 안정수 $m = 0.06$)

① 15m　　　　② 18m
③ 21m　　　　④ 24m

[해설]
한계고, 임계높이(H_c) $= \dfrac{N_s \, c}{\gamma_t} = \dfrac{16.67 \times 2.4}{1.93} ≒ 21\text{m}$

$\left(\text{안정계수}(N_s) = \dfrac{1}{\text{안정수}} = \dfrac{1}{0.06} = 16.67\right)$

17 다음 현장시험 중 Sounding의 종류가 아닌 것은?

① Vane 시험　　　　② 표준관입시험
③ 동적 원추관입시험　④ 평판재하시험

[해설]
사운딩(Sounding)
㉠ 정적 사운딩
- 콘 관입시험
- 이스키 메타
- 베인 전단시험

㉡ 동적 사운딩
- 동적 원추관입시험
- 표준관입시험(SPT)

18 Paper drain 설계 시 Drain paper의 폭이 10cm, 두께가 0.3cm일 때 Drain paper의 등치환산원의 직경이 얼마이면 Sand Drain과 동등한 값으로 볼 수 있는가?(단, 형상계수 : 0.75)

① 5cm　　　　② 8cm
③ 10cm　　　④ 15cm

[해설]
$D = \alpha \dfrac{2(A+B)}{\pi} = 0.75 \times \dfrac{2(10+0.3)}{\pi} ≒ 5\text{cm}$

19 흙의 연경도(Consistency)에 관한 설명으로 틀린 것은?

① 소성지수는 점성이 클수록 크다.
② 터프니스 지수는 Colloid가 많은 흙일수록 값이 작다.
③ 액성한계시험에서 얻어지는 유동곡선의 기울기를 유동지수라 한다.
④ 액성지수와 컨시스턴시 지수는 흙지반의 무르고 단단한 상태를 판정하는 데 이용된다.

[해설]
터프니스 지수가 클수록 점토 함유율, 활성도가 크고 콜로이드가 많은 흙이다.

20 암질을 나타내는 항목과 직접 관계가 없는 것은?

① N치　　　　② RQD값
③ 탄성파 속도　④ 균열의 간격

[해설]
암질의 평가 항목
㉠ 암질지수(RQD)
㉡ 균열 간격
㉢ 탄성파 속도
㉣ 암석의 일축 압축강도
㉤ 불연속면의 상태

정답　15 ③　16 ③　17 ④　18 ①　19 ②　20 ①

2016년 토목산업기사 제4회 토질 및 기초 기출문제

01 흙의 분류 중에서 유기질이 가장 많은 흙은?
① CH ② CL
③ MH ④ Pt

[해설] 이탄(Pt)은 유기질이 가장 많다.

02 어떤 점토시료의 압밀시험에서 시료의 두께가 20cm라고 할 때, 압밀도 50%에 도달할 때까지의 시간을 구하면?(단, 시료의 압밀계수는 2.3×10^{-3}cm²/sec이고, 양면배수조건이다.)
① 10.24시간 ② 5.12시간
③ 2.38시간 ④ 1.19시간

[해설]
$$t_{50} = \frac{T_v H^2}{C_v} = \frac{0.197 \times \left(\frac{20}{2}\right)^2}{2.3\times10^{-3}} = 8565.22초/60\times60\times24$$
$$= 2.38시간$$

03 표준관입시험(SPT) 결과 N치가 25이었고, 그 때 채취한 교란시료로 입도시험을 한 결과 입자가 모나고, 입도분포가 불량할 때 Dunham 공식에 의해서 구한 내부 마찰각은?
① 약 32° ② 약 37°
③ 약 40° ④ 약 42°

[해설]
$\phi = \sqrt{12N} + 20$ (토립자가 모나고 입도가 불량)
$= \sqrt{12\times25} + 20 = 37°$

04 사면안정 해석방법 중 절편법에 대한 설명으로 옳지 않은 것은?
① 절편의 바닥면은 직선이라고 가정한다.
② 일반적으로 예상 활동 파괴면을 원호라고 가정한다.
③ 흙 속에 간극수압이 존재하는 경우에도 적용이 가능하다.
④ 지층이 여러 개의 층으로 구성되어 있는 경우 적용이 불가능하다.

[해설] 절편법은 지층이 여러 개의 층(이질토층)인 경우 적용한다.

05 아래 그림과 같은 지반의 점토 중앙 단면에 작용하는 유효응력은?

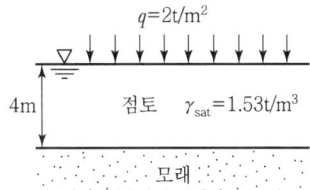

① 3.06t/m² ② 3.27t/m²
③ 3.53t/m² ④ 3.71t/m²

[해설]
$\sigma' = (\gamma_{sat} - 1) \times \left(\frac{H}{2}\right) + q$
$= (1.53 - 1) \times \left(\frac{4}{2}\right) + 2 = 3.06t/m^2$

06 연약지반 개량공법 중에서 일시적인 공법에 속하는 것은?
① Sand drain 공법 ② 치환공법
③ 약액주입공법 ④ 동결공법

[해설] 일시적 지반개량공법(연약지반)
㉠ Well Point 공법
㉡ 동결공법
㉢ 대기압공법(진공압밀공법)

07 다음 토질시험 중 도로의 포장 두께를 정하는 데 많이 사용되는 것은?
① 표준관입시험 ② CBR 시험
③ 다짐시험 ④ 삼축압축시험

정답 01 ④ 02 ③ 03 ② 04 ④ 05 ① 06 ④ 07 ②

해설
㉠ 아스팔트 포장두께 결정 : CBR 시험
㉡ 콘크리트 포장두께 결정 : PBT 시험

08 건조밀도가 $1.55g/cm^3$, 비중이 2.65인 흙의 간극비는?

① 0.59　　② 0.64
③ 0.71　　④ 0.78

해설
$\gamma_d = \dfrac{G_s \gamma_w}{1+e}$, ∴ $e = \dfrac{\gamma_w}{\gamma_d} G_s - 1 = \left(\dfrac{1}{1.55} \times 2.65\right) - 1 = 0.71$

09 예민비가 큰 점토란 다음 중 어떠한 것을 의미하는가?

① 점토를 교란시켰을 때 수출비가 큰 시료
② 점토를 교란시켰을 때 수출비가 적은 시료
③ 점토를 교란시켰을 때 강도가 증가하는 시료
④ 점토를 교란시켰을 때 강도가 많이 감소하는 시료

해설
예민비가 큰 점토는 교란시켰을 때 강도가 많이 감소한다.

10 흙 속의 물이 얼어서 빙층(Ice lens)이 형성되기 때문에 지표면이 떠오르는 현상은?

① 연화현상　　② 동상현상
③ 분사현상　　④ 다이러턴시(Dilatancy)

해설
동상현상
㉠ 흙속의 물이 얼어서 빙층(Ice Lens)이 형성되기 때문에 지표면이 떠오르는 현상
㉡ 하층으로부터 물의 공급이 충분할 때 잘 일어난다.
㉢ 동상작용을 받으면 흙 입자의 팽창으로 수분이 증가되어 함수비도 증가된다.

11 흙의 단위 무게가 $1.60t/m^3$, 점착력 $0.32kg/cm^2$, 내부 마찰각 30°일 때 이 토층을 연직으로 절취할 수 있는 깊이는?

① 13.86m　　② 12.54m
③ 10.32m　　④ 9.76m

해설
한계고(H_c) = $2Z_c = 2 \times \dfrac{2c}{\gamma_t} \tan\left(45° + \dfrac{\phi}{2}\right)$
$= 2 \times \dfrac{2 \times 3.2}{1.6} \tan\left(45° + \dfrac{30}{2}\right) = 13.86m$

12 3.0×3.6m인 직사각형 기초의 저면에 0.8m 및 1.0m 간격으로 지름 30cm, 길이 12m인 말뚝 9개를 무리말뚝으로 배치하였다. 말뚝 1개의 허용지지력을 25ton으로 보았을 때 무리말뚝 전체의 허용지지력을 구하면?(단, 무리말뚝의 효율(E)은 0.543이다.)

① 122.2ton　　② 146.6ton
③ 184ton　　④ 225ton

해설
무리말뚝(군항)의 허용지지력(R_{ag})
$R_{ag} = R_a \cdot N \cdot E = 25 \times 9 \times 0.543 ≒ 122.2ton$

13 채취된 시료의 교란 정도는 면적비를 계산하여 통상 면적비가 몇 % 이하이면 잉여토의 혼입이 불가능한 것으로 보고 불교란 시료로 간주하는가?

① 5%　　② 7%
③ 10%　　④ 15%

해설
면적비(A_R) 판정 조건
㉠ 불교란 시료로 간주 : $A_R \leq 10\%$
㉡ 교란 시료로 간주 : $A_R > 10\%$

정답　08 ③　09 ④　10 ②　11 ①　12 ①　13 ③

14 건조한 흙의 직접 전단시험 결과 수직응력이 $4kg/cm^2$일 때 전단저항은 $3kg/cm^2$이고 점착력은 $0.5kg/cm^2$이었다. 이 흙의 내부 마찰각은?

① 30.2° ② 32°
③ 36.8° ④ 41.2°

【해설】
$S(\tau_f) = c + \sigma' \cdot \tan\phi$
$3 = 0.5 + 4\tan\phi$
$\therefore \tan\phi = \dfrac{2.5}{4}, \quad \phi = \tan^{-1}\left(\dfrac{2.5}{4}\right) = 32°$

15 다음 중 흙의 전단강도를 감소시키는 요인이 아닌 것은?

① 간극수압의 증가
② 수분 증가에 의한 점토의 팽창
③ 수축·팽창 등으로 인하여 생긴 미세한 균열
④ 함수비 감소에 따른 흙의 단위중량 감소

【해설】
전단 강도를 감소시키는 요인
• 간극수압의 증가
• 흙다짐 불량, 동결융해
• 수분 증가에 따른 점토의 팽창
• 수축, 팽창, 인장에 의한 미세균열

16 비중이 2.50, 함수비 40%인 어떤 포화토의 한계동수경사를 구하면?

① 0.75 ② 0.55
③ 0.50 ④ 0.10

【해설】
한계동수경사$(i_c) = \dfrac{G_s - 1}{1 + e} = \dfrac{2.5 - 1}{1 + 1} = 0.75$
$\left(G_s\omega = Se \quad \therefore e = \dfrac{G_s\omega}{S} = \dfrac{2.50 \times 0.4}{1} = 1\right)$

17 흙을 다질 때 그 효과에 대한 설명으로 틀린 것은?

① 흙의 역학적 강도와 지지력이 증가한다.
② 압축성이 작아진다.
③ 흡수성이 증가한다.
④ 투수성이 감소한다.

【해설】
다짐효과
㉠ 투수성의 저하
㉡ 압축성의 감소
㉢ 흡수성 감소
㉣ 전단강도의 증가 및 지지력의 증대
㉤ 부착력 및 밀도 증가

18 어떤 모래층에서 수두가 3m일 때 한계동수경사가 1.0이었다. 모래층의 두께가 최소 얼마를 초과하면 분사현상이 일어나지 않겠는가?

① 1.5m ② 3.0m
③ 4.5m ④ 6.0m

【해설】
• 분사현상이 일어나지 않을 경우
$i \geq i_c$
$\dfrac{h}{L} \geq i_c, \quad \therefore L \geq \dfrac{h}{i_c} = \dfrac{3}{1} = 3$

19 점성토지반의 성토 및 굴착 시 발생하는 Heaving의 방지대책으로 틀린 것은?

① 지반 개량을 한다.
② 표토를 제거하여 하중을 적게 한다.
③ 널말뚝의 근입장을 짧게 한다.
④ Trench Cut 및 부분 굴착을 한다.

【해설】
Heaving 방지대책
㉠ 흙막이 근입 깊이를 깊게 한다.
㉡ 표토를 제거(하중을 줄임)한다.
㉢ 굴착면에 하중을 증가시킨다.
㉣ 부분굴착(Trench Cut)을 한다.
㉤ 지반 개량(양질의 재료)을 한다.

정답 14 ② 15 ④ 16 ① 17 ③ 18 ② 19 ③

20 Sand Drain 공법의 주된 목적은?

① 압밀침하를 촉진시키는 것이다.
② 투수계수를 감소시키는 것이다.
③ 간극수압을 증가시키는 것이다.
④ 지하수위를 상승시키는 것이다.

해설

샌드 드레인(Sand Drain) 공법의 목적
점성토층의 배수거리를 짧게 하여 압밀침하를 촉진

2017년 토목기사 제1회 토질 및 기초 기출문제

01 어떤 흙의 습윤 단위중량이 $2.0t/m^3$, 함수비 20%, 비중 $G_s = 2.7$인 경우 포화도는 얼마인가?

① 84.1% ② 87.1%
③ 95.6% ④ 98.5%

해설

$S = \dfrac{G_s \cdot \omega}{e} \; (G_s \cdot \omega = S \cdot e)$

$\gamma_d = \dfrac{G_s \cdot \gamma_w}{1+e}, \; \therefore \; e = \dfrac{G_s \cdot \gamma_w}{\gamma_d} - 1 = \dfrac{2.7 \times 1}{1.67} - 1$

$= 0.62 t/m^2$

$\left(\gamma_d = \dfrac{\gamma_t}{1+\omega} = \dfrac{2.0}{1+0.2} = 1.67 t/m^3 \right)$

$\therefore \; S = \dfrac{G_s \cdot \omega}{e} = \dfrac{2.7 \times 0.2}{0.62} = 0.871 = 87.1\%$

02 아래 그림과 같은 무한 사면이 있다. 흙과 암반의 경계면에서 흙의 강도정수 $c=1.8t/m^2$, $\phi=25°$이고, 흙의 단위중량 $\gamma=1.9t/m^3$인 경우 경계면에서 활동에 대한 안전율을 구하면?

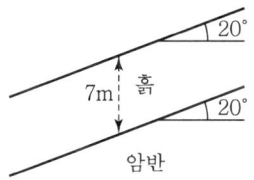

① 1.55 ② 1.60
③ 1.65 ④ 1.70

해설

$F_s = \dfrac{c}{\gamma z \sin i \cos i} + \dfrac{\tan\phi}{\tan i}$

$= \dfrac{1.8}{1.9 \times 7 \times \sin 20° \times \cos 20°} + \dfrac{\tan 25°}{\tan 20°} = 1.7$

03 말뚝기초의 지반거동에 관한 설명으로 틀린 것은?

① 연약지반 상에 타입되어 지반이 먼저 변형하고 그 결과 말뚝이 저항하는 말뚝을 주동말뚝이라 한다.
② 말뚝에 작용한 하중은 말뚝 주변의 마찰력과 말뚝선단의 지지력에 의하여 주변 지반에 전달된다.
③ 기성말뚝을 타입하면 전단파괴를 일으키며 말뚝 주위의 지반은 교란된다.
④ 말뚝 타입 후 지지력의 증가 또는 감소 현상을 시간효과(Time effect)라 한다.

해설

• 주동말뚝 : 말뚝이 변형함에 따라 지반이 저항
• 수동말뚝 : 지반이 먼저 변형하고 그 결과 말뚝이 저항

04 지반 내 응력에 대한 다음 설명 중 틀린 것은?

① 전응력이 커지는 크기만큼 간극수압이 커지면 유효응력은 변화가 없다.
② 정지토압계수 K_0는 1보다 클 수 없다.
③ 지표면에 가해진 하중에 의해 지중에 발생하는 연직응력의 증가량은 깊이가 깊어지면서 감소한다.
④ 유효응력이 전응력보다 클 수도 있다.

해설

㉠ $\sigma' = \sigma(\uparrow) - u(\uparrow)$
㉡ K_0(사질토) $<$ 1, K_0(과압밀 점토) $>$ 1
 $\therefore K_0$는 과압밀 점토에서는 1보다 크다.
㉢ $\Delta\sigma_Z = \dfrac{Q}{Z^2} I_\sigma \left(\Delta\sigma_Z \propto \dfrac{1}{Z^2} \right)$
㉣ 모세관 현상 시 $\sigma' > \sigma$

05 흐트러지지 않은 연약한 점토시료를 재취하여 일축압축시험을 실시하였다. 공시체의 직경이 35mm, 높이가 100mm이고 파괴 시의 하중계의 읽음값이 2kg, 축방향의 변형량이 12mm일 때 이 시료의 전단강도는?

① $0.04 kg/cm^2$ ② $0.06 kg/cm^2$
③ $0.09 kg/cm^2$ ④ $0.12 kg/cm^2$

해설

전단강도$(S) = c + \sigma'\tan\phi (\phi=0) = c = \dfrac{q_u}{2}$

• 파괴 시 압축강도(σ) = 일축압축강도(q_u)

$$\sigma(q_u) = \frac{P}{A_0} = \frac{P}{\frac{A}{1-\varepsilon}} = \frac{P}{\frac{A}{1-\frac{\Delta L}{L}}} = \frac{2}{\frac{\pi \cdot 3.5^2}{4}} = 0.18 \text{kg/cm}^2$$

$$\therefore S = c = \frac{q_u}{2} = \frac{0.18}{2} = 0.09 \text{kg/cm}^2$$

06 다음의 연약지반 개량공법에서 일시적인 개량공법은?

① Well Point 공법
② 치환공법
③ Paper Drain 공법
④ Sand Compaction Pile 공법

[해설]
일시적 개량공법
㉠ 동결공법
㉡ 대기압공법(진공압밀공법)
㉢ Well Point 공법

07 흐트러지지 않은 시료를 이용하여 액성한계 40%, 소성한계 22.3%를 얻었다. 정규압밀점토의 압축지수(C_c) 값을 Terzaghi와 Peck이 발표한 경험식에 의해 구하면?

① 0.25 ② 0.27
③ 0.30 ④ 0.35

[해설]
불교란 시료(C_c)
$C_c = 0.009(W_L - 10) = 0.009(40-10) = 0.27$

08 간극비 $e_1 = 0.80$인 어떤 모래의 투수계수 $k_1 = 8.5 \times 10^{-2}$cm/sec일 때 이 모래를 다져서 간극비를 $e_2 = 0.57$로 하면 투수계수 k_2는?

① 8.5×10^{-3}cm/sec ② 3.5×10^{-2}cm/sec
③ 8.1×10^{-2}cm/sec ④ 4.1×10^{-1}cm/sec

[해설]
$$k_1 : k_2 = \frac{e_1^3}{1+e_1} : \frac{e_2^3}{1+e_2}$$

$$8.5 \times 10^{-2} : k_2 = \frac{0.80^3}{1+0.80} : \frac{0.57^3}{1+0.57}$$

$$\therefore k_2 = 3.5 \times 10^{-2} \text{cm/sec}$$

09 흙막이 벽체의 지지 없이 굴착 가능한 한계굴착깊이에 대한 설명으로 옳지 않은 것은?

① 흙의 내부마찰각이 증가할수록 한계굴착깊이는 증가한다.
② 흙의 단위중량이 증가할수록 한계굴착깊이는 증가한다.
③ 흙의 점착력이 증가할수록 한계굴착깊이는 증가한다.
④ 인장응력이 발생되는 깊이를 인장균열깊이라고 하며, 보통 한계굴착깊이는 인장균열깊이의 2배 정도이다.

[해설]
• 한계굴착깊이(H_c) = $2 Z_c = \frac{4c}{\gamma} \tan\left(45 + \frac{\phi}{2}\right)$
• $H_c \propto \frac{1}{\gamma}$

10 중심 간격이 2.0m, 지름이 40cm인 말뚝을 가로 4개, 세로 5개씩 전체 20개를 박았다. 말뚝 한 개의 허용지지력이 15ton이라면 이 군항의 허용지지력은 약 얼마인가?(단, 군말뚝의 효율은 Converse-Labarre 공식을 사용)

① 450.0t ② 300.0t
③ 241.5t ④ 114.5t

[해설]
군항의 허용 지지력(R_{ag}) = $E \cdot R_a \cdot N$
㉠ $\theta° = \tan^{-1}\left(\frac{d}{S}\right) = \tan^{-1}\left(\frac{40}{200}\right) = 11.3°$
㉡ 효율(E) = $1 - \theta°\left[\frac{(m-1)n + (n-1)m}{90mn}\right]$
$= 1 - 11.3°\left[\frac{(5-1)4 + (4-1)5}{90 \times 5 \times 4}\right] = 0.805$
$\therefore R_{ag} = E \cdot R_a \cdot N = 0.805 \times 15 \times (4 \times 5) = 241.5$t

정답 06 ① 07 ② 08 ② 09 ② 10 ③

11 연속 기초에 대한 Terzaghi의 극한 지지력 공식은 $q_u = c \cdot N_c + 0.5 \cdot \gamma_1 \cdot B \cdot N_\gamma + \gamma_2 \cdot D_f \cdot N_q$로 나타낼 수 있다. 아래 그림과 같은 경우 극한 지지력 공식의 두 번째 항의 단위중량 γ_1의 값은?

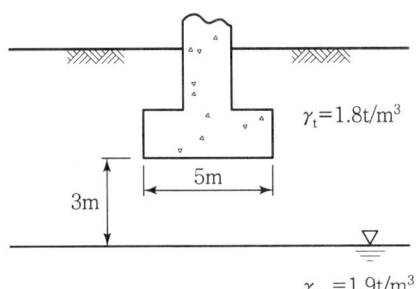

① $1.44 t/m^3$
② $1.60 t/m^3$
③ $1.74 t/m^3$
④ $1.82 t/m^3$

[해설]
$\gamma_1 \cdot B = \gamma_t \cdot d + \gamma_{sub}(B-d)$
$\gamma_1 = \dfrac{\gamma \cdot d + \gamma_{sub}(B-d)}{B}$
$= \dfrac{1.8 \times 3 + (1.9-1)(5-3)}{5}$
$= 1.44 t/m^3$

12 흙의 다짐에 관한 설명 중 옳지 않은 것은?

① 조립토는 세립토보다 최적함수비가 작다.
② 최대 건조단위중량이 큰 흙일수록 최적 함수비는 작은 것이 보통이다.
③ 점성토 지반을 다질 때는 진동 롤러로 다지는 것이 유리하다.
④ 일반적으로 다짐 에너지를 크게 할수록 최대 건조단위중량은 커지고 최적함수비는 줄어든다.

[해설]
사질토 지반을 다질 때는 진동 롤러로 다지는 것이 유리하다.

13 표준관입시험에 관한 설명 중 옳지 않은 것은?

① 표준관입시험의 N값으로 모래지반의 상대밀도를 추정할 수 있다.
② N값으로 점토지반의 연경도에 관한 추정이 가능하다.
③ 지층의 변화를 판단할 수 있는 시료를 얻을 수 있다.
④ 모래지반에 대해서도 흐트러지지 않은 시료를 얻을 수 있다.

[해설]
모래지반에 대해서는 흐트러진 시료를 얻을 수 있다.

14 유선망은 이론상 정사각형으로 이루어진다. 동수경사가 가장 큰 곳은?

① 어느 곳이나 동일함
② 땅속 가장 깊은 곳
③ 정사각형이 가장 큰 곳
④ 정사각형이 가장 작은 곳

[해설]
동수경사$(i) = \dfrac{\Delta h}{L}$, $i \propto \dfrac{1}{L(폭)}$
∴ 동수경사(i)는 L(폭)에 반비례

15 아래 그림과 같은 점성토 지반의 토질시험결과 내부마찰각(ϕ)은 30°, 점착력(c)은 $1.5 t/m^2$일 때 A점의 전단강도는?

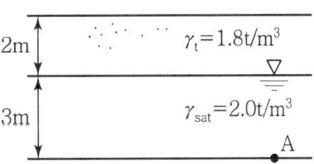

① $3.84 t/m^2$
② $4.27 t/m^2$
③ $4.83 t/m^2$
④ $5.31 t/m^2$

[해설]
$S(\tau_f) = c + \sigma' \tan\phi = 1.5 + 6.6 \tan 30° = 5.31 t/m^2$
$[\sigma' = (1.8 \times 2) + (1 \times 3) = 6.6]$

정답 11 ① 12 ③ 13 ④ 14 ④ 15 ④

16 침투유량(q) 및 B점에서의 간극수압(u_B)을 구한 값으로 옳은 것은?(단, 투수층의 투수계수는 3×10^{-1}cm/sec이다.)

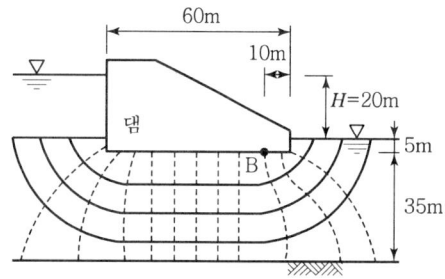

① $q = 100\text{cm}^3/\text{sec/cm}$, $u_B = 0.5\text{kg/cm}^2$
② $q = 100\text{cm}^3/\text{sec/cm}$, $u_B = 1.0\text{kg/cm}^2$
③ $q = 200\text{cm}^3/\text{sec/cm}$, $u_B = 0.5\text{kg/cm}^2$
④ $q = 200\text{cm}^3/\text{sec/cm}$, $u_B = 1.0\text{kg/cm}^2$

해설

㉠ 침투유량(q)
$$q = K \cdot H \cdot \frac{N_f}{N_d} = (3 \times 10^{-1})(20 \times 100)\left(\frac{4}{12}\right)$$
$$= 200\text{cm}^3/\text{sec/cm}$$

㉡ 간극수압(u_B)
$$u_B = \gamma_w z_B + \left(\frac{\Delta h}{L}\gamma_w z\right) = (1 \times 5) + \left(\frac{20}{12} \times 1 \times 3\right)$$
$$= 10\text{t/m}^2 = 1\text{kg/cm}^2$$

17 베인전단시험(Vane Shear Test)에 대한 설명으로 옳지 않은 것은?

① 베인전단시험으로부터 흙의 내부마찰각을 측정할 수 있다.
② 현장 원위치 시험의 일종으로 점토의 비배수전단강도를 구할 수 있다.
③ 십자형의 베인(Vane)을 땅속에 압입한 후, 회전모멘트를 가해서 흙이 원통형으로 전단파괴될 때 저항모멘트를 구함으로써 비배수 전단강도를 측정하게 된다.
④ 연약점토지반에 적용된다.

해설

베인시험

㉠ $c_u = \dfrac{M_{\max}}{\pi D^2\left(\dfrac{H}{2} + \dfrac{D}{6}\right)}$

㉡ 점착력(c), 비배수 전단강도(c_u)를 측정할 수 있다.

18 정규압밀점토에 대하여 구속응력 1kg/cm²로 압밀배수시험한 결과 파괴 시 축차응력이 2kg/cm²이었다. 이 흙의 내부마찰각은?

① 20° ② 25°
③ 30° ④ 40°

해설

$$\sin\phi = \frac{\sigma_1 - \sigma_3}{\sigma_1 + \sigma_3},$$
$$\phi = \sin^{-1}\left(\frac{\sigma_1 - \sigma_3}{\sigma_1 + \sigma_3}\right) = \sin^{-1}\left(\frac{3-1}{3+1}\right)$$
$$= \sin^{-1}\left(\frac{2}{4}\right) = 30°$$
($\sigma_3 = 1$이고 $\sigma_1 - \sigma_3 = 2$이면 $\sigma_1 = 3$)

19 사질토 지반에서 직경 30cm의 평판재하시험 결과 30t/m²의 압력이 작용할 때 침하량이 10mm 라면, 직경 1.5m의 실제 기초에 30t/m²의 하중이 작용할 때 침하량의 크기는?

① 14mm ② 25mm
③ 28mm ④ 35mm

해설

$$S_{(기초)} = S_{(재하판)} \cdot \left(\frac{2B_{기초}}{B_{기초} + B_{재하판}}\right)^2$$
$$= 0.01 \times \left(\frac{2 \times 1.5}{1.5 + 0.3}\right)^2$$
$$= 0.028\text{m}$$
$$= 28\text{mm}$$

20 아래의 표와 같은 조건에서 군지수는?

- 흙의 액성한계 : 49%
- 흙의 소성지수 : 25%
- 10번 체 통과율 : 96%
- 40번 체 통과율 : 89%
- 200번 체 통과율 : 70%

① 9 ② 12
③ 15 ④ 18

해설

군지수(GI) $= 0.2a + 0.005ac + 0.01bd$
㉠ $a = P_{\#200} - 35 = 70 - 35 = 35 (0 \leq a \leq 40)$
㉡ $b = P_{\#200} - 15 = 70 - 15 = 55 = 40 (0 \leq b \leq 40)$
㉢ $c = W_L - 40 = 49 - 40 = 9 (0 \leq c \leq 20)$
㉣ $d = I_p - 10 = 25 - 10 = 15 (0 \leq d \leq 20)$
∴ $GI = (0.2 \times 35) + (0.005 \times 35 \times 9) + (0.01 \times 40 \times 15)$
　　　$= 14.575 = 15$

정답　20 ③

2017년 토목산업기사 제1회 토질 및 기초 기출문제

01 흙의 분류방법 중 통일분류법에 대한 설명으로 틀린 것은?

① #200(0.075mm) 체 통과율이 50%보다 작으면 조립토이다.
② 조립토 중 #4(4.75mm) 체 통과율이 50%보다 작으면 자갈이다.
③ 세립토에서 압축성의 높고 낮음을 분류할 때 사용하는 기준은 액성한계 35%이다.
④ 세립토를 여러 가지로 세분하는 데는 액성한계와 소성지수의 관계 및 범위를 나타내는 소성도표가 사용된다.

[해설]
압축성의 높고 낮음을 분류할 때 사용하는 기준은 액성한계 50%이다.
- 압축성이 낮음(L) : $W_L \leq 50\%$
- 압축성이 높음(H) : $W_L \geq 50\%$

02 접지압의 분포가 기초의 중앙부분에 최대응력이 발생하는 기초형식과 지반은 어느 것인가?

① 연성기초, 점성지반
② 연성기초, 사질지반
③ 강성기초, 점성지반
④ 강성기초, 사질지반

[해설]
강성기초의 접지압

점토지반	모래지반
기초 모서리에서 최대응력 발생	기초 중앙부에서 최대응력 발생

03 흙댐에서 상류 측이 가장 위험하게 되는 경우는?

① 수위가 점차 상승할 때이다.
② 댐이 수위가 중간 정도 되었을 때이다.
③ 수위가 갑자기 내려갔을 때이다.
④ 댐 내의 흐름이 정상 침투일 때이다.

[해설]

상류 측 (댐) 사면이 가장 위험할 때	하류 측 사면이 가장 위험할 때
① 시공 직후	① 만수위 시
② 만수된 수위가 급강하 시	② 제체 내의 흐름이정상 침투 시

04 다음 중 흙의 투수계수에 영향을 미치는 요소가 아닌 것은?

① 흙의 입경
② 침투액의 점성
③ 흙의 포화도
④ 흙의 비중

[해설]
투수계수 $(k) = D_s^2 \cdot \dfrac{\gamma_w}{\mu} \cdot \dfrac{e^3}{1+e} \cdot C$

투수계수(k)와 영향요소의 관계
㉠ 공극비(e)가 클수록 k는 증가
㉡ 밀도가 클수록 k는 증가
㉢ 점성계수가 클수록 k는 감소
㉣ 투수계수는 모래가 점토보다 큼
㉤ k는 토립자 비중과 무관함
㉥ 포화도가 클수록 k는 증가

05 연약점토지반에 말뚝재하시험을 하는 경우 말뚝을 타입한 후 20여 일이 지난 다음 재하시험을 하는 이유는?

① 말뚝 주위 흙이 압축되었기 때문
② 주면 마찰력이 작용하기 때문
③ 부마찰력이 생겼기 때문
④ 타입 시 말뚝 주변의 흙이 교란되었기 때문

[해설]
말뚝재하시험을 하는 경우 말뚝을 타입하면 말뚝 주변의 흙이 교란되었기 때문에 20여 일이 지난 다음 재하시험을 한다.

06 점토의 예민비(Sensitivity Ratio)를 구하는 데 사용되는 시험방법은?

① 일축압축시험
② 삼축압축시험
③ 직접전단시험
④ 베인전단시험

정답 01 ③ 02 ④ 03 ③ 04 ④ 05 ④ 06 ①

[해설]
- 예민비$(S_t) = \dfrac{q_u (\text{불교란 시료의 일축압축강도})}{q_{ur} (\text{교란 시료의 일축압축강도})}$
- 일축압축강도(q_u)로 예민비를 구한다.

07 점토지반에 과거에 시공된 성토제방이 이미 안정된 상태에서, 홍수에 대비하기 위해 급속히 성토시공을 하고자 한다. 안정성 검토를 위해 지반의 강도정수를 구할 때, 가장 적합한 시험방법은?

① 직접전단시험　② 압밀 배수시험
③ 압밀 비배수시험　④ 비압밀 비배수시험

[해설]
압밀 비배수시험(CU 시험)
㉠ Pre-loading(압밀진행) 후 갑자기 파괴 예상 시
㉡ 제방, 흙댐에서 수위가 급강 시 안정 검토
㉢ 점토지반이 성토하중에 의해 압밀 후 급속히 파괴 예상 시

08 다음 중 직접기초에 속하는 것은?

① 푸팅 기초　② 말뚝기초
③ 피어 기초　④ 케이슨 기초

[해설]
기초
㉠ 얕은(직접) 기초(Footing 기초, Mat 기초)
㉡ 깊은 기초(말뚝기초, 피어 기초, 케이슨 기초)

09 4m×6m 크기의 직사각형 기초에 10t/m²의 등분포 하중이 작용할 때 기초 아래 5m 깊이에서의 지중응력 증가량을 2 : 1 분포법으로 구한 값은?

① 1.42t/m²　② 1.82t/m²
③ 2.42t/m²　④ 2.82t/m²

[해설]
$\Delta\sigma_Z = \dfrac{q \cdot B \cdot L}{(B+Z)(L+Z)} = \dfrac{10 \times 4 \times 6}{(4+5)(6+5)} = 2.42 \text{t/m}^2$

10 비중이 2.65, 간극률이 40%인 모래지반의 한계동수경사는?

① 0.99　② 1.18
③ 1.59　④ 1.89

[해설]
한계동수경사$(i_{cr}) = \dfrac{G_s - 1}{1+e} = \dfrac{2.65-1}{1+0.67} = 0.99$

$\left(e = \dfrac{n}{1-n} = \dfrac{0.4}{1-0.4} = 0.67\right)$

11 그림과 같은 옹벽에 작용하는 전체 주동토압을 구하면?

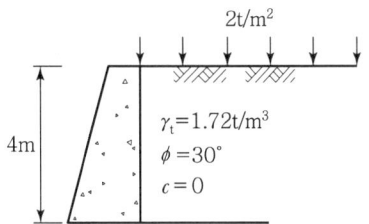

① 8.15t/m　② 7.25t/m
③ 6.55t/m　④ 5.72t/m

[해설]
$P_a = qHK_a + \gamma H^2 K_a \dfrac{1}{2}$
$= 2 \times 4 \times 0.333 + 1.72 \times 4^2 \times 0.333 \times \dfrac{1}{2} = 7.25 \text{t/m}$
$\left[K_a = \tan^2\left(45 - \dfrac{\phi}{2}\right) = \tan^2\left(45 - \dfrac{30}{2}\right) = 0.333\right]$

12 실내다짐시험 결과 최대건조 단위무게가 1.56 t/m³이고, 다짐도가 95%일 때 현장건조 단위무게는 얼마인가?

① 1.36t/m³　② 1.48t/m³
③ 1.60t/m³　④ 1.64t/m³

해설

- 다짐도(RC) $= \dfrac{\gamma_d}{\gamma_{d\max}} \times 100$

  $95 = \dfrac{\gamma_d}{1.56} \times 100$

  $\therefore \gamma_d = 1.48 \text{t/m}^2$

13 모래 지반에 30cm×30cm 크기로 재하시험을 한 결과 20t/m²의 극한 지지력을 얻었다. 3m×3m의 기초를 설치할 때 기대되는 극한 지지력은?

① 100t/m² ② 200t/m²
③ 150t/m² ④ 300t/m²

해설

- 모래지반에서 지지력은 재하판 폭에 비례
- $q_{u(기초)} = q_{u(재하판)} \times \dfrac{B_{(기초)}}{B_{(재하판)}}$

  $= 20 \times \dfrac{3}{0.3} = 200 \text{t/m}^2$

14 양면배수 조건일 때 일정한 양의 압밀침하가 발생하는 데 10년이 걸린다면 일면배수 조건일 때는 같은 침하가 발생되는 데 몇 년이나 걸리겠는가?

① 5년   ② 10년
③ 30년 ④ 40년

해설

- 압밀시간과 압밀층 두께의 관계 $\left(t = \dfrac{T_v \cdot H^2}{C_v}\right)$
- $t_1 : t_2 = H_1^2 : H_2^2$

  $10 : t_2 = \left(\dfrac{H}{2}\right)^2 : H^2$

  $\therefore t_2 = 40$년

15 점토지반에서 N치로 추정할 수 있는 사항이 아닌 것은?

① 상대밀도   ② 컨시스턴시
③ 일축압축강도 ④ 기초지반의 허용지지력

해설

상대밀도는 사질토가 느슨한 상태에 있는가, 조밀한 상태에 있는가를 나타내는 것

16 다음 중 사운딩(Sounding)이 아닌 것은?

① 표준관입시험(Standard Penetration Test)
② 일축압축시험(Unconfined Compression Test)
③ 원추관입시험(Cone Penetrometer Test)
④ 베인시험(Vane Test)

해설

사운딩
- 정적 사운딩(원추관입시험, 이스키메타, 베인전단시험)
- 동적 사운딩(표준관입시험)

17 흐트러진 흙을 자연 상태의 흙과 비교하였을 때 잘못된 설명은?

① 투수성이 크다.   ② 전단강도가 크다.
③ 간극이 크다.   ④ 압축성이 크다.

해설

흐트러진 흙은 전단강도가 작다.

18 다음 중 흙의 다짐에 대한 설명으로 틀린 것은?

① 흙이 조립토에 가까울수록 최적함수비는 크다.
② 다짐에너지를 증가시키면 최적함수비는 감소한다.
③ 동일한 흙에서 다짐에너지가 클수록 다짐효과는 증대한다.
④ 최대건조단위중량은 사질토에서 크고 점성토일수록 작다.

해설

흙이 조립토일수록 최적함수비는 작고 최대건조 단위중량은 크다.

정답 13 ② 14 ④ 15 ① 16 ② 17 ② 18 ①

19 투수계수에 관한 설명으로 잘못된 것은?

① 투수계수는 수두차에 반비례한다.
② 수온이 상승하면 투수계수는 증가한다.
③ 투수계수는 일반적으로 흙의 입자가 작을수록 작은 값을 나타낸다.
④ 같은 종류의 흙에서 간극비가 증가하면 투수계수는 작아진다.

[해설]
간극비가 클수록 투수계수는 증가한다.

20 1m³의 포화점토를 채취하여 습윤단위무게와 함수비를 측정한 결과 각각 1.68t/m³와 60%였다. 이 포화점토의 비중은 얼마가?

① 2.14
② 2.84
③ 1.58
④ 1.31

[해설]

$$G_s = \frac{W_s}{V_s \gamma_w} = \frac{1.05}{0.37 \times 1} = 2.84$$

㉠ W_s

$$\gamma_d = \frac{\gamma_t}{1+\omega} = \frac{1.68}{1+0.6} = 1.05 \text{t/m}^3$$

∴ $W_s = 1.05$t (1m³ 포화점토)

㉡ V_s

$V=1\text{m}^3$, $W=1.68$t, $W_s=1.05$t, $1.68-1.05=0.63$t

∴ $V_s = 1 - 0.63 = 0.37 \text{m}^3$

$\left(\gamma_w = \dfrac{W_w}{V_w} = 1, \ V_w = W_w\right)$

정답 19 ④ 20 ②

2017년 토목기사 제2회 토질 및 기초 기출문제

01 Vane Test에서 Vane의 지름 5cm, 높이 10cm, 파괴 시 토크가 590kg·cm일 때 점착력은?

① 1.29kg/cm² ② 1.57kg/cm²
③ 2.13kg/cm² ④ 2.76kg/cm²

[해설]
$$c_u = \frac{M_{\max}}{\pi D^2 \left(\frac{H}{2}+\frac{D}{6}\right)} = \frac{590}{\pi \times 5^2 \left(\frac{10}{2}+\frac{5}{6}\right)} = 1.29\text{kg/cm}^2$$

02 단면적 20cm², 길이 10cm의 시료를 15cm의 수두차로 정수위 투수시험을 한 결과 2분 동안에 150cm³의 물이 유출되었다. 이 흙의 비중은 2.67이고, 건조중량이 420g이었다. 공극을 통하여 침투하는 실제 침투유속 V_s는 약 얼마인가?

① 0.018cm/sec ② 0.296cm/sec
③ 0.437cm/sec ④ 0.628cm/sec

[해설]
실제침투유속 $(V_s) = \frac{1}{n} \cdot V$

㉠ n
- $\gamma_d = \frac{W}{V_{(A \cdot l)}} = \frac{420}{20 \times 10} = 2.1\text{g/cm}^3$
- $\gamma_d = \frac{G_s \gamma_w}{1+e} \rightarrow e = \frac{G_s \cdot \gamma_w}{\gamma_d} - 1 = \frac{2.67 \times 1}{2.1} - 1 = 0.271$
- $n = \frac{e}{1+e} = \frac{0.271}{1+0.271} = 0.213$

㉡ $V = k \cdot i = k \cdot \frac{h}{L}$
- $k = \frac{QL}{hAt} = \frac{150 \times 10}{15 \times 20 \times (2 \times 60)} = 0.042\text{cm/sec}$
- $V = k \cdot \frac{h}{L} = 0.042 \times \frac{15}{10} = 0.063\text{cm/sec}$

∴ $V_s = \frac{1}{n} \cdot V = \frac{1}{0.213} \times 0.063 = 0.296\text{cm/sec}$

03 단위중량이 1.8t/m³인 점토지반의 지표면에서 5m 되는 곳의 시료를 채취하여 압밀시험을 실시한 결과 과압밀비(Over Consolidation ratio)가 2임을 알았다. 선행압밀압력은?

① 9t/m² ② 12t/m²
③ 15t/m² ④ 18t/m²

[해설]
과압밀비(OCR) = $\frac{P_c}{P(\sigma')}$

∴ 선행압밀압력(P_c) = OCR × P = 2 × (1.8 × 5) = 18t/m²

04 연약지반에 구조물을 축조할 때 피조미터를 설치하여 과잉간극수압의 변화를 측정했더니 어떤 점에서 구조물 축조 직후 10t/m²이었지만 4년 후는 2t/m²이었다. 이때의 압밀도는?

① 20% ② 40%
③ 60% ④ 80%

[해설]
압밀도 = $\frac{u_i - u_t}{u_i} = \frac{10-2}{10} = 0.8 = 80\%$

05 다음 그림과 같은 p-q 다이어그램에서 K_f 선이 파괴선을 나타낼 때 이 흙의 내부마찰각은?

① 32°
② 36.5°
③ 38.7°
④ 40.8°

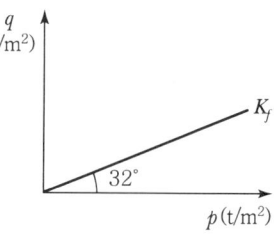

[해설]
$\sin\phi = \tan\alpha$

∴ $\phi = \sin^{-1}(\tan\alpha) = \sin^{-1}(\tan 32°) = 38.7°$

정답 01 ① 02 ② 03 ④ 04 ④ 05 ③

06 다음 그림에서 A점의 간극수압은?

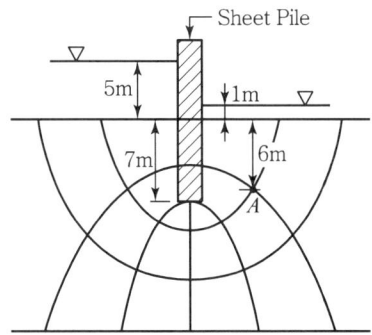

① 47.73kN/m^2 ② 75.13kN/m^2
③ 120.64kN/m^2 ④ 45.57kN/m^2

【해설】
A점의 간극수압
$$u_A = \gamma_w \cdot z_A + \left(\frac{\Delta h}{L} \cdot \gamma_w \cdot z\right)$$
$$= 9.8 \times 7 + \left(\frac{4}{6} \times 9.8 \times 1\right) = 75.13 \text{kN/m}^2$$

07 연약지반 위에 성토를 실시한 다음, 말뚝을 시공하였다. 시공 후 발생될 수 있는 현상에 대한 설명으로 옳은 것은?

① 성토를 실시하였으므로 말뚝의 지지력은 점차 증가한다.
② 말뚝을 암반층 상단에 위치하도록 시공하였다면 말뚝의 지지력에는 변함이 없다.
③ 압밀이 진행됨에 따라 지반의 전단강도가 증가되므로 말뚝의 지지력은 점차 증가된다.
④ 압밀로 인해 부의 주면마찰력이 발생되므로 말뚝의 지지력은 감소된다.

【해설】
부마찰력이 일어나면 말뚝의 지지력은 감소한다.

08 얕은 기초에 대한 Terzaghi의 수정지지력 공식은 아래와 같다. $4m \times 5m$의 직사각형 기초를 사용할 경우 형상계수 α와 β의 값으로 옳은 것은?

$$q_u = \alpha c N_c + \beta \gamma_1 B N_\gamma + \gamma_2 D_f N_q$$

① $\alpha = 1.2$, $\beta = 0.4$
② $\alpha = 1.28$, $\beta = 0.42$
③ $\alpha = 1.24$, $\beta = 0.42$
④ $\alpha = 1.32$, $\beta = 0.38$

【해설】
직사각형 기초(B는 단변)
- $\alpha = 1.0 + 0.3 \dfrac{B}{L} = 1.0 + 0.3 \times \dfrac{4}{5} = 1.24$
- $\beta = 0.5 - 0.1 \dfrac{B}{L} = 0.5 - 0.1 \times \dfrac{4}{5} = 0.42$

09 다짐되지 않은 두께 2m, 상대 밀도 40%의 느슨한 사질토 지반이 있다. 실내시험결과 최대 및 최소 간극비가 0.80, 0.40으로 각각 산출되었다. 이 사질토를 상대 밀도 70%까지 다짐할 때 두께의 감소는 약 얼마나 되겠는가?

① 12.4cm ② 14.6cm
③ 22.7cm ④ 25.8cm

【해설】
압밀침하량 $(\Delta H) = \dfrac{e_1 - e_2}{1 + e_1} \cdot H$

㉠ $D_r = \dfrac{e_{max} - e_1}{e_{max} - e_{min}}$, $e_1 = e_{max} - D_r(e_{max} - e_{min})$
∴ $e_1 = 0.8 - 0.4(0.8 - 0.4) = 0.64$

㉡ $D_r = \dfrac{e_{max} - e_2}{e_{max} - e_{min}}$, $e_2 = e_{max} - D_r(e_{max} - e_{min})$
∴ $e_2 = 0.8 - 0.7(0.8 - 0.4) = 0.52$

∴ $\Delta H = \dfrac{e_1 - e_2}{1 + e_1} H = \dfrac{0.64 - 0.52}{1 + 0.64} \times 200 = 14.6 \text{cm}$

10 $\phi = 33°$인 사질토에 25° 경사의 사면을 조성하려고 한다. 이 비탈면의 지표까지 포화되었을 때 안전율을 계산하면?(단, 사면 흙의 $\gamma_{sat} = 1.8 \text{t/m}^3$)

① 0.62 ② 0.70
③ 1.12 ④ 1.41

정답 06 ② 07 ④ 08 ③ 09 ② 10 ①

> [해설]
> 지표면과 지하수위가 일치(사질토)
> $F_s = \dfrac{\gamma_{sub}}{\gamma_{sat}} \times \dfrac{\tan\phi}{\tan i} = \dfrac{0.8}{1.8} \times \dfrac{\tan 33°}{\tan 25°} = 0.62$

11 사질토 지반에 축조되는 강성기초의 접지압 분포에 대한 설명 중 맞는 것은?

① 기초 모서리 부분에서 최대 응력이 발생한다.
② 기초에 작용하는 접지압 분포는 토질에 관계없이 일정하다.
③ 기초의 중앙 부분에서 최대 응력이 발생한다.
④ 기초 밑면의 응력은 어느 부분이나 동일하다.

> [해설]
> 강성 기초의 접지압
>
> | 점토지반 | 모래지반 |
> |---|---|
> | 강성기초 / 접지압 | 강성기초 / 접지압 |
> | 기초 모서리에서 최대응력 발생 | 기초 중앙부에서 최대응력 발생 |

12 말뚝 지지력에 관한 여러 가지 공식 중 정역학적 지지력 공식이 아닌 것은?

① Dörr의 공식
② Terzaghi의 공식
③ Meyerhof의 공식
④ Engineering News 공식

> [해설]
> 말뚝의 지지력 산정 방법
>
> | 정역학적 공식 | 동역학적 공식 |
> |---|---|
> | ㉠ Terzaghi 공식 | ㉠ Sander 공식 |
> | ㉡ Meyerhof 공식 | ㉡ Engineering News 공식 |
> | ㉢ Dörr 공식 | ㉢ Hiley 공식 |
> | ㉣ Dunham 공식 | ㉣ Weisbach 공식 |

13 평판재하실험 결과로부터 지반의 허용지지력 값은 어떻게 결정하는가?

① 항복강도의 $\dfrac{1}{2}$, 극한강도의 $\dfrac{1}{3}$ 중 작은 값
② 항복강도의 $\dfrac{1}{2}$, 극한강도의 $\dfrac{1}{3}$ 중 큰 값
③ 항복강도의 $\dfrac{1}{3}$, 극한강도의 $\dfrac{1}{2}$ 중 작은 값
④ 항복강도의 $\dfrac{1}{3}$, 극한강도의 $\dfrac{1}{2}$ 중 큰 값

> [해설]
> 허용지지력(q_t)은 $\dfrac{q_y(항복강도)}{2}$ 또는 $\dfrac{q_u(극한강도)}{2}$ 중 작은 값

14 흙의 다짐에 관한 설명으로 틀린 것은?

① 다짐에너지가 클수록 최대건조단위중량(γ_{dmax})은 커진다.
② 다짐에너지가 클수록 최적함수비(w_{opt})는 커진다.
③ 점토를 최적함수비(w_{opt})보다 작은 함수비로 다지면 면모구조를 갖는다.
④ 투수계수는 최적함수비(w_{opt}) 근처에서 거의 최솟값을 나타낸다.

> [해설]
> 다짐에너지가 클수록 γ_{dmax}는 증가, 최적함수비(OMC)는 감소

15 아래 그림에서 A점 흙의 강도정수가 $c = 3\text{t/m}^2$, $\phi = 30°$일 때 A점의 전단강도는?

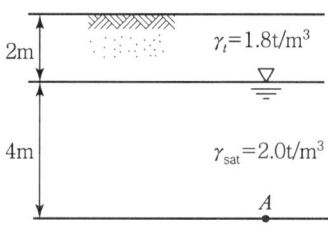

① 6.93t/m^2
② 7.39t/m^2
③ 9.93t/m^2
④ 10.39t/m^2

정답 11 ③ 12 ④ 13 ① 14 ② 15 ②

해설

$$S(\tau_f) = c + \sigma' \tan\phi$$
$$= 3 + (1.8 \times 2 + 1 \times 4)\tan 30°$$
$$= 7.39 \text{t/m}^2$$

16 점토지반으로부터 불교란 시료를 채취하였다. 이 시료는 직경 5cm, 길이 10cm이고, 습윤무게는 350g이며, 함수비가 40%일 때 이 시료의 건조단위 무게는?

① 1.78g/cm^3　② 1.43g/cm^3
③ 1.27g/cm^3　④ 1.14g/cm^3

해설

$$\gamma_d = \frac{\gamma_t}{1+\omega} = \frac{1.78}{1+0.4} = 1.27\text{g/cm}^3$$
$$\left[\gamma_t = \frac{W}{V} = \frac{350}{\left(\frac{\pi \times 5^2}{4}\right) \times 10} = 1.78\text{g/cm}^3\right]$$

17 $\gamma_t = 1.9\text{t/m}^3$, $\phi = 30°$인 뒤채움 모래를 이용하여 8m 높이의 보강토 옹벽을 설치하고자 한다. 폭 75mm, 두께 3.69mm의 보강띠를 연직방향 설치간격 $S_v = 0.5\text{m}$, 수평방향 설치간격 $S_h = 1.0\text{m}$로 시공하고자 할 때, 보강띠에 작용하는 최대힘 $T_{\max}$의 크기를 계산하면?

① 1.53t　② 2.53t
③ 3.53t　④ 4.53t

해설

$$T_{\max} = \upsilon_h \times S_h \times S_v$$
$$= (\gamma \cdot H \cdot K_a) \times S_h \times S_v$$
$$= \left[1.9 \times 8 \times \tan^2\left(45° - \frac{30°}{2}\right) \times 1.0\text{m} \times 0.5\text{m}\right]$$
$$= 2.53\text{t}$$

18 다음 표의 설명과 같은 경우 강도정수 결정에 적합한 삼축압축시험의 종류는?

최근에 매립된 포화 점성토 지반 위에 구조물을 시공한 직후의 초기 안정 검토에 필요한 지반 강도정수 결정

① 압밀배수시험(CD)
② 압밀비배수시험(CU)
③ 비압밀비배수시험(UU)
④ 비압밀배수시험(UD)

해설

비압밀비배수시험(UU)
• 포화된 점토지반 위에 급속하게 성토하는 제방의 안전성을 검토
• 점토의 단기간 안정 검토 시

19 두 개의 규소판 사이에 한 개의 알루미늄판이 결합된 3층 구조가 무수히 많이 연결되어 형성된 점토광물로서 각 3층 구조 사이에는 칼륨이온(K^+)으로 결합되어 있는 것은?

① 몬모릴로나이트(Montmorillonite)
② 할로이사이트(Halloysite)
③ 고령토(Kaolinite)
④ 일라이트(Illite)

해설

일라이트(Illite)
• 보통 점토로서 3층 구조(칼륨이온(K^+)으로 결합)
• $0.75 \leq$ 활성도(A) ≤ 1.25

20 두께 2m인 투수성 모래층에서 동수경사가 $\frac{1}{10}$이고, 모래의 투수계수가 $5 \times 10^{-2}\text{cm/sec}$라면 이 모래층의 폭 1m에 대하여 흐르는 수량은 매분당 얼마나 되는가?

① $6,000\text{cm}^3/\text{min}$　② $600\text{cm}^3/\text{min}$
② $60\text{cm}^3/\text{min}$　④ $6\text{cm}^3/\text{min}$

해설

$$Q = k \cdot i \cdot A$$
$$= 5 \times 10^{-2} \times \frac{1}{10} \times (200 \times 100) \times 60 = 6,000\text{cm}^3/\text{min}$$

정답　16 ③　17 ②　18 ③　19 ④　20 ①

2017년 토목산업기사 제2회 토질 및 기초 기출문제

01 다짐에너지(Energy)에 관한 설명 중 틀린 것은?

① 다짐에너지는 램머(Rammer)의 중량에 비례한다.
② 다짐에너지는 다짐 층수에 반비례한다.
③ 다짐에너지는 시료의 부피에 반비례한다.
④ 다짐에너지는 다짐 횟수에 비례한다.

[해설]
- 다짐에너지(E_c) = $\dfrac{W_R \cdot H \cdot N_B \cdot N_L}{V}$
- $E_c \propto N_L$ (다짐층수)

02 아래 그림과 같은 옹벽에 작용하는 전주동토압은 얼마인가?

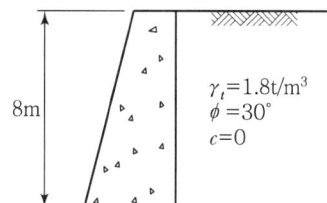

① 16.2t/m　② 17.2t/m
③ 18.2t/m　④ 19.2t/m

[해설]
전주동토압(P_a) = $\gamma_t \times H^2 \times K_a \times \dfrac{1}{2}$
= $1.8 \times 8^2 \times 0.333 \times \dfrac{1}{2}$ = 19.2t/m

$\left[K_a = \tan^2\left(45 - \dfrac{\phi}{2}\right) = \tan^2\left(45 - \dfrac{30°}{2}\right) = 0.333 \right]$

03 Rod의 끝에 설치한 저항체를 땅속에 삽입하여 관입, 회전, 인발 등의 저항으로 토층의 성질을 탐사하는 것을 무엇이라고 하는가?

① Sounding　② Sampling
③ Boring　④ Wash boring

[해설]
관입, 회전, 인발 등의 저항으로 토층의 물리적 성질과 상태를 탐사하는 것을 사운딩(Sounding)이라 한다.

04 예민비가 큰 점토란?

① 입자 모양이 둥근 점토
② 흙을 다시 이겼을 때 강도가 크게 증가하는 점토
③ 입자가 가늘고 긴 형태의 점토
④ 흙을 다시 이겼을 때 강도가 크게 감소하는 점토

[해설]
예민비가 큰 점토는 교란시켰을 때 강도가 많이 감소된다.

05 유선망에 대한 설명으로 틀린 것은?

① 유선망은 유선과 등수두선(等數頭線)으로 구성되어 있다.
② 유로를 흐르는 침투수량은 같다.
③ 유선과 등수두선은 서로 직교한다.
④ 침투속도 및 동수구배는 유선망의 폭에 비례한다.

[해설]
V(침투속도) = $K \cdot \dfrac{\Delta h}{L(\text{유선망 폭})}$

$V \propto \dfrac{1}{L}$ (침투속도는 유선망 폭에 반비례)

06 주동토압을 P_A, 수동토압을 P_P, 정지토압을 P_O라고 할 때 크기의 순서는?

① $P_A > P_P > P_O$　② $P_P > P_O > P_A$
③ $P_P > P_A > P_O$　④ $P_O > P_A > P_P$

[해설]
- $P_p > P_o > P_a$
- $K_p > P_o > P_a$

07 다음 중 점성토 지반의 개량공법으로 적합하지 않은 것은?

① 샌드드레인 공법
② 치환공법
③ 바이브로 플로테이션 공법
④ 프리로딩 공법

정답　01 ②　02 ④　03 ①　04 ④　05 ④　06 ②　07 ③

해설
바이브로 플로테이션 공법 → 사질토

08 도로의 평판재하시험에서 1.25mm 침하량에 해당하는 하중 강도가 2.50kg/cm²일 때 지지력계수(K)는?

① 20kg/cm³   ② 25kg/cm³
③ 30kg/cm³   ④ 35kg/cm³

해설
$K = \dfrac{q}{y} = \dfrac{2.50}{0.125} = 20\text{kg/cm}^3$

09 간극비(void ratio)가 0.25인 모래의 간극률(porosity)은 얼마인가?

① 20%   ② 25%
③ 30%   ④ 35%

해설
$n = \dfrac{e}{1+e} \times 100 = \left(\dfrac{0.25}{1+0.25}\right) \times 100 = 20\%$

10 피어기초의 수직공을 굴착하는 공법 중에서 기계에 의한 굴착공법이 아닌 것은?

① Benoto 공법
② Chicago 공법
③ Calwelde 공법
④ Reverse circulation 공법

해설
피어기초의 분류
㉠ 인력에 의한 굴착
  • Chicago 공법
  • Gow 공법
㉡ 기계에 의한 굴착
  • Benoto 공법
  • Earth Drill(Calweld 공법)
  • Reverse circulation(RCD)

11 통일 분류법에서 실트질 자갈을 표시하는 약호는?

① GW   ② GP
③ GM   ④ GC

해설
• 실트(M), 자갈(G)
• 실트질 자갈 : GM

12 다음 그림에서 X-X 단면에 작용하는 유효응력은?

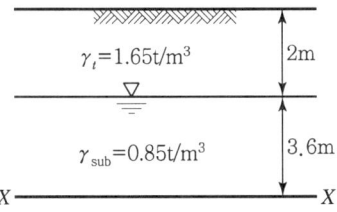

① 4.26t/m²   ② 5.24t/m²
③ 6.36t/m²   ④ 7.21t/m²

해설
$\sigma' = (1.65 \times 2) + (0.85 \times 3.6) = 6.36\text{t/m}^2$

13 어떤 시료에 대하여 일축압축시험을 실시한 결과 일축압축강도가 3t/m²이었다. 이 흙의 점착력은?(단, 이 시료는 $\phi = 0°$인 점성토이다.)

① 1.0t/m²   ② 1.5t/m²
③ 2.0t/m²   ④ 2.5t/m²

해설
점착력$(c) = \dfrac{q_u}{2} = \dfrac{3}{2} = 1.5\text{t/m}^2$

14 다음 중 동상(凍上)현상이 가장 잘 일어날 수 있는 흙은?

① 자갈   ② 모래
③ 실트   ④ 점토

동상현상
- 흙 속의 물이 얼어서 빙층(Ice lens)이 형성되기 때문에 지표면이 떠오르는 현상
- 동상현상이 가장 잘 일어날 수 있는 흙은 실트(Silt)

15 두께 5m의 점토층이 있다. 압축 전의 간극비가 1.32, 압축 후의 간극비가 1.10으로 되었다면 이 토층의 압밀침하량은 약 얼마인가?

① 68cm ② 58cm
③ 52cm ④ 47cm

해설

$\Delta H = \dfrac{e_1 - e_2}{1 + e_1} \cdot H$

$= \left(\dfrac{1.32 - 1.10}{1 + 1.32}\right) \times 500$

$= 47\text{cm}$

16 포화 점토지반에 대해 베인전단시험을 실시하였다. 베인의 직경은 6cm, 높이는 12cm, 흙이 전단 파괴될 때 작용시킨 회전모멘트는 180kg·cm일 경우 점착력(c_u)은?

① 0.13kg/cm² ② 0.23kg/cm²
③ 0.32kg/cm² ④ 0.42kg/cm²

해설

$c_u = \dfrac{M_{\max}}{\pi D^2 \left(\dfrac{H}{2} + \dfrac{D}{6}\right)} = \dfrac{180}{\pi \times 6^2 \left(\dfrac{12}{2} + \dfrac{6}{6}\right)} = 0.23\text{kg/cm}^2$

17 사면의 경사각을 70°로 굴착하고 있다. 흙의 점착력 1.5t/m², 단위체적중량을 1.8t/m³로 한다면, 이 사면의 한계고는?(단, 사면의 경사각이 70°일 때 안정계수는 4.8이다.)

① 2.0m ② 4.0m
③ 6.0m ④ 8.0m

해설

$H_c = \dfrac{c \cdot N_s}{\gamma} = \dfrac{1.5 \times 4.8}{1.8} = 4\text{m}$

18 Terzaghi의 극한 지지력 공식 $q_{ult} = \alpha c N_c + \beta B \gamma_1 N_\gamma + D_f \gamma_2 N_q$에 대한 설명으로 틀린 것은?

① N_c, N_γ, N_q는 지지력계수로서 흙의 점착력으로부터 정해진다.
② 식 중 α, β는 형상계수이며 기초의 모양에 따라 정해진다.
③ 연속기초에서 $\alpha = 1.0$이고, 원형 기초에서 $\alpha = 1.3$의 값을 가진다.
④ B는 기초 폭이고, D_f는 근입깊이다.

해설

N_c, N_r, N_q는 지지력계수로서 내부마찰력(ϕ)의 함수이다.

19 점착력이 큰 지반에 강성의 기초가 놓여 있을 때 기초바닥의 응력상태를 설명한 것 중 옳은 것은?

① 기초 밑 전체가 일정하다.
② 기초 중앙에서 최대응력이 발생한다.
③ 기초 모서리 부분에서 최대응력이 발생한다.
④ 점착력으로 인해 기초바닥에 응력이 발생하지 않는다.

해설

강성 기초의 접지압

점토지반	모래지반
기초 모서리에서 최대응력 발생	기초 중앙부에서 최대응력 발생

정답 15 ④ 16 ② 17 ② 18 ① 19 ③

20 간극률 50%, 비중 2.50인 흙에 있어서 한계동수경사는?

① 1.25
② 1.50
③ 0.50
④ 0.75

해설

한계동수경사$(i_c) = \dfrac{G_s - 1}{1 + e} = \dfrac{2.50 - 1}{1 + 1} = 0.75$

$\left(e = \dfrac{n}{1-n} = \dfrac{0.5}{1-0.5} = 1\right)$

2017년 토목기사 제4회 토질 및 기초 기출문제

01 기초폭 4m인 연속기초에서 기초면에 작용하는 합력의 연직성분은 10t이고 편심거리가 0.4m일 때, 기초지반에 작용하는 최대 압력은?

① $2t/m^2$ ② $4t/m^2$
③ $6t/m^2$ ④ $8t/m^2$

해설
연속기초의 편심하중
$$q_{max} = \frac{Q}{B}\left(1+\frac{6e}{B}\right) = \frac{10}{4}\left(1+\frac{6\times 0.4}{4}\right) = 4t/m^2$$

02 분사현상에 대한 안전율이 2.5 이상이 되기 위해서는 Δh를 최대 얼마 이하로 하여야 하는가?(단, 간극률(n)=50%)

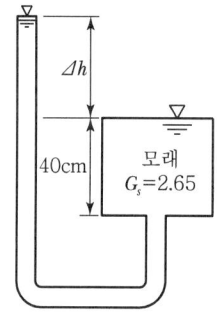

① 7.5cm   ② 8.9cm
③ 13.2cm   ④ 16.5cm

해설
㉠ $F_s = \dfrac{i_{cr}}{i} = 2.5$

㉡ $F_s = \dfrac{\dfrac{G_s-1}{1+e}}{\dfrac{h}{L}} = \dfrac{\dfrac{2.65-1}{1+1}}{\dfrac{h}{40}} = 2.5$

∴ $h = 13.2cm$

$\left(e = \dfrac{n}{1-n} = \dfrac{0.5}{1-0.5} = 1\right)$

03 10m 두께의 점토층이 10년 만에 90% 압밀이 된다면, 40m 두께의 동일한 점토층이 90% 압밀에 도달하는 데 소요되는 기간은?

① 16년   ② 80년
③ 160년   ④ 240년

해설
• $t = \dfrac{T_v \cdot H^2}{C_v}$, $t \propto H^2$
• $t_1 : H_1^2 = t_2 : H_2^2$
  $10 : 10^2 = t_2 : 40^2$
  ∴ $t_2 = \dfrac{10\times 40^2}{10^2} = 160$년

04 테르쟈기(Terzaghi)의 얕은 기초에 대한 지지력 공식 $q_u = \alpha c N_c + \beta \gamma_1 B N_\gamma + \gamma_2 D_f N_q$에 대한 설명으로 틀린 것은?

① 계수 α, β를 형상계수라 하며 기초의 모양에 따라 결정된다.
② 기초의 깊이 D_f가 클수록 극한 지지력도 이와 더불어 커진다고 볼 수 있다.
③ N_c, N_γ, N_q는 지지력계수라 하는데 내부마찰각과 점착력에 의해서 정해진다.
④ γ_1, γ_2는 흙의 단위 중량이며 지하수위 아래에서는 수중단위 중량을 써야 한다.

해설
지지력계수(N_c, N_r, N_q)는 내부마찰각(ϕ)에 의해 결정된다.

05 아래 그림과 같은 지표면에 2개의 집중하중이 작용하고 있다. 3t의 집중하중 작용점 하부 2m 지점 A에서의 연직하중의 증가량은 약 얼마인가?(단, 영향계수는 소수점 이하 넷째 자리까지 구하여 계산하시오.)

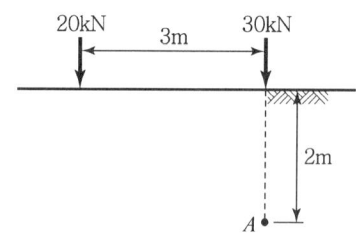

정답 01 ② 02 ③ 03 ③ 04 ③ 05 ①

① $0.37t/m^2$ ② $0.89t/m^2$
③ $1.42t/m^2$ ④ $1.94t/m^2$

해설

연직응력의 증가량 $(\Delta\sigma_Z) = \dfrac{Q}{Z^2}I_\sigma$

- $\Delta\sigma_Z(3t) + \Delta\sigma_Z(2t)$

$= \left(\dfrac{Q}{Z^2} \times \dfrac{3}{2\pi}\right) + \left(\dfrac{Q}{Z^2} \times \dfrac{3}{2\pi} \cdot \dfrac{Z^5}{R^5}\right)$

$= \left(\dfrac{3}{2^2} \times \dfrac{3}{2\pi}\right) + \left(\dfrac{2}{2^2} \times \dfrac{3}{2\pi} \cdot \dfrac{2^5}{3.6^5}\right) = 0.37t/m^2$

(여기서, $R = \sqrt{r^2 + Z^2} = \sqrt{3^2 + 2^2} = 3.6$)

06 다음 중 연약점토지반 개량공법이 아닌 것은?

① Preloading 공법
② Sand drain 공법
③ Paper drain 공법
④ Vibro floatation 공법

해설

바이브로 플로테이션 공법은 사질토 지반 개량공법이다.

07 간극비(e)와 간극률(n, %)의 관계를 옳게 나타낸 것은?

① $e = \dfrac{1-n/100}{n/100}$ ② $e = \dfrac{n/100}{1-n/100}$
③ $e = \dfrac{1+n/100}{n/100}$ ④ $e = \dfrac{1+n/100}{1-n/100}$

해설

$n = \dfrac{e}{1+e}$, $\therefore e = \dfrac{n}{1-n} = \dfrac{n/100}{1-n/100}$

08 옹벽배면의 지표면 경사가 수평이고, 옹벽배면 벽체의 기울기가 연직인 벽체에서 옹곽과 뒤채움 흙사이의 벽면마찰각(δ)을 무시할 경우, Rankine 토압과 Coulomb 토압의 크기를 비교하면?

① Rankine 토압이 Coulomb 토압보다 크다.
② Coulomb 토압이 Rankine 토압보다 크다.

③ Rankine 토압과 Coulomb 토압의 크기는 항상 같다.
④ 주동토압은 Rankine 토압이 더 크고, 수동토압은 Coulomb 토압이 더 크다.

해설

벽 마찰각(δ)을 무시하면 Rankine 토압과 Coulonb 토압의 크기는 항상 같다.

09 샘플러(Sampler)의 외경이 6cm, 내경이 5.5cm 일 때, 면적비(A_r)는?

① 8.3% ② 9.0%
③ 16% ④ 19%

해설

면적비$(A_r) = \dfrac{D_w^2 - D_e^2}{D_e^2} \times 100 = \dfrac{6^2 - 5.5^2}{5.5^2} \times 100 = 19\%$

10 아래 그림에서 투수계수 $K = 4.8 \times 10^{-3}$cm/sec 일 때 Darcy 유출속도(v)와 실제 물의 속도(침투속도, v_s)는?

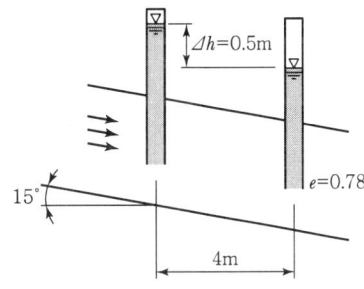

① $v = 3.4 \times 10^{-4}$cm/sec, $v_s = 5.6 \times 10^{-4}$cm/sec
② $v = 3.4 \times 10^{-4}$cm/sec, $v_s = 9.4 \times 10^{-4}$cm/sec
③ $v = 5.8 \times 10^{-4}$cm/sec, $v_s = 10.8 \times 10^{-4}$cm/sec
④ $v = 5.8 \times 10^{-4}$cm/sec, $v_s = 13.2 \times 10^{-4}$cm/sec

해설

㉠ 유출속도$(v) = k \cdot i = k \cdot \dfrac{h}{L} = (4.8 \times 10^{-3}) \times \dfrac{0.5}{4.14}$

$= 5.8 \times 10^{-4}$cm/sec

$\left(\text{여기서}, \cos 15° = \dfrac{4}{L}, \therefore L = \dfrac{4}{\cos 15°} = 4.14\right)$

정답 06 ④ 07 ② 08 ③ 09 ④ 10 ④

㉡ 침투속도(v_s) = $\dfrac{1}{n} \times V = \dfrac{1}{0.438} \times (5.8 \times 10^{-4})$
　　　　　　　= $1.32 \times 10^{-3} = 13.2 \times 10^{-4}$ cm/sec

$\left(\text{여기서, } n = \dfrac{e}{1-e} = \dfrac{0.78}{1-0.78} = 0.438\right)$

11 수직방향의 투수계수가 4.5×10^{-8} m/sec이고, 수평방향의 투수계수가 1.6×10^{-8} m/sec인 균질하고 비등방(非等方)인 흙댐의 유선망을 그린 결과 유로(流路) 수가 4개이고 등수두선의 간격 수가 18개이었다. 단위길이(m)당 침투수량은?(단, 댐 상하류의 수면의 차는 18m이다.)

① 1.1×10^{-7} m³/sec
② 2.3×10^{-7} m³/sec
③ 2.3×10^{-8} m³/sec
④ 1.5×10^{-8} m³/sec

[해설]

침투수량(Q) = $k \cdot H \cdot \dfrac{N_f}{N_d}$

= $(\sqrt{k_H \cdot k_V}) \times H \times \dfrac{N_f}{N_d}$

= $\sqrt{(4.5 \times 10^{-8}) \times (1.6 \times 10^{-8})} \times 18 \times \dfrac{4}{18}$

= 1.1×10^{-7} m³/sec

12 사면안정 해석방법에 대한 설명으로 틀린 것은?

① 일체법은 활동면 위에 있는 흙덩어리를 하나의 물체로 보고 해석하는 방법이다.
② 절편법은 활동면 위에 있는 흙을 몇 개의 절편으로 분할하여 해석하는 방법이다.
③ 마찰원방법은 점착력과 마찰각을 동시에 갖고 있는 균질한 지반에 적용된다.
④ 절편법은 흙이 균질하지 않아도 적용이 가능하지만, 흙속에 간극수압이 있을 경우 적용이 불가능하다.

[해설]
절편법
㉠ 이질토층 및 지하수위가 있는 경우 적용 가능

㉡ 절편법
　• Fellenius 방법 : 간극수압을 고려하지 않음
　• Bishop 방법 : 간극수압 고려

13 흙의 다짐에 대한 설명으로 틀린 것은?

① 조립토는 세립토보다 최대 건조단위중량이 커진다.
② 습윤 측 다짐을 하면 흙 구조가 면모구조가 된다.
③ 최적 함수비로 다질 때 최대 건조단위중량이 된다.
④ 동일한 다짐에너지에 대해서는 건조 측이 습윤 측보다 더 큰 강도를 보인다.

[해설]
건조 측에서 다지면 면모구조, 습윤 측에서 다지면 이산구조가 된다.

14 다음 중 시료채취에 대한 설명으로 틀린 것은?

① 오거보링(Auger Boring)은 흐트러지지 않은 시료를 채취하는 데 적합하다.
② 교란된 흙은 자연상태의 흙보다 전단강도가 작다.
③ 액성한계 및 소성한계 시험에서는 교란시료를 사용하여도 괜찮다.
④ 입도분석시험에서는 교란시료를 사용하여도 괜찮다.

[해설]
오거보링은 교란(흐트러진) 시료를 채취하는 데 적합하다.

15 성토나 기초지반에 있어 특히 점성토의 압밀 완료 후 추가 성토 시 단기 안정문제를 검토하고자 하는 경우 적용되는 시험법은?

① 비압밀 비배수시험
② 압밀 비배수시험
③ 압밀 배수시험
④ 일축압축시험

[해설]
• 비압밀 및 비배수시험(UU) : 점토지반의 단기간 안정검토
• 압밀 배수시험(CD) : 점토지반의 장기간 안정검토
• 압밀 비배수시험(CU) : 압밀 완료 후 단기간 안정검토

정답　11 ①　12 ④　13 ②　14 ①　15 ②

16 어떤 굳은 점토층을 깊이 7m까지 연직 절토하였다. 이 점토층의 일축압축강도가 1.4kg/cm^2, 흙의 단위중량이 2t/m^3라 하면 파괴에 대한 안전율은? (단, 내부마찰각은 30°)

① 0.5
② 1.0
③ 1.5
④ 2.0

해설

- 안전율$(F_s) = \dfrac{H_c}{H}$

- 한계고$(H_c) = 2Z_c = 2\dfrac{2c}{\gamma}\tan\left(45° + \dfrac{\phi}{2}\right) = \dfrac{2q_u}{\gamma_t} = \dfrac{2 \times 14}{2}$
  $= 14\text{m}$

(여기서 $q_u = 1.4\text{kg/cm}^2 = 14\text{t/m}^2$)

∴ 안전율$(F_s) = \dfrac{14}{7} = 2$

17 도로 연장 3km 건설 구간에서 7개 지점의 시료를 채취하여 다음과 같은 CBR을 구하였다. 이때의 설계 CBR은 얼마인가?

- 7개의 CBR : 5.3, 5.7, 7.6, 8.7, 7.4, 8.6, 7.2

[설계 CBR 계산용 계수]

개수 (n)	2	3	4	5	6	7	8	9	10 이상
d_2	1.41	1.91	2.24	2.48	2.67	2.83	2.96	3.08	3.18

① 4
② 5
③ 6
④ 7

해설

설계 CBR = 평균 CBR $- \dfrac{\text{최대 CBR} - \text{최소 CBR}}{d_2}$
$= 7.21 - \left(\dfrac{8.7 - 5.3}{2.83}\right) = 6$

18 자연상태의 모래지반을 다져 $e_{\min}$에 이르도록 했다면 이 지반의 상대밀도는?

① 0%
② 50%
③ 75%
④ 100%

해설

상대밀도$(D_r) = \dfrac{e_{\max} - e}{e_{\max} - e_{\min}} \times 100$ (여기서, $e \to e_{\min}$)
$= \left(\dfrac{e_{\max} - e_{\min}}{e_{\max} - e_{\min}}\right) \times 100 = 100\%$

19 어떤 지반의 미소한 흙요소에 최대 및 최소 주응력이 각각 1kg/cm^2 및 0.6kg/cm^2일 때, 최소주응력면과 60°를 이루는 면 상의 전단응력은?

① 0.10kg/cm^2
② 0.17kg/cm^2
③ 0.20kg/cm^2
④ 0.27kg/cm^2

해설

전단응력$(\tau) = \dfrac{\sigma_1 - \sigma_3}{2}\sin 2\theta = \dfrac{1 - 0.6}{2}\sin(2 \times 30°)$
$= 0.17\text{kg/cm}^2$

(θ : 최대 주응력면과 파괴면이 이루는 각으로, $\theta + \theta' = 90°$, $\theta = 90° - \theta' = 90° - 60° = 30°$)

20 Sand drain 공법의 지배 영역에 관한 Barron의 정사각형 배치에서 사주(Sand pile)의 간격을 d, 유효원의 지름을 d_e라 할 때 d_e를 구하는 식으로 옳은 것은?

① $d_e = 1.13d$
② $d_e = 1.05d$
③ $d_e = 1.03d$
④ $d_e = 1.50d$

해설

유효직경(d_e)

정삼각형 배치	정사각형 배치
유효직경$(d_e) = 1.05s$	유효직경$(d_e) = 1.13s$

정답 16 ④ 17 ③ 18 ④ 19 ② 20 ①

2017년 토목산업기사 제4회 토질 및 기초 기출문제

01 미세한 모래와 실트가 작은 아치를 형성한 고리 모양의 구조로서 간극비가 크고, 보통의 정적 하중을 지탱할 수 있으나 무거운 하중 또는 충격하중을 받으면 흙구조가 부서지고 큰 침하가 발생되는 흙의 구조는?

① 면모구조
② 벌집구조
③ 분산구조
④ 단립구조

[해설]
벌집(봉소) 구조
㉠ 미세한 모래와 실트가 작은 아치를 형성한 고리 모양의 구조
㉡ 간극비가 크고 충격에 약함

02 다음의 토질시험 중 투수계수를 구하는 시험이 아닌 것은?

① 다짐시험
② 변수두 투수시험
③ 압밀시험
④ 정수두 투수시험

[해설]
투수계수(k) 측정
㉠ 정수위 투수시험(조립토에 적용)
㉡ 변수위 투수시험(세립토에 적용)
㉢ 압밀시험(불투수성 흙에 적용)

03 압밀에 걸리는 시간을 구하는 데 관계가 없는 것은?

① 배수층의 길이
② 압밀계수
③ 유효응력
④ 시간계수

[해설]
$t = \dfrac{T_v \cdot H^2}{C_v}$ (T_v : 시간계수, H : 배수거리, C_v : 압밀계수)

04 다음 중 얕은 기초는?

① Footing 기초
② 말뚝 기초
③ Caisson 기초
④ Pier 기초

[해설]
깊은 기초
㉠ 말뚝기초
㉡ 피어기초
㉢ 케이슨기초

05 유선망을 작도하는 주된 목적은?

① 침하량의 결정
② 전단강도의 결정
③ 침투수량의 결정
④ 지지력의 결정

[해설]
유선망 작도 목적
㉠ 침투수량 결정, ㉡ 간극수압 결정, ㉢ 동수경사 결정

06 절편법에 의한 사면의 안정 해석 시 가장 먼저 결정되어야 할 사항은?

① 가상활동면
② 절편의 중량
③ 활동면 상의 점착력
④ 활동면 상의 내부마찰각

[해설]
절편법(분할법)에 의한 사면 안정 해석 시 가장 먼저 고려해야 할 사항은 가상활동면의 결정이다.

07 다음 중 지지력이 약한 지반에서 가장 적합한 기초형식은?

① 독립확대기초
② 전면기초
③ 복합확대기초
④ 연속확대기초

[해설]
전면(mat)기초
㉠ 건물의 전체를 한 장의 슬래브로 지지한 기초
㉡ 지지력이 가장 약한 지반에 적합

정답 01 ② 02 ① 03 ③ 04 ① 05 ③ 06 ① 07 ②

08 랭킨 토압론의 가정으로 틀린 것은?

① 흙은 비압축성이고 균질이다.
② 지표면은 무한히 넓다.
③ 흙은 입자 간의 마찰에 의하여 평형조건을 유지한다.
④ 토압은 지표면에 수직으로 작용한다.

[해설]
토압은 지표면에 평행하게 작용한다.

09 점토 지반에서 직경 30cm의 평판재하시험 결과 30t/m²의 압력이 작용할 때 침하량이 5mm라면, 직경 1.5m의 실제 기초에 30t/m²의 하중이 작용할 때 침하량의 크기는?

① 2mm   ② 5mm
③ 14mm   ④ 25mm

[해설]
점토 지반에서 침하량은 재하판 폭에 비례
$0.3m : 5mm = 1.5m : x$
∴ $x = 25mm$

10 흙을 다지면 기대되는 효과로 거리가 먼 것은?

① 강도 증가   ② 투수성 감소
③ 과도한 침하 방지 ④ 함수비 감소

[해설]
흙의 다짐효과
• 투수성 감소
• 압축성 감소
• 흡수성 감소
• 전단강도 및 지지력 증가
• 부착력 및 밀도 증가

11 흙의 일축압축시험에 관한 설명 중 틀린 것은?

① 내부 마찰각이 적은 점토질의 흙에 주로 적용된다.
② 축방향으로만 압축하여 흙을 파괴시키는 것이므로 $\sigma_3 = 0$일 때의 삼축압축시험이라고 할 수 있다.
③ 압밀비배수(CU)시험 조건이므로 시험이 비교적 간단하다.
④ 흙의 내부마찰각 ϕ는 공시체 파괴면과 최대 주응력면 사이에 이루는 각 θ를 측정하여 구한다.

[해설]
일축압축시험은 전단 시 배수조건을 조절할 수 없으므로 항상 비압밀 비배수(UU) 조건에서만 적용 가능하다.

12 다음 그림에서 점토 중앙 단면에 작용하는 유효압력은?

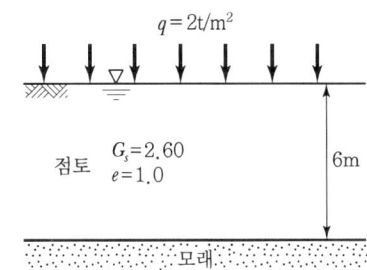

① 1.2t/m²   ② 2.5t/m²
③ 2.8t/m²   ④ 4.4t/m²

[해설]
중앙 단면에 작용하는 유효압력
$\sigma' = \gamma_{sub} \cdot z + q$
$= \left(\dfrac{G_s - 1}{1 + e}\gamma_w\right) \times z + q = \left(\dfrac{2.60 - 1}{1 + 1} \times 1\right) \times \dfrac{6}{2} + 2$
$= 4.4 t/m^2$

13 얕은 기초의 근입심도를 깊게 하면 일반적으로 기초지반의 지지력은?

① 증가한다.
② 감소한다.
③ 변화가 없다.
④ 증가할 수도 있고, 감소할 수도 있다.

[해설]
근입심도(D_f)가 깊으면 기초 지반의 지지력은 증가한다.

정답 08 ④ 09 ④ 10 ④ 11 ③ 12 ④ 13 ①

14 전단시험법 중 간극수압을 측정하여 유효응력으로 정리하면 압밀배수시험(CD-test)과 거의 같은 전단상수를 얻을 수 있는 시험법은?

① 비압밀 비배수시험(UU-test)
② 직접전단시험
③ 압밀 비배수시험(CU-test)
④ 일축압축시험(q_u-test)

[해설]
간극수압을 측정한 압밀 비배수시험

시험방법	특징
간극수압의 측정결과를 이용하여 유효응력으로 강도정수(c', ϕ')를 구함	㉠ 전단시험 시간의 절약을 위해 CU-test에서 전단 파괴 시 시료의 간극수압을 측정한다. ㉡ 전단 파괴 시 시료에 가한 전응력을 유효응력으로 환산하면 CD-test의 효과를 얻을 수 있다.

15 그림과 같은 지반에서 깊이 5m 지점에서의 전단강도는?(단, 내부마찰각은 35°, 점착력은 0이다.)

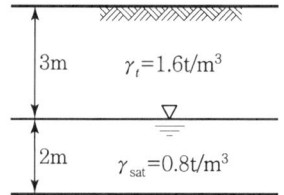

① 3.2t/m²
② 3.8t/m²
③ 4.5t/m²
④ 6.3t/m²

[해설]
깊이 5m 지점에서의 전단강도(S, τ_f)
$S(\tau_f) = c + \sigma'\tan\phi$
㉠ $c = 0$
㉡ 깊이 5m에서의 유효응력(σ')
$\sigma' = (1.6 \times 3) + (0.8 \times 2) = 6.4$
∴ $S(\tau_f) = c + \sigma'\tan\phi$
$= 0 + 6.4\tan35° = 4.5\text{t/m}^2$

16 흙의 다짐에 대한 설명으로 틀린 것은?

① 사질토의 최대 건조단위중량은 점성토의 최대 건조단위중량보다 크다.
② 점성토의 최적함수비는 사질토의 최적함수비보다 크다.
③ 영공기 간극곡선은 다짐곡선과 교차할 수 없고, 항상 다짐곡선의 우측에만 위치한다.
④ 유기질 성분을 많이 포함할수록 흙의 최대 건조단위중량과 최적함수비는 감소한다.

[해설]
유기질 성분을 많이 포함할수록 $\gamma_{d\max}$(최대 건조단위중량)는 증가하고 OMC(최적함수비)는 감소한다.

17 어떤 흙의 습윤단위중량(γ_t)은 2.0t/m³이고, 함수비는 18%이다. 이 흙의 건조단위중량(γ_d)은?

① 1.61t/m³
② 1.69t/m³
③ 1.75t/m³
④ 1.84t/m³

[해설]
$\gamma_d = \dfrac{\gamma_t}{1+\omega} = \dfrac{2.0}{1+0.18} = 1.69\text{t/m}^3$

18 동수경사(i)의 차원은?

① 무차원이다.
② 길이의 차원을 갖는다.
③ 속도의 차원을 갖는다.
④ 면적과 같은 차원이다.

[해설]
동수경사(i) = $\dfrac{h}{L}$ (차원은 무차원)

19 Rod에 붙인 어떤 저항체를 지중에 넣어 타격관입, 인발 및 회전할 때의 저항으로 흙의 전단강도 등을 측정하는 원위치 시험을 무엇이라 하는가?

① 보링(Boring)
② 사운딩(Sounding)
③ 시료채취(Sampling)
④ 비파괴 시험(NDT)

해설
사운딩

개요	사운딩
Rod 끝에 설치한 저항체를 지중에 삽입하여 관입, 회전, 인발 등의 저항으로 토층의 물리적 성질과 상태를 탐사하는 것	㉠ 정적 사운딩 ㉡ 동적 사운딩

20 다음 시험 중 흐트러진 시료를 이용한 시험은?

① 전단강도시험
② 압밀시험
③ 투수시험
④ 애터버그 한계시험

해설
흙의 애터버그 한계는 함수비로 표시하며, 흐트러진 시료를 이용한다.

정답 19 ② 20 ④

2018년 토목기사 제1회 토질 및 기초 기출문제

01 어떤 흙에 대해서 일축압축시험을 한 결과 일축압축 강도가 1.0kg/cm^2이고 이 시료의 파괴면과 수평면이 이루는 각이 $50°$일 때 이 흙의 점착력(c_u)과 내부 마찰각(ϕ)은?

① $c_u = 0.60\text{kg/cm}^2$, $\phi = 10°$
② $c_u = 0.42\text{kg/cm}^2$, $\phi = 50°$
③ $c_u = 0.60\text{kg/cm}^2$, $\phi = 50°$
④ $c_u = 0.42\text{kg/cm}^2$, $\phi = 10°$

[해설]

- $\theta = 45° + \dfrac{\phi}{2}$, $50° = 45° + \dfrac{\phi}{2}$

  $\therefore \phi = 10°$

- $q_u = 2c\tan\left(45° + \dfrac{\phi}{2}\right)$, $1 = 2c\tan\left(45° + \dfrac{10°}{2}\right)$

  $\therefore c = 0.42\text{kg/cm}^2$

02 피조콘(piezocone) 시험의 목적이 아닌 것은?

① 지층의 연속적인 조사를 통하여 지층 분류 및 지층 변화 분석
② 연속적인 원지반 전단강도의 추이 분석
③ 중간 점토 내 분포한 sand seam 유무 및 발달 정도 확인
④ 불교란 시료 채취

[해설]

- 콘 관입시험은 지반의 공학적 성질을 추정하는 원위치시험이다.
- 피조콘 관입시험은 종래에는 할 수 없었던 흙의 투수성이나 압밀특성 등의 추정과 관입 저항치의 유효응력까지도 추정할 수 있다.

03 포화된 지반의 간극비를 e, 함수비를 ω, 간극률을 n, 비중을 G_s라 할 때 다음 중 한계 동수 경사를 나타내는 식으로 적절한 것은?

① $\dfrac{G_s + 1}{1 + e}$
② $\dfrac{e - w}{w(1 + e)}$
③ $(1 + n)(G_s - 1)$
④ $\dfrac{G_s(1 - w + e)}{(1 + G_s)(1 + e)}$

[해설]

i_c(한계동수경사) $= \dfrac{\gamma_{sub}}{\gamma_w} = \dfrac{G_s - 1}{1 + e} = \dfrac{\dfrac{Se}{\omega} - 1}{1 + e} = \dfrac{Se - \omega}{(1 + e)\omega}$

$\left(G_s\omega = Se,\ G_s = \dfrac{Se}{\omega}\right)$

$\therefore S = 1,\ i_c = \dfrac{e - \omega}{(1 + e)\omega}$

04 다음 중 투수계수를 좌우하는 요인이 아닌 것은?

① 토립자의 비중
② 토립자의 크기
③ 포화도
④ 간극의 형상과 배열

[해설]

$K \propto$ 직경 $\propto \gamma_w \propto$ 간극비 $\propto \dfrac{1}{\mu(\text{점성계수})}$

05 어떤 점토의 압밀계수는 $1.92 \times 10^{-3} \text{cm}^2/\text{sec}$, 압축계수는 $2.86 \times 10^{-2} \text{cm}^2/\text{g}$이었다. 이 점토의 투수계수는?(단, 이 점토의 초기간극비는 0.8이다.)

① $1.05 \times 10^{-5} \text{cm/sec}$
② $2.05 \times 10^{-5} \text{cm/sec}$
③ $3.05 \times 10^{-5} \text{cm/sec}$
④ $4.05 \times 10^{-5} \text{cm/sec}$

[해설]

$K = C_v \cdot m_v \cdot \gamma_w$

$= C_v \cdot \dfrac{a_v}{1 + e_1} \cdot \gamma_w = 1.92 \times 10^{-3} \times \left(\dfrac{2.86 \times 10^{-2}}{1 + 0.8}\right) \times 1$

$= 3.05 \times 10^{-5} \text{cm/sec}$

06 반무한지반의 지표상에 무한길이의 선하중 q_1, q_2가 다음의 그림과 같이 작용할 때 A점에서의 연직응력 증가는?

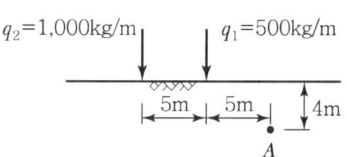

① 3.03kg/m^2
② 12.12kg/m^2
③ 15.15kg/m^2
④ 18.18kg/m^2

정답 01 ④ 02 ④ 03 ② 04 ① 05 ③ 06 ③

해설
반무한지반에서 선하중 작용 시 응력 증가량

$$\Delta\sigma_z = \frac{2qz^3}{\pi(x^2+z^2)^2}$$

- $q_1 = 500\text{kg/m} = 0.5\text{t/m}$

$$\Delta\sigma_{z_1} = \frac{2\times 0.5\times 4^3}{\pi(5^2+4^2)^2} = 0.012\text{t/m}^2$$

- $q_2 = 1,000\text{kg/m} = 1\text{t/m}$

$$\Delta\sigma_{z_2} = \frac{2\times 1\times 4^3}{\pi(10^2+4^2)^2} = 0.003\text{t/m}^2$$

∴ $\Delta\sigma_z = \Delta\sigma_{z_1} + \Delta\sigma_{z_2} = 0.012 + 0.003 = 0.015\text{t/m}^2$
$= 15\text{kg/m}^2$

07 크기가 30cm×30cm인 평판을 이용하여 사질토 위에서 평판재하시험을 실시하고 극한 지지력 20t/m²를 얻었다. 크기가 1.8m×1.8m인 정사각형기초의 총허용하중은 약 얼마인가?(단, 안전율 3을 사용한다.)

① 22ton
② 66ton
③ 130ton
④ 150ton

해설
$F_s = \dfrac{Q_u}{Q_a}$, Q_a(허용하중)$= \dfrac{Q_u}{F_s}$

- $Q_u(t) = q_u(\text{t/m}^2) \times A$
- q_u
  $0.3 : 20 = 1.8 \times q_u$, $q_u = 120\text{t/m}^2$
  ∴ $Q_u = q_u(120) \times A(1.8\times 1.8) = 388.8\text{t}$

허용하중 $Q_a = \dfrac{Q_u}{F_s} = \dfrac{388.8}{3} = 129.6\text{t}$

08 $\gamma_{sat} = 2.0\text{t/m}^3$인 사질토가 20°로 경사진 무한사면이 있다. 지하수위가 지표면과 일치하는 경우 이 사면의 안전율이 1 이상이 되기 위해서는 흙의 내부마찰각이 최소 몇 도 이상이어야 하는가?

① 18.21°
② 20.52°
③ 36.06°
④ 45.47°

해설
무한사면($C=0$)
$F_s = \dfrac{\gamma_{sub}}{\gamma_{sat}} \cdot \dfrac{\tan\phi}{\tan i} \geq 1$ ∴ $\dfrac{1}{2} \cdot \dfrac{\tan\phi}{\tan 20°} = 1$
내부마찰각 $\phi = 36.05°$

09 깊은 기초의 지지력 평가에 관한 설명으로 틀린 것은?

① 현장 타설 콘크리트 말뚝 기초는 동역학적 방법으로 지지력을 추정한다.
② 말뚝 항타분석기(PDA)는 말뚝의 응력분포, 경시 효과 및 해머 효율을 파악할 수 있다.
③ 정역학적 지지력 추정방법은 논리적으로 타당하나 강도정수를 추정하는 데 한계성을 내포하고 있다.
④ 동역학적 방법은 항타장비, 말뚝과 지반조건이 고려된 방법으로 해머 효율의 측정이 필요하다.

해설
지지력 평가

- 정역학적 방법 : 점성토지반(현장 타설 콘크리트 말뚝 지지력 산정)
- 동역학적 방법 : 사질토지반

10 Terzaghi의 극한지지력 공식에 대한 설명으로 틀린 것은?

① 기초의 형상에 따라 형상계수를 고려하고 있다.
② 지지력계수 N_c, N_q, N_γ는 내부마찰각에 의해 결정된다.
③ 점성토에서의 극한지지력은 기초의 근입깊이가 깊어지면 증가된다.
④ 극한지지력은 기초의 폭에 관계없이 기초 하부의 흙에 의해 결정된다.

해설
- $q_{ult} = \alpha N_c C + \beta \gamma_1 N_r B + \gamma_2 N_q D_f$
- 극한지지력(q_{ult})은 기초의 폭(B)과 관계가 있다.

정답 07 ③ 08 ③ 09 ① 10 ④

11 흙의 다짐시험에서 다짐에너지를 증가시킬 때 일어나는 결과는?

① 최적함수비는 증가하고, 최대 건조단위중량은 감소한다.
② 최적함수비는 감소하고, 최대 건조단위중량은 증가한다.
③ 최적함수비와 최대 건조단위중량이 모두 감소한다.
④ 최적함수비와 최대 건조단위중량이 모두 증가한다.

[해설]
다짐에너지를 증가시키면 OMC(최적함수비)는 감소하고 γ_{dmax}(최대 건조단위중량)는 증가한다.

12 유선망(Flow Net)의 성질에 대한 설명으로 틀린 것은?

① 유선과 등수두선은 직교한다.
② 동수경사(i)는 등수두선의 폭에 비례한다.
③ 유선망으로 되는 사각형은 이론상 정사각형이다.
④ 인접한 두 유선 사이, 즉 유로를 흐르는 침투수량은 동일하다.

[해설]
$V = Ki = K \cdot \dfrac{\Delta L}{L}$ ∴ i(동수경사) $\propto \dfrac{1}{L(\text{폭})}$

13 다음 그림에서 토압계수 $K = 0.5$일 때의 응력경로는 어느 것인가?

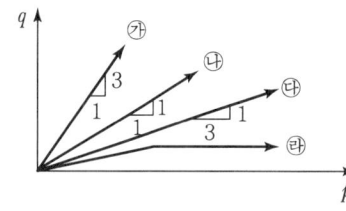

① ㉮
② ㉯
③ ㉰
④ ㉱

[해설]
응력경로(응력비) $= \dfrac{1-K}{1+K} = \dfrac{1-0.5}{1+0.5} = \dfrac{1}{3}$

14 다음 중 부마찰력이 발생할 수 있는 경우가 아닌 것은?

① 매립된 생활쓰레기 중에 시공된 관 측정
② 붕적토에 시공된 말뚝 기초
③ 성토한 연약점토지반에 시공된 말뚝 기초
④ 다짐된 사질지반에 시공된 말뚝 기초

[해설]
부마찰력
연약지반에 말뚝을 박으면 아래로 작용하는 말뚝의 주면 마찰력

15 흙 시료의 전단파괴면을 미리 정해놓고 흙의 강도를 구하는 시험은?

① 직접전단시험
② 평판재하시험
③ 일축압축시험
④ 삼축압축시험

[해설]
• 직접전단시험(전단파괴면을 미리 정함)
• 수직응력(σ) $= \dfrac{P}{A}$, 전단응력(τ) $= \dfrac{S}{A}$

16 4.75mm체(4번 체) 통과율이 90%이고, 0.075mm체(200번 체) 통과율이 4%, $D_{10} = 0.25$mm, $D_{30} = 0.6$mm, $D_{60} = 2$mm인 흙을 통일분류법으로 분류하면?

① GW
② GP
③ SW
④ SP

[해설]
• 0.075mm(No.200체) 통과율 4% → 조립토
• 4.75mm(No.4체) 통과율 90% → S
• $C_u = \dfrac{D_{60}}{D_{10}} = \dfrac{2}{0.25} = 8$
• $C_g = \dfrac{D_{30}^{\;2}}{D_{10} \cdot D_{60}} = \dfrac{0.6^2}{0.25 \times 2} = 0.72$
• W(양입도) 조건
  모래 : $C_u > 6$ and $1 < C_g < 3$
따라서, 통일분류법으로 분류하면 SP이다.

정답 11 ② 12 ② 13 ③ 14 ④ 15 ① 16 ④

17 표준관입 시험에서 N치가 20으로 측정되는 모래 지반에 대한 설명으로 옳은 것은?

① 내부마찰각이 약 30°~40° 정도인 모래이다.
② 유효상재하중이 20t/m²인 모래이다.
③ 간극비가 1.2인 모래이다.
④ 매우 느슨한 상태이다.

[해설]
- 사질토에서 N치 중간 : 10~30
- $\phi = \sqrt{12N} + 25 = 40.5°$, $\phi = \sqrt{12N} + 15 = 30.5°$
∴ 내부마찰각이 약 30°~40° 정도인 모래이다.

18 그림과 같은 지반에서 하중으로 인하여 수직응력($\Delta\sigma_1$)이 1.0kg/cm² 증가되고 수평응력($\Delta\sigma_3$)이 0.5kg/cm² 증가되었다면 간극수압은 얼마나 증가되었는가?(단, 간극수압계수 $A = 0.5$이고 $B = 1$이다.)

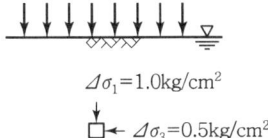

① 0.50kg/cm²
② 0.75kg/cm²
③ 1.00kg/cm²
④ 1.25kg/cm²

[해설]
3축 압축 시 과잉간극수압(포화)
$\Delta u = B[\Delta\sigma_3 + A(\Delta\sigma_1 - \Delta\sigma_3)]$
$= 1[0.5 + 0.5(1 - 0.5)] = 0.75$kg/cm²

19 다음 그림과 같은 폭(B) 1.2m, 길이(L) 1.5m인 사각형 얕은 기초에 폭(B) 방향에 대한 편심이 작용하는 경우 지반에 작용하는 최대 압축응력은?

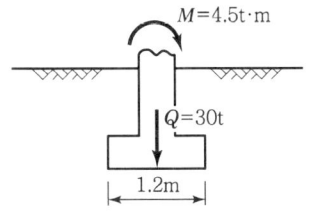

① 29.2t/m²
② 38.5t/m²
③ 39.7t/m²
④ 41.5t/m²

[해설]
$\sigma_{max} = \dfrac{Q}{A}\left(1 + \dfrac{6e}{B}\right) = \dfrac{30}{1.2 \times 1.5}\left(1 + \dfrac{6 \times 0.15}{1.2}\right) = 29.2$t/m²

$(M = Q \cdot e,\ e = \dfrac{M}{Q} = \dfrac{4.5}{30} = 0.15m)$

20 그림과 같이 옹벽 배면의 지표면에 등분포하중이 작용할 때, 옹벽에 작용하는 전체 주동토압의 합력(P_a)과 옹벽 저면으로부터 합력의 작용점까지의 높이(h)는?

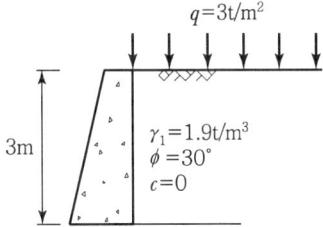

① $P_a = 2.85$t/m, $h = 1.26$m
② $P_a = 2.85$t/m, $h = 1.38$m
③ $P_a = 5.85$t/m, $h = 1.26$m
④ $P_a = 5.85$t/m, $h = 1.38$m

[해설]
옹벽 저면으로부터 합력의 작용점까지의 높이(h)

$h = \dfrac{P_{a_1} \times \dfrac{H}{2} + P_{a_2} \times \dfrac{H}{3}}{P_a}$

- $P_{a_1} = qK_aH = 3 \times 0.333 \times 3 = 2.997$
- $P_{a_2} = \dfrac{1}{2}\gamma_1 H^2 K_a = \dfrac{1}{2} \times 1.9 \times 3^2 \times 0.333 = 2.84715$

$\left[K_a = \tan^2\left(45° - \dfrac{\phi}{2}\right) = \tan^2\left(45° - \dfrac{30°}{2}\right) = 0.333\right]$

∴ 전 주동토압의 합력(P_a)
$P_a = P_{a_1} + P_{a_2} = 2.997 + 2.84715 = 5.85$t/m

따라서 합력의 작용점까지 높이(h)

$h = \dfrac{P_{a_1} \times \dfrac{H}{2} + P_{a_2} \times \dfrac{H}{3}}{P_a} = \dfrac{\left(2.997 \times \dfrac{3}{2}\right) + \left(2.84715 \times \dfrac{3}{3}\right)}{5.85}$
$= 1.26$m

정답 17 ① 18 ② 19 ① 20 ③

2018년 토목산업기사 제1회 토질 및 기초 기출문제

01 어느 흙의 지하수면 아래의 흙의 단위중량이 $1.94g/cm^3$이었다. 이 흙의 간극비가 0.84일 때 이 흙의 비중을 구하면?

① 1.65
② 2.65
③ 2.73
④ 3.73

[해설]

$$\gamma_t = \frac{G_s + Se}{1+e} \gamma_w$$

$$1.94 = \frac{G_s + (1 \times 0.84)}{1 + 0.84} \times 1$$

∴ 비중$(G_s) = 2.73$

02 응력경로(stress path)에 대한 설명으로 틀린 것은?

① 응력경로를 이용하면 시료가 받는 응력의 변화과정을 연속적으로 파악할 수 있다.
② 응력경로에는 전응력으로 나타내는 전응력경로와 유효응력으로 나타내는 유효응력경로가 있다.
③ 응력경로는 Mohr의 응력원에서 전단응력이 최대인 점을 연결하여 구한다.
④ 시료가 받는 응력상태를 응력경로로 나타내면 항상 직선으로 나타난다.

[해설]
일반적으로 실제유효응력 경로는 곡선이며 직선인 경우는 드물다.

03 지하수위가 지표면과 일치되며 내부마찰각이 30°, 포화단위중량(γ_{sat})이 $2.0t/m^3$이고, 점착력이 0인 사질토로 된 반무한사면이 15°로 경사져 있다. 이때 이 사면의 안전율은?

① 1.00
② 1.08
③ 2.00
④ 2.15

[해설]

$$F_s = \frac{\gamma_{sub}}{\gamma_{sat}} \times \frac{\tan\phi}{\tan i} = \frac{2-1}{2} \times \frac{\tan 30°}{\tan 15°} = 1.08$$

04 점성토의 전단특성에 관한 설명 중 옳지 않은 것은?

① 일축압축시험 시 peak점이 생기지 않을 경우는 변형률 15%일 때를 기준으로 한다.
② 재성형한 시료를 함수비의 변화 없이 그대로 방치하면 시간이 경과되면서 강도가 일부 회복되는 현상을 액상화현상이라 한다.
③ 전단조건(압밀상태, 배수조건 등)에 따라 강도정수가 달라진다.
④ 포화점토에 있어서 비압밀 비배수 시험의 결과 전단강도는 구속압력의 크기에 관계없이 일정하다.

[해설]
점토는 되이김하면 전단강도가 현저히 감소되는데, 시간이 경과함에 따라 그 강도의 일부를 다시 찾게 되는 현상을 틱소트로피 현상이라 한다.

05 흙의 다짐에너지에 관한 설명으로 틀린 것은?

① 다짐에너지는 래머(rammer)의 중량에 비례한다.
② 다짐에너지는 래머(rammer)의 낙하고에 비례한다.
③ 다짐에너지는 시료의 체적에 비례한다.
④ 다짐에너지는 타격수에 비례한다.

[해설]
다짐에너지는 시료의 체적에 반비례한다.

06 흙 속으로 물이 흐를 때, Darcy 법칙에 의한 유속(v)과 실제유속(v_s) 사이의 관계로 옳은 것은?

① $v_s < v$
② $v_s > v$
③ $v_s = v$
④ $v_s = 2v$

[해설]

실제침투유속$(V_s) = \dfrac{V}{n}$

∴ $V_s > V$(실제침투유속이 평균유속보다 크다.)

정답 01 ③ 02 ④ 03 ② 04 ② 05 ③ 06 ②

07 10m×10m인 정사각형 기초 위에 6t/m²의 등분포하중이 작용하는 경우 지표면 아래 10m에서의 수직응력을 2 : 1 분포법으로 구하면?

① 1.2t/m² ② 1.5t/m²
③ 1.88t/m² ④ 2.11t/m²

해설
$$\Delta\sigma_z = \frac{qBL}{(B+Z)(L+Z)} = \frac{6\times10\times10}{(10+10)(10+10)} = 1.5\text{t/m}^2$$

08 유선망(流線網)에서 사용되는 용어를 설명한 것으로 틀린 것은?

① 유선 : 흙 속에서 물입자가 움직이는 경로
② 등수두선 : 유선에서 전수두가 같은 점을 연결한 선
③ 유선망 : 유선과 등수두선의 조합으로 이루어지는 그림
④ 유로 : 유선과 등수두선이 이루는 통로

해설
유로 : 유선과 유선이 이루는 통로

09 어떤 흙의 입경가적곡선에서 $D_{10}=0.05$mm, $D_{30}=0.09$mm, $D_{60}=0.15$mm이었다. 균등계수 C_u와 곡률계수 C_g의 값은?

① $C_u=3.0$, $C_g=1.08$ ② $C_u=3.5$, $C_g=2.08$
③ $C_u=3.0$, $C_g=2.45$ ④ $C_u=3.5$, $C_g=1.82$

해설
• 균등계수(C_u) = $\frac{D_{60}}{D_{10}} = \frac{0.15}{0.05} = 3$
• 곡률계수(C_g) = $\frac{D_{30}^2}{D_{10}\times D_{60}} = \frac{0.09^2}{0.05\times0.15} = 1.08$

10 두께가 6m인 점토층이 있다. 이 점토의 간극비(e_0)는 2.0이고 액성한계(w_l)는 70%이다. 압밀하중을 2kg/cm²에서 4kg/cm²로 증가시킬 때 예상되는 압밀침하량은?(단, 압축지수 C_c는 Skempton의 식 $C_c=0.009(w_l-10)$을 이용한다.)

① 0.33m ② 0.49m
③ 0.65m ④ 0.87m

해설
$$\Delta H = \frac{C_c}{1+e_1}\log\frac{P_2}{P_1}H$$
$$= \frac{0.54}{1+2}\times\log\frac{40}{20}\times6 = 0.33$$
[$C_c=0.009(w_l-10)=0.009(70-10)=0.54$]

11 어떤 흙 시료에 대하여 일축압축시험을 실시한 결과, 일축압축강도(q_u)가 3kg/cm², 파괴면과 수평면이 이루는 각은 45°이었다. 이 시료의 내부마찰각(ϕ)과 점착력(c)은?

① $\phi=0$, c=1.5kg/cm²
② $\phi=0$, c=3kg/cm²
③ $\phi=90°$, c=1.5kg/cm²
④ $\phi=45°$, c=0

해설
• 내부마찰각(ϕ)
$$\theta = 45°+\frac{\phi}{2} = 45° \therefore \phi=0$$
• $q_u = 2c\cdot\tan\left(45°+\frac{\phi}{2}\right)$
$$3 = 2c\cdot\tan\left(45°+\frac{0}{2}\right)$$
$$\therefore c=1.5\text{kg/cm}^2$$

12 사질토 지반에서 직경 30cm인 평판재하시험 결과 30t/m²인 압력이 작용할 때 침하량이 5mm라면, 직경 1.5m의 실제 기초에 30t/m²의 하중이 작용할 때 침하량의 크기는?

① 28mm ② 50mm
③ 14mm ④ 25mm

해설
재하시험에 의한 사질토층의 즉시 침하
$$S_{(기초)} = S_{(재하판)}\cdot\left\{\frac{2\cdot B_{(기초)}}{B_{(기초)}+B_{(재하판)}}\right\}^2 = 5\times\left\{\frac{2\times1.5}{1.5+0.3}\right\}^2$$
$$= 14\text{mm}$$

정답 07 ② 08 ④ 09 ① 10 ① 11 ① 12 ③

13 흙 속에서 물의 흐름에 영향을 주는 주요 요소가 아닌 것은?

① 흙의 유효입경
② 흙의 간극비
③ 흙의 상대밀도
④ 유체의 점성계수

해설

$$k = D_s^2 \cdot \frac{\gamma_w}{\mu} \cdot \frac{e^2}{1+e} \cdot C$$

- k(투수계수)는 D_s^2(입경)에 비례
- k(투수계수)는 μ(점성계수)에 비례
- k(투수계수)는 γ_w(물의 단위중량)에 비례
- k(투수계수)는 C(형상계수)에 비례
∴ 흙의 상대밀도는 물의 흐름에 영향을 주지 않는다.

14 기초의 구비조건에 대한 설명으로 틀린 것은?

① 기초는 상부하중을 안전하게 지지해야 한다.
② 기초의 침하는 절대 없어야 한다.
③ 기초는 최소 동결깊이보다 깊은 곳에 설치해야 한다.
④ 기초는 시공이 가능하고 경제적으로 만족해야 한다.

해설
기초의 침하는 허용값 이내여야 한다.

15 토압의 종류로는 주동토압, 수동토압 및 정지토압이 있다. 다음 중 그 크기의 순서로 옳은 것은?

① 주동토압 > 수동토압 > 정지토압
② 수동토압 > 정지토압 > 주동토압
③ 정지토압 > 수동토압 > 주동토압
④ 수동토압 > 주동토압 > 정지토압

해설
토압의 크기 : 수동토압 > 정지토압 > 주동토압

16 다음 사운딩(Sounding)방법 중에서 동적 사운딩은?

① 이스키미터(Iskymeter)
② 베인 전단시험(Vane Shear Test)
③ 화란식 원추관입시험(Dutch Cone Penetration)
④ 표준관입시험(Standard Penetration Test)

해설
동적 사운딩
- 표준관입시험(SPT)
- 동적 원추관시험

17 다음의 기초형식 중 직접기초가 아닌 것은?

① 말뚝기초
② 독립기초
③ 연속기초
④ 전면기초

해설
기초의 분류
㉠ 얕은(직접)기초
  (1) 확대(footing)기초
    - 독립확대기초
    - 복합확대기초
    - 연속확대기초
  (2) 전면(mat)기초

㉡ 깊은기초
  - 말뚝기초
  - 피어(pier)기초
  - 케이슨기초

18 아래 표의 Terzaghi의 극한 지지력 공식에 대한 설명으로 틀린 것은?

$$q_u = \alpha c N_c + \beta \gamma_1 B N_\gamma + \gamma_2 D_f N_q$$

① α, β는 기초형상계수이다.
② 원형기초에서 B는 원의 직경이다.
③ 정사각형 기초에서 α의 값은 1.3이다.
④ N_c, N_γ, N_q는 지지력계수로서 흙의 점착력에 의해 결정된다.

해설
N_c, N_γ, N_q는 지지력계수로서 흙의 내부마찰각에 의해 결정된다.

정답 13 ③ 14 ② 15 ② 16 ④ 17 ① 18 ④

19 모래치환법에 의한 현장 흙의 단위무게시험에서 표준모래를 사용하는 이유는?

① 시료의 부피를 알기 위해서
② 시료의 무게를 알기 위해서
③ 시료의 입경을 알기 위해서
④ 시료의 함수비를 알기 위해서

[해설]
들밀도시험 방법인 모래치환 방법에서 모래(표준사)는 현장에서 파낸 구멍의 체적을 알기 위해 쓰인다.

20 다음과 같은 토질시험 중에서 현장에서 이루어지지 않는 시험은?

① 베인(Vane)전단시험
② 표준관입시험
③ 수축한계시험
④ 원추관입시험

[해설]
수축한계시험은 실내시험으로서 흙의 물리적 성질을 구할 때 이용한다.

정답 19 ① 20 ③

2018년 토목기사 제2회 토질 및 기초 기출문제

01 어떤 시료에 대해 액압 1.0kg/cm^2를 가해 각 수직변위에 대응하는 수직하중을 측정한 결과가 아래 표와 같다. 파괴 시의 축차응력은?(단, 피스톤의 지름과 시료의 지름은 같다고 보며, 시료의 단면적 $A_O = 18\text{cm}^2$, 길이 $L = 14\text{cm}$이다.)

ΔL (1/100mm)	0	...	1,000	1,100	1,200	1,300	1,400
P(kg)	0	...	54.0	58.0	60.0	59.0	58.0

① 3.05kg/cm^2 ② 2.55kg/cm^2
③ 2.05kg/cm^2 ④ 1.55kg/cm^2

[해설]
- 최대 수직하중 : 60kg
- $\sigma = \sigma_1 - \sigma_3 = \dfrac{P}{A_0} = \dfrac{P}{\dfrac{A}{1-\varepsilon}} = \dfrac{P}{\dfrac{A}{1-\dfrac{\Delta L}{L}}}$

$= \dfrac{60}{\dfrac{18}{1-\dfrac{1.2}{14}}} = 3.05\text{kg/cm}^2$

02 전단마찰각이 25°인 점토의 현장에 작용하는 수직응력이 5t/m^2이다. 과거 작용했던 최대 하중이 10t/m^2이라고 할 때 대상지반의 정지토압계수를 추정하면?

① 0.40 ② 0.57
③ 0.82 ④ 1.14

[해설]
$K_o(\text{과압밀}) = K_o(\text{정규압밀})\sqrt{OCR}$
$= (1-\sin\phi)\sqrt{\dfrac{P_c}{P_o}} = (1-\sin 25°)\times\sqrt{\dfrac{10}{5}} = 0.82$

03 무게가 3ton인 단동식 증기 hammer를 사용하여 낙하고 1.2m에서 pile을 타입할 때 1회 타격당 최종 침하량이 2cm이었다. Engineering News 공식을 사용하여 허용 지지력을 구하면 얼마인가?

① 13.3t ② 26.7t
③ 80.8t ④ 160t

[해설]
$Q_a = \dfrac{Q_u}{F_s} = \dfrac{WH}{F_s(S+0.25)}$
$= \dfrac{3\times 120}{6(2+0.25)} = 26.7\text{t}$

04 점토지반의 강성기초의 접지압 분포에 대한 설명으로 옳은 것은?

① 기초 모서리 부분에서 최대 응력이 발생한다.
② 기초 중앙 부분에서 최대 응력이 발생한다.
③ 기초 밑면의 응력은 어느 부분이나 동일하다.
④ 기초 밑면에서의 응력은 토질에 관계없이 일정하다.

[해설]
강성기초의 접지압

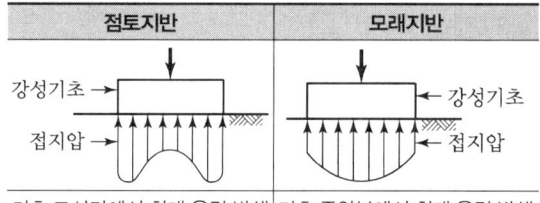

점토지반	모래지반
기초 모서리에서 최대 응력 발생	기초 중앙부에서 최대 응력 발생

05 다음 그림과 같이 피압수압을 받고 있는 2m 두께의 모래층이 있다. 그 위의 포화된 점토층을 5m 깊이로 굴착하는 경우 분사현상이 발생하지 않기 위한 수심(h)은 최소 얼마를 초과하도록 하여야 하는가?

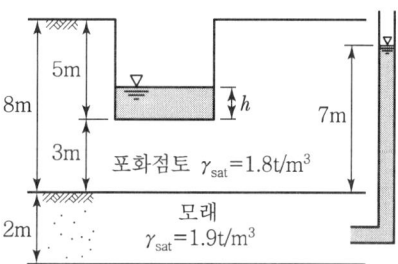

① 1.3m ② 1.6m
③ 1.9m ④ 2.4m

정답 01 ① 02 ③ 03 ② 04 ① 05 ②

> [해설]
> 분사현상은 유효응력이 0일 때 발생
> - $\sigma = 1 \times h + 1.8 \times 3 = h + 5.4$
> - $u = 1 \times 7 = 7$
> - $\sigma' = \sigma - u = h + 5.4 - 7 = 0$ ∴ $h = 1.6m$

06 내부마찰각 $\phi_u = 0$, 점착력 $c_u = 4.5t/m^2$, 단위중량이 $1.9t/m^3$ 되는 포화된 점토층에 경사각 45°로 높이 8m인 사면을 만들었다. 그림과 같은 하나의 파괴면을 가정했을 때 안전율은?(단, $ABCD$의 면적은 $70m^2$이고, $ABCD$의 무게중심은 O점에서 4.5m거리에 위치하며, 호 AC의 길이는 20.0m이다.)

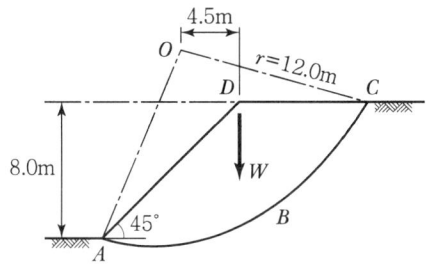

① 1.2 ② 1.8
③ 2.5 ④ 3.2

> [해설]
> $F_s = \dfrac{cRL}{We} = \dfrac{4.5 \times 12 \times 20}{(70 \times 1.9) \times 4.5} = 1.8$

07 다음 중 임의 형태 기초에 작용하는 등분포하중으로 인하여 발생하는 지중응력계산에 사용하는 가장 적합한 계산법은?

① Boussinesq법 ② Osterberg법
③ Newmark 영향원법 ④ 2 : 1 간편법

> [해설]
> Newmark 영향원법
> - 등분포하중으로 인해 발생하는 지중응력 계산에 사용
> - $\sigma_z = 0.005 nq$
>   여기서, n : 면적요소 수, q : 등분포하중

08 노건조한 흙 시료의 부피가 $1,000cm^3$, 무게가 1,700g, 비중이 2.65이라면 간극비는?

① 0.71 ② 0.43
③ 0.65 ④ 0.56

> [해설]
> $\gamma_d = \dfrac{W_s}{V} = \dfrac{G_s}{1+e}\gamma_w$
> $\dfrac{1,700}{1,000} = \dfrac{2.65}{1+e} \times 1$
> ∴ 간극비$(e) = 0.56$

09 흙의 공학적 분류방법 중 통일 분류법과 관계없는 것은?

① 소성도 ② 액성한계
③ No.200체 통과율 ④ 군지수

> [해설]
> 군지수는 AASHTO 분류법과 관계있다.

10 수조에 상방향의 침투에 의한 수두를 측정한 결과, 그림과 같이 나타났다. 이때, 수조 속에 있는 흙에 발생하는 침투력을 나타낸 식은?(단, 시료의 단면적은 A, 시료의 길이는 L, 시료의 포화단위중량은 γ_{sat}, 물의 단위중량은 γ_w이다.)

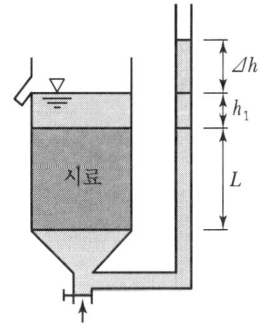

① $\Delta h \cdot \gamma_w \cdot \dfrac{A}{L}$ ② $\Delta h \cdot \gamma_w \cdot A$
③ $\Delta h \cdot \gamma_{sat} \cdot A$ ④ $\dfrac{\gamma_{sat}}{\gamma_w} \cdot A$

해설

- 단위면적당 침투수압

$$F = i\gamma_w z = \frac{\Delta h}{L} \times \gamma_w \times L = \Delta h \cdot \gamma_w$$

- 시료면적에 작용하는 침투수압

$$F = \Delta h \cdot \gamma_w \cdot A$$

11 포화단위중량이 $1.8\,t/m^3$인 흙에서의 한계동수경사는 얼마인가?

① 0.8   ② 1.0
③ 1.8   ④ 2.0

해설

$$i_c = \frac{\gamma_{sub}}{\gamma_w} = \frac{G_s - 1}{1 + e} = \frac{0.8}{1} = 0.8$$

12 입경이 균일한 포화된 사질지반에 지진이나 진동 등 동적하중이 작용하면 지반에서는 일시적으로 전단강도를 상실하게 되는데, 이러한 현상을 무엇이라고 하는가?

① 분사현상(quick sand)
② 틱소트로피현상(thixotropy)
③ 히빙현상(heaving)
④ 액상화현상(liquefaction)

해설

액상화현상 : 간극수압의 상승으로 유효응력이 감소되고 그 결과 사질토가 외력에 대한 전단저항을 잃게 되는 현상

13 다음 시료채취에 사용되는 시료기(sampler) 중 불교란시료 채취에 사용되는 것만 고른 것으로 옳은 것은?

(1) 분리형 원통 시료기(split spoon sampler)
(2) 피스톤 튜브 시료기(piston tube sampler)
(3) 얇은 관 시료기(thin wall tube sampler)
(4) Laval 시료기(Laval sampler)

① (1), (2), (3)   ② (1), (2), (4)
③ (1), (3), (4)   ④ (2), (3), (4)

해설

교란시료 채취 : 분리형 원통 시료기(split spoon sampler)

14 점토의 다짐에서 최적함수비보다 함수비가 적은 건조 측 및 함수비가 많은 습윤 측에 대한 설명으로 옳지 않은 것은?

① 다짐의 목적에 따라 습윤 및 건조 측으로 구분하여 다짐계획을 세우는 것이 효과적이다.
② 흙의 강도 증가가 목적인 경우, 건조 측에서 다지는 것이 유리하다.
③ 습윤 측에서 다지는 경우, 투수계수 증가효과가 크다.
④ 다짐의 목적이 차수를 목적으로 하는 경우, 습윤 측에서 다지는 것이 유리하다.

해설

습윤 측에서 다지면 투수계수 감소효과가 크다.

15 어떤 지반에 대한 토질시험결과 점착력 $c = 0.50\,kg/cm^2$, 흙의 단위중량 $\gamma = 2.0\,t/m^3$이었다. 그 지반에 연직으로 7m를 굴착했다면 안전율은 얼마인가?(단, $\phi = 0$이다.)

① 1.43   ② 1.51
③ 2.11   ④ 2.61

해설

안전율$(F_s) = \dfrac{H_c}{H}$

- 한계고$(H_c) = \dfrac{4c}{\gamma_t} \tan\left(45° + \dfrac{\phi}{2}\right) = \dfrac{4 \times 5}{2.0} \tan\left(45° + \dfrac{0°}{2}\right) = 10\,m$

  ($c = 0.5\,kg/cm^2 = 5\,t/m^2$이다.)

- $H = 7\,m$

∴ 연직사면의 안전율$(F_s) = \dfrac{H_c}{H} = \dfrac{10}{7} = 1.43$

정답   11 ①   12 ④   13 ④   14 ③   15 ①

16 다음 그림과 같이 점토질 지반에 연속기초가 설치되어 있다. Terzaghi 공식에 의한 이 기초의 허용지지력은?(단, $\phi=0$이며, 폭(B)= 2m, $N_c=5.14$, $N_q=1.0$, $N_\gamma=0$, 안전율 $F_s=3$이다.)

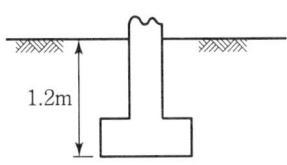

점토질 지반 $\gamma=1.92t/m^3$
일축압축강도 $q_u=14.86t/m^2$

① $6.4t/m^2$
② $13.5t/m^2$
③ $18.5t/m^2$
④ $40.49t/m^2$

[해설]

형상계수	원형기초	정사각형기초	연속기초
α	1.3	1.3	1.0
β	0.3	0.4	0.5

• $q_{ult} = \alpha c N_c + \beta \gamma_1 B N_\gamma + \gamma_2 D_f N_q$
$= 1 \times \left(\dfrac{14.86}{2}\right) \times 5.14 + 0.5 \times 1.92 \times 2 \times 0$
$\quad + 1.92 \times 1.2 \times 1 = 40.49t/m^2$

• $q_a = \dfrac{q_u}{F_s} = \dfrac{40.49}{3} = 13.5t/m^2$

17 Meyerhof의 극한지지력 공식에서 사용하지 않는 계수는?

① 형상계수
② 깊이계수
③ 시간계수
④ 하중경사계수

[해설]
Meyerhof의 극한지지력 공식에 포함되는 계수
• 형상계수 • 근입깊이계수 • 하중경사계수

18 토질조사에 대한 설명 중 옳지 않은 것은?

① 사운딩(Sounding)이란 지중에 저항체를 삽입하여 토층의 성상을 파악하는 현장 시험이다.
② 불교란시료를 얻기 위해서 Foil Sampler, Thin wall tube sampler 등이 사용된다.
③ 표준관입시험은 로드(Rod)의 길이가 길어질수록 N치가 작게 나온다.
④ 베인시험은 정적인 사운딩이다.

[해설]
표준관입시험은 로드(Rod) 길이가 길어지면 타격에너지가 손실되어 N치가 커진다.

19 $2.0kg/cm^2$의 구속응력을 가하여 시료를 완전히 압밀한 다음, 축차응력을 가하여 비배수 상태로 전단시켜 파괴 시 축변형률 $\varepsilon_f=10\%$, 축차응력 $\triangle\sigma_f=2.8kg/cm^2$, 간극수압 $\triangle u_f=2.1kg/cm^2$를 얻었다. 파괴시 간극수압계수 A는?(단, 간극수압계수 B는 1.0으로 가정한다.)

① 0.44
② 0.75
③ 1.33
④ 2.27

[해설]
A계수$= \dfrac{D계수}{B계수} = \dfrac{0.75}{1} = 0.75$
(D계수$= \dfrac{\Delta u}{\Delta\sigma_1 - \Delta\sigma_3} = \dfrac{2.1}{2.8} = 0.75$)

20 다음 그림과 같이 3개의 지층으로 이루어진 지반에서 수직방향 등가투수계수는?

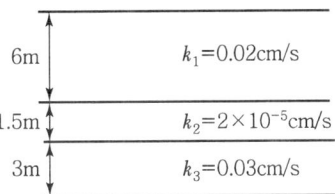

① $2.516 \times 10^{-6} cm/s$
② $1.274 \times 10^{-5} cm/s$
③ $1.393 \times 10^{-4} cm/s$
④ $2.0 \times 10^{-2} cm/s$

[해설]
$K_v = \dfrac{H_1+H_2+H_3}{\dfrac{H_1}{K_1}+\dfrac{H_2}{K_2}+\dfrac{H_3}{K_3}} = \dfrac{600+150+300}{\dfrac{600}{0.02}+\dfrac{150}{2\times10^{-5}}+\dfrac{300}{0.03}}$
$= 1.393 \times 10^{-4} cm/s$

정답 16 ② 17 ③ 18 ③ 19 ② 20 ③

2018년 토목산업기사 제2회 토질 및 기초 기출문제

01 말뚝재하실험 시 연약점토지반인 경우는 pile 의 타입 후 20여 일이 지난 다음 말뚝재하실험을 한다. 그 이유로 가장 타당한 것은?

① 주면 마찰력이 너무 크게 작용하기 때문에
② 부마찰력이 생겼기 때문에
③ 타입 시 주변이 교란되었기 때문에
④ 주위가 압축되었기 때문에

[해설]
말뚝재하시험(평판재하시험) 시 파일 타입 후 즉시 재하시험을 실시하지 않는 이유는 말뚝 주변이 교란되었기 때문이다.

02 다음의 흙 중 암석이 풍화되어 원래의 위치에서 토층이 형성된 흙은?

① 충적토   ② 이탄
③ 퇴적토   ④ 잔적토

[해설]
잔적토 : 풍화작용에 의해 생성된 흙이 운반되지 않고 원래 암반 상에 남아서 토층을 형성하고 있는 흙

03 어느 흙의 액성한계가 35%, 소성한계가 22% 일 때 소성지수는 얼마인가?

① 12   ② 13
③ 15   ④ 17

[해설]
소성지수(I_p) = 액성한계 − 소성한계
= 35 − 22 = 13

04 다음 중 사면의 안정해석법과 관계가 없는 것은?

① 비숍(Bishop)의 방법
② 마찰원법
③ 펠레니우스(Fellenius)의 방법
④ 뷰지네스크(Boussinesq)의 이론

[해설]
사면의 안정해석
㉠ 질량법(마찰원법)
㉡ 절편법(분할법)
 • Fellenius법
 • Bishop법
 • Spencer법

05 노상토의 지지력을 나타내는 CBR값의 단위는?

① kg/cm^2 ② kg/cm
③ kg/cm^3 ④ %

[해설]
• CBR 단위 : %
• CBR(%) = $\dfrac{시험(전)하중}{표준(전)하중} \times 100$

06 압밀시험에서 시간−침하곡선으로부터 직접 구할 수 있는 사항은?

① 선행압밀압력   ② 점성보정계수
③ 압밀계수   ④ 압축지수

[해설]
압밀시험에 따른 성과표

시간−침하곡선	간극비 하중($e-\log P$)곡선
• 체적변화계수(m_v)	• 압축계수(a_v)
• 투수계수(k)	• 압축지수(C_c)
• 압밀계수(C_v)	• 선행압밀하중(P_c)
• 1차 압밀비	• 공극비(e)

07 그림과 같은 지반에서 포화토 $A-A$면에서의 유효응력은?

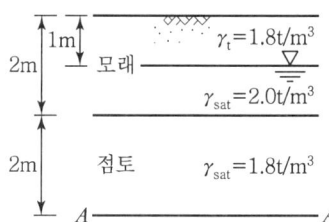

정답 01 ③ 02 ④ 03 ② 04 ④ 05 ④ 06 ③ 07 ②

① $2.4t/m^2$ ② $4.4t/m^2$
③ $5.6t/m^2$ ④ $7.2t/m^2$

해설
$\sigma' = (1.8 \times 1) + [(2-1) \times 1] + [(1.8-1) \times 2] = 4.4t/m^2$

08 다음 중 사운딩(sounding)이 아닌 것은?
① 표준관입시험 ② 일축압축시험
③ 원추관입시험 ④ 베인시험

해설

정적 사운딩	• 휴대용 콘(원추)관입시험(연약한 점토) • 화란식 콘(원추)관입시험(일반 흙) • 스웨덴식 관입시험(자갈 이외의 흙) • 이스키미터(연약한 점토, 인발) • 베인전단시험(연약한 점토, 회전)
동적 사운딩	• 동적 원추관 시험 : 자갈 이외의 흙 • 표준관입시험(S.P.T) : 사질토 적합, 성토 가능

09 다음 중 얕은 기초에 속하지 않는 것은?
① 피어기초 ② 전면기초
③ 독립확대기초 ④ 복합확대기초

해설
기초의 분류
㉠ 얕은(직접)기초
　(1) 확대(footing)기초
　　• 독립확대기초
　　• 복합확대기초
　　• 연속확대기초
　(2) 전면(Mat)기초
㉡ 깊은기초
　• 말뚝기초
　• 피어(pier)기초
　• 케이슨기초

10 어느 흙에 대하여 직접 전단시험을 하여 수직 응력이 $3.0kg/cm^2$일 때 $2.0kg/cm^2$의 전단강도를 얻었다. 이 흙의 점착력이 $1.0kg/cm^2$이면 내부 마찰각은 약 얼마인가?

① $15.2°$ ② $18.4°$
③ $21.3°$ ④ $24.6°$

해설
$S = c + \sigma' \tan\phi$
$2 = 1 + 3\tan\phi$
∴ $\phi = 18.4°$

11 그림과 같은 모래 지반에서 흙의 단위중량이 $1.8t/m^3$이다. 정지토압 계수가 0.5이면 깊이 5m 지점에서의 수평응력은 얼마인가?

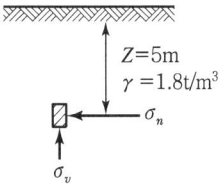

① $4.5t/m^2$ ② $8.0t/m^2$
③ $13.5t/m^2$ ④ $15.0t/m^2$

해설
$\sigma_h = \sigma_v \cdot k$
　$= (1.8 \times 5) \times 0.5 = 4.5t/m^2$

12 다음 그림과 같은 다층지반에서 연직방향의 등가투수계수는?

1m	$K_1 = 5.0 \times 10^{-2}$cm/sec
2m	$K_2 = 4.0 \times 10^{-3}$cm/sec
1.5m	$K_3 = 2.0 \times 10^{-2}$cm/sec

① 5.8×10^{-3}cm/sec ② 6.4×10^{-3}cm/sec
③ 7.6×10^{-3}cm/sec ④ 1.4×10^{-2}cm/sec

해설
$K_v = \dfrac{H_1 + H_2 + H_3}{\dfrac{H_1}{K_1} + \dfrac{H_2}{K_2} + \dfrac{H_3}{K_3}} = \dfrac{1 + 2 + 1.5}{\dfrac{1}{5 \times 10^{-2}} + \dfrac{2}{4 \times 10^{-3}} + \dfrac{1.5}{2 \times 10^{-2}}}$
　$= 7.6 \times 10^{-3}$cm/sec

정답　08 ②　09 ①　10 ②　11 ①　12 ③

13 다음 중 느슨한 모래의 전단변위와 시료의 부피변화 관계곡선으로 옳은 것은?

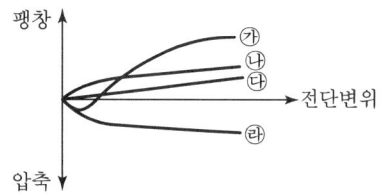

① 가 ② 나
③ 다 ④ 라

[해설]
느슨한 모래는 전단파괴에 도달하기 전에 체적이 감소하고, 조밀한 모래는 체적이 증가한다.

14 비중이 2.60이고 간극비가 0.60인 모래지반의 한계동수경사는?

① 1.0 ② 2.25
③ 4.0 ④ 9.0

[해설]
$i_c = \dfrac{h}{L} = \dfrac{G_s - 1}{1 + e} = \dfrac{2.60 - 1}{1 + 0.6} = 1$

15 점토질 지반에서 강성기초의 접지압 분포에 관한 다음 설명 중 옳은 것은?

① 기초의 중앙 부분에서 최대의 응력이 발생한다.
② 기초의 모서리 부분에서 최대의 응력이 발생한다.
③ 기초 부분의 응력은 어느 부분이나 동일하다.
④ 기초 밑면에서의 응력은 토질에 관계없이 일정하다.

[해설]
강성기초의 접지압

점토지반	모래지반
기초 모서리에서 최대 응력 발생	기초 중앙부에서 최대 응력 발생

16 포화점토의 일축압축시험 결과 자연상태 점토의 일축압축 강도와 흐트러진 상태의 일축압축 강도가 각각 1.8kg/cm^2, 0.4kg/cm^2였다. 이 점토의 예민비는?

① 0.72 ② 0.22
③ 4.5   ④ 6.4

[해설]
예민비 = $\dfrac{q_u}{q_{ur}} = \dfrac{1.8}{0.4} = 4.5$

17 평판재하시험이 끝나는 조건에 대한 설명으로 틀린 것은?

① 침하량이 15mm에 달할 때
② 하중강도가 현장에서 예상되는 최대 접지압력을 초과할 때
③ 하중강도가 그 지반의 항복점을 넘을 때
④ 흙의 함수비가 소성한계에 달할 때

[해설]
평판재하시험이 끝나는 조건
• 침하량이 15mm에 달할 때
• 하중강도가 예상되는 최대 접지압력을 초과할 때
• 하중강도가 그 지반의 항복점을 넘을 때

18 어떤 모래의 입경가적곡선에서 유효입경 $D_{10} = 0.01$mm이었다. Hazen공식에 의한 투수계수는?(단, 상수(C)는 100을 적용한다.)

① 1×10^{-4}cm/sec ② 2×10^{-6}cm/sec
③ 5×10^{-4}cm/sec ④ 5×10^{-6}cm/sec

[해설]
$K = C \cdot D_{10}^2 = 100 \times (0.001)^2 = 1 \times 10^{-4}$cm/sec

19 다음 연약지반 처리공법 중 일시적인 공법은?

① 웰 포인트 공법   ② 치환 공법
③ 콤포저 공법   ④ 샌드 드레인 공법

정답 13 ④ 14 ① 15 ② 16 ③ 17 ④ 18 ① 19 ①

[해설]
일시적 지반개량 공법
- Well point 공법
- 동결 공법
- 대기압 공법(진공압밀 공법)

20 A방법에 의해 흙의 다짐시험을 수행하였을 때 다짐에너지(E_c)는?

[A방법의 조건]
- 몰드의 부피(V) : 1,000cm³
- 래머의 무게(W) : 2.5kg
- 래머의 낙하높이(h) : 30cm
- 다짐 층수(N_l) : 3층
- 각 층당 다짐횟수(N_b) : 25회

① $4.625\text{kg} \cdot \text{cm/cm}^3$
② $5.625\text{kg} \cdot \text{cm/cm}^3$
③ $6.625\text{kg} \cdot \text{cm/cm}^3$
④ $7.625\text{kg} \cdot \text{cm/cm}^3$

[해설]
다짐에너지
$$E_c = \frac{W_R H N_B N_L}{V} = \frac{2.5 \times 30 \times 25 \times 3}{1,000} = 5.63\text{kg} \cdot \text{cm/cm}^3$$

정답 20 ②

2018년 토목기사 제3회 토질 및 기초 기출문제

01 점성토를 다지면 함수비의 증가에 따라 입자의 배열이 달라진다. 최적함수비의 습윤 측에서 다짐을 실시하면 흙은 어떤 구조로 되는가?

① 단립구조   ② 봉소구조
③ 이산구조   ④ 면모구조

[해설]
습윤 측(차수목적) : 이산구조(분산구조), 면모구조보다 투수계수가 작다.

02 토질실험 결과 내부마찰각(ϕ) = 30°, 점착력 $c = 0.5\text{kg/cm}^2$, 간극수압이 8kg/cm²이고 파괴면에 작용하는 수직응력이 30kg/cm²일 때 이 흙의 전단응력은?

① 12.7kg/cm²   ② 13.2kg/cm²
③ 15.8kg/cm²   ④ 19.5kg/cm²

[해설]
$S(\tau_f) = c + \sigma' \tan\phi = 0.5 + (30-8)\tan 30°$
$\quad = 13.2\text{kg/cm}^2$

03 다음 그림과 같은 점성토 지반의 굴착 저면에서 바닥융기에 대한 안전율을 Terzaghi의 식에 의해 구하면?(단, $\gamma = 1.731\text{t/m}^3$, $c = 2.4\text{t/m}^2$이다.)

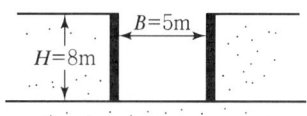

① 3.21   ② 2.32
③ 1.64   ④ 1.17

[해설]
히빙에 대한 안전율
$F_s = \dfrac{5.7c}{\gamma \cdot H - \left(\dfrac{c \cdot H}{0.7B}\right)} = \dfrac{5.7 \times 2.4}{(1.731 \times 8) - \left(\dfrac{2.4 \times 8}{0.7 \times 5}\right)} = 1.64$

04 흙의 투수계수에 영향을 미치는 요소들로만 구성된 것은?

㉮ 흙입자의 크기   ㉯ 간극비
㉰ 간극의 모양과 배열   ㉱ 활성도
㉲ 물의 점성계수   ㉳ 포화도
㉴ 흙의 비중

① ㉮, ㉯, ㉱, ㉲   ② ㉮, ㉯, ㉰, ㉲, ㉳
③ ㉮, ㉯, ㉱, ㉲, ㉴   ④ ㉯, ㉰, ㉲, ㉴

[해설]
• $K = D^2 \cdot \dfrac{\gamma_w}{\mu} \cdot \dfrac{e^3}{1+e} \cdot C$
• 투수계수(K)는 비중과 무관하다.

05 흙의 다짐에 대한 일반적인 설명으로 틀린 것은?

① 다진 흙의 최대 건조밀도와 최적함수비는 어떻게 다짐하더라도 일정한 값이다.
② 사질토의 최대 건조밀도는 점성토의 최대 건조밀도보다 크다.
③ 점성토의 최적함수비는 사질토보다 크다.
④ 다짐에너지가 크면 일반적으로 밀도는 높아진다.

[해설]
다짐에너지가 증가하면 최대 건조밀도는 증가하고 최적함수비는 감소한다.

06 고성토의 제방에서 전단파괴가 발생되기 전에 제방의 외측에 흙을 돋우어 활동에 대한 저항모멘트를 증대시켜 전단파괴를 방지하는 공법은?

① 프리로딩공법
② 압성토공법
③ 치환공법
④ 대기압공법

[해설]
압성토공법은 저항모멘트를 증대시켜 전단파괴를 방지한다.

정답   01 ③   02 ②   03 ③   04 ②   05 ①   06 ②

07 말뚝의 부마찰력(Negative Skin Friction)에 대한 설명 중 틀린 것은?

① 말뚝의 허용지지력을 결정할 때 세심하게 고려해야 한다.
② 연약지반에 말뚝을 박은 후 그 위에 성토를 한 경우 일어나기 쉽다.
③ 연약한 점토에는 상대변위의 속도가 느릴수록 부마찰력이 크다.
④ 연약지반을 관통하여 견고한 지반까지 말뚝을 박은 경우 일어나기 쉽다.

해설
부마찰력 ∝ 상대변위속도

08 다음 그림의 파괴포락선 중에서 완전포화된 점토를 UU(비압밀 비배수) 시험했을 때 생기는 파괴포락선은?

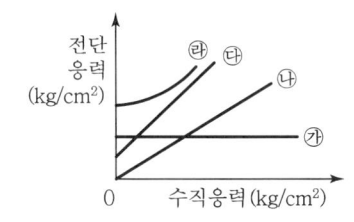

① 가
② 나
③ 다
④ 라

해설
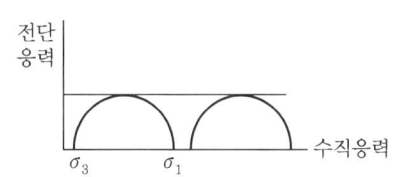

09 그림과 같은 지반에 대해 수직방향 등가투수계수를 구하면?

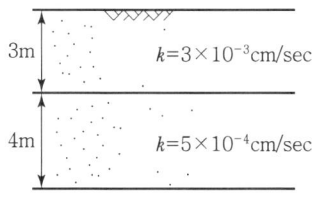

① 3.89×10^{-4}cm/sec
② 7.78×10^{-4}cm/sec
③ 1.57×10^{-3}cm/sec
④ 3.14×10^{-3}cm/sec

해설
$$K_v = \frac{H_1 + H_2}{\frac{H_1}{K_1} + \frac{H_2}{K_2}} = \frac{300 + 400}{\left(\frac{300}{3 \times 10^{-3}}\right) + \left(\frac{400}{5 \times 10^{-4}}\right)}$$
$$= 7.78 \times 10^{-4} \text{cm/sec}$$

10 얕은 기초 아래의 접지압력분포 및 침하량에 대한 설명으로 틀린 것은?

① 접지압력의 분포는 기초의 강성, 흙의 종류, 형태 및 깊이 등에 따라 다르다.
② 점성토지반에 강성기초 아래의 접지압분포는 기초의 모서리 부분이 중앙 부분보다 작다.
③ 사질토지반에서 강성기초인 경우 중앙 부분이 모서리 부분보다 큰 접지압을 나타낸다.
④ 사질토지반에서 유연성기초인 경우 침하량은 중심부보다 모서리 부분이 더 크다.

해설
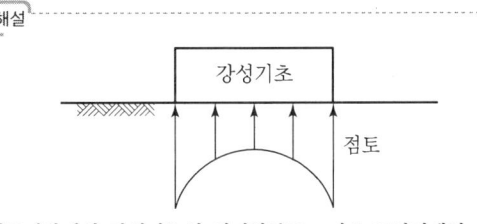

점토지반에서 강성기초의 접지압분포 : 기초 모서리에서 최대 응력 발생

11 다음 그림에서 활동에 대한 안전율은?

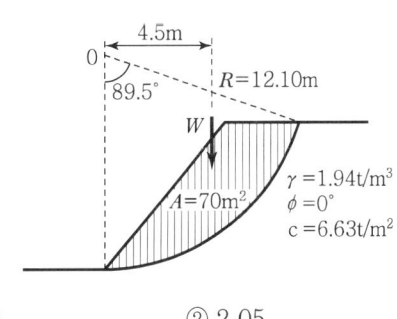

① 1.30
② 2.05
③ 2.15
④ 2.48

정답 07 ③ 08 ① 09 ② 10 ② 11 ④

[해설]

유한사면($\phi = 0$, 질량법)

$F_s = \dfrac{cRL}{We} = \dfrac{cRL}{(A \cdot l \cdot \gamma)e} = \dfrac{6.63 \times 12.1 \times 18.9}{(70 \times 1 \times 1.94) \times 4.5} = 2.48$

$\left(\dfrac{89.5°}{360°} = \dfrac{L}{2\pi R},\ L = 18.9\right)$

12 연약점토지반에 압밀촉진공법을 적용한 후, 전체 평균압밀도가 90%로 계산되었다. 압밀촉진공법을 적용하기 전, 수직방향의 평균압밀도가 20%였다고 하면 수평방향의 평균압밀도는?

① 70%   ② 77.5%
③ 82.5% ④ 87.5%

[해설]

평균압밀도$(u) = 1 - (1 - u_h)(1 - u_v)$

$0.9 = 1 - (1 - u_h)(1 - 0.2)$

∴ $u_h = 87.5\%$

13 아래 표와 같은 흙을 통일 분류법에 따라 분류한 것으로 옳은 것은?

- No.4번 체(4.75mm체) 통과율이 37.5%
- No.200번 체(0.075mm체) 통과율이 2.3%
- 균등계수는 7.9
- 곡률계수는 1.4

① GW   ② GP
③ SW   ④ SP

[해설]

흙의 분류

㉠ 조립토[#200체(0.075mm) 통과량 ≤ 50%]
　세립토[#200체(0.075mm) 통과량 ≥ 50%]
㉡ 자갈[#4체(4.75mm) 통과량 ≤ 50%]
　모래[#4체(4.75mm) 통과량 ≥ 50%]
㉢ 양입도
　・일반흙 $C_u > 10$ 그리고 $1 < C_g < 3$
　・모래 $C_u > 6$ 그리고 $1 < C_g < 3$
　・자갈 $C_u > 4$ 그리고 $1 < C_g < 3$
∴ ・#200체 통과율 2.3% → 조립토

- #4체 통과율 37.5% → 자갈
- 균등계수(C_u) 7.9 → 양입도 자갈
- 곡률계수(C_g) 1.4 → 양입도 자갈

따라서 입도가 양호한 자갈(GW)

14 실내시험에 의한 점토의 강도 증가율(C_u/P) 산정 방법이 아닌 것은?

① 소성지수에 의한 방법
② 비배수 전단강도에 의한 방법
③ 압밀비배수 삼축압축시험에 의한 방법
④ 직접전단시험에 의한 방법

[해설]

㉠ 강도증가율 = $\dfrac{C_u(\text{비배수 점착력})}{\sigma_v'(\text{유효응력})}$

㉡ 강도 증가율 산정방법
・소성지수에 의한 방법
・비배수 전단강도에 의한 방법
・압밀비배수 삼축압축시험에 의한 방법

15 간극률이 50%, 함수비가 40%인 포화토에 있어서 지반의 분사현상에 대한 안전율이 3.5라고 할 때 이 지반에 허용되는 최대 동수경사는?

① 0.21   ② 0.51
③ 0.61   ④ 1.00

[해설]

$F_s = \dfrac{i_c}{i} = \dfrac{\dfrac{G_s - 1}{1 + e}}{\dfrac{h}{L}}$

・G_s
　$G_s = \dfrac{Se}{\omega} = \dfrac{1 \times 1}{0.4} = 2.5$
・e
　$e = \dfrac{n}{1 - n} = \dfrac{0.5}{1 - 0.5} = 1$

∴ $F_s(3.5) = \dfrac{\dfrac{2.5 - 1}{1 + 1}}{i}$　따라서 $i = 0.21$

정답　12 ④　13 ①　14 ④　15 ①

16 그림과 같이 2m×3m 크기 기초에 $10t/m^2$의 등분포하중이 작용할 때, A점 아래 4m 깊이에서의 연직응력 증가량은?(단, 아래 표의 영향계수값을 활용하여 구하며, $m = \dfrac{B}{z}$, $n = \dfrac{L}{z}$이고, B는 직사각형 단면의 폭, L은 직사각형 단면의 길이, z는 토층의 깊이이다.)

[영향계수(I)값]

m	0.25	0.5	0.5	0.5
n	0.5	0.25	0.75	1.0
I	0.048	0.048	0.115	0.122

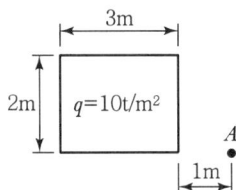

① $0.67 t/m^2$
② $0.74 t/m^2$
③ $1.22 t/m^2$
④ $1.70 t/m^2$

[해설]

연직응력의 증가량$(\sigma_z) = I \cdot q$

- $m = \dfrac{4}{4} = 1$, $n = \dfrac{2}{4} = 0.5$
  ∴ $I = 0.1222$, $\sigma_z = 0.1222 \times 10 = 1.222 t/m^2$
- $m = \dfrac{1}{4} = 0.25$, $n = \dfrac{2}{4} = 0.5$
  ∴ $I = 0.048$, $\sigma_z = 0.048 \times 10 = 0.48 t/m^2$

따라서 $\sigma_z = 1.222 - 0.48 = 0.74 t/m^2$

17 토립자가 둥글고 입도분포가 양호한 모래지반에서 N치를 측정한 결과 $N = 19$가 되었을 경우, Dunham의 공식에 의한 이 모래의 내부마찰각 ϕ는?

① 20°
② 25°
③ 30°
④ 35°

[해설]

$\phi = \sqrt{12 \times 19} + 20 = 35°$

18 포화된 흙의 건조단위중량이 $1.70 t/m^3$이고, 함수비가 20%일 때 비중은 얼마인가?

① 2.58
② 2.68
③ 2.78
④ 2.88

[해설]

$\gamma_d = \dfrac{G_s}{1+e}\gamma_w = \dfrac{G_s}{1+0.2G_s}\gamma_w$

∴ $G_s = 2.58$

($G_s \omega = Se$, $e = 0.2 G_s$)

19 표준관입시험에 대한 설명으로 틀린 것은?

① 질량 $(63.5 \pm 0.5) kg$인 해머를 사용한다.
② 해머의 낙하높이는 $(760 \pm 10) mm$이다.
③ 고정 piston 샘플러를 사용한다.
④ 샘플러를 지반에 300mm 박아 넣는 데 필요한 타격 횟수를 N값이라고 한다.

[해설]

표준관입시험은 교란시료를 채취하기 위해 스플릿스푼 샘플러를 사용한다.

20 얕은 기초의 지지력 계산에 적용하는 Terzaghi의 극한지지력 공식에 대한 설명으로 틀린 것은?

① 기초의 근입깊이가 증가하면 지지력도 증가한다.
② 기초의 폭이 증가하면 지지력도 증가한다.
③ 기초지반이 지하수에 의해 포화되면 지지력은 감소한다.
④ 국부전단 파괴가 일어나는 지반에서 내부마찰각 (ϕ')은 $\dfrac{2}{3}\phi$를 적용한다.

[해설]

국부전단 파괴가 일어나는 지반에서 점착력(c')은 $\dfrac{2}{3}c$이다.

정답 16 ② 17 ④ 18 ① 19 ③ 20 ④

2018년 토목산업기사 제4회 토질 및 기초 기출문제

01 저항체를 땅 속에 삽입해서 관입, 회전, 인발 등의 저항을 측정하여 토층의 상태를 탐사하는 원위치시험을 무엇이라 하는가?

① 오거보링 ② 테스트 피트
③ 샘플러   ④ 사운딩

[해설]
사운딩(sounding) 분류

정적 사운딩	• 휴대용 콘(원추)관입시험(연약한 점토) • 화란식 콘(원추)관입시험(일반 흙) • 스웨덴식 관입시험(자갈 이외의 흙) • 이스키미터(연약한 점토, 인발) • 베인전단시험(연약한 점토, 회전)
동적 사운딩	• 동적 원추관 시험 : 자갈 이외의 흙 • 표준관입시험(S.P.T) : 사질토 적합, 성토 가능

02 흙의 전단특성에서 교란된 흙이 시간이 지남에 따라 손실된 강도의 일부를 회복하는 현상을 무엇이라 하는가?

① Dilatancy   ② Thixotropy
③ Sensitivity   ④ Liquefaction

[해설]
thixotropy(틱소트로피)현상
점토는 되이김(remolding)하면 전단강도가 현저히 감소하는데, 시간이 경과함에 따라 그 강도의 일부를 다시 찾게 되는 현상

03 다짐에 대한 설명으로 틀린 것은?

① 점토를 최적함수비보다 작은 함수비로 다지면 분산구조를 갖는다.
② 투수계수는 최적함수비 근처에서 거의 최솟값을 나타낸다.
③ 다짐에너지가 클수록 최대 건조단위중량은 커진다.
④ 다짐에너지가 클수록 최적함수비는 작아진다.

[해설]
점토를 최적함수비보다 작은 함수비(건조 측)로 다지면 면모구조를 갖는다.

04 다음 중 표준관입시험으로부터 추정하기 어려운 항목은?

① 극한지지력   ② 상대밀도
③ 점성토의 연경도 ④ 투수성

[해설]
N값으로 추정할 수 있는 사항

사질지반	점성지반
• 상대밀도 • 내부마찰각 • 지지력계수	• 연경도(Consistency) • 일축압축강도 • 허용지지력 및 비배수점착력

05 포화 점토층의 두께가 0.6m이고 점토층 위와 아래는 모래층이다. 이 점토층이 최종 압밀침하량의 70%를 일으키는 데 걸리는 기간은?(단, 압밀계수(C_v) = 3.6×10^{-3} cm²/s이고, 압밀도 70%에 대한 시간계수(T_v) = 0.403이다.)

① 116.6일   ② 342일
③ 233.2일   ④ 466.4일

[해설]

$$t_{70} = \frac{T_v \cdot H^2}{C_v} = \frac{0.403 \times \left(\frac{600}{2}\right)^2}{3.6 \times 10^{-3}}$$
$$= 10,075,000초$$
$$= 116.6일$$

06 모래 치환법에 의한 현장 흙의 단위무게 실험결과가 아래와 같다. 현장 흙의 건조단위무게는?

• 실험구멍에서 파낸 흙의 중량 : 1,600g
• 실험구멍에서 파낸 흙의 함수비 : 20%
• 실험구멍에 채워진 표준모래의 중량 : 1,350g
• 실험구멍에 채워진 표준모래의 단위중량 : 1.35g/cm³

① 0.93g/cm³   ② 1.13g/cm³
③ 1.33g/cm³   ④ 1.53g/cm³

정답 01 ④ 02 ② 03 ① 04 ④ 05 ① 06 ③

해설

- 표준모래의 단위중량

  $\gamma = \dfrac{W'}{V}$ 에서, $1.35 = \dfrac{1,350}{V}$

  ∴ 실험구멍의 체적 $V = 1,000\text{cm}^3$

- 현장 흙의 습윤단위중량

  $\gamma_t = \dfrac{W}{V} = \dfrac{1,600}{1,000} = 1.6\text{g/cm}^3$

따라서 현장 흙의 건조단위중량

$\gamma_d = \dfrac{\gamma_t}{1+\omega} = \dfrac{1.6}{1+0.2} = 1.33\text{g/cm}^3$

---

07 안지름이 0.6mm인 유리관을 15℃ 정수 중에 세웠을 때 모관상승고(h_c)는?(단, 접촉각 α는 0°, 표면장력은 0.075g/cm이다.)

① 6cm ② 5cm
③ 4cm ④ 3cm

해설

모관상승고(h_c) = $\dfrac{4T\cos\alpha}{\gamma_w D} = \dfrac{4 \times 0.075 \times \cos 0°}{1 \times 0.06} = 5\text{cm}$

---

08 다음 중 흙의 투수계수와 관계가 없는 것은?

① 간극비   ② 흙의 비중
③ 포화도   ④ 흙의 입도

해설

투수계수는 흙의 비중과 상관없다.

---

09 점토의 자연시료에 대한 일축압축강도가 0.38MPa이고, 이 흙을 되비볐을 때의 일축압축강도가 0.22MPa이었다. 이 흙의 점착력과 예민비는 얼마인가?(단, 내부마찰각 $\phi = 0$이다.)

① 점착력 : 0.19MPa, 예민비 : 1.73
② 점착력 : 1.9MPa, 예민비 : 1.73
③ 점착력 : 0.19MPa, 예민비 : 0.58
④ 점착력 : 1.9MPa, 예민비 : 0.58

해설

- 점착력(c) = $\dfrac{q_u}{2} = \dfrac{0.38}{2} = 0.19\text{MPa}$
- 예민비 = $\dfrac{q_u}{q_{ur}} = \dfrac{0.38}{0.22} = 1.73$

---

10 어떤 흙의 간극비(e)가 0.52이고, 흙 속에 흐르는 물의 이론 침투속도(v)가 0.214cm/s일 때 실제의 침투유속(v_s)은?

① 0.424cm/s   ② 0.525cm/s
③ 0.626cm/s   ④ 0.727cm/s

해설

실제침투유속(v_s) = $\dfrac{v}{n}$

- 평균유속(v) = 0.214cm/sec
- 간극률(n) = $\dfrac{e}{1+e} = \dfrac{0.52}{1+0.52} = 0.342$

∴ $v_s = \dfrac{v}{n} = \dfrac{0.214}{0.342} = 0.626$

---

11 다음 중 사면의 안정해석방법이 아닌 것은?

① 마찰원법   ② Bishop의 간편법
③ 응력경로법   ④ Fellenius 방법

해설

사면의 안정해석
- 질량법(마찰원법)
- 절편법(분할법) : Fellenius법, Bishop법, Spencer법

---

12 흙의 액성한계·소성한계시험에 사용하는 흙 시료는 몇 mm체를 통과한 흙을 사용하는가?

① 4.75mm체   ② 2.0mm체
③ 0.425mm체   ④ 0.075mm체

해설

흙의 연경도시험은 No.40체(0.425mm)를 통과한 흙을 사용한다.

정답 07 ② 08 ② 09 ① 10 ③ 11 ③ 12 ③

13 기초가 갖추어야 할 조건으로 가장 거리가 먼 것은?

① 동결, 세굴 등에 안전하도록 최소의 근입깊이를 가져야 한다.
② 기초의 시공이 가능하고 침하량이 허용치를 넘지 않아야 한다.
③ 상부로부터 오는 하중을 안전하게 지지하고 기초지반에 전달하여야 한다.
④ 미관상 아름답고 주변에서 쉽게 구득할 수 있고 값싼 재료로 설계되어야 한다.

해설
기초 구비조건
- 최소한의 근입깊이를 가질 것(동결깊이 이하)
- 지지력에 대해 안정할 것
- 침하에 대해 안정할 것(침하량이 허용침하량 이내일 것)
- 기초공 시공이 가능할 것
- 사용성·경제성이 좋을 것

14 연약지반 개량공법으로 압밀의 원리를 이용한 공법이 아닌 것은?

① 프리로딩 공법
② 바이브로 플로테이션 공법
③ 대기압 공법
④ 페이퍼 드레인 공법

해설
압밀배수 원리를 이용한 점성토 개량공법
- 샌드 드레인 공법(Sand drain)
- 페이퍼 드레인 공법(Paper drain)
- 팩 드레인 공법(Pack drain)
- 프리로딩 공법

15 자연함수비가 액성한계보다 큰 흙은 어떤 상태인가?

① 고체상태이다.
② 반고체상태이다.
③ 소성상태이다.
④ 액체상태이다.

해설
자연함수비가 액성한계보다 크면 액체상태이다.

16 다음 말뚝의 지지력 공식 중 정역학적 방법에 의한 공식은?

① Hiley 공식
② Engineering-News 공식
③ Sander 공식
④ Meyerhof의 공식

해설
말뚝의 지지력 산정방법

정역학적 공식	동역학적 공식(항타공식)
• Terzaghi 공식	• Sander 공식
• Meyerhof 공식	• Engineering News 공식
• Dörr 공식	• Hiley 공식
• Dunham 공식	• Weisbach 공식

17 다음 중 순수한 모래의 전단강도(τ)를 구하는 식으로 옳은 것은?(단, c는 점착력, ϕ는 내부마찰각, σ는 수직응력이다.)

① $\tau = \sigma \cdot \tan\phi$
② $\tau = c$
③ $\tau = c \cdot \tan\phi$
④ $\tau = \tan\phi$

해설

모아-쿨롱의 파괴규준	흙의 전단강도 식
쿨롱의 파괴포락선 c : 점착력 ϕ : 내부마찰각(전단저항각)	$S(\tau_f) = c + \sigma' \tan\phi$
	전응력(σ)과 간극수압(u)이 발생할 때
	$S(\tau_f) = c + (\sigma - u)\tan\phi$

18 흙의 비중(G_s)이 2.80, 함수비(w)가 50%인 포화토에 있어서 한계동수경사(i_c)는?

① 0.65
② 0.75
③ 0.85
④ 0.95

정답 13 ④ 14 ② 15 ④ 16 ④ 17 ① 18 ②

해설

한계동수경사

$$i_c = \frac{\gamma_{sub}}{\gamma_w} = \frac{G_s - 1}{1 + e} = \frac{2.5 - 1}{1 + 1} = 0.75$$

(여기서, $S \cdot e = G_s \cdot \omega$에서 $1 \times e = 2.5 \times 0.4$ ∴ $e = 1$)

19 다음의 지반개량공법 중 모래질 지반을 개량하는 데 적합한 공법은?

① 다짐모래말뚝 공법
② 페이퍼 드레인 공법
③ 프리로딩 공법
④ 생석회 말뚝 공법

해설

사질토 개량공법

다짐공법	배수공법	고결
• 다짐말뚝 공법 • compozer 공법 • vibro flotation 공법 • 전기충격식 공법 • 폭파다짐 공법	Well point 공법	약액주입 공법

20 점착력(c)이 $0.4t/m^2$, 내부마찰각(ϕ)이 30°, 흙의 단위중량(γ)이 $1.6t/m^3$인 흙에서 인장균열이 발생하는 깊이(z_0)는?

① 1.73m ② 1.28m
③ 0.87m ④ 0.29m

해설

인장균열 깊이

$$Z_o = \frac{2c}{\gamma} \tan\left(45° + \frac{\phi}{2}\right)$$
$$= \frac{2 \times 0.4}{1.6} \tan\left(45° + \frac{30°}{2}\right) = 0.87\text{m}$$

정답 19 ① 20 ③

2019년 토목기사 제1회 토질 및 기초 기출문제

01 다음 중 Rankine 토압이론의 기본가정에 속하지 않는 것은?

① 흙은 비압축성이고 균질의 입자이다.
② 지표면은 무한히 넓게 존재한다.
③ 옹벽과 흙과의 마찰을 고려한다.
④ 토압은 지표면에 평행하게 작용한다.

해설

Rankine의 토압론	Coulomb의 토압론
벽 마찰각 무시($\delta=0$) (소성론에 의한 토압산출)	벽 마찰각 고려($\delta \neq 0$) (강체역학에 기초를 둔 흙쐐기이론)
작은 입자에 작용하는 응력이 전체를 대표한다는 원리(소성론)	흙쐐기이론에 의한 이론
옹벽 저판의 길이가 긴 경우	옹벽의 저판 돌출부가 없거나 작은 경우

02 다음의 투수계수에 대한 설명 중 옳지 않은 것은?

① 투수계수는 간극비가 클수록 크다.
② 투수계수는 흙의 입자가 클수록 크다.
③ 투수계수는 물의 온도가 높을수록 크다.
④ 투수계수는 물의 단위중량에 반비례한다.

해설
투수계수(k)와 관계
- 간극비(e)가 클수록 k는 증가
- 물의 밀도가 클수록 k는 증가
- 물의 점성이 클수록 k는 감소
- 투수계수(k)는 모래가 점토보다 크다.
- k는 토립자 비중과 무관하다.
- 포화도가 클수록 k는 증가(공기가 있으면 물의 흐름을 방해)

03 보링(boring)에 관한 설명으로 틀린 것은?

① 보링(boring)에는 회전식(rotary boring)과 충격식(percussion boring)이 있다.
② 충격식은 굴진속도가 빠르고 비용도 싸지만 분말상의 교란된 시료만 얻을 수 있다.
③ 회전식은 시간과 공사비가 많이 들 뿐만 아니라 확실한 코어(core)도 얻을 수 없다.
④ 보링은 지반의 상황을 판단하기 위해 실시한다.

해설
회전식 보링은 확실한 코어(시료) 채취가 가능하며 충격식 보링은 교란된 시료만 얻을 수 있다.

04 다음 그림과 같은 모래지반에서 깊이 4m 지점에서의 전단강도는?(단, 모래의 내부마찰각 $\phi=30°$, 점착력 $C=0$이다.)

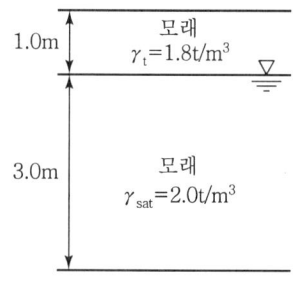

① 4.50t/m^2
② 2.77t/m^2
③ 2.32t/m^2
④ 1.86t/m^2

해설
$$\tau_f(S) = C + \sigma' \tan\phi$$
$$= 0 + [(1.8 \times 1) + (1 \times 3)]\tan 30°$$
$$= 2.77 \text{t/m}^2$$

05 시료가 점토인지 아닌지 알아보고자 할 때 가장 거리가 먼 사항은?

① 소성지수
② 소성도표 A선
③ 포화도
④ 200번체 통과량

해설
포화도는 공극 중에 물이 차 있는 비율로서 점토판단기준과는 거리가 멀다.

정답 01 ③ 02 ④ 03 ③ 04 ② 05 ③

06 비중이 2.67, 함수비가 35%이며, 두께 10m인 포화점토층이 압밀 후에 함수비가 25%로 되었다면, 이 토층 높이의 변화량은 얼마인가?

① 113cm　　② 128cm
③ 135cm　　④ 155cm

해설

$\Delta H = \dfrac{e_1 - e_2}{1 + e_1} \cdot H = \dfrac{0.93 - 0.67}{1 + 0.93} \times 1,000 = 135\text{cm}$

- e_1 (초기 간극비)
  $G_w = S_{e1}$, $2.67 \times 0.35 = 1.0 \times e_1$
  ∴ $e_1 = 0.93$
- e_2 (압밀 후 간극비)
  $G_w = S_{e2}$, $2.67 \times 0.25 = 1.0 \times e_2$
  ∴ $e_2 = 0.67$

07 100% 포화된 흐트러지지 않은 시료의 부피가 20.5cm³이고 무게는 34.2g이었다. 이 시료를 오븐(Oven)건조시킨 후의 무게는 22.6g이었다. 간극비는?

① 1.3　　② 1.5
③ 2.1　　④ 2.6

해설

$e = \dfrac{V_v}{V_s} = \dfrac{V_v}{V - V_v} = \dfrac{34.2 - 22.6}{20.5 - (34.2 - 22.6)} = 1.3$

($S = 1$일 때 $V_v = V_w = W_w$)

08 흙의 강도에 대한 설명으로 틀린 것은?

① 점성토에서는 내부마찰각이 작고 사질토에서는 점착력이 작다.
② 일축압축 시험은 주로 점성토에 많이 사용한다.
③ 이론상 모래의 내부마찰각은 0이다.
④ 흙의 전단응력은 내부마찰각과 점착력의 두 성분으로 이루어진다.

해설
점토의 내부마찰각은 0이다.

09 흙댐에서 상류면 사면의 활동에 대한 안전율이 가장 저하되는 경우는?

① 만수된 물의 수위가 갑자기 저하할 때이다.
② 흙댐에 물을 담는 도중이다.
③ 흙댐이 만수되었을 때이다.
④ 만수된 물이 천천히 빠져나갈 때이다.

해설

상류 측(댐) 사면이 가장 위험할 때	하류 측 사면이 가장 위험할 때
• 시공 직후 • 만수된 수위가 급강하 시	• 만수위일 때 • 제체 내의 흐름이 정상 침투 시

10 어떤 사질 기초지반의 평판재하 시험결과 항복강도가 60t/m², 극한강도가 100t/m²이었다. 그리고 그 기초는 지표에서 1.5m 깊이에 설치될 것이고 그 기초 지반의 단위중량이 1.8t/m³일 때 지지력계수 $N_q = 5$이었다. 이 기초의 장기 허용지지력은?

① 24.7t/m²　　② 26.9t/m²
③ 30t/m²　　　④ 34.5t/m²

해설

장기 허용지지력 $(q_a) = q_t + \dfrac{\gamma_t \cdot D_f \cdot N_q}{3}$

- q_t
  $\dfrac{q_r}{2}$ or $\dfrac{q_u}{3}$ 중 작은 값
  ∴ $\dfrac{60}{2}$ or $\dfrac{100}{3}$ 중 작은 값 $= 30\text{t/m}^2 (q_t)$

∴ $q_a = 30 + \dfrac{1.8 \times 1.5 \times 5}{3} = 34.5\text{t/m}^2$

11 Meyerhof의 일반 지지력 공식에 포함되는 계수가 아닌 것은?

① 국부전단계수　　② 근입깊이계수
③ 경사하중계수　　④ 형상계수

정답　06 ③　07 ①　08 ③　09 ①　10 ④　11 ①

[해설]

Meyerhof의 일반 지지력 공식에 포함되는 계수
- 형상계수
- 근입깊이계수
- 하중경사계수
- 지지력계수

12 세립토를 비중계법으로 입도분석을 할 때 반드시 분산제를 쓴다. 다음 설명 중 옳지 않은 것은?

① 입자의 면모화를 방지하기 위하여 사용한다.
② 분산제의 종류는 소성지수에 따라 달라진다.
③ 현탁액이 산성이면 알칼리성의 분산제를 쓴다.
④ 시험 도중 물의 변질을 방지하기 위하여 분산제를 사용한다.

[해설]

비중계(침강) 분석
- 수중에서 흙입자가 침강하는 원리인 스톡스의 법칙 이용
- 0.075mm 체를 통과하는 세립자의 양을 침강속도를 통해 분석하는 방법
- 흙 입자는 모두 구로 간주(실제와는 오차가 생김)
- #200 이하의 부분에 대한 입도분석을 위해 #10체 통과분 시료에 대하여 비중계 시험법 실시
- 시료의 면모화를 방지하기 위해 분산제를 사용

13 다음 지반 개량공법 중 연약한 점토지반에 적당하지 않은 것은?

① 샌드 드레인 공법
② 프리로딩 공법
③ 치환 공법
④ 바이브로 플로테이션 공법

[해설]

바이브로 플로테이션 공법은 사질토 개량 공법이다.

14 흙의 다짐시험을 실시한 결과 다음과 같았다. 이 흙의 건조단위중량은 얼마인가?

① 몰드+젖은 시료 무게 : 3,612g
② 몰드 무게 : 2,143g
③ 젖은 흙의 함수비 : 15.4%
④ 몰드의 체적 : 944cm³

① 1.35g/cm^3
② 1.56g/cm^3
③ 1.31g/cm^3
④ 1.42g/cm^3

[해설]

- $W = 3,612 - 2,143 = 1,469\text{g}$
- $\gamma_t = \dfrac{W}{V} = \dfrac{1,469}{944} = 1.556\text{g/cm}^3$
- $\therefore \gamma_d = \dfrac{\gamma_t}{1+w} = \dfrac{1.556}{1+0.154} = 1.35\text{g/cm}^3$

15 연약점토지반에 성토제방을 시공하고자 한다. 성토로 인한 재하속도가 과잉간극수압이 소산되는 속도보다 빠를 경우, 지반의 강도정수를 구하는 가장 적합한 시험방법은?

① 압밀 배수시험
② 압밀 비배수시험
③ 비압밀 비배수시험
④ 직접전단시험

[해설]

UU(비압밀 비배수)시험
- 포화점토가 성토 직후 급속한 파괴가 예상될 때(포화된 점토지반 위에 급속하게 성토하는 제방의 안전성을 검토)
- 점토지반의 단기간 안정검토 시(시공 직후 초기 안정성 검토)
- 시공 중 압밀, 함수비와 체적의 변화가 없다고 예상
- 내부마찰각(ϕ)=0(불안전 영역에서 강도정수 결정)
- 성토로 인한 재하속도가 과잉간극수압이 소산되는 속도보다 빠를 때

정답 12 ④ 13 ④ 14 ① 15 ③

16 기초가 갖추어야 할 조건이 아닌 것은?

① 동결, 세굴 등에 안전하도록 최소의 근입깊이를 가져야 한다.
② 기초의 시공이 가능하고 침하량이 허용치를 넘지 않아야 한다.
③ 상부로부터 오는 하중을 안전하게 지지하고 기초지반에 전달하여야 한다.
④ 미관상 아름답고 주변에서 쉽게 구득할 수 있는 재료로 설계되어야 한다.

[해설]
기초의 구비조건
- 최소한의 근입 깊이(D_f)를 가질 것(최소동결깊이보다 깊은 곳에 설치)
- 지지력에 대해 안정할 것
- 침하에 대해 안정할 것(침하량이 허용 침하량 이내일 것)
- 기초공 시공이 가능할 것(내구적, 경제적)

17 유선망의 특징을 설명한 것 중 옳지 않은 것은?

① 각 유로의 투수량은 같다.
② 인접한 두 등수두선 사이의 수두손실은 같다.
③ 유선망을 이루는 사변형은 이론상 정사각형이다.
④ 동수경사는 유선망의 폭에 비례한다.

[해설]
유선망의 특징
- 각 유량의 침투 유량은 같다.
- 인접한 등수두선 사이에서 수두차(손실수두, 수두감소량)는 모두 같다.
- 유선과 등수두선은 서로 직교한다(유선과 다른 유선은 교차하지 않는다).
- 유선망을 이루는 사각형은 이론상 정사각형이다(폭 = 길이).
- 침투속도 및 동수구배는 유선망의 폭(L)에 반비례한다.

침투속도$(v) = ki = k\dfrac{\Delta h}{L}$

18 유효응력에 관한 설명 중 옳지 않은 것은?

① 포화된 흙인 경우 전응력에서 공극수압을 뺀 값이다.
② 항상 전응력보다는 작은 값이다.
③ 점토지반의 압밀에 관계되는 응력이다.
④ 건조한 지반에서는 전응력과 같은 값으로 본다.

[해설]
$\sigma = \sigma' + u$ ∴ $\sigma \geq \sigma'$

19 말뚝에서 부마찰력에 관한 설명 중 옳지 않은 것은?

① 아래쪽으로 작용하는 마찰력이다.
② 부마찰력이 작용하면 말뚝의 지지력은 증가한다.
③ 압밀층을 관통하여 견고한 지반에 말뚝을 박으면 일어나기 쉽다.
④ 연약지반에 말뚝을 박은 후 그 위에 성토를 하면 일어나기 쉽다.

[해설]
부마찰력이 작용하면 말뚝의 지지력은 감소한다.

20 흙이 동상을 일으키기 위한 조건으로 가장 거리가 먼 것은?

① 아이스 렌즈를 형성하기 위한 충분한 물의 공급이 있을 것
② 양(+)이온을 다량 함유할 것
③ 0℃ 이하의 온도가 오랫동안 지속될 것
④ 동상이 일어나기 쉬운 토질일 것

[해설]
동상의 조건
- 0℃ 이하의 온도가 지속될 때
- 동상의 받기 쉬운 흙(silt)이 존재할 때
- 지하수 공급이 충분(아이스렌즈가 형성)될 때
- 모관상승고(h_c), 투수성(k)이 클 때
- 동결심도 하단에서 지하수면까지의 거리가 모관상승고보다 작을 때

정답 16 ④ 17 ④ 18 ② 19 ② 20 ②

2019년 토목산업기사 제1회 토질 및 기초 기출문제

01 Hazen이 제안한 균등계수가 5 이하인 균등한 모래의 투수계수(k)를 구할 수 있는 경험식으로 옳은 것은? (단, C는 상수이고, D_{10}은 유효입경이다.)

① $k = CD_{10}$ (cm/s) ② $k = CD_{10}^2$ (cm/s)
③ $k = CD_{10}^3$ (cm/s) ④ $k = CD_{10}^4$ (cm/s)

【해설】
Hazen의 경험식

식	내용
$k = CD_{10}^2$	k : 투수계수(cm/sec) D_{10} : 유효입경(cm) C : 100~150/cm·sec (둥근 입자인 경우 $C=150$)

02 다음 중 말뚝의 정역학적 지지력공식은?

① Sander 공식
② Terzaghi 공식
③ Engineering News 공식
④ Hiley 공식

【해설】
말뚝의 지지력 산정방법

정역학적 공식	동역학적 공식(항타공식)
• Terzaghi 공식 • Meyerhof 공식 • Dörr 공식 • Dunham 공식	• Sander 공식 • Engineering News 공식 • Hiley 공식 • Weisbach 공식

03 그림과 같은 모래지반에서 X-X 면의 전단강도는?(단, $\phi = 30°$, $c = 0$)

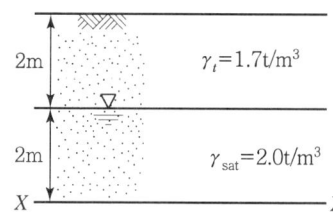

① 1.56t/m²   ② 2.14t/m²
③ 3.12t/m²   ④ 4.27t/m²

【해설】
$S(\tau_f) = C + \sigma' \tan\phi$
$\sigma' = 1.7 \times 2 + 1 \times 2 = 5.4$
$\therefore S(\tau_f) = 0 + 5.4 \tan 30° = 3.12 \text{t/m}^2$

04 포화단위중량이 1.8t/m³인 모래지반이 있다. 이 포화 모래지반에 침투수압의 작용으로 모래가 분출하고 있다면 한계동수경사는?

① 0.8   ② 1.0
③ 1.8   ④ 2.0

【해설】
$i_c = \dfrac{h}{L} = \dfrac{\gamma_{sub}}{\gamma_w} = \dfrac{0.8}{1} = 0.8$

05 다음 중 동해가 가장 심하게 발생하는 토질은?

① 실트   ② 점토
③ 모래   ④ 콜로이드

【해설】
동해가 심한 순서
실트 > 점토 > 모래 > 자갈

06 압밀계수가 0.5×10^{-2}cm²/s이고, 일면배수 상태의 5m 두께 점토층에서 90% 압밀이 일어나는 데 소요되는 시간은?(단, 90% 압밀도에서 시간계수(T)는 0.848이다.)

① 2.12×10^7초   ② 4.24×10^7초
③ 6.36×10^7초   ④ 8.48×10^7초

【해설】
$T_v = \dfrac{C_v \cdot t}{H^2}$

$\therefore t = \dfrac{T_v \cdot H^2}{C_v} = \dfrac{0.848 \times 500^2}{0.5 \times 10^{-2}}$
$= 4.24 \times 10^7$초

정답 01 ② 02 ② 03 ③ 04 ① 05 ① 06 ②

07 입도분포곡선에서 통과율 10%에 해당하는 입경(D_{10})이 0.005mm이고, 통과율 60%에 해당하는 입경(D_{60})이 0.025mm일 때 균등계수(C_u)는?

① 1 ② 3
③ 5 ④ 7

해설
$$C_u = \frac{D_{60}}{D_{10}} = \frac{0.025}{0.005} = 5$$

08 유선망을 이용하여 구할 수 없는 것은?

① 간극수압 ② 침투수량
③ 동수경사 ④ 투수계수

해설
유선망의 작도 목적
• 침투유량(수량) 결정
• 간극수압 결정
• 동수경사 결정

09 다음 그림과 같은 높이가 10m인 옹벽이 점착력이 0인 건조한 모래를 지지하고 있다. 모래의 마찰각이 36°, 단위중량이 1.6t/m³일 때 전 주동토압은?

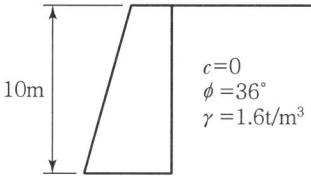

① 20.8t/m ② 24.3t/m
③ 33.2t/m ④ 39.5t/m

해설
$$P_a = \frac{1}{2}\gamma_t H^2 K_a (\text{t/m})$$
$$(K_a = \frac{1-\sin\theta}{1+\sin\theta} = \frac{1-\sin 36°}{1+\sin 36°} = 0.26)$$
$$= \frac{1}{2} \times 1.6 \times 10^2 \times 0.26$$
$$= 20.8 \text{t/m}$$

10 다음 그림과 같은 접지압 분포를 나타내는 조건으로 옳은 것은?

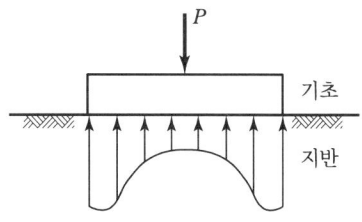

① 점토지반, 강성기초
② 점토지반, 연성기초
③ 모래지반, 강성기초
④ 모래지반, 연성기초

해설
강성 기초의 접지압

점토지반	모래지반
기초 모서리에서 최대응력 발생	기초 중앙부에서 최대응력 발생

11 진동이나 충격과 같은 동적외력의 작용으로 모래의 간극비가 감소하며 이로 인하여 간극수압이 상승하여 흙의 전단강도가 급격히 소실되어 현탁액과 같은 상태로 되는 현상은?

① 액상화 현상 ② 동상 현상
③ 다일러탠시 현상 ④ 틱소트로피 현상

해설

액상화 현상	틱소트로피
포화된 사질지반에 지진이나 진동 등 동적하중이 작용하면 지반에서 일시적으로 전단강도를 상실하는 현상	교란된 점토지반이 시간이 지남에 따라 강도의 일부를 회복하는 현상

정답 07 ③ 08 ④ 09 ① 10 ① 11 ①

12 간극비(e) 0.65, 함수비(w) 20.5%, 비중(G_s) 2.69인 사질점토의 습윤단위중량(γ_t)은?

① 1.02g/cm^3 ② 1.35g/cm^3
③ 1.63g/cm^3 ④ 1.96g/cm^3

[해설]
$\gamma_t = \dfrac{W}{V} = \dfrac{G_s + S\cdot e}{1+e} \cdot \gamma_w = \dfrac{2.69 + (0.848 \times 0.65)}{1+0.65}$
$\qquad = 1.96\text{g/cm}^3$
($G_w = S_e$, $S = \dfrac{G_w}{e} = \dfrac{2.69 \times 0.205}{0.65} = 0.848$)

13 사질지반에 40cm×40cm 재하판으로 재하시험한 결과 16t/m²의 극한지지력을 얻었다. 2m×2m의 기초를 설치하면 이론상 지지력은 얼마나 되겠는가?

① 16t/m^2 ② 32t/m^2
③ 40t/m^2 ④ 80t/m^2

[해설]
$q_u(\text{기초}) = q_u(\text{재하판}) \times \dfrac{B(\text{기초})}{B(\text{재하판})}$
$\qquad = 16 \times \dfrac{2}{0.4} = 80\text{t/m}^2$

14 흙의 다짐시험에서 다짐에너지를 증가시킬 때 일어나는 변화로 옳은 것은?

① 최적함수비와 최대 건조밀도가 모두 증가한다.
② 최적함수비와 최대 건조밀도가 모두 감소한다.
③ 최적함수비는 증가하고 최대 건조밀도는 감소한다.
④ 최적함수비는 감소하고 최대 건조밀도는 증가한다.

[해설]
다짐에너지 증가 시 변화
• $\gamma_{d\max}$ 가 증가한다.
• OMC(최적함수비)는 작아진다.

15 점성토 지반에 사용하는 연약지반 개량공법이 아닌 것은?

① Sand drain 공법
② 침투압 공법
③ Vibro flotation 공법
④ 생석회 말뚝 공법

[해설]
사질토 개량공법

다짐공법	배수공법	고결
• 다짐말뚝 공법 • compozer 공법 • virbro flotation 공법 • 전기충격식 공법 • 폭파다짐 공법	Well point 공법	약액주입공법

16 모래 치환법에 의한 흙의 밀도 시험에서 모래(표준사)는 무엇을 구하기 위해 사용되는가?

① 흙의 중량 ② 시험구멍의 부피
③ 흙의 함수비 ④ 지반의 지지력

[해설]
모래(표준사)의 용도
시험구멍의 체적을 구하기 위해 사용한다(No.10체를 통과하고 No. 200체에 남은 모래를 사용).

17 어떤 포화점토의 일축압축강도(q_u)가 3.0kg/cm^2이었다. 이 흙의 점착력(c)은?

① 3.0kg/cm^2 ② 2.5kg/cm^2
③ 2.0kg/cm^2 ④ 1.5kg/cm^2

[해설]
$q_u = 2c\tan\left(45 + \dfrac{\phi}{2}\right)$
$\therefore\ c = \dfrac{q_u}{2}(\phi=0) = \dfrac{3}{2} = 1.5\text{kg/cm}^2$

정답 12 ④ 13 ④ 14 ④ 15 ③ 16 ② 17 ④

18 점토의 예민비(sensitivity ratio)는 다음 시험 중 어떤 방법으로 구하는가?

① 삼축압축시험 ② 일축압축시험
③ 직접전단시험 ④ 베인시험

[해설]

예민비
- 예민성은 일축압축시험을 실시하면 강도가 감소되는 성질이다.
- 예민비는 교란에 의해 감소되는 강도의 예민성을 나타내는 지표이다.(일축압축시험 결과로 얻는 일축압축강도를 이용하여 예민비를 구한다.)
- 예민비가 크면 진동이나 교란 등에 민감하여 강도가 크게 저하되므로 공학적 성질이 불량하다.(안전율을 크게 한다.)

$$S_t = \frac{q_u}{q_{ur}} = \frac{불교란시료의\ 일축압축강도(자연상태)}{교란시료의\ 일축압축강도(흐트러진\ 상태)}$$

19 연약점토지반($\phi = 0$)의 단위중량이 $1.6t/m^3$, 점착력이 $2t/m^2$이다. 이 지반을 연직으로 2m 굴착하였을 때 연직사면의 안전율은?

① 1.5 ② 2.0
③ 2.5 ④ 3.0

[해설]

$$F_s = \frac{H_c}{H} = \frac{5}{2} = 2.5$$

- $H_c = \frac{4c}{\gamma}\tan\left(45 + \frac{\phi}{2}\right)$

  $= \frac{4 \times 2}{1.6}\tan\left(45 + \frac{0}{2}\right) = 5m$

- $H = 2m$

20 다음은 불교란 흙 시료를 채취하기 위한 샘플러 선단의 그림이다. 면적비(A_r)를 구하는 식으로 옳은 것은?

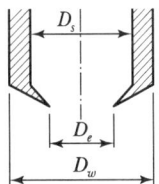

① $A_r = \dfrac{D_s^2 - D_e^2}{D_e^2} \times 100(\%)$

② $A_r = \dfrac{D_w^2 - D_e^2}{D_e^2} \times 100(\%)$

③ $A_r = \dfrac{D_s^2 - D_e^2}{D_w^2} \times 100(\%)$

④ $A_r = \dfrac{D_s^2 - D_e^2}{D_s^2} \times 100(\%)$

[해설]

샘플러 모식도	면적비
	$A_R = \dfrac{D_w^2 - D_e^2}{D_e^2} \times 100(\%)$
	• D_w : sampler의 외경
	• D_e : sampler의 선단(날끝) 내경

정답 18 ② 19 ③ 20 ②

2019년 토목기사 제2회 토질 및 기초 기출문제

01 말뚝의 부마찰력에 대한 설명 중 틀린 것은?

① 부마찰력이 작용하면 지지력이 감소한다.
② 연약지반에 말뚝을 박은 후 그 위에 성토를 한 경우 일어나기 쉽다.
③ 부마찰력은 말뚝 주변 침하량이 말뚝의 침하량보다 클 때 아래로 끌어내리려는 마찰력을 말한다.
④ 연약한 점토에 있어서는 상대변위의 속도가 느릴수록 부마찰력은 크다.

해설
부마찰력의 특징
- 아래쪽으로 작용하는 말뚝의 주면 마찰력이다.
- 말뚝에 부마찰력이 발생하면 말뚝의 지지력은 부주면 마찰력만큼 감소한다.
- 연약지반을 관통하여 견고한 지반까지 말뚝을 박은 경우 일어나기 쉽다.
- 연약한 점토에서 부마찰력은 상대변위의 속도가 느릴수록 적게 발생한다.

02 다음 중 점성토 지반의 개량공법으로 거리가 먼 것은?

① Paper drain 공법
② Vibro-flotation 공법
③ Chemico pile 공법
④ Sand compaction pile 공법

해설

점성토 개량공법	
탈수공법 (압밀 촉진)	• 샌드 드레인 공법(Sand drain) • 페이퍼 드레인 공법(Paper drain) • 팩 드레인 공법(Pack drain) • 프리로딩 공법(Preloading) • 생석회 말뚝 공법
치환공법 (공기단축, 공사비 저렴)	• 굴착 치환공법 • 자중에 의한 치환공법 • 폭파에 의한 치환공법

03 표준압밀실험을 하였더니 하중 강도가 2.4 kg/cm²에서 3.6kg/cm²로 증가할 때 간극비는 1.8에서 1.2로 감소하였다. 이 흙의 최종침하량은 약 얼마인가?(단, 압밀층의 두께는 20m이다.)

① 428.64cm
② 214.29cm
③ 642.86cm
④ 285.71cm

해설

$$\Delta H = \frac{e_1 - e_2}{1 + e_1} \cdot H = \frac{1.8 - 1.2}{1 + 1.8} \times 2,000 = 428.6 \text{cm}$$

04 다음 그림과 같은 3m×3m 크기의 정사각형 기초의 극한지지력을 Terzaghi 공식으로 구하면? (단, 내부마찰각(ϕ)은 20°, 점착력(c)은 5t/m², 지지력계수 N_c=18, N_γ=5, N_q=7.5이다.)

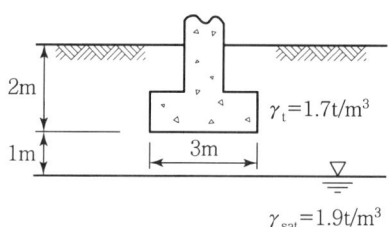

① 135.71t/m²
② 149.52t/m²
③ 157.26t/m²
④ 174.38t/m²

해설

- $\gamma_1 = \dfrac{\gamma_t \cdot d + \gamma_{sub}(B-d)}{B}$

  $= \dfrac{1.7 \times 1 + 0.9(3-1)}{3} = 1.167$

∴ $q_{ult} = \alpha N_c C + \beta \gamma_1 N_\gamma B + \gamma_2 N_q D_f$
  $= (1.3 \times 18 \times 5) + (0.4 \times 1.167 \times 5 \times 3) + (1.7 \times 7.5 \times 2)$
  $\fallingdotseq 149.52 \text{t/m}^2$

정답 01 ④ 02 ② 03 ① 04 ②

05 다음 그림과 같이 지표면에 집중하중이 작용할 때 A점에서 발생하는 연직응력의 증가량은?

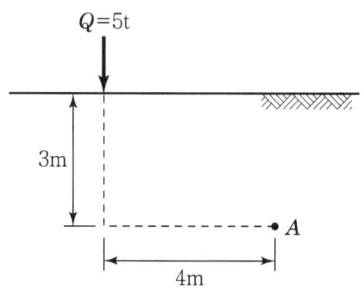

① 20.6kg/m^2
② 24.4kg/m^2
③ 27.2kg/m^2
④ 30.3kg/m^2

해설

- $I = \dfrac{3}{2\pi}\left(\dfrac{Z}{R}\right)^5$

$= \dfrac{3}{2\pi} \cdot \left(\dfrac{3}{\sqrt{3^2+4^2}}\right)^5$

$= 0.0371$

$\therefore \Delta\sigma_z = \dfrac{IQ}{Z^2} = \dfrac{0.0371 \times 5}{3^2}$

$= 0.0206\text{t/m}^2 = 20.6\text{kg/m}^2$

06 모래지반에 30cm×30cm의 재하판으로 재하실험을 한 결과 10t/m^2의 극한지지력을 얻었다. 4m×4m의 기초를 설치할 때 기대되는 극한지지력은?

① 10t/m^2
② 100t/m^2
③ 133t/m^2
④ 154t/m^2

해설
(극한)지지력은 모래에서 재하판 폭에 비례한다.
$0.3 : 10 = 4 : x$
$\therefore x = 133\text{t/m}^2$

07 단동식 증기 해머로 말뚝을 박았다. 해머의 무게 2.5t, 낙하고 3m, 타격당 말뚝의 평균관입량 1cm, 안전율 6일 때 Engineering News 공식으로 허용지지력을 구하면?

① 250t
② 200t
③ 100t
④ 50t

해설

$Q_a = \dfrac{Q_u}{F_s} = \dfrac{WH/S + 0.25}{F_s}$

$= \dfrac{2.5 \times 300/1 + 0.25}{6} = 100\text{t}$

※ 낙하고와 관입량은 cm 단위로 나타낸다.

08 예민비가 큰 점토란 어느 것인가?

① 입자의 모양이 날카로운 점토
② 입자가 가늘고 긴 형태의 점토
③ 다시 반죽했을 때 강도가 감소하는 점토
④ 다시 반죽했을 때 강도가 증가하는 점토

해설
예민비
- 예민성은 일축압축시험을 실시하면 강도가 감소되는 성질이다.
- 예민비는 교란에 의해 감소되는 강도의 예민성을 나타내는 지표이다.(일축압축시험 결과 얻는 일축압축강도를 이용하여 예민비를 구한다.)
- 예민비가 크면 진동이나 교란 등에 민감하여 강도가 크게 저하되므로 공학적 성질이 불량하다.(안전율을 크게 한다.)

$S_t = \dfrac{q_u}{q_{ur}} = \dfrac{\text{불교란시료의 일축압축강도(자연상태)}}{\text{교란시료의 일축압축강도(흐트러진 상태)}}$

09 사면의 안전에 관한 다음 설명 중 옳지 않은 것은?

① 임계 활동면이란 안전율이 가장 크게 나타나는 활동면을 말한다.
② 안전율이 최소로 되는 활동면을 이루는 원을 임계원이라 한다.
③ 활동면에 발생하는 전단응력이 흙의 전단강도를 초과할 경우 활동이 일어난다.
④ 활동면은 일반적으로 원형활동면으로 가정한다.

정답 05 ① 06 ③ 07 ③ 08 ③ 09 ①

[해설]

임계원 모식도	임계원 및 임계 활동면
(그림)	• 임계원은 안전율이 최소인 활동원이다. • 임계활동면은 안전율이 최소인 활동면으로 가장 불안전한 활동면을 말한다.

10 다음과 같이 널말뚝을 박은 지반의 유선망을 작도하는 데 있어서 경계조건에 대한 설명으로 틀린 것은?

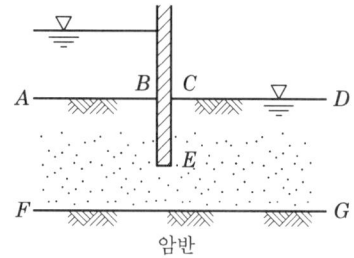

① $\overline{AB}$는 등수두선이다.
② $\overline{CD}$는 등수두선이다.
③ $\overline{FG}$는 유선이다.
④ $\overline{BEC}$는 등수두선이다.

[해설]
$\overline{BEC}$는 등수두선이 아니고 유선이다.

11 토립자가 둥글고 입도분포가 나쁜 모래 지반에서 표준관입시험을 한 결과 N치는 10이었다. 이 모래의 내부 마찰각을 Dunham의 공식으로 구하면?

① 21°
② 26°
③ 31°
④ 36°

[해설]
$\phi = \sqrt{12N} + 15 = \sqrt{12 \times 10} + 15 = 26°$

12 토압에 대한 다음 설명 중 옳은 것은?

① 일반적으로 정지토압 계수는 주동토압 계수보다 작다.
② Rankine 이론에 의한 주동토압의 크기는 Coulomb 이론에 의한 값보다 작다.
③ 옹벽, 흙막이벽체, 널말뚝 중 토압분포가 삼각형 분포에 가장 가까운 것은 옹벽이다.
④ 극한 주동상태는 수동상태보다 훨씬 더 큰 변위에서 발생한다.

[해설]

구분	토압분포도	내용
(그림)	(그림)	• 연직한 옹벽 • 연직옹벽의 토압분포 모양은 삼각형이다.

13 유선망의 특징을 설명한 것으로 옳지 않은 것은?

① 각 유로의 침투유량은 같다.
② 유선과 등수두선은 서로 직교한다.
③ 유선망으로 이루어지는 사각형은 이론상 정사각형이다.
④ 침투속도 및 동수경사는 유선망의 폭에 비례한다.

[해설]
침투속도(V) 및 동수경사(i)는 유선망폭(L)에 반비례한다.
$V = Ki = K \cdot \dfrac{\Delta h}{L}$
$\therefore\ i \cdot V \propto \dfrac{1}{L}$

14 어떤 종류의 흙에 대해 직접전단(일면전단) 시험을 한 결과 다음 표와 같은 결과를 얻었다. 이 값으로부터 점착력(c)을 구하면?(단, 시료의 단면적은 $10cm^2$이다.)

수직하중(Kg)	10.0	20.0	30.0
전단력(Kg)	24.785	25.570	26.355

① $3.0kg/cm^2$
② $2.7kg/cm^2$
③ $2.4kg/cm^2$
④ $1.9kg/cm^2$

정답 10 ④ 11 ② 12 ③ 13 ④ 14 ③

> 해설
- 수직응력$(\delta) = \dfrac{P}{A}$, 전단응력$(\tau) = \dfrac{S}{A}$
- $A = 10\text{cm}^2$일 때

δ	1	2	3
τ	2.4785	2.5670	2.6355

- $\tau = C + \sigma\tan\phi$에서
  $2.4785 = C + 1 \times \tan\phi$ … ①
  $2.5570 = C + 2 \times \tan\phi$ … ②
  ①, ②식을 연립방정식으로 풀면
  $C = 2.4$

15 모래의 밀도에 따라 일어나는 전단특성에 대한 다음 설명 중 옳지 않은 것은?

① 다시 성형한 시료의 강도는 작아지지만 조밀한 모래에서는 시간이 경과됨에 따라 강도가 회복된다.
② 내부마찰각(ϕ)은 조밀한 모래일수록 크다.
③ 직접 전단시험에 있어서 전단응력과 수평변위 곡선은 조밀한 모래에서는 peak가 생긴다.
④ 조밀한 모래에서는 전단변형이 계속 진행되면 부피가 팽창한다.

> 해설

thixotropy(틱소트로피) 현상	dilatancy(다이러턴시) 현상
점토는 되이김(remolding)하면 전단강도가 현저히 감소하는데, 시간이 경과함에 따라 그 강도의 일부를 다시 찾게 되는 현상	조밀한 사질토에서 전단이 진행됨에 따라 부피가 증가되는 현상

16 다음은 전단시험을 한 응력경로이다. 어느 경우인가?

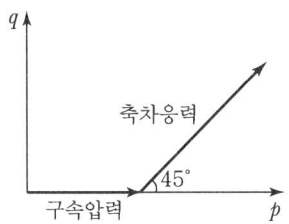

① 초기 단계의 최대 주응력과 최소 주응력이 같은 상태에서 시행한 삼축압축시험의 전응력 경로이다.
② 초기 단계의 최대 주응력과 최소 주응력이 같은 상태에서 시행한 일축압축시험의 전응력 경로이다.
③ 초기 단계의 최대 주응력과 최소 주응력이 같은 상태에서 $K_o = 0.5$인 조건에서 시행한 삼축압축시험의 전응력 경로이다.
④ 초기 단계의 최대 주응력과 최소 주응력이 같은 상태에서 $K_o = 0.7$인 조건에서 시행한 일축압축시험의 전응력 경로이다.

> 해설
초기 단계의 최대 주응력과 최소 주응력이 같은 상태에서 시행한 삼축압축시험의 전응력 경로이다.($p = \sigma_v$, $q = 0$)

17 흙 입자의 비중은 2.56, 함수비는 35%, 습윤단위중량은 1.75g/cm^3일 때 간극률은 약 얼마인가?

① 32% ② 37%
③ 43% ④ 49%

> 해설
$\gamma_t = \dfrac{G_s + S_e}{1+e} \cdot \gamma_w$

- $S_e = G_w = 2.56 \times 0.35 = 0.896$
- $e = \dfrac{G_s + S_e}{\gamma_t} - 1$
  $= \dfrac{2.56 + 0.896}{1.75} - 1 = 0.97$

∴ $n = \dfrac{e}{1+e} = \dfrac{0.97}{1+0.97} \times 100 = 49\%$

18 그림과 같이 모래층에 널말뚝을 설치하여 물막이 공 내의 물을 배수하였을 때, 분사현상이 일어나지 않게 하려면 얼마의 압력을 가하여야 하는가?(단, 모래의 비중은 2.65, 간극비는 0.65, 안전율은 3이다.)

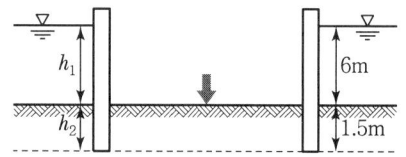

① 6.5t/m²
② 16.5t/m²
③ 23t/m²
④ 33t/m²

해설

$F_s = \dfrac{\sigma' + P}{F}$

- $\sigma' = \gamma_{sub} \cdot h_2 = 1 \times 1.5 = 1.5\text{t/m}^2$

  $\left(\gamma_{sub} = \dfrac{G_s - 1}{1 + e} \times \gamma_w = \dfrac{2.65 - 1}{1 + 0.65} \times 1 = 1\text{t/m}^3\right)$

- $F = i\gamma_w z$

  $= \dfrac{h_1}{h_2} \cdot \gamma_w \cdot h_2 = h_1 \cdot \gamma_w$

  $= 6 \times 1 = 6\text{t/m}^2$

∴ $F_s = \dfrac{\sigma' + P}{F} = \dfrac{1.5 + P}{6} = 3$

따라서 분사현상이 일어나지 않을 압력 $P = 16.5\text{t/m}^2$

19 흙의 다짐 효과에 대한 설명 중 틀린 것은?

① 흙의 단위중량 증가
② 투수계수 감소
③ 전단강도 저하
④ 지반의 지지력 증가

해설

흙의 다짐효과

- 투수성의 감소
- 압축성의 감소
- 흡수성 감소
- 전단강도의 증가 및 지지력의 증가
- 부착력 및 밀도 증가

20 Rod에 붙인 어떤 저항체를 지중에 넣어 관입, 인발 및 회전에 의해 흙의 전단강도를 측정하는 원위치 시험은?

① 보링(Boring)
② 사운딩(Sounding)
③ 시료채취(Sampling)
④ 비파괴 시험(NDT)

해설

사운딩

로드(Rod) 끝에 설치한 저항체를 지중에 삽입하여 관입, 회전, 인발 등의 저항으로 토층의 물리적 성질과 상태를 탐사하는 시험이다.

정답 18 ② 19 ③ 20 ②

2019년 토목산업기사 제2회 토질 및 기초 기출문제

01 모래치환에 의한 흙의 밀도 시험 결과 파낸 구멍의 부피가 $1,980cm^3$이었고 이 구멍에서 파낸 흙 무게가 $3,420g$이었다. 이 흙의 토질시험 결과 함수비가 10%, 비중이 2.7, 최대 건조단위중량이 $1.65 g/cm^3$이었을 때 이 현장의 다짐도는?

① 약 85% ② 약 87%
③ 약 91% ④ 약 95%

[해설]

다짐도$(RC) = \dfrac{\gamma_d}{\gamma_{dmax}} \times 100$

- $\gamma_t = \dfrac{W}{V} = \dfrac{3,420}{1,980} = 1.73 g/cm^3$
- $\gamma_d = \dfrac{\gamma_t}{1+w} = \dfrac{1.73}{1+0.1} = 1.57 g/cm^3$

$\therefore RC = \dfrac{1.57}{1.65} \times 100 = 95\%$

02 어떤 흙의 전단시험 결과 $c=1.8kg/cm^2$, $\phi=35°$, 토립자에 작용하는 수직응력이 $\sigma=3.6kg/cm^2$일 때 전단강도는?

① $3.86kg/cm^2$ ② $4.32kg/cm^2$
③ $4.89kg/cm^2$ ④ $6.33kg/cm^2$

[해설]

$S(\tau_f) = C + \sigma' \tan\phi$
$= 1.8 + 3.6\tan35°$
$= 4.32 kg/cm^2$

03 흙 지반의 투수계수에 영향을 미치는 요소로 옳지 않은 것은?

① 물의 점성 ② 유효 입경
③ 간극비   ④ 흙의 비중

[해설]
흙의 비중은 투수계수와 무관하다.

04 그림에서 모래층에 분사현상이 발생되는 경우는 수두 h가 몇 cm 이상일 때 일어나는가? (단, $G_s=2.68$, $n=60\%$이다.)

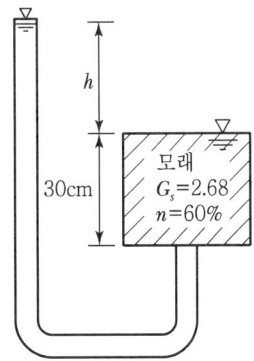

① 20.16cm ② 18.05cm
③ 13.73cm ④ 10.52cm

[해설]
- $i_c \leq i$ (분사현상 발생)
- $\dfrac{G_s-1}{1+e} \leq \dfrac{h}{L}$

$\left(\dfrac{2.68-1}{1+1.5}\right) \times 30 = h$

$e = \dfrac{n}{1-n} = \dfrac{0.6}{1-0.6} = 1.5$

$\therefore h = 20.16cm$

05 말뚝의 부마찰력에 관한 설명 중 옳지 않은 것은?

① 말뚝이 연약지반을 관통하여 견고한 지반에 박혔을 때 발생한다.
② 지반에 성토나 하중을 가할 때 발생한다.
③ 말뚝의 타입 시 항상 발생하며 그 방향은 상향이다.
④ 지하수위 저하로 발생한다.

[해설]
부마찰력의 방향은 하향이다.

정답 01 ④ 02 ② 03 ④ 04 ① 05 ③

06 연약한 점토지반의 전단강도를 구하는 현장 시험방법은?

① 평판재하 시험
② 현장 CBR 시험
③ 접전단 시험
④ 현장 베인 시험

해설
Vane test의 특징
- 연약한 점토층에 실시하는 시험
- 점착력 산정 기능
- 지반의 비배수 전단강도(c_u)를 측정
- 비배수조건($\phi=0$)에서 사면의 안정해석

07 흙의 다짐에 관한 설명 중 옳지 않은 것은?

① 최적 함수비로 다질 때 건조단위중량은 최대가 된다.
② 세립토의 함유율이 증가할수록 최적 함수비는 증대된다.
③ 다짐에너지가 클수록 최적 함수비는 커진다.
④ 점성토는 조립토에 비하여 다짐곡선의 모양이 완만하다.

해설
다짐에너지가 커지면 $\gamma_{d\max}$는 증가하고, OMC는 감소한다.

08 점성토 지반의 개량공법으로 적합하지 않은 것은?

① 샌드 드레인 공법
② 바이브로 플로테이션 공법
③ 치환 공법
④ 프리로딩 공법

해설
바이브로 플로테이션 공법은 사질토 지반개량 공법이다.

09 그림에서 주동토압의 크기를 구한 값은?(단, 흙의 단위중량은 1.8t/m³이고 내부마찰각은 30°이다.)

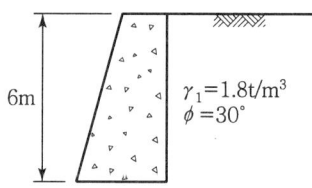

① 5.6t/m
② 10.8t/m
③ 15.8t/m
④ 23.6t/m

해설
- $K_a = \dfrac{1-\sin\phi}{1+\sin\phi} = \dfrac{1-\sin 30°}{1+\sin 30°} = 0.33$

$\therefore P_a = \dfrac{1}{2}\gamma_t H^2 K_a$

$= \dfrac{1}{2} \times 1.8 \times 6^2 \times 0.33 ≒ 10.8 \text{t/m}$

10 느슨하고 포화된 사질토에 지진이나 폭파, 기타 진동으로 인한 충격을 받았을 때 전단강도가 급격히 감소하는 현상은?

① 액상화 현상
② 분사 현상
③ 보일링 현상
④ 다일러탠시 현상

해설
액상화 현상(Liquefaction)
포화된 사질지반에 지진이나 진동 등 동적하중이 작용하면 지반에서 일시적으로 전단강도를 상실하는 현상이다.

11 예민비가 큰 점토란 다음 중 어떠한 것을 의미하는가?

① 점토를 교란시켰을 때 수축비가 작은 시료
② 점토를 교란시켰을 때 수축비가 큰 시료
③ 점토를 교란시켰을 때 강도가 많이 감소하는 시료
④ 점토를 교란시켰을 때 강도가 증가하는 시료

해설
예민비가 큰 점토는 공학적으로 불량하며 흙을 다시 이겼을 때 강도가 감소한다.

정답 06 ④ 07 ③ 08 ② 09 ② 10 ① 11 ③

12 비중이 2.5인 흙에 있어서 간극비가 0.5이고 포화도가 50%이면 흙의 함수비는 얼마인가?

① 10%   ② 25%
③ 40%   ④ 62.5%

[해설]

$G_w = S_e$

$w = \dfrac{S_e}{G} = \dfrac{0.5 \times 0.5}{2.5}$

$= 0.1 = 10\%$

13 표준관입시험에 관한 설명으로 옳지 않은 것은?

① 시험의 결과로 N치를 얻는다.
② (63.5 ± 0.5)kg 해머를 (76 ± 1)cm 낙하시켜 샘플러를 지반에 30cm 관입시킨다.
③ 시험결과로부터 흙의 내부마찰각 등의 공학적 성질을 추정할 수 있다.
④ 이 시험은 사질토보다 점성토에서 더 유리하게 이용된다.

[해설]
표준관입시험은 동적인 사운딩으로 사질토, 점성토 모두 적용 가능하지만 주로 사질토 지반의 특성을 잘 반영한다.

14 어떤 유선망에서 상하류면의 수두 차가 4m, 등수두면의 수가 13개, 유로의 수가 7개일 때 단위폭 1m당 1일 침투수량은 얼마인가?(단, 투수층의 투수계수 $K = 2.0 \times 10^{-4}$cm/s이다.)

① 9.62×10^{-1}m³/day
② 8.0×10^{-1}m³/day
③ 3.72×10^{-1}m³/day
④ 1.83×10^{-1}m³/day

[해설]

$Q = K \cdot H \cdot \dfrac{N_f}{N_d}$

$= \left(2 \times 10^{-4} \times \dfrac{86,400}{100}\right) \times 4 \times \dfrac{7}{13}$

$= 0.372 \text{m}^3/\text{day} = 3.72 \times 10^{-1} \text{m}^3/\text{day}$

15 다음 중 얕은 기초는 어느 것인가?

① 말뚝 기초   ② 피어 기초
③ 확대 기초   ④ 케이슨 기초

[해설]
깊은 기초의 분류
• 말뚝 기초
• 피어 기초
• 케이슨 기초

16 사면의 안정해석 방법에 관한 설명 중 옳지 않은 것은?

① 마찰원법은 균일한 토질지반에 적용된다.
② Fellenius 방법은 절편의 양측에 작용하는 힘의 합력은 0이라고 가정한다.
③ Bishop 방법은 흙의 장기안정 해석에 유효하게 쓰인다.
④ Fellenius 방법은 간극수압을 고려한 $\phi = 0$ 해석법이다.

[해설]

Fellenius 방법의 특징	Bishop 간편법의 특징
• 전응력 해석법(간극수압을 고려하지 않음)	• 유효응력 해석법(간극수압 고려)
• 사면의 단기 안정문제 해석	• 사면의 장기 안정문제 해석
• 계산은 간단	• 계산이 복잡하여 전산기 이용(많이 적용)
• 포화 점토 지반의 비배수강도만 고려	• $c - \phi$ 해석법
• $\phi = 0$ 해석법	• 절편에 작용하는 연직방향의 힘의 합력은 0이다.
• 절편의 양쪽에(수평, 연직) 작용하는 힘들의 합은 0이라고 가정	

17 어떤 점토의 압밀 시험에서 압밀계수(C_v)가 2.0×10^{-3}cm²/s라면 두께 2cm인 공시체가 압밀도 90%에 소요되는 시간은?(단, 양면배수 조건이다.)

① 5.02분   ② 7.07분
③ 9.02분   ④ 14.07분

정답 12 ① 13 ④ 14 ③ 15 ③ 16 ④ 17 ②

해설

$$t_{90} = \frac{T_v \cdot H^2}{C_v} = \frac{0.848 \times \left(\frac{2}{2}\right)}{2 \times 10^{-3}}$$
$$= 424초 = 7.07분$$

18 흙의 동상을 방지하기 위한 대책으로 옳지 않은 것은?

① 배수구를 설치하여 지하수위를 저하시킨다.
② 지표의 흙을 화약약품으로 처리한다.
③ 포장하부에 단열층을 시공한다.
④ 모관수를 차단하기 위해 세립토층을 지하수면 위에 설치한다.

해설
모관수의 상승을 차단하기 위해 조립의 차단층을 지하수위보다 높은 위치에 설치한다.

19 흙의 2면 전단시험에서 전단응력을 구하려면 다음 중 어느 식이 적용되어야 하는가?(단, τ=전단응력, A=단면적, S=전단력)

① $\tau = \dfrac{S}{A}$ ② $\tau = \dfrac{S}{2A}$
③ $\tau = \dfrac{2A}{S}$ ④ $\tau = \dfrac{2S}{A}$

해설
1면 · 2면 전단시험 비교

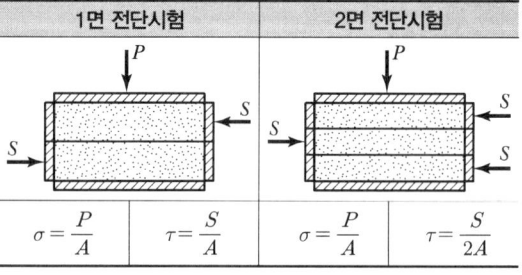

20 해머의 낙하고 2m, 해머의 중량 4t, 말뚝의 최종 침하량이 2cm일 때 Sander 공식을 이용하여 말뚝의 허용지지력을 구하면?

① 50t   ② 80t
③ 100t   ④ 160t

해설
$$Q_a = \frac{W_h \cdot H}{8S} = \frac{4 \times 200}{8 \times 2} = 50t$$

정답 18 ④ 19 ② 20 ①

2019년 토목기사 제3회 토질 및 기초 기출문제

01 예민비가 매우 큰 연약 점토지반에 대해서 현장의 비배수 전단강도를 측정하기 위한 시험방법으로 가장 적합한 것은?

① 압밀비배수시험 ② 표준관입시험
③ 직접전단시험   ④ 현장베인시험

[해설]
Vane test의 특징
- 연약한 점토층에 실시하는 시험
- 점착력 산정 기능
- 지반의 비배수 전단강도(c_u)를 측정
- 비배수조건($\phi=0$)에서 사면의 안정해석

02 Terzaghi는 포화점토에 대한 1차 압밀이론에서 수학적 해를 구하기 위하여 다음과 같은 가정을 하였다. 이 중 옳지 않은 것은?

① 흙은 균질하다.
② 흙은 완전히 포화되어 있다.
③ 흙 입자와 물의 압축성을 고려한다.
④ 흙 속에서의 물의 이동은 Darcy 법칙을 따른다.

[해설]
Terzaghi 압밀이론 기본가정
- 흙은 균질하다.
- 흙 속의 간극은 물로 완전 포화된다.
- 토립자와 물은 비압축성이다.
- 압력과 간극비의 관계는 이상적으로 직선 변화된다.

03 점성토 지반굴착 시 발생할 수 있는 Heaving 방지대책으로 틀린 것은?

① 지반개량을 한다.
② 지하수위를 저하시킨다.
③ 널말뚝의 근입 깊이를 줄인다.
④ 표토를 제거하여 하중을 작게 한다.

[해설]
히빙 방지대책
- 흙막이의 근입장을 깊게 한다.
- 표토를 제거하여 하중을 줄인다.
- 부분 굴착한다.

04 연약점토 지반에 말뚝을 시공하는 경우, 말뚝을 타입 후 어느 정도 기간이 경과한 후에 재하시험을 하게 된다. 그 이유로 가장 적합한 것은?

① 말뚝에 부마찰력이 발생하기 때문이다.
② 말뚝에 주면마찰력이 발생하기 때문이다.
③ 말뚝 타입 시 교란된 점토의 강도가 원래대로 회복하는 데 시간이 걸리기 때문이다.
④ 말뚝 타입 시 말뚝 자체가 받는 충격에 의해 두부의 손상이 발생할 수 있어 안정화에 시간이 걸리기 때문이다.

[해설]
흐트러진 점토 지반이 함수비의 변화 없이 시간이 경과할수록 원상태로 강도가 회복되는 현상을 틱소트로피라 하며 강도회복시간은 약 3주 정도 걸린다. 그래서 말뚝을 타입 후 어느 정도 기간이 경과한 후에 재하시험을 한다.

05 연약지반 처리공법 중 sand drain 공법에서 연직 및 수평 방향을 고려한 평균 압밀도 U는?(단, $U_v = 0.20$, $U_h = 0.71$이다.)

① 0.573 ② 0.697
③ 0.712 ④ 0.768

[해설]
$U = 1 - (1-U_h)(1-U_v)$
$= 1 - (1-0.71)(1-0.20)$
$= 0.768$

06 그림과 같은 사면에서 활동에 대한 안전율은?

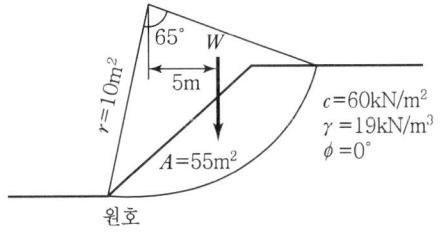

정답 01 ④ 02 ③ 03 ③ 04 ③ 05 ④ 06 ①

① 1.30   ② 1.50
③ 1.70   ④ 1.90

[해설]

$$F_s = \frac{\text{저항}M}{\text{활동}M} = \frac{c \cdot r \cdot L}{W \cdot e}$$

$(W = A \times l \times \gamma = 55 \times 1 \times 1.9 = 104.5)$

$$= \frac{6 \times 10 \times \left(2 \times \pi \times 10 \times \frac{65°}{360°}\right)}{104.5 \times 5}$$

$= 1.30$

07 토질조사에 대한 설명 중 옳지 않은 것은?

① 표준관입시험은 정적인 사운딩이다.
② 보링의 깊이는 설계의 형태 및 크기에 따라 변한다.
③ 보링의 위치와 수는 지형조건 및 설계형태에 따라 변한다.
④ 보링 구멍은 사용 후에 흙이나 시멘트 그라우트로 메워야 한다.

[해설]
표준관입시험은 동적인 사운딩이다.

08 흙 시료의 일축압축시험 결과 일축압축강도가 0.3MPa이었다. 이 흙의 점착력은?(단, $\phi = 0$인 점토이다.)

① 0.1MPa
② 0.15MPa
③ 0.3MPa
④ 0.6MPa

[해설]

$C = \dfrac{q_u}{2} = \dfrac{0.3}{2} = 0.15\text{MPa}$

09 지표면에 집중하중이 작용할 때, 지중연직 응력증가량($\Delta\sigma_z$)에 관한 설명 중 옳은 것은?(단, Boussinesq 이론을 사용한다.)

① 탄성계수 E에 무관하다.
② 탄성계수 E에 정비례한다.
③ 탄성계수 E의 제곱에 정비례한다.
④ 탄성계수 E의 제곱에 반비례한다.

[해설]
지중응력(연직응력 증가량)

$\Delta\sigma_z = \dfrac{Q}{z^2} I$

∴ E(Young 계수, 탄성계수)와는 무관하다.

10 흙의 투수계수(k)에 관한 설명으로 옳은 것은?

① 투수계수(k)는 물의 단위중량에 반비례한다.
② 투수계수(k)는 입경의 제곱에 반비례한다.
③ 투수계수(k)는 형상계수에 반비례한다.
④ 투수계수(k)는 점성계수에 반비례한다.

[해설]
투수계수에 영향을 주는 인자

$k = D_s^2 \cdot \dfrac{\gamma_w}{\eta} \cdot \dfrac{e^3}{1+e} \cdot C$

∴ 투수계수 k는 점성계수(η)에 반비례한다.

11 널말뚝을 모래지반에 5m 깊이로 박았을 때 상류와 하류의 수두차가 4m이었다. 이때 모래지반의 포화단위중량이 19.62kN/m³이다. 현재 이 지반의 분사현상에 대한 안전율은?(단, 물의 단위중량은 9.81kN/m³이다.)

① 0.85
② 1.25
③ 1.85
④ 2.25

[해설]

• $i_c = \dfrac{\gamma_{sub}}{\gamma_w} = \dfrac{2-1}{9.81\text{kN/m}^3 \div 9.8} = \dfrac{1\text{t/m}^3}{1\text{t/m}^3} = 1$

   ($\gamma_{sat} = 19.62\text{kN/m}^3 \div 9.8 = 2\text{t/m}^3$)

∴ $F_s = \dfrac{i_c}{i} = \dfrac{i_c}{h/L} = \dfrac{1}{4/5} = 1.25$

정답 07 ① 08 ② 09 ① 10 ④ 11 ②

12 $\Delta h_1 = 5$이고, $k_{v2} = 10k_{v1}$일 때, k_{v3}의 크기는?

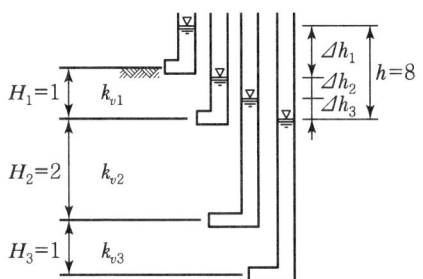

① $1.0k_{v1}$
② $1.5k_{v1}$
③ $2.0k_{v1}$
④ $2.5k_{v1}$

해설
수직방향 평균투수계수(동수경사 다름, 유량 일정)
$v = K_{v1}i_1 = K_{v2}i_2 = K_{v3}i_3$
$= K_{v1}\dfrac{\Delta h_1}{1} = K_{v2}\dfrac{\Delta h_2}{2} = K_{v3}\dfrac{\Delta h_3}{1}$
$= 5K_{v1} = \dfrac{10K_{v1}\Delta h_2}{2} = K_{v3}\Delta h_3$
$= 5K_{v1} = 5K_{v1}\Delta h_2$
$\therefore \Delta h_2 = 1$
전체 손실수두 $h = 8$, $\Delta h_1 = 5$이므로, $\Delta h_3 = 2$
$v = K_{v3} \times \dfrac{\Delta h_3}{H_3} = K_{v3} \times \dfrac{2}{1} = 2K_{v3} = 5K_{v1}$
$\therefore K_{v3} = 2.5K_{v1}$

13 흙의 다짐에 대한 설명으로 틀린 것은?

① 최적함수비는 흙의 종류와 다짐 에너지에 따라 다르다.
② 일반적으로 조립토일수록 다짐곡선의 기울기가 급하다.
③ 흙이 조립토에 가까울수록 최적함수비가 커지며 최대 건조단위중량은 작아진다.
④ 함수비의 변화에 따라 건조단위중량이 변하는데, 건조단위중량이 가장 클 때의 함수비를 최적함수비라 한다.

해설
세립토의 비율이 클수록 최대 건조단위중량($\gamma_{d\max}$)은 감소한다.

14 함수비 15%인 흙 2,300g이 있다. 이 흙의 함수비를 25%가 되도록 증가시키려면 얼마의 물을 가해야 하는가?

① 200g
② 230g
③ 345g
④ 575g

해설
• 함수비 15%일 때의 물의 무게
$\omega = \dfrac{W_w}{W_s} \times 100 = \dfrac{W_w}{W - W_w} \times 100$
$0.15 = \dfrac{W_w}{2,300 - W_w}$ $\therefore W_w = 300g$
• 함수비 25%로 증가시킬 때 물의 무게
$15 : 300 = 25 : W_w$ $\therefore W_w = 500g$
$\therefore$ 추가해야 할 물의 무게
$500 - 300 = 200g$

15 어떤 흙에 대해서 직접 전단시험을 한 결과 수직응력이 1.0MPa일 때 전단저항이 0.5MPa이었고, 수직응력이 2.0MPa일 때에는 전단저항이 0.8MPa이었다. 이 흙의 점착력은?

① 0.2MPa
② 0.3MPa
③ 0.8MPa
④ 1.0MPa

해설
전단저항(전단강도)
$\tau = c + \sigma' \tan\phi$
$5 = c + 10\tan\phi$ ……… ①
$8 = c + 20\tan\phi$ ……… ②
①, ②식을 연립방정식으로 정리
$\quad 10 = 2c + 20\tan\phi$
$\ominus\ 8 = c + 20\tan\phi$
$\quad\ \ 2 = c$
$\therefore$ 점착력$(c) = 2\text{kg/cm}^2 = 0.2\text{MPa}$

16 Mohr 응력원에 대한 설명 중 옳지 않은 것은?

① 임의 평면의 응력상태를 나타내는 데 매우 편리하다.
② σ_1과 σ_3의 차의 벡터를 반지름으로 해서 그린 원이다.
③ 한 면에 응력이 작용하는 경우 전단력이 0이면, 그 연직응력을 주응력으로 가정한다.
④ 평면기점(O_p)은 최소 주응력이 표시되는 좌표에서 최소 주응력면과 평행하게 그은 Mohr 원과 만나는 점이다.

해설
Mohr 응력원
σ_1과 σ_3의 차를 지름으로 해서 그린 원이다.

17 모래치환법에 의한 밀도 시험을 수행한 결과 퍼낸 흙의 체적과 질량이 각각 365.0cm³, 745g이었으며, 함수비는 12.5%였다. 흙의 비중이 2.65이며, 실내표준다짐 시 최대 건조밀도가 1.90t/m³일 때 상대다짐도는?

① 88.7%   ② 93.1%
③ 95.3%   ④ 97.8%

해설
• $\gamma_d = \dfrac{\gamma_t}{1+\omega} = \dfrac{745/365}{1+0.125} = 1.813$
• $\gamma_{dmax} = 1.9$
∴ $RC = \dfrac{\gamma_d}{\gamma_{dmax}} = \dfrac{1.813}{1.9} \times 100 = 95.3\%$

18 접지압(또는 지반반력)이 그림과 같이 되는 경우는?

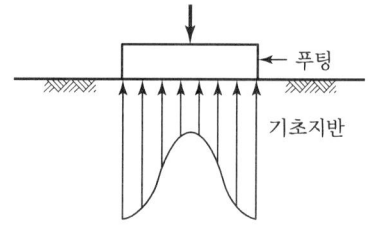

① 푸팅 : 강성, 기초지반 : 점토
② 푸팅 : 강성, 기초지반 : 모래
③ 푸팅 : 연성, 기초지반 : 점토
④ 푸팅 : 연성, 기초지반 : 모래

해설

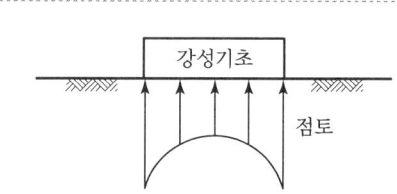

점토지반에서 강성기초의 접지압 분포 : 기초 모서리에서 최대 응력 발생

19 통일분류법에 의해 흙이 MH로 분류되었다면, 이 흙의 공학적 성질로 가장 옳은 것은?

① 액성한계가 50% 이하인 점토이다.
② 액성한계가 50% 이상인 실트이다.
③ 소성한계가 50% 이하인 실트이다.
④ 소성한계가 50% 이상인 점토이다.

해설

• 압축성이 높음(H) : $\omega_L \geq 50\%$
• 압축성이 낮음(L) : $\omega_L \leq 50\%$
• 점토(C) : A선 위쪽
• 실트(M) : A선 아래쪽

정답 16 ② 17 ③ 18 ① 19 ②

20 직경 30cm 콘크리트 말뚝을 단동식 증기 해머로 타입하였을 때 엔지니어링 뉴스 공식을 적용한 말뚝의 허용지지력은?(단, 타격에너지=36kN·m, 해머효율=0.8, 손실상수=0.25cm, 마지막 25mm 관입에 필요한 타격횟수=5이다.)

① 640kN
② 1,280kN
③ 1,920kN
④ 3,840kN

[해설]

$$Q_a = \frac{Q_u}{F_s} = \frac{H_e \cdot 100 \cdot E}{6(S+0.25)}$$

- $H_e = 36$ kN·m
- $E = 0.8$
- S(말뚝의 평균 관입량) $= \dfrac{25}{5} = 5\text{mm} = 0.5\text{cm}$

$$\therefore Q_a = \frac{36 \times 100 \times 0.8}{6(0.5+0.25)} = 640\text{kN}$$

정답 20 ①

2019년 토목산업기사 제4회 토질 및 기초 기출문제

01 Dunham의 공식으로, 모래의 내부마찰각(ϕ)과 관입저항치(N)와의 관계식으로 옳은 것은?(단, 토질은 입도배합이 좋고 둥근 입자이다.)

① $\phi = \sqrt{12N} + 15$ ② $\phi = \sqrt{12N} + 20$
③ $\phi = \sqrt{12N} + 25$ ④ $\phi = \sqrt{12N} + 30$

[해설]
N치와 내부 마찰력과의 관계

토립자 둥글고 입도 불량(입도 균등)	$\phi = \sqrt{12N} + 15$
토립자 둥글고 입도 양호 토립자 모나고 입도 불량(입도 균등)	$\phi = \sqrt{12N} + 20$
토립자 모나고 입도 양호	$\phi = \sqrt{12N} + 25$

02 평판재하시험에서 재하판과 실제 기초의 크기에 따른 영향, 즉 Scale effect에 대한 설명 중 옳지 않은 것은?

① 모래지반의 지지력은 재하판의 크기에 비례한다.
② 점토지반의 지지력은 재하판의 크기와는 무관하다.
③ 모래지반의 침하량은 재하판의 크기가 커지면 어느 정도 증가하지만 비례적으로 증가하지는 않는다.
④ 점토지반의 침하량은 재하판의 크기와는 무관하다.

[해설]
점토지반의 침하량은 재하판 폭에 비례한다.

03 그림과 같은 옹벽에서 전주동 토압(P_a)과 작용점의 위치(y)는 얼마인가?

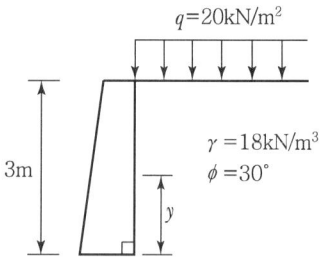

① $P_a = 37\text{kN/m}, \ y = 1.21\text{m}$
② $P_a = 47\text{kN/m}, \ y = 1.79\text{m}$
③ $P_a = 47\text{kN/m}, \ y = 1.21\text{m}$
④ $P_a = 54\text{kN/m}, \ y = 1.79\text{m}$

[해설]
- $K_a = \tan^2\left(45° - \dfrac{\phi}{2}\right) = \tan^2\left(45 - \dfrac{30°}{2}\right) = 0.333$
- $P_a = P_{a1} + P_{a2} = q \cdot H \cdot K_a + \dfrac{1}{2}\gamma H^2 K_a$
  $= 20 \times 3 \times 0.333 + \dfrac{1}{2} \times 18 \times 3^2 \times 0.333$
  $= 47\text{kN/m}(전주동\ 토압)$
- $h = \dfrac{P_{a1} \times \dfrac{H}{2} + P_{a2} \times \dfrac{H}{3}}{P_a}$
  $= \dfrac{19.98 \times \dfrac{3}{2} + 26.97 \times \dfrac{3}{3}}{47}$
  $= 1.21\text{m}(작용점\ 위치)$

04 모래치환법에 의한 흙의 밀도 시험에서 모래를 사용하는 목적은 무엇을 알기 위해서인가?

① 시험구멍의 부피
② 시험구멍의 밑면의 지지력
③ 시험구멍에서 파낸 흙의 중량
④ 시험구멍에서 파낸 흙의 함수상태

[해설]
모래(표준사)의 용도
No.10체를 통과하고 No.200체에 남은 모래를 사용하며 시험구멍의 체적을 구하기 위해 사용한다.

05 다음 중 투수계수를 좌우하는 요인과 관계가 먼 것은?

① 포화도
② 토립자의 크기
③ 토립자의 비중
④ 토립자의 형상과 배열

정답 01 ② 02 ④ 03 ③ 04 ① 05 ③

해설
토립자의 비중은 투수계수와 무관하다.

06 기존 건물에 인접한 장소에 새로운 깊은 기초를 시공하고자 한다. 이때 기존 건물의 기초가 얕아 보강하는 공법 중 적당한 것은?

① 압성토 공법
② 언더피닝 공법
③ 프리로딩 공법
④ 치환 공법

해설
언더피닝 공법
기존 구조물이 얕은 기초에 인접하고 있어 새로이 깊은 기초를 측조할 때 구 기초를 보강할 필요가 있는 보강공법이다.

07 파이핑(Piping) 현상을 일으키지 않는 동수경사(i)와 한계 동수경사(i_c)의 관계로 옳은 것은?

① $\dfrac{h}{L} > \dfrac{G_s - 1}{1+e}$
② $\dfrac{h}{L} < \dfrac{G_s - 1}{1+e}$
③ $\dfrac{h}{L} > \dfrac{G_s - 1}{1+e} \cdot \gamma_w$
④ $\dfrac{h}{L} < \dfrac{G_s - 1}{1+e} \cdot \gamma_w$

해설
분사현상이 일어나지 않을 조건
$i_c > i \rightarrow \dfrac{G_s-1}{1+e} > \dfrac{h}{L}$

08 도로공사 현장에서 다짐도 95%에 대한 다음 설명으로 옳은 것은?

① 포화도 95%에 대한 건조밀도를 말한다.
② 최적함수비의 95%로 다진 건조밀도를 말한다.
③ 롤러로 다진 최대 건조밀도 100%에 대한 95%를 말한다.
④ 실내 표준다짐 시험의 최대 건조밀도의 95%의 현장 시공 밀도를 말한다.

해설
현장다짐도 95%
실내다짐 최대 건조밀도에 대한 95% 밀도를 말한다.

09 다음 중 흙 속의 전단강도를 감소시키는 요인이 아닌 것은?

① 공극수압의 증가
② 흙 다짐의 불충분
③ 수분증가에 따른 점토의 팽창
④ 지반에 약액 등의 고결제를 주입

해설
지반에 약액 등의 고결제를 주입하면 전단응력이 증가된다.

10 일축압축강도가 $32kN/m^2$, 흙의 단위중량이 $16kN/m^3$이고, $\phi = 0$인 점토지반을 연직굴착할 때 한계고는 얼마인가?

① 2.3m
② 3.2m
③ 4.0m
④ 5.2m

해설
$H_c = 2Z_c = 2 \times \dfrac{2c}{\gamma_t} \tan\left(45° + \dfrac{\phi}{2}\right)$
$= \dfrac{2 \cdot q_u}{\gamma_t} = \dfrac{2 \times 32}{16} = 4m$

11 어느 흙 시료의 액성한계 시험결과 낙하횟수 40일 때 함수비가 48%, 낙하횟수 4일 때 함수비가 73%였다. 이때 유동지수는?

① 24.21%
② 25.00%
③ 26.23%
④ 27.00%

해설
유동지수 $= \dfrac{w_1 - w_2}{\log N_2 - \log N_1} = \dfrac{73 - 48}{\log 40 - \log 4} = 25\%$

정답 06 ② 07 ② 08 ④ 09 ④ 10 ③ 11 ②

12 압축작용(pressure action)과 반죽작용(kneading action)을 함께 가지고 있는 롤러는?

① 평활 롤러(Smooth wheel roller)
② 양족 롤러(Sheep's foot roller)
③ 진동 롤러(Vibratory roller)
④ 타이어 롤러(Tire roller)

[해설]
압축작용과 반죽작용을 함께 가지고 있는 것은 타이어 롤러이다.

13 다음 중 전단강도와 직접적으로 관련이 없는 것은?

① 흙의 점착력
② 흙의 내부마찰각
③ Barron의 이론
④ Mohr−Coulomb의 파괴이론

[해설]
Barron의 이론은 압밀과 관계있다.

14 점토층에서 채취한 시료의 압축지수(C_c)는 0.39, 간극비(e)는 1.26이다. 이 점토층 위에 구조물이 축조되었다. 축조되기 이전의 유효압력은 $80kN/m^2$, 축조된 후에 증가된 유효압력은 $60kN/m^2$이다. 점토층의 두께가 3m일 때 압밀침하량은 얼마인가?

① 12.6cm
② 9.1cm
③ 4.6cm
④ 1.3cm

[해설]
$$\Delta H = \frac{C_c}{1+e_1} \cdot \log \frac{P_2}{P_1} H$$
$$= \frac{0.39}{1+1.26} \times \log \frac{80+60}{80} \times 3$$
$$= 0.126m = 12.6cm$$

15 동해의 정도는 흙의 종류에 따라 다르다. 다음 중 우리나라에서 가장 동해가 심한 것은?

① 실트
② 점토
③ 모래
④ 자갈

[해설]
동해 현상이 가장 잘 일어날 수 있는 흙은 실트이다.

16 일반적인 기초의 필요조건으로 거리가 먼 것은?

① 지지력에 대해 안정할 것
② 시공성, 경제성이 좋을 것
③ 침하가 전혀 발생하지 않을 것
④ 동해를 받지 않는 최소한의 근입깊이를 가질 것

[해설]
침하량이 허용침하량 이내이어야 한다.

17 예민비가 큰 점토란 무엇을 의미하는가?

① 다시 반죽했을 때 강도가 증가하는 점토
② 다시 반죽했을 때 강도가 감소하는 점토
③ 입자의 모양이 날카로운 점토
④ 입자가 가늘고 긴 형태의 점토

[해설]
예민비가 큰 점토는 교란시켰을 때 강도가 많이 감소된다.

18 다음 그림과 같은 정수위 투수시험에서 시료의 길이는 L, 단면적은 A, t시간 동안 메스실린더에 개량된 물의 양이 Q, 수위차는 h로 일정할 때 이 시료의 투수계수는?

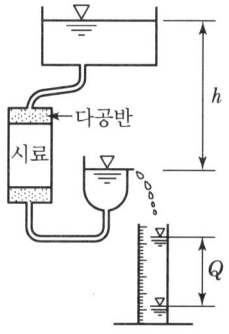

정답 12 ④ 13 ③ 14 ① 15 ① 16 ③ 17 ② 18 ①

① $\dfrac{QL}{Aht}$ ② $\dfrac{Qh}{ALt}$

③ $\dfrac{Qt}{ALh}$ ④ $\dfrac{QA}{Lht}$

해설

정수위 투수시험$(k) = \dfrac{QL}{hAt}$

19 다음 중 사질토 지반의 개량공법에 속하지 않는 것은?

① 폭파다짐공법
② 생석회 말뚝공법
③ 모래다짐 말뚝공법
④ 바이브로 플로테이션 공법

해설

생석회 말뚝공법은 점성토 개량공법에 속한다.

20 포화도가 100%인 시료의 체적이 1,000cm³이었다. 노건조 후에 측정한 결과, 물의 질량이 400g이었다면 이 시료의 간극률(n)은 얼마인가?

① 15% ② 20%
③ 40% ④ 60%

해설

$n = \dfrac{V_v}{V} = \dfrac{W_w}{V}$ ($S=1$ 일 때)

$= \dfrac{400}{1,000} = 0.4(40\%)$

정답 19 ② 20 ③

2020년 토목기사 제1·2회 통합 토질 및 기초 기출문제

01 어떤 흙의 입경가적곡선에서 $D_{10} = 0.05$mm, $D_{30} = 0.09$mm, $D_{60} = 0.15$mm이었다. 균등계수(C_u)와 곡률계수(C_g)의 값은?

① 균등계수=1.7, 곡률계수=2.45
② 균등계수=2.4, 곡률계수=1.82
③ 균등계수=3.0, 곡률계수=1.08
④ 균등계수=3.5, 곡률계수=2.08

해설

$C_u = \dfrac{D_{60}}{D_{10}} = \dfrac{0.15}{0.05} = 3$

$C_g = \dfrac{D_{30}^2}{D_{10} \cdot D_{60}} = \dfrac{0.09^2}{0.05 \times 0.15} = 1.08$

02 말뚝 지지력에 관한 여러 가지 공식 중 정역학적 지지력 공식이 아닌 것은?

① Dörr의 공식
② Terzaghi의 공식
③ Meyerhof의 공식
④ Engineering news 공식

해설

말뚝의 지지력 산정

정역학적 지지력 공식	동역학적 지지력 공식
Meyerhof	Sander
Terzaghi	Hiley
	Engineering news

03 압밀시험결과 시간-침하량 곡선에서 구할 수 없는 값은?

① 초기 압축비
② 압밀계수
③ 1차 압밀비
④ 선행압밀 압력

해설

시간침하곡선	e-log P 곡선
C_v	C_c(압축지수)
a_v	P_o(선행압밀 하중)
m_v	
K	

04 그림과 같은 점토지반에서 안전수(m)가 0.1인 경우 높이 5m의 사면에 있어서 안전율은?

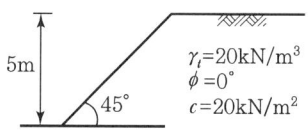

$\gamma_t = 20$kN/m³
$\phi = 0°$
$c = 20$kN/m²

① 1.0 ② 1.25
③ 1.50 ④ 2.0

해설

$F_s = \dfrac{H_c}{H}$

$H_c = \dfrac{N_c \cdot C}{\gamma} = \dfrac{\dfrac{1}{0.1} \times 20}{20} = 10$

∴ $F_s = \dfrac{H_c}{H} = \dfrac{10}{5} = 2$

05 얕은 기초에 대한 Terzaghi의 수정지지력 공식은 아래의 표와 같다. 4m×5m의 직사각형 기초를 사용할 경우 형상계수 α와 β의 값으로 옳은 것은?

$$q_u = \alpha c N_c + \beta \gamma_1 B N_\gamma + \gamma_2 D_f N_q$$

① $\alpha = 1.18$, $\beta = 0.32$ ② $\alpha = 1.24$, $\beta = 0.42$
③ $\alpha = 1.28$, $\beta = 0.42$ ④ $\alpha = 1.32$, $\beta = 0.38$

해설

직사각형 기초

- $\alpha = 1 + 0.3 \dfrac{B}{L} = 1 + 0.3 \dfrac{4}{5} = 1.24$
- $\beta = 0.5 - 0.1 \dfrac{B}{L} = 0.5 - 0.1 \dfrac{4}{5} = 0.42$

정답 01 ③ 02 ④ 03 ④ 04 ④ 05 ②

06 다음 중 일시적인 지반개량공법에 속하는 것은?

① 동결공법 ② 프리로딩 공법
③ 약액주입공법 ④ 모래다짐말뚝공법

[해설]
일시적인 지반개량공법
- Well Point 공법
- 동결공법
- 대기압공법(진공압밀공법)

07 성토나 기초지반에 있어 특히 점성토의 압밀 완료 후 추가 성토 시 단기 안정문제를 검토하고자 하는 경우 적용되는 시험법은?

① 비압밀 비배수시험 ② 압밀 비배수시험
③ 압밀 배수시험 ④ 일축압축시험

[해설]
- 압밀 완료 후 : 배수(c)
- 단기안정 : 비배수(u)

08 외경이 50.8mm, 내경이 34.9mm인 스플릿 스푼 샘플러의 면적비는?

① 112% ② 106%
③ 53% ④ 46%

[해설]
$$A_r = \frac{50.8^2 - 34.9^2}{34.9^2} \times 100 = 112\%$$

09 사운딩(Sounding)의 종류에서 사질토에 가장 적합하고 점성토에서도 쓰이는 시험법은?

① 표준 관입 시험 ② 베인 전단 시험
③ 더치 콘 관입 시험 ④ 이스키미터(Iskymeter)

[해설]
동적 사운딩
- 동적 원추관 시험(자갈 이외 흙)
- SPT(사질토, 점토)

10 흙의 투수성에서 사용되는 Darcy의 법칙 $\left(Q = k \cdot \frac{\Delta h}{L} \cdot A\right)$에 대한 설명으로 틀린 것은?

① Δh는 수두차이다.
② 투수계수(k)의 차원은 속도의 차원(cm/s)과 같다.
③ A는 실제로 물이 통하는 공극부분의 단면적이다.
④ 물의 흐름이 난류인 경우에는 Darcy의 법칙이 성립하지 않는다.

[해설]
A는 흙 전체의 단면적이다.

11 100% 포화된 흐트러지지 않은 시료의 부피가 20cm³이고 질량이 36g이었다. 이 시료를 건조로에서 건조시킨 후의 질량이 24g일 때 간극비는 얼마인가?

① 1.36 ② 1.50
③ 1.62 ④ 1.70

[해설]
$$e = \frac{V_v}{V_s} = \frac{V_v}{V - V_v}$$

$$V_v : S = \frac{V_w}{V_v} = 1$$

$$V_w = V_v = W_w = W - W_s = 36 - 24 = 12$$

$$\therefore e = \frac{12}{20 - 12} = 1.5$$

12 어느 모래층의 간극률이 35%, 비중이 2.66이다. 이 모래의 분사현상(Quick Sand)에 대한 한계 동수경사는 얼마인가?

① 0.99 ② 1.08
③ 1.16 ④ 1.32

[해설]
$$i_c = \frac{\gamma_{sub}}{\gamma_w} = \frac{G_s - 1}{1 + e}$$
- $G = 2.66$

정답 06 ① 07 ② 08 ① 09 ① 10 ③ 11 ② 12 ②

- $e = \dfrac{n}{1-n} = \dfrac{0.35}{1-0.35} = 0.54$

$\therefore i_c = \dfrac{2.66-1}{1+0.54} = 1.08$

13 흙의 다짐에 대한 설명으로 틀린 것은?

① 최적함수비로 다질 때 흙의 건조밀도는 최대가 된다.
② 최대건조밀도는 점성토에 비해 사질토일수록 크다.
③ 최적함수비는 점성토일수록 작다.
④ 점성토일수록 다짐곡선은 완만하다.

[해설]
최적함수비는 점성토일수록 크다.

14 평판재하시험에서 재하판의 크기에 의한 영향 (Scale Effect)에 관한 설명으로 틀린 것은?

① 사질토 지반의 지지력은 재하판의 폭에 비례한다.
② 점토지반의 지지력은 재하판의 폭에 무관하다.
③ 사질토 지반의 침하량은 재하판의 폭이 커지면 약간 커지기는 하지만 비례하는 정도는 아니다.
④ 점토지반의 침하량은 재하판의 폭에 무관하다.

[해설]
점토지반의 침하량은 재하판 폭에 비례

15 지표면에 설치된 2m × 2m의 정사각형 기초에 100kN/m²의 등분포 하중이 작용하고 있을 때 5m 깊이에 있어서의 연직응력 증가량을 2 : 1 분포법으로 계산한 값은?

① 0.83kN/m²
② 8.16kN/m²
③ 19.75kN/m²
④ 28.57kN/m²

[해설]
$\Delta\sigma_Z = \dfrac{q \cdot B \cdot L}{(B+Z)(L+Z)} = \dfrac{100 \times 2 \times 2}{(2+5)(2+5)} = 8.16 \text{kN/m}^2$

16 Paper Drain 설계 시 Drain Paper의 폭이 10cm, 두께가 0.3cm일 때 Drain Paper의 등치환산원의 직경이 약 얼마이면 Sand Drain과 동등한 값으로 볼 수 있는가?(단, 형상계수(a)는 0.75이다.)

① 5cm
② 8cm
③ 10cm
④ 15cm

[해설]
$2(A+B) \cdot \alpha = \pi D$
$2(10+0.3) \times 0.75 = \pi \times D$
$\therefore D = 5 \text{cm}$

17 점착력이 8kN/m², 내부 마찰각이 30°, 단위중량이 16kN/m³인 흙이 있다. 이 흙에 인장균열은 약 몇 m 깊이까지 발생할 것인가?

① 6.92m
② 3.73m
③ 1.73m
④ 1.00m

[해설]
$Z_c = \dfrac{q_u}{\gamma} = \dfrac{2}{\gamma} C \tan\left(45 + \dfrac{\phi}{2}\right)$
$= \dfrac{2}{16} \times 8 \times \tan\left(45 + \dfrac{30}{2}\right)$
$= 1.73$

18 그림에서 A점 흙의 강도정수가 $c' = 30\text{kN/m}^2$, $\phi' = 30°$일 때, A점에서의 전단강도는?(단, 물의 단위중량은 9.81kN/m³이다.)

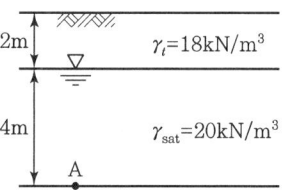

① 69.31kN/m²
② 74.32kN/m²
③ 96.97kN/m²
④ 103.92kN/m²

정답 13 ③ 14 ④ 15 ② 16 ① 17 ③ 18 ②

해설
$S(\tau_f) = C + \sigma' \tan\phi$
$\sigma_A' = 18 \times 2 + (20 - 9.81) \times 4 = 76.76$
∴ $S = 30 + 76.76 \tan 30° = 74.32 \text{kN/m}^2$

19 Terzaghi의 1차원 압밀이론에 대한 가정으로 틀린 것은?

① 흙은 균질하다.
② 흙은 완전 포화되어 있다.
③ 압축과 흐름은 1차원적이다.
④ 압밀이 진행되면 투수계수는 감소한다.

해설
압밀이 진행되면 투수계수는 일정하다고 가정한다.

20 아래 그림과 같은 지반의 A점에서 전응력(σ), 간극수압(u), 유효응력(σ')을 구하면?(단, 물의 단위중량은 9.81kN/m^3이다.)

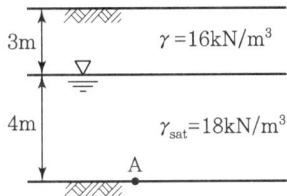

① $\sigma = 100 \text{kN/m}^2$, $u = 9.8 \text{kN/m}^2$, $\sigma' = 90.2 \text{kN/m}^2$
② $\sigma = 100 \text{kN/m}^2$, $u = 29.4 \text{kN/m}^2$, $\sigma' = 70.6 \text{kN/m}^2$
③ $\sigma = 120 \text{kN/m}^2$, $u = 19.6 \text{kN/m}^2$, $\sigma' = 100.4 \text{kN/m}^2$
④ $\sigma = 120 \text{kN/m}^2$, $u = 39.2 \text{kN/m}^2$, $\sigma' = 80.8 \text{kN/m}^2$

해설
- $\sigma' = 16 \times 3 + (18 - 9.81) \times 4$
  $= 80.8 \text{kN/m}^2$
- $u = 9.81 \times 4 = 39.2 \text{kN/m}^2$
- $\sigma = \sigma' + u = 120 \text{kN/m}^2$

정답   19 ④   20 ④

2020년 토목산업기사 제1·2회 통합 토질 및 기초 기출문제

01 점토 덩어리는 재차 물을 흡수하면 고체-반고체-소성-액성의 단계를 거치지 않고 물을 흡착함과 동시에 흙 입자 간의 결합력이 감소되어 액성상태로 붕괴한다. 이러한 현상을 무엇이라 하는가?

① 비화작용(Slaking)
② 팽창작용(Bulking)
③ 수화작용(Hydration)
④ 윤활작용(Lubrication)

해설
비화작용(Slaking)에 대한 설명이다.

02 흙 속에서의 물의 흐름 중 연직유효응력의 증가를 가져오는 것은?

① 정수압상태
② 상향흐름
③ 하향흐름
④ 수평흐름

해설
물 하향침투 – 침투수압만큼 유효응력은 증가

03 말뚝기초의 지지력에 관한 설명으로 틀린 것은?

① 부마찰력은 아래 방향으로 작용한다.
② 말뚝선단부의 지지력과 말뚝주변 마찰력의 합이 말뚝의 지지력이 된다.
③ 점성토 지반에는 동역학적 지지력 공식이 잘 맞는다.
④ 재하시험 결과를 이용하는 것이 신뢰도가 큰 편이다.

해설
동역학적 지지력 공식은 사질토 지반에 잘 맞는다.

04 채취된 시료의 교란 정도는 면적비를 계산하여 통상 면적비가 몇 %보다 작으면 여잉토의 혼입이 불가능한 것으로 보고 흐트러지지 않은 시료로 간주하는가?

① 10%
② 13%
③ 15%
④ 20%

해설
- 교란시료 : $A_r > 10\%$
- 불교란시료 : $A_r \leq 10\%$

05 평균 기온에 따른 동결지수가 520℃ · days였다. 이 지방의 정수(C)가 4일 때 동결깊이는? (단, 데라다 공식을 이용한다.)

① 130.2cm
② 102.4cm
③ 91.2cm
④ 22.8cm

해설
$Z = C\sqrt{F} = 4\sqrt{520} = 91.2$cm

06 다음 기초의 형식 중 얕은 기초인 것은?

① 확대기초
② 우물통 기초
③ 공기 케이슨 기초
④ 철근콘크리트 말뚝기초

해설
직접(얕은) 기초는 푸팅(확대) 기초이다.

07 포화점토의 비압밀 비배수 시험에 대한 설명으로 틀린 것은?

① 시공 직후의 안정 해석에 적용된다.
② 구속압력을 증대시키면 유효응력은 커진다.
③ 구속압력을 증대한 만큼 간극수압은 증대한다.
④ 구속압력의 크기에 관계없이 전단강도는 일정하다.

해설
비배수 상태에서 구속압을 증가시키면 유효응력은 변화가 없다 (동일한 크기의 모어원).

정답 01 ① 02 ③ 03 ③ 04 ① 05 ③ 06 ① 07 ②

08 수직 응력이 60kN/m²이고 흙의 내부 마찰각이 45°일 때 모래의 전단강도는?(단, 점착력(c)은 0이다.)

① 24kN/m² ② 36kN/m²
③ 48kN/m² ④ 60kN/m²

해설
$s(\tau_f) = c + \sigma' \tan\phi = 0 + 60\tan 45 = 60\text{kN/m}^2$

09 가로 2m, 세로 4m의 직사각형 케이슨이 지중 16m까지 관입되었다. 단위면적당 마찰력 $f = 0.2\text{kN/m}^2$일 때 케이슨에 작용하는 주면마찰력(Skin Friction)은 얼마인가?

① 38.4kN ② 27.5kN
③ 19.2kN ④ 12.8kN

해설
$Q_f = f_n \cdot A_s = 0.2 \times (2+4)2 \times 16 = 38.4\text{kN}$

10 아래 기호를 이용하여 현장밀도시험의 결과로부터 건조밀도(ρ_d)를 구하는 식으로 옳은 것은?

- ρ_d : 흙의 건조밀도(g/cm³)
- V : 시험구멍의 부피(cm³)
- m : 시험구멍에서 파낸 흙의 습윤 질량(g)
- w : 시험구멍에서 파낸 흙의 함수비(%)

① $\rho_d = \dfrac{1}{V} \times \left(\dfrac{m}{1+\dfrac{w}{100}}\right)$

② $\rho_d = m \times \left(\dfrac{V}{1+\dfrac{w}{100}}\right)$

③ $\rho_d = \dfrac{1}{m} \times \left(\dfrac{V}{1+\dfrac{w}{100}}\right)$

④ $\rho_d = V \times \left(\dfrac{w}{1+\dfrac{m}{100}}\right)$

해설
$\gamma_d = \dfrac{\gamma_t}{1+w}$, $\gamma_t = \dfrac{W(m)}{V}$

$\therefore \gamma_d = \dfrac{1}{V} \times \left(\dfrac{W(m)}{1+\dfrac{w}{100}}\right)$

11 비교란 점토($\phi = 0$)에 대한 일축압축강도(q_u)가 36kN/m²이고 이 흙을 되비빔을 했을 때의 일축압축강도(q_{ur})가 12kN/m²이었다. 이 흙의 점착력(c_u)과 예민비(S_t)는 얼마인가?

① $c_u = 24\text{kN/m}^2$, $S_t = 0.3$
② $c_u = 24\text{kN/m}^2$, $S_t = 3.0$
③ $c_u = 18\text{kN/m}^2$, $S_t = 0.3$
④ $c_u = 18\text{kN/m}^2$, $S_t = 3.0$

해설
- c_u
  $q_u = 2c\tan\left(45 + \dfrac{\phi}{2}\right)$
  $36 = 2c$, $\therefore c = 18$
- $S_t = \dfrac{q_u(\text{불교란})}{q_u(\text{교란})} = \dfrac{36}{12} = 3$

12 아래 그림의 투수층에서 피에조미터를 꽂은 두 지점 사이의 동수경사(i)는 얼마인가?(단, 두 지점 간의 수평거리는 50m이다.)

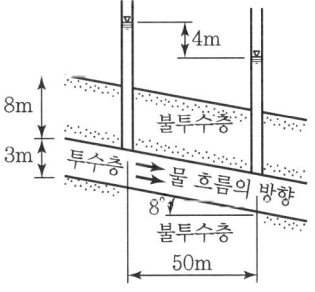

① 0.063 ② 0.079
③ 0.126 ④ 0.162

정답 08 ④ 09 ① 10 ① 11 ④ 12 ②

해설
동수경사(i) $= \dfrac{\Delta h}{L} = \dfrac{4}{50/\cos 8°} = 0.079$

13 그림에서 분사현상에 대한 안전율은 얼마인가?(단, 모래의 비중은 2.65, 간극비는 0.6이다.)

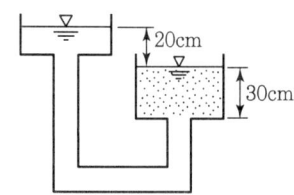

① 1.01　② 1.55
③ 1.86　④ 2.44

해설
$F_s = \dfrac{i_c}{i} = \dfrac{\dfrac{G-1}{1+e}}{\dfrac{\Delta h}{L}} = \dfrac{\dfrac{2.65-1}{1+0.6}}{\dfrac{20}{30}} = 1.55$

14 주동토압계수를 K_a, 수동토압계수를 K_p, 정지토압계수를 K_o라 할 때 토압계수 크기의 비교로 옳은 것은?

① $K_o > K_p > K_a$　② $K_o > K_a > K_p$
③ $K_p > K_o > K_a$　④ $K_a > K_o > K_p$

해설
수동토압계수(K_p) > 정지토압계수(K_o) > 주동토압계수(K_a)

15 풍화작용에 의하여 분해되어 원 위치에서 이동하지 않고 모암의 광물질을 덮고 있는 상태의 흙은?

① 호성토(Lacustrine soil)
② 충적토(Alluvial soil)
③ 빙적토(Glacial soil)
④ 잔적토(Residual soil)

해설
잔적토에 대한 설명이다.

16 절편법에 의한 사면의 안정해석 시 가장 먼저 결정되어야 할 사항은?

① 질편의 중량
② 가상파괴 활동면
③ 활동면상의 점착력
④ 활동면상의 내부마찰각

해설
절편법에 의한 사면 안정 해석 시 가상파괴 활동면을 가장 먼저 결정해야 한다.

17 실내다짐시험 결과 최대건조단위중량이 15.6 kN/m³이고, 다짐도가 95%일 때 현장의 건조단위중량은 얼마인가?

① 13.62kN/m³　② 14.82kN/m³
③ 16.01kN/m³　④ 17.43kN/m³

해설
다짐도 $= \dfrac{\text{현장 건조단위중량}}{\text{실내 건조단위중량}}$

$0.95 = \dfrac{\gamma_{d(\text{현장})}}{15.6}$

$\therefore \gamma_{d(\text{현장})} = 14.82 \text{kN/m}^3$

18 Sand Drain 공법에서 U_v(연직방향의 압밀도)=0.9, U_h(수평방향의 압밀도)=0.15인 경우, 수직 및 수평방향을 고려한 압밀도(U_{vh})는 얼마인가?

① 99.15%　② 96.85%
③ 94.5%　④ 91.5%

해설

$U = 1 - (1 - U_h)(1 - U_v)$
$\quad = 1 - (1 - 0.9)(1 - 0.15) = 0.915$

∴ 압밀도는 91.5%이다.

19 흙의 다짐에 대한 설명으로 틀린 것은?

① 건조밀도-함수비 곡선에서 최적함수비와 최대건조 밀도를 구할 수 있다.
② 사질토는 점성토에 비해 흙의 건조밀도-함수비 곡 선의 경사가 완만하다.
③ 최대건조밀도는 사질토일수록 크고, 점성토일수록 작다.
④ 모래질 흙은 진동 또는 진동을 동반하는 다짐방법이 유효하다.

해설

사질토는 점성토에 비해 흙의 건조밀도-함수비 곡선의 경사가 급하다.

20 10개의 무리 말뚝기초에 있어서 효율이 0.8, 단항으로 계산한 말뚝 1개의 허용지지력이 100kN 일 때 군항의 허용지지력은?

① 500kN
② 800kN
③ 1,000kN
④ 1,250kN

해설

$Q_{ag} = Q_a \times N \times E$
$\quad = 100 \times 10 \times 0.8$
$\quad = 800 \text{kN}$

2020년 토목기사 제3회 토질 및 기초 기출문제

01 흙의 활성도에 대한 설명으로 틀린 것은?

① 점토의 활성도가 클수록 물을 많이 흡수하여 팽창이 많이 일어난다.
② 활성도는 $2\mu m$ 이하의 점토함유율에 대한 액성지수의 비로 정의된다.
③ 활성도는 점토광물의 종류에 따라 다르므로 활성도로부터 점토를 구성하는 점토광물을 추정할 수 있다.
④ 흙 입자의 크기가 작을수록 비표면적이 커져 물을 많이 흡수하므로, 흙의 활성은 점토에서 뚜렷이 나타난다.

[해설]
$$활성도(A) = \frac{I_P(소성지수)}{2\mu m \text{ 이하의 점토 함유율}}$$

02 그림과 같은 지반에서 유효응력에 대한 점착력 및 마찰각이 각각 $c' = 10kN/m^2$, $\phi' = 20°$일 때, A점에서의 전단강도는?(단, 물의 단위중량은 9.81 kN/m^3이다.)

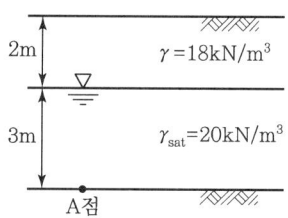

① $34.25kN/m^2$
② $44.94kN/m^2$
③ $54.25kN/m^2$
④ $66.17kN/m^2$

[해설]
$S(I_p) = C + \sigma' \tan\phi$
$= 10 + (18 \times 2) + (20 - 9.81) \times 3$
$= 34.23 kN/m^2$

03 흙의 다짐에 대한 설명 중 틀린 것은?

① 일반적으로 흙의 건조밀도는 가하는 다짐에너지가 클수록 크다.
② 모래질 흙은 진동 또는 진동을 동반하는 다짐 방법이 유효하다.
③ 건조밀도-함수비 곡선에서 최적 함수비와 최대건조밀도를 구할 수 있다.
④ 모래질을 많이 포함한 흙의 건조밀도-함수비 곡선의 경사는 완만하다.

[해설]
사질토(조립토)는 흙의 건조밀도-함수비 곡선의 경사가 급하다.

04 표준관입시험(SPT)을 할 때 처음 150mm 관입에 요하는 N값은 제외하고, 그 후 300mm 관입에 요하는 타격수로 N값을 구한다. 그 이유로 옳은 것은?

① 흙은 보통 150mm 밑부터 그 흙의 성질을 가장 잘 나타낸다.
② 관입봉의 길이가 정확히 450mm이므로 이에 맞도록 관입시키기 위함이다.
③ 정확히 300mm를 관입시키기가 어려워서 150mm 관입에 요하는 N값을 제외한다.
④ 보링구멍 밑면 흙이 보링에 의하여 흐트러져 150mm 관입 후부터 N값을 측정한다.

[해설]
보링 시 보링구멍 밑면의 흙이 흐트러지기 때문에 15cm 관입 후 N값을 추정한다.

05 연약지반 개량공법에 대한 설명 중 틀린 것은?

① 샌드드레인 공법은 2차 압밀비가 높은 점토 및 이탄 같은 유기질 흙에 큰 효과가 있다.
② 화학적 변화에 의한 흙의 강화공법으로는 소결 공법, 전기화학적 공법 등이 있다.
③ 동압밀공법 적용 시 과잉간극 수압의 소산에 의한 강도증가가 발생한다.
④ 장기간에 걸친 배수공법은 샌드드레인이 페이퍼 드레인보다 유리하다.

정답 01 ② 02 ① 03 ④ 04 ④ 05 ①

해설
2차 압밀비가 높은 점토 및 이탄 같은 유기질 흙에 샌드드레인공법은 큰 효과가 없다.

06 흐트러지지 않은 시료를 이용하여 액성한계 40%, 소성한계 22.3%를 얻었다. 정규압밀점토의 압축지수(C_c)값을 Terzaghi와 Peck의 경험식에 의해 구하면?

① 0.25　　② 0.27
③ 0.30　　④ 0.35

해설
C_c(불교란시료) $= 0.009(w_L - 10) = 0.009(40 - 10) = 0.27$

07 다음 중 흙댐(Dam)의 사면안정 검토 시 가장 위험한 상태는?

① 상류사면의 경우 시공 중과 만수위일 때
② 상류사면의 경우 시공 직후와 수위 급강하일 때
③ 하류사면의 경우 시공 직후와 수위 급강하일 때
④ 하류사면의 경우 시공 중과 만수위일 때

해설
• 상류 : 시공 직후, 수위 급강하 시
• 하류 : 만수위 시

08 모래지층 사이에 두께 6m의 점토층이 있다. 이 점토의 토질시험 결과가 아래 표와 같을 때, 이 점토층의 90% 압밀을 요하는 시간은 약 얼마인가? (단, 1년은 365일로 하고, 물의 단위중량(γ_w)은 9.81kN/m³이다.)

• 간극비(e) = 1.5
• 압축계수(a_v) = 4×10^{-3} m²/kN
• 투수계수(k) = 3×10^{-7} cm/s

① 50.7년　　② 12.7년
③ 5.07년　　④ 1.27년

해설
$t = \dfrac{T_v \cdot H^2}{C_v} = \dfrac{0.848 \times 3^2}{1.911 \times 10^{-7}} = 1.27$년

• $T_v = 0.848$
• $H = \dfrac{6}{2} = 3$
• $C_v = \dfrac{k}{m_v \cdot \gamma_w} = \dfrac{3 \times 10^{-7} \times 0.01\text{m}}{\left(\dfrac{4 \times 10^{-3}}{1 + 1.5}\right) \times 9.81} = 1.911 \times 10^{-7}$ m²/sec

09 5m×10m의 장방형 기초 위에 $q = 60$kN/m²의 등분포하중이 작용할 때, 지표면 아래 10m에서의 연직응력증가량($\Delta \sigma_v$)은? (단, 2:1 응력분포법을 사용한다.)

① 10kN/m²　　② 20kN/m²
③ 30kN/m²　　④ 40kN/m²

해설
$\Delta \sigma_v = \dfrac{qBL}{(B+Z)(L+Z)} = \dfrac{60 \times 5 \times 10}{(5+10)(10+10)} = 10$kN/m²

10 도로의 평판재하시험방법(KS F 2310)에서 시험을 끝낼 수 있는 조건이 아닌 것은?

① 재하 응력이 현장에서 예상할 수 있는 가장 큰 접지압력의 크기를 넘으면 시험을 멈춘다.
② 재하 응력이 그 지반의 항복점을 넘을 때 시험을 멈춘다.
③ 침하가 더 이상 일어나지 않을 때 시험을 멈춘다.
④ 침하량이 15mm에 달할 때 시험을 멈춘다.

해설
평판재하시험 시 시험을 끝낼 수 있는 조건
• 침하량 15mm 도달
• 하중강도(재하응력) > 접지압력
• 하중강도(재하응력) > 항복점

정답　06 ②　07 ②　08 ④　09 ①　10 ③

11 그림에서 흙의 단면적이 40cm²이고 투수계수가 0.1cm/s일 때 흙 속을 통과하는 유량은?

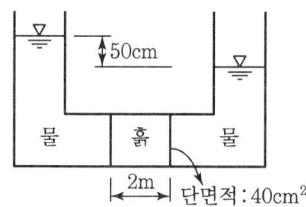

① 1m³/h
② 1cm³/s
③ 100m³/h
④ 100cm³/s

해설
$$Q = A \cdot V = A \cdot k \cdot \frac{\Delta h}{L} = 40 \times 0.1 \times \frac{50}{200}$$
$$= 1 \text{cm}^3/\text{s}$$

12 Terzaghi의 얕은 기초에 대한 수정지지력 공식에서 형상계수에 대한 설명 중 틀린 것은? (단, B는 단변의 길이, L은 장변의 길이이다.)

① 연속기초에서 $\alpha = 1.0$, $\beta = 0.5$이다.
② 원형기초에서 $\alpha = 1.3$, $\beta = 0.6$이다.
③ 정사각형기초에서 $\alpha = 1.3$, $\beta = 0.4$이다.
④ 직사각형기초에서 $\alpha = 1 + 0.3\frac{B}{L}$, $\beta = 0.5 - 0.1\frac{B}{L}$이다.

해설
원형기초에서 $\alpha = 1.3$, $\beta = 0.3$이다.

13 포화된 점토에 대하여 비압밀비배수(UU) 삼축압축시험을 하였을 때의 결과에 대한 설명으로 옳은 것은? (단, ϕ는 마찰각이고 c는 점착력이다.)

① ϕ와 c가 나타나지 않는다.
② ϕ와 c가 모두 "0"이 아니다.
③ ϕ는 "0"이고, c는 "0"이 아니다.
④ ϕ는 "0"이 아니지만, c는 "0"이다.

해설

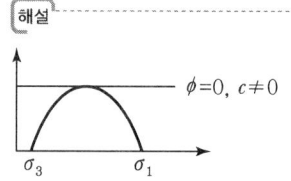

14 흙의 동상에 영향을 미치는 요소가 아닌 것은?

① 모관 상승고
② 흙의 투수계수
③ 흙의 전단강도
④ 동결온도의 계속시간

해설
흙의 동상에 가장 큰 영향을 미치는 요소는 물, 온도이다.

15 아래 그림에서 각 층의 손실수두 Δh_1, Δh_2, Δh_3를 각각 구한 값으로 옳은 것은? (단, k는 cm/s, H와 Δh는 m단위이다.)

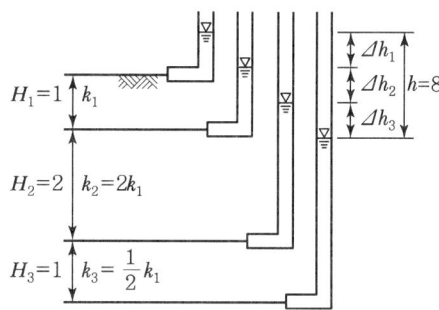

① $\Delta h_1 = 2$, $\Delta h_2 = 2$, $\Delta h_3 = 4$
② $\Delta h_1 = 2$, $\Delta h_2 = 3$, $\Delta h_3 = 3$
③ $\Delta h_1 = 2$, $\Delta h_2 = 4$, $\Delta h_3 = 2$
④ $\Delta h_1 = 2$, $\Delta h_2 = 5$, $\Delta h_3 = 1$

해설
$$V = k_1 i_1 = k_2 i_2 = k_3 i_3$$
$$= k_1 \left(\frac{\Delta h_1}{H_1}\right) = k_2 \left(\frac{\Delta h_2}{H_2}\right) = k_3 \left(\frac{\Delta h_3}{H_3}\right)$$
$$= k_1 \left(\frac{\Delta h_1}{1}\right) = 2k_1 \left(\frac{\Delta h_2}{2}\right) = \frac{1}{2} k_1 \left(\frac{\Delta h_3}{1}\right)$$

정답 11 ② 12 ② 13 ③ 14 ③ 15 ①

$$\therefore \Delta h_1 = \Delta h_2 = \frac{\Delta h_3}{2}$$

따라서 $h_{(8)} = \Delta h_1 + \Delta h_2 + \Delta h_3 = \Delta h_1 + \Delta h_1 + 2\Delta h_1$

$\Delta h_1 = 2 = \Delta h_2$, $\Delta h_3 = 4$

16 다짐되지 않은 두께 2m, 상대밀도 40%의 느슨한 사질토 지반이 있다. 실내시험 결과 최대 및 최소 간극비가 0.80, 0.40으로 각각 산출되었다. 이 사질토를 상대밀도 70%까지 다짐할 때 두께는 얼마나 감소되겠는가?

① 12.41cm
② 14.63cm
③ 22.71cm
④ 25.83cm

[해설]

$\Delta H = \dfrac{e_1 - e_2}{1 + e_1} H$

- 상대밀도 40% → e_1

  $D_r = \dfrac{e_{max} - e_1}{e_{max} - e_{min}}$, $e_1 = 0.64$

- 상대밀도 70% → e_2

  $D_r = \dfrac{e_{max} - e_2}{e_{max} - e_{min}}$, $e_2 = 0.52$

$\therefore \Delta H = \left(\dfrac{0.64 - 0.52}{1 + 0.64}\right) 200 = 14.63 \text{cm}$

17 모래나 점토 같은 입상재료를 전단할 때 발생하는 다일러턴시(Dilatancy) 현상과 간극수압의 변화에 대한 설명으로 틀린 것은?

① 정규압밀 점토에서는 (−) 다일러턴시에 (+)의 간극수압이 발생한다.
② 과압밀 점토에서는 (+) 다일러턴시에 (−)의 간극수압이 발생한다.
③ 조밀한 모래에서는 (+) 다일러턴시가 일어난다.
④ 느슨한 모래에서는 (+) 다일러턴시가 일어난다.

[해설]

느슨한 모래에서는 (−) 다일러턴시, (+) 간극수압이 발생한다.

18 그림과 같이 수평지표면 위에 등분포하중 q가 작용할 때 연직옹벽에 작용하는 주동토압의 공식으로 옳은 것은?(단, 뒤채움 흙은 사질토이며, 이 사질토의 단위중량을 γ, 내부마찰각을 ϕ라 한다.)

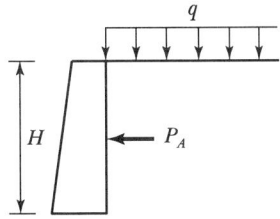

① $P_a = \left(\dfrac{1}{2}\gamma H^2 + qH\right)\tan^2\left(45° - \dfrac{\phi}{2}\right)$

② $P_a = \left(\dfrac{1}{2}\gamma H^2 + qH\right)\tan^2\left(45° + \dfrac{\phi}{2}\right)$

③ $P_a = \left(\dfrac{1}{2}\gamma H^2 + qH\right)\tan^2\phi$

④ $P_a = \left(\dfrac{1}{2}\gamma H^2 + q\right)\tan^2\phi$

[해설]

- $K_a = \dfrac{1 - \sin\phi}{1 + \sin\phi} = \tan\left(45 - \dfrac{\phi}{2}\right)$

- $P_a = \gamma H^2 K_a \times \dfrac{1}{2} + q K_a H$

19 기초의 구비조건에 대한 설명 중 틀린 것은?

① 상부하중을 안전하게 지지해야 한다.
② 기초 깊이는 동결 깊이 이하여야 한다.
③ 기초는 전체침하나 부등침하가 전혀 없어야 한다.
④ 기초는 기술적, 경제적으로 시공 가능하여야 한다.

[해설]

기초는 허용침하 이내이어야 한다.

정답 16 ② 17 ④ 18 ① 19 ③

20 중심 간격이 2m, 지름 40cm인 말뚝을 가로 4개, 세로 5개씩 전체 20개의 말뚝을 박았다. 말뚝 한 개의 허용지지력이 150kN이라면 이 군항의 허용지지력은 약 얼마인가?(단, 군말뚝의 효율은 Converse-Labarre 공식을 사용한다.)

① 4,500kN
② 3,000kN
③ 2,415kN
④ 1,215kN

해설

$Q_{ag} = Q_a \cdot N \cdot E = 150 \times 20 \times 0.805 = 2,415 \text{kN}$

$\left(E = 1 - \theta \left[\dfrac{(m-1)n + m(n-1)}{90mn} \right] \right.$

$\left. = 1 - \tan^{-1}\left(\dfrac{40}{200}\right)\left[\dfrac{15+16}{90 \times 4 \times 5}\right] = 0.805 \right)$

정답 20 ③

2020년 토목산업기사 제3회 토질 및 기초 기출문제

01 말뚝의 재하시험 시 연약점토지반인 경우는 말뚝 타입 후 소정의 시간이 경과한 후 말뚝재하시험을 한다. 그 이유로 옳은 것은?

① 부 마찰력이 생겼기 때문이다.
② 타입된 말뚝에 의해 흙이 팽창되었기 때문이다.
③ 타입 시 말뚝 주변의 흙이 교란되었기 때문이다.
④ 주면 마찰력이 너무 크게 작용하였기 때문이다.

[해설]
타입 시 말뚝 주변의 흙이 교란되기 때문에 말뚝 타입 후 소정의 시간이 경과한 후 말뚝 재하시험을 한다.

02 연약지반 개량공법에서 Sand Drain 공법과 비교한 Paper Drain 공법의 특징이 아닌 것은?

① 공사비가 비싸다.
② 시공속도가 빠르다.
③ 타입 시 주변 지반 교란이 적다.
④ Drain 단면이 깊이 방향에 대해 일정하다.

[해설]

구분	Sand Drain	Paper Drain
재료	모래	PaPer
공사비	높다.	낮다.
공사속도	낮다.	높다.

03 두께 6m의 점토층에서 시료를 채취하여 압밀시험한 결과 하중강도가 200kN/m²에서 400kN/m²로 증가되고 간극비는 2.0에서 1.8로 감소하였다. 이 시료의 압축계수(a_v)는?

① 0.001m²/kN
② 0.003m²/kN
③ 0.006m²/kN
④ 0.008m²/kN

[해설]
$$a_v = \frac{e_1 - e_2}{P_2 - P_1} = \frac{2 - 1.8}{400 - 200} = 0.001 \text{m}^2/\text{kN}$$

04 주동토압을 P_A, 정지토압을 P_o, 수동토압을 P_P라 할 때 크기의 비교로 옳은 것은?

① $P_A > P_o > P_P$
② $P_P > P_A > P_o$
③ $P_o > P_A > P_P$
④ $P_P > P_o > P_A$

[해설]
수동토압(P_P) > 정지토압(P_o) > 주동토압(P_A)

05 흙의 연경도에 대한 설명 중 틀린 것은?

① 액성한계는 유동곡선에서 낙하횟수 25회에 대한 함수비를 말한다.
② 수축한계 시험에서 수은을 이용하여 건조토의 무게를 정한다.
③ 흙의 액성한계·소성한계시험은 425μm체를 통과한 시료를 사용한다.
④ 소성한계는 시료를 실 모양으로 늘렸을 때, 시료가 3mm의 굵기에서 끊어질 때의 함수비를 말한다.

[해설]
수축한계시험에서 수은을 이용하여 건조토의 부피를 정한다.

06 흙 속의 물이 얼어서 빙층(Ice Lens)이 형성되기 때문에 지표면이 떠오르는 현상은?

① 연화현상
② 동상현상
③ 분사현상
④ 다일러턴시

[해설]
동상현상의 설명이다.

정답   01 ③   02 ①   03 ①   04 ④   05 ②   06 ②

07 말뚝기초에서 부주면마찰력(Negative Skin Friction)에 대한 설명으로 틀린 것은?

① 지하수위 저하로 지반이 침하할 때 발생한다.
② 지반이 압밀진행 중인 연약점토지반인 경우에 발생한다.
③ 발생이 예상되면 대책으로 말뚝 주면에 역청 등으로 코팅하는 것이 좋다.
④ 말뚝 주면에 상방향으로 작용하는 마찰력이다.

해설
부주면마찰력은 하방향으로 작용하는 마찰력이다.

08 2면 직접전단시험에서 전단력이 300N, 시료의 단면적이 10cm²일 때의 전단응력은?

① 75kN/m² ② 150kN/m²
③ 300kN/m² ④ 600kN/m²

해설
$$\tau = \frac{s}{2p} = \frac{300 \times 10^3 \text{kN}}{2 \times 10^3 \times \frac{1}{100^3} \text{m}^2} = 150 \text{kN/m}^2$$

09 어느 모래층의 간극률이 20%, 비중이 2.65이다. 이 모래의 한계 동수경사는?

① 1.28 ② 1.32
③ 1.38 ④ 1.42

해설
$$i = \frac{G_s - 1}{1 + e} = \frac{2.65 - 1}{1 + 0.25} = 1.32$$
$$\left(e = \frac{n}{1-n} = \frac{0.2}{1-0.2} = 0.25\right)$$

10 통일분류법에서 실트질 자갈을 표시하는 기호는?

① GW ② GP
③ GM ④ GC

해설
- GW : 입도가 양호한 자갈
- GP : 입도가 불량한 자갈
- GM : 실트질 자갈

11 흙의 전단강도에 대한 설명으로 틀린 것은?

① 흙의 전단강도와 압축강도는 밀접한 관계에 있다.
② 흙의 전단강도는 입자 간의 내부마찰각과 점착력으로부터 주어진다.
③ 외력이 증가하면 전단응력에 의해서 내부의 어느 면을 따라 활동이 일어나 파괴된다.
④ 일반적으로 사질토는 내부마찰각이 작고 점성토는 점착력이 작다.

해설
- 사질토 : $c = 0, \phi \neq 0$
- 점성토 : $c \neq 0, \phi = 0$

12 흙의 다짐 특성에 대한 설명으로 옳은 것은?

① 다짐에 의하여 흙의 밀도와 압축성은 증가된다.
② 세립토가 조립토에 비하여 최대건조밀도가 큰 편이다.
③ 점성토를 최적함수비보다 습윤 측으로 다지면 이산 구조를 가진다.
④ 세립토는 조립토에 비하여 다짐 곡선의 기울기가 급하다.

해설
- 다짐 후 압축성은 감소된다.
- 세립토가 조립토에 비해 최적함수비(OMC)가 크다.

13 어떤 퇴적지반의 수평방향 투수계수가 4.0×10^{-3}cm/s, 수직방향 투수계수가 3.0×10^{-3}cm/s일 때 이 지반의 등가 등방성 투수계수는 얼마인가?

① 3.46×10^{-3}cm/s ② 5.0×10^{-3}cm/s
③ 6.0×10^{-3}cm/s ④ 6.93×10^{-3}cm/s

정답 07 ④ 08 ② 09 ② 10 ③ 11 ④ 12 ③ 13 ①

해설

$$K = \sqrt{k_h \cdot k_v} = \sqrt{(4 \times 10^{-3}) \times (3 \times 10^{-3})}$$
$$= 3.46 \times 10^{-3} \text{cm/s}$$

14 흙의 다짐 에너지에 대한 설명으로 틀린 것은?

① 다짐 에너지는 램머(Rammer)의 중량에 비례한다.
② 다짐 에너지는 램머(Rammer)의 낙하고에 비례한다.
③ 다짐 에너지는 시료의 체적에 비례한다.
④ 다짐 에너지는 타격 수에 비례한다.

해설

다짐 에너지는 시료의 체적에 반비례한다.

15 포화점토에 대해 베인전단시험을 실시하였다. 베인의 지름과 높이는 각각 75mm와 150mm이고 시험 중 사용한 최대 회전 모멘트는 30N·m이다. 점성토의 비배수 전단강도(c_u)는?

① 1.62N/m^2　② 1.94N/m^2
③ 16.2kN/m^2　④ 19.4kN/m^2

해설

$$c_u = \frac{M_{\max}}{\pi D^2 \left(\frac{H}{2} + \frac{D}{6}\right)} = \frac{300}{\pi \cdot 75^2 \left(\frac{15}{2} + \frac{7.5}{6}\right)} = 1.94 \text{N/cm}^2$$

$\therefore 1.94 \times 10^{-3} \text{kN} \times 100^2 \text{m}^2 = 19.4 \text{kN/m}^2$

16 그림과 같은 파괴 포락선 중 완전 포화된 점성토에 대해 비압밀비배수 삼축압축(UU)시험을 했을 때 생기는 파괴포락선은 어느 것인가?

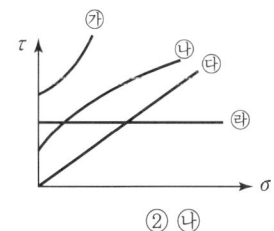

① ㉮　② ㉯
③ ㉰　④ ㉱

해설

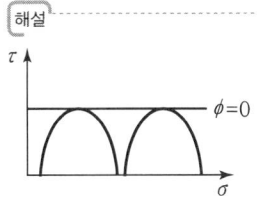

17 분할법으로 사면안정 해석 시에 가장 먼저 결정되어야 할 사항은?

① 가상파괴 활동면
② 분할 세편의 중량
③ 활동면상의 마찰력
④ 각 세편의 간극수압

해설

분할법으로 사면안정 해석 시 가장 먼저 결정되어야 할 사항은 가상파괴 활동면이다.

18 흙의 투수계수에 대한 설명으로 틀린 것은?

① 투수계수는 온도와는 관계가 없다.
② 투수계수는 물의 점성과 관계가 있다.
③ 흙의 투수계수는 보통 Darcy 법칙에 의하여 정해진다.
④ 모래의 투수계수는 간극비나 흙의 형상과 관계가 있다.

해설

온도가 높으면 점성계수는 작아지며 투수계수는 커진다.

19 사질토 지반에 있어서 강성기초의 접지압분포에 대한 설명으로 옳은 것은?

① 기초 밑면에서의 응력은 불규칙하다.
② 기초의 중앙부에서 최대응력이 발생한다.
③ 기초의 밑면에서는 어느 부분이나 응력이 동일하다.
④ 기초의 모서리 부분에서 최대응력이 발생한다.

정답　14 ③　15 ④　16 ④　17 ①　18 ①　19 ②

[해설]
강성기초의 접지압

점토지반	모래지반
기초 모서리에서 최대응력 발생	기초 중앙부에서 최대응력 발생

20 도로의 평판재하시험(KS F 2310)에서 변위계 지지대의 지지 다리 위치는 재하판 및 지지력 장치의 지지점에서 몇 m 이상 떨어져 설치하여야 하는가?

① 0.25m ② 0.50m
③ 0.75m ④ 1.00m

[해설]
평판재하시험(KS F 2310)에서 변위계 지지대의 다리 위치는 지지력 장치 지점에서 1m 이상 떨어져 설치해야 한다.

정답 20 ④

2020년 토목기사 제4회 토질 및 기초 기출문제

01 현장 흙의 밀도시험 중 모래치환법에서 모래는 무엇을 구하기 위하여 사용하는가?

① 시험구멍에서 파낸 흙의 중량
② 시험구멍의 체적
③ 지반의 지지력
④ 흙의 함수비

해설
- $\gamma_d = \dfrac{\gamma_t}{1+w}$
- $\gamma_t = \dfrac{W}{V}$

여기서, V : 시험구멍의 체적

02 사질토에 대한 직접 전단시험을 실시하여 다음과 같은 결과를 얻었다 내부마찰각은 약 얼마인가?

수직응력(kN/m²)	30	60	90
최대전단응력(kN/m²)	17.3	34.6	51.9

① 25°
② 30°
③ 35°
④ 40°

해설
$17.3 = 30\tan\phi$
$\therefore \phi = 30°$

03 Terzaghi의 극한지지력 공식에 대한 설명으로 틀린 것은?

① 기초의 형상에 따라 형상계수를 고려하고 있다.
② 지지력계수 N_c, N_q, N_γ는 내부마찰각에 의해 결정된다.
③ 점성토에서의 극한지지력은 기초의 근입깊이가 깊어지면 증가된다.
④ 사질토에서의 극한지지력은 기초의 폭에 관계없이 기초 하부의 흙에 의해 결정된다.

해설
사질토에서 극한지지력은 기초의 폭에 비례한다.

04 그림과 같은 모래시료의 분사현상에 대한 안전율을 3.0 이상이 되도록 하려면 수두차 h를 최대 얼마 이하로 하여야 하는가?

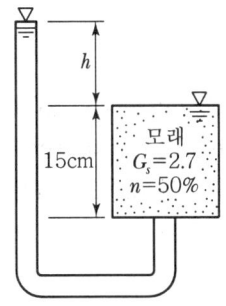

① 12.75cm
② 9.75cm
③ 4.25cm
④ 3.25cm

해설
- $F_s = \dfrac{i_c}{i} = \dfrac{\dfrac{G_s-1}{1+e}}{\dfrac{\Delta h}{L}} = 3$

- $\dfrac{\dfrac{2.7-1}{1+1}}{\dfrac{h}{15}} = 3$ ∴ $h = 4.25\text{cm}$

$\left(e = \dfrac{n}{1-n} = \dfrac{0.5}{1-0.5} = 1\right)$

05 그림과 같이 $c=0$인 모래로 이루어진 무한사면이 안정을 유지(안전율≥1)하기 위한 경사각(β)의 크기로 옳은 것은?(단, 물의 단위중량은 9.81kN/m³이다.)

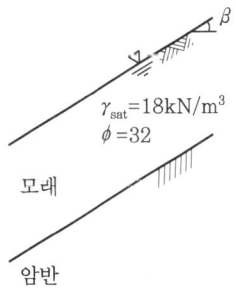

① $\beta \leq 7.94°$
② $\beta \leq 15.87°$
③ $\beta \leq 23.79°$
④ $\beta \leq 31.76°$

정답 01 ② 02 ② 03 ④ 04 ③ 05 ②

해설

$$F_s = \frac{\gamma_{sub}}{\gamma_{sat}} \cdot \frac{\tan\phi}{\tan\beta} \geq 1 = \frac{18-9.81}{18} \cdot \frac{\tan 32°}{\tan\beta} \geq 1$$

$\therefore \beta \leq 15.87°$

06 어떤 시료를 입도분석한 결과, 0.075mm 체 통과율이 65%이었고, 애터버그한계 시험결과 액성한계가 40%이었으며 소성도표(Plasticity Chart)에서 A선 위의 구역에 위치한다면 이 시료의 통일분류법(USCS)상 기호로서 옳은 것은?(단, 시료는 무기질이다.)

① CL ② ML
③ CH ④ MH

해설

- 0.075mm(No.200) 체 통과량 65% → 세립토
- 액성한계(w_L)=40% → 압축성이 낮은(L)
- A선 위에 위치 → 점토(C)

∴ 세립토인 저압축성 점토(CL)

07 유선망의 특징에 대한 설명으로 틀린 것은?

① 각 유로의 침투유량은 같다.
② 유선과 등수두선은 서로 직교한다.
③ 인접한 유선 사이의 수두 감소량(Head Loss)은 동일하다.
④ 침투속도 및 동수경사는 유선망의 폭에 반비례한다.

해설

인접한 등수두선 사이의 수두 감소량은 동일하다.

08 어떤 점토의 압밀계수는 1.92×10^{-7}m²/s, 압축계수는 2.86×10^{-1}m²/kN이었다. 이 점토의 투수계수는?(단, 이 점토의 초기간극비는 0.8이고, 물의 단위중량은 9.81kN/m³이다.)

① 0.99×10^{-5}cm/s   ② 1.99×10^{-5}cm/s
③ 2.99×10^{-5}cm/s   ④ 3.99×10^{-5}cm/s

해설

$K = C_v m_v \gamma_w$
$= 1.92 \times 10^{-7} \times \frac{2.86 \times 10^{-1}}{1+0.8} \times 9.81$
$= 0.000000299$ m/s
$= 2.99 \times 10^{-5}$ cm/s

09 사운딩에 대한 설명으로 틀린 것은?

① 로드 선단에 지중저항체를 설치하고 지반 내 관입, 압입 또는 회전하거나 인발하여 그 저항치로부터 지반의 특성을 파악하는 지반조사방법이다.
② 정적 사운딩과 동적 사운딩이 있다.
③ 압입식 사운딩의 대표적인 방법은 Standard Penetration Test(SPT)이다.
④ 특수사운딩 중 측압사운딩의 공내횡방향 재하시험은 보링공을 기계적으로 수평으로 확장시키면서 측압과 수평변위를 측정한다.

해설

SPT는 동적 사운딩이다.

10 두께 H인 점토층에 압밀하중을 가하여 요구되는 압밀도에 달할 때까지 소요되는 기간이 단면배수일 경우 400일이었다면 양면배수일 때는 며칠이 걸리겠는가?

① 800일   ② 400일
③ 200일   ④ 100일

해설

- $t \propto H^2$
- $t_{단면배수} : t_{양면배수} = H^2 : \left(\frac{H}{2}\right)^2$

$t_{양면배수} = t_{단면배수} \times \frac{1}{4} = 400 \times \frac{1}{4} = 100$일

정답 06 ① 07 ③ 08 ③ 09 ③ 10 ④

11 전체 시추코어 길이가 150cm이고 이중 회수된 코어 길이의 합이 80cm이었으며, 10m 이상인 코어 길이의 합이 70cm이었을 때 코어의 회수율(TCR)은?

① 55.67% ② 53.33%
③ 46.67% ④ 43.33%

해설
$$TCR = \frac{채취길이}{관입깊이} \times 100$$
$$= \frac{80}{150} \times 100 = 53.33\%$$

12 동상 방지대책에 대한 설명으로 틀린 것은?

① 배수구 등을 설치하여 지하수위를 저하시킨다.
② 지표의 흙을 화학약품으로 처리하여 동결온도를 내린다.
③ 동결 깊이보다 깊은 흙을 동결하지 않는 흙으로 치환한다.
④ 모관수의 상승을 차단하기 위해 조립의 차단층을 지하수위보다 높은 위치에 설치한다.

해설
동결 깊이보다 상단 흙을 동결하지 않는 흙으로 치환한다.

13 다음 지반개량공법 중 연약한 점토지반에 적당하지 않은 것은?

① 프리로딩 공법
② 샌드 드레인 공법
③ 생석회 말뚝 공법
④ 바이브로 플로테이션 공법

해설
사질토(충격공법) – 바이브로 플로테이션 공법

14 두 개의 규소판 사이에 한 개의 알루미늄판이 결합된 3층 구조가 무수히 많이 연결되어 형성된 점토광물로서 각 3층 구조 사이에는 칼륨이온(K^+)으로 결합되어 있는 것은?

① 일라이트(Illite)
② 카올리나이트(Kaolinite)
③ 할로이사이트(Halloysite)
④ 몬모릴로나이트(Montmorillonite)

해설
일라이트(Illite)
• 보통 점토로서 3층 구조(칼륨이온(K^+)으로 결합)
• $0.75 \leq$ 활성도(A) ≤ 1.25

15 단위중량(γ_t) = 19kN/m³, 내부마찰각(ϕ) = 30°, 정지토압계수(K_o) = 0.5인 균질한 사질토 지반이 있다. 이 지반의 지표면 아래 2m 지점에 지하수위면이 있고 지하수위면 아래의 포화단위중량(γ_{sat}) = 20kN/m³이다. 이때 지표면 아래 4m 지점에서 지반 내 응력에 대한 설명으로 틀린 것은?(단, 물의 단위중량은 9.81kN/m³이다.)

① 연직응력(σ_v)은 80kN/m²이다.
② 간극수압(u)은 19.62kN/m²이다.
③ 유효연직응력(σ_v')은 58.38kN/m²이다.
④ 유효수평응력(σ_h')은 29.19kN/m²이다.

해설
• $\sigma_v' = 19 \times 2 + (20 - 9.81) \times 2 = 53.38 kN/m^2$
• $u = \gamma_w \cdot h = (1t/m^3 \times 9.81) \times 2 = 19.62 kN/m^2$
• $\sigma_v = \sigma_v' - u = 53.38 - 19.62 = 38.76 kN/m^2$
• $\sigma_h' = k_o \cdot \sigma_v' = 0.5 \times 53.38 = 29.19 kN/m^2$

정답 11 ② 12 ③ 13 ④ 14 ① 15 ①

16 $\gamma_t = 19\text{kN/m}^3$, $\phi = 30°$인 뒤채움 모래를 이용하여 8m 높이의 보강토 옹벽을 설치하고자 한다. 폭 75mm, 두께 3.69mm의 보강띠를 연직방향 설치간격 $S_v = 0.5\text{m}$, 수평방향 설치간격 $S_h = 1.0\text{m}$로 시공하고자 할 때, 보강띠에 작용하는 최대 힘 (T_{max})의 크기는?

① 15.33kN ② 25.33kN
③ 35.33kN ④ 45.33kN

해설

$T_{max} = \sigma_h \cdot S_h \cdot S_v$

- $\sigma_{h\,max} = k_a \cdot \sigma_h$
  $= \left(\dfrac{1-\sin\phi}{1+\sin\phi}\right) \times (19 \times 8)$
  $= 50.616$
- $T_{max} = 50.616 \times 0.5 \times 1 = 25.33\text{kN}$

17 말뚝기초의 지반거동에 대한 설명으로 틀린 것은?

① 연약지반상에 타입되어 지반이 먼저 변형하고 그 결과 말뚝이 저항하는 말뚝을 주동말뚝이라 한다.
② 말뚝에 작용한 하중은 말뚝 주변의 마찰력과 말뚝선단의 지지력에 의하여 주변 지반에 전달된다.
③ 기성말뚝을 타입하면 전단파괴를 일으키며 말뚝 주위의 지반은 교란된다.
④ 말뚝 타입 후 지지력의 증가 또는 감소현상을 시간효과(Time Effect)라 한다.

해설

주동말뚝과 수동말뚝

주동말뚝	수동말뚝
• 말뚝이 변형함에 따라 지반이 저항 • 말뚝이 움직이는 주체가 됨	연약지반상에서 지반이 먼저 변형하고 그 결과 말뚝이 저항하는 말뚝

18 사질토 지반에 축조되는 강성기초의 접지압 분포에 대한 설명으로 옳은 것은?

① 기초 모서리 부분에서 최대응력이 발생한다.
② 기초에 작용하는 접지압 분포는 토질에 관계 없이 일정하다.
③ 기초의 중앙 부분에서 최대응력이 발생한다.
④ 기초 밑면의 응력은 어느 부분이나 동일하다.

해설

강성기초의 접지압

점토지반	모래지반
기초 모서리에서 최대응력 발생	기초 중앙부에서 최대응력 발생

19 습윤단위중량이 19kN/m³, 함수비 25%, 비중이 2.7인 경우 건조단위중량과 포화도는?(단, 물의 단위중량은 9.81kN/m³이다.)

① 17.3kN/m³, 97.8%
② 17.3kN/m³, 90.9%
③ 15.2kN/m³, 97.8%
④ 15.2kN/m³, 90.9%

해설

- $\gamma_d = \dfrac{\gamma_t}{1+w} = \dfrac{19}{1+0.25} = 15.2\text{kN/m}^2$
- $\gamma_d = \dfrac{G}{1+e}\gamma_w$
  $e = \dfrac{G}{\gamma_d}\gamma_w - 1$
  $= \dfrac{2.7}{15.2} \times 9.81 - 1 = 0.74$
- $Gw = Se$, $S = \dfrac{Gw}{e} = \dfrac{2.7 \times 0.25}{0.74} = 91\%$

정답 16 ② 17 ① 18 ③ 19 ④

20 아래의 공식은 흙 시료에 삼축압력이 작용할 때 흙 시료 내부에 발생하는 간극수압을 구하는 공식이다. 이 식에 대한 설명으로 틀린 것은?

$$\Delta u = B[\Delta\sigma_3 + A(\Delta\sigma_1 - \Delta\sigma_3)]$$

① 포화된 흙의 경우 $B=1$이다.
② 간극수압계수 A값은 언제나 (+)의 값을 갖는다.
③ 간극수압계수 A값은 삼축압축시험에서 구할 수 있다.
④ 포화된 점토에서 구속응력을 일정하게 두고 간극수압을 측정했다면, 축차응력과 간극수압으로부터 A값을 계산할 수 있다.

[해설]
- 완전건조토 $B=0$
- 과압밀점토($-$)

정답 20 ②

2021년 토목기사 제1회 토질 및 기초 기출문제

01 포화단위중량(γ_{sat})이 19.62kN/m³인 사질토로 된 무한사면이 20°로 경사져 있다. 지하수위가 지표면과 일치하는 경우 이 사면의 안전율이 1 이상이 되기 위해서 흙의 내부마찰각이 최소 몇 도 이상이어야 하는가?(단, 물의 단위중량은 9.81kN/m³이다.)

① 18.21° ② 20.52°
③ 36.06° ④ 45.47°

[해설]

$$F_s = \frac{c}{\gamma_{sat} z \sin i \cos i} + \frac{\tan\phi}{\tan i} \cdot \frac{\gamma_{sub}}{\gamma_{sat}}$$

$$1 = \frac{\tan\phi}{\tan 20°} \cdot \frac{19.62 - 9.81}{19.62}$$

∴ $\phi = 36.06°$

02 그림에서 지표면으로부터 깊이 6m에서의 연직응력(σ_v)과 수평응력(σ_h)의 크기를 구하면?(단, 토압계수는 0.6이다.)

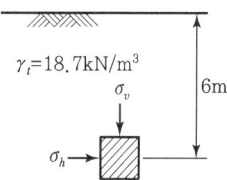

① $\sigma_v = 87.3\text{kN/m}^2$, $\sigma_h = 52.4\text{kN/m}^2$
② $\sigma_v = 95.2\text{kN/m}^2$, $\sigma_h = 57.1\text{kN/m}^2$
③ $\sigma_v = 112.2\text{kN/m}^2$, $\sigma_h = 67.3\text{kN/m}^2$
④ $\sigma_v = 123.4\text{kN/m}^2$, $\sigma_h = 74.0\text{kN/m}^2$

[해설]
- $\sigma_v = \gamma \cdot h = 18.7 \times 6 = 112.2\text{kN/m}^2$
- $\sigma_h = \sigma_v \cdot k = 112.2 \times 0.6 = 67.3\text{kN/m}^2$

03 흙의 분류법인 AASHTO 분류법과 통일분류법을 비교·분석한 내용으로 틀린 것은?

① 통일분류법은 0.075mm체 통과율 35%를 기준으로 조립토와 세립토로 분류하는데 이것은 AASHTO 분류법보다 적합하다.
② 통일분류법은 입도분포, 액성한계, 소성지수 등을 주요 분류인자로 한 분류법이다.
③ AASHTO 분류법은 입도분포, 군지수 등을 주요 분류인자로 한 분류법이다.
④ 통일분류법은 유기질토 분류방법이 있으나 AASHTO 분류법은 없다.

[해설]

구분	조립토	세립토
통일 분류법	0.075mm (#200체) 통과량 50% 이하	0.075mm (#200체) 통과량 50% 이상
AASHTO 분류법	0.075mm (#200체) 통과량 35% 이하	0.075mm (#200체) 통과량 35% 이상

04 흙 시료의 전단시험 중 일어나는 다일러턴시(Dilatancy) 현상에 대한 설명으로 틀린 것은?

① 흙이 전단될 때 전단면 부근의 흙입자가 재배열되면서 부피가 팽창하거나 수축하는 현상을 다일러턴시라 부른다.
② 사질토 시료는 전단 중 다일러턴시가 일어나지 않는 한계의 간극비가 존재한다.
③ 정규압밀 점토의 경우 정(+)의 다일러턴시가 일어난다.
④ 느슨한 모래는 보통 부(-)의 다일러턴시가 일어난다.

[해설]
정규압밀점토(느슨한 모래)일 때 부(-)의 다일러턴시가 일어난다.

05 도로의 평판재하시험에서 시험을 멈추는 조건으로 틀린 것은?

① 완전히 침하가 멈출 때
② 침하량이 15mm에 달할 때
③ 재하응력이 지반의 항복점을 넘을 때
④ 재하응력이 현장에서 예상할 수 있는 기장 큰 접지압력의 크기를 넘을 때

정답 01 ③ 02 ③ 03 ① 04 ③ 05 ①

[해설]

평판재하시험이 끝나는 조건
- 침하량이 15mm에 달할 때
- 하중강도(재하응력)가 예상되는 최대 접지압력을 초과할 때
- 하중강도(재하응력)가 그 지반의 항복점을 넘을 때

06 압밀시험에서 얻은 $e - \log P$ 곡선으로 구할 수 있는 것이 아닌 것은?

① 선행압밀압력 ② 팽창지수
③ 압축지수   ④ 압밀계수

[해설]

압밀계수는 시간침하곡선으로 구할 수 있다.

07 상·하층이 모래로 되어 있는 두께 2m의 점토층이 어떤 하중을 받고 있다. 이 점토층의 투수계수가 5×10^{-7} cm/s, 체적변화계수(m_v)가 5.0cm²/kN일 때 90% 압밀에 요구되는 시간은?(단, 물의 단위중량은 9.81kN/m³이다.)

① 약 5.6일   ② 약 9.8일
③ 약 15.2일 ④ 약 47.2일

[해설]

- $C_v = \dfrac{K}{m_v \cdot \gamma_w} = \dfrac{5 \times 10^{-7} \text{cm/s}}{5 \times 9.8 \times \dfrac{1}{100^3} (\text{cm}^3)} = 0.0102$

- $t_{90} = \dfrac{T_v \cdot H^2}{C_v} = \dfrac{0.848 \times \left(\dfrac{200}{2}\right)^2}{0.0102} = 831{,}040$초 = 약 9.8일

08 어떤 지반에 대한 흙의 입도분석 결과 곡률계수(C_g)는 1.5, 균등계수(C_u)는 15이고 입자는 모난 형상이었다. 이때 Dunham의 공식에 의한 흙의 내부마찰각(ϕ)의 추정치는?(단, 표준관입시험 결과 N치는 10이었다.)

① 25°   ② 30°
③ 36°   ④ 40°

[해설]

$\phi = \sqrt{12N} + 25 = \sqrt{12 \times 10} + 25 = 36°$

09 흙의 내부마찰각이 20°, 점착력이 50kN/m², 습윤단위중량이 17kN/m³, 지하수위 아래 흙의 포화단위중량이 19kN/m³일 때 3m×3m 크기의 정사각형 기초의 극한지지력을 Terzaghi의 공식으로 구하면?(단, 지하수위는 기초바닥 깊이와 같으며 물의 단위중량은 9.81kN/m³이고, 지지력계수 $N_c = 18$, $N_\gamma = 5$, $N_q = 7.5$이다.)

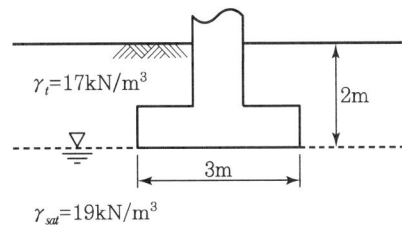

① 1,231.24kN/m²   ② 1,337.31kN/m²
③ 1,480.14kN/m²   ④ 1,540.42kN/m²

[해설]

$q_u = \alpha N_c C + \beta \gamma_1 N_r B + \gamma_2 N_q D_f$
$= 1.3 \times 18 \times 50 + 0.4 \times (19 - 9.8) \times 5 \times 3 + 17 \times 7.5 \times 2$
$= 1{,}480.14$ kN/m²
(정사각형 $\alpha = 1.3$, $\beta = 0.4$)

10 그림에서 $a - a'$면 바로 아래의 유효응력은?(단, 흙의 간극비(e)는 0.4, 비중(G_s)은 2.65, 물의 단위중량은 9.81kN/m³이다.)

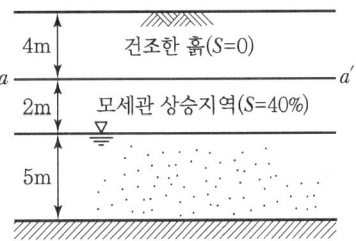

① 68.2kN/m²   ② 82.1kN/m²
③ 97.4kN/m²   ④ 102.1kN/m²

정답 06 ④ 07 ② 08 ③ 09 ③ 10 ②

해설

$$\sigma_A' = \sigma_A - u_A$$
$$= \gamma_d \times 4 - (-\gamma_w \cdot h \cdot s)$$
$$= 18.57 \times 4 - (-9.81 \times 2 \times 0.4)$$
$$= 82.1 \text{kN/m}^2$$

$\left(\gamma_d = \dfrac{G \cdot \gamma_w}{1+e} = \dfrac{2.65 \times 9.81}{1+0.4} = 18.57 \text{kN/m}^3\right)$

11 시료채취 시 샘플러(Sampler)의 외경이 6cm, 내경이 5.5cm일 때 면적비는?

① 8.3%   ② 9.0%
③ 16%   ④ 19%

해설

$$A_r = \frac{6^2 - 5.5^2}{5.5^2} \times 100 = 19\%$$

12 다짐에 대한 설명으로 틀린 것은?

① 다짐에너지는 래머(Rammer)의 중량에 비례한다.
② 입도배합이 양호한 흙에서는 최대건조단위중량이 높다.
③ 동일한 흙일지라도 다짐기계에 따라 다짐효과는 다르다.
④ 세립토가 많을수록 최적함수비가 감소한다.

해설

세립토가 많을수록 최적함수비는 증가한다.

13 20개의 무리말뚝에 있어서 효율이 0.75이고, 단항으로 계산된 말뚝 한 개의 허용지지력이 150kN일 때 무리말뚝의 허용지지력은?

① 1,125kN   ② 2,250kN
③ 3,000kN   ④ 4,000kN

해설

$$Q_{ag} = Q_a \times N \times E$$
$$= 150 \times 20 \times 0.75 = 2,250 \text{kN}$$

14 연약지반 위에 성토를 실시한 다음, 말뚝을 시공하였다. 시공 후 발생될 수 있는 현상에 대한 설명으로 옳은 것은?

① 성토를 실시하였으므로 말뚝의 지지력은 점차 증가한다.
② 말뚝을 암반층 상단에 위치하도록 시공하였다면 말뚝의 지지력에는 변함이 없다.
③ 압밀이 진행됨에 따라 지반의 전단강도가 증가되므로 말뚝의 지지력은 점차 증가한다.
④ 압밀로 인해 부주면마찰력이 발생되므로 말뚝의 지지력은 감소한다.

해설

연약지반에 부마찰력이 생기면 지지력은 감소한다.

15 아래와 같은 상황에서 강도정수 결정에 적합한 삼축압축시험의 종류는?

최근에 매립된 포화 점성토지반 위에 구조물을 시공한 직후의 초기 안정 검토에 필요한 지반 강도정수 결정

① 비압밀 비배수시험(UU)
② 비압밀 배수시험(UD)
③ 압밀 비배수시험(CU)
④ 압밀 배수시험(CD)

해설

비압밀 비배수시험(UU-Test)
- 단기 안정 검토 – 성토 직후 파괴
- 초기재하 시, 전단 시 간극수 배출 없음
- 기초지반을 구성하는 점토층이 시공 중 압밀이나 함수비의 변화가 없는 조건

정답 11 ④ 12 ④ 13 ② 14 ④ 15 ①

16 베인전단시험(Vane Shear Test)에 대한 설명으로 틀린 것은?

① 베인전단시험으로부터 흙의 내부마찰을 측정할 수 있다.
② 현장 원위치시험의 일종으로 점토의 비배수 전단강도를 구할 수 있다.
③ 연약하거나 중간 정도의 점성토 지반에 적용된다.
④ 십자형의 베인(Vane)을 땅 속에 압입한 후, 회전모멘트를 가해서 흙이 원통형으로 전단파괴될 때 저항모멘트를 구함으로써 비배수 전단강도를 측정하게 된다.

[해설]
베인전단시험은 연약점토 지반에서 점착력(c)을 구하는 시험이다.

17 연약지반 개량공법 중 점성토 지반에 이용되는 공법은?

① 전기충격공법
② 폭파다짐공법
③ 생석회 말뚝공법
④ 바이브로 플로테이션 공법

[해설]
생석회 말뚝공법 : 점성토 개량공법(탈수공법)

18 어떤 모래층의 간극비(e)는 0.2, 비중(G_s)은 2.60이었다. 이 모래가 분사현상(Quick Sand)이 일어나는 한계동수경사(i_c)는?

① 0.56
② 0.95
③ 1.33
④ 1.80

[해설]
$$F_s = \frac{i_c}{i} = \frac{\frac{G-1}{1+e}}{\frac{h}{L}} = \frac{\frac{2.6-1}{1+0.2}}{i} \leq 1$$

$\therefore i = 1.33$

19 주동토압을 P_A, 수동토압을 P_P, 정지토압을 P_O 라 할 때 토압의 크기를 비교한 것으로 옳은 것은?

① $P_A > P_P > P_O$
② $P_P > P_O > P_A$
③ $P_P > P_A > P_O$
④ $P_O > P_A > P_P$

[해설]
주동토압(P_A) < 정지토압(P_O) < 수동토압(P_P)

20 그림과 같은 지반 내의 유선망이 주어졌을 때 폭 10m에 대한 침투 유량은?(단, 투수계수(K)는 2.2×10^{-2}cm/s이다.)

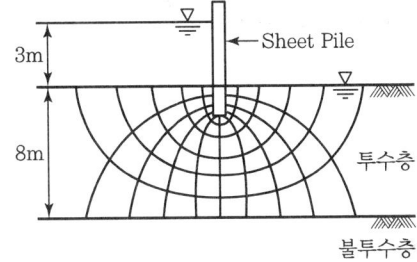

① 3.96cm³/s
② 39.6cm³/s
③ 396cm³/s
④ 3,960cm³/s

[해설]
침투수량(Q) = $k \cdot H \cdot \dfrac{N_f}{N_d}$

$= 2.2 \times 10^{-2} \times 300 \times \dfrac{6}{10} \times 1,000 = 3,960$ cm³/sec

정답 16 ① 17 ③ 18 ③ 19 ② 20 ④

2021년 토목기사 제2회 토질 및 기초 기출문제

01 흙의 포화단위중량이 20kN/m³인 포화점토층을 45° 경사로 8m를 굴착하였다. 흙의 강도정수 C_u =65kN/m², $\phi = 0°$이다. 그림과 같은 파괴면에 대하여 사면의 안전율은?(단, $ABCD$의 면적은 70m²이고 O 점에서 $ABCD$의 무게중심까지의 수직거리는 4.5m이다.)

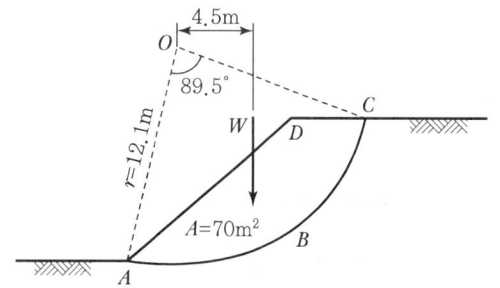

① 4.72 ② 4.21
③ 2.67 ④ 2.36

해설

$F_s = \dfrac{CRL}{We}$

• L 계산

$\dfrac{89.5}{360} = \dfrac{L}{2\pi R}$

∴ L = 18.90

• W 계산

$W = \gamma \cdot v = 20 \times (70 \times 1) = 1,400$

∴ $F_s = \dfrac{CRL}{We} = \dfrac{65 \times 12.1 \times 18.90}{1,400 \times 4.5} = 2.36$

02 통일분류법에 의한 분류기호와 흙의 성질을 표현한 것으로 틀린 것은?

① SM : 실트 섞인 모래
② GC : 점토 섞인 자갈
③ CL : 소성이 큰 무기질 점토
④ GP : 입도분포가 불량한 자갈

해설

CL : 압축성이 낮은 점토

03 다음 중 연약점토지반 개량공법이 아닌 것은?

① 프리로딩(Pre-loading) 공법
② 샌드 드레인(Sand Drain) 공법
③ 페이퍼 드레인(Paper Drain) 공법
④ 바이브로 플로테이션(Vibro Flotation) 공법

해설

바이브로 플로테이션 공법은 사질토 개량공법이다.

04 그림과 같은 지반에 재하순간 수주(水柱)가 지표면으로부터 5m이었다. 20% 압밀이 일어난 후 지표면으로부터 수주의 높이는?(단, 물의 단위중량은 9.81kN/m³이다.)

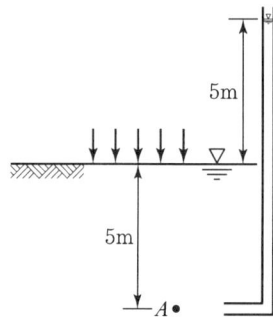

① 1m ② 2m
③ 3m ④ 4m

해설

$U_z = \dfrac{u_i - u_t}{u_i}$

$0.2 = \dfrac{5 - u_t}{5}$

∴ $u_t = 4$

05 내부마찰각이 30°, 단위중량이 18kN/m³인 흙의 인장균열 깊이가 3m일 때 점착력은?

① 15.6kN/m² ② 16.7kN/m²
③ 17.5kN/m² ④ 18.1kN/m²

정답 01 ④ 02 ③ 03 ④ 04 ④ 05 ①

해설

$$H_c = 2Z_c = 2 \cdot \frac{q_u}{\gamma} = 2 \cdot \frac{2C\tan\left(45° + \frac{\phi}{2}\right)}{\gamma}$$

$$\therefore 3 = \frac{2 \times C}{18} \tan\left(45° + \frac{30°}{2}\right)$$

C(점착력) $= 15.6 \text{kN/m}^2$

06 일반적인 기초의 필요조건으로 틀린 것은?

① 침하를 허용해서는 안 된다.
② 지지력에 대해 안정해야 한다.
③ 사용성, 경제성이 좋아야 한다.
④ 동해를 받지 않는 최소한의 근입깊이를 가져야 한다.

해설
침하량이 허용침하량 이내이어야 한다.

07 흙 속에 있는 한 점의 최대 및 최소 주응력이 각각 200kN/m² 및 100kN/m²일 때 최대 주응력과 30°를 이루는 평면상의 전단응력을 구한 값은?

① 10.5kN/m² ② 21.5kN/m²
③ 32.3kN/m² ④ 43.3kN/m²

해설

$$전단응력(\tau) = \frac{\sigma_1 - \sigma_2}{2} \sin 2\theta$$

$$= \frac{200 - 100}{2} \sin(2 \times 30°) = 43.3 \text{kN/m}^2$$

08 토립자가 둥글고 입도분포가 양호한 모래지반에서 N치를 측정한 결과 $N=19$가 되었을 경우, Dunham의 공식에 의한 이 모래의 내부마찰각(ϕ)은?

① 20° ② 25°
③ 30° ④ 35°

해설
$\phi = \sqrt{12N} + 20 = \sqrt{12 \times 19} + 20 = 35°$

09 그림과 같은 지반에 대해 수직방향 등가투수계수를 구하면?

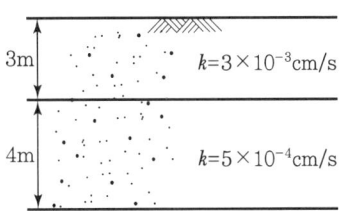

① 3.89×10^{-4}cm/s ② 7.78×10^{-4}cm/s
③ 1.57×10^{-3}cm/s ④ 3.14×10^{-3}cm/s

해설

$$K_v = \frac{H_1 + H_2}{\frac{H_1}{K_1} + \frac{H_2}{K_2}} = \frac{300 + 400}{\frac{300}{3 \times 10^{-3}} + \frac{400}{5 \times 10^{-4}}} = 7.78 \times 10^{-4} \text{cm/s}$$

10 다음 중 동상에 대한 대책으로 틀린 것은?

① 모관수의 상승을 차단한다.
② 지표 부근에 단열재료를 매립한다.
③ 배수구를 설치하여 지하수위를 낮춘다.
④ 동결심도 상부의 흙을 실트질 흙으로 치환한다.

해설
동결심도 상부의 흙을 모래, 자갈로 치환해야 한다.

11 흙의 다짐곡선은 흙의 종류나 입도 및 다짐에너지 등의 영향으로 변한다. 흙의 다짐 특성에 대한 설명으로 틀린 것은?

① 세립토가 많을수록 최적함수비는 증가한다.
② 점토질 흙은 최대건조단위중량이 작고 사질토는 크다.
③ 일반적으로 최대건조단위중량이 큰 흙일수록 최적함수비도 커진다.
④ 점성토는 건조 측에서 물을 많이 흡수하므로 팽창이 크고 습윤 측에서는 팽창이 작다.

해설
최대건조단위중량($\gamma_{d\max}$)이 큰 흙은 최적함수비(OMC)가 작아진다.

정답 06 ① 07 ④ 08 ④ 09 ② 10 ④ 11 ③

12 현장에서 채취한 흙 시료에 대하여 아래 조건과 같이 압밀시험을 실시하였다. 이 시료에 320kPa의 압밀압력을 가했을 때, 0.2cm의 최종 압밀침하가 발생되었다면 압밀이 완료된 후 시료의 간극비는?(단, 물의 단위중량은 9.81kN/m³이다.)

- 시료의 단면적(A) = 30cm²
- 시료의 초기 높이(H) = 2.6cm
- 시료의 비중(G_s) = 2.5
- 시료의 건조중량(W_s) = 1.18N

① 0.125　　② 0.385
③ 0.500　　④ 0.625

[해설]
- 초기 간극비(e_1)

$V = A \cdot H = 30 \times 2.6 = 78 \text{cm}^3$

$\gamma_d = \dfrac{W}{V} = \dfrac{120}{78} = 1.54 \text{g/cm}^3$

$\gamma_d = \dfrac{G_s}{1+e_1}\gamma_w$ 에서 $1.54 = \dfrac{2.5}{1+e_1} \times 1$

∴ $e_1 = 0.62$

- 압밀침하량(ΔH) = $\dfrac{e_1 - e_2}{1+e_1} \cdot H$ 에서

$0.2 = \dfrac{0.62 - e_2}{1+0.62} \times 2.6$

∴ 압밀이 완료된 후 시료의 간극비(e_2) = 0.5

13 노상토 지지력비(CBR)시험에서 피스톤 2.5mm 관입될 때와 5.0mm 관입될 때를 비교한 결과, 관입량 5.0mm에서 CBR이 더 큰 경우 CBR 값을 결정하는 방법으로 옳은 것은?

① 그대로 관입량 5.0mm일 때의 CBR 값으로 한다.
② 2.5mm 값과 5.0mm 값의 평균을 CBR 값으로 한다.
③ 5.0mm 값을 무시하고 2.5mm 값을 표준으로 하여 CBR 값으로 한다.
④ 새로운 공시체로 재시험을 하며, 재시험 결과도 5.0mm 값이 크게 나오면 관입량 5.0mm일 때의 CBR 값으로 한다.

[해설]
$\text{CBR}_{5.0} > \text{CBR}_{2.5}$ 일 때 재시험한다.
- $\text{CBR}_{5.0} > \text{CBR}_{2.5}$ 이면 CBR 값은 $\text{CBR}_{5.0}$ 이다.
- $\text{CBR}_{5.0} < \text{CBR}_{2.5}$ 이면 CBR 값은 $\text{CBR}_{2.5}$ 이다.

14 다음 중 사운딩 시험이 아닌 것은?

① 표준관입시험　　② 평판재하시험
③ 콘관입시험　　　④ 베인시험

[해설]

정적 사운딩	동적 사운딩
• 베인전단시험 • 콘관입시험	• 표준관입시험(SPT) • 동적 원추관시험

15 단면적이 100cm², 길이가 30cm인 모래 시료에 대하여 정수두 투수시험을 실시하였다. 이때 수두차가 50cm, 5분 동안 집수된 물이 350cm³이었다면 이 시료의 투수계수는?

① 0.001cm/s　　② 0.007cm/s
③ 0.01cm/s　　　④ 0.07cm/s

[해설]
정수위 투수시험의 투수계수

$k = \dfrac{QL}{hAt} = \dfrac{350 \times 30}{50 \times 100 \times 5 \times 60} = 0.07 \text{cm/s}$

16 아래와 같은 조건에서 AASHTO 분류법에 따른 군지수(GI)는?

- 흙의 액성한계 : 45%
- 흙의 소성한계 : 25%
- 200번체 통과율 : 50%

① 7　　② 10
③ 13　　④ 16

[해설]
$GI = 0.2a + 0.005ac + 0.01db$
- $a = P\#200 - 35 = 50 - 35 = 15 \, (0 \leq a \leq 40)$

정답　12 ③　13 ④　14 ②　15 ②　16 ①

- $b = P\#200 - 15 = 50 - 15 = 35 \, (0 \leq a \leq 40)$
- $c = \omega_L - 40 = 45 - 40 = 5 \, (0 \leq c \leq 20)$
- $d = I_P - 10 = 20 - 10 = 10 \, (0 \leq c \leq 20)$
  $(I_P = \omega_L - \omega_P = 45 - 25 = 20)$
∴ $GI = 0.2 \times 15 + 0.005 \times 15 \times 5 + 0.01 \times 10 \times 35 = 6.9 ≒ 7$

17 연속기초에 대한 Terzaghi의 극한지지력 공식은 $q_u = cN_c + 0.5\gamma_1 BN_\gamma + \gamma_2 D_f N_q$로 나타낼 수 있다. 아래 그림과 같은 경우 극한지지력 공식의 두 번째 항의 단위중량(γ_1)의 값은?(단, 물의 단위중량은 9.80kN/m³이다.)

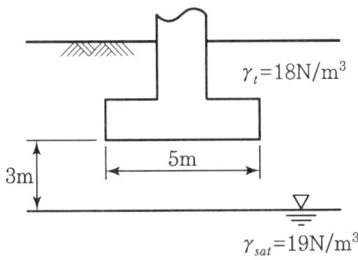

① 14.48kN/m³   ② 16.00kN/m³
③ 17.45kN/m³   ④ 18.20kN/m³

【해설】

$\gamma_1(\gamma_2) = \dfrac{\gamma_d + \gamma_{sub}(B-d)}{B}$

$= \dfrac{18 \times 3 + (19 - 9.81) \times (5 - 3)}{5}$

$= 14.48 \text{kN/m}^3$

18 점토층 지반 위에 성토를 급속히 하려 한다. 성도 직후에 있어서 이 점토의 안정성을 검토하는 데 필요한 강도정수를 구하는 합리적인 시험은?

① 비압밀 비배수시험(UU-test)
② 압밀 비배수시험(CU-test)
③ 압밀 배수시험(CD-test)
④ 투수시험

【해설】
UU 시험의 특징
- 포화점토가 성토 직후 급속한 파괴가 예상될 때(포화된 점토지반 위에 급속하게 성토하는 제방의 안전성을 검토)
- 점토지반의 단기간 안정 검토 시(시공 직후 초기 안정성 검토)
- 시공 중 압밀, 함수비와 체적의 변화가 없다고 예상
- 내부마찰각(ϕ) = 0 (불안전 영역에서 강도정수 결정)
- 성토로 인한 재하속도가 과잉간극수압이 소산되는 속도보다 빠를 때

19 점토지반에 있어서 강성 기초와 접지압 분포에 대한 설명으로 옳은 것은?

① 접지압은 어느 부분이나 동일하다.
② 접지압은 토질에 관계없이 일정하다.
③ 기초의 모서리 부분에서 접지압이 최대가 된다.
④ 기초의 중앙 부분에서 접지압이 최대가 된다.

【해설】
강성기초의 접지압

점토	모래
기초 모서리에서 최대응력 발생	기초 중앙부에서 최대응력 발생

20 토질시험 결과 내부마찰각이 30°, 점착력이 50kN/m², 간극수압이 800kN/m², 파괴면에 작용하는 수직응력이 3,000kN/m²일 때 이 흙의 전단응력은?

① 1,270kN/m²   ② 1,320kN/m²
③ 1,580kN/m²   ④ 1,950kN/m²

【해설】
$S(\tau_f) = C + \sigma' \tan\phi = 50 + (3,000 - 800)\tan30°$
$= 1,320 \text{kN/m}^2$

2021년 토목기사 제3회 토질 및 기초 기출문제

01 두께 2cm의 점토시료의 압밀시험 결과 전압밀량의 90%에 도달하는 데 1시간이 걸렸다. 만일 같은 조건에서 같은 점토로 이루어진 2m의 토층 위에 구조물을 축조한 경우 최종 침하량의 90%에 도달하는 데 걸리는 시간은?

① 약 250일 ② 약 368일
③ 약 417일 ④ 약 525일

해설
- $C_v = \dfrac{T_v \cdot H^2}{t}$, $t \propto H^2$
- 1시간 : $0.02^2 = x : 2^2$
- $\therefore x = \dfrac{10,000시간}{24} = 417일$

02 유효응력에 대한 설명으로 틀린 것은?

① 항상 전응력보다는 작은 값이다.
② 점토지반의 압밀에 관계되는 응력이다.
③ 건조한 지반에서는 전응력과 같은 값으로 본다.
④ 포화된 흙인 경우 전응력에서 간극수압을 뺀 값이다.

해설
- $\sigma' = \sigma - u$ ($\sigma' < \sigma$)
- 모관현상($-u$)일 때 $\sigma' = \sigma + u$ ($\sigma' > \sigma$)

03 그림과 같은 지반에서 $x - x'$단면에 작용하는 유효응력은?(단, 물의 단위중량은 9.81kN/m³이다.)

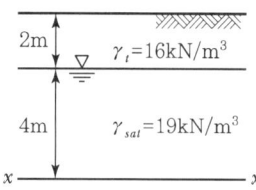

① 46.7kN/m^2 ② 68.8kN/m^2
③ 90.5kN/m^2 ④ 108kN/m^2

해설
- $\sigma' = \gamma_t \cdot h_1 + \gamma_{sub} \cdot h_2$
- $= 16 \times 2 + (19 - 9.81) \times 4$
- $= 68.8 \text{kN/m}^2$

04 다음 중 사면의 안정해석방법이 아닌 것은?

① 마찰원법
② 비숍(Bishop)의 방법
③ 펠레니우스(Fellenius) 방법
④ 테르자기(Terzaghi)의 방법

해설
사면의 안정해석

질량법	절편법(분할법)
마찰원법	• Fellenius 방법 • Bishop 방법

05 보링(Boring)에 대한 설명으로 틀린 것은?

① 보링(Boring)에는 회전식(Rotary Boring)과 충격식(Percussion Boring)이 있다.
② 충격식은 굴진속도가 빠르고 비용도 싸지만 분말상의 교란된 시료만 얻어진다.
③ 회전식은 시간과 공사비가 많이 들뿐만 아니라 확실한 코어(Core)도 얻을 수 없다.
④ 보링은 지반의 상황을 판단하기 위해 실시한다.

해설
회전식 보링의 특징
- 시간, 공사비가 많이 든다.
- 확실한 시료(Core) 채취
- 작업이 능률적
- 대부분 지반에 적용
- 현재 가장 많이 사용

06 4m×4m 크기인 정사각형 기초를 내부마찰각 $\phi = 20°$, 점착력 $c = 30 \text{kN/m}^2$인 지반에 설치하였다. 흙의 단위중량 $\gamma = 19 \text{kN/m}^3$이고 안전율(FS)을 3으로 할 때 Terzaghi 지지력 공식으로 기초의 허용하중을 구하면?(단, 기초의 근입깊이는 1m이고, 전반전단파괴가 발생한다고 가정하며, 지지력계수 $N_c = 17.69$, $N_q = 7.44$, $N_\gamma = 4.97$이다.)

① 3,780kN ② 5,239kN
③ 6,750kN ④ 8,140kN

정답 01 ③ 02 ① 03 ② 04 ④ 05 ③ 06 ②

해설
- $q_u = \alpha N_c C + \beta \gamma_1 N_r B + \gamma_2 N_q D_f = 1{,}010.516\,\text{kN/m}^2$
  ($\alpha = 1.3,\ \beta = 0.4$)
- $q_a = \dfrac{q_u}{F_s} = \dfrac{1{,}010.516}{3} = 336.84\,\text{kN/m}^2$
- $Q_a(\text{kN}) = q_a \times A = 336.84 \times (4 \times 4) = 5{,}239\,\text{kN}$

07 다짐곡선에 대한 설명으로 틀린 것은?

① 다짐에너지를 증가시키면 다짐곡선은 왼쪽 위로 이동하게 된다.
② 사질성분이 많은 시료일수록 다짐곡선은 오른쪽 위에 위치하게 된다.
③ 점성분이 많은 흙일수록 다짐곡선은 넓게 퍼지는 형태를 가지게 된다.
④ 점성분이 많은 흙일수록 오른쪽 아래에 위치하게 된다.

해설
사질성분이 많은 시료일수록 다짐곡선은 왼쪽 위로 이동한다.

08 하중이 완전히 강성(剛性) 푸팅(Footing) 기초판을 통하여 지반에 전달되는 경우의 접지압(또는 지반반력) 분포로 옳은 것은?

① 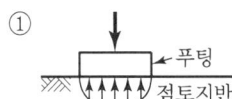 ②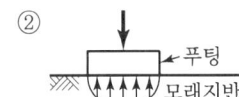
③ 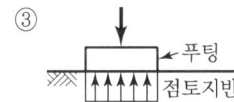 ④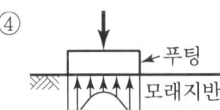

해설
강성 기초의 접지압

점토지반	모래지반
기초 모서리에서 최대응력 발생	기초 중앙부에서 최대응력 발생

09 수조에 상방향의 침투에 의한 수두를 측정한 결과, 그림과 같이 나타났다. 이때 수조 속에 있는 흙에 발생하는 침투력을 나타낸 식은?(단, 시료의 단면적은 A, 시료의 길이는 L, 시료의 포화단위중량은 γ_{sat}, 물의 단위중량은 γ_w이다.)

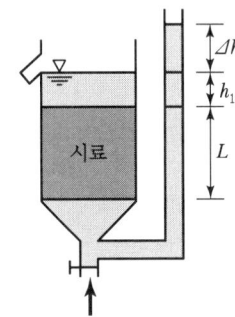

① $\Delta h \cdot \gamma_w \cdot A$
② $\Delta h \cdot \gamma_w \cdot \dfrac{A}{L}$
③ $\Delta h \cdot \gamma_{sat} \cdot A$
④ $\dfrac{\gamma_{sat}}{\gamma_w} \cdot A$

해설
- 단위면적당 침투수압
  $F = i\gamma_w Z = \dfrac{\Delta h}{L} \cdot \gamma_w \cdot L = \Delta h \cdot \gamma_w$
- 시료면적에 작용하는 침투수압
  $F = \Delta h \cdot \gamma_w \cdot A$

10 포화상태에 있는 흙의 함수비가 40%이고, 비중이 2.60이다. 이 흙의 간극비는?

① 0.65
② 0.065
③ 1.04
④ 1.40

해설
$Gw = Se,\ e = \dfrac{Gw}{s} = \dfrac{2.6 \times 0.4}{1} = 1.04$

11 자연 상태의 모래지반을 다져 $e_{\min}$에 이르도록 했다면 이 지반의 상대밀도는?

① 0%
② 50%
③ 75%
④ 100%

정답 07 ② 08 ② 09 ① 10 ③ 11 ④

해설

$$D_r = \frac{e_{max} - e}{e_{max} - e_{min}} \times 100 = \frac{e_{max} - e_{min}}{e_{max} - e_{min}} \times 100 = 100$$

12 말뚝에서 부주면마찰력에 대한 설명으로 틀린 것은?

① 아래쪽으로 작용하는 마찰력이다.
② 부주면마찰력이 작용하면 말뚝의 지지력은 증가한다.
③ 압밀층을 관통하여 견고한 지반에 말뚝을 박으면 일어나기 쉽다.
④ 연약지반에 말뚝을 박은 후 그 위에 성토를 하면 일어나기 쉽다.

해설
부주면마찰력이 작용하면 말뚝의 지지력은 감소한다.

13 포화된 점토에 대한 일축압축시험에서 파괴 시 축응력이 0.2MPa일 때, 이 점토의 점착력은?

① 0.1MPa
② 0.2MPa
③ 0.4MPa
④ 0.6MPa

해설
$q_u = 2c(\phi = 0)$
$c = \dfrac{q_u}{2} = \dfrac{0.2}{2} = 0.1\text{MPa}$

14 포화된 점토지반에 성토하중으로 어느 정도 압밀된 후 급속한 파괴가 예상될 때, 이용해야 할 강도정수를 구하는 시험은?

① CU-test
② UU-test
③ UC-test
④ CD-test

해설
CU시험의 특징
- Pre-loading(압밀 진행) 후 갑자기 파괴 예상 시
- 제방, 흙댐에서 수위가 급강하 시 안정 검토
- 점토 지반이 성토하중에 의해 압밀 후 급속히 파괴가 예상될 시

- 간극수압을 측정하면 압밀배수와 같은 전단강도 값을 얻을 수 있다.
- 유효응력항으로 표시

15 Coulomb토압에서 옹벽배면의 지표면 경사가 수평이고, 옹벽배면 벽체의 기울기가 연직인 벽체에서 옹벽과 뒤채움 흙 사이의 벽면마찰각(δ)을 무시할 경우, Coulomb토압과 Rankine토압의 크기를 비교할 때 옳은 것은?

① Rankine토압이 Coulomb토압보다 크다.
② Coulomb토압이 Rankine토압보다 크다.
③ Rankine토압과 Coulomb토압의 크기는 항상 같다.
④ 주동토압은 Rankine토압이 더 크고, 수동토압은 Coulomb토압이 더 크다.

해설

Rankine의 토압론	Coulomb의 토압론
벽마찰각 무시($\delta = 0$) (소성론에 의한 토압산출)	벽마찰각 고려($\delta \neq 0$) (강체역학에 기초를 둔 흙쐐기이론)

만약 벽면 마찰각을 무시할 경우 Rankine의 토압과 Coulomb의 토압은 항상 같다.

16 표준관입시험에 대한 설명으로 틀린 것은?

① 표준관입시험의 N값으로 모래지반의 상대밀도를 추정할 수 있다.
② 표준관입시험의 N값으로 점토지반의 연경도를 추정할 수 있다.
③ 지층의 변화를 판단할 수 있는 시료를 얻을 수 있다.
④ 모래지반에 대해서 흐트러지지 않은 시료를 얻을 수 있다.

해설
표준관입시험(SPT) 정의
64kg 해머로 76cm 높이에서 30cm 관입될 때까지의 타격횟수 N치를 구하는 시험(교란시료를 채취하여 시험)

정답 12 ② 13 ① 14 ① 15 ③ 16 ④

17 현장 도로 토공에서 모래치환법에 의한 흙의 밀도 시험 결과 흙을 파낸 구멍의 체적과 파낸 흙의 질량은 각각 1,800cm³, 3,950g이었다. 이 흙의 함수비는 11.2%이고, 흙의 비중은 2.65이다. 실내시험으로부터 구한 최대건조밀도가 2.05g/cm³일 때 다짐도는?

① 92%   ② 94%
③ 96%   ④ 98%

 해설

$Rc(\text{상대다짐도}) = \dfrac{\gamma_d}{\gamma_{d\max}} \times 100 = \dfrac{1.973}{2.05} \times 100 = 96\%$

$(\gamma_d = \dfrac{\gamma_t}{1+\omega} = \dfrac{\frac{3,950}{1,800}}{1+0.112} = 1.973)$

18 지반개량공법 중 연약한 점성토 지반에 적당하지 않은 것은?

① 치환 공법   ② 침투압 공법
③ 폭파다짐 공법 ④ 샌드 드레인 공법

해설
폭파다짐 공법은 사질토 개량공법이다.

19 그림과 같은 지반에서 재하순간 수주(水柱)가 지표면(지하수위)으로부터 5m이었다. 40% 압밀이 일어난 후 A점에서의 전체 간극수압은?(단, 물의 단위중량은 9.81kN/m³이다.)

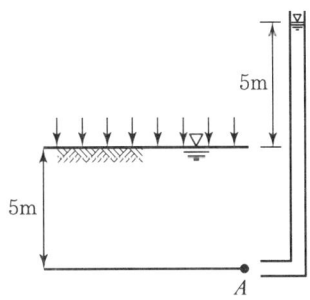

① 19.62kN/m²   ② 29.43kN/m²
③ 49.05kN/m²   ④ 78.48kN/m²

해설
- $u(\text{압밀도}) = \dfrac{u_i - u_t}{u_i}$, $0.4 = \dfrac{49.05 - u_t}{49.05}$
∴ $u_t = 29.43\text{kN}$
  $(u_i = \gamma_w \cdot h = 9.81 \times 5 = 49.05\text{kN/m}^2)$
- A점 간극수압 = 정수압(u_i) + 과잉간극수압(u_t)
  $= 49.05 + 29.43 = 78.48\text{kN/m}^2$

20 아래 그림에서 투수계수 $k = 4.8 \times 10^{-3}$ cm/s일 때 Darcy 유출속도(v)와 실제 물의 속도(침투속도, v_s)는?

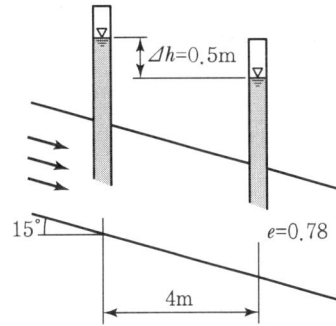

① $v = 3.4 \times 10^{-4}$cm/s, $v_s = 5.6 \times 10^{-4}$cm/s
② $v = 3.4 \times 10^{-4}$cm/s, $v_s = 9.4 \times 10^{-4}$cm/s
③ $v = 5.8 \times 10^{-4}$cm/s, $v_s = 10.8 \times 10^{-4}$cm/s
④ $v = 5.8 \times 10^{-4}$cm/s, $v_s = 13.2 \times 10^{-4}$cm/s

해설
- Darcy의 유출속도
$V = K \dfrac{\Delta h}{l} = 4.8 \times 10^{-3} \times \dfrac{50}{\frac{400}{\cos 15°}} = 5.8 \times 10^{-4} \text{cm/sec}$

- 침투속도
$V_s = \dfrac{V}{n} = \dfrac{5.8 \times 10^{-4}}{0.44} = 13.2 \times 10^{-4} \text{cm/sec}$

$(\because n = \dfrac{e}{1+e} = \dfrac{0.78}{1+0.78} = 0.44)$

정답 17 ③ 18 ③ 19 ④ 20 ④

2022년 토목기사 제1회 토질 및 기초 기출문제

01 두께 9m의 점토층에서 하중강도 P_1일 때 간극비는 2.0이고 하중강도를 P_2로 증가시키면 간극비는 1.8로 감소되었다. 이 점토층의 최종압밀침하량은?

① 20cm ② 30cm
③ 50cm ④ 60cm

[해설]

$\Delta H = \dfrac{e_1 - e_2}{1+e_1} H = \dfrac{2-1.8}{1+2} \times 900 = 60\text{cm}$

02 지반개량공법 중 주로 모래질 지반을 개량하는 데 사용되는 공법은?

① 프리로딩공법 ② 생석회 말뚝공법
③ 페이퍼드레인공법 ④ 바이브로플로테이션공법

[해설]
점성토 탈수방법
- 페이퍼드레인공법
- 프리로딩공법
- 생석회말뚝공법

03 포화된 점토에 대하여 비압밀비배수(UU)시험을 하였을 때 결과에 대한 설명으로 옳은 것은? (단, ϕ : 내부마찰각, c : 점착력)

① ϕ와 c가 나타나지 않는다.
② ϕ와 c가 모두 "0"이 아니다.
③ ϕ는 "0"이 아니지만 c는 "0"이다.
④ ϕ는 "0"이고 c는 "0"이 아니다.

[해설]
포화된 점토의 UU - Test

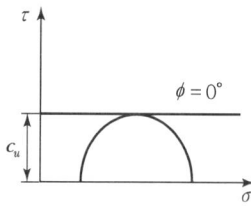

∴ 내부마찰각 $\phi = 0°$이고 점착력 $c_u \neq 0$이다.

04 점토지반으로부터 불교란시료를 채취하였다. 이 시료의 지름이 50mm, 길이가 100mm, 습윤질량이 350g, 함수비가 40%일 때 이 시료의 건조밀도는?

① 1.78g/cm³ ② 1.43g/cm³
③ 1.27g/cm³ ④ 1.14g/cm³

[해설]

- $\gamma_t = \dfrac{W}{V} = \dfrac{350}{A \times l} = \dfrac{350}{\dfrac{\pi \cdot 5^2}{4} \times 10} = 1.78$

- $\gamma_d = \dfrac{\gamma_t}{1+\omega} = \dfrac{1.78}{1+0.4} = 1.27\text{g/cm}^3$

05 말뚝의 부주면마찰력에 대한 설명으로 틀린 것은?

① 연약한 지반에서 주로 발생한다.
② 말뚝 주변의 지반이 말뚝보다 더 침하될 때 발생한다.
③ 말뚝주면에 역청 코팅을 하면 부주면마찰력을 감소시킬 수 있다.
④ 부주면마찰력의 크기는 말뚝과 흙 사이의 상대적인 변위속도와는 큰 연관성이 없다.

[해설]
연약한 점토에서 부마찰력은 상대변위의 속도가 느릴수록 적고, 빠를수록 크다.

06 말뚝기초에 대한 설명으로 틀린 것은?

① 군항은 전달되는 응력이 겹쳐지므로 말뚝 1개의 지지력에 말뚝 개수를 곱한 값보다 지지력이 크다.
② 동역학적 지지력 공식 중 엔지니어링 뉴스 공식의 안전율(F_s)은 6이다.
③ 부주면마찰력이 발생하면 말뚝의 지지력은 감소한다.
④ 말뚝기초는 기초의 분류에서 깊은 기초에 속한다.

[해설]
군항의 허용지지력은 단항의 지지력보다 효율(E)만큼 작다.
$Q_{ag} = E \cdot Q_a \cdot N \ (E < 1)$

정답 01 ④ 02 ④ 03 ④ 04 ③ 05 ④ 06 ①

07 그림과 같이 폭이 2m, 길이가 3m인 기초에 100kN/m²의 등분포하중이 작용할 때, A점 아래 4m 깊이에서의 연직응력 증가량은?(단, 아래 표의 영향계수값을 활용하여 구하며, $m = \dfrac{B}{z}$, $n = \dfrac{L}{z}$ 이고, B는 직사각형 단면의 폭, L은 직사각형 단면의 길이, z는 토층의 깊이이다.)

[영향계수(I)값]

m	0.25	0.5	0.5	0.5
n	0.5	0.25	0.75	1.0
I	0.048	0.048	0.115	0.122

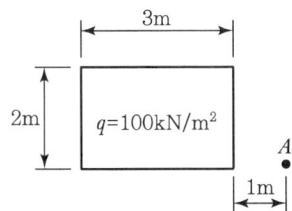

① 6.7kN/cm²
② 7.4kN/cm²
③ 12.2kN/cm²
④ 17.0kN/cm²

[해설]

구형 등분포하중에 의한 지중응력

$\sigma_z = \sigma_{z(1234)} - \sigma_{z(2546)}$

• $\sigma_{z(1234)} = I \cdot q$

$(m = \dfrac{B}{z} = \dfrac{2}{4} = 0.5,\ n = \dfrac{L}{z} = \dfrac{4}{4} = 1,\ I = 0.1222)$

∴ $\sigma_{z(1234)} = I_\sigma g = 0.1222 \times 100 = 12.22$

• $\sigma_{z(2546)} = I \cdot q$

$(m = \dfrac{B}{z} = \dfrac{1}{4} = 0.25,\ n = \dfrac{L}{z} = \dfrac{2}{4} = 0.5,\ I = 0.048)$

∴ $\sigma_{z(2546)} = I \cdot g = 0.048 \times 100 = 4.8$

따라서 $\sigma_z = \sigma_{z(1234)} - \sigma_{z(2546)} = 12.22 - 4.8 = 7.4\text{kN/m}^2$

08 기초가 갖추어야 할 조건이 아닌 것은?

① 동결, 세굴 등에 안전하도록 최소한의 근입깊이를 가져야 한다.
② 기초의 시공이 가능하고 침하량이 허용치를 넘지 않아야 한다.
③ 상부로부터 오는 하중을 안전하게 지지하고 기초지반에 전달하여야 한다.
④ 미관상 아름답고 주변에서 쉽게 구득할 수 있는 재료로 설계되어야 한다.

[해설]

기초의 구비조건
• 동해를 받지 않는 최소한의 근입깊이(D_f)를 가질 것(기초깊이는 동결깊이보다 깊어야 한다.)
• 지지력에 대해 안정할 것
• 침하에 대해 안정할 것(침하량이 허용침하량 이내일 것)
• 기초공 시공이 가능할 것(내구적, 경제적)

09 평판재하시험에 대한 설명으로 틀린 것은?

① 순수한 점토지반의 지지력은 재하판 크기와 관계없다.
② 순수한 모래지반의 지지력은 재하판의 폭에 비례한다.
③ 순수한 점토지반의 침하량은 재하판의 폭에 비례한다.
④ 순수한 모래지반의 침하량은 재하판의 폭에 관계없다.

[해설]

순수한 모래지반의 침하량은 재하판의 폭에 비례하지 않고 약간 증가한다.

10 두께 2cm의 점토시료에 대한 압밀시험 결과 50%의 압밀을 일으키는 데 6분이 걸렸다. 같은 조건하에서 두께 3.6m의 점토층 위에 축조한 구조물이 50%의 압밀에 도달하는 데 며칠이 걸리는가?

① 1,350일
② 270일
③ 135일
④ 27일

해설

- $t \propto H^2$
- $6분 : \left(\dfrac{2}{2}\right)^2 = X분 : \left(\dfrac{360}{2}\right)^2$

$\therefore = X일 = 194,400분 \times \dfrac{1}{60} \times \dfrac{1}{24} = 135일$

11 비교적 가는 모래와 실트가 물속에서 침강하여 고리모양을 이루며 작은 아치를 형성한 구조로, 단립구조보다 간극비가 크고 충격과 진동에 약한 흙의 구조는?

① 봉소구조 ② 낱알구조
③ 분산구조 ④ 면모구조

해설

봉소(벌집)구조
- 미세한 모래와 실트가 작은 아치를 형성한 고리모양의 구조
- 단립구조보다 간극(간극비)이 크고 충격에 약하다(충격하중을 받으면 흙 구조가 부서짐).

12 아래의 그림과 같은 흙의 구성도에서 체적 V를 1로 했을 때의 간극의 체적은?(단, 간극률은 n, 함수비는 w, 흙입자의 비중은 G_s, 물의 단위중량은 γ_w)

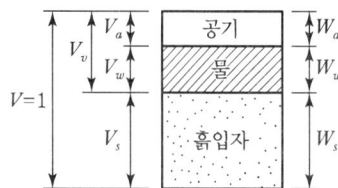

① n ② wG_s
③ $\gamma_w(1-n)$ ④ $[G_s - n(G_s - 1)]\gamma_w$

해설

- $V = V_v + V_s$
- $\dfrac{V}{V} = \dfrac{V_v}{V} + \dfrac{V_s}{V}$
- $1 = n + (1-n)$

$\therefore$ 간극의 체적은 $\dfrac{V_v}{V} = n$

13 유선망의 특징에 대한 설명으로 틀린 것은?

① 각 유로의 침투수량은 같다.
② 동수경사는 유선망의 폭에 비례한다.
③ 인접한 두 등수두선 사이의 수두손실은 같다.
④ 유선망을 이루는 사변형은 이론상 정사각형이다.

해설

유선망의 특징
- 유선망은 이론상 정사각형
- 침투속도 및 동수경사는 유선망 폭에 반비례

14 벽체에 작용하는 주동토압을 P_a, 수동토압을 P_p, 정지토압을 P_o라 할 때 크기의 비교로 옳은 것은?

① $P_a > P_p > P_o$ ② $P_p > P_o > P_a$
③ $P_p > P_a > P_o$ ④ $P_o > P_a > P_p$

해설

P_p(수동토압) > P_o(정지토압) > P_a(주동토압)

15 그림과 같이 3개의 지층으로 이루어진 지반에서 토층에 수직한 방향의 평균 투수계수(k_v)는?

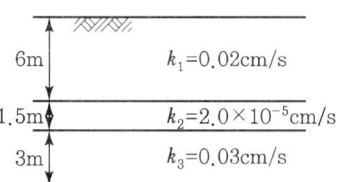

① 2.516×10^{-6} cm/s ② 1.274×10^{-5} cm/s
③ 1.393×10^{-4} cm/s ④ 2.0×10^{-2} cm/s

해설

$k_v = \dfrac{H_1 + H_2 + H_3}{\dfrac{H_1}{k_1} + \dfrac{H_2}{k_2} + \dfrac{H_3}{k_3}} = \dfrac{600 + 150 + 300}{\dfrac{600}{0.02} + \dfrac{150}{2 \times 10^{-5}} + \dfrac{300}{0.03}}$

$= 1.393 \times 10^{-4}$ cm/s

정답 11 ① 12 ① 13 ② 14 ② 15 ③

16 응력경로(stress path)에 대한 설명으로 틀린 것은?

① 응력경로는 특성상 전응력으로만 나타낼 수 있다.
② 응력경로란 시료가 받는 응력의 변화과정을 응력공간에 궤적으로 나타낸 것이다.
③ 응력경로는 Mohr의 응력원에서 전단응력이 최대인 점을 연결하여 구한다.
④ 시료가 받는 응력상태에 대한 응력경로는 직선 또는 곡선으로 나타난다.

해설
- 응력경로 : Mohr의 응력원에서 각 원의 전단응력이 최대인 점(p, q)을 연결하여 그린 선분
- 응력경로는 전응력 경로와 유효응력 경로로 나눌 수 있다.

17 암반층 위에 5m 두께의 토층이 경사 15°의 자연사면으로 되어 있다. 이 토층의 강도정수 $c=15$ kN/m², $\phi=30°$이며, 포화단위중량(γ_{sat})은 18 kN/m³이다. 지하수면이 토층의 지표면과 일치하고 침투는 경사면과 대략 평행이다. 이때 사면의 안전율은?(단, 물의 단위중량은 9.81kN/m³이다.)

① 0.85 ② 1.15
③ 1.65 ④ 2.05

해설
반무한 사면의 안전율(점착력 $c \neq 0$이고, 지하수위가 지표면과 일치하는 경우)

$$F_s = \frac{c}{\gamma_{sat} \cdot z \cdot \sin i \cdot \cos i} + \frac{\gamma_{sub}}{\gamma_{sat}} \cdot \frac{\tan\phi}{\tan i}$$

$$= \frac{15}{18 \times 5 \times \sin 15° \times \cos 15°} + \frac{18-9.81}{18} \times \frac{\tan 30°}{\tan 15°} = 1.65$$

18 모래시료에 대해서 압밀배수 삼축압축시험을 실시하였다. 초기단계에서 구속응력(σ_3)은 100 kN/m²이고, 전단파괴 시에 작용된 축차응력(σ_{df})은 200kN/m²이었다. 이와 같은 모래시료의 내부마찰각(ϕ) 및 파괴면에 작용하는 전단응력(τ_f)의 크기는?

① $\phi=30°$, $\tau_f=115.47$kN/m²
② $\phi=40°$, $\tau_f=115.47$kN/m²
③ $\phi=30°$, $\tau_f=86.60$kN/m²
④ $\phi=40°$, $\tau_f=86.60$kN/m²

해설
- $\phi = \sin^{-1}\left(\frac{\sigma_1-\sigma_3}{\sigma_1+\sigma_3}\right) = \sin^{-1}\left(\frac{300-100}{300+100}\right) = 30°$
- $\tau_f = \frac{\sigma_1-\sigma_3}{2}\sin 2\theta = \frac{300-100}{2}\sin(2 \times 30)$
  $= 86.60$kN/m²

19 흙의 다짐시험에서 다짐에너지를 증가시킬 때 일어나는 결과는?

① 최적함수비는 증가하고, 최대건조단위중량은 감소한다.
② 최적함수비는 감소하고, 최대건조단위중량은 증가한다.
③ 최적함수비와 최대건조단위중량이 모두 감소한다.
④ 최적함수비와 최대건조단위중량이 모두 증가한다.

해설
다짐에너지가 클수록 최대건조밀도(γ_{dmax})는 커지고 최적함수비(OMC)는 작아진다.

20 토립자가 둥글고 입도분포가 나쁜 모래지반에서 표준관입시험을 한 결과 N값은 10이었다. 이 모래의 내부마찰각(ϕ)을 Dunham의 공식으로 구하면?

① 21° ② 26°
③ 31° ④ 36°

해설
$\phi = \sqrt{12N} + 15$
$= \sqrt{12 \times 10} + 15 = 26°$

정답 16 ① 17 ③ 18 ③ 19 ② 20 ②

2022년 토목기사 제2회 토질 및 기초 기출문제

01 4.75mm체(4번 체) 통과율이 90%, 0.075mm체(200번 체) 통과율이 4%이고, $D_{10}=0.25mm$, $D_{30}=0.6mm$, $D_{60}=2mm$인 흙을 통일분류법으로 분류하면?

① GP ② GW
③ SP ④ SW

[해설]
- #200체(0.075mm)통과율 4% → 조립토(G.S)
- #4체(4.75mm)통과율 90% → 모래(S)
- $C_u = \dfrac{D_{60}}{D_{10}} = \dfrac{2}{0.25} = 8$
- $C_g = \dfrac{D_{30}^2}{D_{10} \cdot D_{60}} = \dfrac{0.6^2}{0.25 \times 2} = 0.72$
∴ 입도불량(P)
따라서, SP(입도분포가 불량한 모래)

02 그림과 같은 정사각형 기초에서 안전율을 3으로 할 때 Terzaghi의 공식을 사용하여 지지력을 구하고자 한다. 이때 한 변의 최소길이(B)는?(단, 물의 단위중량은 $9.81kN/m^3$, 점착력(c)은 $60kN/m^2$, 내부마찰각(ϕ)은 0°이고, 지지력계수 $N_c=5.7$, $N_q=1.0$, $N_\gamma=0$이다.)

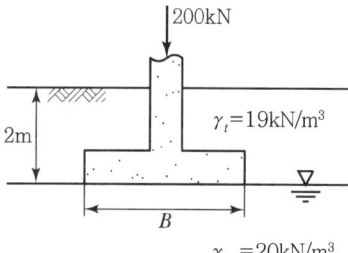

① 1.12m ② 1.43m
③ 1.51m ④ 1.62m

[해설]

형상계수	원형 기초	정사각형 기초	연속기초
α	1.3	1.3	1.0
β	0.3	0.4	0.5

- 극한지지력
$q_{ult} = \alpha c N_c + \beta \gamma_1 B N_\gamma + \gamma_2 D_f N_q$
$= 1.3 \times 60 \times 5.7 + 0.4 \times (20-9.8) \times B \times 0 + 19 \times 2 \times 1.0$
$= 482.6 kN/m^2$

- 허용지지력(q_a) = $\dfrac{q_{ult}}{F_s} = \dfrac{482.6}{3} = 160.87 kN/m^2$

따라서 허용하중(Q_a) = $q_a \cdot A$에서 $200 = 160.87 \times B^2$
∴ $B = 1.115m$

03 접지압(또는 지반반력)이 그림과 같이 되는 경우는?

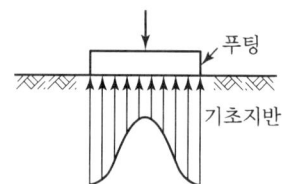

① 푸팅 : 강성, 기초지반 : 점토
② 푸팅 : 강성, 기초지반 : 모래
③ 푸팅 : 연성, 기초지반 : 점토
④ 푸팅 : 연성, 기초지반 : 모래

[해설]
강성기초의 접지압

점토	모래
기초 모서리에서 최대응력 발생	기초 중앙부에서 최대응력 발생

04 지표면이 수평이고 옹벽의 뒷면과 흙과의 마찰각이 0°인 연직옹벽에서 Coulomb토압과 Rankine토압은 어떤 관계가 있는가?(단, 점착력은 무시한다.)

① Coulomb토압은 항상 Rankine토압보다 크다.
② Coulomb토압과 Rankine토압은 같다.
③ Coulomb토압은 Rankine토압보다 작다.
④ 옹벽의 형상과 흙의 상태에 따라 클 때도 있고 작을 때도 있다.

[해설]
Coulomb의 토압론은 벽마찰각을 고려하고 Rankine의 토압은 벽마찰각을 무시하는데 Coulomb의 토압론에서 벽마찰각을 고려하지 않으면 Rankine의 토압과 같아진다.

정답 01 ③ 02 ① 03 ① 04 ②

05 도로의 평판재하시험에서 1.25mm 침하량에 해당하는 하중강도가 250kN/m²일 때 지반반력계수는?

① 100MN/m³   ② 200MN/m³
③ 1,000MN/m³ ④ 2,000MN/m³

[해설]
$$K = \frac{q}{y} = \frac{250}{0.125} = 200{,}000 \text{kN/m}^3$$
$$= 200 \text{MN/m}^3$$
(1MN = 10³kN)

06 다음 지반개량공법 중 연약한 점토지반에 적합하지 않은 것은?

① 프리로딩공법
② 샌드드레인공법
③ 페이퍼드레인공법
④ 바이브로플로테이션공법

[해설]
점성토 탈수방법
• 페이퍼드레인공법
• 프리로딩공법
• 생석회말뚝공법

07 표준관입시험(S.P.T) 결과 N값이 25이었고, 이때 채취한 교란시료로 입도시험을 한 결과 입자가 둥글고, 입도분포가 불량할 때 Dunham의 공식으로 구한 내부마찰각(ϕ)은?

① 32.3°   ② 37.3°
③ 42.3°   ④ 48.3°

[해설]
$\phi = \sqrt{12N} + 15 = \sqrt{12 \times 25} + 15 = 32.3°$

08 현장에서 완전히 포화되었던 시료라 할지라도 시료 채취 시 기포가 형성되어 포화도가 저하될 수 있다. 이 경우 생성된 기포를 원상태로 용해시키기 위해 작용시키는 압력을 무엇이라고 하는가?

① 배압(back pressure)
② 축차응력(deviator stress)
③ 구속압력(confined pressure)
④ 선행압밀압력(preconsolidation pressure)

[해설]
배압(back pressure)
실험실에서 흙시료를 100% 포화하기 위해 흙시료 속으로 가하는 수압

09 그림과 같은 지반에서 하중으로 인하여 수직응력($\Delta\sigma_1$)이 100kN/m² 증가되고 수평응력($\Delta\sigma_3$)이 50kN/m² 증가되었다면 간극수압은 얼마나 증가되었는가?(단, 간극수압계수 $A = 0.5$이고, $B = 1$이다.)

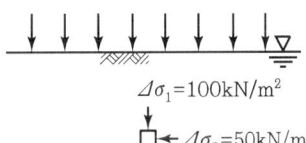

① 50kN/m²   ② 75kN/m²
③ 100kN/m²   ④ 125kN/m²

[해설]
$\Delta u = B \cdot \Delta\sigma_3 + D \cdot \Delta\sigma = B[\Delta\sigma_3 + A(\Delta\sigma_1 - \Delta\sigma_3)]$
$= [50 + 0.5(100 - 50)] = 75 \text{kN/m}^2$

10 어떤 점토지반에서 베인시험을 실시하였다. 베인의 지름이 50mm, 높이가 100mm, 파괴 시 토크가 59N·m일 때 이 점토의 점착력은?

① 129kN/m²   ② 157kN/m²
③ 213kN/m²   ④ 276kN/m²

[해설]

$$C_u = \frac{M_{\max}}{\pi D^2 \left(\frac{H}{2} + \frac{D}{6}\right)}$$

$$= \frac{59 \times 10^{-3} \text{kN} \cdot \text{m}}{\pi \times (50 \times 10^{-3})^2 \times \left(\frac{100 \times 10^{-3}}{2} + \frac{50 \times 10^{-3}}{6}\right)}$$

$$= 129 \text{kN/m}^2$$

11 그림과 같이 동일한 두께의 3층으로 된 수평모래층이 있을 때 토층에 수직한 방향의 평균투수계수(k_v)는?

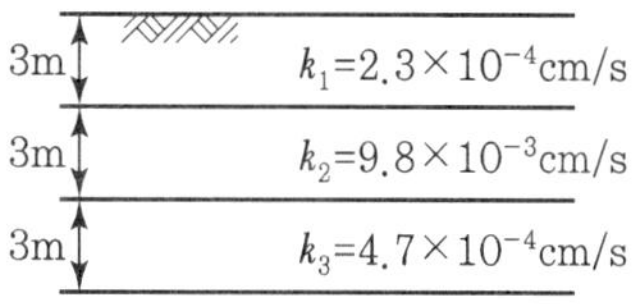

```
3m  ▨▨▨  k₁=2.3×10⁻⁴cm/s
3m         k₂=9.8×10⁻³cm/s
3m         k₃=4.7×10⁻⁴cm/s
```

① 2.38×10^{-3} cm/s ② 3.01×10^{-4} cm/s
③ 4.56×10^{-4} cm/s ④ 5.60×10^{-4} cm/s

[해설]

수직방향 투수계수

$$k_v = \frac{H_1 + H_2 + H_3}{\frac{H_1}{k_1} + \frac{H_2}{k_2} + \frac{H_3}{k_3}}$$

$$= \frac{300 + 300 + 300}{\frac{300}{2.3 \times 10^{-4}} + \frac{300}{9.8 \times 10^{-3}} + \frac{300}{4.7 \times 10^{-4}}}$$

$$= 4.56 \times 10^{-4} \text{cm/sec}$$

12 Terzaghi의 1차 압밀에 대한 설명으로 틀린 것은?

① 압밀방정식은 점토 내에 발생하는 과잉간극수압의 변화를 시간과 배수거리에 따라 나타낸 것이다.
② 압밀방정식을 풀면 압밀도를 시간계수의 함수로 나타낼 수 있다.
③ 평균압밀도는 시간에 따른 압밀침하량을 최종압밀침하량으로 나누면 구할 수 있다.
④ 압밀도는 배수거리에 비례하고, 압밀계수에 반비례한다.

[해설]

- 압밀도(u) ∝ 시간계수 $\left(T_V = \frac{C_V \cdot t}{H^2}\right)$
- 압밀도는 배수거리(H)의 제곱에 반비례
- 압밀도는 압밀계수(C_V)에 비례

13 흙의 다짐에 대한 설명으로 틀린 것은?

① 다짐에 의하여 간극이 작아지고 부착력이 커져서 역학적 강도 및 지지력은 증대하고, 압축성, 흡수성 및 투수성은 감소한다.
② 점토를 최적함수비보다 약간 건조 측의 함수비로 다지면 면모구조를 가지게 된다.
③ 점토를 최적함수비보다 약간 습윤 측에서 다지면 투수계수가 감소하게 된다.
④ 면모구조를 파괴시키지 못할 정도의 작은 압력으로 점토시료를 압밀할 경우 건조 측 다짐을 한 시료가 습윤 측 다짐을 한 시료보다 압축성이 크게 된다.

[해설]

면모구조를 파괴시키지 못할 정도의 작은 압력으로 점토시료를 압밀할 경우 건조 측 다짐을 한 시료가 습윤 측 다짐을 한 시료보다 압축성이 작게 된다.

14 3층 구조로 구조결합 사이에 치환성 양이온이 있어서 활성이 크며, 시트(sheet) 사이에 물이 들어가 팽창·수축이 크며, 공학적 안정성이 약한 점토광물은?

① sand ② illite
③ kaolinite ④ montmorillonite

[해설]

montmorillonite는 활성도가 크므로 팽창, 수축이 크고 공학적으로 불안정하다.

15 간극비 $e_1 = 0.80$인 어떤 모래의 투수계수가 $k_1 = 8.5 \times 10^{-2}$ cm/s일 때, 이 모래를 다져서 간극비를 $e_2 = 0.57$로 하면 투수계수 k_2는?

정답 11 ③ 12 ④ 13 ④ 14 ④ 15 ③

① 4.1×10^{-1}cm/s ② 8.1×10^{-2}cm/s
③ 3.5×10^{-2}cm/s ④ 8.5×10^{-3}cm/s

해설

간극비와 투수계수의 관계

$$k_1 : k_2 = \frac{e_1^3}{1+e_1} : \frac{e_2^3}{1+e_2}$$

$$8.5 \times 10^{-2} : k_2 = \frac{0.80^3}{1+0.80} : \frac{0.57^3}{1+0.57}$$

∴ $k_2 = 3.5 \times 10^{-2}$ cm/sec

16 사면안정 해석방법에 대한 설명으로 틀린 것은?

① 일체법은 활동면 위에 있는 흙덩어리를 하나의 물체로 보고 해석하는 방법이다.
② 마찰원법은 점착력과 마찰각을 동시에 갖고 있는 균질한 지반에 적용된다.
③ 절편법은 활동면 위에 있는 흙을 여러 개의 절편으로 분할하여 해석하는 방법이다.
④ 절편법은 흙이 균질하지 않아도 적용이 가능하지만, 흙속에 간극수압이 있을 경우 적용이 불가능하다.

해설

④ 절편법은 흙이 균질하지 않아도 적용이 가능하지만, 흙속에 간극수압이 있을 경우 적용이 가능하다.

17 그림과 같이 지표면에 집중하중이 작용할 때 A점에서 발생하는 연직응력의 증가량은?

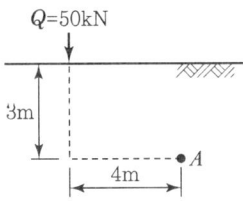

① 0.21kN/m² ② 0.24kN/m²
③ 0.27kN/m² ④ 0.30kN/m²

해설

$$\Delta \sigma_z = \frac{Q}{z^2} I = \frac{Q}{z^2} \times \frac{3}{2\pi} \left(\frac{z}{R}\right)^5$$

$$= \frac{50}{3^2} \times \frac{3}{2 \times \pi} \left(\frac{3}{5}\right)^5 = 0.21 \text{kN/m}^2$$

(여기서, $R = \sqrt{3^2 + 4^2} = 5$)

18 지표에 설치된 3m×3m의 정사각형 기초에 80kN/m²의 등분포하중이 작용할 때, 지표면 아래 5m 깊이에서의 연직응력의 증가량은?(단, 2 : 1 분포법을 사용한다.)

① 7.15kN/m² ② 9.20kN/m²
③ 11.25kN/m² ④ 13.10kN/m²

해설

$$\Delta \sigma_z = \frac{qBL}{(B+Z)(L+Z)} = \frac{80 \times 3 \times 3}{(3+5)(3+5)} = 11.25 \text{kN/m}^2$$

19 다음 연약지반 개량공법 중 일시적인 개량공법은?

① 치환공법 ② 동결공법
③ 약액주입공법 ④ 모래다짐말뚝공법

해설

일시적인 연약지반 개량공법
• 웰포인트(well point)공법
• 동결공법
• 진공압밀공법(대기압공법)

20 연약지반에 구조물을 축조할 때 피에조미터를 설치하여 과잉간극수압의 변화를 측정한 결과 어떤 점에서 구조물 축조 직후 과잉간극수압이 100kN/m² 이었고, 4년 후에 20kN/m²이었다. 이때의 입밀도는?

① 20% ② 40%
③ 60% ④ 80%

해설

$$압밀도(U_z) = \frac{u_i - u_t}{u_i} \times 100$$

$$= \frac{100-20}{10} \times 100$$

$$= 80\%$$

정답 16 ④ 17 ① 18 ③ 19 ② 20 ④

2022년 토목기사 제3회 토질 및 기초 CBT 복원문제

01 직경 30cm의 평판재하시험에서 작용압력이 30t/m²일 때 평판의 침하량이 30mm이었다면, 직경 3m의 실제 기초에 30t/m²의 압력이 작용할 때의 침하량은?(단, 지반은 사질토지반이다.)

① 30mm ② 99.2mm
③ 187.4mm ④ 300mm

해설
사질토층의 재하시험에 의한 즉시 침하
$$S_F = S_P \cdot \left(\frac{2 \cdot B_F}{B_F + B_P}\right)^2 = 30 \times \left(\frac{2 \times 3}{3 + 0.3}\right)^2 = 99.2\text{mm}$$

02 다음 그림과 같은 $p-q$ 다이어그램에서 K_f 선이 파괴선을 나타낼 때 이 흙의 내부마찰각은?

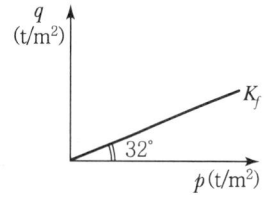

① 32° ② 36.5°
③ 38.7° ④ 40.8°

해설
응력경로(K_f Line)와 파괴포락선(Mohr-Coulomb)의 관계
$\sin\phi = \tan\alpha$ ∴ $\phi = \sin^{-1} \cdot \tan 32° = 38.7°$

03 기초폭 4m의 연속기초를 지표면 아래 3m 위치의 모래지반에 설치하려고 한다. 이때 표준 관입시험 결과에 의한 사질지반의 평균 N값이 10일 때 극한지지력은?(단, Meyerhof 공식 사용)

① 420t/m² ② 210t/m²
③ 105t/m² ④ 75t/m²

해설
사질토지반의 지지력 공식(Meyerhof)
$$q_u = 3 \cdot N \cdot B \cdot \left(1 + \frac{D_f}{B}\right) = 3 \times 10 \times 4 \times \left(1 + \frac{3}{4}\right) = 210\text{t/m}^2$$

04 어떤 흙의 입도분석 결과 입경가적곡선의 기울기가 급경사를 이룬 빈입도일 때 예측할 수 있는 사항으로 틀린 것은?

① 균등계수는 작다.
② 간극비는 크다.
③ 흙을 다지기가 힘들 것이다.
④ 투수계수는 작다.

해설
빈입도(경사가 급한 경우)
- 입도분포가 불량하다.
- 균등계수가 작다.
- 공학적 성질이 불량하다.
- 간극비가 커서 투수계수와 함수량이 크다.
∴ 투수계수는 크다.

05 통일분류법으로 흙을 분류할 때 사용하는 인자가 아닌 것은?

① 입도분포 ② 애터버그한계
③ 색, 냄새 ④ 군지수

해설
군지수는 AASHTO분류법으로 흙을 분류할 때 사용하는 인자이다.

06 다음 중 투수계수를 좌우하는 요인이 아닌 것은?

① 토립자의 크기 ② 공극의 형상과 배열
③ 포화도 ④ 토립자의 비중

해설
투수계수에 영향을 주는 인자
$$K = D_s^2 \cdot \frac{r}{\eta} \cdot \frac{e^3}{1+e} \cdot C$$
- 입자의 모양
- 간극비
- 포화도
- 점토의 구조
- 유체의 점성계수
- 유체의 밀도 및 농도
∴ 흙입자의 비중은 투수계수와 관계가 없다.

정답 01 ② 02 ③ 03 ② 04 ④ 05 ④ 06 ④

07 어떤 흙에 대한 일축압축시험 결과 일축압축강도는 1.0kg/cm^2, 파괴면과 수평면이 이루는 각은 $50°$였다. 이 시료의 점착력은?

① 0.36kg/cm^2　② 0.42kg/cm^2
③ 0.5kg/cm^2　④ 0.54kg/cm^2

일축압축강도
$q_u = 2 \cdot C \cdot \tan\left(45° + \dfrac{\phi}{2}\right) = 2 \cdot C \cdot \tan\theta$ 에서,
$1 = 2 \cdot C \cdot \tan 50°$ ∴ $C = 0.42\text{kg/cm}^2$

08 내부마찰각 $30°$, 점착력 1.5t/m^2 그리고 단위중량이 1.7t/m^3인 흙에 있어서 인장균열(tension crack)이 일어나기 시작하는 깊이는 약 얼마인가?

① 2.2m　② 2.7m
③ 3.1m　④ 3.5m

점착고(인장균열깊이)
$Z_c = \dfrac{2 \cdot c}{r} \tan\left(45° + \dfrac{\phi}{2}\right) = \dfrac{2 \times 1.5}{1.7} \times \tan\left(45° + \dfrac{30°}{2}\right) = 3.1\text{m}$

09 말뚝의 지지력 공식 중 정역학적 방법에 의한 공식은 다음 중 어느 것인가?

① Meyerhof의 공식
② Hiley공식
③ Engineering-News공식
④ Sander공식

정역학적 공식	동역학적 공식
• Terzaghi공식	• Sander공식
• Meyerhof공식	• Engineering-News공식
• Dörr공식	• Hiley공식
• Dunham공식	• Weisbach공식

10 아래 그림과 같은 폭(B) 1.2m, 길이(L) 1.5m 인 사각형 얕은 기초에 폭(B) 방향에 편심이 작용하는 경우 지반에 작용하는 최대압축응력은?

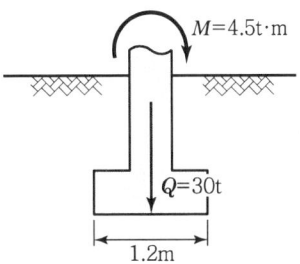

① 29.2t/m^2　② 38.5t/m^2
③ 39.7t/m^2　④ 41.5t/m^2

기초지반에 작용하는 최대압력
$\sigma_{max} = \dfrac{\sum V}{B}\left(1 \pm \dfrac{6e}{B}\right)$
$= \dfrac{30}{1.2 \times 1.5} \times \left(1 \pm \dfrac{6 \times 0.15}{1.2}\right) = 29.2\text{t/m}^2$
여기서, 편심거리 $e = \dfrac{M}{Q} = \dfrac{4.5}{30} = 0.15\text{m}$

11 그림과 같이 3m×3m 크기의 정사각형 기초가 있다. Terzaghi 지지력공식 $q_u = 1.3cN_c + \gamma_1 D_f N_q + 0.4\gamma_2 BN_\gamma$을 이용하여 극한지지력을 산정할 때 사용되는 흙의 단위중량(γ_2)의 값은?

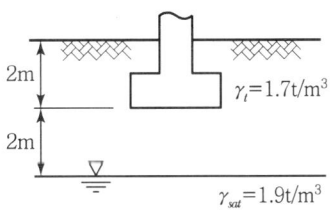

① 0.9t/m^3　② 1.17t/m^3
③ 1.43t/m^3　④ 1.7t/m^3

지하수위의 영향(지하수위가 기초바닥면 아래에 위치한 경우)
기초폭 B와 지하수위까지 거리 d 비교
• $B \leq d$: 지하수위 영향 없음
• $B > d$: 지하수위 영향 고려

즉, 기초폭 $B=3\text{m}$ > 지하수위까지 거리 $d=2\text{m}$이므로
$$\gamma = r_{ave} = r_{sub} + \frac{d}{B}(r_t - r_{sub})\text{값 사용}$$
$$\therefore \gamma = (1.9-1) + \frac{2}{3} \times \{1.7 - (1.9-1)\} = 1.43\text{t/m}^3$$

12 어떤 흙의 변수위투수시험을 한 결과 시료의 직경과 길이가 각각 5.0cm, 2.0cm이었으며, 유리관의 내경이 4.5mm, 1분 10초 동안에 수두가 40cm에서 20cm로 내렸다. 이 시료의 투수계수는?

① 4.95×10^{-4} cm/s ② 5.45×10^{-4} cm/s
③ 1.60×10^{-4} cm/s ④ 7.39×10^{-4} cm/s

[해설]
변수위투수시험
$$K = 2.3 \frac{aL}{At} \log \frac{h_1}{h_2}$$
$$= 2.3 \times \frac{\frac{\pi \times 0.45^2}{4} \times 2}{\frac{\pi \times 5^2}{4} \times 70} \log \frac{40}{20}$$
$$= 1.6 \times 10^{-4} \text{cm/s}$$

13 지표면에 4t/m²의 성토를 시행하였다. 압밀이 70% 진행되었다고 할 때 현재의 과잉간극수압은?

① 0.8t/m^2 ② 1.2t/m^2
③ 2.2t/m^2 ④ 2.8t/m^2

[해설]
압밀도
$$U = \frac{u_i - u}{u_i} \times 100 \text{에서,}$$
$$70 = \frac{4-u}{4} \times 100$$
∴ 현재의 과잉간극수압 $u = 1.2\text{t/m}^2$

14 sand drain공법에서 sand pile을 정삼각형으로 배치할 때 모래기둥의 간격은?(단, pile의 유효지름은 40cm이다.)

① 35cm ② 38cm
③ 42cm ④ 45cm

[해설]
정삼각형 배열일 때 영향원의 지름
$d_e = 1.05d$에서,
$40 = 1.05d$
∴ sand pile의 간격 $d = 38\text{cm}$

15 어느 흙댐의 동수경사가 1.0, 흙의 비중이 2.65, 함수비가 40%인 포화토에 있어서 분사현상에 대한 안전율을 구하면?

① 0.8 ② 1.0
③ 1.2 ④ 1.4

[해설]
분사현상 안전율
$$F_s = \frac{i_c}{i} = \frac{\frac{G_s - 1}{1+e}}{\frac{\Delta h}{L}} = \frac{\frac{2.65-1}{1+1.06}}{1.0} = 0.8$$
(여기서, 간극비 e는 상관식 $s \cdot e = G_s \cdot w$에서 $1 \times e = 2.65 \times 0.4$
∴ $e = 1.06$)

16 10m 깊이의 쓰레기층을 동다짐을 이용하여 개량하려고 한다. 사용할 해머 중량이 20t, 하부 면적 반경 2m의 원형 블록을 이용한다면, 해머의 낙하고는?

① 15m ② 20m
③ 25m ④ 23m

[해설]
개량심도와 추의 무게 및 낙하고 간의 경험공식
$D = a\sqrt{W_H \cdot H}$
$10 = 0.5\sqrt{20 \times H}$
$H = 20$

17 rod에 붙인 어떤 저항체를 지중에 넣어 관입, 인발 및 회전에 의해 흙의 전단강도를 측정하는 원위치시험은?

① 보링(boring)
② 사운딩(sounding)
③ 시료 채취(sampling)
④ 비파괴 시험(NDT)

[해설]

사운딩(sounding)
rod 선단의 저항체를 땅속에 넣어 관입, 회전, 인발 등의 저항으로 토층의 강도 및 밀도 등을 체크하는 방법의 원위치시험

18 2m×2m 정방향 기초가 1.5m 깊이에 있다. 이 흙의 단위중량 $\gamma = 1.7t/m^3$, 점착력 $c = 0$이며, $N_\gamma = 19$, $N_q = 22$이다. Terzaghi의 공식을 이용하여 전 허용하중(Q_{all})을 구한 값은?(단, 안전율 $F_s = 3$으로 한다.)

① 27.3t   ② 54.6t
③ 81.9t   ④ 109.3t

[해설]

형상계수	원형 기초	정사각형 기초	연속기초
α	1.3	1.3	1.0
β	0.3	0.4	0.5

• 극한지지력
$q_u = \alpha \cdot c \cdot N_c + \beta \cdot r_1 \cdot B \cdot N_r + r_2 \cdot D_f \cdot N_q$
$= 1.3 \times 0 \times N_c + 0.4 \times 1.7 \times 2 \times 19 + 1.7 \times 1.5 \times 22$
$= 81.94 t/m^2$

• 허용지지력 $q_a = \dfrac{q_u}{F} = \dfrac{81.94}{3} = 27.31 t/m^2$

• 허용하중 $Q_a = q_a \cdot A = 27.31 \times 2 \times 2 = 109.3t$

19 그림과 같은 점성토지반의 토질실험 결과 내부마찰각 $\phi = 30°$, 점착력 $c = 1.5t/m^2$일 때 A점의 전단강도는?

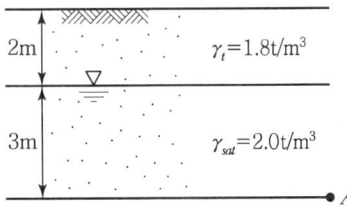

① $5.31t/m^2$ ② $5.95t/m^2$
③ $6.38t/m^2$ ④ $7.04t/m^2$

[해설]

• 전응력 $\sigma = r_t \cdot H_1 + r_{sat} \cdot H_2$
$= 1.8 \times 2 + 2.0 \times 3 = 9.6 t/m^2$
• 간극수압 $u = r_w \cdot h = 1 \times 3 = 3 t/m^2$
• 유효응력 $\sigma' = \sigma - u = 9.6 - 3 = 6.6 t/m^2$
또는 유효응력 $\sigma' = \sigma - u$
$= r_t \cdot H_1 + (r_{sat} - r_w) \cdot H_2$
$= 1.8 \times 2 + (2.0 - 1) \times 3$
$= 6.6 t/m^2$
• 전단강도 $\tau = C + \sigma \tan\phi$
$= 1.5 + 6.6 \tan 30° = 5.31 t/m^2$

20 $\gamma_{sat} = 2.0 t/m^3$인 사질토가 20°로 경사진 무한사면이 있다. 지하수위가 지표면과 일치하는 경우 이 사면의 안전율이 1 이상이 되기 위해서는 흙의 내부마찰각이 최소 몇 도 이상이어야 하는가?

① 18.21°   ② 20.52°
③ 36.06°   ④ 45.47°

[해설]

반무한사면의 안전율
$C = 0$인 사질토, 지하수위가 지표면과 일치하는 경우
$F = \dfrac{r_{sub}}{r_{sat}} \cdot \dfrac{\tan\phi}{\tan\beta} = \dfrac{2.0 - 1}{2.0} \times \dfrac{\tan\phi}{\tan 20°} \geq 1$
여기서, 안전율 ≥ 1이므로 $\phi = 36.06°$

2023년 토목기사 제1회 토질 및 기초 CBT 복원문제

01 압밀이론에서 선행압밀하중에 대한 설명 중 옳지 않은 것은?

① 현재 지반 중에서 과거에 받았던 최대의 압밀하중이다.
② 압밀소요시간의 추정이 가능하여 압밀도 산정에 사용된다.
③ 주로 압밀시험으로부터 작도한 e-log P 곡선을 이용하여 구할 수 있다.
④ 현재의 지반 응력상태를 평가할 수 있는 과압밀비 산정 시 이용된다.

해설

선행압밀하중
시료가 과거에 받았던 최대의 압밀하중을 말하며, 하중과 간극비 곡선으로 구하고 과압밀비(OCR) 산정에 이용된다.

02 그림과 같은 옹벽에 작용하는 주동토압의 합력은?(단, $\gamma_{sat} = 18\text{kN/m}^3$, $\phi = 30°$, 벽마찰각 무시)

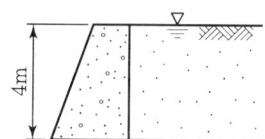

① 100kN/m   ② 60kN/m
③ 20kN/m   ④ 10kN/m

해설

주동토압계수
$$K_a = \tan^2\left(45° - \frac{\phi}{2}\right) = \tan^2\left(45° - \frac{30}{2}\right) = 0.333$$

∴ 전 주동토압
$$P_a = \frac{1}{2}K_a\gamma_{sub}H^2 + \frac{1}{2}\gamma_w H^2$$
$$= \frac{1}{2} \times 0.333 \times (18-9.8) \times 4^2 + \frac{1}{2} \times 1 \times 9.8 \times 4^2$$
$$= 100.24\text{kN/m}$$

03 그림과 같은 지층 단면에서 지표면에 가해진 5t/m^2의 상재하중으로 인한 점토층(정규압밀점토)의 1차 압밀최종침하량과 침하량이 5cm일 때 평균압밀도는?

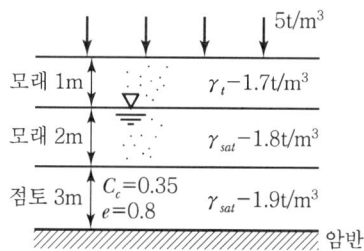

① $S = 18.5\text{cm}$, $U = 27\%$
② $S = 14.7\text{cm}$, $U = 22\%$
③ $S = 18.5\text{cm}$, $U = 22\%$
④ $S = 14.7\text{cm}$, $U = 27\%$

해설

압밀최종침하량
$$\Delta H = \frac{C_c}{1+e}\log\frac{P_2}{P_1} \cdot H$$
$$= \frac{0.35}{1+0.8} \times \log\frac{9.65}{4.65} \times 300 = 18.5\text{cm}$$

여기서, $P_1 =$ 점토층 중앙단면의 유효응력
즉, 전응력 $\sigma = \gamma_1 \cdot H_1 + \gamma_2 \cdot H_2 + \gamma_3 \cdot H_3$
$$= 1.7 \times 1 + 1.8 \times 2 + 1.9 \times \frac{3}{2}$$
$$= 8.15\text{t/m}^2$$

간극수압 $u = \gamma_w \cdot h = 1 \times \left(2 + \frac{3}{2}\right) = 3.5\text{t/m}^2$

유효응력 $\sigma' = \sigma - u = 8.15 - 3.5 = 4.65\text{t/m}^2$

혹은 유효응력
$$\sigma' = \gamma \cdot H_1 + \gamma_{sub} \cdot H_2 + \gamma_{sub} \cdot H_3$$
$$= 1.7 \times 1 + (1.8-1) \times 2 + (1.9-1) \times \frac{3}{2} = 4.65\text{t/m}^2$$

∴ $P_1 = 4.65\text{t/m}^2$
$P_2 = P_1 + P = 4.65 + 5 = 9.65\text{t/m}^2$

평균압밀도 $U = \frac{5}{18.5} \times 100 = 27\%$

2023년 토목기사 제1회 토질 및 기초 CBT 복원문제

04 다짐에 대한 다음 설명 중 옳지 않은 것은?

① 세립토의 비율이 클수록 최적함수비는 증가한다.
② 세립토의 비율이 클수록 최대건조단위중량은 증가한다.
③ 다짐에너지가 클수록 최적함수비는 감소한다.
④ 최대건조단위중량은 사질토에서 크고 점성토에서 작다.

[해설]
• 다짐 $E \uparrow$ $\gamma_{dmax} \uparrow$ OMC $\downarrow$ 양입도, 조립토, 급한 경사
• 다짐 $E \downarrow$ $\gamma_{dmax} \downarrow$ OMC $\uparrow$ 빈입도, 세립토, 완만한 경사
∴ 세립토의 비율이 클수록 최대건조단위중량(γ_{dmax})은 감소한다.

05 Paper Drain 설계 시 Paper Drain의 폭이 10cm, 두께가 0.3cm일 때 Paper Drain의 등치환산원의 지름이 얼마이면 Sand Drain과 동등한 값으로 볼 수 있는가?(단, 형상계수 : 0.75)

① 5cm ② 7.5cm
③ 10cm ④ 15cm

[해설]
등치환산원의 지름
$D = \alpha \dfrac{2(A+B)}{\pi} = 0.75 \times \dfrac{2 \times (10+0.3)}{\pi} = 5\text{cm}$

06 현장 도로 토공에서 들밀도시험을 실시한 결과 파낸 구멍의 체적이 1,980cm³이었고, 이 구멍에서 파낸 흙무게가 3,420g이었다. 이 흙의 토질실험 결과 함수비가 10%, 비중이 2.7, 최대건조 단위무게가 1.65g/cm³이었을 때 현장의 다짐도는?

① 80% ② 85%
③ 91% ④ 95%

[해설]
• 현장 흙의 습윤단위중량
$\gamma_t = \dfrac{W}{V} = \dfrac{3,420}{1,980} = 1.73\text{g/cm}^3$

• 현장 흙의 건조단위중량
$\gamma_d = \dfrac{\gamma_t}{1+\omega} = \dfrac{1.73}{1+0.1} = 1.57\text{g/cm}^3$

• 상대다짐도
$RC = \dfrac{\gamma_d}{\gamma_{dmax}} \times 100 = \dfrac{1.57}{1.65} \times 100 = 95\%$

07 부마찰력에 대한 설명이다. 틀린 것은?

① 부마찰력을 줄이기 위하여 말뚝표면을 아스팔트 등으로 코팅하여 타설한다.
② 지하수의 저하 또는 압밀이 진행 중인 연약지반에서 부마찰력이 발생한다.
③ 점성토 위에 사질토를 성토한 지반에 말뚝을 타설한 경우에 부마찰력이 발생한다.
④ 부마찰력은 말뚝을 아래 방향으로 작용시키는 힘이므로 결국에는 말뚝의 지지력을 증가시킨다.

[해설]
부마찰력
압밀침하를 일으키는 연약 점토층을 관통하여 지지층에 도달한 지지말뚝의 경우에는 연약층의 침하에 의하여 하향의 주면마찰력이 발생하여 지지력이 감소하고 도리어 하중이 증가하는 주면마찰력으로 상대변위의 속도가 빠를수록 부마찰력은 크다.

08 그림과 같은 경우의 투수량은?(단, 투수지반의 투수계수는 2.4×10^{-3}cm/sec이다.)

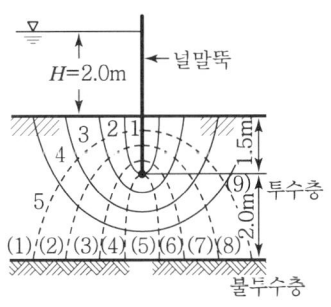

① 0.0267cm³/sec
② 0.267cm³/sec
③ 0.864cm³/sec
④ 0.0864cm³/sec

정답 04 ② 05 ① 06 ④ 07 ④ 08 ②

해설

침투유량

$$Q = K \cdot H \cdot \frac{N_f}{N_d} = 2.4 \times 10^{-3} \times 200 \times \frac{5}{9}$$

$$= 0.267 \text{cm/sec}$$

여기서, N_f : 유로의 칸수
N_d : 등수두선면의 수 혹은 포텐셜면의 수

09 흙의 비중이 2.60, 함수비가 30%, 간극비가 0.80일 때 포화도는?

① 24.0% ② 62.4%
③ 78.0% ④ 97.5%

해설

상관식 $S \cdot e = G_s \cdot w$
$S \times 0.8 = 2.6 \times 0.3$
∴ 포화도 $S = 97.5\%$

10 다음 그림과 같이 물이 흙 속으로 아래에서 침투할 때 분사현상이 생기는 수두차(Δh)는 얼마인가?

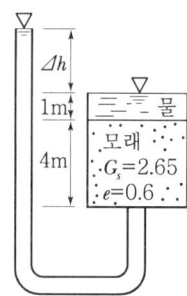

① 1.16m ② 2.27m
③ 3.58m ④ 4.13m

해설

분사현상 안전율

$$F = \frac{i_c}{i} = \frac{\frac{G_s - 1}{1 + e}}{\frac{\Delta h}{L}} = \frac{\frac{2.65 - 1}{1 + 0.6}}{\frac{\Delta h}{4}} = \frac{1.03}{\frac{\Delta h}{4}}$$

안전율이 1보다 작은 경우, 즉 $i > i_c$인 경우 분사현상이 발생한다.
∴ $\frac{\Delta h}{4} > 1.03$이므로 $\Delta h > 4.125$m인 경우 분사현상 발생

11 어떤 점토의 토질실험 결과 일축압축강도는 0.48kg/cm², 단위중량은 1.7t/m³ 이었다. 이 점토의 한계고는 얼마인가?

① 6.34m ② 4.87m
③ 9.24m ④ 5.65m

해설

한계고 : 연직절취깊이

$$H_c = \frac{4 \cdot c}{\gamma} \tan\left(45° + \frac{\phi}{2}\right)$$

여기서, 점토의 내부마찰각 $\phi = 0°$이므로

$$H_c = \frac{4 \cdot c}{\gamma} = \frac{4 \times 2.4}{1.7} = 5.65\text{m}$$

여기서, 점착력 $c = \frac{q_u}{2} = \frac{0.48}{2} = 0.24\text{kg/cm}^2 = 2.4\text{t/m}^2$

12 표준관입시험(SPT) 결과 N치가 25였고, 그때 채취한 교란시료로 입도시험을 한 결과 입자가 둥글고, 입도분포가 불량할 때 Dunham 공식에 의하여 구한 내부마찰각은?

① 29.8° ② 30.2°
③ 32.3° ④ 33.8°

해설

Dunham 공식
- 토립자가 모나고 입도분포가 양호한 경우
  $\phi = \sqrt{12 \cdot N} + 25$
- 토립자가 모나고 입도분포가 불량한 경우
  $\phi = \sqrt{12 \cdot N} + 20$
- 토립자가 둥글고 입도분포가 양호한 경우
  $\phi = \sqrt{12 \cdot N} + 20$
- 토립자가 둥글고 입도분포가 불량한 경우
  $\phi = \sqrt{12 \cdot N} + 15$
∴ $\phi = \sqrt{12 \cdot N} + 15 = 32.3°$

13 다음 연약지반 개량공법에서 일시적인 개량공법은 어느 것인가?

① Well Point
② 치환 공법
③ Paper Drain 공법
④ Sand Compaction Pile 공법

정답 09 ④ 10 ④ 11 ④ 12 ③ 13 ①

해설

일시적인 연약지반 개량공법
- 웰포인트(Well Point) 공법
- 동결공법
- 소결공법
- 진공압밀공법(대기압공법)

14 접지압(또는 지반반력)이 그림과 같이 되는 경우는?

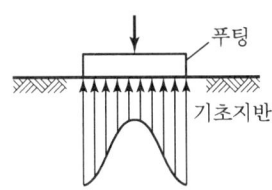

① 푸팅 : 강성, 기초지반 : 점토
② 푸팅 : 강성, 기초지반 : 모래
③ 푸팅 : 휨성, 기초지반 : 점토
④ 푸팅 : 휨성, 기초지반 : 모래

해설

- 점토지반 접지압 분포 : 기초 모서리에서 최대응력 발생
- 모래지반 접지압 분포 : 기초 중앙부에서 최대응력 발생

15 2m×3m 크기의 직사각형 기초에 60kN/m²의 등분포하중이 작용할 때 기초 아래 10m 되는 깊이에서의 응력 증가량을 2 : 1 분포법으로 구한 값은?

① 2.3kN/m² ② 5.4kN/m²
③ 13kN/m²   ④ 18kN/m²

해설

2 : 1 분포법에 의한 지중응력 증가량

$$\Delta\sigma = \frac{P \cdot B \cdot L}{(B+Z)(L+Z)} = \frac{60 \times 2 \times 3}{(2+10)(3+10)}$$
$$= 2.3 \text{kN/m}^2$$

16 어떤 흙의 전단시험결과 $c=1.8\text{kg/cm}^2$, $\phi=35°$, 토립자에 작용하는 수직응력 $\sigma=3.6\text{kg/cm}^2$일 때 전단강도는?

① 4.89kg/cm² ② 4.32kg/cm²
③ 6.33kg/cm² ④ 3.86kg/cm²

해설

전단강도
$S(\tau_f) = c + \sigma' \tan\phi = 1.8 + 3.6\tan35° = 4.32\text{kg/cm}^2$

17 다음 현장시험 중 Sounding의 종류가 아닌 것은?

① 평판재하시험   ② Vane 시험
③ 표준관입시험   ④ 동적 원추관입시험

해설

사운딩(Sounding)의 종류
- 정적 사운딩 : 휴대용 원추관입시험기, 화란식 원추관입시험기, 스웨덴식 관입시험기, 이스키미터, 베인시험기
- 동적 사운딩 : 동적 원추관입시험기, 표준관입시험기
※ 평판재하시험(PBT) : 기초지반의 허용지내력 및 탄성계수를 산정하는 지반조사 방법

18 어떤 흙의 시료에 대하여 일축압축시험을 실시하여 구한 파괴강도는 360kN/m²이었다. 이 공시체의 파괴각이 52°이면, 이 흙의 점착력(c)과 내부마찰각(ϕ)은?

① $c=141\text{kN/m}^2$, $\phi=14°$
② $c=180\text{kN/m}^2$, $\phi=14°$
③ $c=141\text{kN/m}^2$, $\phi=0°$
④ $c=180\text{kN/m}^2$, $\phi=0°$

해설

내부마찰각과 점착력
- 파괴각(θ) = $45° + \dfrac{\phi}{2} = 52°$
  ∴ 내부마찰각(ϕ) = $14°$
- 일축압축강도(q_u) = $2c \cdot \tan\left(45° + \dfrac{\phi}{2}\right)$
  $360 = 2 \times c \times \tan\left(45° + \dfrac{14°}{2}\right)$
  ∴ $c = 141\text{kN/m}^2$

정답 14 ① 15 ① 16 ② 17 ① 18 ①

19 두께가 5m인 점토층을 90% 압밀하는 데 50일이 걸렸다. 같은 조건하에서 10m의 점토층을 90% 압밀하는 데 걸리는 시간은?

① 100일 ② 160일
③ 200일 ④ 240일

해설

침하시간 $t_{90} = \dfrac{T_v \cdot H^2}{C_v}$ 에서

∴ $t_{90} \propto H^2$ 관계

$t_1 : H_1^2 = t_2 : H^2$

$50 : 5^2 = t_2 : 10^2$

∴ $t_2 = 200$일

20 크기가 30cm×30cm인 평판을 이용하여 사질토 위에서 평판재하 시험을 실시하고 극한 지지력 200kN/m²를 얻었다. 크기가 1.8m×1.8m인 정사각형 기초의 총허용하중은 약 얼마인가?(단, 안전율 3을 사용)

① 220kN ② 660kN
③ 1,300kN ④ 1,500kN

해설

사질토 지반의 지지력은 재하판의 폭에 비례한다.

즉, $0.3 : 200 = 1.8 : q_u$

∴ 극한 지지력 $q_u = 1,200 \text{kN/m}^2$

허용지지력 $q_a = \dfrac{q_u}{F} = \dfrac{1,200}{3} = 400 \text{kN/m}^2$

∴ 허용하중

$Q_a = q_a \cdot A = 400 \times 1.8 \times 1.8 = 1,296 \text{kN}$

2023년 토목기사 제2회 토질 및 기초 CBT 복원문제

01 도로의 평판재하시험을 끝낼 수 있는 조건이 아닌 것은?

① 하중강도가 현장에서 예상되는 최대 접지압을 초과 시
② 하중강도가 그 지반의 항복점을 넘을 때
③ 침하가 더 이상 일어나지 않을 때
④ 침하량이 15mm에 달할 때

해설
평판재하시험의 종료 조건
침하 측정은 침하가 15mm에 달하거나 하중강도가 현장에서 예상되는 가장 큰 접지압력의 크기 또는 지반의 항복점을 넘을 때까지 실시한다.

02 크기가 2m×3m인 직사각형 기초에 58.8kN/m²의 등분포하중이 작용할 때 기초 아래에 10m 되는 깊이에서의 응력 증가량을 2 : 1 분포법으로 구한 값은?

① 2.26kN/m² ② 5.31kN/m²
③ 1.33kN/m² ④ 1.83kN/m²

해설
2 : 1 분포법에 의한 지중응력 증가량
$$\Delta\sigma_z = \frac{qBL}{(B+Z)(L+Z)} = \frac{58.8 \times 2 \times 3}{(2+10)(3+10)} = 2.26\text{kN/m}^2$$

03 다음 그림과 같은 샘플러(Sampler)에서 면적비는 얼마인가?

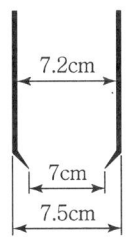

① 5.80% ② 5.97%
③ 14.62% ④ 14.80%

해설
면적비
$$A_r = \frac{D_w^2 - D_e^2}{D_e^2} \times 100 = \frac{7.5^2 - 7^2}{7^2} \times 100 = 14.80\%$$

04 점착력이 10kN/m², 내부마찰각이 30°인 흙에 수직응력 2,000kN/m²를 가할 경우 전단응력은?

① 2,010kN/m² ② 675kN/m²
③ 116kN/m² ④ 1,165kN/m²

해설
전단응력
$$S(\tau_f) = c + \sigma'\tan\phi = 10 + 2,000\tan30°$$
$$= 1,165\text{kN/m}^2$$

05 흙 속에 있는 한 점의 최대 및 최소 주응력이 각각 200kN/m² 및 100kN/m²일 때 최대 주응력면과 30°를 이루는 평면상의 전단응력을 구한 값은?

① 10.5kN/m² ② 21.5kN/m²
③ 32.3kN/m² ④ 43.3kN/m²

해설
전단응력
$$\tau = \frac{\sigma_1 - \sigma_3}{2}\sin2\theta$$
$$= \frac{200-100}{2}\sin(2\times30°)$$
$$= 43.3\text{kN/m}^2$$

06 연약점토지반에 성토제방을 시공하고자 한다. 성토로 인한 재하속도가 과잉간극수압이 소산되는 속도보다 빠를 경우, 지반의 강도정수를 구하는 가장 적합한 시험방법은?

① 압밀 배수시험 ② 압밀 비배수시험
③ 비압밀 비배수시험 ④ 직접전단시험

해설
비압밀 비배수실험(UU-Test)
• 단기 안정검토 – 성토 직후 파괴
• 초기재하 및 전단 시 간극수 배출 없음
• 기초지반을 구성하는 점토층 시공 중 압밀이나 함수비의 변화가 없는 조건
• 성토로 인한 재하속도가 과잉간극수압이 소산되는 속도보다 빠를 경우

정답 01 ③ 02 ① 03 ④ 04 ④ 05 ④ 06 ③

07 $\gamma_{sat} = 20\text{kN/m}^3$인 사질토가 20°로 경사진 무한사면이 있다. 지하수위가 지표면과 일치하는 경우 이 사면의 안전율이 1 이상이 되기 위해서는 흙의 내부마찰각이 최소 몇 도 이상이어야 하는가? (단, 물의 단위중량은 10kN/m³이다.)

① 18.21° ② 20.52°
③ 36.06° ④ 45.47°

해설
반무한사면의 안전율
$C=0$인 사질토, 지하수위가 지표면과 일치하는 경우
$$F = \frac{\gamma_{sub}}{\gamma_{sat}} \cdot \frac{\tan\phi}{\tan\beta} = \frac{20-10}{20} \times \frac{\tan\phi}{\tan 20°} \geq 1$$
여기서, 안전율 ≥ 1이므로 $\phi = 36.06°$

08 그림과 같은 지반에서 유효응력에 대한 점착력 및 마찰각이 각각 $c' = 10\text{kN/m}^2$, $\phi' = 20°$일 때 A점에서의 전단강도는?(단, 물의 단위중량은 9.81kN/m³이다.)

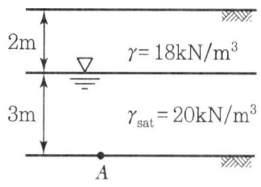

① 34.23kN/m² ② 44.94kN/m²
③ 54.25kN/m² ④ 66.17kN/m²

해설
$S_A(\tau_f) = c' + \sigma' \tan\phi$
$= 10 + [(18 \times 2) + (20 - 9.81) \times 3]\tan 20°$
$= 34.23\text{kN/m}^2$

09 점착력 1.0t/m², 내부마찰각 30°, 흙의 단위중량이 1.9t/m³인 현장의 지반에서 흙막이벽체 없이 연직으로 굴착 가능한 깊이는?

① 1.82m ② 2.11m
③ 2.84m ④ 3.65m

해설
연직으로 굴착 가능한 깊이(한계고)
$H_c = \frac{4c}{\gamma_t}\tan\left(45° + \frac{\phi}{2}\right)$
• c : 1.0t/m²
• ϕ : 30°
$\therefore H_c = \frac{4c}{\gamma_t}\tan\left(45° + \frac{\phi}{2}\right) = \frac{4 \times 1.0}{1.9}\tan\left(45° + \frac{30°}{2}\right) = 3.65\text{m}$

10 평판재하실험에서 재하판의 크기에 의한 영향(Scale Effect)에 관한 설명으로 틀린 것은?

① 사질토 지반의 지지력은 재하판의 폭에 비례한다.
② 점토지반의 지지력은 재하판의 폭에 무관하다.
③ 사질토 지반의 침하량은 재하판의 폭이 커지면 약간 커지기는 하지만 비례하는 정도는 아니다.
④ 점토지반의 침하량은 재하판의 폭에 무관하다.

해설
점토지반의 침하량은 재하판의 폭에 비례한다.

11 Rod에 붙인 어떤 저항체를 지중에 넣어 관입, 인발 및 회전에 의해 흙의 전단강도를 측정하는 원위치 시험은?

① 보링(Boring) ② 사운딩(Sounding)
③ 시료채취(Sampling) ④ 비파괴시험(NDT)

해설
사운딩(Sounding)
Rod 선단의 저항체를 땅속에 넣어 관입, 회전, 인발 등의 저항으로 토층의 강도 및 밀도 등을 체크하는 원위치시험방법이다.

12 어느 흙댐의 동수경사가 1.0, 흙의 비중이 2.65, 함수비가 40%인 포화토에 있어서 분사현상에 대한 안전율을 구하면?

① 0.8 ② 1.0
③ 1.2 ④ 1.4

정답 07 ③ 08 ① 09 ④ 10 ④ 11 ② 12 ①

해설

분사현상 안전율

$$F_s = \frac{i_c}{i} = \frac{\dfrac{G_s-1}{1+e}}{\dfrac{\Delta h}{L}} = \frac{\dfrac{2.65-1}{1+1.06}}{\dfrac{1.0}{}} = 0.8$$

여기서, 간극비 e는 상관식 $s \cdot e = G_s \cdot w$에서
$1 \times e = 2.65 \times 0.4$ ∴ $e = 1.06$

13 Sand Drain 공법에서 Sand Pile을 정삼각형으로 배치할 때 모래기둥의 간격은?(단, Pile의 유효지름은 40cm이다.)

① 35cm
② 38cm
③ 42cm
④ 45cm

해설

정삼각형 배열일 때 영향원의 지름
$d_e = 1.05d$에서
$40 = 1.05d$
∴ Sand Pile의 간격 $d = 38$cm

14 흙의 다짐에 관한 사항 중 옳지 않은 것은?

① 최적 함수비로 다질 때 최대 건조단위중량이 된다.
② 조립토는 세립토보다 최대 건조단위중량이 커진다.
③ 점토를 최적함수비보다 작은 건조 측 다짐을 하면 흙구조가 면모구조로, 습윤 측 다짐을 하면 이산구조가 된다.
④ 강도 증진을 목적으로 하는 도로 토공의 경우 습윤 측 다짐을, 차수를 목적으로 하는 심벽재의 경우 건조 측 다짐이 바람직하다.

해설

• 강도 증진 목적 : 건조 측 다짐
• 차수 목적 : 습윤 측 다짐

15 어떤 흙의 변수위 투수시험을 한 결과 시료의 직경과 길이가 각각 5.0cm, 2.0cm이었으며, 유리관의 내경이 4.5mm, 1분 10초 동안에 수두가 40cm에서 20cm로 내렸다. 이 시료의 투수계수는?

① 4.95×10^{-4}cm/s
② 5.45×10^{-4}cm/s
③ 1.60×10^{-4}cm/s
④ 7.39×10^{-4}cm/s

해설

변수위 투수시험

$$K = 2.3 \frac{aL}{At} \log \frac{h_1}{h_2}$$

$$= 2.3 \times \frac{\dfrac{\pi \times 0.45^2}{4} \times 2}{\dfrac{\pi \times 5^2}{4} \times 70} \log \frac{40}{20}$$

$$= 1.6 \times 10^{-4} \text{cm/s}$$

16 사면의 안정문제는 보통 사면의 단위길이를 취하여 2차원 해석을 한다. 이렇게 하는 가장 중요한 이유는?

① 흙의 특성이 등방성(isotropic)이라고 보기 때문이다.
② 길이방향의 응력도(stress)를 무시할 수 있다고 보기 때문이다.
③ 실제 파괴형태가 이와 같기 때문이다.
④ 길이방향의 변형도(strain)를 무시할 수 있다고 보기 때문이다.

해설

평면변형(Plane strain) 개념
길이가 매우 긴 옹벽이나 사면 등의 3차원 문제를 해석할 경우 평면변형(Plane strain) 개념에 바탕을 둔 2차원 해석을 한다.

17 어떤 흙의 입도분석 결과 입경가적곡선의 기울기가 급경사를 이룬 빈입도일 때 예측할 수 있는 사항으로 틀린 것은?

① 균등계수는 작다.
② 간극비는 크다.
③ 흙을 다지기가 힘들 것이다.
④ 투수계수는 작다.

해설

빈입도(경사가 급한 경우)
• 입도분포가 불량하다.
• 균등계수가 작다.

정답 13 ② 14 ④ 15 ③ 16 ② 17 ④

- 공학적 성질이 불량하다.
- 간극비가 커서 투수계수와 함수량이 크다.
∴ 투수계수는 크다.

18 동해(凍害)의 정도는 흙의 종류에 따라 다르다. 다음 중 우리나라에서 가장 동해가 심한 것은?

① Silt
② Colloid
③ 점토
④ 굵은 모래

해설

동해가 심한 순서
실트 > 점토 > 모래 > 자갈

19 통일분류법에 의한 흙의 분류에서 조립토와 세립토를 구분할 때 기준이 되는 체의 호칭번호와 통과율로 옳은 것은?

① No.4(4.75mm)체, 35%
② No.10(2mm)체, 50%
③ No.200(0.075mm)체, 35%
④ No.200(0.075mm)체, 50%

해설

㉠ 조립토와 세립토의 분류기준
  - 조립토 : No.200체(0.075mm)통과량 ≤ 50%
  - 세립토 : No.200체(0.075mm)통과량 ≥ 50%
㉡ 자갈과 모래의 분류기준
  - 자갈(G) : No.4체(4.75mm)통과량 ≤ 50%
  - 모래(S) : No.4체(4.75mm)통과량 ≥ 50%

20 어떤 흙의 입경가적곡선에서 $D_{10}=0.05$mm, $D_{30}=0.09$mm, $D_{60}=0.15$mm였다. 균등계수 C_u와 곡률계수 C_g의 값은?

① $C_u=3.0$, $C_g=1.08$
② $C_u=3.5$, $C_g=2.08$
③ $C_u=3.0$, $C_g=2.45$
④ $C_u=3.5$, $C_g=1.82$

해설

- 균등계수(C_u) = $\dfrac{D_{60}}{D_{10}} = \dfrac{0.15}{0.05} = 3$
- 곡률계수(C_g) = $\dfrac{D_{30}^2}{D_{10} \times D_{60}} = \dfrac{0.09^2}{0.05 \times 0.15} = 1.08$

2023년 토목기사 제3회 토질 및 기초 CBT 복원문제

01 어떤 흙에 대해서 직접전단시험을 한 결과 수직응력이 1.0MPa일 때 전단저항이 0.5MPa이었고, 수직응력이 2.0MPa일 때에는 전단저항이 0.8MPa이었다. 이 흙의 점착력은?

① 0.2MPa ② 0.3MPa
③ 0.8MPa ④ 1.0MPa

해설
전단저항(전단강도)
$\tau = c + \sigma' \tan\phi$
$5 = c + 10\tan\phi$ ……………… ①
$8 = c + 20\tan\phi$ ……………… ②
①, ②식을 연립방정식으로 정리

$\begin{array}{r} 10 = 2c + 20\tan\phi \\ \ominus\ \underline{8 = c + 20\tan\phi} \\ 2 = c \end{array}$

∴ 점착력(c) = 2kg/cm^2 = 0.2MPa

02 널말뚝을 모래지반에 5m 깊이로 박았을 때 상류와 하류의 수두차가 4m였다. 이때 모래지반의 포화단위중량이 19.62kN/m³이다. 현재 이 지반의 분사현상에 대한 안전율은?(단, 물의 단위중량은 9.81kN/m³이다.)

① 0.85 ② 1.25
③ 1.85 ④ 2.25

해설
분사현상 안전율
$i_c = \dfrac{\gamma_{sub}}{\gamma_w} = \dfrac{2-1}{9.81\text{kN/m}^3 \div 9.8} = \dfrac{1\text{t/m}^3}{1\text{t/m}^3} = 1$
$\gamma_{sat} = 19.62\text{kN/m}^3 \div 9.8 = 2\text{t/m}^3$
∴ $F_s = \dfrac{i_c}{i} = \dfrac{i_c}{h/L} = \dfrac{1}{4/5} = 1.25$

03 현장 도로 토공에서 들밀도 시험을 했다. 파낸 구멍의 체적이 $V = 1,980\text{cm}^3$이었고 이 구멍에서 파낸 흙 무게가 3,420g이었다. 이 흙의 토질실험 결과 함수비가 10%, 비중이 2.7, 최대 건조 밀도는 1.65g/cm³이었을 때 이 현장의 다짐도는?

① 85% ② 87%
③ 91% ④ 95%

해설

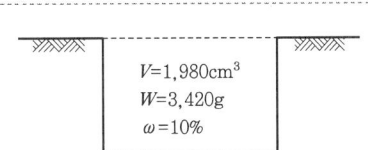

• 습윤 밀도(γ_t) = $\dfrac{W}{V} = \dfrac{3,420}{1,980} = 1.73\text{g/cm}^3$
• 건조 밀도(γ_d) = $\dfrac{\gamma_t}{1+\omega} = \dfrac{1.73}{1+0.10} = 1.57\text{g/cm}^3$
∴ 다짐도(RC) = $\dfrac{\gamma_d}{\gamma_{d\max}} = \dfrac{1.57}{1.65} \times 100 = 95\%$

04 그림에서 모래층에 분사현상이 발생되는 경우는 수두 h가 몇 cm 이상일 때 일어나는가?(단, $G_s = 2.68$, $n = 60\%$이다.)

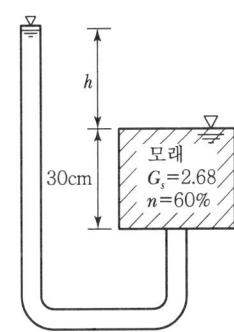

① 20.16cm ② 18.05cm
③ 13.73cm ④ 10.52cm

해설
• $i_c \leq i$(분사현상 발생)
• $\dfrac{G_s - 1}{1+e} \leq \dfrac{h}{L}$
  $\left(\dfrac{2.68-1}{1+1.5}\right) \times 30 = h$
  $e = \dfrac{n}{1-n} = \dfrac{0.6}{1-0.6} = 1.5$
∴ $h = 20.16\text{cm}$

정답 01 ① 02 ② 03 ④ 04 ①

05 흙의 다짐시험에서 다짐에너지를 증가시킬 때 일어나는 변화로 옳은 것은?

① 최적함수비와 최대 건조밀도가 모두 증가한다.
② 최적함수비와 최대 건조밀도가 모두 감소한다.
③ 최적함수비는 증가하고 최대 건조밀도는 감소한다.
④ 최적함수비는 감소하고 최대 건조밀도는 증가한다.

[해설]
다짐에너지 증가 시 변화
- $\gamma_{d\max}$ 가 증가한다.
- OMC(최적함수비)는 작아진다.

06 그림과 같은 옹벽에 작용하는 주동토압의 크기를 Rankine의 토압공식으로 구하면?

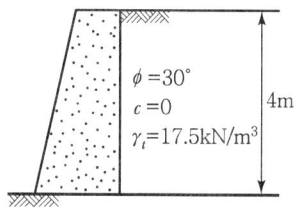

① 4.2t/m   ② 3.7t/m
③ 4.7t/m   ④ 5.2t/m

[해설]
- 주동토압계수
$$K_a = \tan^2\left(45° - \frac{\phi}{2}\right) = 0.333$$
- 전주동토압
$$P_a = \frac{1}{2}K_a\gamma H^2$$
$$= \frac{1}{2} \times 0.333 \times 1.75 \times 4^2 = 4.7\text{t/m}$$

07 단동식 증기 해머로 말뚝을 박았다. 해머의 무게가 2.5t, 낙하고가 3m, 타격당 말뚝의 평균관입량이 1cm, 안전율이 6일 때 Engineering-News 공식으로 허용지지력을 구하면?

① 250t   ② 200t
③ 100t   ④ 50t

[해설]
Engineering-News공식(단동식 증기해머)에서 허용지지력은
$$Q_a = \frac{Q_u}{F_s} = \frac{W_h \cdot H}{6(S+0.25)} = \frac{2.5 \times 300}{6(1+0.25)} = 100\text{t}$$
(Engineering-News공식의 안전율 $F_s = 6$)

08 아래 그림과 같이 지표면에 집중하중이 작용할 때 A점에서 발생하는 연직응력의 증가량은?

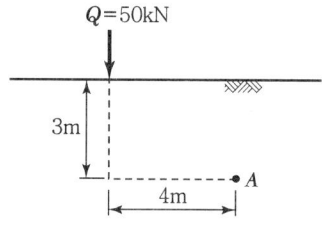

① 0.21kN/m²   ② 9.20kN/m²
③ 11.25kN/m² ④ 13.10kN/m²

[해설]
$$\Delta\sigma_z = \frac{Q}{z^2}I = \frac{Q}{z^2} \times \frac{3}{2\pi}\left(\frac{z}{R}\right)^5$$
$$= \frac{50}{3^2} \times \frac{3}{2\times\pi}\left(\frac{3}{5}\right)^5 = 0.21\text{kN/m}^2$$
(여기서, $R = \sqrt{3^2 + 4^2} = 5$)

09 연약지반 처리공법 중 Sand Drain 공법에서 연직 및 수평방향을 고려한 평균압밀도 U는?(단, $U_v = 0.20$, $U_h = 0.71$이다.)

① 0.573
② 0.697
③ 0.712
④ 0.768

[해설]
$U = 1 - (1-U_h)(1-U_v)$
$= 1 - (1-0.71)(1-0.20)$
$= 0.768$

정답 05 ④   06 ③   07 ③   08 ①   09 ④

10 다음 그림과 같은 접지압 분포를 나타내는 조건으로 옳은 것은?

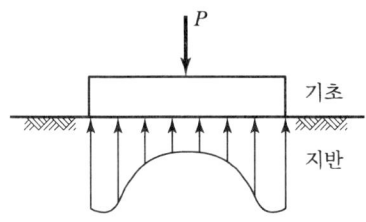

① 점토지반, 강성기초　② 점토지반, 연성기초
③ 모래지반, 강성기초　④ 모래지반, 연성기초

해설
강성기초의 접지압

점토지반	모래지반
기초 모서리에서 최대응력 발생	기초 중앙부에서 최대응력 발생

11 모래질 지반에 30cm×30cm 크기로 재하시험을 한 결과 15t/m²의 극한지지력을 얻었다. 2m×2m의 기초를 설치할 때 기대되는 극한지지력은?

① 100t/m²　② 50t/m²
③ 30t/m²　④ 2.5t/m²

해설
사질토에서 지지력은 재하판 폭에 비례한다.
$0.3 : 15 = 2 : q_{u(기초)}$
$\therefore q_{u(기초)} = \dfrac{2}{0.3} \times 15 = 100 \text{t/m}^2$

12 입도분포곡선에서 통과율 10%에 해당하는 입경(D_{10})이 0.005mm이고, 통과율 60%에 해당하는 입경(D_{60})이 0.025mm일 때 균등계수(C_u)는?

① 1　② 3
③ 5　④ 7

해설
$C_u = \dfrac{D_{60}}{D_{10}} = \dfrac{0.025}{0.005} = 5$

13 그림과 같은 옹벽에 작용하는 주동토압의 합력은?(단, $\gamma_{sat} = 18\text{kN/m}^3$, $\phi = 30°$, 벽마찰각 무시)

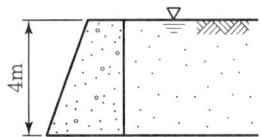

① 100kN/m　② 60kN/m
③ 20kN/m　④ 10kN/m

해설
• 주동토압계수
$K_a = \tan^2\left(45° - \dfrac{\phi}{2}\right) = \tan^2\left(45° - \dfrac{30}{2}\right) = 0.333$

• 전주동토압
$P_a = \dfrac{1}{2} K_a \gamma_{sub} H^2 + \dfrac{1}{2} \gamma_w H^2$
$= \dfrac{1}{2} \times 0.333 \times (18-9.8) \times 4^2 + \dfrac{1}{2} \times 1 \times 9.8 \times 4^2 = 100.24 \text{kN/m}$

14 압밀계수가 $0.5 \times 10^{-2} \text{cm}^2/\text{s}$이고, 일면배수 상태의 5m 두께 점토층에서 90% 압밀이 일어나는 데 소요되는 시간은?[단, 90% 압밀도에서 시간계수(T)는 0.848이다.]

① 2.12×10^7초　② 4.24×10^7초
③ 6.36×10^7초　④ 8.48×10^7초

해설
$T_v = \dfrac{C_v \cdot t}{H^2}$
$\therefore t = \dfrac{T_v \cdot H^2}{C_v} = \dfrac{0.848 \times 500^2}{0.5 \times 10^{-2}}$
$= 4.24 \times 10^7$초

정답　10 ①　11 ①　12 ③　13 ①　14 ②

15 말뚝에서 부마찰력에 관한 설명 중 옳지 않은 것은?

① 아래쪽으로 작용하는 마찰력이다.
② 부마찰력이 작용하면 말뚝의 지지력은 증가한다.
③ 압밀층을 관통하여 견고한 지반에 말뚝을 박으면 일어나기 쉽다.
④ 연약지반에 말뚝을 박은 후 그 위에 성토를 하면 일어나기 쉽다.

[해설]
부마찰력이 작용하면 말뚝의 지지력은 감소한다.

16 다음 그림 중 A점에서 자연 시료를 채취하여 압밀시험한 결과 선행 압축력이 0.81kg/cm^2이었다. 이 흙은 무슨 점토인가?

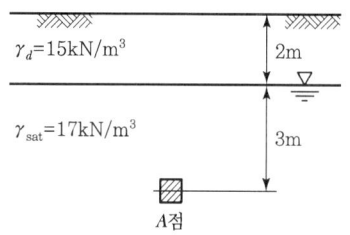

① 압밀 진행 중인 점토   ② 정규 압밀 점토
③ 과압밀 점토   ④ 이것으로는 알 수 없다.

[해설]
- 유효 상재 하중 $(P) = \gamma_d \cdot h_1 + \gamma_{sub} \cdot h_2$
  $= (1.5 \times 2) + (1.7 - 1) \times 3 = 5.1 \text{t/m}^2$
- $OCR(\text{과압밀비}) = \dfrac{P_c}{P} = \dfrac{8.1}{5.1} = 1.588$

  $OCR(1.588) > 1$
  ∴ 과압밀 점토
  ※ $0.81\text{kg/cm}^2 = 8.1\text{t/m}^2$

17 그림과 같은 사면에서 활동에 대한 안전율은?

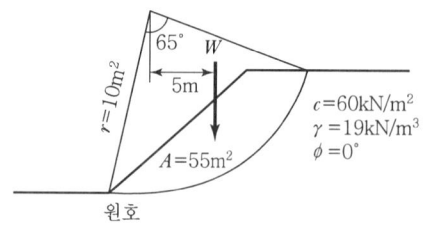

① 1.30   ② 1.50
③ 1.70   ④ 1.90

[해설]
$F_s = \dfrac{\text{저항}M}{\text{활동}M} = \dfrac{c \cdot r \cdot L}{W \cdot e}$

$(W = A \times l \times \gamma = 55 \times 1 \times 1.9 = 104.5)$

$= \dfrac{6 \times 10 \times \left(2 \times \pi \times 10 \times \dfrac{65°}{360°}\right)}{104.5 \times 5}$

$= 1.30$

18 연약점토지반에 성토제방을 시공하고자 한다. 성토로 인한 재하속도가 과잉간극수압이 소산되는 속도보다 빠를 경우, 지반의 강도정수를 구하는 가장 적합한 시험방법은?

① 압밀 배수시험
② 압밀 비배수시험
③ 비압밀 비배수시험
④ 직접전단시험

[해설]
UU(비압밀 비배수)시험
- 포화점토가 성토 직후 급속한 파괴가 예상될 때(포화된 점토지반 위에 급속하게 성토하는 제방의 안전성을 검토)
- 점토지반의 단기간 안정검토 시(시공 직후 초기 안정성 검토)
- 시공 중 압밀, 함수비와 체적의 변화가 없다고 예상
- 내부마찰각(ϕ) = 0(불안전 영역에서 강도정수 결정)
- 성토로 인한 재하속도가 과잉간극수압이 소산되는 속도보다 빠를 때

19 어떤 사질 기초지반의 평판재하시험 결과 항복강도가 60t/m^2, 극한강도가 100t/m^2이었다. 그리고 그 기초는 지표에서 1.5m 깊이에 설치될 것이고 그 기초 지반의 단위중량이 1.8t/m^3일 때 지지력계수 $N_q = 5$이었다. 이 기초의 장기 허용지지력은?

① 24.7t/m^2 ② 26.9t/m^2
③ 30t/m^2 ④ 34.5t/m^2

해설

- 재하시험에 의한 허용지지력

$$q_t = \frac{q_y}{2} = \frac{60}{2} = 30\text{t/m}^2$$

$$q_t = \frac{q_u}{3} = \frac{100}{3} = 33.3\text{t/m}^2$$

중 작은 값

$$\therefore q_t = 30\text{t/m}^2$$

- 장기 허용지지력

$$q_a = q_t + \frac{1}{3}\gamma D_f N_q = 30 + \frac{1}{3} \times 1.8 \times 1.5 \times 5 = 34.5\text{t/m}^2$$

20 흙의 다짐시험을 실시한 결과가 다음과 같다. 이 흙의 건조단위중량은 얼마인가?

① 몰드+젖은 시료 무게 : 3,612N
② 몰드 무게 : 2,143N
③ 젖은 흙의 함수비 : 15.4%
④ 몰드의 체적 : 944cm³

① 1.35N/cm^3 ② 1.56N/cm^3
③ 1.31N/cm^3 ④ 1.42N/cm^3

해설

- $W = 3,612 - 2,143 = 1,469\text{N}$
- $\gamma_t = \dfrac{W}{V} = \dfrac{1,469}{944} = 1.556\text{N/cm}^3$

$$\therefore \gamma_d = \frac{\gamma_t}{1+w} = \frac{1.556}{1+0.154} = 1.35\text{N/cm}^3$$

정답 20 ①

2024년 토목기사 제1회 토질 및 기초 CBT 복원문제

01 그림과 같은 1 : 1.5의 사면을 만드는 데 있어 가능한 절취한계 높이 H는 얼마인가?(단, 점착력 $=10\text{kN/m}^2$, 단위 중량 $=18\text{kN/m}^3$, 내부마찰각 $=10°$)

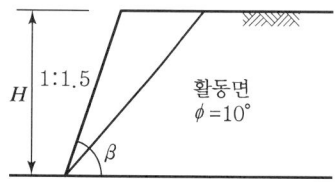

① 9.87m
② 12.16m
③ 14.40m
④ 9.12m

해설
- 사면의 경사각(β)
$$\beta = \tan^{-1}\left(\frac{\text{수직거리}}{\text{수평거리}}\right) = \tan^{-1}\left(\frac{1.0}{1.5}\right)$$
$$= 33°\,14'\,24''$$
- 한계고(H_c)
$$H_c = \frac{4C}{\gamma_t} \cdot \frac{\sin\beta \cdot \cos\phi}{1-\cos(\beta-\phi)}$$
$$= \frac{4\times 10}{18} \times \frac{\sin(33°\,41'\,24'')\times\cos 10°}{1-\cos(33°\,41'\,24''-10°)}$$
$$= 14.4\text{m}$$

02 어떤 흙시료의 변수위 투수시험을 한 결과 다음 값을 얻었다. 15℃에서의 투수계수는?(단, 스탠드파이프 내경 $d=3\text{mm}$, 측정개시시간 $t_1=09:20$, 측정완료시간 $t_2=09:30$, 시료의 직경 $D=5.0\text{cm}$, 시료길이 $L=20.0\text{cm}$, t_1에서 수위 $H_1=30\text{cm}$, t_2에서 수위 $H_2=15\text{cm}$, 수온 15℃임)

① $1.746\times 10^{-3}\text{cm/sec}$
② $1.709\times 10^{-4}\text{cm/sec}$
③ $3.931\times 10^{-4}\text{cm/sec}$
④ $7.423\times 10^{-5}\text{cm/sec}$

해설
변수위 투수시험공식
$$K = \frac{aL}{AT}\log_e\frac{h_1}{h_2} = 2.303\frac{aL}{AT}\log_{10}\frac{h_1}{h_2}$$
$$= 2.303\frac{0.145\times 20}{19.63\times 600}\log_{10}\left(\frac{30}{15}\right)$$
$$= 1.705\times 10^{-4}\text{cm/sec}$$
- Stand Pipe의 단면적(a)
$$a = \frac{\pi\times 0.43^2}{4} = 0.145\text{cm}^2$$
- 시료의 단면적(A)
$$A = \frac{\pi\times 5^2}{4} = 19.63\text{cm}^2$$
- 측정시간(T) $= 10\times 60 = 600\text{sec}$
$$\therefore\ K = 1.705\times 10^{-4}\text{cm/sec}$$

03 함수비 15%인 흙 2,300g이 있다. 이 흙의 함수비를 25%로 증가시키려면 얼마의 물을 가해야 하는가?

① 200g
② 230g
③ 345g
④ 575g

해설
- 흙입자만의 중량(W_s)
$$W_s = \frac{W}{1+\frac{W}{100}} = \frac{2,300}{1+\frac{15}{100}} = 2,000\text{g}$$
- $w=15\%$일 때 물의 중량($W_{w(15\%)}$)
$$W_{w(15\%)} = W - W_s$$
$$= 2,300 - 2,000 = 300\text{g}$$
- $w=25\%$일 때 물의 중량($W_{w(25\%)}$)
$$W_{w(25\%)} = \frac{w}{100}\times W_s$$
$$= \frac{25}{100}\times 2,000 = 500\text{g}$$
- 첨가해야 할 물의 양(W_w)
$$W_w = W_{w(25\%)} - W_{w(15\%)} = 500 - 300 = 200\text{g}$$
$$\therefore\ W_w = 200\text{g}$$

정답 01 ③ 02 ② 03 ①

04 그림과 같은 모래층에 널말뚝을 설치하여 물막이 공내의 물을 배수하였을 때, 분사현상이 일어나지 않게 하려면 얼마의 압력을 가하여야 하는가? (단, 모래의 비중은 2.65, n=39.4%, 안전율은 3으로 한다.)

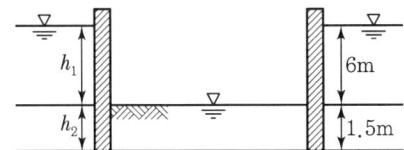

① 6.5t/m²
② 13t/m²
③ 33t/m²
④ 16.5t/m²

해설

분사현상이 발생하지 않기 위해 가해야 할 압력(P)

• 간극비(e)
$$e = \frac{n}{100-n} = \frac{39.4}{100-39.4} = 0.65$$

• 포화단위중량(γ_{sat})
$$\gamma_{sat} = \frac{G_s + e}{1+e}\gamma_w = \frac{2.65+0.65}{1+0.65} \times 1 = 2.0\text{t/m}^3$$

• 안전율(F_s)
$$F_s = \frac{\sigma' + p}{U} = \gamma = \frac{(2.0-1.0)\times 1.5 + P}{1\times 6} = 3$$

$\therefore P = 16.5\text{t/m}^2$

05 자연상태 실트질 점토의 액성한계가 65%, 소성한계 30%, 0.002mm보다 가는 입자의 함유율이 29%이다. 이 흙의 활성도(Activity)는?

① 0.8
② 1.0
③ 1.2
④ 1.4

해설

• 활성도
점토함유율에 대한 소성지수의 비를 말하며 흙의 팽창성 판단의 기준이 된다.

• 활성도(A) = $\frac{PI}{2\mu\text{이하의 점토함유율(\%)}}$
$= \frac{65-30}{29\%} = 1.21$

$\therefore$ 활성도(A) ≒ 1.2

06 아래 그림과 같이 지표까지가 모관상승지역이라 할 때 지표면 바로 아래에서의 유효응력은? (단, 모관상승지역의 포화도는 90%이다.)

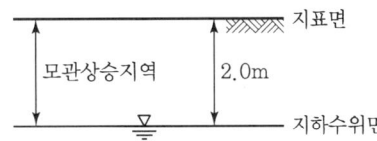

① 0.9t/m²
② 1.8t/m²
③ 1.0t/m²
④ 2.0t/m²

해설

• 모관상승지역에서는 부(−)의 간극수압이 발생하여 유효응력을 증가시킨다.

• $u = -\left(\frac{S}{100}\right)\gamma_w \times h_c = -\left(\frac{90}{100}\right) \times 1 \times 2 = -1.8\text{t/m}^2$

• 유효응력
$\sigma' = \sigma - u = 0 - (-1.8) = 1.8\text{t/m}^2$

$\therefore \sigma' = 1.8\text{t/m}^2$

07 흙의 투수계수에 대한 설명 중 잘못된 것은?

① 투수계수는 점성계수와 수두차에 반비례한다.
② Darcy법칙에서의 투수계수는 속도의 차원과 같다.
③ 세립토의 투수계수는 변수위투수시험으로 구한다.
④ 투수계수에 영향을 미치는 요소로는 토립자의 비중, 유효입경, 흙의 공극비, 물의 점성계수, 포화도 등이 있다.

해설

투수계수에 영향을 미치는 요소

• $K = D_s^{\,2} \cdot \frac{\gamma_w}{\mu} \cdot \frac{e^3}{1+e} \cdot C$

여기서, D_s : 흙의 입경
μ : 물의 점성계수
e : 간극비
C : 합성형상계수

• $K = C(D_{10})^2$
D_{10} : 유효입경

• 포화도가 클수록 투수계수는 증가한다.
$\therefore$ 토립자의 비중(G_s)은 투수계수와 무관하다.

정답 04 ④ 05 ③ 06 ② 07 ④

2024년 토목기사 제1회 토질 및 기초 CBT 복원문제

08 표준관입시험에 관한 설명 중 틀린 것은?

① 고정 Piston 샘플러를 사용한다.
② 해머 무게 64kg이다.
③ 해머 낙하높이 76cm이다.
④ 30cm 관입에 필요한 낙하횟수를 N치라 한다.

해설
표준관입시험(SPT)

개요	목적
Split Spoon Sampler(이동식)를 64kg의 해머로 낙하하고 76cm에서 타격하여 30cm 관입시키는데 소요되는 타격횟수 N치를 구하는 시험	• 흐트러진 시료 채취 • 현장의 지반 강도 추정 • 점토지반의 연경도 추정 • 지층의 구성 관계 판단 • 내부마찰각(ϕ), 점착력 일축압축강도, 콘지수, 지지력추정

09 다음 중 얕은 기초의 지지력에 영향을 미치지 않는 것은?

① 기초의 형상(Shape)
② 기초의 두께(Thickness)
③ 기초의 깊이(Depth)
④ 지반의 경사(Inclination)

해설
얕은 기초의 지지력에 영향을 주는 요소에는 지반의 경사, 기초의 깊이, 기초의 형상, 기초의 고처차 등이 있다.
∴ 기초의 두께는 얕은 기초의 지지력과 무관하다.

10 최대주응력이 $10t/m^2$, 최소주응력이 $4t/m^2$일 때 최소주응력면과 45°를 이루는 평면에 일어나는 수직응력은?

① $7t/m^2$
② $3t/m^2$
③ $6t/m^2$
④ $4\sqrt{2}\,t/m^2$

해설
• 최대주응력면과 파괴면이 이루는 각(θ)
$\theta = 90° - 45° = 45°$
• 파괴면에 작용하는 수직응력(σ)
$\sigma = \dfrac{\sigma_1 + \sigma_3}{2} + \dfrac{\sigma_1 - \sigma_3}{2}\cos 2\theta = \dfrac{10+4}{2} + \dfrac{10-4}{2}\cos(2\times 45°)$
$= 7.0t/m^2$ ∴ $\sigma = 7.0t/m^2$

11 현장에서 들밀도 시험을 한 결과 파낸 구멍의 용적은 $2,000cm^3$이고 파낸 흙의 중량이 3,240g이며 함수비는 8%였다. 이 흙의 간극비는 얼마인가? (여기서 이 흙의 비중은 2.70이다.)

① 0.80
② 0.76
③ 0.70
④ 0.66

해설
• 현장의 습윤단위중량(r_t)
$r_t = \dfrac{W}{V} = \dfrac{3,240}{2,000} = 1.62 g/cm^3$
• 현장의 건조단위중량(r_d)
$r_d = \dfrac{r_t}{1+\dfrac{w}{100}} = \dfrac{1.62}{1+\dfrac{8}{100}} = 1.50 g/cm^3$
• 간극비(e)
$e = \dfrac{r_w}{r_d}G_s - 1 = \dfrac{1}{1.50}\times 2.70 - 1 = 0.8$
∴ $e = 0.8$

12 포화된 점토지반 위에 급속하게 성토하는 제방의 안정성을 점토할 때 이용해야 할 강도정수를 구하는 시험은?

① UU-test
② CU-test
③ CD-test
④ CU-test

해설
배수 방법에 따른 전단시험법(삼축압축시험) 적용

시험법	적용
CD-Test (압밀 배수시험)	• 연약점토지반 위에 완속성토를 하는 경우 • 간극수압 측정이 곤란할 때 • 흙댐에서 정상침투 시 안정해석
CU-Test (압밀 비배수시험)	• 성토하중으로 어느 정도 압밀 후, 급속파괴예상될 때 • Preloading 후 급격한 재하 시 안정해석 • 기존하천제방, 흙댐에서 수위가 급강하하는 경우
UU-Test (비압밀 비배수시험)	• 포화점토지반 위에 급속성토 시 안정성 점토 • 압밀과 함수비의 변화 없이 급속한 파괴 예상 시 • 점토지반의 단기안정해석

정답 08 ① 09 ② 10 ① 11 ① 12 ①

13 그림과 같은 지반에 등분포하중 $\Delta P = 6.0\text{t/m}^2$을 가하였다. 점토층의 1차 압밀에 의한 침하량은 얼마인가?(단, 지하수면은 지표면과 일치한다.)

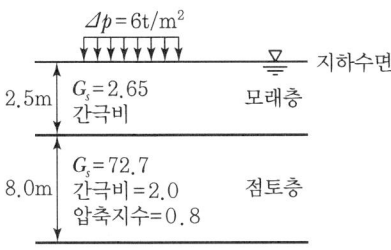

① 102.1cm
② 51.1cm
③ 38.9cm
④ 76.3cm

해설

- 각 층의 단위중량
  - 모래층
  $$\gamma_{sat} = \frac{G_s + e}{1+e}\gamma_w = \frac{2.65 + 0.7}{1+0.7} \times 1 = 1.971\text{t/m}^3$$
  - 점토층
  $$\gamma_{sat} = \frac{G_s + e}{1+e}\gamma_w = \frac{2.7 + 2.0}{1+2.0} \times 1 = 1.567\text{t/m}^3$$

- 점토층 중앙부까지의 유효응력($P_o{'}$)
  $$P_o{'} = \gamma_{sub(모)} \times H_1 + r_{sub(점)} \times \frac{H_2}{2}$$
  $$= (1.971 - 1) \times 2.5 + (1.567 - 1) \times \frac{8}{2}$$
  $$= 4.700\text{t/m}^2$$

- 점토층의 1차 압밀침하량(S)
  $$S = \frac{C_c}{1+e}H\log\frac{P_o{'} + \Delta P}{P_o{'}}$$
  $$= \frac{0.8}{1+2.0} \times 800 \times \log\frac{4.700 + 6}{4.700} = 76.2\text{cm}$$
  ∴ 76.2cm

14 다음 그림은 얕은 기초의 파괴영역이다. 설명이 옳은 것은?

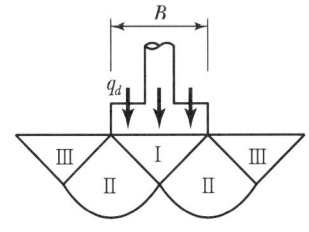

① 파괴순서는 Ⅲ → Ⅱ → Ⅰ 이다.
② 영역 Ⅲ에서 수평면과 $45° + \phi/2$의 각을 이룬다.
③ 영역 Ⅲ은 수동영역이다.
④ 국부전단파괴의 형상이다.

해설

기초의 파괴형태

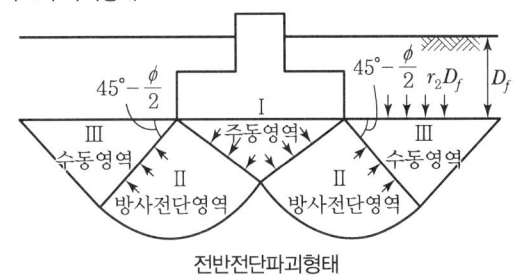

전반전단파괴형태

∴ Ⅲ 영역은 수동영역이다.

15 Sand Drain에 대한 Paper Drain 공법의 장점 설명 중 옳지 않은 것은?

① 횡방향력에 대한 저항력이 크다.
② 시공지표면에 Sand Mat가 필요 없다.
③ 시공속도가 빠르고 타설 시 주변을 교란시키지 않는다.
④ 배수단면이 깊이에 따라 일정하다.

해설

Sand Drain 공법과 비교한 Paper Drain 공법의 특징

장점	단점
• 시공속도가 빠르다. • 타입 시 주변지반을 교란시키지 않는다. • Drain 단면이 깊이방향에 대하여 일정하다. • 공사비가 경제적이다. • 횡방력에 대한 저항력이 크다.	• 지반 중에 장애물이 존재하는 경우 시공이 어렵다. • 장기간 사용 시 막힘현상이 발생하여 배수효과가 떨어진다. • 특수타입기계가 필요하다.

정답 13 ④ 14 ③ 15 ②

16 그림에서 전주동토압은 얼마인가?(단, 소수 셋째자리에서 반올림하시오.)

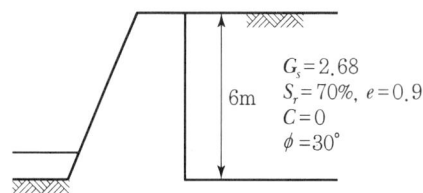

① 84.6kN/m ② 94.6kN/m
③ 104.4kN/m ④ 114.4kN/m

해설

• 습윤단위중량(r_t)
$$r_t = \frac{G_s + s \cdot e}{1+e} r_w = \frac{2.68 + 0.7 \times 0.9}{1+0.9} \times 10 = 17.42 \text{kN/m}^3$$

• 전주동토압(P_A)
  - 토압계수(K_A)
  $$K_A = \tan^2\left(45 - \frac{\phi}{2}\right) = \tan^2\left(45 - \frac{30}{2}\right) = 0.333$$
  - 전수동토압(P_A)
  $$P_A = \frac{1}{2} r \times H^2 \times K_A = \frac{1}{2} \times 17.42 \times 6^2 \times 0.333$$
  $$= 104.4 \text{kN/m}$$
  $$\therefore P_A = 104.4 \text{kN/m}$$

17 흙의 다짐에 관한 다음 설명 중 옳지 않은 것은?

① 점성토지반을 다질 때는 진동 롤러로 다지는 것이 가장 좋다.
② 세립토가 많을수록 최적함수비는 증가한다.
③ 다짐에너지가 커질수록 최적함수비는 작다.
④ 비중이 같은 흙은 최대건조밀도가 높은 흙일수록 최적 함수비가 낮다.

해설

다짐의 특성
• 세립토가 많을수록 최적함수비는 증가하고 최대건조밀도는 작아진다.
• 다짐에너지가 클수록 최적함수비는 작아지고 최대건조밀도는 커진다.
• 양입도일수록 최적함수비는 작아지고 최대건조밀도는 커진다.
• 세립토가 많을수록 다짐곡선의 기울기는 완만하다.
• 조립토(사질토)는 다질 때 진동롤러로 다지는 것이 효과적이다.

18 평판재하시험에 대한 설명 중 옳지 않은 것은?

① 순수한 점토의 지지력은 재하판 크기와 관계 없다.
② 순수한 모래지반의 지지력은 재하판의 폭에 비례한다.
③ 순수한 점토의 침하량은 재하판의 폭에 비례한다.
④ 순수한 모래지반의 침하량은 재하판의 폭에 비례한다.

해설

Scale Effect를 고려한 각 지반의 지지력 및 침하량

구분	점토 지반	모래 지반
지지력	$q_{u(F)} = q_{u(t)}$	$q_{u(F)} = \frac{B_{(F)}}{B_{(t)}} q_{u(t)}$
침하량	$S_{(F)} = \frac{B_{(F)}}{B_{(t)}} S_{(t)}$	$S_{(F)} = \left[\frac{2B_{(F)}}{B_{(t)} + B_{(F)}}\right]^2 S_{(t)}$

여기서, $q_{u(F)}$: 실제기초의 지지력
$q_{u(t)}$: 재하시험에 의한 지지력
$S_{(F)}$: 실제기초의 침하량
$S_{(t)}$: 재하시험에 의한 침하량
$B_{(F)}$: 실제기초의 폭
$B_{(t)}$: 재하판의 폭

19 점성토에 대한 압밀배수 삼축압축시험 결과를 p-q diagram에 그린 결과, kf-line의 경사각 α는 20°이고 절편 m은 3.4kg/cm²이었다. 이 점성토의 내부마찰각(ϕ) 및 점착력(C)의 크기는?

① $\phi = 21.34°$, C=3.65kg/cm²
② $\phi = 23.54°$, C=3.71kg/cm²
③ $\phi = 21.34°$, C=9.34kg/cm²
④ $\phi = 23.54°$, C=8.58kg/cm²

해설

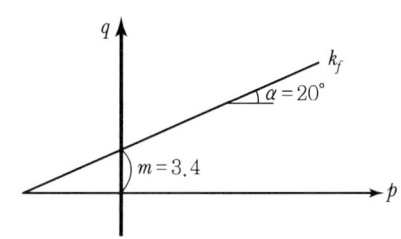

정답 16 ③ 17 ① 18 ④ 19 ①

- 내부마찰각(ϕ)

  $\sin\phi = \tan\alpha$

  $\phi = \sin^{-1}(\tan\alpha) = \sin^{-1}(\tan 20°) = 21.34°$

- 점착력(C)

  $C = \dfrac{m}{\cos\phi} = \dfrac{3.4}{\cos 21.34°} = 3.65 \text{kg/cm}^2$

20 Vane Test에서 Vane의 지름 50mm, 높이 10cm, 파괴 시 토크가 590kg · cm일 때 점착력은?

① 1.29kg/cm^2
② 1.57kg/cm^2
③ 2.13kg/cm^2
④ 2.76kg/cm^2

해설

- 베인전단시험(Vane Test)

  로드선단에 십자형의 베인을 달아 지중에 박은 후 회전모멘트를 가하여 전단강도를 구하는 현장시험이다.

- 점착력(C)

  $C = \dfrac{M_{\max}}{\pi D^2 \left(\dfrac{H}{2} + \dfrac{D}{6}\right)}$

  $= \dfrac{590}{\pi \times 5^2 \times \left(\dfrac{10}{2} + \dfrac{5}{6}\right)} = 1.29 \text{kg/cm}^2$

  ∴ $C = 1.29 \text{kg/cm}^2$

정답 20 ①

2024년 토목기사 제2회 토질 및 기초 CBT 복원문제

01 데라다(寺田)의 동결깊이를 구하는 공식으로 다음 조건일 때 동결깊이는 얼마인가?(단, 기온이 $-10℃$로 20일간 계속됨, $C=2.94$임)

① 41.6cm ② 0.14cm
③ 30.8cm ④ 52.3cm

해설
동결깊이(D)
$D = C\sqrt{F} = 2.94\sqrt{|-10℃ \times 20|} = 41.58\text{cm}$
∴ $D = 41.6\text{cm}$

02 다음 중 직접기초에 속하는 것은?

① 후팅기초 ② 말뚝기초
③ 피어기초 ④ 케이슨기초

해설
기초의 종류

구분	종류

얕은 기초
(직접 기초)
	• Footing 기초
	  - 독립 Footing 기초
	  - 복합 Footing 기초
	  - 연속 기초
	• 전면 기초(Mat Foundution)

깊은 기초	• 말뚝 기초(Pile Foundation) • 피어 기초(Pier Foundation) • 케이슨 기초(Caisson Foundation)

03 선행압밀하중(P_c)에 대한 설명 중 옳지 않은 것은?

① 흙이 현재 지반에서 과거에 최대로 받았을 때의 압밀하중을 말한다.
② $e - \log P$ 곡선상에 구한다.
③ 정규압밀 점토와 과압밀 점토를 구분할 수 있다.
④ 압밀 소요시간 계산에 이용된다.

해설
선행압밀하중(P_c)
• 흙이 현재 지반에서 과거에 최대로 받았을 때의 압밀하중을 말한다.
• 압밀시험 결과를 이용한 $e - \log P$ 곡선에서 구한다.
• 과압밀비를 산정하여 정규압밀점토와 과압밀점토를 구분하는 데 이용된다.

04 말뚝기초에 있어서 말뚝의 동역학적 지지력 공식은 어느 것인가?

① Dörr 공식 ② Meyerhof 공식
③ Hiley 공식 ④ Skempton 공식

해설
Pile 기초의 지지력 산정 공식

구분	종류
정역학적 이론 공식	• Terzaghi의 지지력 공식 • Meyerhof 공식 • Dörr 공식
동역학적 지지력 공식	• Hiley의 공식 • Engineering News 공식 • Sander의 공식
재하시험에 의한 지지력 공식	• 말뚝 정재하 시험 • 말뚝 동재하 시험

05 다음 연약지반 개량공법 중 기본원리가 다른 공법은?

① 프리로딩(Preloading)공법
② 샌드드레인(Sand Drain)공법
③ 페이퍼드래인(Paper Drain)공법
④ 콤포저(Compozer)공법

해설
연약지반 개량공법

구분	기본원리	종류
점성토 지반 개량공법	• 치환 • 탈수	• 치환공법 • Preloading 공법 • Sand Drain 공법 • Paper Drain 공법 • 생석회 pile 공법
사질토 지반 개량공법	• 진동 • 충격	• 다짐말뚝 공법 • 다짐모래말뚝 공법 • Vibroflotation 공법 • Vibro-compozer 공법 • 전기 충격 공법

정답 01 ① 02 ① 03 ④ 04 ③ 05 ④

06 흙의 표준관입시험 방법에서 해머(Hammer)의 중량은?

① 80kg ② 75kg
③ 64kg ④ 55kg

해설
표준관입시험(SPT)

개요	목적
Split Spoon Sampler(이동식)를 64kg의 해머로 낙하고 76cm에서 타격하여 30cm 관입시키는데 소요되는 타격횟수 N치를 구하는 시험	• 흐트러진 시료 채취 • 현장의 지반 강도 추정 • 점토지반의 연경도 추정 • 지층의 구성관계 판단 • 내부마찰각(ϕ), 점착력 일축압축강도, 콘지수, 지지력 추정

07 흙의 다짐에 대한 다음 설명 중 옳지 않은 것은?

① 최적함수비로 다질 때에 건조밀도는 최대가 된다.
② 세립토의 함유율이 증가할수록 최적함수비는 증대된다.
③ 다짐에너지가 클수록 최적함수비는 커진다.
④ 점성토는 조립토에 비하여 다짐곡선의 모양이 완만하다.

해설
다짐의 특성
• 세립토가 많을수록 최적함수비는 증가하고 최대건조밀도는 작아진다.
• 다짐에너지가 클수록 최적함수비는 작아지고 최대건조밀도는 커진다.
• 양입도일수록 최적함수비는 작아지고 최대건조밀도는 커진다.
• 세립토가 많을수록 다짐곡선의 기울기는 완만하다.
• 조립토(사질토)는 다질 때 진동롤러로 다지는 것이 효과적이다.

08 흙의 전단강도에 관한 다음 설명 중 옳지 않은 것은?

① 압밀이 진행되면 전단강도는 증가한다.
② 입자 간 내부마찰각과 점착력으로부터 얻어진다.
③ 점성이 강한 흙일수록 마찰력에 의한 전단강도가 크게 나타난다.
④ 전단응력이 전단강도보다 크면 파괴가 일어난다.

해설
전단강도(τ_f)
$\tau_f = C + \sigma' \tan\phi$
• 전단강도는 점착력과 내부마찰각으로 얻어진다.
• 압밀이 진행되면 σ'이 증가되어 전단강도는 증가한다.
• 전단응력이 전단강도보다 크면 파괴가 발생한다.
  ∴ 점착력이 강한 흙은 점착력에 의해 전단강도가 결정된다.

09 그림과 같은 조건의 옹벽에서 벽면 마찰을 무시할 때 주동토압계수가 0.4이다. 이때 옹벽에 작용하는 전주동토압의 합력은?(단, 흙의 포화단위중량은 18kN/m³, 물의 단위중량은 10kN/m³)

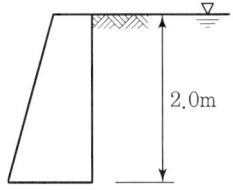

① 26.4kN/m ② 14.4kN/m
③ 6.4kN/m   ④ 34.4kN/m

해설
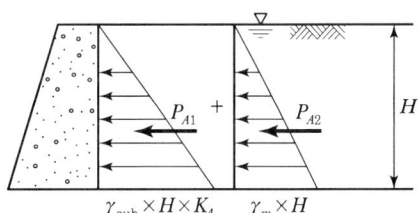

$P_A = \frac{1}{2}\gamma_{sub} \times H^2 \times K_A + \frac{1}{2}\gamma_w H^2$
$= \frac{1}{2} \times 8 \times 2^2 \times 0.4 + \frac{1}{2} \times 1 \times 2^2$
$= 26.4 \text{kN/m}$

10 사질토층에 물이 침투할 때 침투유량이 같은 조건에서 만약 사질토의 입경이 2배로 커진다면 침투 동수구배는 몇 배로 변하는가?

① 4배   ② 1/4배
③ 같다. ④ 1/2배

정답 06 ③ 07 ③ 08 ③ 09 ① 10 ②

해설

침투유량이 같은 조건에서

$i \alpha \dfrac{1}{K}$, 사질토에서 $K = CD_s^2$

$i \alpha \dfrac{1}{K} = \dfrac{1}{CD_s^2} = \dfrac{1}{C \times (2D_s)^2} = \dfrac{1}{4 \times CD_s^2}$

∴ D_s이 2배 커지면 i는 $\dfrac{1}{4}$배가 된다.

---

11 영공극곡선(Zero Air Void Curve)은 다음 중 어떤 토질시험 결과로 얻어지는가?

① 액성한계시험 ② 다짐시험
③ 직접전단시험 ④ 압밀시험

해설

다짐시험에서 얻어지는 값
- 최적함수비(OMC)
- 최대건조단위중량(γ_{dmax})
- 다짐곡선
- 영공기간극곡선(Zero Air Void Curve)

---

12 단위체적중량이 16kN/m³, 점착력 $c = 15$ kNt/m³, 마찰각 $\phi = 0$인 점토지반에 폭 $B = 2$m, 근입깊이 $D_f = 3$m의 연속기초의 극한지지력은? (단, Terzaghi식을 이용, 지지력계수 $N_c = 5.7$, $N_r = 0$, $N_q = 1.0$, 형상계수 $\alpha = 1.0$, $\beta = 0.5$)

① 101.5kN/m²   ② 133.5kN/m²
③ 154.2kN/m²   ④ 181.2kN/m²

해설

극한지지력(q_u)

$q_u = \alpha CN_c + Br_1 BN_r + r_2 D_f N_q$
$= 1.0 \times 15 \times 5.7 + 0.5 \times 16 \times 2 \times 0 + 16 \times 3 \times 1.0$
$= 133.5\text{kN/m}^2$

---

13 항타공식을 적용하여 지지력을 산출할 때 실제와 가장 잘 부합되는 흙은?

① 조밀한 모래지반   ② 연약한 점토지반
③ 예민한 점토지반   ④ 느슨한 모래지반

해설

항타공식은 동적인 하중을 가하여 말뚝의 관입량을 이용하는 지지력 공식으로 조밀한 사질지반에 적용 시 정확한 지지력이 산정된다.

---

14 어느 흙댐에서 동수구배 1.0, 흙의 비중이 2.65, 함수비 45%인 포화토에 있어서 분사현상에 대한 안전율은 얼마인가?

① 1.33   ② 1.04
③ 0.90   ④ 0.75

해설

- 분사현상
  침투압의 증가로 인해 토립자가 물과 함께 유출되는 현상으로 주로 사질지반에서 발생한다.
- 간극비(e)
  $s \cdot e = w \cdot G_s$에서
  $e = \dfrac{w \cdot G_s}{S} = \dfrac{45 \times 2.65}{100} = 1.19$
- 안전율(F_s)
  $F_s = \dfrac{i_{cr}}{i} = \dfrac{\dfrac{G_s - 1}{1+e}}{i} = \dfrac{\dfrac{2.65-1}{1+1.19}}{1} = 0.75$

---

15 흙의 삼상(三相)에서 흙입자인 고체 부분만의 체적을 "1"로 가정한다면 공기 부분만이 차지하는 체적은 다음 중 어느 것인가?(단, 포화도 S 및 간극률 n의 단위는 %이다.)

① $e\left(1 - \dfrac{S}{100}\right)$ ② $\dfrac{S \cdot e}{100}$
③ $\dfrac{n}{100}\left(1 - \dfrac{S}{100}\right)$ ④ $e\dfrac{S \cdot n}{10,000}$

해설

- 공극비(e)
  $e = \dfrac{V_v}{V_s} \Rightarrow V_v = e \times V_s = e \times 1 = e$
- 포화도(s)
  $S = \dfrac{V_w}{V_v} \times 100(\%) \Rightarrow V_w = \dfrac{S \cdot V_v}{100} = \dfrac{S \cdot e}{100}$

정답   11 ②   12 ②   13 ①   14 ④   15 ①

• 공기부분의 체적(V_a)

$$V_a = V_v - V_w = e - \frac{s \cdot e}{100} = e\left(1 - \frac{S}{100}\right)$$

$$\therefore V_a = e\left(1 - \frac{S}{100}\right)$$

16 수직응력이 6.0kg/cm²이고 흙의 내부마찰각이 45°일 때 모래의 전단강도는?

① 6.0kg/cm² ② 4.8kg/cm²
③ 3.6kg/cm² ④ 2.4kg/cm²

해설
전단강도(τ_f)
$\tau_f = C + \sigma' \tan\phi$
여기서, 모래이므로 $C = 0$
$\tau_f = \sigma' \tan\phi = 6 \times \tan 45° = 6.0\text{kg/cm}^2$

17 지하수위가 지표면과 일치되며 내부마찰각이 30°, 포화밀도가 2.0t/m³인 비점성토로 된 반무한사면이 15°로 경사져 있다. 이때 이 사면의 안전율은?

① 1.00 ② 1.08
③ 2.00 ④ 2.15

해설
침투류가 있는 반무한사면의 안전율

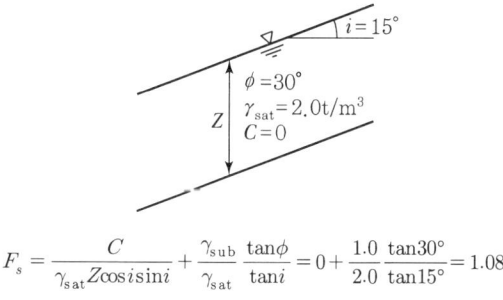

$$F_s = \frac{C}{\gamma_{sat} Z \cos i \sin i} + \frac{\gamma_{sub}}{\gamma_{sat}} \frac{\tan\phi}{\tan i} = 0 + \frac{1.0}{2.0} \frac{\tan 30°}{\tan 15°} = 1.08$$

18 공극비(Void Ratio)가 0.25인 모래의 공극률(Porosity)은 얼마인가?

① 15% ② 20%
③ 25% ④ 30%

해설
공극비(e)와 공극률(n)의 상호관계공식
$e = \dfrac{n}{100-n}$, $n = \dfrac{e}{1+e} \times 100$
$n = \dfrac{0.25}{1+0.25} \times 100 = 20\%$

19 다음 중에서 사운딩(Sounding)이 아닌 것은 어느 것인가?

① 표준관입시험(Standard Penetration Test)
② 일축압축시험(Unconfined Compression Test)
③ 원추관입시험(Cone Penetrometer Test)
④ 베인시험(Vane Test)

해설
Sounding

개요		종류
Rod 선단에 설치한 저항체를 지중에 삽입하여 관입, 회전 인발 시의 저항값을 측정하여 토층의 성질을 조사하는 개략적인 지반조사	정적 사운딩	• 휴대용 원추관입시험 • 화란식 원추관입시험 • 스웨덴식 관입시험 • 베인시험 • 이스키미터
	동적 사운딩	• 동적원추관입시험 • 표준관입시험(SPT)

∴ 일축압축시험은 Sounding이 아니다.

20 예민비가 큰 점토란 어느 것인가?

① 입자의 모양이 둥근 점토
② 흙을 다시 이겼을 때 강도가 증가하는 점토
③ 입자가 가늘고 긴 형태이 점토
④ 흙을 다시 이겼을 때 강도가 감소하는 점토

해설
예민비(Sensitivity)
$S_t = \dfrac{q_u}{q_{ur}}$
여기서, q_u : 흐트러지지 않은 시료의 일축압축강도
q_{ur} : 재성형(Remolding)한 시료의 일축압축강도
∴ 예민비가 큰 시료란 q_{ur} 값이 감소하는 시료를 말한다.

정답 16 ① 17 ② 18 ② 19 ② 20 ④

2024년 토목기사 제3회 토질 및 기초 CBT 복원문제

01 토질조사에 대한 다음 설명 중 옳지 않은 것은?

① 보링의 위치와 수는 지형조건과 설계형태에 따라 변한다.
② 보링의 깊이는 설계의 형태와 크기에 따라 변한다.
③ 보링 구멍은 사용 후에 흙이나 시멘트 그라우트로 메워야 한다.
④ 표준관입시험은 정적인 사운딩이다.

[해설]
- Boring
  지반을 직접 뚫어 지하수위 파악, 시료채취, 지반의 토질조사 등의 목적으로 실시되는 가장 확실한 지반조사방법이다.
- 사운딩(Sounding)

개요		종류
Rod 선단에 설치한 저항체를 지중에 삽입하여 관입, 회전 인발 시의 저항값을 측정하여 토층의 성질을 조사하는 개략적인 지반조사	정적 사운딩	• 휴대용 원추관입시험 • 화란식 원추관입시험 • 스웨덴식 관입시험 • 베인시험 • 이스키미터
	동적 사운딩	• 동적원추관입시험 • 표준관입시험(SPT)

02 통일분류법에 의해 분류한 흙의 분류기호 중 도로노반으로서 가장 좋은 흙은?

① CL   ② ML
③ SP   ④ GW

[해설]
통일분류법상 GW는 입도분포가 양호한 자갈로 도로 노반재료로서 가장 적합한 흙이다.

03 접지압(또는 지반반력)이 그림과 같이 되는 경우는?

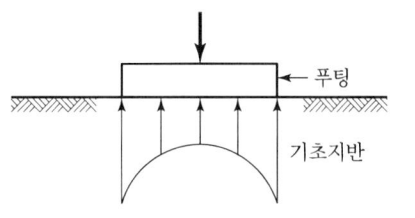

① 푸팅 : 강성, 기초지반 : 점토
② 푸팅 : 강성, 기초지반 : 모래
③ 푸팅 : 휨성, 기초지반 : 점토
④ 푸팅 : 휨성, 기초지반 : 모래

[해설]
기초의 접지압 분포형태

설치기초 설치지반	연성기초	강성기초
점토		
모래		

∴ 점토지반의 강성기초는 기초 모서리 부분에서 최대 응력이 발생한다.

04 다음 그림의 불안전영역(Unstable Zone)의 붕괴를 막기 위해 강도가 더 큰 흙으로 치환을 하였다. 이때 안정성을 검토하기 위해 요구되는 삼축압축시험의 종류는 어떤 것인가?

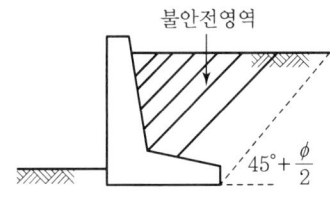

① UU-test   ② CU-test
③ CD-test   ④ UC-test

[해설]
비압밀비배수시험(UU-Test)을 적용하는 경우
- 포화점토지반 위에 급속 성토 시 안정성 검토
- 압밀과 함수비의 변화 없이 급속한 파괴 예상 시
- 점토지반의 단기안정해석
- 연약점토를 강도가 더 큰 흙으로 치환 시 안정성 검토

정답 01 ④ 02 ④ 03 ① 04 ①

2024년 토목기사 제3회 토질 및 기초 CBT 복원문제

05 기초폭 4m의 연속기초를 지표면 아래 3m 위치의 모래 지반에 설치하려고 한다. 이때 표준 관입 시험 결과에 의한 사질지반의 평균 N값이 10일 때 극한 지지력은?(단, Meyerhof 공식 사용)

① 420t/m² ② 210t/m²
③ 105t/m² ④ 75t/m²

해설

Meyerhof 경험공식
표준관입 저항값을 이용한 공식을 적용하면

$$q_u = 3NB\left(1 + \frac{D_f}{B}\right)$$
$$= 3 \times 10 \times 4\left(1 + \frac{3}{4}\right) = 210\text{t/m}^2$$

06 지표면 아래 1m되는 곳에 점A가 있다. 본래 이 지층은 건조해 있었으나 댐 건설로 현재는 지표면까지 지하수위가 도달하였다. 다른 요인을 무시할 때 A점의 과압밀비(OCR)는?(단, 흙의 건조단위중량은 1.6t/m³, 포화단위중량은 2.0t/m³)

① 1.00 ② 1.25
③ 1.60 ④ 0.80

해설

과압밀비(OCR)

$$\text{OCR} = \frac{P_c{'}}{P_o{'}}$$

여기서, $P_c{'}$: 선행압밀응력
$P_o{'}$: 현재 지반이 받고 있는 응력

- 선행압밀응력($P_c{'}$)
$P_c{'} = r_d \times H = 1.6 \times 1 = 1.6\text{t/m}^2$
- 현재지반이 받고 있는 응력($P_o{'}$)
$P_o{'} = r_{sub} \times H = (2.0 - 1.0) \times 1 = 1\text{t/m}^2$
- 과압밀비
$\text{OCR} = \frac{P_c{'}}{P_o{'}} = \frac{1.6}{1.0} = 1.6$

07 어느 점토의 압밀계수 $C_v = 1.640 \times 10^{-4}\text{cm}^2/\text{sec}$, 압축계수 $a_v = 2.820 \times 10^{-2}\text{cm}^2/\text{kg}$일 때 이 점토의 투수계수는?(단, 공극비 $e = 1.0$)

① 2.014×10^{-6}cm/sec
② 3.646×10^{-6}cm/sec
③ 4.624×10^{-6}cm/sec
④ 2.312×10^{-6}cm/sec

해설

투수계수 : 압밀시험에 의한 간접적인 투수계수공식을 적용하면

$$K = C_v\, m_v\, \gamma_w = C_v \frac{a_v}{1+e} \gamma_w$$
$$= (1.640 \times 10^{-4}) \times \frac{(2.820 \times 10^{-2})}{1 + 1.0} \times 0.001$$
$$= 2.312 \times 10^{-6}\text{cm/sec}$$

08 포화단위중량이 1.8m³인 흙에서의 한계동수경사는 얼마인가?(단, $G_s = 2.65$)

① 0.8 ② 1.0
③ 1.8 ④ 2.0

해설

- 간극비(e)

$$\gamma_{sat} = \frac{G_s + e}{1+e}\gamma_w = \frac{2.65 + e}{1+e} \times 1 = 1.8\text{에서}$$
$$e = 1.0625$$

- 한계동수경사(i_{cr})

$$i_{cr} = \frac{G_s - 1}{1+e} = \frac{2.65 - 1}{1 + 1.0625} = 0.8 \qquad \therefore i_{cr} = 0.8$$

09 Compozer공법에 대한 다음 설명 중 적당하지 않은 것은?

① 느슨한 모래지반을 개량하는 데 좋은 공법이다.
② 충격, 진동에 의해 지반을 개량하는 공법이다.
③ 효과는 의문이나, 연약한 점토지반에도 사용할 수 있는 공법이다.
④ 시공관리가 매우 간편한 공법이다.

정답 05 ② 06 ③ 07 ④ 08 ① 09 ④

> 해설

- Compozer 공법 : 연약지반층에 연직방향으로 진동 또는 충격하중을 가하여 지반에 모래말뚝을 형성시킴으로써 공극을 감소시켜 지반의 전단강도를 증대시키는 공법이다.
- Compozer 공법의 특징
  - 느슨한 모래지반을 개량하는데 효과적이다.
  - 주변지반을 교란시킨다.
  - 시공관리가 어렵다(Hammering Compozer 공법).
  - 강력한 타격에너지가 생긴다.
  - Hammering Compozer 공법과 Vibro Compozer 공법이 있다.

10 흙의 다짐에 관한 설명 중 옳지 않은 것은?

① 최대건조밀도가 큰 흙일수록 최적함수비는 작은 것이 보통이다.
② 조립토는 세립토보다 최적함수비가 작다.
③ 비중이 같은 흙은 최대건조밀도가 흙은 흙일수록 최적함수비가 낮다.
④ 몰드, 램머 및 시료가 같은 경우 다짐일량을 증가시킬수록 최적함수비는 증가한다.

> 해설

다짐의 특성
- 세립토가 많을수록 최적함수비는 증가하고 최대건조밀도는 작아진다.
- 다짐에너지가 클수록 최적함수비는 작아지고 최대건조밀도는 커진다.
- 양입도일수록 최적함수비는 작아지고 최대건조밀도는 커진다.
- 세립토가 많을수록 다짐곡선의 기울기는 완만하다.
- 조립토(사질토)는 다질 때 진동롤러로 다지는 것이 효과적이다.

11 허용지내력에 대한 다음 설명 중 옳지 않은 것은?

① 극한 지지력에 대해서 소정의 안전율을 가지며 침하량이 허용치 이하가 되게 하는 하중강도의 최대의 것을 말한다.
② 지지력을 기준하면 점성토는 일정하고 사질토는 기초폭에 비례하여 커진다.
③ 침하량을 기준하면 점성토는 기초폭에 관계없이 일정하고 사질토는 기초폭의 증가에 따라 작아진다.
④ 일반적으로 작은 기초의 허용지내력은 지지력에 의하여 결정되고 큰 기초의 허용지내력은 침하에 의하여 결정된다.

> 해설

- 허용지내력은 침하량과 지지력에 의해 결정된다.
- 허용지내력 산정 시 지지력을 기준하면 점성토는 일정하고 사질토는 기초폭에 비례하여 커진다.
- 허용지내력 산정 시 침하량을 기준하면 점성토는 기초폭에 비례해서 커지고, 사질토에서는 일정 탄성식에 비례해서 커진다.

12 한 요소에 작용하는 응력의 상태가 그림과 같다면 n-n면에 작용하는 수직응력과 전단응력은?

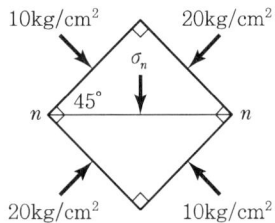

	수직응력	전단응력
①	15kg/cm^2	5kg/cm^2
②	10kg/cm^2	5kg/cm^2
③	20kg/cm^2	10kg/cm^2
④	$\dfrac{5}{2}\sqrt{3} \text{ kg/cm}^2$	$\dfrac{\sqrt{3}}{2} \text{ kg/cm}^2$

> 해설

- 수직응력
$$\sigma_n = \frac{\sigma_1 + \sigma_3}{2} + \frac{\sigma_1 - \sigma_3}{2}\cos 2\theta$$
$$= \frac{20+10}{2} + \frac{20-10}{2}\cos(2\times 45°)$$
$$= 15 \text{kg/cm}^2$$

- 전단응력
$$\tau = \frac{\sigma_1 - \sigma_3}{2}\sin 2\theta$$
$$= \frac{20-10}{2}\sin(2\times 45) = 5 \text{kg/cm}^2$$

정답 10 ④ 11 ③ 12 ①

13 암질을 나타내는 항목 중 직접 관계가 없는 것은?

① N치 ② RQD값
③ 탄성파속도 ④ 균열의 간격

해설
암질의 평가 항복
- 암질지수(RQD)
- 탄성파속도
- 불연속면의 상태
- 균열의 간격
- 암석의 일축압축강도

14 유선망에서 등수두선이란 수두(Head)가 같은 점들을 연결한 선이다. 이때 수두란?

① 압력수두 ② 위치수두
③ 속도수두 ④ 전수두

해설
등수두선이란 유선상에 있어서 전수두가 서로 같은 점을 연결한 궤적을 말한다.

15 그림과 같은 옹벽에 작용하는 주동토압은 얼마인가?(단, 흙의 단위중량 $\gamma=1.7\mathrm{t/m^3}$, 내부마찰각 $\phi=30$, 점착력 $C=0$)

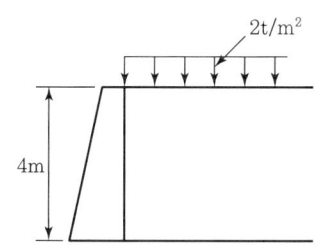

① 3.6t/m ② 4.53t/m
③ 7.2t/m ④ 12.47t/m

해설
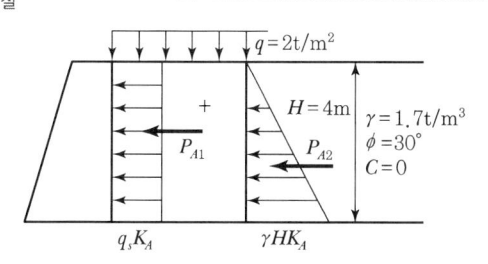

- 주동토압계수(K_A)
$$K_A = \tan^2\left(45-\frac{\theta}{2}\right)$$
$$= \tan^2\left(45-\frac{30}{2}\right) = 0.333$$

- 전주동토압
$$P_A = P_{A1} + P_{A2}$$
$$= q_s K_A H + \frac{1}{2}\gamma H^2 K_A$$
$$= 2 \times 0.333 \times 4 + \frac{1}{2} \times 1.7 \times 4^2 \times 0.333$$
$$= 7.19\mathrm{t/m}$$

16 흙의 입도분포에서 균등계수가 가장 큰 흙은?

① 특히 모래자갈이 많은 흙
② 실트나 점토가 많은 흙
③ 모래자갈 및 실트 점토가 골고루 섞인 흙
④ 모래나 실트가 특히 않은 흙

해설
입도분포가 양호할수록 C_u는 크고, 입도양호하다는 말은 크기가 다른 흙이 골고루 섞여 있음을 나타낸다.

17 그림과 같은 지반에서 유효응력에 대한 점착력 및 마찰각이 각각 $c'=10\mathrm{kN/m^2}$, $\phi'=20°$일 때, A점에서의 전단강도는?(단, 물의 단위중량은 9.81 $\mathrm{kN/m^3}$이다.)

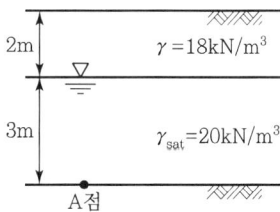

① 34.23kN/m² ② 44.94kN/m²
③ 54.25kN/m² ④ 66.17kN/m²

해설
$$S(I_p) = C + \sigma' \tan\phi$$
$$= 10 + (18 \times 2) + (20 - 9.81) \times 3$$
$$= 34.23\mathrm{kN/m^2}$$

정답 13 ① 14 ④ 15 ③ 16 ③ 17 ①

18 그림에서 A점의 유효응력 σ를 구하면?

```
         ─────────────────────────
              2m      $\gamma_d=1.6t/m^2$
   1m ●  ─────────────────────────
       A      모세관 상승지역(s=40%)
              3m      $\gamma_t=1.6t/m^2$
         ─────────────────────▽───
              2m      $\gamma_{sat}=2.0t/m^3$
         ─────────────────────────
```

① $\sigma'=4.0t/m^2$ ② $\sigma'=4.5t/m^2$
③ $\sigma'=5.4t/m^2$ ④ $\sigma'=5.8t/m^2$

해설
- A점 전응력(σ_A)
  $\sigma_A = \gamma_d H_1 + \gamma_{sat} \cdot H_2$
  $= 1.6 \times 2 + 1.8 \times 1 = 5.0t/m^2$
- A점 공극수압(u_A) : 모관상승지역
  $u_A = -\left(\dfrac{s}{100}\right)\gamma_w H_c$
  $= -\left(\dfrac{40}{100}\right) \times 1 \times 2 = -0.8t/m^2$
- A점의 유효응력($\sigma_A{'}$)
  $\sigma_A{'} = \sigma_A - u_A$
  $= 5.0 - (-0.8) = 5.8t/m^2$

19 두께 1m인 흙의 공극에 물이 흐른다. a-a면과 b-b면에 피조미터를 세웠을 때 그 수두차가 0.1m였다면 다음 중 가장 올바른 설명은?

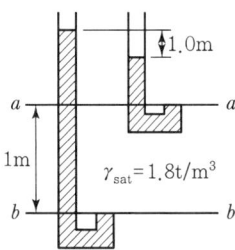

① 물은 $a-a$면에서 $b-b$면으로 흐르는데 그 침투압은 $1t/m^2$이다.
② 물은 $b-b$면에서 $a-a$면으로 흐르는데 그 침투압은 $1t/m^2$이다.
③ 물은 $a-a$면에서 $b-b$면으로 흐르는데 그 침투압은 $0.1t/m^2$이다.
④ 물은 $b-b$면에서 $a-a$면으로 흐르는데 그 침투압은 $0.1t/m^2$이다.

해설
- 물은 전수두가 높은 곳에서 낮은 곳으로 흐른다.
- 침투수압(U)
  $U = \gamma_w \cdot \Delta h = 1 \times 0.1 = 0.1t/m^2$

20 모래시료에 대해서 압밀배수 삼축압축시험을 실시하였다. 초기단계에서 구속응력(σ_3)은 100 kN/m²이고, 전단파괴 시에 작용된 축차응력(σ_{df})은 200kN/m²이었다. 이와 같은 모래시료의 내부마찰각(ϕ) 및 파괴면에 작용하는 전단응력(τ_f)의 크기는?

① $\phi=30°$, $\tau_f=115.47kN/m^2$
② $\phi=40°$, $\tau_f=115.47kN/m^2$
③ $\phi=30°$, $\tau_f=86.60kN/m^2$
④ $\phi=40°$, $\tau_f=86.60kN/m^2$

해설
- $\phi = \sin^{-1}\left(\dfrac{\sigma_1-\sigma_3}{\sigma_1+\sigma_3}\right) = \sin^{-1}\left(\dfrac{300-100}{300+100}\right) = 30°$
- $\tau_f = \dfrac{\sigma_1-\sigma_3}{2}\sin 2\theta = \dfrac{300-100}{2}\sin(2 \times 30)$
  $= 86.60kN/m^2$

정답 18 ④ 19 ④ 20 ③

2025년 토목기사 제1회 토질 및 기초 CBT 복원문제

01 연약점성토층을 관통하여 철근콘크리트 파일을 박았을 때 부마찰력(Negative Fricition)은?(단, 이때 지반의 일축압축강도 $q_u = 20\text{kN/m}^2$, 파일직경 $D = 50\text{cm}$, 관입깊이 $l = 10\text{m}$이다.)

① 157.1kN
② 185.3kN
③ 208.2kN
④ 242.4kN

해설

부마찰력$(Q_{nf}) = f_n A_s$

- 마찰응력$(f_s) = \dfrac{q_u}{2} = \dfrac{20}{2} = 10\text{kN/m}^2$
- $A_s = \pi D l = \pi \times 0.5 \times 10 = 15.71\text{m}^2$
- $\therefore Q_{nf} = f_n A_s = 10 \times 15.71 = 157.1\text{kN}$

02 강도정수가 $c = 0$, $\phi = 40°$인 사질토 지반에서 Rankine 이론에 의한 수동토압계수는 주동토압계수의 몇 배인가?

① 4.6
② 9.0
③ 12.3
④ 21.1

해설

수동토압계수 $K_p = \tan^2\left(45° + \dfrac{\phi}{2}\right)$
$= \dfrac{1 + \sin\phi}{1 - \sin\phi} = \dfrac{1 + \sin 40°}{1 - \sin 40°}$
$= 4.599$

주동토압계수 $K_A = \tan^2\left(45° - \dfrac{\phi}{2}\right)$
$= \dfrac{1 - \sin\phi}{1 + \sin\phi} = \dfrac{1 - \sin 40°}{1 + \sin 40°}$
$= 0.217$

$\therefore \dfrac{\text{수동토압계수 } K_p}{\text{주동토압계수 } K_A} = \dfrac{4.599}{0.217} = 21.1$

03 그림과 같이 지표면에서 2m 부분이 지하수위이고, $e = 0.6$, $G_s = 2.68$이며 지표면까지 모관현상에 의하여 100% 포화되었다고 가정하였을 때 A점에 작용하는 유효응력의 크기는 얼마인가?

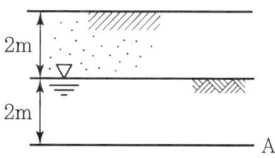

① 70.56kN/m²
② 65.66kN/m²
③ 60.76kN/m²
④ 55.86kN/m²

해설

A점에 작용하는 유효응력의 크기$(\sigma'_A) = \sigma_A - u_A$

- 전응력(σ_A)

$\sigma = \gamma_{sat} \times H_1 = \left(\dfrac{G_s + e}{1 + e}\gamma_w\right) \times H_1$
$= \left(\dfrac{2.68 + 0.6}{1 + 0.6} \times 1\right) \times 4 = 8.2\text{t/m}^2 = 80.36\text{kN/m}^2$

- 간극수압(u_A)

$u = \gamma_w \times H_2 = 1 \times 2 = 2\text{t/m}^2 = 19.6\text{kN/m}^2$

$\therefore \sigma'_A = \sigma - u = 8.2 - 2 = 6.2\text{t/m}^2 = 60.76\text{kN/m}^2$

[별해]
$\sigma'_A = \gamma_{sat} \cdot h_1 + \gamma_{sub} \cdot h_2$
$= (2.05 \times 2) + (1.05 \times 2) = 6.2\text{t/m}^2 = 60.76\text{kN/m}^2$

04 함수비 14%의 흙 2,218g이 있다. 이 흙의 함수비를 23%로 하려면 몇 g의 물이 필요한가?

① 199.6g
② 187.3g
③ 175.1g
④ 251.2g

해설

- 함수비 14%일 때의 물의 양

$W_w = \dfrac{W \cdot \omega}{1 + \omega} = \dfrac{2,218 \times 0.14}{1 + 0.14} = 272.4\text{g}$

- 함수비 23%일 때의 물의 양

$14 : 272.4 = 23 : W_w$

$\therefore W_w = 447.5\text{g}$

- 추가해야 할 물의 양

$447.5 - 272.4 = 175.1\text{g}$

정답 01 ① 02 ④ 03 ③ 04 ③

05 흙의 종류에 따른 아래 그림과 같은 다짐곡선에서 해당하는 흙의 종류로 옳은 것은?

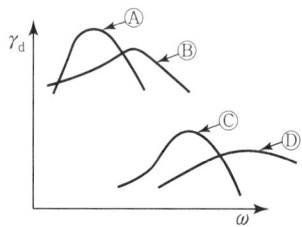

① Ⓐ : ML, Ⓒ : SM
② Ⓐ : SW, Ⓓ : CL
③ Ⓑ : MH, Ⓓ : GM
④ Ⓑ : GC, Ⓒ : CH

[해설]
사질성분이(조립토) 많은 시료일수록 다짐곡선은 왼쪽 위로 이동하게 된다.
- SW : 입도분포가 양호한 모래
- CL : 저압축성(저소성) 점토

06 표준관입시험(SPT)을 할 때 처음 15cm 관입에 요하는 N값을 제외하고 그 후 30cm 관입에 요하는 타격수로 N값을 구한다. 그 이유로 가장 타당한 것은?

① 정확히 30cm를 관입시키기가 어려워서 15cm 관입에 요하는 N값을 제외한다.
② 보링구멍 밑면 흙이 보링에 의하여 흐트러져 15cm 관입 후부터 N값을 측정한다.
③ 관입봉의 길이가 정확히 45cm이므로 이에 맞도록 관입시키기 위함이다.
④ 흙은 보통 15cm 밑부터 그 흙의 성질을 가장 잘 나타낸다.

[해설]
표준관입시험(S.P.T)
64kg 해머로 76cm 높이에서 보링구멍 밑의 교란되지 않은 흙 속에 30cm 관입될 때까지의 타격횟수를 N치라 한다.

07 점토($\phi=0°$)의 자연시료에 대한 일축압축강도가 360kN/m²이고, 이 흙을 되비볐을 때의 파괴압축응력이 120kN/m²이었다. 이 흙의 점착력(c)과 예민비(S_t)는 얼마인가?

① $c=180$kN/m², $S_t=3$
② $c=180$kN/m², $S_t=0.33$
③ $c=240$kN/m², $S_t=3$
④ $c=240$kN/m², $S_t=0.33$

[해설]
점착력과 예민비
- 일축압축강도(q_u) $=2c\cdot\tan\left(45°+\dfrac{\phi}{2}\right)$
  만약 점토라면, (q_u) $=2\cdot c$
- 점착력(c) $=\dfrac{q_u}{2}=\dfrac{360}{2}=180$kN/m²
- 예민비(S_t) $=\dfrac{q_u}{q_{ur}}=\dfrac{360}{120}=3$

08 다음 중 직접기초의 지지력 감소요인으로서 적당하지 않은 것은?

① 편심하중
② 경사하중
③ 부마찰력
④ 지하수위의 상승

[해설]
부마찰력은 깊은 기초(말뚝기초)와 관련이 있다.

09 정규압밀점토에 대하여 구속응력 200kN/m²로 압밀배수 삼축압축시험을 실시한 결과 파괴 시 축차응력이 400kN/m²이었다. 이 흙의 내부마찰각은?

① 20° ② 25°
③ 30° ④ 45°

정답 05 ② 06 ② 07 ① 08 ③ 09 ③

[해설]

내부마찰각$(\phi) = \sin^{-1}\left(\dfrac{\sigma_1 - \sigma_3}{\sigma_1 + \sigma_3}\right)$

- $\sigma_3 = 200 \text{kN/m}^2$
- $\sigma = \sigma_1 - \sigma_3$

  $\sigma_1 = \sigma_3 + \sigma = 200 + 400 = 600 \text{kN/m}^2$

∴ 내부마찰각$(\phi) = \sin^{-1}\left(\dfrac{\sigma_1 - \sigma_3}{\sigma_1 + \sigma_3}\right) = \sin^{-1}\left(\dfrac{600-200}{600+200}\right) = 30°$

10 다음 그림의 파괴포락선 중에서 완전포화된 점토를 UU(비압밀 비배수)시험했을 때 생기는 파괴포락선은?

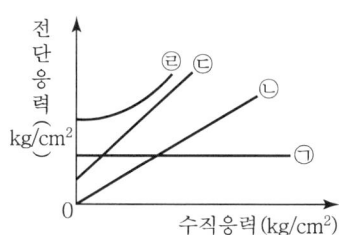

① ㄱ ② ㄴ
③ ㄷ ④ ㄹ

[해설]

완전 포화된 점토의 UU − test($\phi = 0°$)

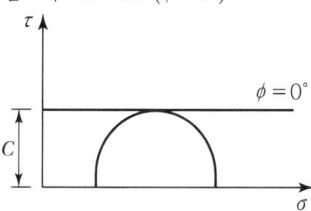

비압밀 비배수(UU − test) 결과는 수직응력의 크기가 증가하더라도 전단응력은 일정하다.

11 아래 그림에서 투수계수 $K = 4.8 \times 10^{-3}$ cm/sec 일 때 Darcy 유출속도 V와 실제 물의 속도(침투속도) V_S는?

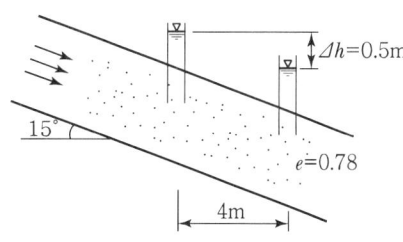

① $V = 3.4 \times 10^{-4}$ cm/sec, $V_S = 5.6 \times 10^{-4}$ cm/sec
② $V = 3.4 \times 10^{-4}$ cm/sec, $V_S = 9.4 \times 10^{-4}$ cm/sec
③ $V = 5.8 \times 10^{-4}$ cm/sec, $V_S = 10.8 \times 10^{-4}$ cm/sec
④ $V = 5.8 \times 10^{-4}$ cm/sec, $V_S = 13.2 \times 10^{-4}$ cm/sec

[해설]

유출속도 $V = K \cdot i = K \cdot \dfrac{\Delta h}{L}$

$\qquad = 4.8 \times 10^{-3} \times \dfrac{0.5}{4.14} = 0.00058$ cm/sec

$\qquad = 5.8 \times 10^{-4}$ cm/sec

(여기서, $L = \dfrac{4}{\cos 15°} = 4.14$m)

침투속도 $V_s = \dfrac{V}{n} = \dfrac{0.00058}{0.438} = 0.00132$ cm/sec

$\qquad = 13.2 \times 10^{-4}$ cm/sec

(여기서, 간극률 $n = \dfrac{e}{1+e} = \dfrac{0.78}{1+0.78} = 0.438$)

12 점착력 10kN/m², 내부마찰각 30°, 흙의 단위중량이 19kN/m³인 현장의 지반에서 흙막이벽체 없이 연직으로 굴착 가능한 깊이는?

① 1.82m ② 2.11m
③ 2.84m ④ 3.65m

[해설]

연직으로 굴착 가능한 깊이(한계고)

$H_c = \dfrac{4c}{\gamma_t}\tan\left(45° + \dfrac{\phi}{2}\right)$

- $c : 10 \text{kN/m}^2$
- $\phi : 30°$

∴ $H_c = \dfrac{4c}{\gamma_t}\tan\left(45° + \dfrac{\phi}{2}\right) = \dfrac{4 \times 10}{19}\tan\left(45° + \dfrac{30°}{2}\right) = 3.65$m

정답 10 ① 11 ④ 12 ④

13 어떤 모래의 건조단위중량이 17kN/m³이고, 이 모래의 $\gamma_{d\,max} = 18\text{kN/m}^3$, $\gamma_{d\,min} = 16\text{kN/m}^3$이라면, 상대밀도는?

① 47%   ② 49%
③ 51%   ④ 53%

[해설]

상대밀도(D_r)

$$D_r = \left(\frac{\gamma_d - \gamma_{d\,min}}{\gamma_{d\,max} - \gamma_{d\,min}}\right) \times \frac{\gamma_{d\,max}}{\gamma_d} \times 100$$

$$= \left(\frac{17 - 16}{18 - 16}\right) \times \frac{18}{17} \times 100 = 53\%$$

14 압밀에 관련된 설명으로 잘못된 것은?

① e-log P 곡선은 압밀침하량을 구하는 데 사용된다.
② 압밀이 진행됨에 따라 전단강도가 증가한다.
③ 교란된 지반이 교란되지 않은 지반보다 더 빠른 속도로 압밀이 진행된다.
④ 압밀도가 증가해감에 따라 과잉간극수가 소산된다.

[해설]

시료가 교란될수록 압밀곡선의 기울기가 완만하므로 압축지수 C_c는 작아지며 압밀계산 시 침하량이 작게 계산됨

15 다음은 정규압밀점토의 삼축압축시험 결과를 나타낸 것이다. 파괴 시의 전단응력 τ와 수직응력 σ를 구하면?

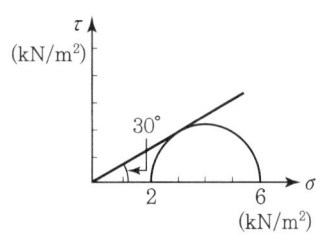

① $\tau = 1.73\text{kN/m}^2$, $\sigma = 2.50\text{kN/m}^2$
② $\tau = 1.41\text{kN/m}^2$, $\sigma = 3.00\text{kN/m}^2$
③ $\tau = 1.41\text{kN/m}^2$, $\sigma = 2.50\text{kN/m}^2$
④ $\tau = 1.73\text{kN/m}^2$, $\sigma = 3.00\text{kN/m}^2$

[해설]

- 최대주응력(σ_1) = 6kN/m²
- 최소주응력(σ_3) = 2kN/m²
- 파괴면과 주응력이 이루는 각(θ) = $45° + \frac{\phi}{2} = 45° + \frac{30°}{2} = 60°$

∴ 수직응력(σ) = $\frac{\sigma_1 + \sigma_3}{2} + \frac{\sigma_1 - \sigma_3}{2} \cos 2\theta$

$$= \frac{6+2}{2} + \frac{6-2}{2} \cos(2 \times 60°) = 3\text{kN/m}^2$$

∴ 전단응력(τ) = $\frac{\sigma_1 - \sigma_3}{2} \sin 2\theta$

$$= \frac{6-2}{2} \sin(2 \times 60°) = 1.73\text{kN/m}^2$$

16 어느 모래층의 간극률이 35%, 비중이 2.66이다. 이 모래의 Quick Sand에 대한 한계동수구배는 얼마인가?

① 1.14   ② 1.08
③ 1.0   ④ 0.99

[해설]

한계동수구배 $i_c = \frac{\Delta h}{L} = \frac{\gamma_{sub}}{\gamma_w} = \frac{G_s - 1}{1 + e}$

$$= \frac{2.66 - 1}{1 + 0.538} = 1.08$$

(여기서, 간극비 $e = \frac{n}{1-n} = \frac{0.35}{1 - 0.35} = 0.538$)

17 포화 점토에 대해 베인전단시험을 실시하였다. 베인의 직경과 높이는 각각 7.5cm와 15cm이고 시험 중 사용한 최대회전 모멘트는 250kg·cm이다. 점성토의 액성한계는 65%이고 소성한계는 30%이다. 설계에 이용할 수 있도록 수정 비배수 강도를 구하면?(단, 수정계수(μ) = $1.7 - 0.54\log(PI)$를 사용하고, 여기서 PI는 소성지수이다.)

① 0.8t/m²
② 1.40t/m²
③ 1.82t/m²
④ 2.0t/m²

정답 13 ④ 14 ③ 15 ④ 16 ② 17 ②

> [해설]

$$c = \frac{\mu_{max}}{\pi D^2 \cdot \left(\frac{H}{2} + \frac{D}{6}\right)} = \frac{250}{\pi \times 7.5^2 \times \left(\frac{15}{2} + \frac{7.5}{6}\right)}$$
$$= 0.16 \text{kg/cm}^2$$

수정계수 $\mu = 1.7 - 0.54\log(\text{PI})$
$= 1.7 - 0.54\log(65-30) = 0.8662$

∴ 수정 비배수강도 $= 0.16 \times 0.8662 = 0.14 \text{kg/cm}^2$
$= 1.4 \text{t/m}^2$

18 높이 15cm, 지름 10cm인 모래시료에 정수위 투수 시험한 결과 정수두 30cm로 하여 10초간의 유출량이 62.8cm³이었다. 이 시료의 투수계수는?

① 8×10^{-2} cm/sec
② 8×10^{-3} cm/sec
③ 4×10^{-2} cm/sec
④ 4×10^{-3} cm/sec

> [해설]

정수위 투수시험 투수계수
$$K = \frac{Q \cdot L}{A \cdot h \cdot t} = \frac{62.8 \times 15}{\frac{\pi \times 10^2}{4} \times 30 \times 10} = 0.04 \text{cm/sec}$$
$$= 4 \times 10^{-2} \text{cm/sec}$$

19 연약지반 처리공법 중 Sand Drain 공법에서 연직과 방사선 방향을 고려한 평균 압밀도 U는? (단, $U_V = 0.02$, $U_R = 0.71$이다.)

① 0.573
② 0.697
③ 0.712
④ 0.768

> [해설]

평균압밀도 $U = 1 - (1-U_V) \cdot (1-U_R)$
$= 1 - (1-0.20) \times (1-0.71) = 0.768$

20 모래치환법에 의한 현장 흙의 밀도시험 결과 흙을 파낸 부분의 체적이 1,800cm³이고 중량이 38.7kN이었다. 함수비가 10.8%일 때 건조단위밀도는?(단, $\gamma_w = 10\text{kN/m}^3$이다.)

① 0.019N/cm³
② 0.029N/cm³
③ 0.018N/cm³
④ 0.038N/cm³

> [해설]

$$\gamma_d = \frac{\gamma_t}{1+\omega} = \frac{2.15}{1+0.108} = 1.94 \text{g/cm}^3$$
$$\left(\gamma_t = \frac{W}{V} = \frac{3,870}{1,800} = 2.15 \text{g/cm}^3\right)$$
∴ $1.94 \text{g/cm}^3 \times 10^{-3} \text{kg} \times 10\text{N} = 0.019 \text{N/cm}^3$

2025년 토목기사 제2회 토질 및 기초 CBT 복원문제

01 그림과 같이 모래층에 널말뚝을 설치하여 물막이공 내의 물을 배수하였을 때, 분사현상이 일어나지 않게 하려면 얼마의 압력을 가하여야 하는가?(단, 모래의 비중은 2.65, 간극비는 0.65, 안전율은 3)

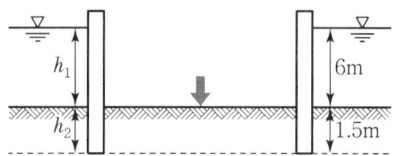

① 65kN/m² ② 130kN/m²
③ 330kN/m² ④ 161.7kN/m²

[해설]

$$F_s = \frac{\text{활동에 저항하는 저항력의 합}}{\text{활동을 일으키려는 작용력의 합}} = \frac{\sigma' + P}{F}$$

- $\sigma' = \gamma_{sub} \cdot h_2 = 9.8 \times 1.5 = 14.7 \text{kN/m}^2$
  $(\gamma_{sub} = \frac{G_s - 1}{1 + e}\gamma_w = \frac{2.65 - 1}{1 + 0.65} \times 9.8 = 9.8 \text{kN/m}^3)$
- $F = i\gamma_w z$
  $= \frac{h_1}{h_2} \cdot \gamma_w \cdot h_2 = h_1 \cdot \gamma_w = 6 \times 9.8 \text{kN} = 58.8 \text{kN/m}^2$
- $\therefore F_s = \frac{\sigma' + P}{F} = \frac{14.7 + P}{58.8} = 3$

따라서 분사현상이 일어나지 않을 압력 $P = 161.7 \text{kN/m}^2$

02 $r_t = 18\text{N/m}^3$, $c_u = 30\text{N/m}^2$, $\phi = 0$의 점토지반을 수평면과 50°의 기울기로 굴토하려고 한다. 안전율을 2.0으로 가정하여 평면활동 이론에 의한 굴토깊이를 결정하면?

① 2.80m ② 5.60m
③ 7.15m ④ 9.84m

[해설]

$$H_c = \frac{4 \cdot c}{r}\left[\frac{\sin\beta \cdot \cos\phi}{1 - \cos(\beta - \phi)}\right]$$
$$= \frac{4 \times 30}{18}\left[\frac{\sin 50° \times \cos 0°}{1 - \cos(50° - 0°)}\right] = 14.297\text{m}$$
$$H = \frac{H_c}{F} = \frac{14.297}{2.0} = 7.15\text{m}$$

03 전단마찰각이 25°인 점토의 현장에 작용하는 수직응력이 50kN/m²이다. 과거 작용했던 최대 하중이 100kN/m²이라고 할 때 대상지반의 정지토압계수를 추정하면?

① 0.40 ② 0.57
③ 0.82 ④ 1.14

[해설]

정지토압계수
$$K_o(\text{과압밀}) = K_o(\text{정규압밀})\sqrt{OCR}$$
$$= (1 - \sin\phi) \times \sqrt{\frac{P_c}{P_o}}$$
$$= (1 - \sin 25°) \times \sqrt{\frac{100}{50}} = 0.82$$

04 활동면 위의 흙을 몇 개의 연직 평행한 절편으로 나누어 사면의 안정을 해석하는 방법이 아닌 것은?

① Fellenius 방법 ② 마찰원법
③ Spencer 방법 ④ Bishop의 간편법

[해설]

- 분할법(절편법) : 다층토지반, 지하수위가 있을 때
  - Fellenius 방법
  - Bishop 방법
  - Spencer 방법
- 마찰원법 : 균질한 지반 – Taylor 방법

05 어떤 흙의 습윤단위중량이 20kN/m³, 함수비 20%, 비중 $G_s = 2.7$인 경우 포화도는 얼마인가? (단, 물의 단위중량은 10kN/m³이다.)

① 86.1% ② 87.1%
③ 95.6% ④ 100%

[해설]

- 포화도 $(S) = \dfrac{G_s \cdot w}{e}$
- e(간극비)
  $\gamma_d = \dfrac{G_s}{1+e}\gamma_w$, $\therefore e = \dfrac{G_s \cdot \gamma_w}{\gamma_d} = \dfrac{2.7 \times 10}{16.67} = 0.62$

정답 01 ④ 02 ③ 03 ③ 04 ② 05 ②

$(\gamma_d = \dfrac{\gamma_t}{1+\omega} = \dfrac{20}{1+0.2} = 16.67 \text{kN/m}^3)$

$\therefore S = \dfrac{G_s \cdot \omega}{e} = \dfrac{2.7 \times 0.2}{0.62} = 87.1\%$

06 다음 시료채취에 사용되는 시료기(Sampler) 중 불교란시료 채취에 사용되는 것만 고른 것으로 옳은 것은?

(1) 분리형 원통 시료기(Split Spoon Sampler)
(2) 피스톤 튜브 시료기(Piston Tube Sampler)
(3) 얇은 관 시료기(Thin Wall Tube Sampler)
(4) Laval 시료기(Laval Sampler)

① (1), (2), (3)   ② (1), (2), (4)
③ (1), (3), (4)   ④ (2), (3), (4)

[해설]
불교란 시료 채취기
• 피스톤 튜브 시료기
• 얇은 관 시료기
• Lavel 시료기

07 다음 점성토의 교란에 관련된 사항 중 잘못된 것은?

① 교란 정도가 클수록 $e - \log P$ 곡선의 기울기가 급해진다.
② 교란될수록 압밀계수는 작게 나타낸다.
③ 교란을 최소화하려면 면적비가 작은 샘플러를 사용한다.
④ 교란의 영향을 제거한 SHANSEP방법을 적용하면 효과적이다.

[해설]
압축지수 $C_c - e - \log P$ 곡선의 기울기
시료의 교란 정도가 클수록 $e - \log P$ 곡선의 기울기가 완만해진다.

08 분사현상(Quick Sand Action)에 관한 그림이 아래와 같을 때 수두차 h를 얼마 이상으로 하면 모래시료에 분사현상이 발생하겠는가?(단, $G_s = 2.60$, $n = 50\%$)

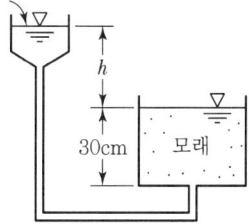

① 6cm   ② 12cm
③ 24cm   ④ 30cm

[해설]
• $e = \dfrac{n}{100-n} = \dfrac{50}{100-50} = 1$
• 한계 동수 구배 $i_c = \dfrac{\gamma_{sub}}{\gamma_w} = \dfrac{G_s - 1}{1+e} = \dfrac{2.60-1}{1+1} = 0.80$
• 분사현상 발생조건 : $i > i_c$
  $\dfrac{h}{L} > \dfrac{G_s-1}{1+e}$ 에서 $\dfrac{h}{30} > 0.8$ $\therefore h = 24\text{cm}$

09 하중이 완전히 강성(剛性)인 푸팅(Footing) 기초판을 통하여 지반에 전달되는 경우의 접지압(Contact Pressure) 분포로서 다음 중 적당한 것은?

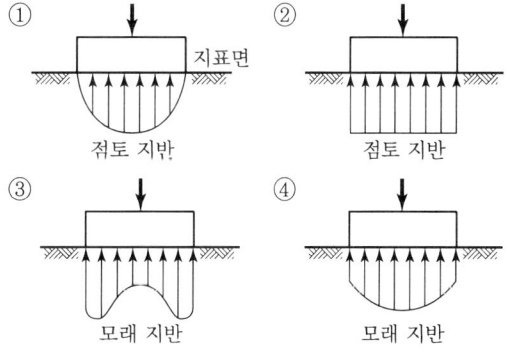

[해설]
① 강성기초 : 모래 지반
② 연성기초 : 점토 지반 및 모래 지반
③ 강성기초 : 점토 지반   ④ 강성기초 : 모래 지반

10 점토층의 두께 5m, 간극비 1.4, 액성한계 50%이고 점토층 위의 유효 상재 압력이 100kN/m²에서 140kN/m²로 증가할 때의 침하량은?(단, 압축지수는 흐트러지지 않은 시료에 대한 Terzaghi & Peck의 경험식을 사용하여 구한다.)

① 8cm   ② 11cm
③ 24cm ④ 36cm

해설
- 압축지수(C_c) $= 0.009(\omega_L - 10)$
  $= 0.009 \times (50-10) = 0.36$
- 침하량(ΔH) $= \dfrac{C_c}{1+e} \log \dfrac{P_2}{P_1} H$
  $= \dfrac{0.36}{1+1.4} \times \log \dfrac{140}{100} \times 5$
  $= 0.11\text{m} = 11\text{cm}$

11 수평방향투수계수가 0.12cm/sec이고, 연직방향 투수계수가 0.03cm/sec일 때 1일 침투유량은?

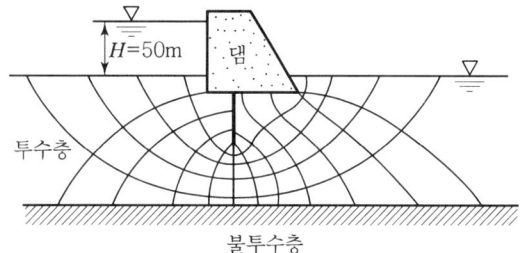

① 870m³/day/m   ② 1,080m³/day/m
③ 1,220m³/day/m ④ 1,410m³/day/m

해설
침투유량(다층토인 경우)
$Q = \sqrt{K_h \cdot K_v} \cdot H \cdot \dfrac{N_f}{N_d}$
$= \sqrt{0.12 \times 0.03} \times 10^{-2} \times 60 \times 60 \times 24 \times 50 \times \dfrac{5}{12}$
$= 1,080\text{m}/\text{day/m}$
(여기서, 투수계수 K를 cm/sec에서 m/day로 단위환산)

12 어느 점토의 체가름 시험과 액·소성시험 결과 0.002mm(2μm) 이하의 입경이 전시료 중량의 90%, 액성한계 60%, 소성한계 20%이었다. 이 점토 광물의 주성분은 어느 것으로 추정되는가?

① Kaolinite   ② Illite
③ Halloysite   ④ Montmorillonite

해설
활성도 $A = \dfrac{\text{소성지수 } I_p}{2\mu \text{ 이하의 점토 함유율}} = \dfrac{60-20}{90} = 0.44$
(여기서, 소성지수 I_p = 액성한계 ω_L - 소성한계 ω_p)

활성도	점토광물
A < 0.75	Kaolinite
0.75 < A < 1.25	Illite
1.25 < A	Montmorillonite

∴ 0.44 < 0.75이므로 Kaolinite

13 흙의 모세관 현상에 대한 설명으로 옳지 않은 것은?

① 모세관 현상은 물의 표면장력 때문에 발생된다.
② 흙의 유효입경이 크면 모관상승고는 커진다.
③ 모관상승 영역에서 간극수압은 부압, 즉 (-)압력이 발생된다.
④ 간극비가 크면 모관상승고는 작아진다.

해설
$h_c = \dfrac{c}{e \times D_{10}}$
토립자의 크기를 유효입경으로 나타내면 유효입경이 감소함에 따라 공극이 작아져서 모관상승고는 증가한다.

14 $\phi = 0°$인 포화된 점토시료를 채취하여 일축압축시험을 행하였다. 공시체의 직경이 4cm, 높이가 8cm이고 파괴 시의 하중계의 읽음 값이 4.0kg, 축방향의 변형량이 1.6cm일 때, 이 시료의 전단강도는 약 얼마인가?

① 0.07kg/cm² ② 0.13kg/cm²
③ 0.25kg/cm² ④ 0.32kg/cm²

해설

- 파괴 시 단면적$(A) = \dfrac{A_0}{1-\varepsilon}$

  압축변형$(\varepsilon) = \dfrac{\Delta L}{L} = \dfrac{1.6}{8} = 0.2$

  시료의 단면적$(A_0) = \dfrac{\pi \cdot D^2}{4} = \dfrac{\pi \times 4^2}{4} = 12.57\text{cm}^2$

  $\therefore A = \dfrac{12.57}{1-0.2} = 15.7\text{cm}^2$

- 일축압축강도(압축응력)

  $q_u = \dfrac{P}{A} = \dfrac{4}{15.7} = 0.25\text{kg/cm}^2$

- 내부마찰각$(\phi)=0°$인 점토의 경우

  $S(\tau_f) = c + \sigma' \tan\phi$

  $= c + 0 = \dfrac{q_u}{2} = \dfrac{0.25}{2} = 0.125\text{kg/cm}^2$

15 깊은 기초에 대한 설명으로 틀린 것은?

① 점토지반 말뚝기초의 주면마찰 저항을 산정하는 방법에는 α, β, λ방법이 있다.
② 사질토에서 말뚝의 선단지지력은 깊이에 비례하여 증가하나 어느 한계에 도달하면 더 이상 증가하지 않고 거의 일정해진다.
③ 무리말뚝의 효율은 1보다 작은 것이 보통이나 느슨한 사질토의 경우에는 1보다 클 수 있다.
④ 무리말뚝의 침하량은 동일한 규모의 하중을 받는 외말뚝의 침하량보다 작다.

해설

무리말뚝(군항)은 외말뚝(단항)의 70~80% 정도의 지지력밖에 가지지 않는다. 그러므로 무리말뚝의 침하량은 동일한 규모의 하중을 받는 외말뚝의 침하량보다 크다.

16 다짐에 대한 설명으로 옳지 않은 것은?

① 점토분이 많은 흙은 일반적으로 최적함수비가 낮다.
② 사질토는 일반적으로 건조밀도가 높다.
③ 입도배합이 양호한 흙은 일반적으로 최적함수비가 낮다.
④ 점토분이 많은 흙은 일반적으로 다짐곡선의 기울기가 완만하다.

해설

- 다짐 E ↑ γ_{dmax} ↑ OMC ↓ 양입도, 조립토, 급경사
- 다짐 E ↓ γ_{dmax} ↓ OMC ↑ 빈입도, 세립토, 완만한 경사
- ∴ 점토분(세립토)이 많은 흙은 일반적으로 최적함수비(OMC)가 크다.

17 직경 30cm 콘크리트 말뚝을 다동식 증기해머로 타입하였을 때 엔지니어링 뉴스 공식을 적용한 말뚝의 허용지지력은?(단, 타격에너지=3.6t·m 해머효율=0.8, 손실상수=0.25cm, 마지막 25mm 관입에 필요한 타격횟수=5)

① 64t ② 128t
③ 192t ④ 384t

해설

엔지니어링 뉴스 공식

$R_a = \dfrac{W_H \cdot H \cdot E}{6(S+0.25)} = \dfrac{360 \times 0.8}{6(0.5+0.25)} = 64\text{t}$

(여기서, 타격당 말뚝의 평균관입량 $S = \dfrac{25}{5} = 5\text{mm} = 0.5\text{cm}$)

18 연약지반에 구조물을 축조할 때 피에조미터를 설치하여 과잉간극수압의 변화를 측정했더니 어떤 점에서 구조물 축조 직후 10t/m²이었지만, 4년 후는 2t/m²이었다. 이때의 압밀도는?

① 20% ② 40%
③ 60% ④ 80%

해설

압밀도 = $\dfrac{Ui - U}{Ui} \times 100 = \dfrac{10-2}{10} \times 100 = 80\%$

정답 15 ④ 16 ① 17 ① 18 ④

19 피조콘(Piezocone) 시험의 목적이 아닌 것은?

① 지층의 연속적인 조사를 통하여 지층 분류 및 지층 변화 분석
② 연속적인 원지반 전단강도의 추이 분석
③ 중간 점토 내 분포한 Sand Seam 유무 및 발달 정도 확인
④ 불교란 시료 채취

[해설]
원추관입시험기(CPT)에다 간극수압을 측정할 수 있도록 트랜스듀서(Transducer)를 부착한 것을 피조콘이라 한다. 이는 전기식 Cone을 선단로드에 부착하여 지중에 일정한 관입속도로 관입시키면서 저항치를 측정하는 시험이다.

20 사질토 지반에서 직경 30cm의 평판재하시험 결과 30t/m²의 압력이 작용할 때 침하량이 10mm라면, 직경 1.5m의 실제 기초에 30t/m²의 하중이 작용할 때 침하량의 크기는?

① 28mm
② 50mm
③ 14mm
④ 25mm

[해설]
사질토층의 침하 : 재하시험에 의한 즉시침하
$$S_F = S_p \cdot \left(\frac{2B_F}{B_F + B_p}\right)^2 = 10 \times \left(\frac{2 \times 1.5}{1.5 + 0.3}\right)^2 = 28\text{mm}$$

2025년 토목기사 제3회 토질 및 기초 CBT 복원문제

01 유효응력에 대한 설명으로 옳은 것은?

① 지하수면에서 모관상승고까지의 영역에서는 유효응력은 감소한다.
② 유효응력만이 흙덩이의 변형과 전단에 관계된다.
③ 유효응력은 대부분 물이 받는 응력을 말한다.
④ 유효응력은 전응력에 간극수압을 더한 값이다.

[해설]
- 전응력 $\sigma = \sigma'$(흙입자) $+ u$(물입자)
- 간극수압 $u = $ (물입자가 받는 응력)
- 유효응력 $\sigma' = \sigma - u$ (흙입자가 받는 응력)

02 점착력 4N/cm², 내부마찰각 35°, 습윤단위무게 21kN/m³이다. 이 지반을 연직으로 7m 굴착하였을 때 연직사면의 안전율은?

① 1.5 ② 2.1
③ 2.5 ④ 3.0

[해설]
- 한계고 : 연직절취 깊이
$$H_c = \frac{4 \cdot c}{\gamma}\tan\left(45° + \frac{\phi}{2}\right)$$
$$= \frac{4 \times 40}{21}\tan\left(45° + \frac{35°}{2}\right) = 14.6\text{m}$$
($c = 4\text{N/cm}^2 = 40\text{kN/m}^2$)

- 연직사면의 안전율
$$F = \frac{H_c}{H} = \frac{14.6}{7} = 2.1$$

03 흙의 분류법인 AASHTO분류법과 통일분류법을 비교·분석한 내용으로 틀린 것은?

① 통일분류법은 0.075mm체 통과율을 35%를 기준으로 조립토와 세립토로 분류하는데 이것이 AASHTO 분류법보다 적절하다.
② 통일분류법은 입도분포, 액성한계, 소성지수 등을 주요 분류인자로 한 분류법이다.
③ AASHTO분류법은 입도분포, 군지수 등을 주요 분류인자로 한 분류법이다.
④ 통일분류법은 유기질토 분류방법이 있으나 AASHTO 분류법은 없다.

[해설]
- 통일분류법에서는 0.075 m체(#200체)
- 통과율을 50% 기준으로 조립토와 세립토를 분류하고 AASHTO 분류법은 35%를 기준으로 분류한다.

04 Sand Drain의 지배영역에 관한 Barron의 정삼각형 배치에서 샌드 드레인의 간격을 d, 유효원의 직경을 d_e라 할 때 d_e를 구하는 식으로 옳은 것은?

① $d_e = 1.128d$ ② $d_e = 1.028d$
③ $d_e = 1.050d$ ④ $d_e = 1.50d$

[해설]
- 정3각형 배열 $d_e = 1.05d$
- 정4각형 배열 $d_e = 1.13d$

05 2.0kg/cm²의 구속응력을 가하여 시료를 완전히 압밀시킨 다음, 축차응력을 가하여 비배수 상태로 전단시켜 파괴 시 축변형률 $\varepsilon_f = 10\%$, 축차응력 $\Delta\sigma_f = 2.8\text{kg/cm}^2$, 간극수압 $\Delta u_f = 2.1\text{kg/cm}^2$를 얻었다. 파괴 시 간극수압계수 A를 구하면?(단, 간극수압계수 B는 1.0으로 가정한다.)

① 0.44 ② 0.75
③ 1.33 ④ 2.27

[해설]
간극수압계수 $A = \dfrac{D}{B}$

여기서, $D = \dfrac{\Delta u_f (\text{간극수압})}{\Delta \sigma_f (\text{축차응력})} = \dfrac{2.1}{2.8} = 0.75$

$\therefore A = \dfrac{D}{B} = \dfrac{0.75}{1} = 0.75$

정답 01 ② 02 ② 03 ① 04 ③ 05 ②

06 접지압(또는 지반반력)이 그림과 같이 되는 경우는?

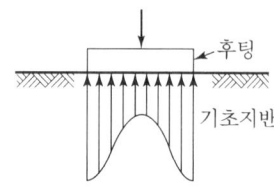

① 후팅 : 강성, 기초지반 : 점토
② 후팅 : 강성, 기초지반 : 모래
③ 후팅 : 연성, 기초지반 : 점토
④ 후팅 : 연성, 기초지반 : 모래

[해설]

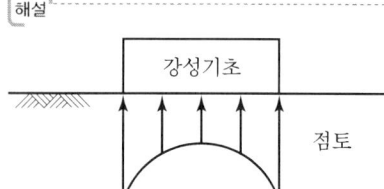

점토지반 접지압 분포 : 기초 모서리에서 최대 응력 발생

07 연약한 점성토의 지반특성을 파악하기 위한 현장조사 시험방법에 대한 설명 중 틀린 것은?

① 현장베인시험은 연약한 점토층에서 비배수 전단강도를 직접 산정할 수 있다.
② 정적콘관입시험(CPT)은 콘지수를 이용하여 비배수 전단 강도 추정이 가능하다.
③ 표준관입시험에서의 N값은 연약한 점성토 지반특성을 잘 반영해 준다.
④ 정적콘관입시험(CPT)은 연속적인 지층분류 및 전단강도 추정 등 연약점토 특성분석에 매우 효과적이다.

[해설]
표준관입시험(S.P.T)은 큰 자갈 이외 대부분의 흙, 즉 사질토와 점성토 모두 적용 가능하지만 주로 사질토 지반의 특성을 잘 반영한다.

08 흙의 다짐에 관한 설명 중 옳지 않은 것은?

① 일반적으로 흙의 건조밀도는 가하는 다짐 Energy가 클수록 크다.
② 모래질 흙은 진동 또는 진동을 동반하는 다짐 방법이 유효하다.
③ 건조밀도–함수비 곡선에서 최적 함수비와 최대 건조밀도를 구할 수 있다.
④ 모래질을 많이 포함한 흙의 건조밀도–함수비 곡선의 경사는 완만하다.

[해설]
• 다짐 E ↑ r_{dmax} ↑ OMC ↓ 양입도, 조립토, 급한 경사
• 다짐 E ↓ r_{dmax} ↓ OMC ↑ 빈입도, 세립토, 완만한 경사
∴ 모래질(조립토)를 많이 포함한 흙의 건조밀도-함수비 곡선의 경사는 급하다.

09 아래와 같은 흙의 입도분포곡선에 대한 설명으로 옳은 것은?

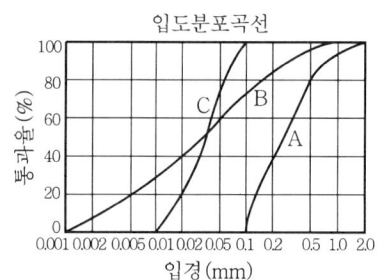

① A는 B보다 유효경이 작다.
② A는 B보다 균등계수가 작다.
③ C는 B보다 균등계수가 크다.
④ B는 C보다 유효경이 크다.

[해설]
• 경사가 완만한 경우
 – 균등계수가 크다.
 – 공학적 성질이 양호하다.
 – 입도분포가 양호하다.
• 경사가 급한 경우
 – 입자가 균질하다.
 – 공극비가 크다.
 – 투수계수가 크다.

정답 06 ① 07 ③ 08 ④ 09 ②

- 함수량이 크다.
- 입도분포가 불량하다.
∴ 경사가 급한 A는 경사가 완만한 B보다 균등계수가 작다.

10 얕은 기초의 지지력 계산에 적용하는 Terzaghi의 극한지지력 공식에 대한 설명으로 틀린 것은?

① 기초의 근입깊이가 증가하면 지지력도 증가한다.
② 기초의 폭이 증가하면 지지력도 증가한다.
③ 기초지반이 지하수에 의해 포화되면 지지력은 감소한다.
④ 국부전단 파괴가 일어나는 지반에서 내부마찰각(ϕ)은 $\frac{2}{3}\phi$를 적용한다.

[해설]

국부전단 파괴가 일어나는 지반에서 점착력(C)은 $\frac{2}{3} \cdot C$를 적용한다.

11 지름 $d=20$cm인 나무말뚝을 25본 박아서 기초 상판을 지지하고 있다. 말뚝의 배치를 5열로 하고 각 열은 두 간격으로 5본씩 박혀 있다. 말뚝의 중심간격 $S=1$m이고 본의 말뚝이 단독으로 100kN의 지지력을 가졌다고 하면 이 무리말뚝은 전체로 얼마의 하중을 견딜 수 있는가?(단, Converse-Labbarre식을 사용한다.)

① 1,000kN ② 2,000kN
③ 3,000kN ④ 4,000kN

[해설]

군항의 허용지지력
$Q_{ag} = E \cdot N \cdot Q_a$

- 군항의 지지력 효율
$E = 1 - \theta \left[\frac{(m-1)n + (n-1)m}{90mn}\right]$
$= 1 - 11.3 \left[\frac{(5-1)\times 5 + (5-1)\times 5}{90\times 5\times 5}\right] = 0.8$

(여기서, $\theta = \tan^{-1}\frac{d}{S} = \tan^{-1}\left(\frac{20}{100}\right) = 11.3$)

- $N = 5\times 5 = 25$, $R_a = 100$kN

∴ 군항의 허용지지력 $R_{ag} = E \cdot N \cdot R_a = 0.8 \times 25 \times 100 = 2,000$kN

12 현장에서 채취한 흙시료에 대해 압밀시험을 실시하였다. 압밀링에 담겨진 시료의 단면적은 30cm², 시료의 초기 높이는 2.6cm, 시료의 비중은 2.50이며 시료의 건조중량은 1.18N(120g)이었다. 이 시료에 320kPa(3.2kg/cm²)의 압밀압력을 가했을 때, 0.2cm의 최종 압밀침하가 발생되었다면 압밀이 완료된 후 시료의 간극비는?(단, 물의 단위중량은 9.81kN/m³이다.)

① 0.125 ② 0.385
③ 0.500 ④ 0.625

[해설]

- 초기 간극비(e_1)

$V = A \cdot H = 30 \times 2.6 = 78$cm³

$\gamma_d = \frac{W}{V} = \frac{120}{78} = 1.54$g/cm³

$\gamma_d = \frac{G_s}{1+e}\gamma_w$에서 $1.54 = \frac{2.5}{1+e}\times 1$

∴ $e_1 = 0.62$

- 압밀침하량(ΔH) = $\frac{e_1 - e_2}{1+e_1} \cdot H$에서

$0.2 = \frac{0.62 - e_2}{1+0.62}\times 2.6$

∴ 압밀이 완료된 후 시료의 간극비(e_2) = 0.5

13 흙 속에서 물의 흐름을 설명한 것으로 틀린 것은?

① 투수계수는 온도에 비례하고 점성에 반비례한다.
② 불포화토는 포화토에 비해 유효응력이 작고, 투수계수가 크다.
③ 흙 속의 침투수량은 Darcy 법칙, 유선망, 침투해석 프로그램 등에 의해 구할 수 있다.
④ 흙 속에서 물이 흐를 때 수두차가 커져 한계동수구배에 이르면 분사현상이 발생한다.

[해설]

- 유효응력 : 흙입자로 전달되는 압력으로 전응력에서 간극수압을 뺀 값. 흙입자만이 받는 응력으로 포화도와 무관하다.
- 투수계수에 영향을 주는 인자 중 포화도가 클수록 투수계수는 증가한다.

정답 10 ④ 11 ② 12 ③ 13 ②

14 표준관입시험에서 N치가 20으로 측정되는 모래 지반에 대한 설명으로 옳은 것은?

① 매우 느슨한 상태이다.
② 간극비가 1.2인 모래이다.
③ 내부마찰각이 30°~40°인 모래이다.
④ 유효상재 하중이 20t/m²인 모래이다.

[해설]
N치와 모래의 상대밀도 관계

N	상대밀도(%)
0~4	대단히 느슨(15)
4~10	느슨(15~35)
10~30	중간(35~65)
30~50	조밀(65~85)
50 이상	대단히 조밀(85~100)

Dunham 공식 : N값의 이용(N값으로 인한 ϕ값의 결정)
• 흙입자가 모나고 입도가 양호한 경우
$\phi = \sqrt{12 \cdot N} + 25$
• 흙입자가 모나고 입도가 불량한 경우
$\phi = \sqrt{12 \cdot N} + 20$
• 흙입자가 둥글고 입도가 양호한 경우
$\phi = \sqrt{12 \cdot N} + 20$
• 흙입자가 둥글고 입도가 불량한 경우
$\phi = \sqrt{12 \cdot N} + 15$
∴ N치가 20일 때 내부마찰각 ϕ는
$\sqrt{12 \times 20} + 15 = 30.5°$
$\sqrt{12 \times 20} + 25 = 40.5°$
약 30°~40°인 모래이다.

15 모래치환법에 의한 현장 흙의 단위무게 실험 결과 흙을 파낸 구덩이의 체적 $V=1,650\text{cm}^3$, 흙무게 $W=2,850\text{N}$, 흙의 함수비 $\omega=15\%$이고, 실험실에서 구한 흙의 최대건조밀도 $\gamma_{dmax}=1.60\text{N/cm}^3$일 때 다짐도는?

① 92.49%
② 93.75%
③ 95.85%
④ 97.85%

[해설]
• 현장 흙의 습윤단위중량
$\gamma_t = \dfrac{W}{V} = \dfrac{2,850}{1,650} = 1.73\text{N/cm}^3$

• 현장 흙의 건조단위중량
$\gamma_d = \dfrac{\gamma_t}{1+\omega} = \dfrac{1.73}{1+0.15} = 1.50\text{N/cm}^3$

• 상대다짐도
$RC = \dfrac{\gamma_d}{\gamma_{dmax}} \times 100 = \dfrac{1.50}{1.60} \times 100 = 93.75\%$

16 점성토의 비배수 전단강도를 구하는 시험으로 가장 적합하지 않은 것은?

① 일축압축시험
② 비압밀비배수 삼축압축시험(UU)
③ 베인시험
④ 직접전단강도시험

[해설]
직접전단시험은 사질점토지반의 점착력(C)과 내부마찰각(ϕ)을 구하기 위하여 시행한다. 이때, 점토의 전단강도를 측정하는 방법에는 저속시험(압밀배수)과 급속시험(비압밀비배수)이 있다.

17 그림과 같이 옹벽 배면의 지표면에 등분포하중이 작용할 때, 옹벽에 작용하는 전체 주동토압의 합력(P_a)과 옹벽 저면으로부터 합력의 작용점까지의 높이(h)는?

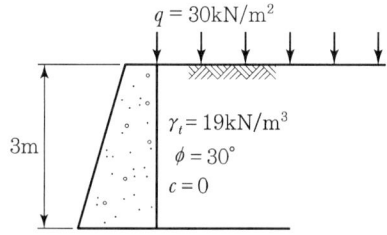

① $P_a = 28.5\text{kN/m}$, $h = 1.26\text{m}$
② $P_a = 28.5\text{kN/m}$, $h = 1.38\text{m}$
③ $P_a = 58.5\text{kN/m}$, $h = 1.26\text{m}$
④ $P_a = 58.5\text{kN/m}$, $h = 1.38\text{m}$

정답 14 ③ 15 ② 16 ④ 17 ③

> **해설**
>
> 옹벽 저면으로부터 합력의 작용점까지의 높이(h)
>
> $$h = \frac{P_{a_1} \times \frac{H}{2} + P_{a_2} \times \frac{H}{3}}{P_a}$$
>
> - $P_{a_1} = qK_aH = 30 \times 0.333 \times 3 = 29.97 \text{kN/m}$
> - $P_{a_2} = \frac{1}{2}\gamma_t H^2 K_a = \frac{1}{2} \times 19 \times 3^2 \times 0.333 = 28.47 \text{kN/m}$
>
> $\left[K_a = \tan^2\left(45° - \frac{\phi}{2}\right) = \tan^2\left(45 - \frac{30°}{2}\right) = 0.333 \right]$
>
> ∴ 전 주동토압의 합력(P_a)은
>
> $P_a = P_{a_1} + P_{a_2} = 29.97 + 28.47 = 58.5 \text{kN/m}$
>
> 따라서 합력의 작용점까지 높이(h)는
>
> $h = \dfrac{P_{a_1} \times \frac{H}{2} + P_{a_2} \times \frac{H}{3}}{P_a}$
>
> $= \dfrac{\left(29.97 \times \frac{3}{2}\right) + \left(28.47 \times \frac{3}{3}\right)}{58.44} = 1.26 \text{m}$

18 비중 $G_s = 2.35$, 간극비 $e = 0.35$인 모래지반의 한계동수경사는?

① 1.0
② 1.5
③ 2.0
④ 2.5

> **해설**
>
> 한계동수경사 $i_c = \dfrac{\Delta h}{L} = \dfrac{r_{sub}}{r_w} = \dfrac{G_s - 1}{1 + e}$
>
> $= \dfrac{2.35 - 1}{1 + 0.35} = 1.0$

19 사면의 안정문제는 보통 사면의 단위 길이를 취하여 2차원 해석을 한다. 이렇게 하는 가장 중요한 이유는?

① 길이 방향의 변형도(Strain)를 무시할 수 있다고 보기 때문이다.
② 흙의 특성이 등방성(Isotropic)이라고 보기 때문이다.
③ 길이 방향의 응력도(Stress)를 무시할 수 있다고 보기 때문이다.
④ 실제 파괴형태가 이와 같기 때문이다.

> **해설**
>
> 길이 방향의 변형도(Strain)를 무시할 수 있다고 보기 때문이다.

20 흙의 동상에 영향을 미치는 요소가 아닌 것은?

① 모관 상승고
② 흙의 투수계수
③ 흙의 전단강도
④ 동결온도의 계속시간

> **해설**
>
> 동상의 조건
> - 동상을 받기 쉬운 흙 존재(실트질 흙)
> - 0℃ 이하가 오래 지속
> - 물의 공급이 충분해야 함

부록 2

파이널 핵심정리

01 흙의 기본적 성질
02 흙의 분류
03 지반 내 물의 흐름
04 동상
05 유효응력
06 지중응력
07 압밀
08 전단강도
09 토압
10 다짐
11 사면의 안정
12 지반조사
13 직접 기초
14 깊은 기초
15 지반 개량공법

01 흙의 기본적 성질

1. 흙의 상태정수

부피와 관계된 상대정수		면적과 관계된 상대정수	
간극비(e)	$e = \dfrac{V_v}{V_s}$	함수비(w)	$w = \dfrac{W_w}{W_s} \times 100$
간극률(n)	$n = \dfrac{V_v}{V} \times 100$	함수율(w')	$w' = \dfrac{W_w}{W} \times 100$
포화도(S)	$S = \dfrac{V_w}{V_v} \times 100$	$G_s \cdot w = S \cdot e$	

2. 간극비와 간극률의 상호관계

부피와 관계된 상대정수	e와 n의 관계식
간극비(e)	$e = \dfrac{n}{1-n}$
간극률(n)	$n = \dfrac{e}{1+e} \times 100$
포화도(S)	$S = \dfrac{V_w}{V_v} \times 100$, $V_w = S \times V_v = S \cdot e$

3. 단위중량

단위중량, 밀도(t/m³)	식
1. 습윤단위중량(γ_t) $0 < S < 100$	$\gamma_t = \dfrac{W}{V} = \dfrac{G_s + Se}{1+e} \gamma_w$
2. 건조단위중량(γ_d) $S = 0$	$\gamma_d = \dfrac{W_s}{V} = \dfrac{G_s \gamma_w}{1+e} = \dfrac{\gamma_t}{1+w}$
3. 포화단위중량(γ_{sat}) $S = 100\%$	$\gamma_{sat} = \dfrac{G_s + e}{1+e} \gamma_w$

4. 상대밀도

상대밀도는 사질토(모래)가 느슨한 상태에 있는가 조밀한 상태에 있는가를 나타내는 것

① $D_r = \dfrac{e_{max} - e}{e_{max} - e_{min}} \times 100(\%)$

② $D_r = \dfrac{\gamma_{dmax}}{\gamma_d} \cdot \dfrac{\gamma_d - \gamma_{dmin}}{\gamma_{dmax} - \gamma_{dmin}} \times 100(\%)$

5. 흙의 연경도

애터버그 한계(컨시스턴시 한계, 함수비와 체적과의 관계)

① 액성한계(w_L) 액체상태를 나타내는 최소의 함수비	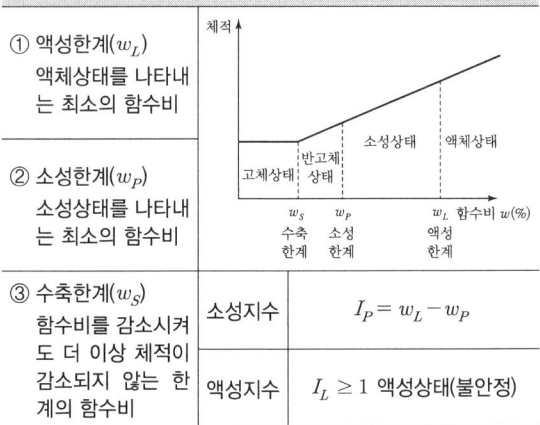
② 소성한계(w_P) 소성상태를 나타내는 최소의 함수비	
③ 수축한계(w_S) 함수비를 감소시켜도 더 이상 체적이 감소되지 않는 한계의 함수비	소성지수 $I_P = w_L - w_P$
	액성지수 $I_L \geq 1$ 액성상태(불안정)

6. 활성도

활성도 식	내용
$A = \dfrac{I_P(\%)}{2\mu \text{ 이하의 점토함유율}(\%)}$	① $I_P = w_L - w_P$ ② $2\mu = 0.002$mm

활성도가 크면 공학적으로 불안하며 팽창, 수축의 가능성이 커진다.

7. 점토광물

점토광물	활성도(A)	공학적 안정성	팽창·수축성
Kaolinite (카오리나이트)	$A < 0.75$	안정	작다
Illite (일라이트)	$0.75 \leq A \leq 1.25$	보통	보통
Montmorillonite (몬모릴로나이트)	$A > 1.25$	불안정	크다

02 흙의 분류

1. 흙의 분류

분류	내용
조립토(사질토, 비점성토)	자갈(G)
	모래(S)
세립토(점성토)	실트(M)
	점토(C)
	유기질이 소량 함유된 흙(O)
유기질토	이탄(P_t)

2. 균등계수와 곡률계수

균등계수(C_u)	곡률계수(C_g)
$C_u = \dfrac{D_{60}}{D_{10}}$	$C_g = \dfrac{(D_{30})^2}{D_{10} \times D_{60}}$

3. 입도 분포가 좋은 양입도

양입도	내용
(그림)	① 입경 가적곡선의 기울기가 완만한 구배 ② 조립토와 세립토가 혼합되어야 입도가 양호 ③ 균등계수가 큼 ④ 투수계수 및 공극비가 작음

4. 통일분류법의 문자

제1문자(입경)		제2문자(입도 및 성질)	
조립토	자갈(Gravel) G	세립분이 거의 없고 입도 양호 (Well-graded)	W
		세립분이 거의 없고 입도 불량 (Poor-graded)	P
	모래(Sand) S	실트질(Silty)	M
		점토질(Clayey)	C
세립토	실트(Silt) M	압축성이 낮음 (Low Compressibility) $w_L \leq 50\%$	L
	점토(Clay) C		
	유기질 점토 O	압축성이 높음 (High Compressibility) $w_L \geq 50\%$	H

5. 통일 분류법

조립토	#200체(0.075mm) 통과량 50% 이하인 흙
세립토	#200체(0.075mm) 통과량 50% 이상인 흙
자갈	#4체(4.75mm) 통과량 50% 이하인 흙
모래	#4체(4.75mm) 통과량 50% 이상인 흙
양입도	① 모래 : $C_u > 6$이고 $1 < C_g < 3$ ② 자갈 : $C_u > 4$이고 $1 < C_g < 3$

6. 소성도표

① A선의 방정식 : $I_P = 0.73(\omega_L - 20)$
② B선의 방정식 : $\omega_L = 50(\%)$

7. AASHTO 분류법

AASHTO 분류법	군지수(GI)공식
조립토 #200체 통과량 35% 이하	$GI = 0.2a + 0.005ac + 0.01bd$
세립토 #200체 통과량 35% 이상	① $a = P_{\#200} - 35$ $(0 \leq a \leq 40)$ ② $b = P_{\#200} - 15$ $(0 \leq b \leq 40)$ ③ $c = \omega_L - 40$ $(0 \leq c \leq 20)$ ④ $d = I_P - 10$ $(0 \leq d \leq 20)$

03 지반 내 물의 흐름

1. 흙의 모관상승고

모관상승고(h_c) 공식	$\alpha = 0°$, 수온 15℃일 때 ($T = 0.075g/cm$)
$h_c = \dfrac{4T\cos\alpha}{\gamma_w D}$	$h_c = \dfrac{0.3}{D}$
$h_c \propto \dfrac{1}{D} \propto \dfrac{1}{\alpha} \propto \dfrac{1}{e} \propto \dfrac{1}{D_{10}}$	실험적 모관수두
	$h_c = \dfrac{C}{eD_{10}}$

2. 모관상승고의 특징

구분	조립토	세립토
간극	크다	작다
모관상승고	낮다	높다
모관상승속도	빠르다	느리다
투수계수	크다	작다

3. Darcy 법칙

단위시간당 침투유량	실제 침투유속(V_s)
$Q = Av = k\dfrac{\Delta h}{L}A = kiA$	$v_s = \dfrac{v}{n}$

층류에서만 Darcy 법칙이 성립함. 특히, $R_e < 4$인 층류에서 적용

4. 투수계수

Taylor 공식	투수계수(k)와 관계
$k = D_s^2 \cdot \dfrac{\gamma_w}{\mu} \cdot \dfrac{e^3}{1+e} \cdot C$	① 공극비(e), 밀도가 클수록 k는 증가 ② 점성계수가 클수록 k는 감소 ③ k는 토립자 비중과 무관함 ④ 포화도가 클수록 k는 증가

5. 투수계수 측정

정수위 투수시험(조립토)	변수위 투수시험(세립토)
$k = \dfrac{QL}{hAt}$	$k = 2.3\dfrac{aL}{AT}\log_{10}\dfrac{h_1}{h_2}$

6. 성토층의 투수계수

수평방향 투수계수	$k_h = \dfrac{k_1 H_1 + k_2 H_2 + k_3 H_3}{H_1 + H_2 + H_3}$
수직방향 투수계수	$k_v = \dfrac{H}{\dfrac{H_1}{k_1} + \dfrac{H_2}{k_2} + \dfrac{H_3}{k_3}}$
평균투수계수	$k = \sqrt{k_h \cdot k_v}$

7. 유선망

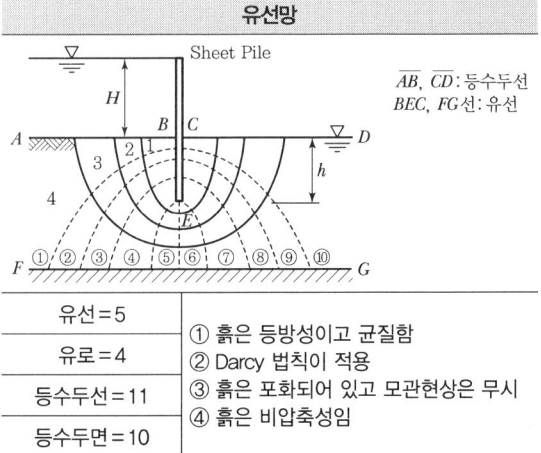

유선 = 5	① 흙은 등방성이고 균질함
유로 = 4	② Darcy 법칙이 적용
등수두선 = 11	③ 흙은 포화되어 있고 모관현상은 무시
등수두면 = 10	④ 흙은 비압축성임

8. 유선망의 특징

① 각 유량의 침투 유량은 같다.
② 인접한 등수두선 간의 수두차(손실수두)는 모두 같다.
③ 유선과 등수두선은 서로 직교한다(유선과 다른 유선은 교차하지 않는다).
④ 유선망을 이루는 사각형은 이론상 정사각형(폭 = 길이)
⑤ 침투 속도 및 동수구배는 유선망의 폭에 반비례한다.

9. 침투유량

침투유량(단위폭)	$Q = k \cdot H \cdot \dfrac{N_f}{N_d}$
널말뚝 전체 폭(B)에 대한 침투유량(Q')	$Q' = k \cdot H \cdot \dfrac{N_f}{N_d} \cdot B$

04 동상

1. 동상의 조건

① 0℃ 이하의 온도가 계속 지속할 때
② 동상을 받기 쉬운 흙(Silt)이 존재할 때(실트)
③ 지하수 공급이 충분(아이스렌즈 형성)할 때
④ 모관상승고(h_c), 투수성(K)이 클 때
⑤ 동결심도 하단에서 지하수면까지의 거리가 모관상승고보다 작을 때

2. 동상현상의 방지대책

치환공법	실트질 흙을 모래나 자갈로 치환(모관 상승 억제, 동결깊이보다 상부에 있는 흙을 동결되지 않는 흙으로 치환)
단열공법	0℃ 이하가 안 되도록 스티로폼을 깔아서 온도 차단(지표면에 단열재 시공)
차단공법	배수구 설치하여 지하수위 저하(모관수 상승을 방지하기 위해 지하수위보다 높은 곳에 조립토로 차단층을 설치)
안정처리공법 (동결온도 낮춤)	화학적 안정처리, 석회 안정처리

3. 동결심도(동결깊이)

공식	내용
$Z = C\sqrt{F}$	① Z : 동결심도(cm) ② C : 정수(3~5) ③ F : 동결지수[영하의 도(℃)×지속일수(days)]

05 유효응력

1. 토층이 물속에 있을 때 유효응력

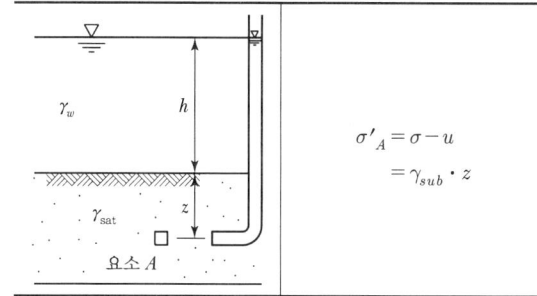

$$\sigma'_A = \sigma - u = \gamma_{sub} \cdot z$$

2. 공극수압계 설치 시 유효응력

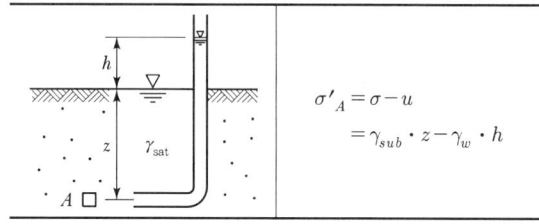

$$\sigma'_A = \sigma - u = \gamma_{sub} \cdot z - \gamma_w \cdot h$$

3. 상재 하중이 작을 때 유효응력

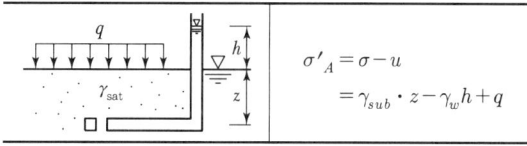

$$\sigma'_A = \sigma - u = \gamma_{sub} \cdot z - \gamma_w h + q$$

4. 모관현상이 있는 경우 각 측점에서의 전응력

모식도	전응력(σ)	간극수압(u)
	$\sigma_A = 0$	$u_A = 0$
	$\sigma_B = \gamma_d \cdot h_1$	$u_B = -\gamma_w h_2$
	$\sigma_C = \gamma_d \cdot h_1 + \gamma_{sat} \cdot h_2$	$u_C = 0$
	$\sigma_D = \gamma_d \cdot h_1 + \gamma_{sat} \cdot h_2 + \gamma_{sat} \cdot z$	$u_D = \gamma_w Z$

5. 분사현상의 조건

분사현상	
모래지반에서 상향침투가 있을 때, 모래 입자의 하향중량보다 상향침투압이 크면 모래 입자가 상향으로 떠올라서 지반이 파괴되는 현상	
한계동수경사(i_c)	$i_c = \dfrac{h}{L} = \dfrac{\gamma_{sub}}{\gamma_w} = \dfrac{G_s - 1}{1 + e}$
안전율(F_s)	$F_s = \dfrac{i_c}{i} = \dfrac{\text{한계동수구배}}{\text{동수구배}}$
분사현상이 일어날 조건 (불안정)	$F_s \leq 1,\ i \geq i_c \rightarrow \left(\dfrac{h}{L} \geq \dfrac{G_s - 1}{1 + e}\right)$
분사현상이 안 일어날 조건 (안정)	$F_s > 1,\ i < i_c \rightarrow \left(\dfrac{h}{L} < \dfrac{G_s - 1}{1 + e}\right)$

6. 상향침투가 있는 포화토층의 유효응력

모식도
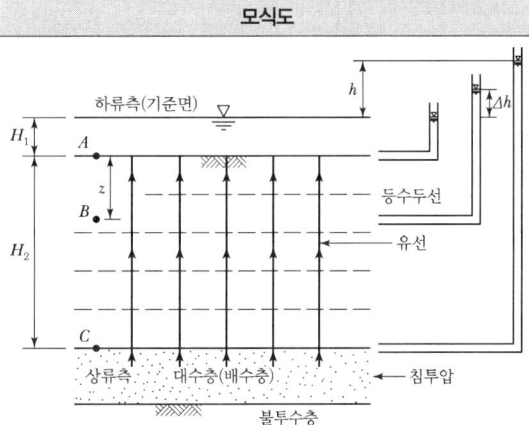

	침투수압(F_B)	$F_B = i\gamma_w z = \dfrac{\Delta h}{H_2}\gamma_w z$
B점	유효응력($\sigma_B{'}$)	$\sigma_B{'} = (\sigma_B - u_B) - F_B$ $= \gamma_{sub} z - i\gamma_w z$ $= \gamma_{sub} z - \left(\dfrac{\Delta h}{H_2}\gamma_w z\right)$
C점	침투수압(F_C)	$F_C = i\gamma_w z = \dfrac{h}{H_2}\gamma_w H_2 = h\gamma_w$
	유효응력($\sigma_C{'}$)	$\sigma_C{'} = (\sigma_C - u_C) - F_C$ $= \gamma_{sub} H_2 - i\gamma_w z$ $= \gamma_{sub} H_2 - \left(\dfrac{h}{H_2}\gamma_w H_2\right)$ $= \gamma_{sub} H_2 - h\gamma_w$

7. 널말뚝의 침투

널말뚝에서 침투에 의한 지중응력
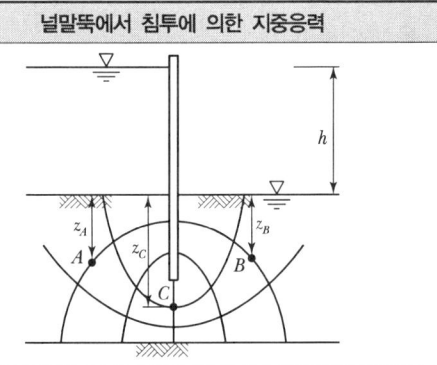

	전응력(σ_B)	$\sigma_B = \gamma_{sat} z_B$
B점	침투수압(F_B) (전수두, 과잉 간극수압)	$F_B = i\gamma_w z = \dfrac{\Delta h}{L}\gamma_w z = \dfrac{h}{6}\gamma_w \times 1$
	간극수압(u_B) (중립응력)	$u_B = \gamma_w z_B + \dfrac{1}{6}\gamma_w h$
	유효응력($\sigma_B{'}$)	$\sigma_B{'} = \sigma_B - u_B = \gamma_{sub} z_B - \dfrac{1}{6}\gamma_w h$
	침투유량	$Q = kH\dfrac{N_f}{N_d}$

8. 히빙

Heaving 현상	Heaving 방지대책
연약한 점토질 지반에서 주로 발생되며 굴착 저면이 부푸는 현상	① 흙막이 근입깊이를 깊게 함 ② 표토를 제거(하중을 줄임) ③ 굴착면의 하중을 증가 ④ 부분굴착(Trench cut) ⑤ 지반 개량(양질의 재료)

06 지중응력

1. 지중응력

모식도	연직응력의 증가량
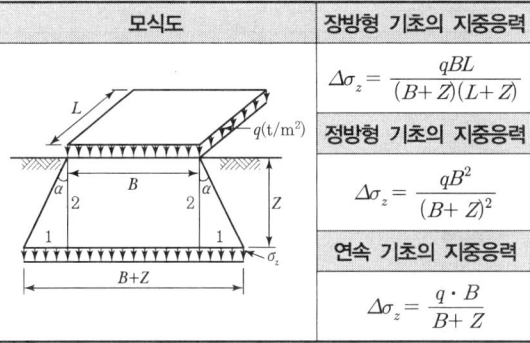	$\Delta\sigma_z = \sigma_z = \dfrac{Q}{Z^2} I_\sigma$
	집중하중점에서 r만큼 떨어질 경우 I_σ
	$I = \dfrac{3}{2\pi}\left(\dfrac{z}{R}\right)^5, (R=\sqrt{r^2+z^2})$
	집중하중점 직하 I_σ
	$I_\sigma = \dfrac{3}{2\pi}$

2. 2 : 1 분포법

모식도	장방형 기초의 지중응력
	$\Delta\sigma_z = \dfrac{qBL}{(B+Z)(L+Z)}$
	정방형 기초의 지중응력
	$\Delta\sigma_z = \dfrac{qB^2}{(B+Z)^2}$
	연속 기초의 지중응력
	$\Delta\sigma_z = \dfrac{q \cdot B}{B+Z}$

3. 강성 기초의 접지압

점토지반	모래지반
기초 모서리에서 최대응력 발생	기초 중앙부에서 최대응력 발생

07 압밀

1. 1차원 압밀이론의 가정

Terzaghi의 1차원 압밀이론의 기본 가정
① 흙은 균질함
② 흙은 완전 포화되어 있음
③ 토립자와 물은 비압축성임
④ 투수와 압축은 수직적(1차원)임
⑤ Darcy 법칙이 타당(투수계수는 압력의 크기에 관계없이 일정)
⑥ 대단위 해안 매립지등에 적용
⑦ 압밀 시 압력-간극비 관계는 이상적으로 직선적 변화를 함

2. 투수계수

식	내용
$k = C_v\, m_v\, \gamma_w$	C_v : 압밀계수, $m_v = \dfrac{a_v}{1+e_1}$
	a_v : 압축계수, e_1 : 초기 간극비

3. 압밀계수

압밀계수 식	
$C_v = \dfrac{T_v \cdot H^2}{t}$ (cm²/sec)	T_v : 시간계수 H : 배수거리(cm) t : 압밀시간(sec)

$\log t$법	$\sqrt{t}$법
압밀도 50%일 때 $T_v = 0.197$	압밀도 90%일 때 $T_v = 0.848$
$C_v = \dfrac{T_{50} H^2}{t_{50}} = \dfrac{0.197 H^2}{t_{50}}$	$C_v = \dfrac{T_{90} H^2}{t_{90}} = \dfrac{0.848 H^2}{t_{90}}$

H : 배수거리(cm)	
일면(단면) 배수 : H	양면(이면) 배수 : $\dfrac{H}{2}$
한쪽만 모래층	상하 모래층

4. 압축계수(a_v)와 압축지수(C_c)

$a_v = \dfrac{e_1 - e_2}{P_2 - P_1} = \dfrac{\Delta e}{\Delta P}$	$C_c = \dfrac{e_1 - e_2}{\log P_2 - \log P_1}$

5. 압축지수의 경험식

불교란(흐트러지지 않은) 점토	교란(흐트러진) 점토
$C_c = 0.009(\omega_L - 10)$	$C_c = 0.007(\omega_L - 10)$

6. 선행압밀하중

선행압밀하중(P_c) 정의	과압밀비(OCR)
시료가 과거에 받았던 최대의 압밀하중을 말하며, 하중과 간극비 곡선으로 구하고 과압밀비(OCR) 산정에 이용된다.	$OCR = \dfrac{P_c}{P}$ P_c : 선행압밀하중(선행압밀 응력) P : 현재 하중(유효 연직 응력, σ')

7. 정규압밀 점토 및 과압밀 점토

정규압밀 점토	과압밀 점토
$OCR = 1$	$OCR > 1$

8. 압밀도

깊이 z되는 지점에서 압밀도(U_z)
$U_z = \dfrac{u_i - u_t}{u_i} \times 100 = \dfrac{P - u_t}{P} \times 100$

9. 압밀침하량

ΔH(압밀침하량)	내용
$\Delta H = m_v \cdot \Delta P \cdot H$ $= \dfrac{a_v}{1+e_1} \cdot \Delta P \cdot H$ $= \dfrac{e_1 - e_2}{1+e_1} \cdot H$ $= \dfrac{C_c}{1+e_1} \cdot \log\dfrac{P_2}{P_1} \cdot H$	① $m_v = \dfrac{a_v}{1+e_1}$ ② $a_v = \dfrac{e_1 - e_2}{\Delta P}$ ③ $C_c = \dfrac{e_1 - e_2}{\log\dfrac{P_2}{P_1}}$

10. 압밀침하

1차 압밀침하	2차 압밀침하
과잉 간극수압이 0이 되면서 일어나는 압밀(점성토에서 주로 발생)	1차 압밀이 100% 진행된 이후의 압밀(유기질이 많은 흙에서 크게 일어나며 점토층 두께가 클수록 2차압밀이 큼)

08 전단강도

1. 전단응력을 증가시키는 요인

① 함수비 증가로 흙의 단위중량 증가
② 지반에 고결제(약액) 주입
③ 인장응력에 의한 균열 발생(인장응력 발생 부분에 압축잔류응력 발생)
④ 지진, 발파에 의한 충격(포화된 느슨한 모래층에서는 감소)

2. 흙의 종류에 따른 전단강도

일반 흙 및 실트 ($c \neq 0$, $\phi \neq 0$)	모래(사질토) ($c = 0$, $\phi \neq 0$)	점토(점성토) ($c \neq 0$, $\phi = 0$)
$S = c + \sigma' \tan\phi$	$S = \sigma' \tan\phi$	$S = c$

3. Mohr 응력원과 파괴면이 주응력과 이루는 각

수직응력 (파괴 시)	$\sigma = \dfrac{\sigma_1 + \sigma_3}{2} + \dfrac{\sigma_1 - \sigma_3}{2}\cos 2\theta$
전단응력 (파괴 시)	$\tau_f = \dfrac{\sigma_1 - \sigma_3}{2}\sin 2\theta$

파괴면과 수평선(최대 주응력)이 이루는 각도	파괴면과 연직선(최소 주응력)이 이루는 각도
$\theta = 45° + \dfrac{\phi}{2}$ (ϕ : 내부 마찰각)	$\theta' = 45° - \dfrac{\phi}{2}$ (ϕ : 내부 마찰각)

4. Mohr-Coulomb 파괴포락선

Mohr-Coulomb 파괴포락선 모식도	Mohr 원	내용
	A점	전단파괴가 일어나지 않음
	B점	전단파괴가 일어남
	C점	전단파괴가 이미 발생 (존재할 수 없음)

5. 전단응력

일면 전단시험		2면 전단시험	
$\sigma = \dfrac{P}{A}$	$\tau = \dfrac{S}{A}$	$\sigma = \dfrac{P}{A}$	$\tau = \dfrac{S}{2A}$

6. 일축압축강도

일축압축강도(q_u) 산정식	완전 포화된 점토일 경우
$q_u = 2c \tan\left(45° + \dfrac{\phi}{2}\right)$	① $\phi = 0$ ② $c = \dfrac{q_u}{2}$ ∴ $q_u = 2c$

7. 일축압축시험 시 전단강도

시료의 단면 모식도	점토의 일축압축강도 시험식과 전단강도
(그림)	① 일축압축강도 $\sigma(q_u) = \dfrac{P}{A_o} = \dfrac{P}{\dfrac{A}{1-\varepsilon}}$ $= \dfrac{P}{\dfrac{A}{1-\dfrac{\Delta L}{L}}}$ ② 일축압축강도(q_u)와 N값의 관계 $q_u = 2c = \dfrac{N}{8}(\phi = 0)$ ③ 전단강도(S, τ_f) $S(\tau_f) = c = \dfrac{q_u}{2}(\phi = 0)$

8. 예민비

① 예민성은 일축압축시험을 실시하면 강도가 감소되는 성질
② 예민비가 크면 진동이나 교란 등에 민감하여 강도가 크게 저하되므로 공학적 성질이 불량(안전률을 크게 함)

$$S_t = \dfrac{q_u}{q_{ur}} = \dfrac{\text{불교란 시료의 일축압축강도(자연 상태)}}{\text{교란 시료의 일축압축강도(흐트러진 상태)}}$$

9. Thixotropy

Thixotropy(틱소트로피) 현상
점토는 되이김(Remolding)하면 전단강도가 현저히 감소하는데 시간이 경과함에 따라 그 강도의 일부를 다시 찾게 되는 현상

10. 3축 압축시험

축차응력(σ, 압축응력)
① $\sigma = \sigma_1 - \sigma_3$ ② $\sigma_1 = $ 최소 주응력 + 축차응력 $= \sigma_3 + (\sigma_1 - \sigma_3)$

11. 전단시험의 배수방법

비압밀 비배수시험(UU시험)
① 포화점토가 성토 직후 급속한 파괴가 예상될 때(포화된 점토 지반 위에 급속하게 성토하는 제방의 안전성을 검토) ② 점토지반의 단기간 안정 검토 시(시공 직후 초기 안정성 검토) ③ 시공 중 압밀, 함수비와 체적의 변화가 없다고 예상 ④ 내부마찰각(ϕ) = 0(불안전 영역에서 강도정수 결정) ⑤ 성토로 인한 재하속도가 과잉간극수압이 소산되는 속도보다 빠를 때

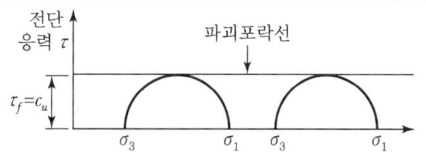

비압밀 비배수 결과는 수직응력의 크기가 증가해도 전단응력은 일정

압밀 배수시험(CD시험)
① 점토지반의 장기간 안정 검토 시 ② 압밀이 서서히 진행되고 파괴도 완만하게 진행될 때 ③ 간극수압이 발생되지 않거나 전단 시 배수를 허용할 때

정규압밀점토(느슨한 모래)	과압밀점토(조밀한 모래)
좌표축 원점을 지난다.	파괴포락선은 원점을 지나지 않는다.

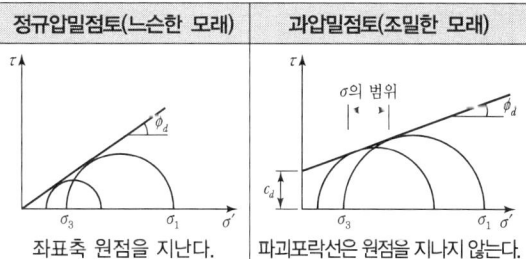

$$\sin\phi = \dfrac{\sigma_1 - \sigma_3}{\sigma_1 + \sigma_3}, \quad \phi = \sin^{-1}\left(\dfrac{\sigma_1 - \sigma_3}{\sigma_1 + \sigma_3}\right)$$

12. 응력경로(삼축압축시험)

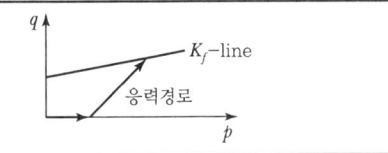

13. 다이레이턴시 현상

체적변화
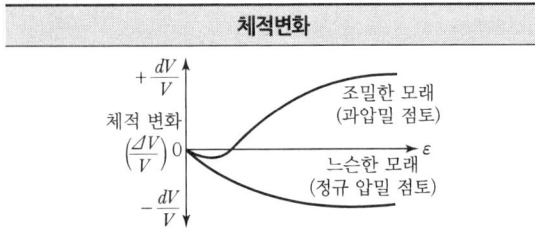

① 조밀한 모래는 간극비가 감소하다가 증가, (+)의 다이레이턴시
② 느슨한 모래는 전단파괴 이전에 체적 감소, (−)의 다이레이턴시

09 토압

1. 주동토압

주동토압(P_a)	내용
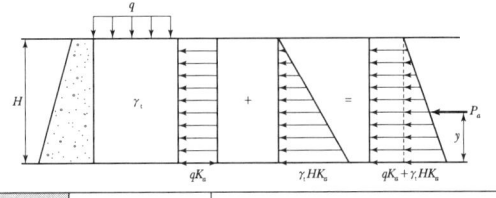	① 벽체가 벽면(배면)에 있는 흙으로부터 떨어지도록 작용하는 토압 ② θ(수평면과 파괴면의 각도) $\theta = 45° + \dfrac{\phi}{2}$
토압의 크기	$P_p > P_0 > P_a$

2. 토압이론

Rankine의 토압론	Coulomb의 토압론
벽 마찰각 무시($\delta = 0$)	벽 마찰각 고려($\delta \neq 0$)

벽마찰각을 무시하면 Coulomb의 주동토압과 Rankine의 주동토압은 같다.

Rankine 토압론의 기본 가정
① 흙은 비압축성이고 균질하다. ② 지표면은 무한히 넓다. ③ 토압은 지표면에 평행하게 작용한다. ④ 지표면에 작용하는 하중은 등분포하중이다. ⑤ 흙은 입자간의 마찰력에 의해 평형을 유지한다.

3. 토압분포도

구분	토압분포도	구분	토압분포도

4. 정지토압계수

사질토에서 정지토압계수(Jaky)	과압밀 점토일 때 정지토압계수
$K_0 = 1 - \sin\phi'$	$K_{과압밀} = K_0 \times \sqrt{OCR}$

5. 주동, 수동토압계수

주동토압계수(K_a)	수동토압계수(K_p)
$K_a = \dfrac{1-\sin\phi}{1+\sin\phi}$ $= \tan^2\left(45° - \dfrac{\phi}{2}\right)$	$K_p = \dfrac{1+\sin\phi}{1-\sin\phi}$ $= \tan^2\left(45° + \dfrac{\phi}{2}\right)$
$K_p > K_o > K_a$	

6. 토압계산

등분포하중 작용 시(뒤채움 흙이 수평, 사질토)

전주동 토압	등분포하중 작용 시 주동토압(P_{a_1})	$P_{a_1} = qK_aH$
	균일 지반일 경우 주동토압 (P_{a_2})	$P_{a_2} = \dfrac{1}{2}\gamma_t H^2 K_a$
	전주동토압 (P_a)	$P_{a_1} + P_{a_2} = (qK_aH) + \left(\dfrac{1}{2}\gamma_t H^2 K_a\right)$
주동토압 (합력)의 작용점		$P_a \times y = P_{a_1} \times \dfrac{H}{2} + P_{a_2} \times \dfrac{H}{3}$ $\therefore y = \dfrac{P_{a_1} \times \dfrac{H}{2} + P_{a_2} \times \dfrac{H}{3}}{P_a}$

7. 점착고 및 한계고

점착고 (Z_c)	$Z_c = \dfrac{2c}{\gamma} \cdot \tan\left(45° + \dfrac{\phi}{2}\right)$
한계고 (H_c)	① 토압의 합력이 0이 되는 깊이(한계굴착 깊이) ② 점성토에 있어서 연직으로 굴착 가능한 깊이 ③ 흙막이 구조물을 설치하지 않고 굴착해도 사면이 유지되는 깊이
	$H_c = 2Z_c = \dfrac{4c}{\gamma} \tan\left(45° + \dfrac{\phi}{2}\right)$

10 다짐

1. 다짐의 목적 및 효과

다짐시험의 목적	다짐의 효과
최적함수비(OMC)와 최대건조밀도($\gamma_{d\max}$)를 구한다.	① 투수성의 저하 ② 압축성의 감소 ③ 흡수성 감소 ④ 전단강도의 증가 및 지지력의 증대 ⑤ 부착력 및 밀도 증가

2. 최적함수비

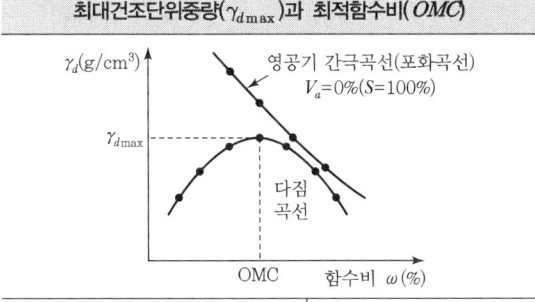

① 흙이 가장 잘 다져지는 함수비 ② 최대건조밀도일 때의 함수비 ③ 최적함수비(OMC)로 다지면 최대건조중량($\gamma_{d\max}$)를 얻는다.	$\gamma_t = \dfrac{W}{V} = \dfrac{G_s + Se}{1+e}\gamma_w$
영공기 간극곡선	흙 속에 공기 간극이 전혀 없는 곡선 ($S=100\%$, 다짐곡선의 오른쪽) $\gamma_d = \dfrac{W_s}{V} = \dfrac{G_s \gamma_w}{1+e} = \dfrac{\gamma_t}{1+\omega}$

3. 상대 다짐도와 다짐에너지

(상대)다짐도(RC)	다짐에너지(E_c)
$RC = \dfrac{\gamma_{d(\text{현장})}}{\gamma_{d\max(\text{실험실})}} \times 100(\%)$	$E_c = \dfrac{W_R H N_B N_L}{V}$

4. 다짐곡선의 특징

다짐에너지가 크면	
① $\gamma_{d\max}$ 증가 ② OMC는 작아짐	다짐횟수를 증가시키면 다짐곡선이 좌측 상향으로 이동

다짐곡선 모식도	다짐곡선 상향 (좌측으로 갈수록)
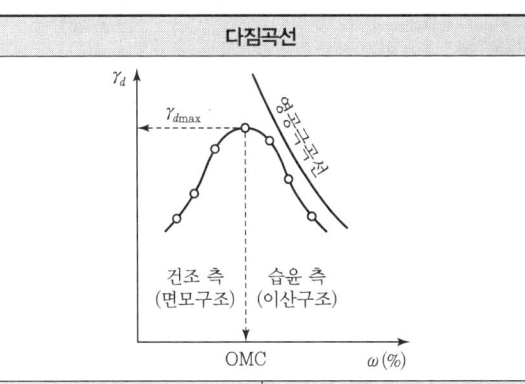	① 조립토 ② 양입도 ③ 다짐에너지 증가 ④ $\gamma_{d\max}$ 증가 ⑤ OMC 감소 ⑥ 경사 급함

5. 다짐한 점성토의 공학적 특징

다짐곡선

건조 측	습윤 측
면모 구조	이산 구조
투수성 큼	투수성 작음
전단강도 큼	전단강도 작음
팽창성 큼 (압축성 작음)	팽창성 작음 (압축성 큼)
전단강도 확보	차수 목적

6. 함수비 변화에 의한 효과

다짐곡선 모식도	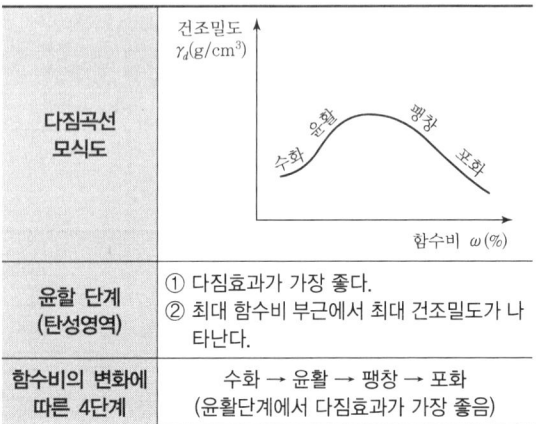
윤활 단계 (탄성영역)	① 다짐효과가 가장 좋다. ② 최대 함수비 부근에서 최대 건조밀도가 나타난다.
함수비의 변화에 따른 4단계	수화 → 윤활 → 팽창 → 포화 (윤활단계에서 다짐효과가 가장 좋음)

7. CBR 시험

단위하중	전하중
$CBR_y = \dfrac{\text{시험 단위하중}}{\text{표준 단위하중}}$	$CBR_y = \dfrac{\text{시험 전하중}}{\text{표준 전하중}}$

관입량(mm)	표준 단위하중 (kg/cm²)	표준 전하중(kg)
2.5	70	1,370
5.0	105	2,030
$CBR_{2.5} > CBR_{5.0}$		$CBR_{2.5}$를 설계에 이용

$CBR_{2.5} < CBR_{5.0}$	재시험	$CBR_{2.5} > CBR_{5.0} : CBR_{2.5}$
		$CBR_{2.5} < CBR_{5.0} : CBR_{5.0}$

11 사면의 안정

1. 사면파괴의 원인

사면파괴 원인	상류측(댐) 사면이 가장 위험할 때
① 간극수압의 상승 ② 자중의 증가 ③ 강도 저하	① 시공 직후 ② 만수된 수위가 급강하 시

2. 유한사면의 안정해석(평면 파괴면)

유한사면의 한계고
$H_c = \dfrac{4c}{\gamma_t}\left[\dfrac{\sin\beta \cdot \cos\phi}{1-\cos(\beta-\phi)}\right]$

직립사면의 한계고($\beta = 90°$)
$H_c = 2Z_c = 2 \times \dfrac{2c}{\gamma_t}\tan\left(45° + \dfrac{\phi}{2}\right) = \dfrac{4c}{\gamma_t}\tan\left(45° + \dfrac{\phi}{2}\right) = \dfrac{2q_u}{\gamma_t}$

안정도표에 의한 한계고
$H_c = \dfrac{N_s c}{\gamma_t}$, N_s : 안정계수 $\left(\dfrac{1}{\text{안정수}}\right)$, $N_s > 1$

인장균열을 고려하지 않는 경우	인장균열을 고려하는 경우
$F_s = \dfrac{H_c}{H}$	$F_s = \dfrac{H_c'}{H}$ ($H_c' = \dfrac{2}{3}H_c$)

3. 유한사면의 안정해석(질량법, 원호파괴면)

사면의 안정해석	질량법
① 질량법(마찰원법) ② 절편법(분할법) • Fellenius법 • Bishop법 • Spencer법	① 사면이 동일토층, 지하수위가 없을 때 ② $\phi = 0$의 사면안정 해석 ③ 마찰원법

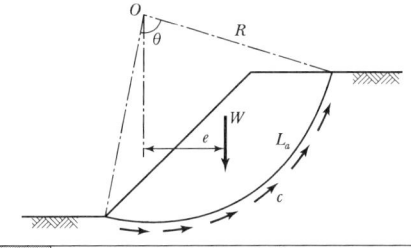

안전율	$F_s = \dfrac{\text{저항모멘트의 합}}{\text{작용모멘트의 합}} = \dfrac{\sum M_r}{\sum M_d} = \dfrac{SRL_a}{We}$ $= \dfrac{(c+\sigma'\tan\phi)RL_a}{We} = \dfrac{cRL_a}{We} = \dfrac{cRL_a}{A\gamma e}$

4. 유한사면의 안정해석(절편법, 분할법)

Fellenius 방법의 특징	Bishop 간편법의 특징
① 전응력 해석법(간극수압 고려하지 않음) ② 사면의 단기 안정문제 해석 ③ 계산은 간단함 ④ $\phi=0$ 해석법 ⑤ 절편의 양 연직면에 작용하는 힘들의 합은 0이라고 가정	① 유효응력 해석법(간극수압 고려) ② 사면의 장기 안정문제 해석 ③ 계산이 복잡하여 전산기 이용 ④ $c-\phi$ 해석법 ⑤ 절편에 작용하는 연직방향의 힘의 합력은 0임

5. 무한사면의 안정해석

지하수위가 파괴면 아래에 있는 경우(침투류가 없는 경우)

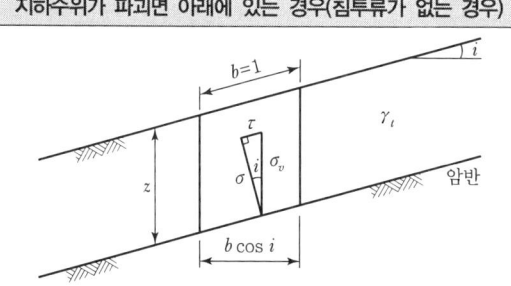

점성토 지반 안전율	$F_s = \dfrac{S}{\tau} = \dfrac{\text{전단강도}}{\text{전단응력}}$ $\therefore F_s = \dfrac{c}{\gamma_t z \sin i \cos i} + \dfrac{\tan\phi}{\tan i}$		
사질토 지반 안전율	$c = 0$이면 $\therefore F_s = \dfrac{\tan\phi}{\tan i}$	안정 조건	$F_s = \dfrac{S}{\tau} \geq 1$

지하수위와 지표면이 일치하는 경우(침투류가 있는 경우)

점성토 지반 안전율	$F_s = \dfrac{c}{\gamma_{sat} z \sin i \cos i} + \dfrac{\gamma_{sub}}{\gamma_{sat}} \dfrac{\tan\phi}{\tan i}$
사질토 지반 안전율	$F_s = \dfrac{\gamma_{sub}}{\gamma_{sat}} \dfrac{\tan\phi}{\tan i} \fallingdotseq \dfrac{1}{2} \cdot \dfrac{\tan\phi}{\tan i}$

12 지반조사

1. 보링(Boring)의 개요 및 목적

개요	목적
각종 토질 시험을 하기 위한 시료를 채취하기 위해 지중에 구멍을 뚫는 것	① 지반조사 ② 지하수위 파악 ③ 불교란 시료의 채취 ④ N치 측정(표준관입 시험)

2. 면적비(A_R)

샘플러 모식도	면적비
(그림)	$A_R = \dfrac{D_w^2 - D_e^2}{D_e^2} \times 100(\%)$ ① D_w : sampler의 외경 ② D_e : sampler의 선단(날끝) 내경

3. 사운딩

개요	사운딩
Rod 끝에 설치한 저항체를 지중에 삽입하여 관입, 회전, 인발 등의 저항으로 토층의 물리적 성질과 상태를 탐사하는 것	① 정적 사운딩 ② 동적 사운딩 [표준 관입시험(S.P.T)]

4. 베인시험

전단강도(S) = 점착력(c_u)식

$$c_u(\text{vane}) = \dfrac{M_{\max}}{\pi D^2 \left(\dfrac{H}{2} + \dfrac{D}{6}\right)}$$

- c_u : 점착력(kg/cm^2)
- H : 높이(cm)
- D : 폭(cm)
- $M_{\max}$: 회전저항 모멘트, 파괴 시 토크(kg·cm)

Vane Test 특징

① 연약한 점토층에 실시하는 시험
② 점착력 산정 가능
③ 비배수 전단강도(c_u)를 측정

5. 표준관입시험

표준관입시험 모식도	정의
(해머 64kg, 76cm, 로드, 샘플러, 30cm)	① 64kg 햄머로 76cm 높이에서 30cm 관입될 때까지의 타격횟수 N치를 구하는 시험(교란시료를 채취하여 시험) ② 표준관입시험은 동적인 사운딩으로 사질토, 점성토 모두 적용 가능하지만 주로 사질토에 가장 적합하다.

6. N치와 내부 마찰력과의 관계

둥글고 입도 불량(입도 균등)	$\phi = \sqrt{12N} + 15$
둥글고 입도 양호 모나고 입도 불량(입도 균등)	$\phi = \sqrt{12N} + 20$
모나고 입도 양호	$\phi = \sqrt{12N} + 25$

7. 평판재하시험(PBT)

지지력 계수	크기에 따른 지지력 계수
$K_d(\text{kg/cm}^3) = \dfrac{q(\text{kg/cm}^2)}{y(\text{cm})}$	• $K_{30} = 2.2 K_{75}$ • $K_{30} = 1.3 K_{40}$
장기 허용 지지력	단기허용 지지력
$q_a = q_t + \dfrac{1}{3}\gamma_t D_f N_q$	$q_a = 2q_t + \dfrac{1}{3}\gamma_t D_f N_q$

설계 허용 지지력(q_t)		q_t 결정
① $q_t = \dfrac{q_y(\text{항복강도})}{2}$	② $q_t = \dfrac{q_u(\text{극한강도})}{3}$	①, ② 값 중 작은 값

8. 평판재하시험이 끝나는 조건

① 침하량이 15mm에 달할 때
② 하중 강도가 예상되는 최대 접지 압력을 초과할 때
③ 하중 강도가 그 지반의 항복점을 넘을 때

9. 재하판의 크기에 따른 보정

지지력	① 점토지반일 때 지지력은 재하판 폭에 무관 $q_{u(\text{기초})} = q_{u(\text{재하판})}$ ② 모래지반일 때 지지력은 재하판 폭에 비례 $q_{u(\text{기초})} = q_{u(\text{재하판})} \cdot \dfrac{B_{(\text{기초})}}{B_{(\text{재하판})}}$
침하량	① 점토지반일 때 침하량은 재하판 폭에 비례 $S_{(\text{기초})} = S_{(\text{재하판})} \cdot \dfrac{B_{(\text{기초})}}{B_{(\text{재하판})}}$ ② 모래지반일 때 침하량은 재하판의 크기가 커지면 약간 커짐(비례하지는 않음) $S_{(\text{기초})} = S_{(\text{재하판})} \cdot \left[\dfrac{2B_{(\text{기초})}}{B_{(\text{기초})} + B_{(\text{재하판})}}\right]^2$

10. 안전율

안전율	허용하중
$F_s(\text{안전율}) = \dfrac{Q_u(\text{극한하중})}{Q_a(\text{허용하중})}$	$Q_a(\text{t}) = \dfrac{Q_u}{F_s}$
$Q_u(\text{t}) = q_u(\text{t/m}^2) \times A(\text{m}^2)$	

13 직접 기초

1. 기초지반의 전단파괴

전반 전단파괴	국부 전단파괴
① 흙 전체가 전단파괴 발생 ② 굳은 점토지반에서 발생	① 부분적으로 지반이 전단파괴 ② 연약한 점토지반에서 발생

2. Terzaghi의 기초 파괴형태

기초 파괴형태 모식도
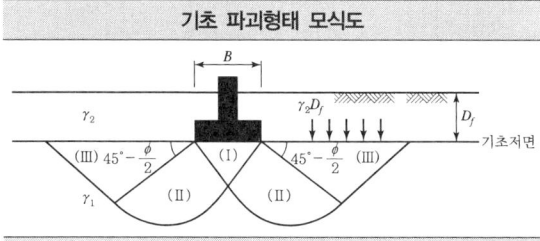

특징
① I영역 : 탄성영역(흙쐐기 영역)
② II영역 : 방사상 전단영역(대수나선 전단영역)
③ III영역 : Rankine의 수동영역(흙의 선형 전단파괴영역)
④ 전단파괴 순서 : I → II → III
⑤ III영역에서 수평면과 파괴면이 이루는 각도 : $45° - \dfrac{\phi}{2}$

3. 직접기초(얕은기초)에서 수정 극한지지력 공식

수정 극한지지력(q_{ult})
$q_{ult} = \alpha c N_c + \beta B \gamma_1 N_r + \gamma_2 D_f N_q$

N_c, N_r, N_q(지지력계수)는 내부마찰각(ϕ)에 의해 결정[점착력(C)과 무관]

	연속 기초	정사각형 기초	원형 기초	직사각형 기초
α	1.0	1.3	1.3	$1.0 + 0.3\dfrac{B}{L}$
β	0.5	0.4	0.3	$0.5 - 0.1\dfrac{B}{L}$

모래지반에 기초 설치	점토지반에 기초 설치
$q_{ult} = \beta B \gamma_1 N_r + \gamma_2 D_f N_q$ ($c=0$)	$q_{ult} = \alpha C N_c + \gamma_2 D_f N_q$ ($\phi=0, N_r=0$)

4. 지하수위 영향에 허용지지력 ①

모식도	γ_1, γ_2
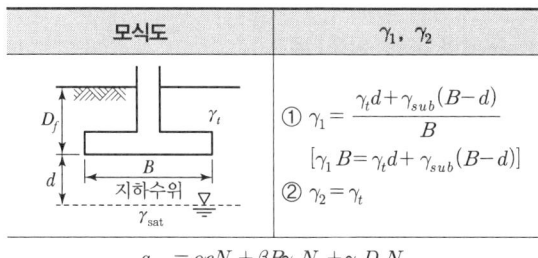	① $\gamma_1 = \gamma_{sub}$ ② $\gamma_2 = \dfrac{\gamma_t d_1 + \gamma_{sub} d_2}{D_f}$ ($\gamma_2 D_f = \gamma_t d_1 + \gamma_{sub} d_2$)

$q_{ult} = \alpha c N_c + \beta B \gamma_1 N_r + \gamma_2 D_f N_q$

5. 지하수위 영향에 허용지지력 ②

모식도	γ_1, γ_2
	① $\gamma_1 = \dfrac{\gamma_t d + \gamma_{sub}(B-d)}{B}$ $[\gamma_1 B = \gamma_t d + \gamma_{sub}(B-d)]$ ② $\gamma_2 = \gamma_t$

$q_{ult} = \alpha c N_c + \beta B \gamma_1 N_r + \gamma_2 D_f N_q$

6. 허용지지력

허용지지력(t/m²)	허용 총 하중(t)
$q_a = \dfrac{q_{ult}}{F_s} = \dfrac{극한지지력}{안전율}$	$Q_a = q_a \times A$

7. Meyerhof 공식(모래지반의 극한지지력)

극한지지력 공식	내용
$q_{ult} = 3NB\left(1 + \dfrac{D_f}{B}\right)$	① N : 표준관입시험치 ② B : 기초의 폭 ③ D_f : 근입 깊이

8. 직접기초의 굴착공법

① Open cut 공법
② 아일랜드 공법
③ 트렌치 컷 공법

9. 압축응력

편심하중	압축응력
	$\sigma_{max} = \dfrac{Q}{B}\left(1 + \dfrac{6e}{B}\right)$ $\sigma_{min} = \dfrac{Q}{B}\left(1 - \dfrac{6e}{B}\right)$

14 깊은 기초

1. 단항과 군항 판정기준

지중응력이 미치는 범위(직경)	단항	군항
$D_o = 1.5\sqrt{r \cdot l}$	$D_o < S$	$D_o > S$
단항(단말뚝)의 허용지지력	군항(군말뚝)의 허용지지력	
$Q_{as} = Q_u \cdot N$	$Q_{aq} = E \cdot Q_a \cdot N$	

군항의 효율	θ
$E = 1 - \theta \left[\dfrac{(m-1)n + (n-1)m}{90mn} \right]$	$\theta(°) = \tan^{-1}\left(\dfrac{d}{S}\right)$

2. 말뚝의 지지력 산정방법

정역학적 공식	동역학적 공식
① Terzaghi 공식 ② Meyerhof 공식 ③ Dörr 공식 ④ Dunham 공식	① Sander 공식 ② Engineering News 공식 ③ Hiley 공식 ④ Weisbach 공식

3. 정역학적 지지력

말뚝의 하중 부담	정역학적 공식에 의한 극한 지지력
(그림: Q_u, 마찰의 지지력 Q_f, 선단의 지지력 Q_p)	$Q_u = Q_p + Q_f$ ① Q_u : 정역학적 공식에 의한 극한 지지력 ② Q_p : 선단지지에 의한 말뚝의 지지력 ③ Q_f : 주면마찰에 의한 말뚝의 지지력
	선단 지지력(Q_p, Meyerhof법) $Q_p = A_p(c_u N_c + q' N_q)$ *$\phi = 0$일 때 $N_c = 9$, $N_q = 0$

4. 부마찰력

부마찰력 크기	
$Q_{nf} = f_n A_s$	① f_n : 단위면적당 부마찰력 (연약 점토 시 $f_n = \dfrac{1}{2} q_u$) ② A_s : $l \pi D$

① 아래쪽으로 작용하는 말뚝의 주면 마찰력
② 말뚝에 부마찰력이 발생하면 말뚝의 지지력은 부주면 마찰력만큼 감소
③ 연약 지반을 관통하여 견고한 지반까지 말뚝을 박은 경우 일어나기 쉬움
④ 연약한 점토에서 부마찰력은 상대 변위의 속도가 느릴수록 적음

5. 동역학 지지력 공식(항타공식) : Sander 공식

극한지지력	허용지지력
$Q_u = \dfrac{W_h \cdot h}{S}$	$Q_a = \dfrac{Q_u}{F_s} \rightarrow Q_a = \dfrac{W_h \cdot h}{8S}$

① Q_u : 극한지지력 ② W_h : 해머의 무게(t)
③ h : 낙하고(cm) ④ S : 타격당 말뚝의 평균 관입량(cm)
⑤ Q_a : 허용지지력 ⑥ F_s : 안전율

6. 동역학 지지력 공식(항타공식) : EN 공식

Drop Hammer (낙하해머)	극한지지력		$Q_u = \dfrac{W_h h}{S + 2.54}$
	허용지지력		$Q_a = \dfrac{W_h h}{F_s(S + 2.54)} = \dfrac{W_h h}{6(S + 2.54)}$
Steam Hammer (증기해머)	단동식	극한지지력	$Q_u = \dfrac{W_h h}{S + 0.254}$
		허용지지력	$Q_a = \dfrac{W_h h}{F_s(S + 0.254)} = \dfrac{W_h h}{6(S + 0.254)}$

① Q_u : 극한지지력 ② W_h : 해머의 무게(t)
③ h : 낙하고(cm) ④ S : 타격당 말뚝의 평균 관입량(cm)
⑤ Q_a : 허용지지력 ⑥ P : 해머에 작용하는 증기압(t/cm^2)
⑦ A_p : 피스톤의 면적(cm^2)

7. 피어(Pier)기초의 종류

	베노토 공법(Hammer Grab)
올케이싱 공법	
기계굴착	돗바늘 공법
	RCD(Reverse Circulation Drill) 공법
	어스드릴(Earth Drill) 공법
인력굴착	Chicago 공법
	Gow 공법

8. 공기케이슨

정의
케이슨 밑에 작업실을 만들고 압축공기에 의해 지하수 유입을 막으며 굴착, 침하시키는 공법(Boiling, Heaving 방지)

공기케이슨, 뉴메틱 케이슨 단점
① 노무관리비가 많이 든다(노동자와 노동조건의 제약). ② 소규모 공사에서는 비경제적이다(기계설비가 고가). ③ 잠수병이 염려된다(고압 내에서 작업함). ④ 굴착 깊이에 제한(30~40m 이상 심도가 깊은 공사는 곤란)

15 지반 개량공법

1. 점성토 개량공법

탈수공법	① 샌드 드레인 공법(Sand Drain) ② 페이퍼 드레인 공법(Paper Drain) ③ 팩 드레인 공법(Pack Drain) ④ 프리로딩 공법(Preloading) ⑤ 생석회 말뚝 공법
치환공법	① 굴착 치환공법 ② 자중에 의한 치환공법 ③ 폭파에 의한 치환공법

2. 사질토 및 일시적인 개량공법

사질토 개량공법	일시적인 지반개량 공법
① 다짐 말뚝 공법 ② Compozer 공법 ③ Vibro Flotation 공법 ④ 전기 충격식 공법 ⑤ 폭파다짐 공법	① Well Point 공법 ② 동결공법 ③ 대기압 공법(진공압밀공법)

3. Sand Drain 공법

목적	① 점성토층의 배수거리를 짧게 하여 압밀침하를 촉진 ② 2차 압밀비 높은 점토, 이탄 등은 효과 없음

정삼각형 배치	정사각형 배치
유효직경 $(d_e) = 1.05s$	유효직경 $(d_e) = 1.13s$

4. 평균압밀도

평균압밀도(U)	
$U = 1 - (1 - U_h)(1 - U_v)$	① U_h : 수평방향 압밀도 ② U_v : 연직방향 압밀도

5. Paper Drain 환산원의 직경

등치 환산원의 직경(d_w)	
$d_w = \alpha \dfrac{2(A+B)}{\pi}$	d_w : 등치 환산원의 직경 α : 형상 계수(보통 $\alpha = 0.75$) A : Paper Drain의 폭 B : Paper Drain의 두께

6. Preloading 공법

Preloading	내용
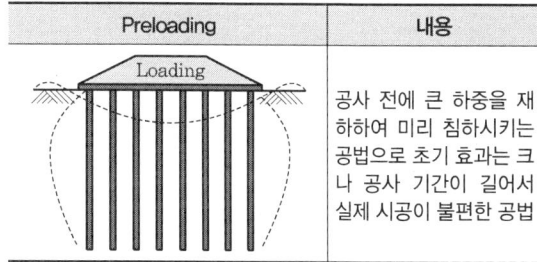	공사 전에 큰 하중을 재하하여 미리 침하시키는 공법으로 초기 효과는 크나 공사 기간이 길어서 실제 시공이 불편한 공법

7. 토목섬유

토목섬유 종류	토목섬유 주요기능
① 지오텍스타일 ② 지오멤브레인 ③ 지오그리드 ④ 지오매트	① 배수 ② 보강 ③ 방수 및 차단 ④ 필터

토질 및 기초 　토목기사 · 산업기사 필기

발행일	2018. 1. 20	초판발행
	2018. 3. 30	초판 2쇄
	2019. 1. 20	개정 1판1쇄
	2020. 1. 20	개정 2판1쇄
	2021. 1. 15	개정 3판1쇄
	2021. 5. 10	개정 3판2쇄
	2022. 1. 10	개정 4판1쇄
	2023. 1. 10	개정 5판1쇄
	2024. 1. 10	개정 6판1쇄
	2025. 1. 10	개정 7판1쇄
	2025. 3. 10	개정 8판1쇄
	2026. 1. 20	개정 9판1쇄

저　자 | 조준호
발행인 | 정용수
발행처 | 예문사

주　소 | 경기도 파주시 직지길 460(출판도시) 도서출판 예문사
T E L | 031) 955 – 0550
F A X | 031) 955 – 0660
등록번호 | 11 – 76호

- 이 책의 어느 부분도 저작권자나 발행인의 승인 없이 무단 복제하여 이용할 수 없습니다.
- 파본 및 낙장은 구입하신 서점에서 교환하여 드립니다.
- 예문사 홈페이지 http : //www.yeamoonsa.com

정가 : 26,000원

ISBN 978-89-274-5992-7　13530